Anstaltsbeiräte zwischen normativem Anspruch und tatsächlicher Praxis

Europäische Hochschulschriften

European University Studies

Publications Universitaires Européennes

Reihe II   **Rechtswissenschaft**

Series II   Law

Série II   Droit

Band/Volume **5834**

Julia Prieschl

Anstaltsbeiräte zwischen normativem Anspruch und tatsächlicher Praxis

Eine empirische Analyse der Beiratstätigkeit an baden-württembergischen Justizvollzugsanstalten

Bibliografische Information der Deutschen Nationalbibliothek
Die Deutsche Nationalbibliothek verzeichnet diese Publikation in der Deutschen
Nationalbibliografie; detaillierte bibliografische Daten sind im Internet über
http://dnb.d-nb.de abrufbar.

Zugl.: Heidelberg, Univ., Diss., 2015

Gedruckt auf alterungsbeständigem,
säurefreiem Papier.

D 16
ISSN 0531-7312
ISBN 978-3-631-67118-4 (Print)
E-ISBN 978-3-653-06425-4 (E-Book)
DOI 10.3726/978-3-653-06425-4

© Peter Lang GmbH
Internationaler Verlag der Wissenschaften
Frankfurt am Main 2016
Alle Rechte vorbehalten.
PL Academic Research ist ein Imprint der Peter Lang GmbH.
Peter Lang – Frankfurt am Main · Bern · Bruxelles · New York · Oxford · Warszawa · Wien

Diese Publikation wurde begutachtet.

www.peterlang.com

Meinen Eltern und meinem Mann

"It is said that no one truly knows a nation until one has been inside its jails. A nation should not be judged by how it treats its highest citizens, but its lowest ones."

Nelson Mandela (1918–2013)

Vorwort

Die vorliegende Arbeit wurde im Jahr 2015 von der Rechtswissenschaftlichen Fakultät der Ruprecht-Karls-Universität zu Heidelberg als Dissertation angenommen. Die Daten für die vorliegende Studie wurden im Jahr 2010 im Wege der schriftlichen Befragung in Baden-Württemberg und Sachsen erhoben. Die Fragebögen sind für den interessierten Leser im Anhang abgedruckt.

Die Studie entstand unter den mehr oder weniger schwierigen Bedingungen, denen man sich als Einzelforscher konfrontiert sieht. Für mich war die Erstellung dieser Arbeit Herausforderung und persönliche Bereicherung zugleich und ich möchte an dieser Stelle all jenen Personen danken, die mich in vielfältiger Art und Weise unterstützt und dadurch den Erfolg dieses Projektes ermöglicht haben.

Mein herzlicher Dank gilt meinem Doktorvater Prof. Dr. Dieter Dölling, auf dessen Initiative die Studie zurückgeht und der durch seine engagierte Betreuung ganz maßgeblich zur Realisierung dieser Arbeit beigetragen hat. Es ist ihm stets gelungen, mich mit wertvollen Ratschlägen und konstruktiven Anregungen zu unterstützen und mir gleichzeitig den notwendigen Freiraum für die Durchführung dieser Untersuchung zu gewähren. Zudem bedanke ich mich bei Prof. Dr. Dr. h.c. Thomas Hillenkamp für die zügige Erstellung des Zweitgutachtens. Prof. Dr. Dieter Hermann danke ich für die Unterstützung bei dem statistischen Teil der Arbeit. Ohne ihn wäre mir die Lösung manch statistischen Rätsels für immer verborgen geblieben.

Für die fachliche Unterstützung möchte ich Herrn Dr. Andreas Grube und Herrn Dr. Joachim Obergfell-Fuchs ganz herzlich danken, die mir in unseren Gesprächen viele Einblicke in die Praxis der Anstaltsbeiräte in Baden-Württemberg vermittelten und gleichzeitig wertvolle Anregungen für die Gestaltung der Fragebögen gaben. Ebenso bedanke ich mich bei dem Justizministerium Baden-Württemberg sowie bei dem Sächsischen Staatsministerium der Justiz für die Genehmigung dieser Untersuchung. Ich danke außerdem allen Anstaltsleitungen in Baden-Württemberg und Sachsen dafür, dass sie mich in der Durchführung meines Vorhabens unterstützt haben.

Mein besonders herzlicher Dank gilt den Protagonisten dieser Arbeit: Den Anstaltsbeiräten in Baden-Württemberg und Sachsen, die sich bereit erklärt haben, an dieser Studie mitzuwirken und die dadurch den Erfolg dieses Projektes überhaupt erst ermöglichten. Sie leisten – viel zu häufig unbeobachtet von der Öffentlichkeit – Großartiges und ich hoffe, dass ihnen durch diese Arbeit ein wenig mehr jener öffentlichen Aufmerksamkeit zuteil wird, die sie tatsächlich verdienen.

„omnia vincit amor"

Mein größter Dank gilt meinen Eltern und meinem Mann, die mich durch die vielen Hochs und Tiefs des Studiums und der Doktorarbeit stets begleitet und unterstützt, ertragen und ermutigt haben. Sie haben durch ihren bedingungslosen Rückhalt, ihren steten Zuspruch und ihre grenzenlose Geduld in jeglicher Hinsicht die Grundsteine für meinen Weg gelegt. Ihnen sei diese Arbeit gewidmet.

Stuttgart, im Januar 2016 Julia Prieschl

Inhaltsverzeichnis

1. Kapitel: Einführung 1

1. Problemstellung 1

2. Begriffsbestimmung 4

   2.1 Die Zusammensetzung des Anstaltsbeirats 4

      2.1.1 Anstaltsbeiräte als Vertreter der Öffentlichkeit 4

      2.1.2 Anstaltsbeiräte als Laienvertreter 6

   2.2 Funktionen des Anstaltsbeirats 8

      2.2.1 Die Kontrollfunktion 8

      2.2.2 Die Beratungsfunktion 9

      2.2.3 Die Öffentlichkeitsfunktion 10

      2.2.4 Die Betreuungs- und Integrationsfunktion 10

   2.3 Abgrenzung zu vergleichbaren Gremien 11

      2.3.1 Das Laienrichtertum 12

      2.3.2 Die ehrenamtliche Vollzugshilfe 13

   2.4 Zusammenfassende Definition 15

3. Gang der Untersuchung 16

2. Kapitel: Die Beteiligung von Öffentlichkeit und Laien am Strafvollzug 19

1. Beteiligung der Öffentlichkeit am Strafvollzug 19

   1.1 Rechtsstaatliche Gesichtspunkte 19

   1.2 Sozialstaatliche Gesichtspunkte 21

2. Historische Entwicklung der Laienbeteiligung am Strafvollzug 23

   2.1 Die Entwicklung in Amsterdam und den deutschen Hansestädten 24

   2.2 Die Entwicklung in Pennsylvania 25

   2.3 Die Entwicklung der englischen Gefängnisbewegung 27

   2.4 Die deutsche Entwicklung bis zum Ersten Weltkrieg 28

2.4.1 Theodor Fliedner und die „Rheinisch-Westfälische Gefängnisgesellschaft" 28

2.4.2 Die Aufsichtsräte in Baden und die Entwicklung in den anderen deutschen Ländern 29

2.5 Die Entwicklung in der Weimarer Republik 32

2.6 Die Auswirkungen des Nationalsozialismus 35

2.7 Die deutsche Entwicklung von 1945 bis zum StVollzG 36

2.7.1 Die Entwicklung in der DDR 37

2.7.2 Die Entwicklung in der Bundesrepublik 38

2.8 Das Gesetzbuch über den Justizvollzug in Baden-Württemberg 40

3. Kapitel: Das geltende Recht 43

1. Die gesetzlichen Rahmenbestimmungen: §§ 162–165 StVollzG, § 18 JVollzGB I BW 44

1.1 Die Bildung der Beiräte gemäß § 162 StVollzG, § 18 Abs. 1, Abs. 2, Abs. 5 JVollzGB I BW 44

1.1.1 Wortlautauslegung 44

1.1.2 Historische Auslegung 46

1.1.2.1 Die Beiratszusammensetzung 46

1.1.2.2 Die Beiratsernennung 49

1.1.2.3 Die Amtzeit 50

1.1.3 Zwischenfazit zur Normierung der Beiratsbildung 51

1.2 Die Aufgaben der Beiräte gemäß § 163 StVollzG, § 18 Abs. 2 JVollzGB I BW 52

1.2.1 Wortlautauslegung 52

1.2.2 Historische Auslegung 54

1.2.3 Zwischenfazit zur Normierung der Beiratsaufgaben 57

1.3 Die Beiratsbefugnisse gemäß § 164 StVollzG, § 18 Abs. 3 JVollzGB I BW 58

1.3.1 Wortlautauslegung 58

1.3.2 Historische Auslegung 59

1.3.3 Zwischenfazit zur Normierung der Beiratsbefugnisse 61

1.4 Die Beiratspflichten gemäß § 165 StVollzG, § 18 Abs. 4
JVollzGB I BW 62

  1.4.1 Wortlauslegung..62

  1.4.2 Historische Auslegung..64

  1.4.3 Zwischenfazit zur Normierung der Beiratspflichten 66

1.5 Zusammenfassung: Die gesetzgeberischen Erwartungen an die
Anstaltsbeiräte 67

2. Die Ausführungsbestimmungen der Länder 69

  2.1 Die Verwaltungsvorschrift Baden-Württembergs 69

    2.1.1 Bildung, Zusammensetzung und Auswahl der Beiräte 71

    2.1.2 Die Beiratsaufgaben...75

    2.1.3 Die Beiratsbefugnisse...78

    2.1.4 Die Beiratspflichten 82

    2.1.5 Gesamtwürdigung...86

  2.2 Die Verwaltungsvorschrift Sachsens....................................87

    2.2.1 Bildung, Zusammensetzung und Auswahl der Beiräte 88

    2.2.2 Die Beiratsaufgaben...93

    2.2.3 Die Beiratsbefugnisse...95

    2.2.4 Die Beiratspflichten 98

    2.2.5 Gesamtwürdigung... 100

3. Analyse und Bewertung der Ausführungsbestimmung
Baden-Württembergs 102

4. Kapitel: Der aktuelle Forschungsstand und
die Situation in Baden-Württemberg....................................107

1. Die bisherigen Forschungsarbeiten 107

2. Die Forschungsergebnisse..109

  2.1 Befunde bezüglich der Beiratsorganisation.......................... 109

  2.2 Befunde bezüglich der Beiratsaufgaben.............................. 111

    2.2.1 Beratungs- und Betreuungsaufgabe............................ 111

    2.2.2 Öffentlichkeits- und Kontrollaufgabe.......................... 114

2.3 Befunde bezüglich der Beiratsbefugnisse 116

2.4 Befunde bezüglich der Beiratspflichten............................... 118

3.   Die Situation in Baden-Württemberg.................................119

5.   Kapitel: Hypothesen und Definitionen 123

1.   Die Strukturen des Anstaltsbeirats 123

    1.1 Allgemeine Strukturen... 123

    1.2 Verhaltensstrukturen innerhalb des Vollzugssystems...... 125

    1.3 Verhaltensstrukturen außerhalb des Vollzugssystems 128

2.   Aufgabenwahrnehmung..129

    2.1 Allgemeine Einflussfaktoren.. 129

    2.2 Einflussfaktor Interaktion.. 132

    2.3 Einflussfaktor Beiratspersönlichkeit................................ 134

3.   Befugniswahrnehmung 135

    3.1 Allgemeine Einflussfaktoren.. 135

    3.2 Einflussfaktoren Interaktion und Beiratspersönlichkeit ... 136

6.   Kapitel: Die Methode der Untersuchung 139

1.   Vorüberlegungen...139

2.   Die Untersuchungsanordnung..140

    2.1 Die Untersuchungsobjekte 140

    2.2 Die Untersuchungsdurchführung...................................... 149

        2.2.1 Der Pretest 149

        2.2.2 Das Instrument der Hauptuntersuchung................ 150

3.   Die Hauptuntersuchung...153

    3.1 Die Durchführung der Hauptuntersuchung 153

    3.2 Rücklauf der Fragebögen 154

    3.3 Die Auswertungsmethode 155

7. Kapitel: Deskriptive Ergebnisse...157

1. Die Zusammensetzung der Stichproben...157

   1.1 Persönliche Merkmale.. 157

      1.1.1 Altersstruktur.. 157

      1.1.2 Geschlecht... 158

      1.1.3 Schulische und berufliche Ausbildung....................... 158

      1.1.4 Berufliche Tätigkeit 159

   1.2 Der Anstaltsbeirat... 160

      1.2.1 Anzahl der Mitglieder... 160

      1.2.2 Dauer der Mitgliedschaft....................................... 161

      1.2.3 Amtsperiode... 161

      1.2.4 Funktion im Beirat... 162

   1.3 Anstaltsbezogene Merkmale.. 163

      1.3.1 Durchschnittsbelegung der Anstalt........................... 163

      1.3.2 Vollzugsarten.. 163

      1.3.3 Vollzugsformen.. 164

      1.3.4 Wohnort.. 164

   1.4 Bestellung zum Anstaltsbeirat.. 166

      1.4.1 Bestellungsverfahren... 166

      1.4.2 Eignung als Anstaltsbeirat...................................... 167

   1.5 Persönliche Einschätzung des Ehrenamtes 168

      1.5.1 Monatlicher Zeitaufwand....................................... 168

      1.5.2 Wirksamkeit der Beiratstätigkeit 169

      1.5.3 Anerkennung für die Ausübung des Ehrenamtes 170

      1.5.4 Unterstützung bei der Ausübung des Ehrenamtes.......... 171

      1.5.5 Sonstige ehrenamtliche Tätigkeit in der Anstalt............ 173

      1.5.6 Beweggründe für die Ausübung der ehrenamtlichen
           Tätigkeit 174

2. Aufgaben der Anstaltsbeiräte..174

   2.1 Kenntnis der Aufgaben 174

   2.2 Aufgabenbewältigung 175

XV

2.2.1 Einschätzung der individuellen Aufgabenbewältigung 175

2.2.2 Einschätzung der Aufgabenbewältigung durch
den Beirat als Gremium 177

2.3 Tatsächliche Wahrnehmung der Öffentlichkeitsfunktion 179

2.4 Die wichtigsten Aufgaben und Ziele der Beiräte............................ 179

3. Tätigkeitsschwerpunkte 181

3.1 Tätigkeitsschwerpunkte der Beiräte... 181

3.2 Tätigkeitsschwerpunkte des Beirats als Gremium 183

3.3 Sonstige Themenschwerpunkte 185

4. Befugnisse der Anstaltsbeiräte...186

4.1 Kenntnis der Rechte... 186

4.2 Wahrnehmung der Befugnisse... 186

4.2.1 Einschätzung der individuellen Befugniswahrnehmung.......... 186

4.2.2 Einschätzung der Befugniswahrnehmung durch den
Beirat als Gremium... 188

5. Kontakte der Anstaltsbeiräte..190

5.1 Kontakte innerhalb des Vollzugssystems....................................... 190

5.2 Kontakte außerhalb des Vollzugssystems....................................... 192

6. Pflichten der Anstaltsbeiräte 193

6.1 Kenntnis der Pflichten... 193

6.2 Verschwiegenheitspflicht.. 194

7. Kontakt zum Justizministerium 195

7.1 Berichterstattung... 195

7.2 Tagungen.. 196

8. Sitzungen der Anstaltsbeiräte 197

8.1 Häufigkeit der Sitzungen... 197

8.2 Dauer der Sitzungen 198

8.3 Teilnahme von Anstaltsleiter oder Bediensteten 198

8.4 Anstaltskonferenz (Baden-Württemberg)...................................... 199

8.5 Anstaltsbesichtigungen... 199

8. Kapitel: Hypothesenprüfung 201

1. Die Strukturen des Anstaltsbeirates 201

   1.1 Allgemeine Strukturen 201

   1.2 Verhaltensstrukturen innerhalb des Vollzugssystems 205

   1.3 Verhaltensstrukturen außerhalb des Vollzugssystems 214

2. Aufgabenwahrnehmung 218

   2.1 Allgemeine Einflussfaktoren 218

   2.2 Einflussfaktor Interaktion 226

   2.3 Einflussfaktor Beiratspersönlichkeit 236

3. Befugniswahrnehmung – Hypothesenprüfung 240

   3.1 Allgemeine Einflussfaktoren 240

   3.2 Einflussfaktor Interaktion und Beiratspersönlichkeit 243

9. Kapitel: Gesamtbetrachtung: Normative Erwartung
und tatsächliche Praxis der Anstaltsbeiräte 249

1. Die tatsächlichen Strukturen des Anstaltsbeirats im Verhältnis
zur rechtlichen Ausgestaltung 249

2. Die tatsächliche Organisation des Anstaltsbeirats im Verhältnis
zur rechtlichen Ausgestaltung 251

3. Die tatsächliche Aufgabenwahrnehmung im Verhältnis zur
rechtlichen Ausgestaltung 252

   3.1 Die anstaltsbezogenen Aufgaben 252

   3.2 Die öffentlichkeitsbezogenen Aufgaben 255

4. Die tatsächliche Befugniswahrnehmung im Verhältnis zur
rechtlichen Ausgestaltung 259

   4.1 Die Kontaktaufnahme zu den Gefangenen 259

   4.2 Der Informationsanspruch gegenüber der Anstaltsleitung 261

5. Die tatsächlichen Kontakte innerhalb des Vollzugssystems im
Verhältnis zur rechtlichen Ausgestaltung 263

6. Die tatsächlichen Kontakte außerhalb des Vollzugssystems im
   Verhältnis zur rechtlichen Ausgestaltung 267

7. Fazit 268

10. Kapitel: Schlussfolgerungen 271

1. Rechtliche Konsequenzen 272

   1.1 Neuregelung der Beiratsorganisation 272

       1.1.1 Die Größe der Anstaltsbeiräte 272

       1.1.2 Die Dauer der Mitgliedschaft 273

       1.1.3 Die Auswahl der Beiratsmitglieder 274

       1.1.4 Die Sitzungen 278

       1.1.5 Die Tagungen mit dem Justizministerium 279

       1.1.6 Die Berichterstattung an das Justizministerium 280

   1.2 Neuregelung der Beiratsaufgaben 281

       1.2.1 Die anstaltsbezogenen Aufgaben 281

       1.2.2 Die öffentlichkeitsbezogenen Aufgaben 283

   1.3 Neuregelung der Beiratsbefugnisse 288

       1.3.1 Die Kontaktaufnahme zu den Gefangenen 288

       1.3.2 Der Informationsanspruch gegenüber der Anstaltsleitung 289

   1.4 Neuregelung der Zusammenarbeit mit der Anstaltsleitung 293

2. Praktische Konsequenzen 294

3. Schlussbetrachtung 301

4. Vorschlag für eine Novellierung der Verwaltungsvorschrift
   Baden-Württembergs 301

Literaturverzeichnis XXI

Gesprächsverzeichnis XXXV

Abbildungsverzeichnis XXXVII

Tabellenverzeichnis XXXIX

Anhang 1: Fragebogen Baden-Württemberg XLVII

Anhang 2: Fragebogen Sachsen LXIX

Anhang 3: Codeplan XCIII

Anhang 4: Verwaltungsvorschrift Baden-Württemberg;
Stand 01.04.2010 CIII

Anhang 5: Verwaltungsvorschrift Baden-Württemberg;
Stand 23.09.2004 CIX

Anhang 6: Verwaltungsvorschrift Sachsen;
Stand 27.11.2008 CXIII

1. Kapitel: Einführung

1. Problemstellung

Im April 2010 ermordete ein Insasse der Justizvollzugsanstalt Remscheid seine Freundin in einem Langzeitbesuchsraum und versuchte danach, sich selbst das Leben zu nehmen. „Bluttat in der Liebeszelle"[1] titelte damals die Onlineausgabe eines Magazins. Seitdem im Jahre 2006 drei junge Gefangene in der Justizvollzugsanstalt Siegburg einen Mitgefangenen töteten, mit dem sie in einer überbelegten Zelle gemeinsam untergebracht waren, wurden in der Presse weitere aufsehenerregende Fälle von Gefangenenmisshandlungen durch Mithäftlinge und Gefängnisausbrüchen berichtet[2], wodurch dem Strafvollzug wieder vermehrt öffentliche Aufmerksamkeit geschenkt wurde.

In den Medien herrscht fortwährend reges Interesse am Justizvollzug. Dieses beschränkt sich jedoch meist auf skandalträchtige Einzelereignisse, die das Potential haben, in der Öffentlichkeit für besonderes Aufsehen zu sorgen und dadurch die Auflagen zu steigern. Die Behandlung solcher Gefängnisskandale in der Presse ist jedoch nur eingeschränkt dazu geeignet, die Bevölkerung sachlich über die Probleme des Strafvollzugs zu informieren. Schlagzeilen wie „Horror im Jugendknast"[3] und eine entsprechend sensationsgetriebene Skandalberichterstattung führen lediglich dazu, dass sich die Menschen in ihrer Auffassung bestätigt sehen, dass „Folterexzesse in deutschen Gefängnissen keine Einzelfälle"[4] sind, sondern dort zu den alltäglichen Begebenheiten gehören. Solche Publikationen greifen meist nur die negativen Aspekte der Haftbedingungen in einer Justizvollzugsanstalt heraus und suggerieren auf diese Weise der Öffentlichkeit ein Bild des Strafvollzugs als „anarchistische" Institution, in der die Insassen weiterhin ungestört ihren kriminellen Neigungen nachgehen können, anstatt Besserung zu erfahren. Hieran wird sehr deutlich, dass dem Thema Strafvollzug von Seiten der Öffentlichkeit häufig nur mit Unverständnis begegnet und die ganze Problematik nur sehr einseitig beurteilt wird, obgleich die §§ 162 ff. StVollzG, § 18 JVollzGB I BW die Mitwirkung der Öffentlichkeit bezüglich der Förderung und Verbesserung der Gesamtstruktur der Behandlung in der Anstalt in Form der Anstaltsbeiräte festlegen.[5]

Mit dem Inkrafttreten des Strafvollzugsgesetzes am 1. Januar 1977 regelte der Bund die Einrichtung von Anstaltsbeiräten bei den Justizvollzugsanstalten in den §§ 162–165 StVollzG. Die Vollzugsbehörden werden gemäß § 162 Abs. 1 StVollzG verpflichtet, in den Justizvollzugsanstalten Beiräte zu bilden. Die Tätigkeit der

---

1   Wittrock 2010, Spiegel Online Politik, Artikel vom 14. April 2010.
2   Vgl. dpa 2010, Welt Online, Artikel vom 28. April 2010.
3   Xanthopoulos/Ley 2007, Bild Online, Artikel vom 01. August 2007.
4   dpa 2006, Spiegel Online Panorama, Artikel vom 23. November 2006.
5   Calliess/Müller-Dietz 2005, § 163 StVollzG, Rn. 1.

Anstaltsbeiräte ist ehrenamtlich. Ihre Zusammensetzung ist gemäß § 162 Abs. 3 StVollzG landesrechtlichen Ausgestaltungen vorbehalten.

Das Land Baden-Württemberg führte bereits im Jahr 1971 durch die Allgemeinverfügung des Justizministeriums die Beteiligung der Öffentlichkeit am Strafvollzug in Form der Bildung von Beiräten an den Justizvollzugsanstalten des Landes ein.[6] Am 15. März 1977 wurde dann die Allgemeinverfügung über die Ausgestaltung des Instituts „Anstaltsbeirat" in Ausführung des § 162 Abs. 3 StVollzG erlassen.[7] Im Rahmen der Föderalismusreform, die am 01. September 2006 in Kraft getreten ist, wurde die Gesetzgebungskompetenz für den Bereich des Strafvollzugs auf die Länder übertragen. Als eines der ersten Bundesländer hat Baden-Württemberg[8] hinsichtlich des Erwachsenenstrafvollzuges von seiner Gesetzgebungskompetenz gemäß Art. 72 Abs. 1 GG Gebrauch gemacht und das Justizvollzugsgesetzbuch verabschiedet, das am 01. Januar 2010 in Kraft getreten ist. Im dritten Abschnitt des ersten Buches erfährt in § 18 JVollzGB die Institution des Anstaltsbeirats ihre gesetzliche Regelung.[9] Der Wortlaut dieser Vorschrift stimmt nahezu vollständig mit jenem der §§ 162 ff. StVollzG überein.

§§ 163 und 164 StVollzG, § 18 Abs. 2, Abs. 3 JVollzGB I BW regeln die Aufgaben und Befugnisse der Beiräte. Die Anstaltsbeiräte wirken demnach bei der Gestaltung des Vollzugs und bei der Betreuung der Insassen mit (§ 163 S. 1 StVollzG, § 18 Abs. 2 S. 1 JVollzGB I BW). Darüber hinaus unterstützen sie den Anstaltsleiter durch Anregungen und Verbesserungsvorschläge sowie die Gefangenen bei der Eingliederung nach deren Entlassung (§ 163 S. 2 StVollzG, § 18 Abs. 2 S. 2 JVollzGB I BW). Zu den Befugnissen der Anstaltsbeiräte (§ 164 Abs. 1 StVollzG, § 18 Abs. 3 S. 1 JVollzGB I BW) gehört es, Beanstandungen, Anregungen und Wünsche der Gefangenen entgegenzunehmen. Zu diesem Zweck können sie die Insassen in deren Zellen aufsuchen und sich mit diesen ohne Überwachung aussprechen (§ 164 Abs. 2 StVollzG, § 18 Abs. 3 S. 2 und 3 JVollzGB I BW). Der Gesetzgeber hat sich im Hinblick auf die Beschreibung der Beiratsaufgaben, aber auch bezüglich der Ausgestaltung der Befugnisse stark zurückgehalten.[10] § 163 StVollzG (ebenso § 18 Abs. 2 JVollzGB I BW) enthält lediglich eine Aufzählung „anstaltsbezogener Tätigkeiten"[11], während die vielfach geforderte Kontrollfunktion ebenso wenig genannt ist wie die Definition der Beiräte als „Vertreter der Öffentlichkeit"[12].

Die Anstaltsbeiräte sollten jedoch nach der gesetzgeberischen Intention gerade auch als „Mittler zwischen Vollzug und Öffentlichkeit" wirken[13] und dadurch nicht

---

6   AV d. JM vom 5. Oktober 1971, 4401-VI/4, Die Justiz 1971, S. 344.
7   AV d. JM vom 15. März 1977, 4439-VI/9, Die Justiz 1977, S. 145.
8   Vgl. Walhalla Fachverlag 2011, Handbuch Strafvollzug der Länder, Stand Februar 2011.
9   Vgl. LT BW-Drucks. 14/5411, S. 13.
10 Vgl. Schäfer 1987, S. 30.
11 Baumann 1973, S. 103.
12 Müller-Dietz 1978 a, S. 315.
13 Ebd., S. 312.

nur eine Kontrolle über die Institution des Strafvollzugs in Form der Öffentlichkeitsbeteiligung ausüben. Ihre Aufgabe sollte ebenso darin bestehen, den Strafvollzug transparent für die Öffentlichkeit zu gestalten, um dadurch die Bereitschaft der Bevölkerung zur Auseinandersetzung mit den Problemen des Strafvollzugs zu wecken und um Verständnis für die Maßnahmen eines angebotsorientierten Vollzugs zu werben.[14] Denn das Vollzugsziel der Resozialisierung gemäß § 2 StVollzG (§ 1 JVollzGB III BW) kann nur erreicht werden, wenn die Öffentlichkeit dem Strafvollzug tolerant gegenübersteht und bereit ist, den straffällig gewordenen Menschen wieder voll in die Gesellschaft aufzunehmen.

Mit der Einführung der Institution des Anstaltsbeirats gingen folglich bestimmte Erwartungen einher, die auf normativer Ebene keine ausdrückliche Erwähnung gefunden hatten. Es stellen sich damit einerseits die Fragen nach der Auslegung der rechtlichen Rahmenbedingungen der Beiratstätigkeit und andererseits die Fragen nach der tatsächlichen Wirkungsweise der Beiräte innerhalb des Strafvollzugs sowie außerhalb in der Gesellschaft.

Die Problematik der Anstaltsbeiräte ist nicht nur in der Öffentlichkeit weitgehend unbekannt; auch die wissenschaftliche Forschung bringt dem Thema wenig Aufmerksamkeit entgegen[15], weshalb es an methodisch gesicherter Empirie hinsichtlich der Funktionen, der Einwirkungsmöglichkeiten und des Selbstverständnisses der Anstaltsbeiräte mangelt. Deshalb drängt sich das Bedürfnis auf, die Tätigkeit der Anstaltsbeiräte durch geeignete Forschungsarbeiten zu begleiten. Die wenigen bereits existierenden empirischen Untersuchungen zu dem Thema kommen zu dem Ergebnis, dass die Arbeit der Beiräte zumindest für die Öffentlichkeit keine spürbaren Auswirkungen hat.[16] Die Reaktionen der Öffentlichkeit auf die oben genannten Fälle lassen befürchten, dass sich hieran auch gegenwärtig, zwanzig Jahre nach Erscheinen der bisher einzigen empirischen Untersuchungen zu diesem Thema, noch immer nicht viel geändert hat und die Anstaltsbeiräte in der Praxis möglicherweise tatsächlich nur eine „schattenhaft-formale Alibifunktion" erfüllen.[17]

Ziel der vorliegenden Studie ist es, die Praxis der Anstaltsbeiräte in Baden-Württemberg eingehend zu untersuchen. Es soll zum einen der Frage nachgegangen werden, welche Funktionen den Anstaltsbeiräten in Bezug auf ihre Tätigkeit im Strafvollzug und ihr Wirken in der Gesellschaft auf normativer Ebene zugewiesen werden. Zum anderen soll die Praxis der Beiratstätigkeit in Baden-Württemberg aus der individuellen Sicht der Beiräte selbst beschrieben werden. Auf diese Weise soll geklärt werden, in welchem Umfang die Anstaltsbeiräte in der Lage sind, ihre Aufgaben und Befugnisse wahrzunehmen sowie ihre Kontakte innerhalb und außerhalb des Vollzugs zu nutzen. Außerdem wird die Beiratspraxis in Sachsen untersucht, um einen Vergleichshintergrund für die Beiratstätigkeit in Baden-Württemberg zu liefern.

---

14 Bammann/Feest 2006, in: Feest-AK-StVollzG, vor § 162 StVollzG, Rn. 5.
15 Ebd., vor § 162 StVollzG, Rn. 8.
16 Gerken 1986, S. 264; Schäfer 1987, S. 142; Schibol/Senff, ZfStrVo 1986, S. 208.
17 Roxin 1974, S. 126.

In Sachsen ist eine in etwa vergleichbare Anzahl an Anstaltsbeiräten tätig, die rechtliche Ausgestaltung der Beiratspraxis weist jedoch teilweise erhebliche Unterschiede auf. Aufgrund dessen erscheint die Heranziehung Sachsens als Vergleichshintergrund lohnend.

Die Analyse der baden-württembergischen Beiratspraxis vor dem Hintergrund Sachsens sowie die Gegenüberstellung dieser Praxis zu den gesetzlich verankerten Erwartungen an die Institution des Anstaltsbeirats stellen dann den Ausgangspunkt für die Herausarbeitung der tatsächlichen Wirkungsmöglichkeiten der Anstaltsbeiräte in Baden-Württemberg dar.

2. Begriffsbestimmung

Zunächst ist es erforderlich, den Untersuchungsgegenstand der vorliegenden Studie darzustellen und zu erläutern, um auf diese Weise eine Präzisierung des in Frage stehenden Problemkomplexes zu erreichen. Der Gesetzgeber hat die Institution des Anstaltsbeirats in den §§ 162 ff. StVollzG, § 18 JVollzGB I BW gesetzlich geregelt. Bevor eine Analyse des geltenden Rechts stattfindet, soll anhand der in der Praxis und Literatur vertretenen verschiedenen Verständnis- und Auslegungsmöglichkeiten des Begriffs des Anstaltsbeirats eine vorläufige Definition dieses Instituts entwickelt werden. Diese soll der Eingrenzung des Themenkomplexes dienen und damit eine Orientierungshilfe für die weitere Arbeit bieten. Ausgangspunkte hierfür werden hauptsächlich die dem Beirat von der Literatur zugeschriebenen Funktionen sowie die Vorschläge hinsichtlich dessen Zusammensetzung sein. Eine Abgrenzung von vergleichbaren Gremien soll eine weitere Differenzierung möglich machen. Eine endgültige Bestimmung von Sinn und Aufgaben des Anstaltsbeirats bleibt dann der Untersuchung der §§ 162 ff. StVollzG, § 18 JVollzGB I BW vorbehalten.

2.1 Die Zusammensetzung des Anstaltsbeirats

Die Frage nach den Aufgaben und Funktionen der Anstaltsbeiräte hängt eng mit der personellen Zusammensetzung dieses Gremiums zusammen. Aus den formalen Kriterien, die sich an die Mitglieder des Anstaltsbeirats richten und von diesen zu erfüllen sind, lassen sich Rückschlüsse auf die dem Beirat zugewiesenen Funktionen ziehen. Deshalb werden zunächst die in Literatur und Praxis formulierten Anforderungen an die Zusammensetzung des Anstaltsbeirats dargestellt, bevor im Folgenden auf seine spezifischen Funktionen eingegangen wird.

2.1.1 Anstaltsbeiräte als Vertreter der Öffentlichkeit

Die Anstaltsbeiräte werden in der Literatur durchweg als die institutionalisierte Öffentlichkeit im Strafvollzug verstanden.[18] Es erscheint deshalb zunächst notwendig, den Begriff der Öffentlichkeit in dem hier gemeinten Sinn zu beleuchten.

---

18 Vgl. Arloth 2008, § 163 StVollzG, Rn. 1.

Die Frage nach der Beteiligung der Öffentlichkeit am Strafvollzug betrifft das grundsätzliche Verhältnis zwischen Allgemeinheit und staatlichen Institutionen. Mit der Entwicklung der modernen Freiheitsstrafe im 16. Jahrhundert, die mit den Amsterdamer Zuchthäusern eingeleitet wurde, wandelte sich nicht nur das Verständnis des Strafvollzugs von der reinen Vergeltung für begangenes Unrecht hin zu einem resozialisierenden Vollzug.[19] Es entwickelte sich ganz allmählich auch ein Verständnis für die Notwendigkeit einer Reform des gesamten Gefängniswesens. Im Rahmen dieser Entwicklungen wurde die Einbeziehung der Öffentlichkeit in die Strafrechtspflege, insbesondere in das Strafverfahren, als unabdingbar erkannt.[20]

Die Öffentlichkeit des Strafverfahrens zählt zu „den grundlegenden Einrichtungen des Rechtsstaats"[21]. Sie bildet die wesentliche Bedingung des öffentlichen Vertrauens in die Rechtsprechung.[22] Das Rechtsstaatsprinzip gemäß Art. 20 Abs. 3 GG gewährleistet insoweit umfassenden Schutz vor staatlicher Willkür. Dies muss umso mehr dann gelten, wenn der Bürger sich in einer Einrichtung befindet, in der er dem staatlich angeordneten Freiheitsentzug unterworfen ist. Der totale Charakter der Institution Strafvollzug führt zu einer Überfülle an Macht auf Seiten des Staates, was die Gefahr des Machtmissbrauchs mit sich bringt.[23] Der Öffentlichkeit kommt somit eine überragende Bedeutung für die Strafrechtspflege, vor allem in Form einer Kontrollinstanz, zu.

Hardwig versteht unter dem Begriff dieser Öffentlichkeit die Anteilnahme der Bevölkerung am Schicksal des Rechtsbrechers, mithin ein teilnehmendes und beobachtendes Publikum.[24] Diese Auffassung deckt sich mit der Definition von Habermas, wonach das Subjekt der Öffentlichkeit im Rahmen der Strafrechtspflege das Publikum als Träger der öffentlichen Meinung ist, welches durch die Teilhabe an den staatlichen Institutionen Publizität im Sinne kritischer Würdigung herstellt.[25] Ähnlich wie die Arbeit der Laienrichter im Strafverfahren, die durch ihre Mitwirkung an der Verhandlung und der anschließenden Beratung und Entscheidung die Öffentlichkeit repräsentieren[26], ist auch die Beteiligung der Öffentlichkeit am Strafvollzug in Form der Anstaltsbeiräte im Sinne einer kritischen Teilnahme zu verstehen. Es erscheint daher sinnvoll, die Öffentlichkeit im Strafvollzug als das teilnehmende Publikum zu definieren, das durch seine Präsenz und seine kritische Beobachtung die Transparenz der Strafrechtspflege gewährleistet.

Speziell im Hinblick auf die Öffentlichkeit im Strafvollzug muss jedoch beachtet werden, dass es sich bei letzterem um eine staatliche Institution handelt, die gerade auf die Isolation der Gefangenen von der Gesellschaft ausgerichtet ist. Diese

---

19 Vgl. Schmidt, SchwZfStr 1947, S. 173.
20 Vgl. Schmidt 1964, S. 175.
21 BGHSt 9, 280, 281.
22 BGHSt 3, 387, 388.
23 Vgl. Pfenninger, SchwZfStr 1955, S. 280.
24 Vgl. Hardwig, ZfStrVo 1955, S. 127.
25 Vgl. Habermas 1990, S. 55.
26 Vgl. Henkel 1968, S. 127.

Institution dient dem Vollzug der gegen den Gefangenen verhängten Freiheitsstrafe. Diesem wird als Ausgleich für die von ihm begangene Straftat durch Einschließung gewaltsam seine Fortbewegungsfreiheit eingeschränkt und dadurch wird ihm ein Übel zugefügt.[27] Insoweit scheinen die Begriffe „Strafvollzug und Öffentlichkeit" einander auszuschließen; eine Teilnahme der Öffentlichkeit am Strafvollzug erscheint damit ausgeschlossen.[28] Jedoch kann ein Vollzugssystem, das als Ziel die Wiedereingliederung des Gefangenen in die Gesellschaft verfolgt, diese nicht vollkommen aussperren. Denn eine Abschirmung von der Gesellschaft würde bedeuten, gerade jene Realität unberücksichtigt zu lassen, auf die und für die sowohl die Insassen als auch deren Bezugspersonen vorbereitet werden sollen.[29] Damit ist die Beteiligung der Öffentlichkeit am Strafvollzug unabdingbar.

Jedoch kann der Grundsatz der Öffentlichkeit nicht bedeuten, dass jedermann zu jeder Zeit ungehindert Zutritt zum Strafvollzug gewährt werden muss. Ähnlich wie im Rahmen des Strafverfahrens muss auch im Bereich des Strafvollzugs der Öffentlichkeitsgrundsatz seine Schranke in der Notwendigkeit eines geordneten Vollzugs finden. Mit der Beteiligung der Öffentlichkeit ist damit nicht die Anwesenheit *des* Publikums im Strafvollzug gemeint, sondern vielmehr die Möglichkeit der Anwesenheit *von* Publikum.[30] Wenn folglich von der Beteiligung der Öffentlichkeit am Strafvollzug gesprochen wird, dann kann dies immer nur die Teilnahme eines repräsentativen Ausschnitts der Bevölkerung in Form ausgewählter Personen bedeuten, wodurch nicht nur die Transparenz einer staatlichen Institution und damit ein gewisser Schutz der Gefangenen erreicht, sondern auch das Vertrauen der Bevölkerung in die Strafrechtspflege gestärkt werden soll.

2.1.2 Anstaltsbeiräte als Laienvertreter

Die Arbeit der Anstaltsbeiräte wird häufig als Laienbeteiligung am Strafvollzug beschrieben.[31] Das Strafvollzugsgesetz und das Justizvollzugsgesetzbuch BW schweigen über die personelle Zusammensetzung des Anstaltsbeirats. In § 162 Abs. 2 StVollzG, § 18 Abs. 5 JVollzGB I BW ist lediglich festgelegt, dass Vollzugsbedienstete nicht Mitglieder im Beirat sein dürfen, um auf diese Weise auftretende Interessenkonflikte zu vermeiden. Das Nähere regeln gemäß § 162 Abs. 3 StVollzG, § 18 Abs. 1 S. 2 JVollzGB I BW die Länder bzw. die Aufsichtsbehörde. Jedoch ergibt sich gerade aus dem Wesen der Anstaltsbeiräte als Beteiligung der Öffentlichkeit am Strafvollzug, dass es sich bei den dort engagierten Personen nicht um Fachleute, sondern vielmehr um Laien handeln muss. Nur auf diese Weise kann die *Öffentlichkeit* ein Gegengewicht zu der staatlichen Institution darstellen. Darüber hinaus erscheint die Arbeit des Anstaltsbeirats im Hinblick auf die Betreuung der Gefangenen nur

---

27 Vgl. Fischer 2008, § 38 StGB, Rn. 3.
28 Vgl. Krebs, ZfStrVo 1963, S. 63.
29 Vgl. Kaiser/Schöch 2003, S. 82.
30 Bockelmann, NJW 1960, S. 218.
31 Vgl. Koeppel 1999, S. 106; Kerner 1992, § 12, 2. Rn. 10 f.

dann erfolgversprechend, wenn seine Mitglieder unabhängige, vertrauenswürdige Personen sind, die in keinem amtlichen Verhältnis zu den Gefangenen stehen.[32]

Dennoch darf der Laienbegriff nicht als Gegensatz zum Begriff des Fachmanns verstanden werden.[33] Gerade die Öffentlichkeitsbeteiligung stellt an die Mitglieder des Anstaltsbeirats besondere Anforderungen. So sollte jedes Beiratsmitglied bereit und in der Lage sein, in der Öffentlichkeit über seine Tätigkeit im Vollzug zu berichten, um dadurch die gewollte Transparenz des Strafvollzugs herstellen zu können. Da die Anstaltsbeiräte insoweit auch als Kontrollinstanz tätig werden, ist es erforderlich, dass sie sich dementsprechend intensiv engagieren und die Bekleidung dieses Amtes nicht als einen von vielen Ehrenposten ansehen, sondern den Aufgaben des Vollzugs viel Zeit widmen. Zudem erfordert die Betreuung der Gefangenen Erfahrungen im Umgang mit Behörden, Argumentationsfähigkeit und Bereitschaft zur Teamarbeit.[34] Es müssen folglich für die Arbeit im Anstaltsbeirat Personen gefunden werden, die voll im öffentlichen Leben stehen und in der Lage sind, Einfluss auszuüben. Dies können beispielsweise Vertreter der Arbeitgeberverbände, der Gewerkschaften, der Kirche oder der Presse sein.[35] Teilweise wird eine derartige personelle Zusammensetzung des Anstaltsbeirats in den Verwaltungsvorschriften der Länder in Ausführung des § 162 Abs. 3 StVollzG, § 18 Abs. 1 S. 2 JVollzGB I BW festgelegt, so auch in Baden-Württemberg. Nach Ziff. 1.1.5 VwV d. JM vom 08. März 2010 ist anzustreben, dass dem Beirat je ein Vertreter einer Arbeitnehmer- und Arbeitgeberorganisation sowie eine in der Sozialarbeit, insbesondere in der Straffälligenhilfe, tätige Persönlichkeit angehören.

Folglich kann der Laienbegriff nicht als Gegensatz zu demjenigen des Fachmanns verstanden werden, sondern ist als Gegenteil des Begriffs des Vollzugsbeamten zu begreifen, welcher hauptberuflich mit der Justizvollzugsanstalt verbunden und in die Anstaltshierarchie eingegliedert ist.[36]

Fraglich ist, inwieweit sonstige, in der Strafjustiz tätige Personen als Mitglieder des Anstaltsbeirats geeignet sind. Es könnte sinnvoll erscheinen, das Mitgliedsverbot des § 162 Abs. 2 StVollzG, § 18 Abs. 5 JVollzGB I BW insofern auch auf praktizierende Strafjuristen zu erstrecken.[37] Denn bei diesen kann die Gefahr des Interessenkonflikts in gleichem Maße wie bei den Bediensteten des Vollzugs entstehen. Ungeachtet dessen könnten gerade die Erfahrungen dieser Personengruppe mit spezifischen strafrechtlichen und kriminologischen Sachverhalten einen Vorteil für die Arbeit im Anstaltsbeirat darstellen und damit als durchaus positiv bewertet werden. Die Beteiligung zumindest irgendeines Rechtsexperten, nicht notwendigerweise eines Strafjuristen, könnte insbesondere im Hinblick auf die

---

32 Maihofer, BlStrVoK 1966, S. 8.
33 Münchbach 1973, S. 6.
34 Gerken 1986, S. 275.
35 Vgl. Bammann/Feest 2006, in: Feest-AK-StVollzG, § 162 StVollzG, Rn. 4.
36 Münchbach 1973, S. 6.
37 Vgl. Gerken 1986, S. 276.

dem Anstaltsbeirat immanente Kontrollfunktion sinnvoll erscheinen, da die oft unzureichenden rechtlichen Kenntnisse der sonstigen Mitglieder die Gefahr in sich bergen, dass „die Anstalt insgeheim die Arbeit des Beirats leitet"[38]. Ob es sinnvoll erscheint, Juristen von den Aufgaben des Anstaltsbeirats auszuschließen, soll im weiteren Verlauf der Untersuchung geklärt werden.

Ähnlich umstritten ist die Mitgliedschaft von Parteipolitikern in den Anstalts-beiräten.[39] Einerseits besteht die Gefahr, dass dadurch der Beirat seine gewünschte Unabhängigkeit verliert, indem er zu parteipolitischen Zwecken instrumentalisiert wird. Auf der anderen Seite haben gerade Parteipolitiker besonders gute Möglich-keiten, die Öffentlichkeitsfunktion zu erfüllen und damit den Aufgabenbereich des Strafvollzugs für die Bevölkerung präsent zu machen. Auch diese Frage wird im Rahmen der vorliegenden Studie beantwortet werden.

Hinsichtlich der personellen Zusammensetzung ist damit für die Begriffsbe-stimmung des Anstaltsbeirats entscheidend, dass außerhalb der Vollzugsstruktur stehende und insoweit unabhängige Laien die Öffentlichkeit im Strafvollzug reprä-sentieren. Maßgebliches Kriterium für das Beiratsmitglied ist somit seine autonome Stellung im Verhältnis zu den Vollzugsbeamten und der Anstaltsleitung.

2.2 Funktionen des Anstaltsbeirats

Im Folgenden werden die verschiedenen Positionen und Aufgaben, die den Anstalts-beiräten von der Literatur zugeschrieben werden, herausgearbeitet. Anhand dieser Darstellung kann dann ein umfassendes Bild der an die Tätigkeit des Anstaltsbeirats gestellten Erwartungen entwickelt werden, das wesentlich zu dessen Begriffsbestim-mung beitragen wird. Hierbei ist zu beachten, dass die einzelnen Funktionen nicht gesondert nebeneinander stehen, sondern sich vielfach überschneiden.

2.2.1 Die Kontrollfunktion

Freiheitsentzug ist eine notwendige Form strafrechtlicher Reaktion auf kriminelles Verhalten, um das Zusammenleben der Bürger in der staatlichen Gemeinschaft zu schützen. Der Vollzug freiheitsentziehender Sanktionen bleibt aus general- und spezialpräventiven Gründen unersetzlich.[40] Jedoch bedeutet der Strafvollzug als staatlich angeordneter Freiheitsentzug für den Betroffenen einen schwerwiegenden Eingriff in seine Freiheitsgrundrechte. Der totale Charakter der Institution Strafvoll-zug, die in der Abgeschlossenheit der Strafvollzugsanstalten wirkende Staatsgewalt und die Ohnmacht des Gefangenen bergen die Gefahr des Machtmissbrauchs in sich, der vorgebeugt werden muss.[41] Aus rechtsstaatlicher Sicht stellen sich damit

---

38 Vgl. Bammann/Feest 2006, in: Feest-AK-StVollzG, § 162 StVollzG, Rn. 6.
39 Vgl. ebd., § 162 StVollzG, Rn. 6 ff.
40 Vgl. Laubenthal 2008, S. 1.
41 Grunau 1959, S. 539.

die Fragen nach einer Kontrolle dieses Eingriffs sowie der Gewährleistung eines umfassenden Schutzes des Einzelnen vor staatlicher Willkür.

Die Kontrollfunktion ist deshalb nach Roxin die historisch älteste Aufgabe der Beiräte und bildet deren spezifisch rechtsstaatliche Komponente.[42] Die Mitglieder des Beirats sollen als Vertreter der Öffentlichkeit im Strafvollzug diesen transparent für die Allgemeinheit machen und dadurch die Kontrolle realisieren. Diese Kontrolle durch den Anstaltsbeirat in Form der Öffentlichkeitsbeteiligung an der Institution Strafvollzug ist als positive Kontrolle im Sinne eines Beobachtens und Unterstützens bei der Verfolgung des Vollzugsziels zu verstehen. Kerner[43] sieht die Anstaltsbeiräte im System des Strafvollzugsgesetzes als wichtigstes Symbol der Beteiligung von Außenstehenden am Strafvollzug. Sie sollen die neutralen und unvoreingenommenen Beobachter der Zustände und des Lebens in der Anstalt sein, die die Abgeschlossenheit des Vollzugs im Namen der Öffentlichkeit aufheben. Die Kontrolle ist umso wichtiger, je weniger die Anstalt in der Lage oder bereit ist, nach den Grundsätzen des Strafvollzugsgesetzes zu arbeiten, sondern vielmehr im alten Verwahrvollzug verharrt. Sie ist den Beiräten jedoch nur dann möglich, wenn diese die erforderliche Kenntnis des Vollzugsgeschehens erlangen und in der Lage sind, die einzelnen Abläufe in den Anstalten richtig einzuordnen.[44]

2.2.2 Die Beratungsfunktion

Calliess[45] spricht neben der öffentlichen Kontrollfunktion auch von anstaltsinternen Mitwirkungsfunktionen der Beiräte. Eine zu einseitige Beschränkung des Anstaltsbeirats auf die Überwachung des Vollzugs und damit auf seine Kontrollaufgabe würde in der Tat bedeuten, „den Beirat zu einer Art Aufsichtsorgan auszugestalten", und würde damit dem komplexen Bild der Anstaltsbeiräte in Literatur und Praxis nicht gerecht.[46] Vielmehr sollen die Beiräte gemäß § 163 StVollzG, § 18 Abs. 2 JVollzGB I BW durch Anregungen und Verbesserungsvorschläge den Anstaltsleiter unterstützen sowie bei der Betreuung der Gefangenen mitwirken. Dadurch wird die beratende Funktion der Anstaltsbeiräte zum Ausdruck gebracht. Durch ihre Arbeit mit den Insassen und den Vollzugsbeamten werden sie mit den Schwierigkeiten des Alltags in der Strafvollzugsanstalt konfrontiert. Aufgrund ihrer externen Position haben sie den Vorteil eines oft freieren Blicks für die Lösung anstehender Probleme als diejenigen, die sich täglich von Berufs wegen mit diesen Dingen befassen müssen.[47] Deshalb sieht Hoffmann neben der Kontrollfunktion die beratende Tätigkeit als die Hauptaufgabe der Anstaltsbeiräte an, wodurch diese den Übergang von

---

42 Roxin 1974, S. 117.
43 Kerner 1992, § 12, 2. Rn. 10 f.
44 Vgl. Bammann/Feest 2006, in: Feest-AK-StVollzG, vor § 163 StVollzG, Rn. 3.
45 Calliess 1992, S. 54.
46 Vgl. Müller-Dietz/Würtenberger 1969, S. 55; Münchbach 1973, S. 9.
47 Münchbach 1973, S. 8.

einem Verwahrvollzug zu einem behandlungsorientierten Vollzug mitgestalten und an der Erarbeitung von Konzepten mitwirken.[48]

2.2.3 Die Öffentlichkeitsfunktion

Neben der beratenden Funktion der Anstaltsbeiräte kommt diesen die Aufgabe zu, den Strafvollzug transparent für die Öffentlichkeit zu machen, um auf diese Weise die Bereitschaft der Bevölkerung zur Auseinandersetzung mit den Problemen des Strafvollzugs zu wecken. Insbesondere Hoffmann sieht die Beiräte als Mittler im Dienste der straffällig gewordenen Menschen und des Vollzugs, die zur Öffentlichkeit hin tätig werden.[49] Nur wenn die Öffentlichkeit dem Strafvollzug tolerant gegenübersteht und bereit ist, den straffällig Gewordenen wieder voll in die Gesellschaft aufzunehmen, kann das Resozialisierungsziel gemäß § 2 StVollzG, § 1 JVollzGB III BW erreicht und damit den Insassen tatsächlich Hilfe zuteilwerden. Damit ist die Öffentlichkeitsfunktion der Anstaltsbeiräte angesprochen.

Die Anstaltsbeiräte sollen zum einen der Öffentlichkeit überhaupt erst einmal die Kenntnis über ihre weithin unbekannte Existenz näher bringen, um auf diese Weise das Interesse an der Öffentlichkeitsarbeit zu Gunsten des Strafvollzugs zu wecken und zu fördern sowie das öffentliche Bewusstsein für die Probleme des Strafvollzugs zu sensibilisieren.[50] Vor allem Schibol/Senff[51] sehen eine Verpflichtung der Anstaltsbeiräte zur Information der Öffentlichkeit bezüglich ihrer Erfahrungen im Strafvollzug, da die Beiratsmitglieder diese Erfahrungen und ihr Wissen gerade als Vertreter der Öffentlichkeit erlangen. Durch diese Öffentlichkeitsarbeit könnten Vorurteile in der Gesellschaft gegenüber dem Strafvollzug abgebaut werden und gleichzeitig könne um Verständnis für und Anteilnahme an den alltäglichen Schwierigkeiten der Arbeit im Strafvollzug geworben werden.[52] Es reicht nicht aus, dass die Beiräte Mittler zwischen Vollzug und Öffentlichkeit sein wollen, ohne jedoch eine Verbindung zur Letzteren zu haben. Die bloße Existenz der Beiräte in den Anstalten ohne Rückkopplung an die Öffentlichkeit birgt die Gefahr, dass die Abkapselung des Strafvollzugs perpetuiert und möglicherweise sogar unter Hinweis auf die in den Anstalten repräsentierte Öffentlichkeit legitimiert wird.

2.2.4 Die Betreuungs- und Integrationsfunktion

„Die Behandlung der Gefangenen soll nicht betonen, dass diese aus der Gemeinschaft ausgeschlossen sind, sondern dass sie weiter teil an ihr haben. Vereinigungen des Gemeinschaftslebens sollen deshalb, wenn immer möglich, herangezogen werden, um die Bediensteten der Anstalt bei der Aufgabe der sozialen Wiedereingliederung der

---

48 Hoffmann 1982, in: Wassermann-AK-StVollzG, vor § 162 StVollzG, Rn. 4.
49 Ebd., vor § 162 StVollzG, Rn. 6.
50 Chilian, ZfStrVo 1974, S. 205.
51 Schibol/Senff, ZfStrVo 1986, S. 202 ff.
52 Ebd., S. 203.

Gefangenen zu unterstützen"[53]. Diese vom Ersten Kongress der Vereinten Nationen über Verbrechensverhütung und Behandlung Straffälliger 1955 in Genf festgelegten „Einheitlichen Mindestgrundsätze für die Behandlung der Gefangenen" beschreiben die in § 2 StVollzG, § 1 JVollzGB III BW geregelte Aufgabe des Strafvollzugs: die Resozialisierung des Strafgefangenen. Auch den Anstaltsbeiräten wird die Funktion der resozialisierenden Behandlung zugeschrieben, indem sie gemäß § 163 StVollzG, § 18 Abs. 2 JVollzGB I BW bei der Betreuung des Gefangenen mitwirken und ihm Hilfe bei der Wiedereingliederung leisten sollen. Nach Münchbach[54] ist den Beiräten gerade diese soziale Funktion, durch persönlichen Kontakt mit dem Gefangenen dessen Selbstvertrauen und Bereitschaft zur Rückkehr in die Gesellschaft zu stärken, immanent. Jedoch gerät sie bei manchen Autoren[55] infolge der starken Betonung der Kontrollfunktion völlig aus dem Blickfeld.[56] Im Rahmen der Mitwirkung bei der Gefangenenbetreuung finden Gespräche des Beirats mit den Gefangenen – hauptsächlich in Form so genannter Anhörungen – statt, wodurch sich die Gefangenen mit ihren Anliegen und Problemen direkt an die Anstaltsbeiräte wenden können. Indem nun der Gefangene gemeinsam mit den Beiratsmitgliedern nach Problemlösungen suchen kann, kommt dem Beirat eine sozialintegrierende Funktion zu. Die Beratung kann dabei auf vollzugsinterne Probleme – wie z. B. die ärztliche Versorgung oder die Schaffung von sinnvollen Freizeitmöglichkeiten – ebenso wie auf Einzelprobleme von Insassen, wie beispielsweise die Entlassungssituation oder die Aufrechterhaltung von Kontakten zu Familienmitgliedern oder anderen Bindungspersonen, ausgerichtet sein. Aber auch in der Zusammenarbeit mit den Behörden kann der Beirat die Gefangenen unterstützen.[57]

2.3 Abgrenzung zu vergleichbaren Gremien

Die Darstellung der Funktionen der Anstaltsbeiräte hat gezeigt, dass der Beiratstätigkeit unterschiedliche Zielsetzungen zugeschrieben werden. Auf der einen Seite sollen die Beiratsmitglieder die Öffentlichkeit im Strafvollzug vertreten. Auf der anderen Seite sollen sie auch schwerpunktmäßig kontrollierend tätig werden beziehungsweise eine sozialintegrative Funktion erfüllen. Es ergeben sich damit gewisse Schwierigkeiten im Hinblick auf eine Begriffsbestimmung des Anstaltsbeirats. Eine Abgrenzung gegenüber anderen vergleichbaren Institutionen soll dabei helfen, das Institut des Anstaltsbeirats klarer definieren zu können.

---

53 Nr. 61 der von den Vereinten Nationen festgelegten einheitlichen Mindestgrundsätze für die Behandlung der Gefangenen, abgedruckt in ZfStrVo 1958/59, S. 171.
54 Münchbach 1973, S. 9.
55 Vgl. Calliess 1981, S. 46.
56 Vgl. Münchbach 1973, S. 9.
57 Vgl. Bammann/Feest 2006, in: Feest-AK-StVollzG, vor § 162 StVollzG, Rn. 4.

2.3.1 Das Laienrichtertum

Ein bereits erwähntes Institut zur Öffentlichkeitsbeteiligung an der Strafrechtspflege stellen die Laienrichter oder Schöffen dar. Schöffen üben die richterliche Gewalt in der Strafrechtspflege während der Hauptverhandlung unabhängig, in vollem Umfange und mit vollem Stimmrecht ehrenamtlich und nur periodisch aus und benötigen nicht die Befähigung zum Richteramt.[58]

Das Laienrichtertum hat eine lange Tradition und ihm werden verschiedene Funktionen zugeschrieben. Die Schöffen repräsentieren im Strafverfahren die Bevölkerung und damit die Öffentlichkeit; sie bringen gesellschaftliche, nichtjuristische Wertungen in den Rechtsfindungsprozess ein.[59] Insoweit erfüllen sie ebenfalls die Funktion der Öffentlichkeitsbeteiligung am Strafverfahren, ähnlich wie die Anstaltsbeiräte im Strafvollzug. Dadurch soll nicht nur eine verbesserte Rechtskenntnis im Volk erreicht werden, sondern es sollen auch die Berufsrichter vor Betriebsblindheit geschützt werden und die Rechtspflege insgesamt soll durch die so gewonnene Verständlichkeit lebensnaher wirken.[60] Hieraus ergibt sich eine weitere Gemeinsamkeit mit den Anstaltsbeiräten. Beide Institutionen sind darauf ausgerichtet, einen bestimmten Bereich der Strafrechtspflege transparent für die Bevölkerung zu machen und dadurch Verständnis und Anteilnahme in dieser für die Arbeit und die spezifischen Probleme der Rechtspflegeorgane zu wecken. Den Anstaltsbeiräten kommt darüber hinaus die Aufgabe der Kontrolle des Strafvollzugs zu. Auch die Laienrichter sollten ursprünglich durch ihre Beteiligung an der Rechtsprechung das starke Misstrauen der Bevölkerung gegenüber der Justiz abbauen und diese dadurch kontrollieren.[61] Das heutige Funktionsverständnis des Laienrichtertums liegt jedoch nicht mehr darin, das Misstrauen gegenüber dem beamteten Richtertum abzubauen und so eine direkte Kontrolle durch das Volk zu gewährleisten.[62] Dies ergibt sich auch aus einer Stellungnahme der Bundesregierung vom 5. Mai 2004 als Antwort auf eine kleine Anfrage von Bundestagsabgeordneten zu der Rolle von Schöffen in der Strafjustiz.[63] Danach stellt das Laienrichtertum nach wie vor eine wesentliche Beteiligung des Volkes an der rechtsprechenden Gewalt und eine notwendige Ausgestaltung des Demokratieprinzips dar, die Kontrollfunktion wird aber gerade nicht mehr erwähnt. Kennzeichnend für das Wesen der Laienrichter sind demnach das Repräsentationsprinzip und der Partizipationsgedanke, denn die Laiengerichtsbarkeit ist Ausdruck des in Art. 20 Abs. 2 GG verankerten Grundsatzes der Volkssouveränität.[64] Zwar findet durch die Beteiligung von Laien am Strafverfahren nach wie vor eine Plausibilitätskontrolle statt, indem die kritische Teilnahme der Laien

---

58 Rennig 1993, S. 42.
59 Wolf 1987, S. 229 f.
60 Benz 1982, S. 210.
61 Casper/Zeisel 1979, S. 85.
62 Löhr 2008, S. 177.
63 Vgl. BT-Drucks. 15/3191, S. 2.
64 Vgl. Löhr 2008, S. 178.

den Berufsrichter vor Erlass seines Urteils zwingt, die Verständlichkeit und Überzeugungskraft seiner Argumentation zu überprüfen.[65] Dadurch soll aber lediglich erreicht werden, dass sich die Schöffen in den Prozess mit ihrer Lebenserfahrung, ihrer Menschenkenntnis sowie ihren Gerechtigkeitsvorstellungen einbringen und dadurch bewirken, dass sich in die Urteilsfindung nicht allzu sehr die berufsrichterliche Routine einschleicht, das Urteil zu juristisch und damit für die Beteiligten unverständlich wird. Hierdurch wird die Qualität der Rechtsprechung garantiert und verbessert. Eine Kontrolle im Sinne eines misstrauischen Beobachtens ist jedoch gerade nicht mehr Sinn und Zweck des Laienrichtertums.

Anders stellt sich die Situation bei den Anstaltsbeiräten dar. Ihre Kontrollfunktion ist im Gesetz zwar nicht eindeutig bestimmt. § 163 StVollzG, § 18 Abs. 2 JVollzGB I BW sprechen lediglich von der Mitwirkung bei der Gestaltung des Vollzuges. Jedoch sehen weite Teile der Literatur in der Kontrolle gerade ihre Hauptfunktion.[66] Die Kontrolle wird dabei vorwiegend in der kritischen Beobachtung des Strafvollzugs durch die Anstaltsbeiräte gesehen.

Damit wird deutlich, dass im Vergleich zur Laienbeteiligung am Strafverfahren in Form der Schöffen die Arbeit der Anstaltsbeiräte sehr viel stärker unter dem Aspekt der Kontrollfunktion bewertet wird, als dies bei den Laienrichtern der Fall ist. Die Kontrollfunktion muss dementsprechend bei der Begriffsbestimmung berücksichtigt werden. Inwieweit diese Funktion sowohl normativ als auch praktisch relevant ist, wird die weitere Untersuchung zeigen.

2.3.2 Die ehrenamtliche Vollzugshilfe

Die ehrenamtliche Vollzugshilfe ist eine Institution, die zu Beginn des 19. Jahrhunderts im Strafvollzug an Bedeutung gewann, als die Freiheitsstrafe die Körperstrafe weitgehend ablöste.[67] Nach dem Vorbild der Quäker in Pennsylvania bildeten sich erste Vereine für Gefangenenfürsorge (z.B. die Rheinisch-Westfälische Gefängnisgesellschaft 1826) auch im deutschen Strafvollzug. Im Vordergrund ihrer Arbeit stand die individuelle Betreuung des Gefangenen sowie zunehmend die Entlassenenfürsorge. Als historischer Vorgänger des heutigen Vollzugshelfers wird der Anstaltshelfer der Weimarer Republik angesehen.[68] Auf diese Weise wurde erstmals ein außerhalb der Strafvollzugsanstalt stehender Bürger in diese Organisation eingebunden. Seine Aufgabe war es, die Einzelfallhilfe und die Gruppenarbeit im Sinne der Wiedereingliederung zu betreiben. § 38 des Strafvollzugsgesetzentwurfs von 1927 beschrieb noch in Form einer Soll-Vorschrift die Tätigkeit der Anstaltshelfer dahingehend, „dass diese die Anstaltsbeamten und, wenn ein Fürsorger bestellt ist,

---

65 Klausa 1972, S. 7.
66 Vgl. Roxin 1974, S. 117; Calliess 1981, S. 46; Haller 1964, S. 34.
67 Vgl. Busch 1988, S. 222.
68 Cyrus 1982, S. 113.

insbesondere diesen bei der Fürsorge für die Gefangenen und ihre Angehörigen unterstützen"[69].

Weder im Strafvollzugsgesetz noch im Justizvollzugsgesetzbuch BW findet sich eine einheitliche Regelung für diese am Strafvollzug beteiligte Personengruppe. § 154 Abs. 2 S. 2 StVollzG, § 16 Abs. 2 JVollzGB I BW sprechen lediglich davon, dass die Vollzugsbehörden mit Personen und Vereinen zusammenarbeiten sollen, deren Einfluss die Eingliederung des Gefangenen fördern kann. Die Hauptaufgabe der ehrenamtlichen Vollzugshelfer besteht darin, die Gefangenen vor und nach der Entlassung bei allen auftretenden Problemen zu betreuen.[70] Ihnen kommt damit eine Doppelfunktion in Form der Gefangenenbetreuung und der Entlassenenhilfe zu. Der Vollzughelfer leistet so einen wesentlichen Beitrag zur Resozialisierung des Inhaftierten. Auf der anderen Seite soll er aber auch als Anstaltshelfer bei der Erfüllung der Aufgaben im Vollzug mitwirken. Damit unterliegt der Vollzugshelfer einem vollzugsimmanenten Zielkonflikt, indem er nicht einzig und allein dem Resozialisierungsziel verpflichtet, sondern auch den Sicherheitsbestimmungen im Strafvollzug unterworfen ist, obwohl ihm vom Gesetzgeber nur eine Randposition im Strafvollzugsgesetz eingeräumt wurde.[71] Zwar sollten Verwaltungsvorschriften der Länder die so entstandene Regelungslücke ausfüllen; ob dadurch jedoch ein Gewinn an Rechtssicherheit und Rechtsklarheit eingetreten ist, muss bezweifelt werden.[72]

Ein Vergleich der ehrenamtlichen Vollzugshelfer mit den Anstaltsbeiräten zeigt, dass es sich bei beiden Institutionen um Formen der gesellschaftlichen Mitwirkung am Strafvollzug handelt. Die Rechtsstellung der Anstaltsbeiräte wurde jedoch im Strafvollzugsgesetz – im Gegensatz zu jener der ehrenamtlichen Vollzugshelfer – recht differenziert ausgestaltet. Entsprechend der Herausarbeitung der Funktionen und Aufgaben der ehrenamtlichen Vollzugshelfer scheint es Überschneidungen im Hinblick auf die Betreuungsfunktion beider Institutionen zu geben. Den Anstaltsbeiräten kommt nach § 163 StVollzG, § 18 Abs. 2 JVollzGB I BW die Aufgabe zu, die Gefangenen während der Haftzeit zu betreuen und sie danach bei der Wiedereingliederung zu unterstützen. Diese Betreuungs- und Integrationsfunktion ist ebenso den ehrenamtlichen Vollzugshelfern immanent. Allerdings liegt gerade hier der wesentliche Unterschied. Die ehrenamtliche Vollzugshilfe strebt gemäß § 154 Abs. 2 S. 2 StVollzG, § 16 Abs. 2 JVollzGB I BW eine individualorientierte Integrationshilfe an, während die Aufgabe der Anstaltsbeiräte gerade nicht zuvörderst in der sozialen Einzelfallhilfe zu sehen ist.[73] Letztere sollen vielmehr die Gesamtstruktur der Behandlung im Strafvollzug im Blick haben und insoweit fördernd und beratend tätig

---

69 Vgl. Krebs, FS-Radbruch 1948, S. 200.
70 Vgl. Rotthaus 1980, S. 156.
71 Vgl. Cyrus, 1982, S. 111.
72 Vgl. die Untersuchung von Müller-Dietz 1978, S. 18 ff.
73 Theißen 1990, S. 10.

werden.[74] Die Arbeit der Anstaltsbeiräte stellt eine „Art von Gemeinwesenarbeit" innerhalb, aber auch außerhalb der Anstaltsmauern dar.[75] Folglich überschneiden sich die Tätigkeitsfelder beider Institutionen im Hinblick auf ihr gesellschaftliches Engagement im Strafvollzug nicht, sondern sie ergänzen sich. Während die Arbeit der Anstaltsbeiräte auf die gesamte Behandlungsstruktur der Anstalt ausgerichtet ist, steht bei der ehrenamtlichen Vollzugshilfe der einzelne Gefangene im Mittelpunkt der Betreuungs- und Integrationsmaßnahmen. Dieser Aspekt erscheint durchaus erheblich für die nachfolgende Begriffsbestimmung des Anstaltsbeirats.

2.4 Zusammenfassende Definition

Der Begriff „Anstaltsbeirat" kann anhand verschiedener Verständnis- und Auslegungsmöglichkeiten diskutiert werden. Nach einem rein normativen Verständnis handelt es sich um einen objektiven Rechtsbegriff, der die Beteiligung Außenstehender am Strafvollzug in Form beratender und betreuender Tätigkeit beschreibt und dadurch die tatsächlich normierten Anforderungen an die Beiratstätigkeit definiert. Darüber hinaus wird den Anstaltsbeiräten rechtspolitisch die Funktion einer Kontrollinstanz zugeschrieben, die gleichzeitig das Bindeglied zwischen dem abgeschlossenen Strafvollzugsbereich und dessen Umwelt, der „Öffentlichkeit", darstellt. Insoweit handelt es sich bei dem Begriff des Anstaltsbeirats auch um einen rechtspolitischen Begriff, der die normativen Erwartungen umschreibt, die rechtspolitisch mit der Einrichtung der Anstaltsbeiräte einhergingen. Außerdem ist die Institution des Anstaltsbeirats Ausdruck einer nach allgemeinem Verständnis notwendigen Mitwirkung gesellschaftlicher Kräfte am Strafvollzug.

Aus diesen unterschiedlichen Aspekten der Beiratstätigkeit lässt sich zusammenfassend folgende Definition bilden, von der im Folgenden zunächst ausgegangen werden soll:

Anstaltsbeiräte sind unabhängige, ehrenamtlich im Vollzug tätige Laien, die durch ihre beratende und betreuende Arbeit die gesamte Behandlungsstruktur in der Vollzugsanstalt fördern und verbessern sowie durch ihre beobachtend-kontrollierende Teilnahme die Öffentlichkeitsbeteiligung am Strafvollzug sichern sollen, um auf diese Weise nicht nur die Toleranz und das Verständnis der Bevölkerung gegenüber dem Strafvollzug zu stärken, sondern mit der dadurch bewirkten demokratischen Kontrolle dieser staatlichen Institution auch rechtsstaatlichen Anforderungen Rechnung zu tragen.

---

74 Vgl. Krebs 1980, S. 105.
75 Rotthaus 1999, in: Schwind/Böhm-StVollzG, § 165 StVollzG, Rn. 3.

3. Gang der Untersuchung

Im Rahmen der Begriffsbestimmung des Anstaltsbeirats ist bereits vereinzelt auf die verfassungsrechtlichen Aspekte einer Beteiligung der Öffentlichkeit am Strafvollzug im Hinblick auf rechtsstaatliche Gesichtspunkte eingegangen worden. Zur Verdeutlichung der mit der Institution des Anstaltsbeirats verbundenen verfassungsrechtlichen Implikationen sollen die rechtsstaatlichen und sozialstaatlichen Anforderungen an die Öffentlichkeitsbeteiligung am Strafvollzug dargestellt und untersucht werden. Im Zuge dessen wird analysiert, inwieweit die Beiräte als Garanten dieser Verfassungsprinzipien geeignet sind.

Daran schließt sich ein Überblick über die historische Entwicklung der Laienbeteiligung am Strafvollzug an. Hierbei erfolgt nicht nur eine Darstellung der deutschen Entwicklung, sondern auch ein Vergleich mit der Entwicklung im Ausland.

Weiterhin sind die rechtlichen Rahmenbedingungen der §§ 162 ff. StVollzG, § 18 JVollzGB I BW zu untersuchen. Dabei werden sämtliche Materialien und Entwürfe zum Strafvollzugsgesetz und dem Justizvollzugsgesetzbuch Baden-Württembergs analysiert, um die konkreten Aufgaben, Befugnisse und Pflichten der Beiräte im Sinne der §§ 163–165 StVollzG, § 18 JVollzGB I BW klären zu können. Auf diese Weise sollen die normativen Erwartungen an die Einrichtung der Anstaltsbeiräte herausgearbeitet werden. Im Anschluss daran ist auf die einzelnen Ausführungsbestimmungen der Länder Baden-Württemberg und Sachsen einzugehen. Eine Analyse dieser Vorschriften wird zeigen, inwieweit die normativen Erwartungen eine landesrechtliche Ausgestaltung erfahren haben.

Im nächsten Schritt sollen die gesamten Rahmenbedingungen der Tätigkeit der Anstaltsbeiräte in den Blick genommen werden. Ein Überblick über die bisherigen Ergebnisse empirischer Untersuchungen und den aktuellen Sachstand in Baden-Württemberg wird dazu dienen, erste Anhaltspunkte bezüglich der Wirkungsweise der baden-württembergischen Anstaltsbeiräte innerhalb des Strafvollzugs, aber auch in der Öffentlichkeit zu erlangen. Dadurch können Thesen im Hinblick auf die Stellung der Anstaltsbeiräte in Baden-Württemberg im Gefüge des Strafvollzugs, ihr Verhältnis zu den Partnergruppen im Strafvollzug – den Insassen, den Vollzugsbeamten, der Anstaltsleitung und dem Justizministerium – sowie ihre Kommunikation mit der Öffentlichkeit entwickelt werden.

An diese Hypothesenbildung schließt sich der empirische Teil der Arbeit an, für welchen die Anstaltsbeiräte an sämtlichen Justizvollzugsanstalten in Baden-Württemberg und Sachsen befragt wurden.

Die Auswertung der erhobenen Daten kann Aufschluss über die tatsächliche Stellung der Anstaltsbeiräte an den Vollzugsanstalten in Baden-Württemberg vor dem Vergleichshintergrund der sächsischen Beiratstätigkeit geben und es lassen sich die Stärken bzw. eventuelle Schwächen dieser Institution in der Praxis erkennen. Diese Ergebnisse sind Ausgangspunkt für die Entwicklung möglicher Verbesserungsvorschläge und Alternativen, die darin bestehen können, entweder die rechtlichen Regelungen für Anstaltsbeiräte in Baden-Württemberg zu verändern und/oder Änderungen in der praktischen Ausgestaltung der Beiratstätigkeit zu erreichen.

Im Hinblick darauf, dass es sich bei der vorliegenden Untersuchung um eine explorative Studie handelt, können die dargestellten Ergebnisse nur einen ersten Überblick über die tatsächliche Beiratspraxis in Baden-Württemberg liefern und auf diese Weise gegebenenfalls als Anhaltspunkt für weitergehende Fragestellungen dienen.

2. Kapitel: Die Beteiligung von Öffentlichkeit und Laien am Strafvollzug

1. Beteiligung der Öffentlichkeit am Strafvollzug

1.1 Rechtsstaatliche Gesichtspunkte

Die Entwicklung des modernen Strafrechts setzte im Wesentlichen mit der Aufklärung im 18. Jahrhundert ein. Insbesondere Beccaria und Howard strebten im Rahmen dieser gesellschaftlichen Bewegung eine Humanisierung des Strafrechts und des Strafvollzugs an.[76] Im Mittelpunkt stand hierbei das Verlangen nach dem Ausschluss staatlicher Willkür und staatlichen Machtmissbrauchs, die als inhuman und rechtsstaatswidrig empfunden wurden.[77] In dieser Zeit begann sich auch die Auffassung über den Sinn und Zweck der Strafe zu ändern. Sah man diesen zuvor noch ausschließlich in der Vergeltung unrechten Tuns, wurden nunmehr die Androhung und Verhängung der Strafe an ihrer kriminalpolitischen Nützlichkeit für die Gesellschaft gemessen.[78] Davon ausgehend erschien Beccaria die Abschreckung der Bürger vor dem Verbrechen als der Hauptzweck allen staatlichen Strafens. Um hierbei staatlicher Willkür vorzubeugen, forderte er in seiner Schrift „Über Verbrechen und Strafen", „dass [die Strafe] durchaus öffentlich, rasch, notwendig, die geringstmögliche unter den gegebenen Umständen, den Verbrechen angemessen und vom Gesetz vorgeschrieben sein muss, damit sie nicht die Gewalttat eines oder vieler gegen einen einzelnen Bürger sei"[79].

Im 19. Jahrhundert wurde der Rechtsstaat zu einer Kernvorstellung des Staatsrechts. Er erfuhr dabei eine formale Prägung, die bis heute maßgebliche Bedeutung behalten hat. Aufgrund der Erfahrungen des NS-Unrechtsstaates entwickelte sich das Verständnis vom materiellen Rechtsstaat, der eine inhaltliche Ausrichtung an einer höheren Normenordnung gewährleistet und sie durch die Verfassungsbindung der Gesetzgebung sowie durch die Normierung von Grundrechten sichert.[80]

Das Rechtsstaatsprinzip ist in Art. 20 GG verankert, obwohl der Begriff „Rechtsstaat" hier keinen expliziten Ausdruck gefunden hat. Allerdings ist unstreitig, dass die in Art. 20 Abs. 3 GG ausdrücklich genannten Grundsätze – die Bindung des Gesetzgebers an die verfassungsmäßige Ordnung sowie die Bindung der vollziehenden Gewalt und der Rechtsprechung an Gesetz und Recht – konstituierende Elemente einer Staatsordnung darstellen, die Staatstheorie und Staatsrechtsdogmatik

---

76 Vgl. Krebs, ZfStrVo 1969, S. 127.
77 Naucke 2000, S. 24.
78 Vgl. Würtenberger, ZfStrVo 1964, S. 132.
79 Beccaria 1776/1998, S. 177.
80 Vgl. Sachs 2009, Art. 20 GG, Rn. 74.

herkömmlich als „Rechtsstaat" qualifizieren.[81] Insbesondere die enge Verbindung des Grundsatzes der Gesetzmäßigkeit der Verwaltung mit dem Rechtsstaatsprinzip kam bei der Ausarbeitung des Grundgesetzes zur Sprache.[82] Zusammen mit dem in Art. 20 Abs. 2 GG verankerten Gewaltenteilungsprinzip bilden diese drei Grundsätze den Kern jedenfalls des formellen Rechtsstaatsprinzips. Daraus ergibt sich jedoch noch keine umfassende Gewährleistung dieser verfassungsrechtlichen Maxime. Der Inhalt der Rechtsstaatlichkeit spiegelt sich vielmehr in einer größeren Zahl grundgesetzlicher Bestimmungen wider, so z. B. in Art. 1 Abs. 3 GG, Art. 28 Abs. 1 S. 1 GG, Art. 19 Abs. 4 GG.

Das Rechtsstaatsprinzip enthält verschiedene Einzelgehalte, die teilweise als solche nicht umfassend im Grundgesetz geregelt, jedoch namentlich durch die Judikatur des Bundesverfassungsgerichts anerkannt sind.[83] Hierzu zählt die Möglichkeit für das Volk, Kontrolle über die staatlichen Organe auszuüben. Für die Berechenbarkeit staatlichen Handelns, aber auch für einen darüber hinausgehenden Schutz der Rechte des Einzelnen ist eine wirksame Kontrolle der Staatsgewalt unabdingbar.[84] Diese Kontrollmöglichkeit wird in Art. 20 Abs. 2 und Abs. 3 GG vorausgesetzt, denn nur auf diese Weise kann die Wirksamkeit von Rechten sichergestellt und damit rechtsstaatlichen Anforderungen entsprochen werden. In erster Linie ist hiermit die gerichtliche Kontrolle staatlichen Handelns gemeint.

Der Grundsatz der Öffentlichkeit in der Strafrechtspflege ist in der Verfassung nicht ausdrücklich verankert. Für das Strafverfahren regeln die §§ 169 ff. GVG auf einfachgesetzlicher Ebene die Beteiligung der Öffentlichkeit an der mündlichen Verhandlung. Jedoch hat bereits der Bundesgerichtshof in seinen ersten veröffentlichten Entscheidungen auf die „überragende Bedeutung der Öffentlichkeit des gerichtlichen Verfahrens für die Rechtspflege im Ganzen"[85] hingewiesen. Zweck dieses Öffentlichkeitsgrundsatzes ist es, der Allgemeinheit durch die Verhandlung in ihrer Anwesenheit eine gewisse Kontrollmöglichkeit über die Tätigkeit des Gerichts zu verschaffen.[86] Insbesondere verweist das Bundesverfassungsgericht in der Lebach-Entscheidung auf „das legitime demokratische Bedürfnis nach Kontrolle der für die Sicherheit und Ordnung zuständigen Staatsorgane und Behörden, der Strafverfolgungsbehörden und der Strafgerichte"[87]. Auch den Anstaltsbeiräten kommt – wie bereits dargestellt – diese Kontrollfunktion in Bezug auf den Strafvollzug zu. Mit der durch sie gewährleisteten

---

81 Sommermann 2005, in: von Mangoldt/et al.-GG, Art. 20 Abs. 3 GG, Rn. 227.
82 Vgl. die Darlegungen des Abgeordneten Dr. Menzel in der 10. Sitzung des Parlamentarischen Rates am 8. Mai 1949, Stenographische Berichte, Bonn 1948/49, S. 203: „Dazu gehört z. B. auch, dass das Grundgesetz von den Gliedstaaten, aus denen sich der Bund zusammensetzt, eine Garantie für die Gesetzmäßigkeit ihrer Verwaltung und damit die Fundierung der Rechtsstaatsidee in den Länderverfassungen fordert".
83 BVerfGE 35, 41, 47; BVerfGE 39, 128, 143.
84 Vgl. Sommermann 2005, in: von Mangoldt/et al.-GG, Art. 20 GG, Rn. 321.
85 BGHSt 9, 280, 281.
86 Wolf 1987, S. 243.
87 BVerfG NJW 1973, 1226, 1230.

Beteiligung der Öffentlichkeit am Strafvollzug sollen die Vorgänge innerhalb dieser staatlichen Institution transparent gestaltet werden, um damit eine gewisse Kontrolle zu erreichen.[88]

Aus diesen garantierten Kontrollmöglichkeiten erwächst vor allem eine Garantie der Rechtsstaatlichkeit, da die bloße Möglichkeit öffentlicher Kontrolle Vertrauen schafft, welches die wichtigste Ressource des Rechtsstaats ist.[89] Auch die Rechtsprechung des Bundesverfassungsgerichts weist darauf hin, dass die handelnde Staatsgewalt einer Kontrolle in Gestalt des Einblicks der Öffentlichkeit bedarf und dieser Gesichtspunkt unter dem Grundgesetz vom Rechtsstaatsprinzip erfasst wird.[90] Der Öffentlichkeitsgrundsatz ist somit zwar nicht explizit in der Verfassung erwähnt, er ist jedoch natürliche Folge eines Rechtsstaats, der für das Volk, von dem die Staatsgewalt ausgeht, selbstverständlich auch Kontrollmöglichkeiten vorsehen muss.[91] Er dient als Kontrollinstrument der Bevölkerung zur Begrenzung der staatlichen Macht und kann insoweit auf Art. 20 Abs. 2, Abs. 3 GG und damit auf das Rechtsstaatsprinzip zurückgeführt werden.[92] Die Mitwirkung von Laien am Strafvollzug in Form der Anstaltsbeiräte, die eine Beteiligung der Öffentlichkeit an dieser staatlichen Institution sicherstellen und damit eine gewisse Kontrolle bewirken sollen, ist in der Verfassung zwar nicht geregelt, sodass die Einrichtung von Anstaltsbeiräten auch nicht zwingend verfassungsrechtlich geboten ist. Dennoch ist die Beteiligung der Öffentlichkeit am Strafvollzug durch die Beiräte gemäß den §§ 162 ff. StVollzG, § 18 JVollzGB I BW Ausdruck des in Art. 20 GG verankerten Rechtsstaatsprinzips, wodurch den rechtsstaatlichen Anforderungen an die Institution des Strafvollzugs Rechnung getragen wird.

1.2 Sozialstaatliche Gesichtspunkte

Neben rechtsstaatlichen Gesichtspunkten können sozialstaatliche Aspekte bei der Beteiligung der Öffentlichkeit am Strafvollzug eine Rolle spielen.

Das Sozialstaatsprinzip ist verfassungsrechtlich in Art. 20 Abs. 1 GG verankert. Die Begrifflichkeit des „Sozialstaates" geht auf das Sozialstaatskonzept von Lorenz von Stein aus dem 19. Jahrhundert zurück. Nach dieser Idee von einem Sozialstaat ist es oberstes Ziel des Staates, mit seiner Macht den wirtschaftlichen und gesellschaftlichen Fortschritt aller seiner Angehörigen zu fördern, weil letztlich die Entwicklung des einen stets Bedingung für die Entwicklungsmöglichkeit des anderen ist.[93] Der deutsche Sozialstaat gewann erstmals mit der von Otto von Bismarck betriebenen Sozialgesetzgebung des Kaiserreichs an Bedeutung. Diese war primär auf die Schaffung sozialer Sicherheit ausgerichtet, um auf diese Weise der Gefahr einer sozialistischen

---

88 Vgl. OLG Frankfurt NJW 1978, 2351, 2352.
89 Wolf 1987, S. 243.
90 BVerfG NJW 2001, 1633, 1635.
91 Schäfer 1987, S. 7.
92 Schilken 2007, S. 117 Rn. 159.
93 Vgl. Sommermann 2005, in: von Mangoldt/et al.-GG, Art. 20 Abs. 1 GG, Rn. 99.

Arbeiterbewegung begegnen zu können.[94] Eine verfassungsrechtliche Verankerung des Sozialstaatsprinzips wurde zwar bereits in der Verfassungsdebatte der Paulskirchenversammlung angedacht; sie erfolgte jedoch erst mit der Weimarer Reichsverfassung.[95] Im Grundgesetz liegt der normative Schwerpunkt des Sozialstaatsprinzips auf den abstrakten Bestimmungen der Art. 20 Abs. 1, Art. 28 Abs. 1 GG.[96] Die soziale Sicherheit und der soziale Ausgleich bilden die beiden Grundelemente des Sozialstaatsprinzips. Dieses begründet eine Staatszielbestimmung, d. h. es legt ein Ziel fest, zu dessen Verfolgung sämtliche Staatsorgane verpflichtet sind, für welches jedoch kein einklagbarer Anspruch gewährt wird.[97]

Im Hinblick auf den Strafvollzug ergänzen das Sozialstaatsprinzip und das Rechtsstaatsprinzip einander und wirken miteinander.[98] In einem sozialen Rechtsstaat kann der Strafvollzug nicht nur mit rechtsstaatlichen Eingriffsregelungen auskommen. Diese verhelfen ihm lediglich zu seiner Legalität; seine innere Legitimation bezieht er dagegen erst aus der Konkretisierung der „Idee des sozialen Rechts", welche den Strafvollzug als Mittel der Hinführung zu sozial verantwortlicher Lebensführung, als „Sozialisationsinstanz", begreift.[99] In einem Sozialstaat wird das Leben aller Menschen von der Idee einer „sozialen Solidarität" bestimmt, im Rahmen derer jeder auch für den anderen eine soziale Mitverantwortung trägt, insbesondere für die Schwachen und Gefährdeten der Gesellschaft, zu denen auch die Rechtsbrecher gehören.[100] Für den Strafvollzug bedeutet dies, dass er solcher Regelungen bedarf, die auf eine echte Hilfe für den Gefangenen im Hinblick auf eine eigenverantwortliche soziale Lebensbewältigung abzielen und damit am Ziel der Resozialisierung ausgerichtet sind.[101]

Das Bundesverfassungsgericht hat in seiner Lebach-Entscheidung die verfassungsrechtliche Bedeutung der Resozialisierung des Straftäters hervorgehoben. Nicht nur der Straffällige müsse im Strafvollzug auf die Rückkehr in die Gesellschaft vorbereitet werden; diese müsse ihrerseits bereit sein, ihn wieder aufzunehmen.[102] Diese Forderung entspreche verfassungsrechtlich dem Selbstverständnis einer Gemeinschaft, die die Menschenwürde in den Mittelpunkt ihrer Werteordnung stelle und dem Sozialstaatsprinzip verpflichtet sei. Dies verlange von der Gemeinschaft aus betrachtet staatliche Vor- und Fürsorge für Gruppen der Gesellschaft, die aufgrund persönlicher Schwäche oder Schuld, Unfähigkeit oder gesellschaftlicher Benachteiligung in ihrer persönlichen und sozialen Entfaltung behindert seien; dazu würden

---

94   Vgl. Ritter, FS-Zacher 1998, S. 791.
95   Vgl. Sommermann 2005, in: von Mangoldt/et al.-GG, Art. 20 Abs. 1 GG, Rn. 100.
96   Vgl. Würtenberger 1971, S. 11.
97   Sachs 2009, Art. 20 GG, Rn. 50.
98   Vgl. Würtenberger 1971, S. 12.
99   Müller-Dietz, NJW 1972, S. 1165 f.
100 Würtenberger, JZ 1967, S. 238.
101 Vgl. Würtenberger 1971, S. 17.
102 BVerfG, NJW 1973, 1226, 1231.

auch die Gefangenen und Entlassenen gehören.[103] Es wird angeführt[104], dass die Resozialisierung nur dann gelingen kann, wenn auch die äußeren Bedingungen für die Wiedereingliederung des Straftäters geschaffen werden. Hierzu gehört neben einer angemessenen Hilfe des Staates namentlich die Mitwirkung der Gesellschaft. Diese mit dem Strafvollzugsgesetz verbundene Maxime der Resozialisierung verbietet es, die Öffentlichkeit auszusperren und dadurch den Strafvollzug von der Gesellschaft abzuschirmen.[105] Denn dies würde ein systematisches Ausblenden gerade derjenigen Realität bedeuten, auf die und für die die Insassen vorbereitet werden sollen, wobei die Gesellschaft aber auch ihrerseits auf die Wiederaufnahme der Gefangenen vorbereitet sein muss. Eine Öffnung des Vollzugs[106] nach außen ermöglicht eine annähernd realistische Konfrontation der Gesellschaft mit dem Leben im Vollzug, was letztendlich unabdingbare Voraussetzung für die Verwirklichung der Gestaltungsgrundsätze des § 3 StVollzG ist, nämlich das Leben im Vollzug den allgemeinen Lebensverhältnissen soweit als möglich anzugleichen, den schädlichen Folgen des Freiheitsentzugs entgegenzuwirken und Hilfe zur Wiedereingliederung zu gewähren.[107]

Die Information der Öffentlichkeit über die Aufgaben und Probleme des auf Resozialisierung ausgerichteten Strafvollzugs durch unabhängige, außenstehende Personen in Form der Anstaltsbeiräte ist damit notwendige Voraussetzung für die Wiedereingliederung des Gefangenen in die Gesellschaft und entspricht insoweit den sozialstaatlichen Anforderungen an die Institution des Strafvollzugs.

2. Historische Entwicklung der Laienbeteiligung am Strafvollzug

Die Institution des Anstaltsbeirats in der heutigen Form blickt auf eine lange Tradition zurück. Ihre Wuzeln gehen bis in das 16. Jahrhundert auf die Gründung des Amsterdamer Zuchthauses 1595 zurück. Damals hatten die frühesten Formen der Laienmitwirkung am Gefängniswesen ihren Ausgangspunkt. Auch wenn diese mit der heutigen Definition des Anstaltsbeirats wenig gemeinsam haben, so stellen sie dennoch die Ursprünge jener Entwicklung dar, die zur Entstehung der heutigen Anstaltsbeiräte geführt hat.[108] Es ist deshalb notwendig, diesen historischen Verlauf in seinen Grundzügen darzustellen, um das Wesen des Anstaltsbeirats besser erfassen zu können.

---

103 Hofmann 2008, in: Schmidt-Bleibtreu/et al.-GG, Art. 20 GG, Rn. 39.
104 BVerfG, NJW 1973, 1226, 1231.
105 Kerner 1992, S. 384.
106 So auch die Forderungen von Jung, ZfStrVo 1977, S. 86 ff.
107 Vgl. Busch 1988, S. 221.
108 Münchbach 1973, S. 19.

2.1 Die Entwicklung in Amsterdam und den deutschen Hansestädten

Mit der Entstehung der modernen Freiheitsstrafe gegen Ende des 16. Jahrhunderts und der Gründung der Amsterdamer Zuchthäuser begann sich auch die Laienmitwirkung im Gefängniswesen zu etablieren.[109] Bis zur Wende des Strafvollzuges im 16. und 17. Jahrhundert dienten die in Amsterdam bestehenden Gefängnisse überwiegend der Verwahrung von Rechtsbrechern.[110] Das Strafrecht dieser Zeit beruhte auf dem Prinzip der Abschreckung und Unschädlichmachung.

Die Forschungen Robert von Hippels weisen nach, dass die Entwicklung des modernen Erziehungsstrafvollzugs in der Schaffung des Amsterdamer Zuchthauses im Jahre 1595 ihren Ausgangspunkt hatte.[111] Inspiriert durch die ab dem Jahre 1557 gegründeten englischen Gefängnisse, die so genannten Bridewells, die von der rein strafrechtlichen Repression absahen und sich dem Gedanken der Erziehung der Rechtsbrecher durch Arbeit zuwandten, wurde in Amsterdam 1595 das Zuchthaus für Männer und 1597 das Spinnhaus für Frauen errichtet.[112] Diesen Einrichtungen lag der Erziehungsgedanke zugrunde, der jedoch nicht wie nach moderner Auffassung Erziehung im Rahmen des Vollzuges der Strafe meinte, sondern vielmehr Erziehung durch Arbeit und Züchtigung, bei der die Strafe selbst Erziehungsmittel ist.[113] Die Zuchthäuser stellten Arbeits- und Besserungsanstalten dar, die den Vollzug der neu eingeführten zeitigen Freiheitsstrafe ermöglichten und gleichzeitig den Wiedereintritt des Gefangenen in die bürgerliche Gesellschaft befördern sollten.[114] Damit standen erstmals die Ziele der Besserung und Resozialisierung der Straftäter im Fokus des Strafvollzugs und es entstand die Idee der modernen Freiheitsstrafe, die von „religiösem Besinnen" und „Armenfürsorge" beeinflusst war.[115]

Die „Amsterdamer Zuchthausordnung" enthielt auch erste Ansätze der Beteiligung von Laien am Gefängniswesen. Nach Ziff. 13 dieser Zuchthausordnung unterstützten vom Rat der Stadt gewählte Männer und Frauen (Regenten) ehrenamtlich die Hauptverwaltung des Zuchthauses und führten die Aufsicht über die Strafanstalt.[116] Aufgrund ihrer Verwaltungsbefugnisse ähnelten diese Regenten allerdings eher Strafanstaltsdirektoren als den heutigen Anstaltsbeiräten.[117]

Angeregt durch die kriminalpolitischen Erfolge dieses neuen Vollzugstyps entstanden nach dem Amsterdamer Vorbild zu Beginn des 17. Jahrhunderts in den deutschen

---

109 Vgl. Radbruch, ZfStrVo 1952/53, S. 163.
110 Krebs, FS-Dünnebier 1982, S. 711.
111 Vgl. von Hippel 1931, S. 1 ff.
112 Vgl. Mittermaier 1954, S. 17.
113 Radbruch, ZfStrVo 1952/53, S. 168.
114 Vgl. von Hippel 1931, S. 5.
115 Schmidt 1965, S. 187.
116 Vgl. von Hippel 1931, S. 15.
117 Münchbach 1973, S. 19.

Hansestädten ähnliche Zuchthäuser.[118] Sowohl in Bremen[119] als auch in Lübeck wurden die Inspektion und die Verwaltung der Zuchthäuser durch ehrenamtliche Bürger betrieben, während in Danzig und Nürnberg die Ehrenamtlichen lediglich die Aufsicht über die Anstalten ausübten und damit ausschließlich kontrollierend statt verwaltend tätig wurden.[120] Dabei wurde deutlich, dass ein einheitlicher Zuchthaustyp in Deutschland nicht entstanden war. Während einige Zuchthäuser wesentlich strafrechtlicher Natur waren und hauptsächlich Kriminelle beherbergten, stellten andere eher soziale Einrichtungen dar, die arbeitsunwillige Menschen „therapieren" und wieder in die Gesellschaft zurückführen sollten.[121] Hierin liegt vermutlich der Grund dafür, dass die deutschen Anstalten von vornherein nicht das Qualitätsniveau der holländischen Zuchthäuser erreichten oder schnell auf eine tiefere Stufe absanken.[122]

Diese frühen Formen der Laienbeteiligung am Strafvollzug sind nicht mit den heutigen Anstaltsbeiräten vergleichbar, dennoch können sie als Ausgangspunkt für deren Entwicklung bezeichnet werden.

2.2 Die Entwicklung in Pennsylvania

Zur Etablierung der Mitwirkung gesellschaftlicher Kräfte am Gefängniswesen haben die Entwicklungen in Pennsylvania Ende des 18./Anfang des 19. Jahrhunderts einen wesentlichen Beitrag geleistet.

Humanitäre Missstände in den Gefängnissen führten 1776 zur Gründung eines Hilfsvereins, der Philadelphischen Gefängnisgesellschaft, die 1778 aufgelöst und 1787 unter dem Namen „Philadelphia Society for Alleviating the Miseries of Public Prisons" wieder neu ins Leben gerufen wurde.[123] In diesem Hilfsverein organisierten sich, motiviert durch christlich-ethische Gedanken, ehrenamtlich die angesehensten Bürger Philadelphias, um systematische Hilfestellungen für die Gefangenen gewährleisten zu können.[124] Ziel dieser Organisation war es, durch regelmäßige Besuche und Gespräche den sozialen Kontakt der Gefangenen zur Außenwelt herzustellen und dadurch nicht nur deren Isolierung vorzubeugen, sondern auch bessernd auf diese einzuwirken.[125] Im Zusammenhang mit der streng religiösen Auffassung der Einwohner des Quäker-Staates Pennsylvania waren diese Besuche stark religiös ausgerichtet und von Bestrebungen der christlichen Nächstenliebe geprägt.[126] Zudem wurde die Einführung eines Einzelhaftsystems gefordert, wodurch der Gefangene in die Lage versetzt werden sollte, allein mit sich und seinem Gewissen

---

118 Sieverts 1967, S. 45.
119 Vgl. die Ausführungen Grambows 1910, S. 10 ff.
120 Vgl. Münchbach 1973, S. 20.
121 Vgl. Mittermaier 1954, S. 18.
122 Kaiser 1978, S. 30.
123 Kriegsmann 1912, S. 30.
124 Krebs, ZfStrVo 1969, S. 129.
125 Müller-Dietz 1978, S. 9.
126 Vgl. Münchbach 1973, S. 22.

zur Reue und Selbsteinsicht zu kommen.[127] Die Grundlage für dieses ehrenamtliche Engagement bildete ein Verständnis des Strafvollzugs und des Straffälligen, das auf Besserung und Hilfe gerichtet war, weshalb das Treffen und das Gespräch mit außenstehenden Besuchern als unumgängliche Ergänzung des Einzelhaftsystems angesehen wurden.[128] Diese Besuche sollten nach den „Grundgesetzen" der Gesellschaft mindestens einmal pro Woche erfolgen, wobei nicht nur die umfassende medizinische Versorgung sowie die Qualität der Verpflegung und Kleidung von den „Prison Visitors" überwacht wurden, sondern es sollten die allgemeinen Zustände in der Anstalt beobachtet und eventuelle Missbräuche den Regierungsbevollmächtigten angezeigt werden.[129] Diese Aufgabenverteilung zeigte, dass die Besucher auch die Aufgabe der Kontrolle über Aufseher und Leiter der Gefängnisse hatten und insoweit den heutigen Anstaltsbeiräten sehr nahe standen.

Zehn dieser „Prison Visitors" wurden später zu den ersten von zwölf Gefängnisinspektoren Philadelphias.[130] Durch Gesetz vom 5. April 1790 wurde die Aufsicht über das Walnut Street Jail in Philadelphia, das erstmals die Einzelhaft durchführte, so genannten Gefängnisinspektoren übertragen, die durch den Stadtrat aus einem Verzeichnis der „angesehensten, redlichsten und menschenfreundlichsten Einwohner Philadelphias" gewählt wurden und ihr Ehrenamt unentgeltlich ausübten.[131] Diese Inspektoren bekleideten ihr Amt vier Jahre lang, wobei jährlich drei Inspektoren ausschieden und drei neue hinzutraten. Bei den monatlichen Versammlungen des Board of Inspectors wurden aus deren Mitte je drei Inspektoren ernannt, die dem Gefängnis mindestens einmal die Woche einen Besuch abstatteten, um sich über die Zustände in der Anstalt zu informieren und eventuellen Missbrauch irgendeiner Art durch die Beamten aufzudecken.[132] Diese Aufsichtsfunktion entspricht in etwa den Kontrollbefugnissen der Anstaltsbeiräte.

Daneben mussten die Gefängnisinspektoren aber auch Verwaltungsaufgaben wahrnehmen, wie z. B. die wichtigsten Gefängnisbeamten zu bestellen und deren Gehalt festzusetzen.[133] Insoweit fand wie bei den Amsterdamer Regenten keine strikte Trennung zwischen Verwaltungsangelegenheiten und Kontrolle über die aufsichtsführenden Beamten statt, was mit der den Anstaltsbeiräten zukommenden Kontrollfunktion nicht in Einklang zu bringen ist, da eine solche Verzahnung die Gefahr in sich birgt, dass die Kontrollfunktion ad absurdum geführt wird.

Dennoch erfreute sich die Einrichtung solcher Gefängnisinspektoren großen Zuspruchs[134], sodass nach dem Vorbild Philadelphias diese Institution bald von anderen nordamerikanischen Strafanstalten übernommen wurde.

---

127 Vgl. Kriegsmann 1912, S. 30.
128 Vgl. Münchbach 1973, S. 22.
129 Vgl. Krebs, ZfStrVo 1982, S. 715 f.
130 Bauer, BewHi 1957/58, S. 181.
131 Dazu die ausführliche Darstellung bei Münchbach 1973, S. 20 ff.
132 Vgl. Teeters 1955, S. 52.
133 Münchbach 1973, S. 21.
134 Vgl. die Aufzählung bei Münchbach 1973, S. 21.

2.3 Die Entwicklung der englischen Gefängnisbewegung

Der Beginn der Gefangenenbesuche in England durch Außenstehende wird in den Bestrebungen Elisabeth Frys gesehen (1780–1845)[135]. Ausschlaggebend für ihr soziales Engagement war ein Besuch des Londoner Frauengefängnisses Newgate, bei dem sie unbeschreibliches Elend der eingesperrten Frauen und eklatante Missstände in der Anstalt vorfand.[136] Aufgrund ihrer christlichen Gesinnung beschloss sie, mit einigen ihrer Quäkerfreundinnen zunächst nur sporadisch die Inhaftierten zu besuchen, um deren Nöte durch seelischen Beistand etwas zu lindern. Daraus entwickelten sich jedoch bald regelmäßige Besuche, die 1817 zur Gründung der ersten Gesellschaft für freiwillige Gefängnishelferinnen durch Elisabeth Fry führten („The Ladies Association for the Improvement of the Female Prisoners in Newgate")[137]. Im Mittelpunkt der Bemühungen dieser Gesellschaft standen in erster Linie die Linderung materieller Nöte und damit eine schrittweise Änderung der Behandlung der Gefangenen. So sorgten die Besucherinnen für bessere Kleidung und bessere Verpflegung für die Gefangenen; sie richteten Arbeitsmöglichkeiten und eine Schule ein. Aufgrund der religiösen Einstellung Elisabeth Frys waren Gespräche im Sinne christlicher Nächstenliebe und Bibelstunden elementarer Bestandteil der regelmäßigen Gefängnisbesuche.[138]

Das fürsorgerische Engagement Elisabeth Frys stellte den Ursprung der englischen Laienmitwirkung im Strafvollzug dar. Nach der Gründung ihrer Gefängnisgesellschaft etablierten sich nicht nur in England, sondern überall in Europa so genannte „Ladies' Committees for Visiting Prisoners"[139] mit der Folge, dass sich die Laienbeteiligung in der Strafanstalt mehr und mehr zu einem festen Bestandteil im Gefängniswesen entwickelte.

Heute wird im englischen Strafvollzug im Wesentlichen zwischen den „Visiting Committees" und dem „Prison Visitor" (nicht gleichzusetzen mit dem „Prison Visitor" aus Pennsylvania) im Hinblick auf die gesellschaftliche Teilnahme am Strafvollzug unterschieden. Für beide Repräsentanten der Öffentlichkeit gilt, dass sie freiwillig, ehrenamtlich und unentgeltlich mit den Beamten in der Strafvollzugsanstalt zusammenarbeiten.[140]

Die „Visiting Committees" bestehen aus Mitgliedern, die durch den lokalen Gerichtshof bestimmt werden. Der Schwerpunkt ihrer Tätigkeit liegt auf dem Gebiet der Disziplinargewalt gegenüber den Gefangenen. So kann das „Visiting Committee" bis zu 14 Tage Arrest verhängen. Diese Form der Behandlung der Disziplinarfälle und die dadurch ermöglichte ungehinderte Zulassung von Laien zum Strafvollzug sollen eine Steigerung des Vertrauens in die Gefängnisverwaltung bewirken, sowohl auf

---

135 Vgl. Fox 1952, S. 205; dazu auch Julius 1928, S. 244.
136 Vgl. Smith 1962, S. 101.
137 von Lossow, ZfStrVo 1955, S. 14.
138 Vgl. Krebs 1980, S. 110.
139 Vgl. Smith 1962, S. 105.
140 Krebs, FS-Radbruch 1948, S. 188 f.

Seiten der Öffentlichkeit als auch der Gefangenen selbst.[141] Das „Visiting Committee" tritt aber nicht nur als aufsichtsführende Laienbehörde auf, sondern ihm kommen auch fürsorgerische Aufgaben zu. So besuchen die Mitglieder einmal im Monat die Gefangenen, die sich bei diesen Besuchen mit Beschwerden an sie wenden können. Dieses System der Mitwirkung von Laien bei der Aufsicht und der Erfüllung von Verwaltungsaufgaben sowie seine Institutionalisierung als Beschwerdeinstanz haben sich in das englische Gefängniswesen fest eingefügt.[142]

Die „Prison Visitors" sind Einzelvertreter der Öffentlichkeit, die die Erlaubnis haben, die Gefangenen regelmäßig zu besuchen. Im Gegensatz zum „Visiting Committee" kümmern sie sich jedoch nicht um alle Gefangenen, sondern es werden jedem Visitor einzelne Häftlinge zugewiesen, denen dann sein ehrenamtliches Engagement gilt. Die Besuche sollen einmal wöchentlich außerhalb der Arbeitszeit erfolgen, wobei der Visitor dem Gefangenen mit Rat und Hilfe in allen Lebensbereichen zur Seite stehen soll.[143] Der Besucher erhält einen Zellenschlüssel und kann die ihm zugewiesenen Gefangenen ungehindert aufsuchen und beliebig lange Einzelgespräche mit ihnen führen. Durch diese individuelle Betreuung sollen bei den Gefangenen das Verantwortungsgefühl sowie die Fähigkeiten zur Reflexion des eigenen Verhaltens gefördert und damit die Resozialisierung unterstützt werden.

2.4 Die deutsche Entwicklung bis zum Ersten Weltkrieg

2.4.1 Theodor Fliedner und die „Rheinisch-Westfälische Gefängnisgesellschaft"

In Deutschland entstanden zu Beginn des 19. Jahrhunderts nach den Vorbildern in Nordamerika und England ebenfalls erste religiös geprägte private Gefängnisvereine. 1826 gründete der Pastor Theodor Fliedner (1800–1864) den ersten deutschen Verein für Straffälligenhilfe, die „Rheinisch-Westfälische Gefängnisgesellschaft", nachdem ihn auf einer Kollektenreise durch England der Einsatz Elisabeth Frys für die Mitwirkung gesellschaftlicher Kräfte im Rahmen staatlichen Strafens inspiriert hatte.[144] Diese Gesellschaft verfolgte das Ziel, auf die Gefangenen während der Haftzeit im Sinne einer sittlichen Besserung einzuwirken und sie auf diese Weise für die Wiedereingliederung in die Gesellschaft nach der Entlassung vorzubereiten.[145] Durch die Anstellung von Hausgeistlichen und Lehrern sollten die Gefangenen gefördert und gefordert und dadurch die Ziele der Gesellschaft realisiert werden.[146]

---

141 Krebs, FS-Radbruch 1948, S. 189.
142 Kühler 1959, S. 548.
143 Vgl. ebd., S. 549.
144 Krebs, ZfStrVo 1950, S. 19.
145 Vgl. von Rohden/Just 1926, S. 14.
146 Vgl. dazu die Forderungen im „Grundgesetz" der Rheinisch-Westfälischen Gefängnisgesellschaft vom 18. Juni 1826, wiedergegeben bei Krebs, ZfStrVo 1950, S. 19 f.

Nach dem Vorbild der „Rheinisch-Westfälischen Gefängnisgesellschaft" entwickelten sich in der Folgezeit zahlreiche ähnliche Institutionen. Diese befassten sich zunächst hauptsächlich mit der sittlichen Besserung des Gefangenen auf religiöser Grundlage während des Strafvollzugs; die Entlassenenhilfe wurde nur als unwesentlicher Bestandteil der Strafrechtspflege angesehen.[147] Erst im Laufe der Zeit konzentrierte sich die Tätigkeit der Hilfsvereine, wie des 1827 in Berlin gegründeten „Vereins zur Besserung der Strafgefangenen" und des 1830 in Stuttgart gegründeten „Württembergischen Vereins zur Fürsorge für entlassene Strafgefangene", immer mehr auf die Entlassenenfürsorge.[148]

Eine weniger sozial, sondern eher kontrollierend ausgerichtete Form der Laienbeteiligung am Strafvollzug findet sich in den Verwaltungs-Commissionen des preußischen Generalplans von 1804, der jedoch nie zur Ausführung gelangte.[149] Deren Aufgaben sollten sich nicht nur auf die Aufsicht über das Personal, sondern auch auf die zweckmäßige Behandlung der Gefangenen erstrecken; außerdem kamen ihnen weitreichende Verwaltungsbefugnisse zu.[150] Hierbei sollten wiederum Kontroll- und Verwaltungsaufgaben in der Laienbeteiligung miteinander vereinigt werden, ähnlich wie in den Strafanstalten der Hansestädte. Die Verwaltungs-Commissionen können als Vorstufe zu den später in Deutschland auftauchenden Aufsichtskommissionen bezeichnet werden.[151]

2.4.2 Die Aufsichtsräte in Baden und die Entwicklung in den anderen deutschen Ländern

Nach dem pennsylvanischen Vorbild wurde in Bruchsal (Baden) 1845 auf der Grundlage des Einzelhaftsystems ein neues Männerzuchthaus erbaut.[152] In diesem Zuchthaus wurden die Freiheitsstrafen vollzogen, und zwar unter Einbeziehung gesellschaftlicher Kräfte als Kontrollorgane.[153] Am 5. März 1845 wurde das „Gesetz über den Strafvollzug im neuen Männerzuchthaus Bruchsal" erlassen, welches in § 12 die erste gesetzliche Erwähnung der Aufsichtsräte in Deutschland enthielt. Darauf basierend erging am 5. Juni 1847 die „Dienstordnung für das neue Männerzuchthaus in Bruchsal", die in den §§ 136–156 die einzelnen Regelungen über den „Aufsichtsrat" und den „Inspektor" enthielt.

§ 136 regelte die Zusammensetzung des Aufsichtsrats, wonach dieser aus einer vom Justizministerium beauftragten Gerichtsperson (Inspektor), die den Vorsitz führte, aus zwei bis vier nicht der Staatsverwaltung angehörenden Staatsbürgern,

---

147 Vgl. Sommer 1925, S. 7.
148 Vgl. Siekmann, ZfStrVo 1974, S. 154 und die Ausführungen von Mittermaier 1858, S. 158 ff.
149 Vgl. Kriegsmann 1912, S. 56.
150 Dazu die Ausführungen von Julius 1828, S. 238 ff.
151 Vgl. Münchbach 1973, S. 25.
152 Vgl. die Ausführungen von Müller 1964, S. 132 ff.
153 Vgl. Appel 1905, S. 4.

aus fünf höheren Beamten der Strafanstalt sowie aus einem Verwaltungsgehilfen bestand.[154] Dem Aufsichtsrat wurde gemäß § 137 eine Vielzahl von Pflichten und Befugnissen übertragen. So musste er die vorschriftsmäßige Behandlung der Gefangenen sichern, den Kirchen- und Schuldienst überwachen und Beschwerden der Gefangenen über die Verwaltung oder einzelne Angestellte untersuchen. Darüber hinaus konnte er u. a. über Urlaubsgesuche sämtlicher Beamter bis zu acht Tagen entscheiden, die Einkäufe der Anstalt genehmigen, die Quartals- und Hauptjahresberichte erstatten und alle vom Justizministerium vorgelegten Fragen begutachten sowie jeden von diesem ausgehenden Auftrag besorgen.[155] Der Aufsichtsrat war des Weiteren vor allem Organ der obersten Aufsichtsbehörde. In dieser Funktion wurden ihm die Jahresberichte der Anstalt über die Zustände und Ergebnisse der Haftanstalt Bruchsal vorgelegt.[156] Der Vorsitzende des Aufsichtsrats nahm als Inspektor der Anstalt eine Sonderstellung ein. Er hatte die Anstalt alle 14 Tage wenigstens einmal zu inspizieren, mit Gefangenen allein zu sprechen, die Verpflegung zu prüfen und über seine Beobachtungen dem Aufsichtsrat in dessen monatlichen Sitzungen zu berichten.[157] In dringenden Fällen konnte er selbstständig verfügen (§ 140).

Mit der Zeit wurde ein solcher Aufsichtsrat für jede einzelne Strafanstalt in Baden eingeführt; eine einheitliche Regelung für all diese Anstalten erfolgte jedoch erst mit der „Dienst- und Hausordnung für die Zentralanstalten des Großherzogtums Baden" vom 15. Dezember 1890, die in den §§ 35–41 die Aufgabe und Funktion des bei jeder selbstständigen Anstalt zu bildenden Aufsichtsrats beschrieb.[158] Der Aufsichtsrat setzte sich aus bis zu fünf bürgerlichen Mitgliedern, also Nichtbeamten, die durch das Justizministerium berufen wurden, und aus sechs Anstaltsbeamten zusammen, wobei der Vorsitzende bürgerliches Mitglied, jedoch zugleich „Rechtsgelehrter" zu sein hatte.[159] Der Aufsichtsrat versammelte sich alle drei Monate; seine Pflichten und Befugnisse waren jedoch nicht so weitgehend wie diejenigen nach dem Bruchsaler Modell.[160] So waren seine Entscheidungsbefugnisse über die Gewährung von Vergünstigungen für Gefangene bei Wohlverhalten sowie die Entgegennahme und Weiterleitung von Beschwerden gesetzlich fest verankert; die Aufsicht über die vorschriftsmäßige Behandlung der Gefangenen war jedoch im Vergleich zu Bruchsal weniger stark ausgeprägt. Allerdings war die Sonderstellung des Vorsitzenden gleich geblieben. Er entschied unter anderem über Beschwerden Gefangener, soweit nicht die Gerichte dafür zuständig waren, und nahm die dafür erforderlichen Erhebungen vor. Gemäß § 40 konnte er in „dringenden außerordentlichen Fällen bei Verhinderung der Anstaltsverwaltung" selbstständig verfügen. Die

---

154 Vgl. Krebs 1980, S. 113.
155 Dazu die ausführliche Aufzählung bei Wingler, ZfStrVo 1970, S. 253; die Ausführungen bei Münchbach 1973, S. 28 und Krebs 1980, S. 113 f.
156 Vgl. Krebs 1980, S. 114.
157 Münchbach 1973, S. 28.
158 Vgl. Wingler 1969, S. 9 f.
159 Wingler, ZfStrVo 1970, S. 254.
160 Dazu die Ausführungen bei Münchbach 1973, S. 30.

Kontrollmöglichkeiten der bürgerlichen Mitglieder des Aufsichtsrats wurden jedoch beibehalten. Diese waren berechtigt, Einsicht in den Dienstbetrieb zu nehmen, sie konnten den Jahresbericht des Vorstandes einsehen und sie durften „sich mit den Gefangenen besprechen sowie zur Vorbereitung und Durchführung der Schutzfürsorge für dieselben (heute Straffälligenbetreuung) mitwirken"[161].

Auch in anderen deutschen Ländern wurde versucht, in Anlehnung an das Badener Modell Aufsichtskommissionen in den Strafanstalten zu errichten. In Preußen bestand nach der „Gefängnisordnung für die Justizverwaltung in Preußen" vom 21. Dezember 1898 die Möglichkeit, für größere Anstalten zur Mitwirkung bei der Verwaltung Aufsichtskommissionen einzusetzen, wobei deren Aufgabenkreis nicht näher geregelt wurde.[162] Sie spielten eine eher untergeordnete Rolle, zumal sich diese Kommissionen hauptsächlich aus Beamten zusammensetzten und damit das Laienelement vollkommen in den Hintergrund trat.[163]

In Bayern existierten ebenfalls bereits vor dem Ersten Weltkrieg Gefängnisbeiräte.[164] Die durch die „Dienst- und Hausordnung für die Gerichtsgefängnisse" vom 10. April 1883 eingesetzten Gefängniskommissionen hatten zwar Aufsichtsbefugnisse, da sie aber überwiegend mit Gefängnisbeamten besetzt waren, kam ihnen keine wesentliche Bedeutung zu.[165] Der wesentliche Unterschied zu den Badener Aufsichtsräten bestand also darin, dass sich die erwähnten Aufsichtskommissionen überwiegend aus Anstaltsbediensteten und richterlichen Mitgliedern zusammensetzten, mit der Folge, dass eine wirkliche Laienbeteiligung am Strafvollzug nicht stattfand.[166] Infolgedessen konnten diese Aufsichtskommissionen zu keiner Zeit das Ansehen des Badener Modells erreichen.

Mit der Zeit nahm die Bedeutung von Aufsichtsgremien und Laienbeteiligung immer mehr ab. Während der von der Reichsregierung dem Bundesrat vorgelegte „Entwurf eines Gesetzes über die Vollstreckung von Freiheitsstrafe", der aus finanziellen Gründen nicht verabschiedet wurde, es noch den Ländern überließ, die Aufsicht über die Strafanstalt einem Aufsichtsrat ganz oder teilweise zu übertragen und dessen Zusammensetzung sowie Befugnisse zu regeln, sahen die „Grundsätze des Bundesrates für den Vollzug gerichtlich erkannter Freiheitsstrafen" vom 28. Oktober 1897 weder einen Aufsichtsrat noch eine ähnliche Form der Laienbeteiligung vor.[167] Dadurch wurde zwar nicht das Fortbestehen bereits vorhandener Aufsichtsräte beeinträchtigt, die Laienbeteiligung am Strafvollzug entwickelte sich jedoch nicht wesentlich weiter.

---

161 Wingler, ZfStrVo 1970, S. 254.
162 Vgl. Klein, ZStW 1912, S. 649 f.
163 Dies geht insbesondere aus einem Entwurf Kleins für eine Geschäftsordnung solcher Aufsichtskommissionen hervor, vgl. Klein 1905, S. 16 Anm. 11 b.
164 Vgl. Niebler, ZfStrVo 1967, S. 128.
165 Vgl. Kriegsmann 1912, S. 158.
166 Vgl. Chilian 1974, S. 202.
167 Münchbach 1973, S. 31 f.

Die Frage, inwieweit eine solche Laienbeteiligung überhaupt sinnvoll ist, wurde in der damaligen Zeit kontrovers diskutiert. Bereits vor der Einsetzung des Bruchsaler Aufsichtsrats wurde auf der ersten Versammlung für Gefängnisreform im September 1846 in Frankfurt am Main für die Einrichtung von Aufsichtskommissionen plädiert. Dieser Linie folgte Jagemann, der sich von Laienelementen, insbesondere im Rahmen der Verwaltung der Strafanstalten, überaus positive Impulse für den Strafvollzug versprach.[168] Eher kritisch beurteilte Kriegsmann[169] die Aufsichtsräte. Zwar werde durch die Laienbeteiligung am Strafvollzug das Vertrauen in dessen gesetzmäßige Gestaltung gestärkt, indem diese sonst von der Öffentlichkeit abgeschottete staatliche Einrichtung nun publik gemacht würde. Auf der anderen Seite steige dadurch aber die Gefahr, dass „wohlmeinender Dilettantismus den Strafvollzug zum Gegenstand bedenklicher Experimente macht"[170]. Außerdem könnte eine zu starke Einbeziehung des Laienelements zu einer „möglichen Erschütterung der Autorität des Anstaltsvorstehers" und zu einer „Untergrabung der Anstaltsdisziplin" führen.[171] Der Verein der deutschen Strafanstaltsbeamten sprach sich 1877 deutlich gegen die Aufsichtskommissionen aus, da darin ein „Misstrauensvotum gegen die Anstaltsvorstände" erblickt wurde.[172]

Ein Einblick in die Tätigkeit und die Funktion des Aufsichtsrats ließ sich in der damaligen Zeit insbesondere durch Erfahrungsberichte Gefangener gewinnen. So berichtete Hau in seinen Schilderungen über seine Zeit der Einzelhaft in Bruchsal von den während der Haftzeit öfters stattfindenden Konversationen mit dem Vorsitzenden des Aufsichtsrats dieser Anstalt, wobei es hauptsächlich um die Frage ging, inwieweit den Gefangenen die Einzelhaft belastet.[173] Trotz dieser Berichte und der zahlreichen Diskussionen in der Wissenschaft über Vor- und Nachteile der Laienbeteiligung am Strafvollzug ließ es sich nicht verhindern, dass die Aufsichtsgremien und die Laienbeteiligung im Strafvollzug gegen Ende des 19. Jahrhunderts immer mehr in den Hintergrund der Bestrebungen der Strafvollzugsreformen traten. Bis zum Ersten Weltkrieg konnten sie ihre ursprüngliche Bedeutung nicht wiedererlangen.

2.5 Die Entwicklung in der Weimarer Republik

Nach dem Ende des Ersten Weltkriegs machte sich die einsetzende Demokratisierung der politischen Verhältnisse auch im Strafvollzugswesen bemerkbar. So führte Preußen durch die Allgemeine Verfügung vom 22. Februar 1919 Gefängnisbeiräte an allen Strafvollzugsanstalten ein, Sachsen folgte im Jahr 1922[174]. Diese sollten als ehrenamtliche, neben den staatlichen Verwaltungsorganen stehende Ausschüsse an

---

168   Vgl. Krebs, FS-Dünnebier 1982, S. 726.
169   Vgl. Kriegsmann 1912, S. 160.
170   Vgl. ebd., S. 160 ff.
171   Vgl. ebd.
172   Schäfer 1987, S. 22.
173   Vgl. Hau 1925, S. 48 f.
174   Vgl. Wingler, ZfStrVo 1970, S. 255.

der Überwachung des Strafvollzugs mitwirken und die bis dahin noch bestehenden Aufsichtskommissionen ablösen.[175] Die Gefängnisbeiräte setzten sich ausschließlich aus Laien zusammen, wobei insbesondere solche Personen berücksichtigt werden sollten, bei denen nach ihrer beruflichen, ehrenamtlichen oder sonstigen Tätigkeit, wie z.B. bei Ärzten, Geistlichen, Lehrern, Armenpflegern, Mitgliedern von Wohlfahrts- oder Fürsorgeeinrichtungen, ein teilnehmendes Verständnis für den Strafvollzug und die Gefangenenfürsorge vorausgesetzt werden konnte.[176] Je nach Größe und Bedeutung der Anstalt sollten die Beiräte aus drei bis fünf Mitgliedern bestehen, die von den kommunalen Selbstverwaltungskörperschaften für vier Jahre gewählt wurden und die sich auch aus Frauen und Arbeitervertretern zusammensetzen sollten.[177] Den Beiräten war es erlaubt, die Anstalt zu besichtigen, von allen Einrichtungen Kenntnis zu nehmen und sich von der angemessenen Unterbringung, Beschäftigung und Beköstigung sowie von der vorschriftmäßigen Behandlung der Gefangenen in ihren Haftäumen zu überzeugen. Zu diesem Zweck durften sie die Gefangenen in ihren Haftäumen besuchen und mit ihnen sprechen. Allerdings standen ihnen keine Entscheidungskompetenzen bei festgestellten Mängeln zu; sie konnten sich insoweit lediglich an den Anstaltsvorstand und die Aufsichtsbehörde wenden.

Am 7. Juni 1923 vereinbarten die deutschen Länder die „Grundsätze für den Vollzug von Freiheitsstrafen", die in §§ 17–23 die Bildung von Strafanstaltsbeiräten vorsahen.[178] Gemäß § 17 war es die Hauptaufgabe der Beiräte, die nach Anordnung der Landesregierung oder der obersten Aufsichtsbehörde aus Vertrauenspersonen außerhalb des Beamtenkörpers bestellt wurden, an der Überwachung des Strafvollzugs ehrenamtlich mitzuwirken. Sie sollten nach § 19 Verständnis für die Aufgaben und Wirkungen des Strafvollzugs und Anteilnahme an den persönlichen Sorgen der Gefangenen mitbringen sowie zur Mitarbeit an der Fürsorge für Gefangene und Entlassene bereit sein. Diese Regelung zeigte, dass die Gefängnisbeiräte anders als die Aufsichtskommissionen des 19. Jahrhunderts nicht ausschließlich auf die Überwachung des Vollzugs zum Zwecke rechtsstaatlicher Sicherung des Gefangenen beschränkt waren, sondern es wurden erstmals sozialstaatliche Gesichtspunkte in der Form relevant, dass die Beiräte in der Bevölkerung Anteilnahme und Interesse für den Strafvollzug wecken sollten.[179] Insbesondere in den Dienst- und Vollzugsordnungen Preußens, Bayerns, Sachsens, Braunschweigs und Badens waren die Beiräte nicht auf die Überwachung des Vollzugs beschränkt, sondern sie waren auch als Fürsorgeorgane ausgestaltet.[180] Die Befugnisse der Beiratsmitglieder gemäß § 21 der Reichsratsgrundsätze glichen denen der preußischen Regelung; gemäß § 22 sollten sie ihre Beobachtungen und

---

175 Münchbach 1973, S. 35.
176 Vgl. Wingler 1969, S. 12.
177 Zur Zusammensetzung der Gefängnisbeiräte und ihren Rechten und Pflichten vgl. die Ausführungen bei Münchbach 1973, S. 35 f.
178 Dazu die Darstellung bei Wingler, ZfStrVo 1970, S. 255.
179 Vgl. Münchbach 1973, S. 38.
180 Vgl. Weißenrieder 1928, S. 79.

Anregungen dem Anstaltsvorstand oder dem Justizministerium mitteilen.[181] Der Beiratsvorsitzende in Baden wies eine starke Stellung auf, was auf die erste Bruchsaler Regelung der Aufsichtsräte zurückzuführen war. Er musste „Rechtskundiger" sein, konnte u. a. über Beschwerden Gefangener wegen der vom Anstaltsvorstand angeordneten Maßnahmen entscheiden und sogar den Vollzug einer solchen aussetzen.[182]

Auf der Grundlage der Reichsratsgrundsätze ergingen die Dienst- und Vollzugsordnungen der einzelnen Länder, wobei diese teilweise auf die Einrichtung von Beiräten verzichtet haben, da § 17 lediglich eine Kann-Vorschrift darstellte (u. a. Württemberg, Hessen und Thüringen)[183]. Die anderen Länder lehnten ihre Regelungen im Wesentlichen an die Grundsätze der §§ 17 ff. an. Ein Beirat wurde meistens für selbstständig verwaltete Zuchthäuser und Gefängnisse sowie für größere Gerichtsgefängnisse gebildet.[184] Insbesondere für Jugendanstalten, aber auch für Untersuchungsgefängnisse erließen die Länder teilweise Sondervorschriften. Gewählt wurden die Beiräte entweder von den kommunalen Selbstverwaltungskörperschaften der Gemeinden, Bezirke oder Kreise (Bayern, Preußen, Sachsen), vom Landtag (Anhalt und Braunschweig) oder sie wurden vom Justizministerium ernannt (Baden, Oldenburg).[185]

Die sozialstaatliche Komponente der Gefängnisbeiräte wird in dem am 09. September 1927 vom Reichsjustizminister dem Reichstag vorgelegten amtlichen Entwurf eines Strafvollzugsgesetzes noch deutlicher, der jedoch nie Gesetz geworden ist.[186] Gemäß §§ 37, 38 konnte die oberste Aufsichtsbehörde oder die von ihr bestimmte Behörde vertrauenswürdige Männer und Frauen ehrenamtlich als Anstaltshelfer bei den Strafanstalten bestellen. Die Anstaltshelfer waren den englischen „Prison Visitors" nachgebildet und sollten die Anstaltsbeamten und, wenn ein Fürsorger bestellt war, insbesondere diesen bei der Fürsorge für die Gefangenen und ihre Angehörigen unterstützen.[187] Der Entwurf enthielt keine Regelungen mehr über Anstaltsbeiräte, sondern es wurde nur noch von Anstaltshelfern gesprochen. Allerdings geht aus der amtlichen Begründung zu den §§ 37, 38 des Entwurfs hervor, dass die Anstaltshelfer an die Stelle des als „ähnlich" bezeichneten Instituts der Anstaltsbeiräte der Grundsätze von 1923 treten sollten.[188] Die Überwachungsfunktionen, die bei den Beiräten noch im Vordergrund standen, wurden zwar in der amtlichen Begründung genannt – mit dem Hinweis, dass die Länder nicht daran gehindert sein sollten, die Anstaltshelfer mit Überwachungsbefugnissen auszustatten –, ansonsten blieben

181   Vgl. Preuß, JZ 1925, S. 313.
182   Vgl. Weißenrieder 1928, S. 79.
183   Vgl. Hasse 1928, S. 59.
184   Vgl. Brucks 1928, S. 121.
185   Vgl. Münchbach 1973, S. 37.
186   Vgl. Brucks 1928, S. 123.
187   Vgl. Frede 1927, S. 52.
188   Vgl. BMJ 1954, Materialien zur Strafrechtsreform, S. 52; Müller-Dietz 1978, S. 10.

sie jedoch unerwähnt und traten hinter der sozialen Funktion der Anstaltshelfer vollkommen zurück.[189]

Die Nichterwähnung der Anstaltsbeiräte im Entwurf von 1927 sowie das Fehlen von Vorschriften bezüglich der Überwachungsbefugnisse der Anstaltshelfer wurden vom Bund der Gefängnis-, Straf- und Erziehungsanstaltsbeamten und -beamtinnen kritisiert.[190] Dieser sah die Überwachung des Strafvollzugs als elementare Funktion der Beiräte an, die neben ihrer fürsorgerischen Tätigkeit stehe und deshalb nicht vernachlässigt werden dürfe. Das Misstrauen des Volkes gegenüber dem Strafvollzug könne allein durch die Wahrnehmung fürsorgerischer Aufgaben nicht hinreichend beseitigt werden.[191] Auch Praktiker der damaligen Zeit gingen von einem grundsätzlich positiven Einfluss der Beiräte auf die öffentliche Meinung aus.[192] Insbesondere die Kenntnisse, die die Beiräte erwerben, würden auf verschiedenen Wegen Gemeingut des Volkes werden und anstelle des ehemaligen Misstrauens Vertrauen aufbauen.[193] Dagegen wurde hauptsächlich von der Strafvollzugswissenschaft eingewendet, dass die Anstaltsbeiräte für den Strafvollzug ohne Bedeutung geblieben seien. Die Mitglieder der Beiräte hätten zu wenig Interesse an der Vollzugsarbeit gezeigt und so wenig Zeit für ihr Ehrenamt aufgewandt, dass eine Förderung des Vollzugs von ihnen nicht zu erwarten wäre.[194] Sie hätten zudem ihren Zweck, in der Bevölkerung Verständnis für den Strafvollzug zu wecken, kaum erfüllt.[195]

Insgesamt blieben die Gefängnisbeiräte auch in der Weimarer Zeit ohne große Bedeutung für den Strafvollzug. Der Entwurf von 1927 und die darin enthaltene Abkehr von den Gefängnisbeiräten sowie der ihnen zustehenden Überwachungsfunktion zeigen, dass die Beteiligung der Öffentlichkeit in diesem Bereich der Strafrechtspflege als gescheitert angesehen wurde.[196] Grund hierfür dürfte vor allem die Tatsache gewesen sein, dass den Beiräten lediglich Rechte und keine Pflichten übertragen wurden, sodass eine gewisse Ernsthaftigkeit und Verantwortung bei diesen für ihr Ehrenamt nicht geweckt werden konnte.[197]

2.6 Die Auswirkungen des Nationalsozialismus

Im Rahmen der nationalsozialistischen Machtübernahme wurde die Institution der Gefängnisbeiräte abgeschafft. In der „Verordnung über den Vollzug der Freiheitsstrafen und Maßregeln der Sicherung und Besserung, die mit Freiheitsentzug

---

189   Vgl. BMJ 1954, Materialien zur Strafrechtsreform, S. 52 f.
190   Dazu die Ausführungen von Münchbach 1973, S. 39.
191   Vgl. Münchbach 1973, S. 39.
192   Michaelis 1925, S. 49 ff.
193   Vgl. Michaelis, BlGefK 1921, S. 226.
194   Vgl. Krebs, FS-Radbruch 1948, S. 188.
195   Vgl. Frede 1927, S. 52.
196   Vgl. Schäfer 1987, S. 25.
197   Vgl. Münchbach 1973, S. 40.

verbunden sind" vom 14. Mai 1934 wurden durch Art. 2 Abs. 1 die Bestimmungen über die Anstaltsbeiräte in den §§ 17 bis 23 der Grundsätze von 1923 ersatzlos gestrichen.[198] Diese Strafvollzugsverordnung modifizierte die Reichsratsgrundsätze von 1923 erheblich, indem sie die Ziele des Strafvollzugs über die bloße Erziehung des Rechtsbrechers hinaus auf Sühne und Abschreckung ausweitete.[199] Der Vollzug sollte als Übel für den Gefangenen ausgestaltet sein, sodass die Institution der Anstaltsbeiräte, die die Reichsratsgrundsätze eingeführt hatten, als unvereinbar mit dem „Geist der neuen Zeit" angesehen wurde.[200]

Das Dritte Reich war im Sinne seiner allgemeinpolitischen Zielsetzung bestrebt, rechtsstaatliche Schranken im Strafvollzug abzubauen, sodass die Gefängnisbeiräte, die durch demokratische Beteiligung der Öffentlichkeit die rechtsstaatliche Transparenz des Strafvollzugs sichern sollten, sich nicht in die nationalsozialistische Ideologie einfügten. Folglich wurde bald nach der Machtübernahme Hitlers damit begonnen, diese Institution ähnlich wie viele andere demokratische und rechtsstaatliche Elemente im Staatswesen abzuschaffen. In dem freien Zutritt der Beiräte zu den Strafvollzugsanstalten und der dadurch ermöglichten Kommunikation der Gefangenen mit der Außenwelt wurde die Gefahr des „Niedergangs des zuvor autoritär geführten Strafvollzugs"[201] gesehen. Eine Überwachung des Strafvollzugs durch unabhängige Außenstehende sowie eine Erledigung von Verwaltungsangelegenheiten durch diese waren den damaligen Zielen des Strafvollzugs, der Abschreckung und Vergeltung, abträglich und wurden deshalb abgelehnt.[202] Der Strafvollzug der damaligen Zeit wurde, wie jede andere staatliche Einrichtung auch, dem Führerprinzip unterworfen, was bedeutete, dass die Autorität der Vollzugsbehörde nicht durch unabhängige Kontrollinstanzen untergraben werden durfte.[203] In diesem Vollzugssystem, welches sich ausschließlich an Strenge und Autorität orientierte, war kein Raum für Anstaltsbeiräte, die als unliebsame Störung von außen die Sicherheit und Ordnung in der Anstalt behindert hätten.[204] Diese wurden daher im Nationalsozialismus abgelehnt.

2.7 Die deutsche Entwicklung von 1945 bis zum StVollzG

Nach dem Ende des Zweiten Weltkriegs verlief die Entwicklung der Anstaltsbeiräte in Deutschland aufgrund der Teilung unterschiedlich. Über die Vollzugswirklichkeit in der DDR sind nur wenige Daten vorhanden, weshalb auf die Verhältnisse dort nur kurz eingegangen wird.

---

198   Vgl. Müller-Dietz 1978 a, S. 313.
199   Vgl. Hauptvogel 1935, S. 329.
200   Vgl. Wingler 1969, S. 15.
201   Siefert 1933, S. 5.
202   Resch 1935, S. 339.
203   Vgl. Eichler 1935, S. 363.
204   Vgl. Münchbach 1973, S. 41.

2.7.1 Die Entwicklung in der DDR

In der DDR waren sowohl das Strafrecht als auch der Strafvollzug repressiv ausgerichtet. Der Strafgesetzgebung lag die Vorstellung zugrunde, dass das Verbrechen dem Kommunismus wesensfremd sei, weil dieser Interessengegensätze sowohl zwischen den Menschen als auch zwischen den Bürgern und dem Staat ausschließe. Es herrschte die Klassenkampftheorie vor, nach der alle Straftaten das Ergebnis einer feindlichen Einstellung gegenüber der staatlichen und gesellschaftlichen Ordnung waren.[205] Dieser Einstellung entsprechend wurde die Ursache aller Kriminalität in der Klassenfeindlichkeit jedes einzelnen Verbrechers erblickt, sodass sich der Zweck staatlichen Strafens auf die bedingungslose Bestrafung der Täter zum Schutz der sozialistischen Gesellschaft zu konzentrieren hatte. Dieser repressive Grundansatz hatte zur Folge, dass in Anwendung der bestehenden Strafgesetze fast ausschließlich freiheitsentziehende Sanktionen verhängt und alternative Maßnahmen, wie etwa die Geldstrafe, kaum relevant wurden.[206]

Das Wesen und die Organisation des Strafvollzugs waren ebenfalls durch Repressivität gekennzeichnet. Dies zeigte sich zum einen im Fehlen gerichtlichen Rechtsschutzes der Gefangenen und zum anderen in der fast völligen Abschottung der Gefängnisse gegenüber der Außenwelt und damit gegen eine kontrollierende Öffentlichkeit.[207] Die gesetzliche Grundlage des Strafvollzugs bildete das 1968 erlassene Strafvollzugs- und Wiedereingliederungsgesetz (SVWG), das 1977 durch das Strafvollzugsgesetz (StVG) und das Wiedereingliederungsgesetz (WEG) abgelöst wurde. Anstaltsbeiräte in dem in Rede stehenden Sinne existierten hiernach nicht.

Zwar sah § 30 Abs. 1 StVG die Unterstützung der Gestaltung des Erziehungsprozesses der Gefangenen durch Mitwirkung staatlicher Organe und Einbeziehung verschiedener gesellschaftlicher Kräfte vor. Allerdings kommt dieser „Einbeziehung gesellschaftlicher Kräfte" im Vollzugssystem der DDR eine andere Bedeutung als der Laienbeteiligung am Strafvollzug in der Bundesrepublik zu. Das politische System des Sozialismus war auf Vereinheitlichung und Verschmelzung des individuellen Bewusstseins mit dem Kollektiv ausgerichtet. In diesem Sinne sollte der Gefangene während der Haftzeit zu einem arbeitsamen Leben und damit zur gesellschaftlichen Nützlichkeit erzogen werden.[208] Folglich erstreckte sich die Einbeziehung der gesellschaftlichen Kräfte vor allem auf die Erziehung durch gesellschaftlich nützliche Arbeit, Maßnahmen der staatsbürgerlichen Erziehung sowie die Vorbereitung der Wiedereingliederung. So wirkten auf erzieherischer Ebene vor allem Lehrkräfte aus Einrichtungen der Volksbildung, auf staatlicher Ebene vornehmlich örtliche Organe und Räte im Strafvollzug mit.[209] Zur Unterstützung der Erziehungsarbeit konnten gemäß § 33 Abs. 3 StVG gesellschaftliche Beiräte an den Justizvollzugsanstalten

---

205 Vgl. Dölling, B. 2009, S. 48.
206 Vgl. ebd., S. 49 f.
207 Ebd., S. 53.
208 Vgl. Münchbach 1973, S. 53.
209 Vgl. Essig 2000, S. 36.

gebildet werden, die aus Bürgern bestehen sollten, die aufgrund ihrer gesellschaftlichen und beruflichen Tätigkeit über ausreichend Erfahrung auf dem Gebiet der Erziehung verfügten. Dies waren gemäß den gesetzlichen Bestimmungen primär Vertreter staatlicher Organe, gesellschaftlicher Organisationen und von Arbeitseinsatzbetrieben.[210] Durch diese Form der Lenkung und Überwachung wurde die Umwandlung des Gefangenen zum sozialistischen Menschen erstrebt, was wiederum als Grundvoraussetzung für ein künftiges straffreies Leben angesehen wurde. Das war die Aufgabe, die die „gesellschaftlichen Kräfte" in der gesamten Strafrechtspflege in der DDR zu erfüllen hatten.[211] Eine unabhängige Kontrollinstanz, wie sie die Beiräte in der Bundesrepublik darstellten, waren die „gesellschaftlichen Kräfte", die im Strafvollzugssystem der DDR mitwirkten, gerade nicht.

Eine weitergehende Beteiligung der Öffentlichkeit am Strafvollzug war nicht möglich und wurde kategorisch unterbunden. Die mit der Gefangenenseelsorge betrauten Pfarrer waren die einzigen Außenstehenden, die Zugang zum Strafvollzug und damit einen gewissen Einblick in die dortigen Probleme und Schicksale der Gefangenen hatten.[212] Allerdings durften diese lediglich Gottesdienste in besonderen Räumlichkeiten abhalten. Eine Besichtigung der Anstalt oder der einzelnen Zellen sowie unüberwachte Einzelgespräche mit Gefangenen blieben ihnen verwehrt.[213] Sonstigen ehrenamtlichen Bürgerinitiativen oder gar den Medien blieb ein Zutritt zu Justizvollzugsanstalten versagt, sodass sich das Leben innerhalb der Anstalten abgeschottet von der Außenwelt ohne jede Kontrollmöglichkeit durch die Öffentlichkeit abspielte.

2.7.2 Die Entwicklung in der Bundesrepublik

Nach dem Zweiten Weltkrieg blieb aufgrund des Fehlens einer bundeseinheitlichen gesetzlichen Regelung die Entscheidung zur Einrichtung von Anstaltsbeiräten der Initiative der Bundesländer überlassen.

Hamburg und Bayern führten als erste Länder 1948/49 die Anstaltsbeiräte erneut ein.[214] Vor allem die Beiräte in Hamburg konnten jedoch ihren tatsächlichen Aufgaben nicht entsprechen, sodass sich ihre Arbeit als wenig effektiv erwies.[215] Den eigentlichen Anlass zur Regelung von Anstaltsbeiräten gaben aber erst die spektakulären Fälle „Glocke" und „Klingelpütz", bei denen im Jahre 1964 zwei Untersuchungshäftlinge in Hamburg und Köln in ihren Beruhigungszellen ums Leben kamen.[216] Daraufhin regelten Bayern (März 1967) und Hamburg (August 1967) die Institution der Anstaltsbeiräte neu. Als nächste Länder richteten Nordrhein-Westfalen (1967), Baden-Württemberg (1971), Rheinland-Pfalz (1971), Schleswig-Holstein

---

210   Vgl. Essig 2000, S. 37.
211   Vgl. Jescheck 1969, S. 63 ff.
212   Dölling, B. 2009, S. 221.
213   Vgl. ebd., S. 222.
214   Vgl. Alting 1976, S. 235.
215   Valentin 1970, S. 263.
216   Roxin 1974, S. 117.

(1972), Niedersachsen (1972) und Bremen (1972) Anstaltsbeiräte an ihren Strafvollzugsanstalten ein, um die Öffentlichkeit kontrollierend und beratend stärker in den
Vollzug mit einzubeziehen.[217]
   1967, zeitgleich mit der Institutionalisierung der Beiräte in einzelnen Bundesländern, wurde von der Bundesregierung die Strafvollzugskommission eingesetzt, um
eine gesetzliche Grundlage für den Strafvollzug zu erarbeiten, wobei die einzelnen
Beiratsmodelle in den Bundesländern eine Vorbildfunktion in Bezug auf die Bei-
ratsregelungen des Strafvollzugsgesetzes einnahmen.[218] Der Kommissionsentwurf
(KE), der 1971 von der Strafvollzugskommission vorgelegt wurde, sah die Einrichtung von Anstaltsbeiräten an Strafvollzugsanstalten vor, welche die Beteiligung der
Öffentlichkeit am Strafvollzug sichern sollten.[219] Allerdings regelte dieser Entwurf
lediglich die gesetzlichen Rahmenbedingungen der Beiratstätigkeit. So wurden in
den §§ 157–161 KE die Pflicht zur Beiratsbildung, die Aufgabenbeschreibung, die
Befugnisse, Mitteilungen und Berichte sowie die Verschwiegenheitspflicht normiert;
Einzelheiten der Regelungen sollten den Ländern überlassen bleiben.[220]
   Der Regierungsentwurf eines Strafvollzugsgesetzes (RE) von 1972 ging von der
Grundannahme aus, dass die Tätigkeit von Anstaltsbeiräten im modernen Strafvollzug unentbehrlich sei[221], und entsprach in seinem Aufbau in weiten Teilen
dem Kommissionsentwurf, jedoch schränkte er die Regelung hinsichtlich der Anstaltsbeiräte noch weitergehend ein[222]. In den §§ 149–151 RE wurden lediglich drei
Punkte des Kommissionsentwurfs übernommen: die Pflicht zur Beiratsbildung,
die Befugnisse und die Verschwiegenheitspflicht.[223] Die Aufgabenumschreibung
des KE zur Art der Öffentlichkeitsbeteiligung („Die Mitglieder des Beirats wirken
als Vertreter der Öffentlichkeit bei der Gestaltung des Vollzuges und bei der Behandlung mit") fand nur noch in der Begründung des RE Erwähnung.[224] Ebenfalls
entfiel das Recht auf Personalakteneinsicht sowie das Recht, an Veranstaltungen für
Gefangene teilzunehmen. Diese Befugnisse der Beiräte wurden mit der Begründung
nicht vorgesehen, dass „diese [Befugnisse] besser unter Berücksichtigung örtlicher
Verhältnisse durch landesrechtliche Vorschriften geregelt werden können", um so
„Schwierigkeiten in der Praxis zu vermeiden".[225]
   Der von deutschen und schweizerischen Strafrechtslehrern 1973 vorgelegte
Alternativ-Entwurf eines Strafvollzugsgesetzes (AE) sah in den §§ 40–44 eine sehr
viel detailliertere Beiratsregelung vor. In § 40 AE wurden die Grundsätze über die
Zusammensetzung und Ernennung der Beiräte normiert, weil diese Grundsätze

---

217 Müller-Dietz 1978 a, S. 313 f.
218 Baumann 1971, S. 23.
219 Vgl. BMJ 1970, Tagungsberichte der Strafvollzugskommission, Bd. 10, S. 219.
220 Baumann 1979, S. 2.
221 Vgl. Roxin 1974, S. 115.
222 Vgl. Chilian, ZfStrVo 1974, S. 203.
223 Vgl. Baumann 1979, S. 2.
224 BT-Drucks. 7/918, S. 98.
225 Vgl. ebd.

sowohl über die Leistungsfähigkeit als auch über den Umfang der dem Beirat zu gewährenden Befugnisse entscheiden würden und deshalb eine landesrechtliche Zersplitterung nicht hinzunehmen sei.[226] Hinsichtlich der Zusammensetzung wurde empfohlen, die Mitglieder des Beirats aus Personengruppen auszuwählen, die öffentliche Funktionen wahrnehmen, wie etwa Parlamentarier, Journalisten oder Vertreter von Handel und Gewerbe.

Die Aufgaben wurden in § 41 AE wie im KE umschrieben, jedoch wurden weitere ergänzende Beschreibungen der „Kontrollfunktion" (Abs. 2) und der „Hilfs- und Beratungsfunktion" (Abs. 3) sowie eine Klarstellung, dass der Beirat keine Beschwerdeinstanz sei, weder selbstständig entscheiden könne noch der Weisungsbefugnis der Vollzugsbehörde unterliege, beigefügt.[227] Bezüglich der Befugnisse regelte § 42 AE über den KE hinausgehend noch das Recht zur Teilnahme an Anstaltskonferenzen, das Akteneinsichtsrecht, welches vom RE gestrichen wurde, sowie das Recht zur Besichtigung anderer Anstalten.[228] Zudem sollten die zu verfassenden Tätigkeits- und Erfahrungsberichte z. B. durch die Presse veröffentlicht werden, um „die Öffentlichkeit über die Zustände in den Anstalten aufzuklären" (§ 43 AE)[229].

Das am 1. Januar 1977 in Kraft getretene Strafvollzugsgesetz sah von detailreichen Vorschriften ab und überließ vor allem die Zusammensetzung der Beiräte nach § 163 Abs. 3 StVollzG der näheren Regelung durch die Länder. Mit dem Wirksamwerden des Beitritts der ehemaligen DDR zur Bundesrepublik (Art. 23 GG, Art. 1 Abs. 1 EV) am 3. Oktober 1990 wurde das StVollzG auf das bisherige Staatsgebiet der DDR als Bundesrecht erstreckt (Art. 8 EV), sodass nun auch die neuen Bundesländer gemäß § 162 Abs. 1 StVollzG zur Einrichtung von Anstaltsbeiräten verpflichtet waren.

2.8 Das Gesetzbuch über den Justizvollzug in Baden-Württemberg

Die Föderalismusreform, die am 01. September 2006 in Kraft getreten ist, hat die Gesetzgebungskompetenz für den Bereich des Strafvollzugs auf die Länder übertragen. Diese sind seither berechtigt, gemäß Art. 72 Abs. 1 GG ein Landesstrafvollzugsgesetz zu erlassen. Bis Anfang 2011 sind lediglich in Bayern, Baden-Württemberg, Hamburg, Hessen und Niedersachsen Landesgesetze zum Erwachsenenstrafvollzug in Kraft getreten. In den restlichen Bundesländern gilt als Bundesgesetz nach wie vor das ursprüngliche Strafvollzugsgesetz.[230] Aber auch dort, wo Landesstrafvollzugsgesetze

---

226 Vgl. Baumann 1973, S. 103.
227 Vgl. Roxin 1974, S. 118.
228 Vgl. Baumann 1979, S. 3.
229 Baumann 1973, S. 105.
230 Am 01. Juni 2013 ist in Sachsen das Gesetz über den Vollzug der Freiheitsstrafe und des Strafarrests im Freistaat Sachsen (Sächsisches Strafvollzugsgesetz – SächsStVollzG) in Kraft getreten. Die vorliegende Untersuchung wurde jedoch im Jahre 2010 und damit für Sachsen noch auf der Grundlage des Bundesstrafvollzugsgesetzes durchgeführt. Eine Analyse des Sächsischen Strafvollzugsgesetzes

erlassen wurden, gelten die §§ 109–122 StVollzG fort, da das Verfahrensrecht durch die Föderalismusreform nicht in die Zuständigkeit der Länder übertragen wurde.[231] Am 01. Januar 2010 ist das Gesetzbuch über den Justizvollzug in Baden-Württemberg (Justizvollzugsgesetzbuch – JVollzGB) in Kraft getreten. Es besteht aus vier Büchern: 1. Gemeinsame Regelungen und Organisation, 2. Untersuchungshaftvollzug, 3. Strafvollzug, 4. Jugendstrafvollzug. Im Jahr 2012 wurde ein 5. Buch über den Vollzug der Sicherungsverwahrung hinzugefügt. Grundsätzlich löst das JVollzGB für das Land Baden-Württemberg das Bundesstrafvollzugsgesetz ab, verweist aber für den gerichtlichen Rechtsschutz auf die weiterhin geltenden §§ 109 ff. StVollzG.

Im Hinblick auf die Gesetzgebungstechnik ist Baden-Württemberg dem Beispiel Niedersachsens gefolgt und hat versucht, die vier wichtigsten Justizvollzugsgesetze in ein zusammenhängendes Normenwerk zu integrieren.[232] Im Gegensatz zu Niedersachsen hat Baden-Württemberg jedoch darauf verzichtet, ein kompliziertes System von Verweisungen zu verwenden. Stattdessen wurden die allen Justizvollzugsgesetzen gemeinsamen Normen vor die Klammer gezogen.[233] Hierzu gehören auch die Regelungen über die Aufgaben des Justizvollzugs. Diese stellen sich jedoch gerade bei Strafvollzug, Jugendstrafvollzug und Untersuchungshaft unterschiedlich dar, sodass im Ergebnis nun drei Aufgabenformulierungen für den Strafvollzug bestehen: eine „kriminalpräventive" Formulierung in Buch 1 § 2 JVollzGB BW, eine spezialpräventive Aufgabenformulierung in Buch 3 § 1 JVollzGB BW sowie die Formulierung des Erziehungsziels für den Jugendstrafvollzug in Buch 4 § 1 JVollzGB BW.[234] Der Großteil der Regelungen des Justizvollzugsgesetzbuchs entspricht den Normen des Bundesstrafvollzugsgesetzes vor allem im Hinblick auf die Vollzugsplanung, den Besuch, den Schriftwechsel und die Vollzugslockerungen. Neu eingeführt wurde unter anderem das Sondergeld, d. h. die Möglichkeit, monatlich „einen Betrag in angemessener Höhe" für Gefangene einzuzahlen (Buch 3 § 54 JVollzGB BW), sowie die gesetzliche Festlegung von Mindeststandards für die Haftäume (Buch 1 § 7 JVollzGB BW).

Die gesetzliche Regelung über Anstaltsbeiräte findet sich in Buch 1 § 18 JVollzGB BW. Der Wortlaut dieser Vorschrift entspricht im Wesentlichen demjenigen der §§ 162 ff. StVollzG. § 18 Abs. 1 S. 1 JVollzGB I BW bestimmt, dass an allen Justizvollzugsanstalten Beiräte zu bilden sind, wobei nach Absatz 5 Vollzugsbedienstete nicht Mitglieder des Beirats sein dürfen. Gemäß Absatz 1 Satz 2 regelt die Aufsichtsbehörde das Nähere. Dies ist nach § 19 JVollzGB I BW das Justizministerium. In Ausführung des § 18 Abs. 1 S. 2 JVollzGB I BW hat das Justizministerium am

---

        unterbleibt deshalb an dieser Stelle, da eine solche für die Untersuchung nicht von Relevanz ist. Das Sächsische Strafvollzugsgesetz wird im Kapitel X. bei der Erörterung der rechtlichen Konsequenzen Berücksichtigung finden.
231 Vgl. Feest 2009, Strafvollzugsarchiv, Beitrag vom 11. September 2009.
232 Dazu Feest 2010, Strafvollzugsarchiv, Beitrag vom 29. Januar 2010.
233 Ebd.
234 Ebd.

08. März 2010 die Verwaltungsvorschrift zur Konkretisierung des § 18 JVollzGB I BW erlassen, welche am 01. April 2010 in Kraft getreten ist.[235] § 18 Abs. 2 S. 1 JVollzGB I BW regelt die Aufgaben der Anstaltsbeiräte. § 18 Abs. 2 S. 2 JVollzGB I BW bestimmt, dass im Jugendstrafvollzug die Mitglieder des Beirats in der Erziehung junger Menschen erfahren oder dazu befähigt sein sollen und geht damit über den Wortlaut des § 162 StVollzG hinaus. In Absatz 3 werden die Befugnisse der Beiräte benannt und insoweit der genaue Wortlaut des § 164 StVollzG wiederholt. Gleiches gilt für die Regelung der Verschwiegenheitspflicht in Absatz 4. Allerdings entfällt insoweit der Hinweis, dass sich die Verschwiegenheitspflicht auf den Bereich außerhalb des Amtes der Beiräte beschränkt. Zudem fällt die beispielhafte Aufzählung von vertraulichen Angelegenheiten in Bezug auf Namen und Persönlichkeit der Gefangenen weg, auf die sich die Verschwiegenheitspflicht im Sinne des § 165 StVollzG insbesondere beziehen soll.

---

235   VwV d. JM vom 01. April 2010, 4430/0168, Die Justiz 2010, S. 109.

3. Kapitel: Das geltende Recht

Auf bundesgesetzlicher Ebene findet sich die normative Ausgestaltung der Institution des Anstaltsbeirats in den §§ 162–165 StVollzG. Gemäß § 162 Abs. 3 StVollzG regeln die Länder das Nähere. Die Länder sind in diesem Bereich jedoch nicht legislativ tätig geworden, vielmehr stellen die von ihnen erlassenen Vorschriften zur Ausführung des § 162 Abs. 3 StVollzG verwaltungsinterne Anordnungen dar.[236] Diese Verwaltungsvorschriften müssen dem Grundsatz der Gesetzesbindung der Verwaltung entsprechen, was bedeutet, dass die eigentliche gesetzliche Grundlage für die Tätigkeit der Anstaltsbeiräte die §§ 162 ff. StVollzG bilden, an denen sich die Ausführungsvorschriften der Länder messen lassen müssen. Diesen bundesgesetzlichen Rahmen gilt es daher zunächst zu untersuchen.

Auf Landesebene löste in Baden-Württemberg das Justizvollzugsgesetzbuch das Bundesstrafvollzugsgesetz ab. Ziel des Landesgesetzgebers war es, mit der Neuregelung des Strafvollzugsrechts die bewährten Grundlagen des bisherigen Bundesstrafvollzugsgesetzes zu übernehmen und an den notwendigen Stellen das Strafvollzugsrecht an die Bedürfnisse der Vollzugspraxis und die landesspezifischen Entwicklungen anzupassen.[237] Die Bestimmungen über die Anstaltsbeiräte aus dem Bundesstrafvollzugsgesetz hat Baden-Württemberg bewusst dem Wortlaut nach nahezu unverändert in das neue Justizvollzugsgesetzbuch (§ 18 JVollzGB I BW) übernommen.[238] Die Anforderungen, die an die Anstaltsbeiräte gestellt werden, sind insoweit die gleichen, wie sie im Bundesstrafvollzugsgesetz zum Ausdruck kommen.[239] Die nachfolgend dargestellten Aussagen der §§ 162 ff. StVollzG über die mit der Einrichtung der Anstaltsbeiräte verknüpften Intentionen sind deshalb gleichermaßen in die Norm des § 18 JVollzGB I BW hineinzulesen.[240] Soweit § 18 JVollzGB I BW abweichende Regelungen enthält, wird auf diese gesondert eingegangen.

Die folgende Analyse dient der Überprüfung, welche Erwartungen mit den normativen Grundlagen des Bundesstrafvollzugsgesetzes und des Justizvollzugsgesetzbuches Baden-Württembergs bezüglich der Einrichtung und Tätigkeit der Anstaltsbeiräte verbunden wurden.[241] In einem weiteren Schritt ist dann zu klären, inwieweit diese Erwartungen in den Ausführungsvorschriften der Länder zum Ausdruck gekommen sind.

---

236 Vgl. Wagner, ZfStrVo 1986, S. 340 ff.
237 Vgl. LT BW-Drucks. 14/5012, S. 1.
238 Vgl. LT BW-Drucks. 14/5012, S. 175; Laubenthal 2011, S. 166.
239 Vgl. Laubenthal 2011, S. 18.
240 Vgl. ebd.
241 Zu den möglichen Auslegungsmethoden und Auslegungsregeln Jestaedt 1999, S. 347 ff.

1. Die gesetzlichen Rahmenbestimmungen: §§ 162–165 StVollzG, § 18 JVollzGB I BW

Die §§ 162–165 StVollzG, § 18 JVollzGB I BW bilden den gesetzlichen Rahmen für die Institutionalisierung des Anstaltsbeirats. Während § 162 StVollzG, § 18 Abs. 1, Abs. 2, Abs. 5 JVollzGB I BW die Bildung der Beiräte regeln, werden in §§ 163 und 164 StVollzG, § 18 Abs. 2, Abs. 3 JVollzGB I BW die Aufgaben und Befugnisse normiert. § 165 StVollzG, § 18 Abs. 4 JVollzGB I BW schließlich gehen auf die Beiratspflichten ein.

1.1 Die Bildung der Beiräte gemäß § 162 StVollzG, § 18 Abs. 1, Abs. 2, Abs. 5 JVollzGB I BW

Gemäß § 162 Abs. 1 StVollzG, § 18 Abs. 1 JVollzGB I BW sind die Justizvollzugsanstalten verpflichtet, Beiräte zu bilden. Die zwingende Vorschrift des § 162 Abs. 1 StVollzG existiert erst seit dem 31. Dezember 1979. Zuvor war Abs. 1 auf Empfehlung des Bundesrats, die auf einem entsprechenden Wunsch Bayerns beruhte, als Soll-Vorschrift ausgestaltet.[242] Erst nachdem Bayern seine Bedenken diesbezüglich zurückgestellt hatte, war die Ausgestaltung zu zwingendem Recht möglich, was der einhelligen Auffassung der Entwürfe und der Literatur entsprach.[243]

1.1.1 Wortlautauslegung

Auf eine nähere Konkretisierung des Beiratsbegriffs haben sowohl der Bundes- als auch der Landesgesetzgeber verzichtet;[244] in § 162 Abs. 2 StVollzG, § 18 Abs. 5 JVollzGB I BW wird lediglich darauf verwiesen, dass Vollzugsbedienstete nicht Mitglieder der Beiräte sein dürfen. Dieser ausdrückliche Hinweis auf den Ausschluss von Vollzugsbediensteten ist der einzige Anhaltspunkt hierzu im Gesetz. Dadurch sollen „Interessenkollisionen vermieden und [es soll] deutlich gemacht werden, dass gerade Personen, die nicht beruflich mit dem Strafvollzug zu tun haben, für die Beiratsaufgaben interessiert werden sollten"[245]. Insbesondere die Kontrollfunktion, die den Beiräten im Hinblick auf die Anstalt zukommt, lässt diese Regelung zwingend erscheinen.[246] Damit wird deutlich, dass ausschließlich außerhalb der Vollzugsanstalt stehende Personen als Beiratsmitglieder in Betracht kommen. Wie genau sich jedoch die Bildung der Beiräte vollzieht, inwieweit die Mitglieder bestimmte Kompetenzen vorweisen und Funktionen erfüllen müssen, wer Beiratsmitglied werden

---

242 Vgl. BT-Drucks. 7/3998, S. 46.
243 Vgl. Roxin 1974, S. 115.
244 Zu der Wortlautauslegung als klassische Form der Gesetzesauslegung Pieroth/ Schlink 2003, S. 2 ff.
245 BT-Drucks. 7/918, S. 98.
246 Vgl. Baumann 1973, S. 103.

kann, durch wen die Ernennung erfolgt und wie lange die Amtszeit dauern soll, ist in § 162 StVollzG, § 18 Abs. 1 JVollzGB I BW offen gelassen worden.

Lediglich § 18 Abs. 2 S. 2 JVollzGB I BW erwähnt, dass im Jugendstrafvollzug die Beiratsmitglieder in der Erziehung junger Menschen erfahren oder dazu befähigt sein sollen. Insoweit erfolgt eine Konkretisierung der Beiratszusammensetzung. Der Landesgesetzgeber Baden-Württembergs hat das Justizvollzugsgesetzbuch in seiner Systematik derart ausgestaltet, dass im Buch 1 allgemeine Regelungen zur Organisation sämtlicher Justizvollzugsanstalten im Land getroffen werden. Diese Regelungen und damit auch die Grundsätze über die Anstaltsbeiräte gelten gemäß § 1 Abs. 1 Nr. 3 JVollzGB I BW auch für die Jugendstrafanstalten.

Es stellt sich nun die Frage, wie die Formulierung in § 18 Abs. 2 S. 2 JVollzGB I BW zu verstehen ist. Die Beiratsmitglieder sollen in der Erziehung junger Menschen erfahren oder dazu befähigt sein. Als Auslegungshilfe kann § 37 JGG herangezogen werden. Diese Vorschrift regelt die Auswahl der Jugendrichter und Jugendstaatsanwälte. Diese sollen ebenfalls erzieherisch befähigt und in der Jugenderziehung erfahren sein. Die pädagogische Eignung ist damit Grundvoraussetzung für einen Jugendrichter bzw. Jugendstaatsanwalt. Sie beruht zwar vor allem auf angeborenen Charaktereigenschaften; darüber hinaus sind aber spezielle Kenntnisse auf allen Gebieten der Jugendkunde, insbesondere der Jugendpsychologie, -psychatrie und -kriminologie unerlässlich.[247] Der Jugendrichter muss die Fähigkeit mitbringen, auf den Jugendlichen eingehen zu können und diesem auf einer Ebene zu begegnen, auf der eine gegenseitige Kommunikation möglich ist, ohne dass die Autorität des Richters dabei von dem Jugendlichen in Frage gestellt wird.[248]

Auf die Beiratsmitglieder übertragen bedeutet dies, dass im Jugendstrafvollzug solche Personen für den Anstaltsbeirat geeignet erscheinen, die über pädagogische Erfahrungen verfügen und eine Haltung mitbringen, die junge Menschen anspricht und dabei hilft, eventuelle (Sprach-) Barrieren zu überwinden.[249] Weiterhin ist es wichtig, dass die Beiräte über eine gewisse Ausgeglichenheit verfügen, um eine wirklich effektive Arbeit mit den jungen – oftmals impulsiven – Gefangenen zu betreiben. Neben pädagogischen Fachkenntnissen sind damit die individuellen Charaktereigenschaften für die Beiräte im Jugendstrafvollzug von maßgeblicher Bedeutung. Folglich sind für die Arbeit im Anstaltsbeirat an Jugendstrafanstalten vor allem ausgebildete Pädagogen geeignet, darüber hinaus aber auch sonstige Personen, die von Berufs wegen oder aufgrund ehrenamtlicher Tätigkeit engen Kontakt und Erfahrungen im Umgang mit Jugendlichen haben. In Betracht kommen dabei u. a. Vertreter der Jugendgerichtshilfe, Mitarbeiter des Jugendamtes oder Bewährungshelfer. Jedoch ist § 18 Abs. 2 S. 2 JVollzGB I BW ebenso wie § 37 JGG als bloße Ordnungsvorschrift ausgestaltet. Damit ist die Ernennung erziehungsbefähigter- bzw. erfahrener

---

247 Vgl. Schaffstein/Beulke 2002, S. 197.
248 Vgl. Brunner/Dölling 2002, § 37 JGG, Rn. 3.
249 Vgl. ebd.

Beiratsmitglieder zwar anzustreben, die Auswahl solch geeigneter Personen wird aber nicht zwingend vorgeschrieben.

Ansonsten entspricht § 18 Abs. 1, Abs. 5 JVollzGB I BW in seinem Wortlaut genau der Formulierung des § 162 StVollzG. Folglich kann im Hinblick auf die Zusammensetzung des Anstaltsbeirats gemäß dem Justizvollzugsgesetzbuch BW auf die folgenden Ausführungen verwiesen werden. Die Vorstellungen und Erwartungen des Landesgesetzgebers in Baden-Württemberg an die Eignung der Beiratsmitglieder sind letztendlich die gleichen, wie sie auch im Strafvollzugsgesetz zum Ausdruck kommen. Welche Vorstellungen der Bundesgesetzgeber zu diesen Fragen hatte, lässt sich einer Auslegung der Vorschrift des § 162 Abs. 1 StVollzG sowie der dazugehörigen Gesetzesmaterialien entnehmen.

1.1.2 Historische Auslegung

1.1.2.1 Die Beiratszusammensetzung

Hinsichtlich der Frage nach der Beiratszusammensetzung hilft die systematische Gesetzesauslegung[250] ebenso wenig weiter wie eine Wortlautauslegung. Die Stellung der §§ 162 ff. StVollzG in einem eigenen Titel am Ende des vierten Abschnitts des Strafvollzugsgesetzes über Vollzugsbehörden zeigt, dass es sich bei diesem Gremium um einen Teil der Vollzugsorganisation handelt, der von dem Vollzugsapparat jedoch getrennt ist.[251] Hieraus lässt sich lediglich entnehmen, dass die Beiräte selbstständige organisatorische Einheiten darstellen, die in ihrer Bedeutung hinter den übrigen Einheiten, insbesondere hinter den Justizvollzugsanstalten und den Aufsichtsbehörden, stehen.

Der Kommissionsentwurf überließ gemäß § 157 Abs. 3 KE die Regelung der Zusammensetzung und Berufung der Anstaltsbeiräte dem Landesrecht.[252] Allerdings ging die Kommission dabei davon aus, dass die Kriterien für die Auswahl von Beiratsmitgliedern zum einen deren Engagement für den Strafvollzug sowie für die Insassen aufgreifen und zum anderen eine größtmögliche Unabhängigkeit von der Vollzugsverwaltung sicherstellen sollten.[253] Dabei nahm die Strafvollzugskommission an, dass die Beiräte aus mindestens drei Personen bestehen sollten.[254]

Der Regierungsentwurf verzichtete auf eine detaillierte Regelung, da bereits Länderregelungen existierten, die im Hinblick auf die dortigen Verhältnisse und Erfahrungen geschaffen wurden. Zum Zwecke der größeren Flexibilität der Länder

---

250 Vgl. Pieroth/Schlink 2003, S. 2.
251 Dazu die Ausführungen von Gerken 1986, S. 13.
252 Vgl. BMJ 1971, Tagungsberichte der Strafvollzugskommission, Sonderband 11–13, S. 74.
253 Vgl. BMJ 1970, Tagungsberichte der Strafvollzugskommission, Bd. 10, S. 200 f.
254 Ebd., S. 220.

sollte die nähere Ausgestaltung der Zusammensetzung des Beirats und der Mitgliederzahl diesen vorbehalten bleiben.[255]

Dagegen regelten die Autoren des Alternativentwurfs das Institut des Anstaltsbeirats sehr ausführlich. In § 40 AE wurde festgelegt, dass bei jeder Vollzugsanstalt ein Beirat zu bilden ist, der gemäß Abs. 2 aus zehn Mitgliedern besteht, die sich aus Vertretern der Parteien, Personen des öffentlichen Lebens, Journalisten, Fachwissenschaftlern sowie aus Vertretern von Handel und Gewerbe rekrutieren. Auf die Festlegung eines bestimmten Gruppenproporzes wurde bewusst verzichtet, weil nicht immer aus jeder Berufsgruppe geeignete Personen zur Verfügung stehen und damit für den einzelnen Beirat in der Praxis bezüglich seiner Zusammensetzung Schwierigkeiten entstehen können. Durch die Aufzählung im Gesetz sollte verdeutlicht werden, „welche öffentlichen Funktionen für die Aufgaben des Beirats am wichtigsten sind und sich deshalb in seiner Zusammensetzung widerspiegeln sollten"[256]. Abgeordnete der Kommunal- oder Landesparlamente sollten deshalb vertreten sein, damit eine wirkungsvolle Unterrichtung der gesetzgebenden Körperschaften und der Parteien garantiert ist, Journalisten könnten am besten die Öffentlichkeit informieren, angesehene Personen des öffentlichen Lebens würden bei den Insassen wie in der Allgemeinheit besondere Resonanz finden, Fachwissenschaftler könnten durch ihre Sachkunde wertvolle Anregungen für die Gestaltung des Vollzugs vermitteln und die Vertreter von Handel und Gewerbe könnten durch Vermittlung von Arbeitsstellen nach der Entlassung besonders wirksame Hilfe leisten. Im Hinblick auf die Mitgliederzahl wurde die Anzahl von zehn Personen damit begründet, das nur auf diese Weise die Vielfalt von Aufgaben, welche im Beirat anfallen würden, angemessen zu bewältigen sei.[257]

Ein weiterer Entwurf eines Strafvollzugsgesetzes stammt von dem Bundeszusammenschluss für Straffälligenhilfe. Der Fachausschuss I „Strafrecht und Strafvollzug" hat in den Jahren 1968 und 1969 einige Grundsätze und Leitlinien für den Erlass eines künftigen Strafvollzugsgesetzes erarbeitet.[258] Im Herbst 1973 veröffentlichte er dann seine „Vorschläge zum Entwurf eines Strafvollzugsgesetzes" und nahm darin Stellung zum Regierungsentwurf.[259] Im Hinblick auf die Mitgliederzahl und Zusammensetzung der Anstaltsbeiräte verzichtete der Ausschuss auf exakte Regelungen. Der Beirat müsse einerseits so groß sein, dass er die Öffentlichkeit hinreichend repräsentieren könne; auf der anderen Seite sei die Mitgliederzahl durch die Funktionsfähigkeit des Gremiums begrenzt.[260] Bezüglich der Beiratszusammensetzung führte der Ausschuss 1969 aus, dass die Auswahl der Beiratsmitglieder nach dem Eignungsprinzip erfolgen müsse, denn nur wer bereit und in der Lage sei, sich den

---

255 Vgl. BT-Drucks. 7/918, S. 98.
256 Vgl. Baumann 1973, S. 103.
257 Vgl. Roxin 1974, S. 125.
258 Müller-Dietz/Würtenberger 1969 a, S. 26 ff.
259 Jung/MüllerDietz 1974, S. 12 ff.
260 Müller-Dietz/Würtenberger 1969 a, S. 55 VI. Nr. 3.

Aufgaben und Problemen des Strafvollzugs zu widmen, könne als Mitglied des Beirats in Betracht kommen.[261] Aufgrund des engen Zusammenhangs dieser Tätigkeit mit der Straffälligenhilfe sollte ein Mitglied diesem Personenkreis entstammen, während sich die Tatsache, dass bestimmte berufliche und geschäftliche Beziehungen zur Anstalt der Berufung zum Beiratsmitglied entgegenstehen würden, von selbst verstehe.[262] Da die Frage der Mitgliederzahl und Zusammensetzung des Anstaltsbeirats jedoch als eine nicht „rational entscheidbare Grundfrage" aufgefasst wurde[263], wurde im Entwurf von 1974 die Berufung der Beiratsmitglieder hinsichtlich ihrer Vorerfahrungen und Anzahl der Regelung der Länder überlassen[264].

Schließlich nahm auch der Sonderausschuss Strafrecht in seiner 50. Sitzung Stellung zum Strafvollzugsgesetz. Im Gegensatz zum Alternativ-Entwurf wurde die gesetzliche Festlegung einer Mindestmitgliederzahl im Beirat als unzweckmäßig abgelehnt.[265] Ebenso sei eine berufliche Fixierung der Mitglieder des Beirats nicht angebracht, da je nach Ort und Zweck der Anstalt die Zusammensetzung unterschiedlich aussehen müsse, um die Verbindung zwischen Anstalt und Öffentlichkeit herstellen zu können. Deshalb wurde § 149 Abs. 1 RE letztendlich durch den Sonderausschuss nicht konkretisiert.[266] Es wurde jedoch darauf hingewiesen, dass die Zurückhaltung des Regierungsentwurfs in diesem Punkt praktische Gründe habe. Grundsätzlich sei es der Bundesregierung mit der Schaffung des Instituts des Anstaltsbeirats darum gegangen, gerade solche Personen am Strafvollzug zu beteiligen, die einerseits im Hinblick auf die Entlassenenfürsorge und die Arbeitsplatzbeschaffung wesentliche Hilfe leisten und die andererseits eine Mitwirkung und Kontrolle der Öffentlichkeit am Strafvollzug erbringen könnten. Aufgrund der unterschiedlichen organisatorischen Verhältnisse in den einzelnen Ländern sei eine nähere gesetzliche Regelung aber nicht sachgerecht.[267] § 149 Abs. 1 RE wurde schließlich mit gleichgebliebenem Wortlaut als § 162 Abs. 1 in das Strafvollzugsgesetz aufgenommen.

Aufgrund der historischen Auslegung des § 162 Abs. 1 StVollzG lässt sich damit festhalten, dass die fehlende Regelung in Bezug auf Zusammensetzung und Mitgliederzahl nicht auf einer fehlenden Auseinandersetzung des Gesetzgebers mit dieser Problematik beruhte.[268] Die Erörterung des sehr ausführlichen Alternativ-Entwurfs hat vielmehr gezeigt, dass gerade nicht das Ziel einer detaillierten Regelung – die Sicherung und Gewährleistung einer den Funktionen der Beiräte entsprechenden Aufgabenwahrnehmung – in Frage gestellt wurde, sondern der entscheidende Kritikpunkt war, dass durch eine bundeseinheitliche Normierung die spezifische

---

261 Müller-Dietz/Würtenberger 1969 a, S. 55 VI. Nr. 4.

262 Ebd.

263 Ebd., S. 55 VI. Nr. 3.

264 Jung/Müller-Dietz 1974, S. 165.

265 Vgl. BT-Drucks. 7/918, Sonderausschuss Strafrecht, S. 2014.

266 Vgl. BT-Drucks. 7/3998, S. 108.

267 BT-Drucks. 7/918, Sonderausschuss Strafrecht, S. 2015.

268 Zu dem gesetzgeberischen Willen als Auslegungskriterium Jestaedt 1999, S. 348.

Organisationsstruktur des Vollzugs in den einzelnen Ländern übergangen und dadurch deren Flexibilität erheblich eingeschränkt würde. Hieraus lässt sich schließen, dass der Bundesgesetzgeber die im AE vorgeschlagene Auswahl der Beiratsmitglieder nach dem Eignungsprinzip nicht ablehnte und er eine derartige Zusammensetzung des Anstaltsbeirats – hinsichtlich der Mitgliederauswahl und deren Anzahl – entsprechend der den Beiräten zukommenden Funktionen für richtig hielt. Diese Vorgaben sind zwar nicht wörtlich in § 162 StVollzG enthalten, die historische Auslegung dieser Vorschrift hat jedoch ergeben, dass sie letztendlich Beweggrund und Intention der gesetzgeberischen Tätigkeit waren, sodass sie bei der Auslegung des § 162 StVollzG zu berücksichtigen sind.

Gleiches gilt für § 18 Abs. 1 JVollzGB I BW. Der Regierungsentwurf zum Justizvollzugsgesetzbuch Baden-Württembergs schweigt über die Zusammensetzung des Beiratsgremiums. Es wird lediglich darauf hingewiesen, dass die Anstaltsbeiräte die institutionalisierte Beteiligung interessierter und engagierter Bürger am Justizvollzug darstellen.[269] Insoweit wird das Eignungsprinzip zumindest angedeutet. Da der Wortlaut des § 18 JVollzGB I BW im Übrigen bewusst übereinstimmend mit jenem des § 162 StVollzG gewählt wurde, beziehen sich die getroffenen Auslegungsergebnisse deshalb auch auf die Regelung des § 18 JVollzGb I BW.

Diese Ergebnisse werden bei der späteren Überprüfung der Verwaltungsvorschriften von erheblicher Bedeutung sein, da diese sich an den gesetzlichen Vorgaben messen lassen müssen.

1.1.2.2 Die Beiratsernennung

Ein weiteres Kriterium, das die „Bildung der Beiräte" gemäß § 162 StVollzG, § 18 Abs. 1 JVollzGB I BW charakterisiert, ist der Ernennungsmodus. Diesbezüglich ist eine Wortlautauslegung der Vorschriften ebenso wenig möglich, da diese hierzu schweigen. Deshalb muss wiederum eine historische Auslegung des § 162 StVollzG unter Zuhilfenahme der Gesetzesmaterialien erfolgen.

Sowohl § 157 Abs. 2 KE als auch § 149 RE verzichteten auf eine Konkretisierung im Hinblick auf die Ernennung der Beiräte. Insbesondere im Regierungsentwurf wurde die Zurückhaltung erneut mit der Rücksicht auf die länderspezifischen Gegebenheiten begründet.[270]

Im Alternativ-Entwurf sind dagegen Regelungen zur Art und Weise der Beiratsernennung zu finden. Gemäß § 40 Abs. 4 AE sollten die Beiratsmitglieder durch den Justizminister des Landes ernannt werden, nachdem die Vertretung der kreisfreien Stadt oder des Landkreises, in dem sich die Vollzugsanstalt befindet, eine Vorschlagsliste mit geeigneten Persönlichkeiten aufgestellt hat. Hierdurch sollte die Unabhängigkeit der Beiratsmitglieder vom Wohlwollen der Anstaltsleitung und der Vollzugsbehörden gewährleistet werden. Damit auf der anderen Seite aber auch

---

269 Vgl. LT BW-Drucks. 14/5012, S. 175.
270 Vgl. BT-Drucks. 7/918, S. 98; BMJ 1971, Tagungsberichte der Strafvollzugskommission, Sonderband 11–13, S. 74.

eine vertrauensvolle Zusammenarbeit zwischen Anstaltsbeirat und Anstaltsleitung möglich sei, sollte letztere ihre Stellungnahme zu den Vorschlägen der Kommunalvertretungen dem Minister vorlegen.[271]

Der Fachausschuss I des Bundeszusammenschlusses für Straffälligenhilfe äußerte sich nur vage zum Auswahlverfahren der Beiratsmitglieder. Er wies lediglich darauf hin, dass im Sinne einer umfassenden Repräsentation der Öffentlichkeit die Ernennung nicht ausschließlich den Landesjustizverwaltungen überlassen bleiben könne, sondern dass diesen zuvor Vorschlagslisten der zuständigen Selbstverwaltungskörperschaften unterbreitet werden müssten.[272]

Der Sonderausschuss Strafrecht hielt es zunächst für wünschenswert, eine Regelung hinsichtlich des Ernennungsmodus zu treffen.[273] In den weiteren Beratungen wurde dann jedoch von einer Normierung des Auswahlverfahrens abgesehen, um den organisatorischen Unterschieden und Besonderheiten in den einzelnen Bundesländern besser entsprechen zu können.[274]

Die Untersuchung der Gesetzesmaterialien zeigt folglich, dass in der Frage des Auswahlverfahrens große Zurückhaltung herrschte. Als Begründung diente meist der Hinweis auf die länderspezifischen Organisationsverschiedenheiten, die einer bundeseinheitlichen Regelung im Wege standen. Nur der Alternativ-Entwurf hat insoweit einen ausführlichen Regelungsvorschlag unterbreitet. Dieser stieß jedoch nicht auf Resonanz. Da sich der Gesetzgeber ansonsten nicht zum Ernennungsmodus der Beiräte geäußert hat und auch eine Auslegung der Gesetzesmaterialien die Präferenz eines bestimmten Auswahlverfahrens nicht erkennen lässt (auch der Regierungsentwurf zum Justizvollzugsgesetzbuch Baden-Württembergs äußert sich hierzu nicht), muss davon ausgegangen werden, dass sich der Bundesgesetzgeber sowie der Landesgesetzgeber Baden-Württembergs in dieser Frage bewusst nicht binden und entsprechende rechtliche Regelungen den Ländern (in BW: der Aufsichtsbehörde) überlassen wollten.[275] Dies bedeutet wiederum, dass die Bundesländer bzw. die Aufsichtsbehörde in Baden-Württemberg in der Normierung dieses Aspektes frei sind und insoweit keine gesetzlichen Vorgaben einzuhalten haben.

1.1.2.3 Die Amtszeit

Weiterhin ist der Gesichtspunkt der Amtszeit für die Beiratsbildung wichtig. Auch hierzu machen das StVollzG sowie das JVollzGB BW keinerlei Angaben.

Sowohl § 157 KE als auch § 149 RE schwiegen zu diesem Aspekt. Wiederum war es ausschließlich § 40 Abs. 5 AE, der diesbezüglich eine Regelung vorschlug. Danach war für jedes Beiratsmitglied eine Amtszeit von vier Jahren vorgesehen, mit der Möglichkeit einer erneuten Ernennung. Dadurch (insbesondere durch die

---

271 Vgl. Baumann 1973, S. 103.
272 Vgl. Müller-Dietz/Würtenberger 1969 a, S. 55 VI. Nr. 4.
273 Vgl. BT-Drucks. 7/918, Sonderausschuss Strafrecht, S. 2014.
274 Vgl. ebd., S. 2017.
275 Dazu auch Gerken 1986, S. 25.

Möglichkeit der nochmaligen Ernennung) sollte eine kontinuierliche Arbeit des Beirats ermöglicht werden. Die Möglichkeit der unbegrenzten Wiederholung der Ernennung wurde allerdings für wenig sinnvoll erachtet, da „eine möglichst weitgehende Mitwirkung und Unterrichtung der Öffentlichkeit bei gelegentlichem Wechsel der Beiratsmitglieder am besten gewährleistet ist"[276].

Der Fachausschuss I des Bundeszusammenschlusses für Straffälligenhilfe äußerte sich zu diesem Punkt genauso wenig wie der Sonderausschuss Strafrecht.

Folglich gibt auch eine Auslegung der Gesetzesmaterialien keinen Hinweis darauf, dass der Bundesgesetzgeber in Bezug auf die Regelung der Amtszeit konkrete Vorstellungen hatte. Es ist vielmehr ähnlich wie bei dem Auswahlverfahren davon auszugehen, dass er bewusst auf eine bundeseinheitliche Normierung verzichtet hat, um auf diese Weise den unterschiedlichen Gegebenheiten in den Ländern Rechnung tragen zu können.[277] Auch der Landesgesetzgeber hat auf eine Normierung der Amtszeit in § 18 JVollzGB I BW verzichtet und diesbezüglich der Regelungskompetenz des Justizministeriums Raum gegeben.

1.1.3 Zwischenfazit zur Normierung der Beiratsbildung

Nachdem die gesetzgeberischen Vorstellungen im Hinblick auf die Bildung der Anstaltsbeiräte gemäß § 162 StVollzG geklärt wurden, lässt sich festhalten, dass diesbezüglich viele Fragen und Schwierigkeiten während des Gesetzgebungsverfahrens auftauchten und der Gesetzgeber trotz dieser recht knappen Regelung konkrete Vorstellungen von den einzelnen Aspekten der Beiratsbildung hatte.

Im Hinblick auf die Beiratszusammensetzung ging es um die Frage, nach welchen Kriterien die einzelnen Beiratsmitglieder ausgesucht werden sollten und inwieweit sich eine im Gesetz vorgeschriebene Zusammensetzung empfiehlt. Insbesondere zur Sicherung einer ihren Funktionen entsprechenden Aufgabenwahrnehmung hielt der Bundesgesetzgeber eine bundeseinheitliche Regelung bezüglich der Auswahl und Anzahl der Beiratsmitglieder durchaus für sinnvoll und auch wünschenswert. So wurde in den verschiedenen Ausschüssen immer wieder darauf hingewiesen, dass die Mitglieder des Beirats auch im Sinne einer umfassenden Repräsentation der Öffentlichkeit im Strafvollzug unterschiedlicher (beruflicher) Herkunft sein müssten. Im Vordergrund dieser Diskussionen stand immer das so genannte Eignungsprinzip. Letztendlich wurde aber auf eine solche Normierung in § 162 StVollzG verzichtet, um den länderspezifischen Bedürfnissen Rechnung zu tragen.

Gleiches gilt für die Beiratsernennung und die Amtszeit. Zwar wurden mögliche Ernennungsverfahren erörtert, vor allem im Hinblick darauf, wer das Vorschlagsrecht und die Ernennungskompetenz besitzen sollte. Ebenso wurde diskutiert, inwieweit sich die Festlegung einer bestimmten Amtszeit empfiehlt. Einerseits stand hier eine gewünschte hohe Fluktuation im Vordergrund, um eine umfassende Information

---

276   Baumann 1973, S. 103.
277   Vgl. Kerner, NStZ 1981, S. 280.

der Öffentlichkeit gewährleisten zu können. Andererseits war klar, dass nur eine gewisse Kontinuität eine gute Arbeit des Beirats ermöglichen konnte. Eine gesetzliche Regelung kam jedoch nicht zustande. Grund hierfür waren einmal mehr die Organisationsunterschiede in den Bundesländern. Der Gesetzgeber verband mit dem Auswahlverfahren und der Amtszeit keine konkreten Vorstellungen, sodass in diesem Bereich den Ländern bewusst Raum für eigenständige Regelungen belassen wurde, die sich nicht an bundesrechtlichen Vorgaben messen lassen müssen.

Es bleibt damit festzuhalten, dass der Bundesgesetzgeber den Länderregelungen im Hinblick auf die organisatorischen Aspekte der Beiratstätigkeit den Vorrang eingeräumt hat. Lediglich in § 162 Abs. 2 StVollzG bezieht er explizit Stellung und macht deutlich, dass Vollzugsbedienstete nicht als Beiratsmitglieder in Betracht kommen. Insoweit tritt die gesetzgeberische Intention zu Tage, den Anstaltsbeirat als ein von der Vollzugsverwaltung unabhängiges Gremium auszugestalten, welches sich ausschließlich aus außerhalb der Vollzugsanstalt stehenden Personen zusammensetzt. Die Unabhängigkeit der Beiräte von der Anstaltsleitung wird ebenfalls durch die systematische Stellung der §§ 162 ff. StVollzG in einem gesonderten (vierten) Titel im vierten Abschnitt des Strafvollzugsgesetzes betont. Dieser Aspekt und die Frage, inwieweit die gesetzliche Regelung zur Erreichung des Ziels der Unabhängigkeit geeignet ist, werden bei der folgenden Untersuchung eine zentrale Rolle spielen.

Eine weitergehende Konkretisierung ist auch durch § 18 Abs. 1 JVollzGB I BW nicht geschaffen worden. Der Landesgesetzgeber hat hier ebenfalls dem Justizministerium, welches über eine viel dezidiertere Kenntnis der Bedürfnisse und Erfordernisse des Landesstrafvollzuges verfügt, einen eigenständigen Regelungsspielraum überlassen.

1.2 Die Aufgaben der Beiräte gemäß § 163 StVollzG, § 18 Abs. 2 JVollzGB I BW

Nach § 163 StVollzG, § 18 Abs. 2 JVollzGB I BW wirken die Beiräte bei der Gestaltung des Vollzugs und bei der Betreuung der Gefangenen mit. Sie unterstützen den Anstaltsleiter durch Anregungen und Verbesserungsvorschläge und helfen bei der Eingliederung der Gefangenen nach der Entlassung. Anhand einer Wortlautauslegung der Vorschriften sowie durch eine Analyse der Materialien zum StVollzG und zum JVollzGB BW soll im Folgenden eine Konkretisierung der Aufgabenbestimmung erreicht werden.

1.2.1 Wortlautauslegung

Vom Wortlaut[278] der §§ 163 StVollzG, 18 Abs. 2 JVollzGB I BW ausgehend fällt auf, dass ausschließlich aktiv geprägte Verben verwendet werden. Die Ausdrücke „wirken

---

278 Vgl. Jestaedt 1999, S. 347.

mit", „unterstützen" und „helfen" legen den Schluss nahe, dass den Beiräten nicht nur eine passive Beobachterrolle im Vollzug zugeschrieben wird, sondern dass sie aktiv an der Realisierung des Vollzugsziels mitarbeiten sollen.[279] Fraglich erscheint jedoch, wie dieser Verpflichtung, das Vollzugsziel gemäß § 2 StVollzG, § 1 JVollzGB III BW (die Resozialisierung) zu erreichen, in der Praxis nachgekommen werden soll. Insoweit sind § 163 StVollzG, § 18 Abs. 2 JVollzGB I BW ihrem Wortlaut nach nur sehr vage. Es wird lediglich erwähnt, dass die Beiräte bei der Vollzugsgestaltung mitwirken, den Anstaltsleiter durch Anregungen und Verbesserungsvorschläge unterstützen sowie die Gefangenen betreuen und bei deren Eingliederung nach der Entlassung helfen.

Aufgrund ihrer Rolle als außerhalb der Vollzugsverwaltung stehende Personen haben die Beiräte den Vorteil, dass sie nicht ständig mit den Problemen des Strafvollzugs konfrontiert sind und deshalb oftmals einen freieren Blick für die Lösung von Konflikten haben, welcher ihre Anregungen und Verbesserungsvorschläge dienen sollen. Durch das Aussprechen solcher Empfehlungen können die Beiräte maßgeblich an der Vollzugsgestaltung mitwirken. Insoweit ist die „Unterstützung der Anstaltsleitung" in § 163 S. 2 StVollzG, § 18 Abs. 2 S. 2 JVollzGB I BW auf die Verbesserung der Gesamtstruktur in der Anstalt[280] und damit auf die Herstellung der Grundlage für einen erfolgreichen resozialisierenden Vollzug gerichtet[281]. Damit wird eine „Makroebene" der Resozialisierungshilfe angesprochen. Darüber hinaus sollen die Beiräte gemäß ihrer Betreuungs- und Integrationsfunktion durch persönliche Kontakte mit den Gefangenen diese bei allen auftretenden Problemen unterstützen und ihnen bei der Rückkehr in die Gesellschaft Hilfe leisten. Im Gegensatz zur Unterstützung der Anstaltsleitung bezieht sich die „Betreuung der Gefangenen" sowie die „Hilfe für den Gefangenen bei dessen Wiedereingliederung nach der Entlassung" im Sinne der §§ 163 S. 2 StVollzG, 18 Abs. 2 S. 2 JVollzGB I BW auf die konkrete Einzelfallhilfe und damit auf die „Mikroebene" der Verwirklichung des Resozialisierungsziels. Es wird damit deutlich, dass die namentlich von der Literatur entwickelte Beratungs- bzw. Betreuungs- und Integrationsfunktion der Anstaltsbeiräte im Gesetz in § 163 StVollzG, § 18 Abs. 2 JVollzGB I BW ihren Ausdruck findet und insoweit auf zwei unterschiedlichen Ebenen zur Realisierung des Vollzugsziels beitragen soll.

Vor diesem Hintergrund ist der Begriff des „Mitwirkens" als aktive Teilnahme der Beiräte an der Wiedereingliederung der Gefangenen zu verstehen.[282] Folglich nehmen sie nicht lediglich eine passive Beobachterrolle ein. Der Wortlaut von § 163 S. 2 StVollzG, § 18 Abs. 2 S. 2 JVollzGB I BW legt nahe, dass den Beiräten hier eine ergänzende Kompetenz zugedacht wurde. Durch die Erwähnung des „Unterstützens" wird deutlich, dass den Beiräten eine Aufgabe übertragen wird, die sie neben den

---

279 Vgl. Calliess/Müller-Dietz 2005, § 163 StVollzG, Rn. 1.
280 Ebd.
281 So auch Gerken 1986, S. 14.
282 Ebd.

hierfür in erster Linie zuständigen Stellen, den Beamten des allgemeinen Vollzugsdienstes, der Anstaltsleitung und den sonstigen im Vollzug hauptberuflich Tätigen,
wahrnehmen.[283]

Die Wortlautauslegung der §§ 163 StVollzG, 18 Abs. 2 JVollzGB I BW ergibt
daher, dass den Beiräten die Aufgabe der Hilfe bei der Resozialisierung gesetzlich
zugewiesen wurde. Insoweit ist eine aktive Rolle der Anstaltsbeiräte verankert, die
jedoch durch die Arbeit der hauptamtlich im Vollzug Tätigen begrenzt wird, denen
diese Angelegenheit zuvörderst obliegt und deren Bemühungen die Anstaltsbeiräte
durch ihre Tätigkeit ergänzen sollen.

1.2.2 Historische Auslegung

Eine Auslegung der Materialien zum StVollzG soll bei der Erörterung der Frage
nach den Beiratsaufgaben weiterhelfen.[284] Der Kommissionsentwurf war diesbezüglich sehr kurz gefasst. In § 158 KE war lediglich normiert, dass die Beiräte bei
der Gestaltung des Vollzugs und der Behandlung der Gefangenen mitwirken. Eine
weitergehende Konkretisierung fehlte.[285] Der Regierungsentwurf enthielt überhaupt
keine Vorschrift über die Beiratsaufgaben.[286]

Es war wiederum der Alternativ-Entwurf, der dazu eine präzise Normierung
vorschlug. Gemäß § 41 Abs. 1 AE sollten die Beiräte als Vertreter der Öffentlichkeit
bei der Gestaltung des Vollzugs und bei der Betreuung der Insassen mitwirken. Eine
Konkretisierung der Mitwirkungsfunktionen der Beiräte wurde in den folgenden
Absätzen vorgenommen und als unerlässlich angesehen, da ansonsten die Gefahr
bestünde, dass sich deren Tätigkeit „in den unverbindlichen Gesten eher dekorativer
Gremien erschöpft"[287]. Absatz 2 normierte die Kontrollfunktion. Demnach beobachten die Anstaltsbeiräte die Arbeit im Vollzug, unterrichten die zuständigen Behörden
und die Öffentlichkeit und ermöglichen den Insassen den Kontakt mit Vertretern
der Öffentlichkeit. Hier wird auf die drei Aufgaben der Überwachung, der Öffentlichkeitsinformation und der persönlichen Kommunikation zwischen Insassen und
Vertretern der Öffentlichkeit Bezug genommen. § 41 Abs. 3 AE entsprach dem § 163
S. 2 StVollzG und regelte die Hilfs- und Beratungsfunktion der Beiräte, während
Absatz 4 negativ formuliert war und klarstellte, dass die Beiräte nicht die Funktion
einer Beschwerdeinstanz haben, dass sie ferner keine selbstständige Entscheidungs-
gewalt besitzen und nicht der Weisungsbefugnis der Vollzugsbehörden unterliegen.

---

283 Gerken 1986, S. 15.
284 Zu der Auslegung der Gesetzesmaterialien vgl. Jestaedt 1999, S. 349 sowie Bumke
2004, S. 49 ff.
285 Vgl. BMJ 1971, Tagungsberichte der Strafvollzugskommission, Sonderband 11–13,
S. 74.
286 Vgl. BT-Drucks. 7/918, S. 98.
287 Baumann 1973, S. 103.

Hierdurch sollte eine Integration der Beiräte in den Vollzugsapparat und dadurch eine Aushöhlung ihrer Kontrollfunktion verhindert werden.[288]

Der Bundeszusammenschluss für Straffälligenhilfe machte den Vorschlag, in § 149 Abs. 2 die Aufgaben der Beiräte derart festzulegen, dass letztere zum einen an der Gestaltung des Vollzugs und an der Behandlung der Gefangenen mitwirken und dass sie zum anderen das Interesse der Öffentlichkeit am Vollzug wecken und fördern.[289]

Der Sonderausschuss Strafrecht war sich uneinig, inwieweit die Aufgaben der Beiräte gesetzlich geregelt werden sollten. Im Rahmen dieser Diskussionen wurde vor allem auf die Aufgabe der Beiräte, die Öffentlichkeit in institutionalisierter Form an den Angelegenheiten des Strafvollzugs zu beteiligen, hingewiesen.[290] Die Beiräte sollten das Interesse der Öffentlichkeit am Strafvollzug wecken und fördern und andererseits eine Innenwirkung in der Weise entfalten, dass sie sich auch an der Gestaltung des Vollzugs und der Behandlung der Gefangenen beteiligen.[291] Auf diese Weise wurde der Begriff der „Scharnierfunktion" der Beiräte geprägt, die eine Öffentlichkeits- und Kontrollfunktion innehaben, dadurch nach innen und nach außen wirken und so der Verbindung zwischen Öffentlichkeit und Strafvollzug dienen.[292]

Sowohl der Sonderausschuss als auch der Bundeszusammenschluss für Straffälligenhilfe sprachen damit zwei Aufgabenfelder der Anstaltsbeiräte an: zum einen die anstaltsbezogenen Funktionen und zum anderen die öffentlichkeitsbezogenen Aufgaben. Eine solche Differenzierung nimmt das Strafvollzugsgesetz nicht vor; sämtliche Kommentierungen gehen jedoch wie selbstverständlich davon aus.[293] Es stellt sich folglich die Frage, inwieweit diese Aufteilung auch im StVollzG ihren Ausdruck gefunden hat.

Der Sonderausschuss Strafrecht nahm in seinen Beratungen vor allem Bezug auf die Vorschläge des Bundeszusammenschlusses für Straffälligenhilfe im Hinblick auf die Öffentlichkeitsfunktion. Darin wurde die „von jeher wohl wichtigste Aufgabe des Beirats" erblickt.[294] Diese erstrecke sich aber nicht nur darauf, in der Öffentlichkeit das Interesse für den Strafvollzug zu wecken, sondern die Beiratsmitglieder sollten „sich als Vertreter der Öffentlichkeit auch verantwortlich fühlen"[295] für die Herstellung von Öffentlichkeit im Strafvollzug. Dadurch wurde das rechtsstaatliche Element dieser Form der Laienbeteiligung, nämlich die Kontrolle des Vollzugs durch

---

288   Vgl. Baumann 1973, S. 103.
289   Jung/Müller-Dietz 1974, S. 164.
290   BT-Drucks. 7/918, Sonderausschuss Strafrecht, S. 2014.
291   Vgl. ebd., S. 2017.
292   Vgl. ebd., S. 2017 f.
293   Vgl. Bammann/Feest 2006, in: Feest-AK-StVollzG, vor § 162 StVollzG, Rn. 2 ff.; Calliess/Müller-Dietz 2005, § 163 StVollzG, Rn. 1; Arloth 2008, § 163 StVollzG, Rn. 1 ff.; Rotthaus/Wydra 2005, in: Schwind/et al.-StVollzG, §§ 162–165 StVollzG, Rn. 1 ff.
294   Vgl. BT-Drucks. 7/918, Sonderausschuss Strafrecht, S. 2037.
295   Vgl. ebd.

die Öffentlichkeit, angesprochen.[296] Letztendlich verzichtete der Sonderausschuss jedoch auf eine explizite Regelung der anstaltsbezogenen Aufgaben der Beiräte sowie ihrer Öffentlichkeits- und Kontrollaufgaben, da eine „Festlegung und damit Hervorhebung einzelner Aufgaben im Gesetz eine Aufgabenbindung herbeiführen würde, die sich lähmend und im gegenwärtigen Entwicklungsstadium sogar störend auswirken könnte"[297]. Deshalb sollte die Regelung der Aufgabenstellung der Beiräte zunächst durch Verwaltungsvorschriften der Länder erfolgen, da diese anpassungsfähiger und flexibler seien.[298] Aus diesem Grunde verabschiedete der Sonderausschuss letztlich § 149a, der auf eine Normierung der Öffentlichkeits- und Kontrollfunktion verzichtete und lediglich die Mitwirkungs- und Beratungsfunktion regelte.[299]

Hauptsächlich Roxin ging in seinen Erläuterungen über die Anstaltsbeiräte im Alternativ-Entwurf auf deren Doppelfunktion ein. Zum einen stelle die Kontrollfunktion die historisch älteste Aufgabe der Beiräte dar und bilde ihre spezifisch rechtsstaatliche Komponente.[300] Zum anderen diene die Institution der Anstaltsbeiräte der Aufklärung der Öffentlichkeit, und zwar in der Weise, dass nicht nur deren Information über die konkreten Mängel des Vollzugsbetriebs gewährleistet sei, sondern dass darüber hinaus in der Öffentlichkeit um Verständnis für die Probleme des Strafvollzugs geworben werde.[301]

Der Regierungsentwurf zum Justizvollzugsgesetzbuch Baden-Württembergs ging in seiner Begründung zu § 18 JVollzGB I BW ausdrücklich auf die Öffentlichkeits- und Kontrollfunktion der Anstaltsbeiräte ein. Es wurde darauf hingewiesen, dass die Anstaltsbeiräte die institutionalisierte Beteiligung interessierter und engagierter Bürger am Justizvollzug darstellen und dadurch die Transparenz des überwiegend geschlossenen Systems des Justizvollzugs gewährleisten würden.[302] Dies ermögliche nicht nur die ständige kritische Überprüfung und Beobachtung der Ausübung staatlicher Macht über die Gefangenen, sondern mache die Beiräte auch zu einem wichtigen Bindeglied zwischen Vollzug und Öffentlichkeit. Insoweit komme den Beiräten im Justizvollzug eine wichtige Kontroll- und Vermittlungsfunktion zu.[303] Der Regierungsentwurf zum Justizvollzugsgesetzbuch BW ging somit ausdrücklich davon aus, dass den Anstaltsbeiräten nicht nur anstaltsbezogene Aufgaben zufallen, sondern dass diese auch öffentlichkeitsbezogene Funktionen wahrzunehmen haben. Dies entspricht dem Auslegungsergebnis der Gesetzesmaterialien zu §§ 162 ff.

---

296 Vgl. die Ausführungen im 1. Kapitel: 2.2.1, S. 8.
297 BT-Drucks. 7/918, Sonderausschuss Strafrecht, S. 2037.
298 Vgl. ebd., S. 2017.
299 BT-Drucks. 7/3998, S. 108.
300 Roxin 1974, S. 117.
301 Vgl. ebd., S. 123.
302 Vgl. LT BW-Drucks. 14/5012, S. 175.
303 Vgl. ebd.

StVollzG.[304] Der Bundesgesetzgeber nahm ebenfalls an, dass die öffentlichkeitsbezogenen Aufgaben einen unverzichtbaren Bestandteil der Beiratstätigkeit bilden müssen. Allerdings haben die Öffentlichkeits- und Kontrollfunktion in den Wortlaut des § 18 Abs. 2 JVollzGB I BW ebenso wenig Eingang gefunden wie in den Wortlaut des § 163 StVollzG. Immerhin hat der Landesgesetzgeber von Baden-Württemberg im Regierungsentwurf eine klare Aussage zu den Aufgaben der Beiräte getroffen.

1.2.3 Zwischenfazit zur Normierung der Beiratsaufgaben

Die Diskussionen im Sonderausschuss um die Aufgabenbeschreibung der Anstaltsbeiräte zeigen wiederum, dass die knappe Regelung in § 163 StVollzG nicht darauf zurückzuführen ist, dass der Bundesgesetzgeber hiermit keine konkreten Vorstellungen verband. Im Gegenteil, grundsätzlich wurde eine Regelung, wie sie in § 41 AE zum Ausdruck kam, begrüßt. Die Beiräte sollten als Vertreter der Öffentlichkeit eine „Brücke schlagen zwischen der Allgemeinheit und dem Gefangenen"[305] und dadurch eine kontrollierende Innen- und eine informierende Außenwirkung entfalten[306]. Lediglich die Wahrung der Flexibilität der Länder sowie die Sorge, dass aus einer solchen Regelung die Pflicht abgeleitet werden könnte, bei der Bildung der Beiräte bestimmte gesellschaftliche Kräfte paritätisch zu berücksichtigen, was in der Praxis nicht möglich ist, führten zu einem Verzicht auf die Normierung von anstalts- und öffentlichkeitsbezogenen Aufgaben der Beiräte im Strafvollzugsgesetz.[307]

Es bleibt damit festzuhalten, dass der Bundesgesetzgeber und der Landesgesetzgeber Baden-Württembergs den Anstaltsbeiräten die Öffentlichkeits- und Kontrollaufgabe zugedacht, eine diesbezügliche rechtliche Ausgestaltung jedoch bewusst den Ländern (in Baden-Württemberg: der Aufsichtsbehörde) überlassen haben. Dies bedeutet vor allem für die verwaltungsrechtlichen Regelungen in Baden-Württemberg und Sachsen, dass diese besonders dahingehend zu untersuchen sind, inwieweit die anstalts- und öffentlichkeitsbezogenen Funktionen der Beiräte umgesetzt worden sind. Bei dieser Analyse ist jedoch zu beachten, dass zwar aufgrund der historischen Gesetzesauslegung gewisse Erwartungen an die landesrechtliche Ausgestaltung gestellt werden können. Letztendlich muss der Verzicht auf eine gesetzliche Regelung bezüglich der Funktionen der Anstaltsbeiräte aber auch als eine Inkaufnahme einer von den gesetzgeberischen Vorstellungen abweichenden oder dahinter zurückbleibenden Lösung der Länder verstanden werden.[308] Im Fokus der landesrechtlichen Untersuchung muss daher die Frage stehen, inwieweit die Länder

---

304 Zu der Vermeidung von Widersprüchen bei Norminterpretationen Bumke 2004, S. 49.
305 Vgl. BT-Drucks. 7/3998, S. 47.
306 Vgl. BT-Drucks. 7/918, Sonderausschuss Strafrecht, S. 2017.
307 Vgl. BT-Drucks. 7/3998, S. 47.
308 Zu dem Regelungsspielraum der Verwaltung beim Erlass von Verwaltungsvorschriften Möstl 2006, S. 572; dazu auch Gerken 1986, S. 20.

den ihnen eingeräumten Spielraum bezüglich der verwaltungsrechtlichen Regelung der Beiratsaufgaben eingehalten oder über- bzw. unterschritten haben.

1.3 Die Beiratsbefugnisse gemäß § 164 StVollzG, § 18 Abs. 3 JVollzGB I BW

Nachdem nun die Aufgaben der Anstaltsbeiräte geklärt und konkretisiert worden sind, stellt sich die Frage, welche Rechte und Befugnisse diesem Gremium gegenüber dem Vollzugsapparat vom Gesetzgeber zugedacht wurden.

In § 164 Abs. 1 StVollzG, § 18 Abs. 3 JVollzGB I BW wird geregelt, dass die Beiräte namentlich Wünsche, Anregungen und Beanstandungen entgegennehmen. Sie können sich über die Unterbringung, Beschäftigung, berufliche Bildung, Verpflegung, ärztliche Versorgung und Behandlung unterrichten lassen sowie die Anstalt und ihre Einrichtungen besichtigen. Zudem wird bestimmt, dass die Mitglieder des Beirats die Gefangenen und Untergebrachten in ihren Räumen aufsuchen können. Aussprache und Schriftwechsel werden nicht überwacht.

Zunächst soll wiederum anhand des Wortlauts der § 164 StVollzG, § 18 Abs. 3 JVollzGB I BW herausgearbeitet werden, inwieweit hier eine Konkretisierung der Beiratsbefugnisse durch den Gesetzgeber stattgefunden hat.

1.3.1 Wortlautauslegung

Vorab ist festzuhalten, dass die Beiräte die in § 164 Abs. 1 StVollzG, § 18 Abs. 3 JVollzGB I BW genannten Tätigkeiten ausüben *können*, aber nicht *müssen*. Folglich trifft die Beiratsmitglieder keine Pflicht, von ihren Befugnissen Gebrauch zu machen. Dennoch handelt es sich bei § 164 StVollzG, § 18 Abs. 3 JVollzGB I BW um normierte Rechte der Beiräte gegenüber dem Vollzugsapparat. Eine solche Zuweisung von Rechten ist notwendig, damit die Beiräte ihren Aufgaben aus § 163 StVollzG, § 18 Abs. 2 JVollzGB I BW gerecht werden können. Ansonsten wäre eine effektive Wahrnehmung der ihnen zugeschriebenen Funktionen kaum möglich.[309] Deshalb sind § 164 StVollzG, § 18 Abs. 3 JVollzGB I BW dahingehend zu verstehen, dass die Beiräte nicht an der Ausübung ihrer Rechte gehindert werden dürfen. Dem Beirat und seinen Mitgliedern steht insoweit zur Geltendmachung der Rechte gegenüber der Vollzugsbehörde die Möglichkeit des gerichtlichen Rechtsschutzes gemäß § 109 ff. StVollzG zu.[310] Weiter zeigt die Formulierung „namentlich", dass die Aufzählung der Befugnisse in § 164 StVollzG, § 18 Abs. 3 JVollzGB I BW nicht abschließend, sondern lediglich beispielhaft ist.[311]

---

309 Vgl. Bammann/Feest 2006, in: Feest-AK-StVollzG, § 164 StVollzG, Rn. 1.

310 Vgl. OLG Frankfurt, ZfStrVo 1979, S. 121; OLG Hamm, ZfStrVo 1981, S. 127; Bammann/Feest 2006, in: Feest-AK-StVollzG, § 164 StVollzG, Rn. 3.

311 Gerken 1986, S. 27; Bammann/Feest 2006, in: Feest-AK-StVollzG, § 164 StVollzG, Rn. 2 ff.

Sämtliche dieser aufgezählten Rechte dienen den Beiräten dazu, sich die für eine ordnungsgemäße Aufgabenerfüllung notwendigen Informationen und Kenntnisse selbst zu verschaffen.[312] Insbesondere die Wahrnehmung der Kontrollfunktion erfordert, dass die Beiräte durch (nicht überwachte) Kommunikation mit den Gefangenen (durch Entgegennahme von Wünschen, Anregungen und Beanstandungen) und durch die Möglichkeit der eigenen Einsichtnahme in die Anstalt (durch Unterrichtung über Unterbringung, Beschäftigung, berufliche Bildung, Verpflegung, ärztliche Versorgung und Behandlung) die erforderlichen Informationen über die Situation im Vollzug erhalten.

Fraglich erscheint der Umfang dieses Informationsrechts der Beiräte. Das Gesetz schweigt hierzu. Wenn jedoch das Informationsrecht Voraussetzung für die Ausübung der Kontrolle über den Vollzug ist, dann müsste dieses Recht auch den Anspruch gegen die Vollzugsleitung auf Erteilung sämtlicher erforderlicher Auskünfte beinhalten. Der Anspruch müsste sich auf alle Auskünfte beziehen, die der Beirat objektiv benötigt, um die ihm zugewiesenen Funktionen (insbesondere die Kontrollfunktion) zu erfüllen.[313] Wenn also davon ausgegangen wird, dass die Rechte der Beiräte in Abhängigkeit zu den ihnen zukommenden Aufgaben stehen, so ist der Umfang der Beiratsbefugnisse von der Funktion und der Aufgabe der Beiräte her zu bestimmen. Aufgrund der Tatsache jedoch, dass nicht alle Aufgaben der Beiräte im Gesetz Aufnahme gefunden haben[314], sind an dieser Stelle wiederum die Gesetzesmaterialien zu bemühen. Aus dem bloßen Wortlaut der § 164 StVollzG, § 18 Abs. 3 JVollzGB I BW lässt sich insoweit nichts über den Umfang und die Bedeutung des Informationsanspruchs herleiten.

1.3.2 Historische Auslegung

Der Kommissionsentwurf bestimmte in § 159 Abs. 1 KE, dass die Beiräte Wünsche und Anregungen der Gefangenen entgegennehmen können. Darüber hinaus können sie sich über die Unterbringung, Beschäftigung, Beköstigung, ärztliche Versorgung und andere Umstände der Behandlung Gefangener durch den Anstaltsleiter, die Anstaltsbeamten und die Gefangenen unterrichten lassen sowie am Unterricht und anderen Veranstaltungen der Anstalt für die Gefangenen teilnehmen. Gemäß Absatz 2 sollten die Mitglieder des Beirats die Gefangenen in ihren Hafträumen aufsuchen können, wobei Aussprache und Schriftwechsel nicht überwacht werden sollten. Zudem sollte dem Beirat Einsicht in die Personalakten der Gefangenen gewährt werden.

Im Regierungsentwurf wurde diese Regelung fast unverändert in § 150 RE übernommen. Lediglich die Befugnis der Mitglieder des Beirats, an Unterricht, Lehrgängen und anderen Veranstaltungen teilzunehmen und Einsicht in die Personalakten

---

312 Vgl. Calliess/Müller-Dietz 2005, § 164 StVollzG, Rn. 1.
313 Vgl. ebd., § 164 StVollzG, Rn. 2.
314 Vgl. die Ausführungen im 3. Kapitel: 1.2, S. 52 ff.

der Gefangenen zu erhalten, wurde nicht übernommen (§ 159 Abs. 1 S. 2 2. Halbsatz KE). Der RE ging insoweit davon aus, dass diese Befugnisse besser „unter Berücksichtigung örtlicher Verhältnisse durch landesrechtliche Vorschriften geregelt werden können"[315].

Der Alternativ-Entwurf traf auch über die Beiratsbefugnisse eine ausführliche Regelung. Nach § 42 Abs. 1 AE nehmen die Mitglieder des Beirats Wünsche, Anregungen und Beanstandungen entgegen und bemühen sich in ständiger Fühlungnahme mit der Anstaltsleitung und der Aufsichtsbehörde um die Beseitigung von Mängeln und die Verbesserung des Vollzugs in der Anstalt. Im Gegensatz zum RE äußerte sich der AE diesbezüglich viel bestimmter. Die Beiratsmitglieder *können* nicht nur Beanstandungen entgegennehmen, sondern dies ist notwendiger Bestandteil ihrer Aufgabe.[316] Dadurch wurde deutlich, dass sie nicht nur eine passive Beobachterrolle im Vollzug einnehmen, sondern dass sie aktiv auf diese Beanstandungen reagieren und sich dadurch um die Abstellung von Missständen und die Verbesserung des Vollzugs bemühen müssen.[317] Absatz 2 regelte das Recht der Beiratsmitglieder, die Vollzugsanstalt sowie alle ihre Einrichtungen und Veranstaltungen jederzeit zu besichtigen. Sie dürfen zudem an Anstaltskonferenzen beratend teilnehmen und andere Vollzugsanstalten des Landes besuchen. Das Recht zur Teilnahme an den Anstaltskonferenzen sollte den Beiratsmitgliedern die Möglichkeit einer umfassenden Information über die Zustände in der Anstalt verschaffen, dadurch ihre Rechtsposition innerhalb der Anstalt stärken und so ihre effektive Aufgabenwahrnehmung absichern.[318] Auch wenn eine beratende Anwesenheit der Beiratsmitglieder bei den Anstaltskonferenzen von den Autoren des AE als wünschenswert empfunden wurde, um dadurch deren aktive sozialkonstruktive Mitwirkung an der Vollzugsgestaltung zu erreichen[319], wurde auf eine entsprechende Verpflichtung der Beiratsmitglieder verzichtet, da eine solche wegen der damit verbundenen Arbeitsbelastung nicht realisierbar sei[320]. Weiterhin statuierte § 42 Abs. 3 AE das Recht der Beiratsmitglieder, die Insassen in ihren Wohn- und Aufenthaltsräumen aufzusuchen und mit ihnen in Abwesenheit des Anstaltspersonals zu sprechen. Der Schriftverkehr zwischen den Insassen und den Mitgliedern des Anstaltsbeirats sollte zudem nicht überwacht werden. § 42 Abs. 4 AE gewährte den Beiratsmitgliedern ein unbeschränktes Einsichtsrecht in die Gefangenenpersonalakten.

Der Bundeszusammenschluss für Straffälligenhilfe stimmte im Wesentlichen dem Regierungsentwurf in der Formulierung des § 150 RE zu. Es wurde jedoch darauf hingewiesen, dass die Vorschrift hinreichend das Informationsrecht der Beiräte bezüglich der Anstaltsverhältnisse (durch ungehinderte Kommunikation mit

315   BT-Drucks. 7/918, S. 98.
316   Baumann 1973, S. 103.
317   Vgl. Roxin 1974, S. 118.
318   Vgl. Baumann 1973, S. 105.
319   Roxin 1974, S. 119.
320   Baumann 1973, S. 105.

den Gefangenen, freien Zutritt zur Anstalt und die Möglichkeit der jederzeitigen Kommunikation mit Anstaltsleitung und Aufsichtsbehörde) zum Ausdruck bringen müsse.[321] Nur ein umfassendes Informationsrecht versetze den Beirat in die Lage, wirksam zu handeln und seinen Verpflichtungen nachzukommen.[322]

Im Sonderausschuss Strafrecht herrschte Uneinigkeit im Hinblick auf Bestimmung und Umfang der Beiratsbefugnisse. Es wurde befürchtet, die Ausgestaltung zu umfangreicher Befugnisse, insbesondere eines zu umfassenden Informationsrechts zur Wahrung der Kontrollfunktion der Beiräte, würde diese zu einer Art Ombudsmänner und dadurch zu einem verfassungsrechtlich nicht legitimierten Kontrollinstrument der Verwaltung werden lassen.[323] Zudem wurde vorgeschlagen, den unüberwachten Schriftwechsel mit den Gefangenen einzuschränken, um einer Missbrauchsgefahr vorzubeugen. Es waren im Wesentlichen Sicherheitsbedenken, die im Sonderausschuss Kritik an einer zu ausführlichen Regelung der Beiratsbefugnisse hervorriefen und die letztendlich dazu führten, dass § 150 RE unverändert in das StVollzG übernommen wurde.[324]

Der Regierungsentwurf zum Justizvollzugsgesetzbuch Baden-Württembergs erwähnt zwar die Notwendigkeit der eingeräumten Befugnisse zur Erfüllung der Aufgaben durch die Beiräte. Eine weitergehende Konkretisierung der Beiratsbefugnisse unterbleibt allerdings auch hier.

1.3.3 Zwischenfazit zur Normierung der Beiratsbefugnisse

Die Auseinandersetzung mit den Gesetzesmaterialien zu § 164 StVollzG hat gezeigt, dass es dem Gesetzgeber einerseits darauf ankam, die Befugnisse derart auszugestalten, dass die Beiräte aktiv am Vollzug teilnehmen und aus der passiven Rolle einer Beobachtungs- und Beschwerdeinstanz herausgeholt werden. Die Normierung eines Informationsrechts belegt, dass nach dem Willen des Gesetzgebers der Beirat gegenüber dem Vollzugsapparat vor allem Kontroll- und Beratungsfunktionen wahrnehmen soll, deren Einhaltung durch diese Regelung sichergestellt werden sollte. Andererseits wollte man dem Anstaltsbeirat nicht solche weitgehenden Informationsbefugnisse zugestehen, dass dieser sich in grundlegende Fragen des Vollzugsablaufs einmischen könnte. Aufgrund dessen ist die Regelung der Beiratsbefugnisse sehr allgemein gehalten worden. Zwar sollte durch die Normierung entsprechender Informationsansprüche die Rechtsposition der Beiräte gestärkt werden, eine Konkretisierung durch den Gesetzgeber ist insoweit jedoch bewusst unterblieben. Grund hierfür waren nicht nur verfassungsrechtliche Bedenken im Hinblick auf eine zu umfangreiche Kontrolle der Vollzugsverwaltung durch die Beiräte, sondern wiederum die Annahme, dass landesrechtliche Vorschriften den Besonderheiten

---

321 Jung/Müller-Dietz 1974, S. 167.
322 Müller-Dietz/Würtenberger 1969 a, S. 55.
323 Vgl. BT-Drucks. 7/918, Sonderausschuss Strafrecht, S. 2018.
324 Vgl. ebd., S. 2226.

in den einzelnen Bundesländern besser Rechnung tragen könnten.[325] Deshalb ist letztlich der Umfang des Informationsrechts der Beiräte durch den Gesetzgeber weitgehend offen gelassen worden. Diesbezüglich ist abermals die Verantwortung für eine entsprechende Regelung an die Länder delegiert worden. Entsprechendes gilt für die Vorschrift des § 18 Abs. 3 JVollzGB I BW. Insoweit erfolgte ebenfalls keine Konkretisierung des Informationsrechts der Beiräte und es wurde dem Gestaltungsspielraum des Justizministeriums überlassen, die entsprechenden Regelungen zu treffen. Folglich wird bei der Untersuchung der landesrechtlichen Verwaltungsvorschriften besonders auf die Frage einzugehen sein, inwieweit dort der Umfang der Informationsbefugnisse der Beiräte geregelt wurde.

1.4 Die Beiratspflichten gemäß § 165 StVollzG, § 18 Abs. 4 JVollzGB I BW

Mit der Zuweisung von Rechten korreliert notwendigerweise die Normierung von bestimmten Pflichten. StVollzG und JVollzGB BW halten sich diesbezüglich jedoch sehr zurück. In § 165 StVollzG, § 18 Abs. 4 JVollzGB I BW ist lediglich festgelegt, dass die Mitglieder des Beirats verpflichtet sind, über alle vertraulichen Angelegenheiten Verschwiegenheit zu bewahren. Dies gilt auch nach Beendigung ihres Amtes. Neben der Verschwiegenheitspflicht sind keine weiteren Pflichten normiert.

1.4.1 Wortlauslegung

Die Verschwiegenheitspflicht gemäß § 165 StVollzG erstreckt sich auf den Bereich außerhalb des Beiratsamtes und bezieht sich grundsätzlich auf alle vertraulichen Angelegenheiten des Vollzugs, besonders aber auf Namen und Persönlichkeit der Gefangenen. Die Aufzählung von „Namen" und „Persönlichkeit" hat dabei nur beispielhaften Charakter, wie die Formulierung „besonders" zeigt. Dadurch bringt der Gesetzgeber zum Ausdruck, dass bezüglich solcher Informationen, die personenbezogene Daten der Gefangenen betreffen, ein besonders hoher Vertraulichkeitsmaßstab von den Beiräten anzulegen ist.

Im Justizvollzugsgesetzbuch des Landes Baden-Württemberg ist die Verschwiegenheitspflicht der Anstaltsbeiräte in § 18 Abs. 4 geregelt. Der Wortlaut entspricht bis auf zwei Ausnahmen jenem des § 165 StVollzG.

In der Formulierung des § 18 Abs. 4 JVollzGB I BW fehlt zum einen die Aufzählung der vertraulichen Angelegenheiten in Bezug auf Namen und Persönlichkeit des Gefangenen. Dies könnte dahingehend zu verstehen sein, dass der Landesgesetzgeber die Verschwiegenheitspflicht der Beiräte weniger streng ausgestalten wollte als der Bundesgesetzgeber und hieran keine so hohen Anforderungen knüpfte. Möglicherweise hat Baden-Württemberg die Verschwiegenheitspflicht in deren Reichweite zu Gunsten einer umfassenden Öffentlichkeitsarbeit eingeschränkt. Hier muss

---

325 Vgl. BT-Drucks. 7/918, S. 98.

allerdings beachtet werden, dass die Aufzählung von „Namen" und „Persönlichkeit" des Gefangenen in § 165 StVollzG lediglich beispielhaften Charakter hat. Die Formulierung „besonders" bringt zum Ausdruck, dass vor allem personenbezogene Angelegenheiten vertraulich behandelt werden müssen. Dass der Landesgesetzgeber auf eine beispielhafte Erwähnung verzichtete, lässt jedoch nicht den Schluss zu, dass er die Verschwiegenheitspflicht insoweit verkürzen wollte. Im Wortlaut des § 18 Abs. 4 JVollzGB I BW wird ebenso wie in § 165 StVollzG darauf hingewiesen, dass sich die Verschwiegenheit auf alle Angelegenheiten beziehen muss, die „ihrer Natur nach" vertraulich sind. Hierunter fallen zwingend jene Daten, die in engem Zusammenhang mit der Persönlichkeit der Gefangenen stehen. Insoweit ist ein genauso hoher Vertraulichkeitsmaßstab anzulegen wie bei allen anderen vertraulichen Vorgängen. Der weggefallene Hinweis auf die Verschwiegenheit vor allem in Bezug auf den Namen und die Persönlichkeit der Gefangenen hat vielmehr den Vorteil, dass diese Vorschrift nun nicht mehr nur als reine Schutzvorschrift zu Gunsten der Gefangenen ausgelegt werden kann, sondern als umfassendes Schutzgesetz bezüglich aller den Beiräten bei der Ausübung ihres Ehrenamtes bekannt werdenden, vertraulichen Angelegenheiten gesehen werden muss. Insoweit beugt die Norm der Gefahr einer Fehlinterpretation durch die Beiräte vor. Im Hinblick auf eine umfassende normative Absicherung der Verschwiegenheitspflicht weist die landesgesetzliche Vorschrift im Vergleich zu § 165 StVollzG demnach keine Einbußen auf.

Des Weiteren fehlt in § 18 Abs. 4 JVollzGB I BW der Hinweis darauf, dass sich die Verschwiegenheitspflicht der Anstaltsbeiräte lediglich auf den Bereich außerhalb ihres Amtes erstreckt. Hieraus könnte der Schluss gezogen werden, dass die landesgesetzliche Vorschrift in ihrem Regelungsgehalt weiter als § 165 StVollzG ist und die vom AE geforderte Ausweitung der Verschwiegenheitspflicht auf den Bereich innerhalb der Anstalt übernommen hat. Die Tatsache, dass Absatz 4 keine Begrenzung der Verschwiegenheitspflicht nach außen erwähnt, ist ein starkes Indiz für die angesprochene Ausweitung dieser Pflicht. Dafür spricht auch die fast identische Abfassung des § 18 Abs. 4 JVollzGB I BW im Verhältnis zu § 44 AE, in dem ebenso der Verweis auf den Bereich außerhalb der Anstalt fehlt. Die Autoren des AE haben in ihrer Begründung ausdrücklich darauf hingewiesen, dass sich die Verschwiegenheitspflicht auch auf den Bereich innerhalb der Anstalt gegenüber dem Anstaltspersonal erstrecken muss. Darüber hinaus weist die Begründung des Gesetzesentwurfes der Landesregierung Baden-Württembergs darauf hin, dass die Beiratsmitglieder zur Erfüllung ihrer Aufgaben auf die Mitteilung vertraulicher Informationen (nicht nur von den Gefangenen) angewiesen sind.[326] Hierüber haben sie Vertraulichkeit zu wahren. Da auch im baden-württembergischen Gesetzesentwurf der Hinweis auf eine Begrenzung der Verschwiegenheitspflicht fehlt, muss davon ausgegangen werden, dass eine solche vom Landesgesetzgeber nicht (mehr) gewollt war. Indem er – wohl in Kenntnis der Problematik der Formulierung „außerhalb der Anstalt" sowie der Begründung und Intention der Autoren des Alternativ-Entwurfs – diese

---

326   Vgl. LT BW-Drucks. 14/5012, S. 176.

Begrenzung entfallen ließ, machte er deutlich, dass eine solche keine Geltung mehr beanspruchen sollte.

Eine Wortlautauslegung unter Zuhilfenahme der Gesetzesmaterialien ergibt damit eine Erweiterung der Verschwiegenheitspflicht in § 18 Abs. 4 JVollzGB I BW im Vergleich zu § 165 StVollzG.

Hinter der Regelung der Verschwiegenheitspflicht steht die Intention, eine Gefährdung der Resozialisierung der Gefangenen durch eine allzu umfassende Information der Öffentlichkeit zu vermeiden. Persönliche Angelegenheiten der Insassen, vor allem mit Bezug zum Behandlungsangebot der Anstalt, gelten als ungeeignet für die Öffentlichkeit. Hier treten Gesichtspunkte des bereichsspezifischen Datenschutzes (vgl. §§ 179 ff. StVollzG) in den Vordergrund; auch die weitere Berufsplanung des Gefangenen kann durch eine umfassende Information der Öffentlichkeit beeinträchtigt werden, sodass insgesamt die Gefahr einer Minderung der Resozialisierungschancen gegeben ist.[327] Im Hinblick auf diesen Aspekt müsste die Verschwiegenheitspflicht sehr streng ausgelegt werden.[328]

Auf der anderen Seite steht diese Pflicht jedoch im Widerspruch zu der Öffentlichkeits- und Kontrollfunktion der Beiräte. Eine Information der Öffentlichkeit erfordert unter Umständen eine Veröffentlichung solcher Umstände, die an sich als vertraulich zu behandeln sind. Folglich besteht ein Spannungsverhältnis zwischen der Aufgabenwahrnehmung durch die Beiräte gemäß § 163 StVollzG, § 18 Abs. 2 JVollzGB I BW und ihrer Verschwiegenheitspflicht gemäß § 165 StVollzG, § 18 Abs. 4 JVollzGB I BW. Eine Lösung dieses Konflikts enthält das Gesetz nicht.

Möglicherweise gibt hier wiederum eine Auslegung der Gesetzesmaterialen Aufschluss.

1.4.2 Historische Auslegung

Die Vorschrift des § 165 StVollzG entspricht in der Formulierung § 161 KE und § 151 RE. Die Regelungen des Kommissionsentwurfs in § 161 KE und des Regierungsentwurfs in § 151 RE stimmten vollständig überein. § 151 RE wurde letztendlich unverändert als § 165 in das Strafvollzugsgesetz übernommen.[329]

In den Beratungen zu § 165 StVollzG spielte der Konflikt zwischen der Öffentlichkeits- und Kontrollfunktion der Beiräte auf der einen Seite und der Verschwiegenheitspflicht auf der anderen Seite durchaus eine Rolle. Im Sonderausschuss wurde als Lösung dieses Konflikts die strafrechtliche Absicherung der Verschwiegenheitspflicht diskutiert.[330] Eine solche Strafbestimmung wurde schließlich jedoch nicht in den Antrag des Sonderausschuss aufgenommen, weil eine klare Abgrenzung, was

---

327 Kaiser/Schöch 2003, S. 84.
328 So Gerken 1986, S. 31.
329 BT-Drucks. 7/3998, S. 109.
330 Vgl. BT-Drucks. 7/3998, Sonderausschuss Strafrecht, S. 2039.

unter die Verschwiegenheitspflicht falle und was nicht, in einigen Fällen schwierig sei und man insoweit praktische Probleme verhindern wollte[331].

Während sich der Bundeszusammenschluss für Straffälligenhilfe zu diesem Problemkomplex nicht äußerte, wurde im AE in § 44 die Regelung des § 151 RE übernommen, weil diese als sachgerecht empfunden wurde. Insbesondere das vom AE geforderte Akteneinsichtsrecht (§ 42 Abs. 4 AE) erforderte eine strikte Verschwiegenheit der Beiratsmitglieder.[332] Jedoch empfahl der AE, die Verschwiegenheitspflicht nicht auf den Bereich außerhalb der Anstalt zu begrenzen, sondern auf Wunsch des Insassen diese auch gegenüber dem Anstaltspersonal und damit auf den Bereich innerhalb der Anstalt auszudehnen, soweit dem Anstaltspersonal bestimmte Informationen nicht ohnehin zugänglich sind.[333] Dadurch solle das vertrauensvolle Verhältnis zwischen Anstaltsbeirat und Insassen gestärkt und so eine effektive Arbeit der Beiräte ermöglicht werden. Darüber hinaus wurde vorgeschlagen, die Verschwiegenheitspflicht strafprozessual durch ein Zeugnisverweigerungsrecht abzusichern, um den Insassen vor weiteren Indiskretionen zu schützen.[334]

Ein solches Zeugnisverweigerungsrecht wurde in den Beratungen des Sonderausschuss nicht diskutiert. Da aber bereits eine Strafandrohung im Hinblick auf die Verletzung der Verschwiegenheitspflicht durch den Ausschuss abgelehnt wurde, bedurfte es wohl keiner weiteren Erörterung eines möglichen Zeugnisverweigerungsrechts der Beiratsmitglieder. Es wurde im Zusammenhang mit § 151 RE immer wieder darauf hingewiesen, dass die vertrauensvolle Behandlung bekannt gewordener Tatsachen nicht im Widerspruch zu der Öffentlichkeitsfunktion der Beiräte stehe. Die Normierung der Verschwiegenheitspflicht in § 151 RE trage sowohl den Interessen der Gefangenen als auch den Interessen der Öffentlichkeit hinreichend Rechnung. Selbstverständlich würde den Beiräten bei ihrer Arbeit eine ganze Reihe von Tatsachen bekannt werden, die vertraulich behandelt werden müssten und nicht an die Öffentlichkeit gelangen dürften, um die Wiedereingliederung des Gefangenen nicht zu gefährden. Das Recht zu sachlicher, öffentlicher Kritik werde dadurch aber nicht berührt.[335] Hieran wird deutlich, dass das Spannungsverhältnis zwischen Öffentlichkeits- und Kontrollfunktion auf der einen und Verschwiegenheitspflicht auf der anderen Seite gar nicht als so sehr schwierig eingestuft wurde. In einzelnen problematischen Grenzfällen sei der Konflikt wohl vorhanden; er rechtfertige aber keine strafrechtliche (und damit wohl auch keine strafprozessuale) Absicherung der Verschwiegenheitspflicht.[336] Es wurde insoweit für zweckmäßiger gehalten, zunächst die Entwicklung in der Praxis abzuwarten. Darüber hinaus wurde abermals ein Tätigwerden der Länder in diesem

---

331 Vgl. BT-Drucks. 7/3998, Sonderausschuss Strafrecht, S. 2040.
332 Vgl. Baumann 1973, S. 105.
333 Vgl. ebd.
334 Vgl. ebd.
335 Vgl. BT-Drucks. 7/918, S. 98.
336 Vgl. BT-Drucks. 7/3998, S. 47.

Punkt angesprochen, die eine Abberufungsmöglichkeit der Beiräte für den Fall der Verletzung der Verschwiegenheitspflicht vorsehen könnten.[337]

Im Regierungsentwurf zum Justizvollzugsgesetzbuch Baden-Württembergs findet sich ebenfalls kein Hinweis auf Lösungsvorschläge für einen möglichen Konflikt zwischen Öffentlichkeitsfunktion und Wahrung der Verschwiegenheit.

1.4.3 Zwischenfazit zur Normierung der Beiratspflichten

Es lässt sich damit im Hinblick auf die Pflichten der Beiräte festhalten, dass die Verschwiegenheit die – vom Sinn und Zweck dieses Gremiums aus betrachtet – wohl elementarste Verpflichtung für die Beiräte darstellen muss und deshalb auch als einzige Pflicht in § 165 StVollzG, § 18 Abs. 4 JVollzGB I BW normiert ist. Das Informationsrecht der Beiräte aus § 164 StVollzG, § 18 Abs. 3 JVollzGB I BW führt dazu, dass diese mit einer ganzen Reihe von sensiblen Daten der Gefangenen konfrontiert werden, die – würden sie an die Öffentlichkeit gelangen – die Resozialisierung erheblich erschweren und damit die Erreichung des Vollzugsziels gefährden würden. Die Verschwiegenheitspflicht stellt mithin das notwendige Korrelat zu der Informationsbefugnis der Beiräte dar. Zwischen dieser Pflicht und der Öffentlichkeits- und Kontrollfunktion der Beiräte existiert ein gewisses Spannungsverhältnis, welches zu Konflikten führen kann. Für deren Lösung gibt das Gesetz jedoch keine Vorschläge vor.

Die Auslegung der Gesetzesmaterialien hat insoweit ergeben, dass der Bundesgesetzgeber diese Problematik durchaus gesehen hat. Zum einen wurde dieser Konflikt von ihm jedoch als weitaus weniger problematisch eingestuft, als dies in der Literatur der Fall war.[338] Es wurde darauf vertraut, dass in schwierigen Einzelfällen das betroffene Beiratsmitglied die erforderliche Güterabwägung sachgerecht vornehmen wird. Dies war ein Grund dafür, weshalb das besagte Spannungsverhältnis und mögliche Lösungsansätze im Gesetz keinen Ausdruck gefunden haben. Zum anderen konnte auch keine Einigkeit bezüglich eventueller Lösungsmöglichkeiten erreicht werden. In Betracht kam insoweit lediglich die strafrechtliche Absicherung der Verschwiegenheitspflicht. Hierbei bestanden aber erhebliche Bedenken, dass eine Strafandrohung die ohnehin schon nicht einfachen Aufgaben des Beirats in der Praxis noch verkomplizieren würde, was als unsachgerecht empfunden wurde.[339]

Da folglich die Problematik der Kollision von Verschwiegenheitspflicht und Öffentlichkeits- bzw. Kontrollfunktion als nicht regelungsbedürftig eingestuft wurde bzw. keine konsensfähige Lösungsmöglichkeit dieses Konflikts gesehen wurde, unterblieb eine entsprechende Normierung in § 165 StVollzG, § 18 Abs. 4 JVollzGB I BW. Es wurde jedoch speziell auf § 162 Abs. 3 StVollzG, § 18 Abs. 1 S. 2 JVollzGB

---

337 Vgl. BT-Drucks. 7/3998, S. 47.
338 Vgl. BT-Drucks. 7/918 S. 98; Kaiser/Schöch 2003, S. 84; Bammann/Feest 2006, in: Feest-AK-StVollzG, § 165 StVollzG, Rn. 1.
339 Vgl. BT-Drucks. 7/3998, S. 47.

I BW und damit auf die Möglichkeit der Länder (in Baden-Württemberg: der Aufsichtsbehörde) hingewiesen, diesbezüglich entsprechende Regelungen zu treffen. Im Rahmen der folgenden Analyse muss damit zum einen darauf eingegangen werden, ob und in welcher Form die Bundesländer Baden-Württemberg und Sachsen von dieser Regelungsmöglichkeit in ihren Ausführungsvorschriften Gebrauch gemacht haben. Zum anderen wird aber auch zu klären sein, inwieweit das besagte Spannungsverhältnis zwischen Verschwiegenheitspflicht und Öffentlichkeits- bzw. Kontrollfunktion in der Praxis relevant wird und die Beiratsmitglieder in der Lage sind, mit diesem Konflikt sachgerecht umzugehen und eine entsprechende Güterabwägung vorzunehmen.

1.5 Zusammenfassung: Die gesetzgeberischen Erwartungen an die Anstaltsbeiräte

Nachdem nun die Regelungen des Strafvollzugsgesetzes und des Justvollzugsgesetzbuches BW im Hinblick auf die Institution des Anstaltsbeirats untersucht worden sind, lässt sich festhalten, dass der Gesetzgeber zwar durchaus konkrete Vorstellungen mit den Aufgaben, Befugnissen und Pflichten dieses Gremiums verband, er jedoch auf eine präzise normative Verankerung dieser Vorstellungen zu Gunsten der länderrechtlichen Ausgestaltung verzichtete. Dadurch wurde den Ländern (in BW: der Aufsichtsbehörde) ein weiter Spielraum insbesondere bezüglich der Konkretisierung organisationsrechtlicher Fragestellungen überlassen.[340] Dieser Spielraum ist jedoch nicht als eine ausschließliche Kompetenzzuweisung an die Länder in dem Sinne zu verstehen, dass diese bei der rechtlichen Ausgestaltung völlig frei von gesetzgeberischen Erwartungen und Vorstellungen wären.

Eine Auslegung der §§ 162 ff. StVollzG, § 18 JVollzGB I BW unter Zuhilfenahme der Gesetzesentwürfe und Materialien hat gezeigt, dass der Gesetzgeber sehr konkrete Vorstellungen und recht hohe Erwartungen an die Institution des Anstaltsbeirats knüpfte. Es wurde bereits zu Beginn der Arbeit dargestellt, dass Literatur und Praxis insoweit von vier wesentlichen Funktionszuschreibungen ausgehen. Neben der Kontroll- und Öffentlichkeitsfunktion ist eine Beratungs- sowie Betreuungs- und Integrationsfunktion der Anstaltsbeiräte genannt worden. Im Wortlaut des § 163 StVollzG, § 18 Abs. 2 JVollzGB I BW fanden lediglich die Beratungsfunktion und die Betreuungs- und Integrationsfunktion ihren Ausdruck. Dennoch hat die Auslegung der Gesetzesmaterialien ergeben, dass der Gesetzgeber davon ausging, dass den Beiräten eine Öffentlichkeits- und Kontrollfunktion zukommt. Die Anstaltsbeiräte sollen als Vertreter der Öffentlichkeit eine Verbindung zwischen der Allgemeinheit und dem Gefangenen herstellen[341] und dadurch eine kontrollierende sowie beratende Innen- und eine informierende Außenwirkung entfalten[342]. Sowohl Bundes- als

---

340   Vgl. Gerken 1986, S. 32 f.
341   Vgl. BT-Drucks. 7/3998, S. 47.
342   Vgl. BT-Drucks. 7/918, Sonderausschuss Strafrecht, S. 2017.

auch Landesgesetzgeber sprachen insoweit den Beiräten sowohl anstaltsbezogene als auch öffentlichkeitsbezogene Funktionen und Aufgaben zu, wobei sie jedoch lediglich erstere in den Gesetzeswortlaut aufnahmen.

Diese Aufgabenzuschreibung wirkt sich auf die Bildung der Beiräte nach § 162 StVollzG, § 18 Abs. 1 JVollzGB I BW und auf die Beiratsbefugnisse nach § 164 StVollzG, § 18 Abs. 3 JVollzGB I BW aus.

Eine Regelung hinsichtlich der personellen Zusammensetzung der Anstaltsbeiräte fehlt. Zur Sicherung einer den Funktionen entsprechenden Aufgabenwahrnehmung sollte sich die Beiratszusammensetzung jedoch hauptsächlich an dem so genannten Eignungsprinzip im Hinblick auf die unterschiedliche (berufliche) Herkunft der Beiräte orientieren, wie es bereits in der Literatur vorgeschlagen wurde.[343] Die Zuweisung von öffentlichkeitsbezogenen Funktionen wirkt sich auch auf Art und Umfang der Informationsbefugnisse der Beiräte gemäß § 164 StVollzG, § 18 Abs. 3 JVollzGB I BW aus. Insbesondere die Kontrollfunktion erfordert ein weitreichendes Informationsrecht der Anstaltsbeiräte. Der Umfang ist in § 164 StVollzG, § 18 Abs. 3 JVollzGB I BW zwar offen gelassen worden, doch auch insoweit sind klare Erwartungen des Gesetzgebers vorhanden gewesen.

Die Umsetzung dieser Erwartungen wurde an die Länder delegiert in der Hoffnung, diese würden in eigener Verantwortung jene Vorstellungen unter Berücksichtigung ihrer spezifischen organisationsrechtlichen Strukturen verwaltungsrechtlich umsetzen. Die Länder sollten damit grundsätzlich die gesetzgeberischen Erwartungen als eine Art Richtlinie bei der rechtlichen Ausgestaltung der Institution des Anstaltsbeirats berücksichtigen. Die §§ 162 Abs. 3 StVollzG, 18 Abs. 1 S. 2 JVollzGB I BW machen deutlich, dass sich die Länderregelungen zwar an den Vorgaben der §§ 162 ff. StVollzG, § 18 JVollzGB I BW messen lassen müssen, die Länder bei der normativen Umsetzung der über den Wortlaut der Vorschrift hinausgehenden Erwartungen und Vorstellungen jedoch einen Spielraum haben. Dieser Spielraum der Länder birgt die Gefahr in sich, dass die vom Gesetzgeber gewünschte Konkretisierung der Vorschriften über die Anstaltsbeiräte unterbleibt oder dass die Länder Erwartungen und Vorstellungen normieren, welche vom Gesetzgeber so nicht gewollt wurden.

Festzuhalten bleibt folglich, dass der Gesetzgeber hohe Erwartungen an die Institution des Anstaltsbeirats knüpfte, diese jedoch auf bundes- bzw. landesgesetzlicher Ebene nicht ausreichend normativ verankerte und sich insoweit nur zu einem Mindestmaß an gesetzlicher Absicherung durchringen konnte. Die Frage, ob und wie die zu untersuchenden Bundesländer die gesetzgeberischen Vorstellungen in ihren landesrechtlichen Vorschriften umgesetzt haben, wird im Folgenden geklärt werden müssen.

---

343   Vgl. die Ausführungen im 1. Kapitel: 2.1, S. 4 ff.

2. Die Ausführungsbestimmungen der Länder

In den meisten Bundesländern existierten bereits vor dem Inkrafttreten des StVollzG Anstaltsbeiräte, die entweder den Beratungen der Strafvollzugskommission als Modell und Beratungsgegenstand dienten oder im Verlauf des Gesetzgebungsverfahrens eingerichtet wurden. So wurden in Bayern bereits 1949 die ersten Anstaltsbeiräte gegründet, 1967 folgten Hamburg und Nordrhein-Westfalen, in Baden-Württemberg gibt es seit 1971 Anstaltsbeiräte an den Justizvollzugsanstalten.[344] Seit dem 1. Oktober 1980 existierten in sämtlichen Vollzugsanstalten der Länder in der Bundesrepublik Beiräte. Mit dem Beitritt der ehemaligen DDR zur Bundesrepublik Deutschland waren auch die neuen Bundesländer verpflichtet, gemäß Art. 1, 8 EV, § 162 StVollzG Anstaltsbeiräte an ihren Justizvollzugsanstalten einzurichten. Dieser Verpflichtung kam Sachsen am 11. März 1991 nach, indem die Verwaltungsvorschrift über die Bildung von Anstaltsbeiräten gemäß § 162 Abs. 3 StVollzG erlassen wurde.

Von der in § 162 Abs. 3 StVollzG eingeräumten Befugnis, „das Nähere" zu regeln, haben die Bundesländer in unterschiedlicher Form Gebrauch gemacht. Während Bayern (BayVV zu §§ 162–164 StVollzG vom 8.2.1979) nur einzelne ergänzende Bestimmungen zu den §§ 162 ff. StVollzG erließ, konnte man ergänzende Regelungen zu den gesetzlichen Vorgaben insgesamt z. B. in Baden-Württemberg (AV d. JM. vom 15.3.1977), Thüringen (VV über Anstaltsbeiräte vom 11.01.1991), Sachsen (VV über Anstaltsbeiräte vom 11.03.1991) und Nordrhein-Westfalen (AV d. JM. vom 10.4.1985) oder vollständige Ausführungsbestimmungen mit „eingearbeitetem" Gesetzestext z. B. in Berlin (AV zu § 162 StVollzG vom 14.12.1983), Hessen (Runderlass des MdJ vom 6.12.1978), und Niedersachsen (AV d. MJ vom 22.12.1976) finden.[345]

Im Folgenden sollen die Ausführungsvorschriften des Landes Baden-Württemberg sowie des Vergleichslandes Sachsen näher untersucht werden.[346] Es wird festzustellen sein, inwieweit diese Länder in ihren Verwaltungsvorschriften gemäß § 162 Abs. 3 StVollzG, § 18 Abs. 1 S. 2 JVollzGB I BW den vom Gesetzgeber eingeräumten Spielraum genutzt und dessen Erwartungen und Vorstellungen in Bezug auf die Aufgaben, Rechte und Pflichten der Anstaltsbeiräte umgesetzt haben.[347] Dies ist vor allem für die nachfolgende empirische Erhebung und die Frage, welche Anforderungen aus den verwaltungsrechtlichen Vorschriften für die Anstaltsbeiräte in der Praxis erwachsen, bedeutsam.

2.1 Die Verwaltungsvorschrift Baden-Württembergs

Anlass für die Bildung von Anstaltsbeiräten an baden-württembergischen Justizvollzugsanstalten waren die spektakulären Todesfälle „Glocke" und „Klingelpütz". Mitte

---

344 Schäfer 1987, S. 34.
345 Vgl. ebd., S. 34 f.
346 Zu den verschiedenen Arten und Auslegungsmöglichkeiten von Verwaltungsvorschriften Maurer 2004, S. 626 ff.
347 Zur Normkonkretisierung durch Verwaltungsvorschrift Möstl 2006, S. 568.

der 60er Jahre starben in den Beruhigungszellen des Kölner („Klingelpütz") und des Hamburger („Glocke") Untersuchungsgefängnisses zwei Gefangene nachdem sie schwer misshandelt worden waren. 1967 wurde durch entsprechenden Antrag der SPD im Landtag Baden-Württembergs angeregt, die Zustände in Gefängnissen und Zuchthäusern durch ein oder zwei Abgeordnete jeder Fraktion überprüfen zu lassen.[348] Durch die Allgemeinverfügung des Justizministeriums vom 6. März 1968 wurde je einem Mitglied der im Landtag vertretenen Fraktionen gestattet, die Justizvollzugsanstalten des Landes ohne vorherige Anmeldung zu besuchen.[349] Die Abgeordneten waren berechtigt, sich bei diesen Besuchen über die Unterbringungs- und sonstigen Lebensverhältnisse der Gefangenen, die Arbeitsbedingungen der Vollzugsbediensteten und den baulichen Zustand der Justizvollzugsanstalt unterrichten zu lassen. Außerdem durften sie mit den Gefangenen ohne Anwesenheit eines Anstaltsbediensteten sprechen. Diese wiederum waren den Abgeordneten zur Auskunft verpflichtet.[350]

1971 wurden an allen selbstständigen und bei den vom Justizministerium bestimmten nichtselbstständigen Justizvollzugsanstalten durch Allgemeinverfügung Anstaltsbeiräte eingerichtet.[351] Am 15. März 1977 wurde dann die Allgemeinverfügung des Justizministeriums zur Ausführung des § 162 Abs. 3 StVollzG erlassen. Seit dem 01. Januar 2010 gilt das Justizvollzugsgesetzbuch Baden-Württemberg, welches das Bundesstrafvollzugsgesetz in seinem Geltungsbereich für Baden-Württemberg abgelöst hat. Die Verwaltungsvorschrift des Justizministeriums vom 01. April 2010 in Ausführung des § 18 Abs. 1 S. 2 JVollzGB I BW konkretisiert die Bestimmungen des § 18 JVollzGB I BW über die Anstaltsbeiräte. Im Jahr 2010 waren an den 17 Justizvollzugsanstalten in Baden-Württemberg mit ihren 26 Außenstellen etwa 90 Anstaltsbeiräte tätig.[352]

Im Folgenden soll analysiert werden, inwieweit die gesetzgeberischen Vorstellungen und Erwartungen bezüglich des § 18 JVollzGB I BW in der Ausführungsvorschrift des Landes Baden-Württemberg zum Ausdruck gekommen sind.

348 Vgl. dpa 1967, Frankfurter Allgemeine Zeitung, Artikel vom 11. Februar 1967, S. 60.
349 AV d. JM vom 6. März 1968, 4401-VI/3, Die Justiz 1968, S. 116.
350 Ebd., S. 117.
351 AV d. JM vom 5. Oktober 1971, 4401-VI/4, Die Justiz 1971, S. 344.
352 Mitteilung des Referenten des Justizministeriums Baden-Württembergs für die Anstaltsbeiräte: Persönliches Gespräch am 17. Juni 2010. Im Rahmen dieses Gesprächs nannte der Referent die ungefähre Zahl der derzeit in Baden-Württemberg tätigen Anstaltsbeiräte.

2.1.1 Bildung, Zusammensetzung und Auswahl der Beiräte

Wie die Auseinandersetzung mit § 18 Abs. 1 JVollzGB I BW gezeigt hat, beließ der Gesetzgeber der Aufsichtsbehörde bewusst einen weiten Regelungsspielraum[353] bezüglich der Beiratsorganisation.

Gemäß Ziff. 1.1.1 VwV d. JM[354] werden bei den selbstständigen Justizvollzugsanstalten Beiräte gebildet. Die Aufgabe des Beirats erstreckt sich auch auf die Außenstellen der Justizvollzugsanstalten. Nach Ziff. 1.1.2 wird jedoch bei der Justizvollzugsanstalt Heimsheim Außenstelle Jugendstrafanstalt Pforzheim ein Beirat mit drei Mitgliedern gebildet. Ziff. 1.1.3 bestimmt hinsichtlich der Größe der Anstaltsbeiräte, dass in jedem Beirat in der Regel drei Mitglieder vertreten sind; bei Justizvollzugsanstalten mit einer Belegungsfähigkeit von mehr als 500 Haftplätzen besteht der Beirat aus fünf Mitgliedern (gemäß der vorherigen Verwaltungsvorschrift in Ausführung des § 162 Abs. 3 StVollzG[355] waren an Justizvollzugsanstalten mit einer Belegungsfähigkeit bis zu 200 Gefangenen drei Mitglieder, bis zu 700 Gefangenen fünf Mitglieder und bei einer höheren Belegungsfähigkeit sieben Mitglieder tätig). Bei der Auswahl der Beiratsmitglieder ist gemäß Ziff. 1.1.5 anzustreben, dass dem Beirat je ein Vertreter einer Arbeitnehmer- und Arbeitgeberorganisation sowie eine in der Sozialarbeit, insbesondere in der Straffälligenhilfe, tätige Persönlichkeit angehören. Dem Beirat sollen Frauen und Männer angehören und die Beiratsmitglieder bei Jugendstrafanstalten sollen in der Erziehung junger Menschen erfahren oder dazu befähigt sein.

Hinsichtlich der Beiratszusammensetzung nimmt die baden-württembergische Regelung damit Bezug auf den Alternativ-Entwurf. Im Gegensatz zum AE, der grundsätzlich von der Mitgliedschaft von zehn Personen im Beirat ausging, staffelt Baden-Württemberg die Anzahl der Beiratsmitglieder nach der Größe der jeweiligen Justizvollzugsanstalt. Dies erscheint speziell im Hinblick auf die Leistungsfähigkeit der Beiräte und die Kapazitäten der Vollzugsanstalten sinnvoll. Würde ein feste Mitgliederzahl von zehn Personen, wie etwa im AE vorgeschlagen, gefordert werden, so bestünde insbesondere bei kleineren Justizvollzugsanstalten, die außerhalb von Ballungsräumen angesiedelt sind, die Problematik, dass mangels geeigneter Personen mit entsprechendem Interesse nicht genug Beiratsmitglieder rekrutiert werden können. Zudem dürfte die Betreuung einer größeren Anzahl von Gefangenen in der Regel auch einen erhöhten Arbeitsaufwand bedeuten, sodass sich die Anpassung der Beiratsmitgliederzahl an die Belegungsfähigkeit der Justizvollzugsanstalt im Hinblick auf die Aufgabenbewältigung als durchaus angemessen darstellt. Fraglich ist, ob hinsichtlich der Belegungsfähigkeit von mehr als 500 Haftplätzen eine Mitgliederzahl von fünf Personen ausreichend ist. Möglicherweise werden hier die

---

353 Zu unbestimmten Rechtsbegriffen und Ermessensermächtigungen im Verwaltungsrecht Koch 1979, S. 44 ff.

354 VwV d. JM vom 01. April 2010, 4430/0168, Die Justiz 2010, S. 109.

355 VwV d. JM vom 23. September 2004, 4439/0086, Die Justiz 2004, S. 456.

Ehrenamtlichen in ihrer Leistungsfähigkeit überfordert und es wäre eine höhere Besetzung erforderlich.

Die Regelung bezüglich der (beruflichen) Herkunft der Beiratsmitglieder ist nicht als verbindliche Vorschrift ausgestaltet, sondern es ist lediglich davon die Rede, dass eine entsprechende Beiratszusammensetzung „anzustreben ist". Es ist zweckmäßig, dass Ziff. 1.1.5 nicht zwingend einen bestimmten Gruppenproporz verlangt, weil nicht immer aus jeder Berufsgruppe geeignete Personen zur Verfügung stehen und somit bei der Bestellung von Beiratsmitgliedern an einzelnen Justizvollzugsanstalten praktische Schwierigkeiten auftreten können.[356] Inhaltlich orientiert sich Ziff. 1.1.5 ebenfalls an den gesetzgeberischen Vorstellungen.[357] Durch die Beteiligung von Vertretern der Arbeitnehmer- und Arbeitgeberorganisationen wird eine wirksame Hilfestellung für die Gefangenen bei der Arbeitsvermittlung nach der Entlassung ermöglicht. Die in der Sozialarbeit und Straffälligenhilfe erfahrenen Beiratsmitglieder können durch ihre Sachkunde nicht nur Anregungen für die Gestaltung des Vollzugs bieten, sondern sie sind auch in besonderer Weise fähig, die sozialpädagogischen Funktionen des Beirats gegenüber den einzelnen Gefangenen wahrzunehmen. Zudem erscheint es sehr sinnvoll, in die Jugendstrafanstalten Beiratsmitglieder mit einer pädagogischen Vorbildung zu entsenden. Diese können sich meist besser auf die dort auftretenden spezifischen Probleme einstellen und damit eine effektivere Arbeit leisten. Insoweit orientiert sich Baden-Württemberg bei der Zusammensetzung des Anstaltsbeirats an dem bereits angesprochenen Eignungsprinzip, was der Intention des Gesetzgebers entspricht. Die Vergewisserung, welche Funktionen für die Aufgaben des Beirats am wichtigsten sind und sich deshalb in seiner Zusammensetzung widerspiegeln sollen, ist eine wesentliche Voraussetzung für eine wirkungsvolle Arbeit des Beirats.[358] Auf der anderen Seite fehlt es jedoch in der baden-württembergischen Regelung an der Erwähnung weiterer Berufsgruppen, die ebenfalls sinnvollerweise im Beirat vertreten sein könnten. Hierzu zählen etwa Journalisten oder Parlamentarier, wie es der AE vorgeschlagen hat.

Weiterhin mangelt es in der Verwaltungsvorschrift an einem Hinweis darauf, dass nur solche Personen in den Beirat zu berufen sind, die Verständnis für die Aufgaben und Ziele des Strafvollzugs haben und bereit sind, an der Wiedereingliederung entlassener Gefangener mitzuarbeiten. Für die verantwortungsvolle Wahrnehmung des Ehrenamtes eines Anstaltsbeirats kommt es nicht nur auf die berufliche, sondern maßgeblich auch auf die persönliche Eignung der Bewerber an.[359] Das Fehlen einer verbindlichen Regelung in diesem Bereich lässt befürchten, dass bei der Auswahl der Beiratsmitglieder auf solche Personen Rückgriff genommen wird, die nicht unbedingt den Eignungskriterien entsprechen, sondern aus anderen wie

---

356 Vgl. VwV d. JM vom 23. September 2004, 4439/0086, Die Justiz 2004, S. 456.
357 Vgl. die Ausführungen im 3. Kapitel: 1.1.2.1, S. 46 ff.
358 So auch die Ausführungen von Baumann 1973, S. 103.
359 Vgl. LT BW-Drucks. 14/5012, S. 175.

auch immer gearteten Interessen dieses Ehrenamt übernehmen. Dadurch ist die Gefahr gegeben, dass die Effektivität der Beiratsarbeit negativ beeinflusst wird. Bei der Untersuchung der Beiratspraxis in Baden-Württemberg ist daher vor allem auf die Frage einzugehen, nach welchen Kriterien die Beiratsmitglieder tatsächlich ausgewählt werden und inwieweit hier Ziff. 1.1.5 Berücksichtigung findet. Hinsichtlich der Frage, welche Personen nicht Mitglieder des Beirats sein sollen, legt Baden-Württemberg in Ziff. 1.1.6 fest, dass außer den in § 18 Abs. 5 JVollzGB I BW genannten Personen als Mitglieder des Beirats auch Personen ausgeschlossen sind, die zu der Justizvollzugsanstalt geschäftliche Beziehungen unterhalten.

Die Ausführungen zu § 18 Abs. 5 JVollzGB I BW haben gezeigt, dass nach den Vorstellungen des Gesetzgebers die Anstaltsbeiräte primär eine Kontrollfunktion gegenüber der Anstalt und den Anstaltsbediensteten wahrnehmen sollen.[360] Zur Sicherung dieser Funktion sollte der Beirat als ein vom Vollzugsapparat unabhängiges Organ ausgestaltet sein. Zwar wird vom Gesetzgeber eine Zusammenarbeit des Beirats mit der Vollzugsverwaltung angestrebt, indem er in § 18 Abs. 2 JVollzGB I BW bestimmt, dass der Beirat bei der Gestaltung des Vollzugs mitwirkt und den Anstaltsleiter diesbezüglich durch Anregungen und Verbesserungsvorschläge unterstützt. Diese Kooperation beschränkt sich allerdings – wie gezeigt wurde – auf eine bloß beratende Tätigkeit des Beirats. Letzterer wirkt zwar aktiv an der Vollzugsgestaltung mit, jedoch ist diese zuvörderst die Aufgabe der im Vollzug hauptamtlich Tätigen; die Beratung durch den Beirat beschränkt sich insoweit auf eine ergänzende Funktion.[361] Die Intention des Gesetzgebers war damit eindeutig auf die Wahrung der Unabhängigkeit der Beiräte gerichtet. Um diese Unabhängigkeit und damit gleichzeitig die Wahrnehmung der Kontrollfunktion durch die Beiräte abzusichern, fügte er den § 18 Abs. 5 JVollzGB I BW ein. Um weitere Interessenkollisionen zu verhindern erließ die Aufsichtsbehörde des Landes Baden-Württemberg in Ergänzung zu § 18 Abs. 5 JVollzGB I BW die Ziff. 1.1.6 VwV d. JM. Die Unabhängigkeit der Anstaltsbeiräte kann nur dann gewahrt werden, wenn weder arbeitsrechtliche noch wirtschaftliche Beziehungen zwischen ihnen und der Anstalt bestehen. Es wäre widersprüchlich, auf der einen Seite Anstaltspersonal von der Beiratstätigkeit auszuschließen, auf der anderen Seite aber solche Personen als Beiräte zuzulassen, die in einer geschäftlichen Beziehung zu der Anstalt stehen. Dies würde dem Zweck der Beiratstätigkeit vor allem im Hinblick auf die Kontrollfunktion zuwiderlaufen und damit eine wirksame Arbeit des Beirats gefährden. Insoweit stellt Ziff. 1.1.6 die logische Fortsetzung des § 18 Abs. 5 JVollzGB I BW dar und entspricht den gesetzgeberischen Erwartungen an die Sicherung der Unabhängigkeit der Anstaltsbeiräte.[362]

Als weitere Absicherung dieser Unabhängigkeit auf rechtlicher Ebene ist Ziff. 1.2.1 VwV d. JM zu begreifen. Danach wählen die Beiratsmitglieder aus ihrer Mitte einen Vorsitzenden sowie einen Stellvertreter. Nach Ziff. 1.2.2 fasst der Beirat

---

360   Vgl. die Ausführungen im 3. Kapitel: 1.2.2, S. 54 ff.
361   Dazu weiter oben im 3. Kapitel: 1.2, S. 52 ff.
362   Vgl. die Ausführungen im 3. Kapitel: 1.1.2.1, S. 46 ff.

seine Beschlüsse mit Stimmenmehrheit. Er ist beschlussfähig, wenn mindestens die Hälfte der Mitglieder anwesend ist. Durch die Wahl eines Vorsitzenden wird gewährleistet, dass auch im organisatorischen Bereich eine Einbindung der Vollzugsverwaltung in die Tätigkeit des Anstaltsbeirats unterbleibt. Ebenso ist der Arbeitsmodus im Beirat so ausgestaltet, dass er frei von Einflüssen durch Nichtmitglieder bleibt. Es existiert also weder eine Weisungsbefugnis seitens des Vollzugsapparats gegenüber den Beiratsmitgliedern noch besteht eine Abhängigkeit des Beirats in organisatorischen Belangen. Insoweit wird die den Beiräten zukommende Kontrollfunktion bzw. deren Wahrnehmung weiter abgesichert. Wäre die Organisation der Beiratssitzungen der Verantwortung der Anstaltsleitung überlassen, so könnte diese derart viel Einfluss auf die Beiratsmitglieder ausüben, dass faktisch die Arbeit im Beirat nicht mehr von den Anstaltsbeiräten, sondern von der Anstaltsleitung gesteuert würde. Dann bestünde in der Tat die Gefahr, die bereits die Autoren des AE erkannt haben, dass sich die Bedeutung des Anstaltsbeirats in der Existenz bloßer „dekorativer Gremien" erschöpft.[363] Folglich entspricht die verwaltungsrechtliche Vorschrift Baden-Württembergs mit ihren Regelungen in Bezug auf die Gewährleistung der Unabhängigkeit der Anstaltsbeiräte voll und ganz der gesetzgeberischen Intention.

In welchem Verfahren die Beiratsmitglieder ausgewählt werden und wie lange ihre Amtszeit ist, regelt Ziff. 1.1.4. Danach erfolgt die Bestellung der Mitglieder des Beirats aus einer Vorschlagsliste, um deren Aufstellung der Anstaltsleiter, wenn die Justizvollzugsanstalt (maßgebend ist der Sitz der Hauptanstalt) in einem Stadtkreis liegt, den Gemeinderat, im Übrigen den Kreistag, bittet. In der Vorschlagsliste sollen auch Ersatzmitglieder benannt werden. Die Beiratsmitglieder werden für die Dauer von fünf Jahren vom Justizministerium bestellt.

Hinsichtlich des Auswahlverfahrens hat sich der Gesetzgeber bewusst mit Regelungen zurückgehalten und der Aufsichtsbehörde einen großen Spielraum eingeräumt, da in diesem Bereich praktische Schwierigkeiten befürchtet wurden.[364] Indem die Verwaltungsvorschrift Baden-Württembergs das Auswahlverfahren bestimmt, wird dahingehend den gesetzgeberischen Erwartungen Rechnung getragen. Die Erstellung der Vorschlagslisten durch Gemeinde- bzw. Kreistag und die Ernennung durch das Justizministerium gewährleisten wiederum die Unabhängigkeit der Beiräte vom Wohlwollen der Anstaltsleitung. Ein im AE vorgeschlagenes Recht der Anstaltsleitung zur Stellungnahme zu den Vorschlägen der Kommunalvertretungen ist in der baden-württembergischen Regelung nicht vorgesehen.[365]

Hinsichtlich der Amtszeit der Beiräte von fünf Jahren (gemäß der vorhergehenden Verwaltungsvorschrift[366] drei Jahre) ist anzumerken, dass auch insoweit der Gesetzgeber bewusst auf eine eigenständige Regelung verzichtet hat. Im Gegensatz zu anderen organisationsrechtlichen Fragen verband er hiermit aber keine konkreten

---

363 Baumann 1973, S. 103.
364 Vgl. die Ausführungen im 3. Kapitel: 1.1, S. 44 ff.
365 Vgl. Baumann 1973, S. 103.
366 VwV d. JM vom 23. September 2004, 4439/0086, Die Justiz 2004, S. 456.

Vorstellungen, sodass der Aufsichtsbehörde ein eigener Regelungsspielraum verbleibt und ihre Ausführungsvorschrift sich nicht an gesetzgeberischen Erwartungen messen lassen muss.[367] Um eine aussichtsreiche Arbeit leisten zu können, bedarf es einer intensiven Einarbeitung und Auseinandersetzung der Beiratsmitglieder mit dem Alltag und den Problemen des Strafvollzugs. In diesem Sinne mag eine Amtszeit von fünf Jahren durchaus als angemessen erscheinen. Baden-Württemberg sieht die Möglichkeit einer zweiten Amtsperiode nicht ausdrücklich vor. Jedoch wird die wiederholte Bestellung auch nicht ausdrücklich versagt. In der Praxis sind erneute Bestellungen zum Beiratsmitglied üblich[368], sodass das erforderliche Maß an Kontinuität, welches eine erfolgreiche Arbeit des Anstaltsbeirats verlangt, erreicht werden kann. Allerdings erscheint eine unbegrenzte Wiederbestellung zum Beiratsmitglied – die praktisch möglich ist, da eine entsprechend beschränkende Regelung in der Verwaltungsvorschrift fehlt, – bezüglich der Effektivität der Beiratsarbeit problematisch. Eine tatsächlich wirksame Beiratspraxis erfordert vor allem im Hinblick auf die Mitwirkung und Unterrichtung der Öffentlichkeit eine gewisse Fluktuation der Beiratsmitglieder, sodass bereits der AE davon sprach, dass eine längere Amtszeit als acht Jahre nicht sinnvoll erscheint.[369] Im Rahmen der nachfolgenden Untersuchung muss daher geklärt werden, wie häufig in der Praxis Bestellungen zum Beiratsmitglied wiederholt werden und inwieweit hierdurch die Effektivität der Beiratsarbeit möglicherweise beeinflusst wird.

Insgesamt ist damit bezüglich der organisatorischen Regelungen des Instituts des Anstaltsbeirats in Baden-Württemberg festzuhalten, dass in weiten Teilen die gesetzgeberischen Vorstellungen und Erwartungen umgesetzt wurden. An einigen Stellen ist die landesrechtliche Vorschrift jedoch möglicherweise zu knapp ausgefallen. Dies gilt insbesondere für die Regelungen über die Amtszeit und die personelle Zusammensetzung des Anstaltsbeirats.

2.1.2 Die Beiratsaufgaben

Wie sich den Ausführungen zu § 18 Abs. 2 JVollzGB I BW entnehmen lässt, beschränkte sich der Gesetzgeber auf die Aufzählung der anstaltsbezogenen Aufgaben der Beiräte (Mitwirkung bei der Gestaltung des Vollzugs und bei der Betreuung der Gefangenen sowie Unterstützung des Anstaltsleiters und Hilfe bei der Wiedereingliederung nach der Entlassung der Gefangenen). Aus der Analyse der Gesetzesmaterialien hat sich jedoch ergeben, dass der Gesetzgeber den Anstaltsbeiräten neben den anstaltsbezogenen Funktionen auch öffentlichkeitsbezogene Aufgaben zugeschrieben hat, er insoweit jedoch auf eine Normierung verzichtete, um den

---

367   Vgl. Maurer 2004, S. 134.
368   Mitteilung des Referenten des Justizministeriums Baden-Württembergs für die Anstaltsbeiräte: 3. Kapitel: 2.1, S. 69 f. Im Rahmen dieses Gesprächs erläuterte der Referent, dass erneute Bestellungen zum Beiratsmitglied in Baden-Württemberg üblich sind.
369   Vgl. Baumann 1973, S. 103.

spezifischen organisationsrechtlichen Bedingungen im Land Rechnung tragen zu können.[370] Dem lag die gesetzgeberische Vorstellung zugrunde, die Aufsichtsbehörde würde die notwendigen näheren Regelungen eigenständig treffen.

Diese Erwartungen hat das Justizministerium des Landes Baden-Württemberg jedoch nicht erfüllt. In Ziff. 1.3.2 VwV d. JM heißt es lediglich, dass der Anstaltsleiter den Beiratsvorsitzenden baldmöglichst über Anstaltsereignisse unterrichtet, die für die Öffentlichkeit von besonderem Interesse sind. Er setzt ihn zudem über den rechtskräftigen Abschluss von Strafverfahren, die aus Anlass solcher Ereignisse eingeleitet wurden, in Kenntnis.

Damit wird vor allem auf die Kontrollfunktion der Beiräte Bezug genommen. Dies lässt sich mit der Entstehungsgeschichte der Anstaltsbeiräte erklären, die mit spektakulären Todesfällen von Häftlingen in ihren Zellen eng verknüpft ist.[371] Aufgrund dieser Geschehnisse wurde die primäre Funktion der Beiräte in der Kontrolle der Vollzugsanstalten durch Außenstehende gesehen. Daher erscheint die Regelung bezüglich der Unterrichtung der Beiräte über Anstaltsereignisse, die für die Öffentlichkeit von besonderem Interesse sind, konsequent. Es werden dadurch auch die öffentlichkeitsbezogenen Aufgaben der Beiräte angesprochen, welche durch ihre Arbeit den Strafvollzug transparent für die Öffentlichkeit gestalten sollen und auf diese Weise nicht nur eine Kontrolle bewirken, sondern auch das Verständnis in der Bevölkerung für den Vollzug fördern sollen.[372] Damit sind zwar sowohl die Kontroll- als auch die Öffentlichkeitsfunktion der Beiräte in der baden-württembergischen Regelung enthalten, jedoch fehlt es an einer ausdrücklichen Normierung dieser Beiratsaufgaben. Ziff. 1.3.2 präzisiert die Befugnisse des Beirats in Ergänzung des § 18 Abs. 3 JVollzGB I BW; eine Aufgabenregelung ist darin nicht enthalten. Darüber hinaus werden in der Verwaltungsvorschrift weder die Mitwirkungs- noch die Betreuungs- und Integrationsfunktion der Anstaltsbeiräte erwähnt.

Der Verweis auf die Kontroll- und Öffentlichkeitsfunktion der Beiräte in Ziff. 1.3.2 VwV d. JM ersetzt nicht die ausdrückliche rechtliche Zuschreibung dieser Aufgaben und kann zudem nichts über Art und Umfang dieser Funktionen aussagen.[373] Es ist lediglich davon die Rede, dass der Anstaltsleiter den Beiratsvorsitzenden über die genannten Ereignisse baldmöglichst unterrichtet. Den Beiräten selbst wird aber die Öffentlichkeitsfunktion in Form der Unterrichtung der Bevölkerung nicht zugewiesen. Ihnen wird lediglich ein Informationsanspruch gegenüber der Anstaltsleitung zugestanden, der in seiner Formulierung auf die Öffentlichkeitsaufgabe der Beiräte hindeutet. Eine ausdrückliche Regelung der Öffentlichkeitsaufgabe findet nicht statt. Indem die Öffentlichkeitsinformation zudem in Bezug zu solchen Ereignissen gesetzt wird, die für die Öffentlichkeit von besonderem Interesse sein können z.B. Todesfälle von Gefangenen oder Entweichungen, kann der falsche Eindruck erweckt

---

370 Vgl. die Ausführungen im 3. Kapitel: 1.2, S. 52 ff.
371 Vgl. die Ausführungen im 2. Kapitel: 2.7, S. 36 ff.
372 Vgl. die Ausführungen im 3. Kapitel: 1.2.2, S. 54 ff.
373 Zu der inhaltlichen Ausgestaltung einer Verwaltungsvorschrift Möstl 2006, S. 572.

werden, dass sich die Öffentlichkeitsarbeit nur auf außergewöhnliche, spektakuläre Vorkommnisse beziehen sollte, die in der Bevölkerung großes Aufsehen hervorrufen können. Dies sollte jedoch gerade nicht Sinn und Zweck der Öffentlichkeitsbeteiligung am Strafvollzug durch die Beiräte sein. Wenn die Öffentlichkeit lediglich über solche Vorgänge durch die Beiräte unterrichtet wird, die als besonders aufsehenerregend gelten, besteht die Gefahr, dass der Öffentlichkeit ein einseitiges, nicht der Realität entsprechendes Bild vom Strafvollzug vermittelt wird. Die Herstellung von Transparenz, insbesondere die Sensibilisierung der Bevölkerung für die Probleme des Strafvollzugs, können damit nur schwerlich erreicht werden. Es erscheint wenig verständlich, weshalb Baden-Württemberg insoweit die Aufgabenwahrnehmung durch die Beiräte in keinster Weise geregelt hat, zumal gerade die Kontrolle des Vollzugs sowie die Schaffung von Transparenz ausschlaggebende Argumente für die Einführung des Gremiums des Anstaltsbeirats waren. Ebenso wenig nachvollziehbar ist, dass die Aufgabe der Mitwirkung bei der Betreuung der Gefangenen und der Gestaltung des Vollzuges keinen Eingang und damit auch keine Präzisierung in der baden-württembergischen Regelung gefunden haben. Diese anstaltsbezogenen Funktionen sind in § 18 Abs. 2 JVollzGB I BW eindeutig normiert und waren ebenfalls wichtige Aspekte bei der Einrichtung von Anstaltsbeiräten. Der vollständige Verzicht auf die Regelung von Art und Umfang der Mitwirkung bei der Insassenbetreuung und bei der Gestaltung des Vollzugs führt dazu, dass die notwendige weitergehende Konkretisierung dieser Aufgaben durch die Verwaltungsvorschrift nicht stattfand.

Weiterhin fehlt es in Baden-Württemberg an einer Regelung der Beratungsfunktion der Anstaltsbeiräte. Zwar verweist Ziff. 1.4.4 auf die gemeinsamen Sitzungen von Anstaltsbeirat und Anstaltskonferenz zum gegenseitigen Gedankenaustausch und der gegenseitigen Unterrichtung. Es fehlt jedoch an einer Erwähnung der Beratertätigkeit der Anstaltsbeiräte, wie sie im AE gefordert wurde. Zu den Funktionen des Beirats gehört es auch, die Anstaltsleitung durch Verbesserungsvorschläge zu unterstützen und insoweit beratend tätig zu werden.[374] Es wäre wünschenswert, diese Funktion in die landesrechtliche Regelung einzubeziehen, um auf diese Weise die Beratungsaufgabe zu präzisieren und dadurch die Position der Beiräte zu stärken. Sinnvoll könnte hier die ausdrückliche Erwähnung bestimmter Punkte sein, auf die sich die Beratungsfunktion erstreckt. Dadurch könnte der Gefahr vorgebeugt werden, dass sich die Beiräte in ihrer Tätigkeit auf die bloße Einzelfallhilfe beschränken. Es wäre garantiert, dass sie die Gesamtsituation im Vollzug im Blick haben und diesbezüglich ihre Arbeit ausrichten. Auch insoweit stellt sich die baden-württembergische Regelung als unzulänglich dar.

Die Tatsache, dass Kontroll- und Öffentlichkeitsfunktion in der Verwaltungsvorschrift nicht geregelt wurden, lässt die Befürchtung realistisch erscheinen, dass der Arbeit der Anstaltsbeiräte in der Praxis im Hinblick auf diesen Aufgabenbereich nur wenig Bedeutung zukommt. Die Folge davon, dass diese Positionen an keiner Stelle

---

374 Vgl. die Ausführungen im 3. Kapitel: 1.2, S. 52 ff.

in der Verwaltungsvorschrift als Aufgaben der Anstaltsbeiräte bezeichnet werden, ist, dass ihre Wahrnehmung in das Belieben der Beiräte gestellt und dadurch möglicherweise in der Praxis erheblich vernachlässigt wird.

Es bleibt folglich festzuhalten, dass die vom Gesetzgeber dem Anstaltsbeirat zugewiesenen anstaltsbezogenen Funktionen in der baden-württembergischen Regelung nicht weitergehend konkretisiert wurden und auf die Normierung der öffentlichkeitsbezogenen Aufgaben vollständig verzichtet wurde. Es ist deshalb zu befürchten, dass aufgrund der unzureichenden Regelung bezüglich der Aufgabenwahrnehmung durch die Beiräte erhebliche Unsicherheiten bei diesen auftreten, was sich negativ auf die Beiratsarbeit auswirken kann. Möglicherweise entsteht der Eindruck, dass es genügt, insbesondere für die Gewährleistung der Öffentlichkeit im Vollzug, die bloße Existenz der Beiräte in den Justizvollzugsanstalten zu sichern, ohne dass eine effektive Unterrichtung der Öffentlichkeit erfolgt.[375] Der Verzicht auf die Konkretisierung der anstaltsbezogenen Aufgaben lässt befürchten, dass in der Praxis die Beiräte in diesem Bereich zu wenig Arbeit leisten und damit nicht die gewünschten Effekte erzielt werden.

2.1.3 Die Beiratsbefugnisse

Auch im Hinblick auf die Beiratsbefugnisse enthält das JVollzGB I BW in § 18 Abs. 3 lediglich eine Mindestregelung. Es wurden im Laufe des Gesetzgebungsverfahrens zu § 164 StVollzG Bedenken geäußert, eine zu umfangreiche Ausgestaltung der Befugnisse der Anstaltsbeiräte würde zu einer allzu starken Einmischung in die Arbeit der Anstaltsleitung und der Vollzugsbediensteten führen und damit erhebliche praktische Schwierigkeiten aufwerfen.[376] Hinter § 18 Abs. 3 JVollzGB I BW steht deshalb abermals die Intention des Gesetzgebers, der Aufsichtsbehörde einen möglichst weiten Regelungsspielraum zu belassen.

Diesen Spielraum hat Baden-Württemberg bedingt genutzt. Neben den in § 18 Abs. 3 JVollzGB I BW normierten originären und eigenständigen Informationsrechten (Recht zur Entgegennahme von Wünschen, Anregungen, Beanstandungen, zu Anstaltsbesichtigungen und Kontaktaufnahmen mit den Gefangenen) begründen Ziff. 1.3.1 und Ziff. 1.3.2 der baden-württembergischen Regelung die sogenannten sekundären Informationsrechte[377] der Beiräte gegenüber der Anstaltsleitung. Es wird in Ziff. 1.3.1 geregelt, dass der Anstaltsleiter den Mitgliedern des Beirats die erforderlichen Auskünfte erteilt. Er darf ihnen zudem Einsicht in die Gefangenenpersonalakten gewähren und Mitteilungen aus Gefangenenpersonalakten machen, soweit dies zur Erfüllung der Aufgaben der Mitglieder des Beirats erforderlich ist

---

375 Vgl. Baumann 1973, S. 103.
376 Vgl. die Ausführungen im 3. Kapitel: 1.3, S. 58 ff.
377 Zu dem Begriff des sekundären Informationsrechts vgl. Wydra 2009, in: Schwind/ et al.-StVollzG, §§ 162–165 StVollzG, Rn. 7: „Das Recht zu originärer, selbstständiger Information wird ergänzt durch ein Recht auf sekundäre Information durch die Anstalt."

und die Auskünfte nicht die Einzelheiten eines noch anhängigen Ermittlungs- und Gerichtsverfahrens betreffen. Gemäß Ziff. 1.3.2 unterrichtet der Anstaltsleiter den Beiratsvorsitzenden baldmöglichst über Anstaltsereignisse, die für die Öffentlichkeit von besonderem Interesse sind. Er setzt ihn über den rechtskräftigen Abschluss von Strafverfahren, die aus Anlass solcher Ereignisse eingeleitet wurden, in Kenntnis. Damit geht die baden-württembergische Verwaltungsvorschrift teilweise über den Gesetzeswortlaut des § 18 Abs. 3 JVollzGB I BW hinaus. Die Bestimmung, dass „der Anstaltsleiter den Beiratsmitgliedern die erforderlichen Auskünfte gibt", ist als Verpflichtung des Anstaltsleiters zu begreifen. Ebenso ist der Anstaltsleiter zur Unterrichtung über besondere Ereignisse nach Ziff. 1.3.2 verpflichtet („der Anstaltsleiter unterrichtet..."). Dieser Verpflichtung muss als Pendant das Recht der Anstaltsbeiräte auf entsprechende Informationsgewährung gegenüberstehen.[378] Damit wird § 18 Abs. 3 JVollzGB I BW erweitert und Ziff. 1.3.1 und 1.3.2 entsprechen den Forderungen des AE und des KE nach der Regelung eines Informationsrechts der Anstaltsbeiräte gegenüber der Anstaltsleitung. Jedoch wird dieses Recht in Ziff. 1.3.1 dahingehend relativiert, dass sich die Verpflichtung des Anstaltsleiters zur Informationsgewährung auf die „erforderlichen" Auskünfte bezieht. Die Erforderlichkeit stellt einen unbestimmten Rechtsbegriff dar, der von der Anstaltsleitung auszufüllen ist.[379] Es soll verhindert werden, dass der Auskunftsanspruch der Beiräte auf bestimmte Themengebiete beschränkt und insoweit verkürzt wird. Es obliegt der Anstaltsleitung durch Auslegung des unbestimmten Rechtsbegriffs entsprechend seinem Zweck und dem Zusammenhang, in dem er gebraucht wird, zu ermitteln, welche Informationen erforderlich sind und deshalb gewährt werden müssen.[380] Eine solche Regelung kann allerdings auch Verständnisschwierigkeiten bei den Anstaltsleitungen hervorrufen hinsichtlich der Frage, welche Informationen sie den Beiräten gewähren sollten, um die Effizienz ihrer Tätigkeit zu gewährleisten. Zudem birgt die Regelung die Gefahr in sich, dass Unsicherheiten bei den Beiräten hinsichtlich der Frage auftreten können, welche Informationen sie tatsächlich für ihre Arbeit benötigen und deshalb von der Anstaltsleitung einfordern können. Im Zweifel begegnen die Beiräte solchen Unsicherheiten möglicherweise dadurch, dass sie von ihrem Auskunftsanspruch seltener Gebrauch machen. Dies vermag aber wiederum die Effektivität der Beiratsarbeit zu beeinträchtigen. Eine dezidiertere Regelung mit einer beispielhaften Aufzählung solcher Fälle, auf welche sich die Informationsgewährung beziehen kann, hätte den Vorteil, dass der Begriff der Erforderlichkeit präzisiert würde und damit weniger Platz für Einschätzungsprärogativen und Rechtsunsicherheiten[381] ließe. Gleiches gilt für die Informationsgewährung nach Ziff. 1.3.2. Welche Ereignisse für die Öffentlichkeit von besonderem Interesse

---

378   Zu dem Auskunftsanspruch als eigenständiges Recht Amschewitz 2008, S. 266.
379   Zu den Besonderheiten des unbestimmten Rechtsbegriffs der „Erforderlichkeit" Schenke 2009, S. 251 ff.
380   Vgl. Maurer 2004, S. 142 ff.
381   Vgl. ebd., S. 143.

sind und deshalb vom Anstaltsleiter mitgeteilt werden müssen, könnte anhand einer beispielhaften Aufzählung konkretisiert[382] und dadurch anhand objektiv bestimmbarer Kriterien festgelegt werden. Somit würde auch der Anstaltsleitung eine Auslegungshilfe zuteilwerden, auf welche konkreten Ereignisse sich ihre Informationspflicht bezieht.

Ferner wird zwar in Ziff. 1.3.1 die Akteneinsichtsmöglichkeit der Beiratsmitglieder normiert, sodass auch diesbezüglich eine weitergehende Regelung als in § 18 Abs. 3 JVollzGB I BW zu verzeichnen ist. Jedoch ist diese Einsichtsgewährung ebenso wie die Möglichkeit, Mitteilungen aus Gefangenenpersonalakten zu machen, an das Entgegenkommen des Anstaltsleiters gekoppelt und wird gerade nicht explizit den Beiräten zugewiesen. Der Anstaltsleiter wird insoweit auch nicht zur Einsichtsgewährung und Mitteilung verpflichtet, sondern er „darf" lediglich Akteneinsicht gewähren, „soweit dies für die Aufgabenerfüllung durch die Beiräte erforderlich ist". Der Wortlaut „darf" macht deutlich, dass keine Verpflichtung des Anstaltsleiters zur Gewährung von Akteneinsicht normiert wurde. Die Frage, *ob* Akteneinsicht gewährt wird, wird in das Ermessen des Anstaltsleiters gestellt. Aufgrund der fehlenden Verpflichtung des Anstaltsleiters lässt sich hieraus kein Akteneinsichtsrecht der Anstaltsbeiräte herleiten. Allerdings könnte sich aus der Vorschrift ein Recht der Anstaltsbeiräte auf ermessensfehlerfreie Entscheidung ergeben. Ein Anspruch auf ermessensfehlerfreie Entscheidung setzt einen Ermessen einräumenden Rechtssatz voraus, dessen Regelungsgehalt zumindest auch dem individuellen Interesse des Anspruchsstellers zu dienen bestimmt ist.[383] So betrachtet dient Ziff. 1.3.1 neben dem Interesse der Gefangenen an dem Schutz ihrer Privatsphäre auch der Wahrung der rechtlichen Interessen der Beiratsmitglieder an einer ordnungsgemäßen Aufgabenwahrnehmung. Damit besteht ein Recht des Anstaltsbeirats auf ermessensfehlerfreie Entscheidung über die Akteneinsicht.

Die Akteneinsicht der Beiräte in Baden-Württemberg erfolgt regelmäßig nur im Beisein des Anstaltsleiters. Personenbezogene Daten dürfen den Beiräten ausschließlich mit Zustimmung des jeweiligen Gefangenen offenbart werden.[384] Dieses Zustimmungserfordernis könnte jedoch erhebliche praktische Probleme aufwerfen. Wenn die Gefangenen aufgrund eines generellen Misstrauens gegenüber den Beiratsmitgliedern ihre Erlaubnis zur Mitteilung personenbezogener Daten verweigern, wird die Informationsmöglichkeit der Anstaltsbeiräte erheblich eingeschränkt. Ein weiteres Problem dürfte in der Schwierigkeit bestehen, die bei einer Zustimmung der Gefangenen notwendige Freiwilligkeit festzustellen.[385] Insoweit könnte es sinnvoller

---

382 Zu den Vor- und Nachteilen einer Konkretisierung unbestimmter Rechtsbegriffe durch eine beispielhafte Aufzählung Spannowsky 1987, S. 165.

383 Vgl. Pietzcker, JuS 1982, S. 106 ff.

384 Mitteilung des Referenten des Justizministeriums Baden-Württembergs für die Anstaltsbeiräte: 3. Kapitel: 2.1, S. 69 f. Im Rahmen dieses Gesprächs wies der Referent auf die Besonderheiten im Zusammenhang mit der Einsichtnahme der Beiräte in die Gefangenenpersonalakten hin.

385 Dazu Amelung, ZStW 95 (1983), S. 1 ff.

erscheinen, die Mitteilungen aus den Personalakten von dem Zustimmungserfordernis der Gefangenen loszulösen und stattdessen den umfassenden Schutz der Privatsphäre der Insassen durch eine umfassende Verschwiegenheitspflicht der Beiräte auch innerhalb der Anstalt zu gewährleisten.[386]

Folglich erwähnt die Verwaltungsvorschrift zwar die Akteneinsicht und geht damit über § 18 Abs. 3 JVollzGB I BW hinaus, allerdings wurde auf die Normierung eines Akteneinsichtsrechts, wie es im AE gefordert wurde, verzichtet. Ob auf diese Weise mit der baden-württembergischen Regelung ein Mehrwert an Rechtsklarheit im Hinblick auf die Normierung der Beiratsbefugnisse geschaffen wurde, ist fraglich und bleibt zu untersuchen.

Weiterhin haben die Beiräte gemäß Ziff. 1.4.1 das Recht, mindestens dreimal im Jahr (in der vorherigen Verwaltungsvorschrift zweimal in jedem Halbjahr) in der Justizvollzugsanstalt eine Sitzung abzuhalten und mindestens einmal den gesamten Anstaltsbereich samt Außenstelle zu besichtigen (in der vorherigen Verwaltungsvorschrift einmal im Halbjahr). Nach Ziff. 1.4.3 nehmen an den Beiratssitzungen auf Wunsch des Beirats auch der Anstaltsleiter sowie die Anstaltsbediensteten teil. Der Anstaltsleiter gibt hierbei auf Wunsch einen mündlichen Bericht über die Situation in der Anstalt. Der Anstaltsleiter kann zudem nach Ziff. 1.4.2 beim Beiratsvorsitzenden die Einberufung einer Sitzung des Beirats anregen, wenn er dies aus gegebenem Anlass für erforderlich hält. Zudem soll nach Ziff. 1.4.4 mindestens einmal im Jahr eine gemeinsame Sitzung von Beirat und Anstaltskonferenz zwecks Gedankenaustauschs und der gegenseitigen Unterrichtung abgehalten werden (in der vorherigen Verwaltungsvorschrift einmal in jedem Halbjahr). Diese Sitzung wird vom Anstaltsleiter im Benehmen mit dem Vorsitzenden des Beirats einberufen und kann mit einer Sitzung nach Ziff. 1.4.1 verbunden werden.

Die Informationsrechte der Beiräte werden durch das Recht zur Besichtigung der gesamten Räumlichkeiten und Einrichtungen der Vollzugsanstalt ergänzt.[387] Nur wenn die Beiräte ungehinderten Zugang zur Anstalt haben und sich über die örtlichen Gegebenheiten informieren, können sie ihre Arbeit effektiv gestalten. Die Möglichkeit der Teilnahme von Anstaltsleiter und Anstaltsbediensteten an den Beiratssitzungen sowie die jährlichen gemeinsamen Sitzungen von Beirat und Anstaltskonferenz sind im Interesse einer vollständigen Information der Beiräte notwendig. Dadurch wird eine Zusammenarbeit zwischen der Vollzugsanstalt und dem Anstaltsbeirat bei allen anfallenden Problemen und Aufgaben erreicht, mit der Folge, dass die Anstaltsbeiräte im Vollzugsgeschehen nicht nur eine passive Rolle einnehmen, sondern aktiv mitarbeiten. Zudem kann nur auf diese Weise eine Zusammenarbeit bei der Realisierung des Vollzugsziels erreicht werden.

So positiv diese Regelung erscheint, zumal dies auch eine zentrale Forderung des AE war, so fällt doch auf, dass die Verwaltungsvorschrift nicht präzisiert, inwieweit die Beiräte Wünsche und Beanstandungen der Gefangenen entgegennehmen oder

---

386   Vgl. Gerken 1986, S. 46 ff.
387   Vgl. Wydra 2009, in: Schwind/et al.-StVollzG, §§ 162–165 StVollzG, Rn. 7.

sie ihr Recht auf unüberwachten mündlichen und schriftlichen Kontakt mit den Gefangenen ausüben können. Insoweit erfährt ihr Informationsrecht auf verwaltungsrechtlicher Ebene eine erhebliche Abwertung, denn Voraussetzung für eine umfassende Unterrichtung über die Zustände in der Anstalt ist, dass die Beiräte mit beiden „Parteien im Vollzug" uneingeschränkt kommunizieren können. Dazu zählt nicht nur der Kontakt mit den Bediensteten und der Anstaltsleitung, sondern vor allem die unüberwachte Kommunikation mit den Gefangenen.[388] Ansonsten besteht die Gefahr der Lenkung eines einseitigen, unvollständigen Informationsflusses durch die Anstaltsleitung bzw. durch die Bediensteten, was eine effektive Beiratsarbeit kaum möglich macht. Eine weitergehende Konkretisierung des Ablaufs der Kommunikation mit den Gefangenen durch die Verwaltungsvorschrift wäre deshalb durchaus wünschenswert gewesen.

Aufgrund der fehlenden Regelung des Kontakts mit den Gefangenen ist in der Verwaltungsvorschrift von Baden-Württemberg kein Hinweis darauf enthalten, dass die Anstaltsbeiräte nicht die Funktion einer zusätzlichen Beschwerdeinstanz einnehmen. Das Justizministerium hat in diesem Bereich die vom Landesgesetzgeber gewünschte notwendige Präzisierung des § 18 Abs. 3 JVollzGB I BW nicht geleistet.[389] Für die Beiräte dürften damit in der Praxis erhebliche Unsicherheiten darüber bestehen, inwieweit sie verpflichtet sind, Beanstandungen und Beschwerden entgegenzunehmen und sich damit auseinanderzusetzen, und wann sie berechtigt bzw. verpflichtet sind, die Gefangenen diesbezüglich auf den Dienstweg zu verweisen. Auf der einen Seite vermag das Fehlen einer solchen Regelung den positiven Effekt hervorzurufen, dass sich die Beiräte intensiv mit den Belangen und Bedürfnissen der Insassen auseinandersetzen und sich ihrer dahingehenden Verantwortung nicht unter Hinweis auf eine rechtliche Vorschrift entledigen können. Auf der anderen Seite kann sich eine fehlende Normierung negativ in dem Sinne auswirken, dass die Beiräte mit Beschwerden der Gefangenen überhäuft werden und sich aufgrund der dadurch bewirkten Überlastung mit anderen wichtigen Aspekten ihrer Arbeit nicht mehr befassen können.[390]

Insgesamt lässt sich daher festhalten, dass auch bezüglich der Normierung der Beiratsbefugnisse der vom Landesgesetzgeber belassene Spielraum nur bedingt genutzt wurde und die Regelungen, soweit sie § 18 Abs. 3 JVollzGB I BW konkretisieren, häufig zu unklar und unbestimmt erscheinen.

2.1.4 Die Beiratspflichten

In § 18 Abs. 4 JVollzGB I BW ist lediglich die Verschwiegenheitspflicht der Anstaltsbeiräte geregelt. Die baden-württembergische Verwaltungsvorschrift hat diese Pflicht nicht übernommen und die Verschwiegenheit der Beiräte in keinster Weise

---

388 Vgl. Baumann 1973, S. 103.
389 Vgl. die Ausführungen im 3. Kapitel: 1.3, S. 58 ff.
390 Vgl. Gerken 1986, S. 47.

erwähnt. Damit bleibt die Regelung hinter den gesetzgeberischen Vorstellungen zurück. Zunächst geht die Verwaltungsvorschrift zwar auf die den Beiräten zustehenden Informationsrechte ein und bekräftigt diese insoweit. Mit der Normierung von Rechten korreliert aber notwendigerweise die Regelung von Pflichten.[391] Auf diese Normierung hat die Verwaltungsvorschrift im Hinblick auf die Verschwiegenheit jedoch verzichtet. Dies könnte sich teilweise damit erklären lassen, dass in der Verwaltungsvorschrift zwar das Informationsrecht der Beiräte gegenüber der Anstaltsleitung, nicht jedoch das Informationsrecht gegenüber den Insassen durch Gespräche und sonstige Kontaktaufnahme geregelt ist. Bezieht man die Verschwiegenheitspflicht, wie sie in § 18 Abs. 4 JVollzGB I BW erwähnt ist, besonders auf solche Auskünfte, die persönliche Angelegenheiten der Insassen betreffen und zu deren Schutz nicht an die Öffentlichkeit gelangen sollen, würde der Verzicht auf die Normierung in diesem Punkt konsequent erscheinen. Wenn die baden-württembergische Verwaltungsvorschrift die Informationsrechte der Beiräte gegenüber den Gefangenen nicht erwähnt, besteht auch keine Notwendigkeit, eine Verschwiegenheitspflicht diesbezüglich zu regeln. Da zudem in der Verwaltungsvorschrift die Öffentlichkeitsarbeit den Beiräten nicht ausdrücklich als Aufgabe zugewiesen wird, mag auch jeglicher Hinweis auf ein mögliches Spannungsverhältnis dieser Aufgabe zur Verschwiegenheitspflicht entbehrlich erscheinen. Hierbei bleibt jedoch unberücksichtigt, dass sich die Pflicht zur Verschwiegenheit nach § 18 Abs. 4 JVollzGB I BW nicht ausschließlich auf die Angelegenheiten der Gefangenen, sondern auf sämtliche Angelegenheiten, die „ihrer Natur nach vertraulich" sind, bezieht. Dies können auch sonstige Vorgänge oder Ereignisse innerhalb der Anstalt sein, die ebenfalls nicht an die Öffentlichkeit gelangen dürfen. Wenn die Verwaltungsvorschrift die Informationsrechte der Beiräte gegenüber der Anstaltsleitung normiert, hätte sie diesbezüglich auch auf den Umgang mit diesen Informationen in der Öffentlichkeit und damit auf das Verhältnis der Öffentlichkeitsarbeit zu der Verschwiegenheitspflicht eingehen müssen.

Als eigenständige Pflicht der Anstaltsbeiräte regelte Baden-Württemberg in Ziff. 8 seiner früheren Verwaltungsvorschrift in Ausführung des § 162 Abs. 3 StVollzG[392], dass der Beirat dem Justizministerium jährlich einen schriftlichen Tätigkeits- und Erfahrungsbericht vorlegt. Hierbei kann er Anregungen und Empfehlungen geben. In Ziff. 1.5 der Verwaltungsvorschrift zur Ausführung des § 18 Abs. 1 S. 2 JVollzGB I BW wird diese Pflicht relativiert, indem der Beirat dem Justizministerium lediglich einen Jahresbericht vorlegen „soll", in welchem er Anregungen und Empfehlungen aussprechen kann.

Im Gegensatz zum AE, der auch forderte, dass der Beirat der Anstaltsleitung regelmäßig Mitteilung bezüglich seiner Feststellungen, Anregungen und Absichten macht, beschränkte Baden-Württemberg die Mitteilungspflicht in Ziff. 8 VwV d. JM

---

391 Zu den Pflichten der Grundrechtsträger als notwendiges Pendant zu ihren Rechten Gamper 2010, S. 238.
392 VwV d. JM vom 23. September 2004, 4439/0086, Die Justiz 2004, S. 456.

a. F. auf das Verhältnis zur Aufsichtsbehörde (dem Justizministerium). Positiv an dieser Regelung war, dass diese jährliche Mitteilungspflicht uneingeschränkt Geltung beanspruchte, ohne auf bestimmte Fälle beschränkt zu sein. Dadurch entstand kein – für die Beiräte möglicherweise nur schwer wahrzunehmender – Einschätzungsspielraum, wann eine Berichterstattung erforderlich erscheint und wann nicht. Auf der anderen Seite kann eine Mitteilungspflicht negative Auswirkungen auf die Beiratsarbeit haben. Sie kann dazu führen, dass die Beiräte – trotz fehlender entsprechender Ereignisse und Vorkommnisse – sich gezwungen sehen, einen Tätigkeitsbericht zu verfassen und diesen mit leeren Floskeln zu füllen, wodurch der Bericht zu einer lästigen Pflicht verkommt und das eigentliche Ziel – die umfassende konstruktive Information über die Tätigkeit des Anstaltsbeirats – verfehlt wird.[393] Diesem Konflikt scheint Ziff. 1.5 VwV d. JM n. F. Rechnung zu tragen, indem die jährliche Anfertigung der Tätigkeitsberichte als bloße Soll-Vorschrift ausgestaltet ist. Dadurch werden die Beiräte angehalten, im Regelfall dem Justizministerium Bericht zu erstatten. In Ausnahmefällen – etwa wenn es an berichtenswerten Ereignissen fehlt – können die Beiräte von der Berichterstattung absehen. Inwieweit dadurch den Bedürfnissen der Beiräte in der Praxis tatsächlich Rechnung getragen wird, bleibt zu untersuchen.

Weiterhin erscheint fraglich, ob das Anfertigen eines Tätigkeitsberichts sinnvoll ist, wenn die Aufsichtsbehörde nicht gezwungen wird, dazu Stellung zu nehmen. Eine solche Pflicht zur Stellungnahme hat Baden-Württemberg nicht geregelt. Es ist anzunehmen, dass eine solche Stellungnahme durch das Justizministerium nur dann erfolgt, wenn es das Vorgetragene für bedeutsam erachtet, sodass die Entscheidung über die Bedeutung des Berichteten der Aufsichtsbehörde überlassen bleibt.[394] Dies kann zu Missmut und Demotivation bei den Beiräten führen, die oft viel Aufwand in die Anfertigung solcher Berichte gesteckt haben dürften. Eine Abhilfe könnten hier die jährlichen Tagungen des Justizministeriums mit den Ehrenamtlichen im baden-württembergischen Justizvollzug schaffen. Diese Veranstaltungen, auf die in Ziff. 2.3 der Verwaltungsvorschrift Bezug genommen wird, werden durch die Justizschule organisiert und finden einmal im Jahr statt.[395] Zur Teilnahme hieran werden alle Beiratsmitglieder in Baden-Württemberg eingeladen. Diese können sich dann mit dem zuständigen Referenten des Justizministeriums und den sonstigen Ehrenamtlichen austauschen. Im Mittelpunkt dieser Tagungen stehen sowohl fachliche Vorträge und Informationen als auch ein gegenseitiger Erfahrungsaustausch. Diese Gespräche erscheinen im Hinblick auf die Mitteilungen an das Justizministerium praktikabler als die Anfertigung von Jahresberichten. Die Beiratsmitglieder müssen zum einen nicht die Mühe der Anfertigung eines Berichts auf sich nehmen und zum anderen können in einem persönlichen Gespräch Probleme oder Anregungen oft leichter und verständlicher dargestellt werden, als dies bei schriftlichen Berichten

---

393 Vgl. Gerken 1986, S. 50.
394 Ebd., S. 51.
395 Mitteilung des Referenten des Justizministeriums Baden-Württembergs für die Anstaltsbeiräte: 3. Kapitel: 2.1, S. 69 f.

der Fall ist. Zudem ist das Ministerium hierbei verpflichtet, Stellung zu nehmen. Dies kann zu einem viel konstruktiveren Austausch führen und letztendlich das Verhältnis der Beiräte zum Justizministerium positiv beeinflussen. Allerdings ist die Teilnahme an diesen Tagungen für die Beiräte nicht verpflichtend geregelt, sodass die hierbei stattfindende Kommunikation mit dem Ministerium letzten Endes in das persönliche Ermessen jedes einzelnen Beiratsmitglieds gestellt wird. Folglich dürften diese Zusammenkünfte zwar ergänzend den gegenseitigen Erfahrungsaustausch unterstützen. Ob sie die verpflichtend geregelte Abfassung der Tätigkeitsberichte jedoch tatsächlich ersetzen könnten muss bezweifelt werden. Hierauf wird die anschließende Untersuchung Bezug nehmen.

Bezüglich der Jahresberichte gilt es, einen weiteren Gesichtspunkt zu diskutieren. Der AE ordnete in § 43 an, dass diese Berichte zu veröffentlichen sind, da nur auf diese Weise die Herstellung von Transparenz möglich ist und damit der Öffentlichkeitsfunktion der Beiräte angemessen Rechnung getragen werden kann.[396] Hiervon ist in der baden-württembergischen Regelung nichts erwähnt. Die Tätigkeitsberichte sind ausschließlich dem Justizministerium vorzulegen; eine unmittelbare Weiterleitung und damit Information der breiten Öffentlichkeit wurde anscheinend nicht gewollt bzw. als nicht notwendig erachtet. Dabei würde auf diese Weise nicht nur der Öffentlichkeitsfunktion der Beiräte entsprochen, sondern es würde gleichzeitig auch die Transparenz ihrer Arbeit gewährleistet werden – eine wichtige Voraussetzung für eine wirksame Kontrolle durch die Beiräte.[397]

Damit lässt sich bezüglich der Tätigkeitsberichte festhalten, dass es zu untersuchen gilt, inwieweit die rechtliche Ausgestaltung einer Mitteilungspflicht mit Ausnahmemöglichkeit in der Praxis als vorteilhaft oder nachteilig empfunden wird. Eine fehlende Pflicht zur Stellungnahme durch das Justizministerium vermag dem hohen Anspruch an den Inhalt dieser Berichte nicht gerecht zu werden. Zusammen mit dem fehlenden Öffentlichkeitsbezug kann dies dazu führen, dass die Beiräte wenig motiviert sind, überhaupt einen solchen Bericht zu verfassen.

Ein Problem, das im Zusammenhang mit der Verschwiegenheitspflicht diskutiert wurde, war die Frage der Sanktionierung eines Verstoßes. Eine derartige Regelung wurde wiederum bewusst dem Gestaltungsspielraum der Aufsichtsbehörde überlassen.[398] Das Justizministerium Baden-Württembergs nutzte diesen Spielraum und legte in Ziff. 1.6.1 fest, dass bei Verletzung der dem Beirat obliegenden Pflichten oder aus anderem wichtigen Grund die Bestellung als Mitglied des Beirats widerrufen werden kann. Scheidet ein Beiratsmitglied aus, bestellt das Justizministerium gemäß Ziff. 1.6.2 aus der Vorschlagsliste ein neues Mitglied. Die Sanktionierung bezieht sich auf die Verletzung von Amtspflichten allgemein, damit also auch auf die Verletzung der Verschwiegenheitspflicht aus § 18 Abs. 4 JVollzGB I BW.

---

396 Vgl. Baumann 1973, S. 105.
397 Vgl. die Ausführungen im 3. Kapitel: 1.2, S. 52 ff.
398 Vgl. die Ausführungen im 3. Kapitel: 1.4, S. 62 ff.

Insgesamt kann festgestellt werden, dass die Verwaltungsvorschrift auch die Pflichten der Beiräte kaum weitergehend geregelt hat und insoweit den vom Gesetzgeber eingeräumten Spielraum wenig genutzt hat.

2.1.5 Gesamtwürdigung

Die Analyse der baden-württembergischen Regelung über die Anstaltsbeiräte hat ergeben, dass das Justizministerium nur teilweise von der Möglichkeit Gebrauch gemacht hat, „das Nähere" gemäß § 18 Abs. 1 S. 2 JVollzGB I BW zu regeln. Der Gesetzgeber hat der Aufsichtsbehörde – wie die Untersuchung des § 18 Abs. 1 S. 2 JVollzGB I BW gezeigt hat – bewusst einen weiten Gestaltungsspielraum belassen, innerhalb dessen die gesetzlichen Vorschriften über die Beiräte durch verwaltungsrechtliche Regelungen präzisiert und konkretisiert werden sollten, um auf diese Weise den besonderen Kenntnissen des Justizministeriums hinsichtlich der länderspezifischen Situation und den organisationsrechtlichen Strukturen im Strafvollzug besser Rechnung tragen zu können.[399] Das Justizministerium Baden-Württembergs hat diesen Spielraum kaum genutzt. Zwar enthält die Verwaltungsvorschrift einige dezidierte Bestimmungen zur Organisationsform der Anstaltsbeiräte, ansonsten wurden jedoch keine Präzisierungen vorgenommen; insbesondere bezüglich der Aufgaben und Befugnisse der Beiräte fehlt es an eindeutigen Vorschriften.

Hinsichtlich der Organisationsform erscheint es positiv, dass qualifizierte Dritte (fachlich qualifizierte Bürger) bei der Bestellung der Beiräte Berücksichtigung finden. Auf diese Weise wird sichergestellt, dass ausschließlich geeignete Bürger für dieses Ehrenamt ausgewählt werden, die die entsprechende Qualifikation für die verantwortungsvolle Wahrnehmung der Aufgabe des Anstaltsbeirats mitbringen. Die Regelung des Auswahlverfahrens stellt dabei sicher, dass die Geeignetheit der Bewerber durch das Justizministerium überprüft werden kann. Die „Doppelrolle", die die Beiräte einnehmen – Kontrolle des Vollzugs und Information der Öffentlichkeit auf der einen Seite und Zusammenarbeit mit der Anstaltsleitung auf der anderen Seite – erfordert eine Vielzahl von Qualifikationen. Die Beiräte sollten einerseits die menschliche Fähigkeit besitzen, nicht nur eine vertrauensvolle Kommunikation mit den Insassen aufbauen zu können, sondern auch mit den Vollzugsbediensteten und der Anstaltsleitung zusammenarbeiten zu können, um bei der Realisierung des Vollzugsziels mitzuwirken. Andererseits müssen sie die entsprechenden fachlichen Qualifikationen besitzen, um sowohl die spezifischen Probleme des Vollzugs erfassen als auch mit den Beteiligten im Vollzugsapparat wirksam an deren Lösung arbeiten zu können. Insoweit ist die baden-württembergische Regelung durchaus positiv. Allerdings wäre es wünschenswert, dass hierbei die Öffentlichkeitsfunktion der Beiräte noch mehr beachtet worden wäre. In den Gesetzesmaterialien zu §§ 162 ff. StVollzG und zu § 18 JVollzGB I BW wurde immer wieder darauf hingewiesen, dass die Beiräte als Mittler zwischen Öffentlichkeit und

---

399 Vgl. hierzu Schenke 2009, S. 252.

Vollzug agieren, für die Transparenz des Strafvollzugs sorgen und um Verständnis für die Probleme des Vollzugs in der Bevölkerung werben sollen. Dies setzt geeignete Persönlichkeiten als Beiratsmitglieder voraus, die die Möglichkeit haben, eine breite Öffentlichkeit anzusprechen und Gehör zu finden. Insoweit böten sich vor allem Journalisten und Politiker an. Diese Berufsgruppen hätten durchaus noch Aufnahme in die baden-württembergische Regelung finden können. Zudem wäre ein Verweis auf das persönliche Interesse der Beiratsmitglieder am Strafvollzug und seinen Problemen sinnvoll. Ein solcher ist lediglich im Hinblick auf die Beiräte an den Jugendstrafanstalten erfolgt (in der Erziehung junger Menschen erfahren).

Der spezifischen Regelung der Beiratsorganisation steht die mangelnde Konkretisierung der Aufgaben und Befugnisse der Beiräte gegenüber. Die Aufgaben der Beiräte werden in der Verwaltungsvorschrift als solche nicht genannt. Insbesondere auf die vom Gesetzgeber intendierte Aufteilung zwischen anstaltsbezogenen und öffentlichkeitsbezogenen Aufgaben[400] geht die Verwaltungsvorschrift nicht ein. Die Öffentlichkeitsfunktion wird zwar kurz erwähnt, jedoch nicht als eigenständige Aufgabe der Beiräte normiert. Da sie in § 18 Abs. 2 JVollzGB I BW keine Aufnahme gefunden hat, wäre hier eine weitaus präzisere Regelung notwendig gewesen. Bezüglich der Klärung der Befugnisse und Rechte der Beiräte bleibt das Justizministerium Baden-Württembergs ebenfalls hinter den Vorstellungen des Gesetzgebers zurück. Nur durch eine Auslegung der Verwaltungsvorschrift sowie durch eine ergänzende Heranziehung des § 18 JVollzGB I BW ist eine Klärung der Aufgaben, Funktionen und Befugnisse der Beiräte möglich. Dies erscheint vor allem deshalb problematisch, weil es sich bei den Beiräten nicht unbedingt um Juristen handelt, sodass sie im Umgang mit Rechtsnormen ungeübt sind und gewisse Schwierigkeiten damit haben dürften. Dies kann zu Unsicherheiten im Umgang mit den Insassen, der Anstaltsleitung sowie den Vollzugsbediensteten führen[401] und ihre Arbeit damit negativ beeinflussen.

Es bleibt festzuhalten, dass die baden-württembergische Verwaltungsvorschrift erhebliche Defizite im Bereich der Normierung von Aufgaben, Befugnissen und Pflichten der Anstaltsbeiräte aufweist. Die Analyse der Ausführungsvorschrift des Landes Sachsen und der sich anschließende Vergleich werden zeigen, welches Land den vom Gesetzgeber eingeräumten Regelungsspielraum effizienter genutzt hat.

2.2 Die Verwaltungsvorschrift Sachsens

Die Institution des Anstaltsbeirats im Sinne des § 162 StVollzG blickt in Sachsen im Vergleich zu Baden-Württemberg aufgrund der innerdeutschen Teilung auf eine relativ junge Geschichte zurück.

Mit der Herstellung der deutschen Einheit am 3. Oktober 1990 trat nach Art. 23 GG, Art. 1 Abs. 1 des Einigungsvertrags das in der Bundesrepublik Deutschland geltende

---

400 Vgl. die Ausführungen im 3. Kapitel: 1.2, S. 52 ff.
401 Vgl. Gerken 1986, S. 55.

Recht auch in den neuen Bundesländern in Kraft. Gemäß Art. 8 des Einigungsvertrags erstreckte sich nun der Geltungsbereich des Strafvollzugsgesetzes auch auf das bisherige Staatsgebiet der DDR.[402] Dadurch wurde Sachsen zur Bildung von Anstaltsbeiräten bei seinen Justizvollzugsanstalten gemäß § 162 Abs. 1 StVollzG verpflichtet. In Ausführung des § 162 Abs. 3 StVollzG regelt die Verwaltungsvorschrift des Sächsischen Staatsministeriums der Justiz zum Strafvollzugsgesetz vom 27. November 2008 das Nähere bezüglich der Bildung und der Tätigkeit der Anstaltsbeiräte.[403] An den zehn sächsischen Justizvollzugsanstalten sind derzeit insgesamt 68 Personen in Beiräten tätig. Davon sind 20 Abgeordnete des Landtags.[404]

Im Folgenden ist zu untersuchen, inwieweit das Land Sachsen in seiner Ausführungsvorschrift zu § 162 Abs. 3 StVollzG die Erwartungen und Vorstellungen des Bundesgesetzgebers hinsichtlich der Bildung, Aufgaben, Befugnisse und Pflichten der Anstaltsbeiräte berücksichtigt und umgesetzt hat.

2.2.1 Bildung, Zusammensetzung und Auswahl der Beiräte

Anders als Baden-Württemberg konnte Sachsen erstmals zu einem Zeitpunkt Anstaltsbeiräte an seinen Justizvollzugsanstalten einrichten, als die §§ 162 ff. StVollzG bereits in Kraft getreten waren. Folglich stellte sich für das Bundesland nicht die Frage der Reorganisation eines bereits bestehenden Beiratsmodells, sondern es wurde vielmehr mit der Aufgabe konfrontiert, erstmalig ein Organisationsmodell der Anstaltsbeiräte gemäß den Vorschriften des Strafvollzugsgesetzes zu entwickeln. Den vom Bundesgesetzgeber eingeräumten Regelungsspielraum hat Sachsen teilweise genutzt.

Ziff. 1 Abs. 1 SVV zu § 162 StVollzG bestimmt, dass der Beirat aus dem Vorsitzenden, seinem Vertreter und bis zu fünf weiteren Mitgliedern besteht. Hinsichtlich der Beiratszusammensetzung ist dies die einzige Vorschrift, die ausdrückliche Vorgaben hierzu macht. Daraus ergibt sich, dass der Anstaltsbeirat aus maximal sieben Mitgliedern bestehen kann. Diese Regelung erscheint in mehrerlei Hinsicht problematisch. Zunächst fehlt es in der SVV an einem Hinweis darauf, dass an jeder Anstalt ein eigener Beirat zu errichten ist. § 40 Abs. 1 AE stellte fest, dass für jede Anstalt ein besonderer Beirat zu bilden ist, da die Betreuung mehrerer Anstalten die Leistungsfähigkeit der ehrenamtlichen Beiratsmitglieder überfordern würde.[405] In § 162 Abs. 1 StVollzG ist bestimmt, dass an den Justizvollzugsanstalten Beiräte gebildet werden. Dem Wortlaut dieser Vorschrift ist zu entnehmen, dass bei jeder einzelnen Justizvollzugsanstalt Beiräte einzurichten sind, da jede Anstalt unabhängig

---

402 Vgl. Essig 2000, S. 101 ff.

403 SVV d. SMJ, SächsJMBl. Jg. 2002, Bl.-Nr. 1 S. 2, Gkv-Nr.: 311-V02.1 in der Fassung vom 27. November 2008.

404 Mitteilung eines Beiratsmitglieds Sachsens: Telefonisches Gespräch am 25. November 2010. Gegenstand dieses Gesprächs war die Erörterung der Beiratspraxis in Sachsen.

405 Vgl. Baumann 1973, S. 103.

von ihrer Größe ganz eigene spezifische Probleme aufwirft.[406] Dies schließt freilich die Einrichtung von überörtlichen Gesamtbeiräten nicht aus.[407] Folglich kann sich für Sachsen nur direkt aus § 162 Abs. 1 StVollzG die Verpflichtung ergeben, an jeder Justizvollzugsanstalt einen eigenen Beirat einzurichten. Im Sinne einer Klarstellungsfunktion wäre jedoch eine entsprechende Vorschrift in der SVV sinnvoll.[408]

Was die Mitgliederzahl im Anstaltsbeirat betrifft, so macht Ziff. 1 Abs. 1 SVV ebenfalls keine ausreichend konkreten Angaben. Die Regelung spricht davon, dass die Beiräte aus bis zu sieben Mitgliedern bestehen können und macht somit lediglich Angaben zur Maximalmitgliederzahl. Sie nimmt insofern weder auf die Belegungsfähigkeit der Justizvollzugsanstalten Bezug noch bestimmt sie eine Mindestmitgliederzahl. Sachsen legt folglich die Entscheidung bezüglich der Mitgliederzahl in das ausschließliche Ermessen der Auswahlorgane. Tatsächlich wird die Anzahl der Anstaltsbeiräte nicht an die Größe der jeweiligen Justizvollzugsanstalt gekoppelt, sondern der Beirat besteht in der Regel an jeder Anstalt aus zwei parlamentarischen und fünf nichtparlamentarischen Mitgliedern.[409] Folglich wird der durch die Verwaltungsvorschrift vorgegebene Rahmen voll ausgeschöpft und generell die Maximalanzahl von Beiräten an jeder Anstalt berufen. Dennoch erscheint die Regelung in mehrfacher Hinsicht unzulänglich. Die Frage, wie viele Mitglieder notwendigerweise in den Beirat zu berufen sind, dürfte maßgeblich von der Größe der Anstalt und von dem damit verbundenen Arbeitsaufwand abhängen. Die Auswahlorgane werden nicht verpflichtet, tatsächlich in jeden Beirat die maximal mögliche Anzahl von Mitgliedern zu berufen, sie können hiervon auch abweichen und eine geringere Mitgliederzahl festsetzen. Wenn dementsprechend zu wenige Beiratsmitglieder vorhanden sind, besteht die Gefahr, dass das Gremium des Anstaltsbeirats bewusst klein gehalten wird, um eine allzu intensive Einmischung in die Angelegenheiten der Anstalt zu vermeiden. Darüber hinaus erscheint fraglich, ob eine Höchstanzahl von sieben Mitgliedern ausreichend ist. Gerade bei größeren Anstalten sind die anfallenden Aufgaben derart mannigfaltig und die auftauchenden Probleme so vielschichtig, dass es möglicherweise mehr Beiratsmitglieder bedarf, um eine ordnungsgemäße Beiratsarbeit sicherstellen zu können.[410]

Eine Vorschrift, die festlegt, welche Personen zu Beiratsmitgliedern berufen werden können und welche von einer Mitgliedschaft im Beirat ausgeschlossen sind, enthält die SVV nicht.[411] Allerdings ist es in der Praxis üblich, dass in jedem

---

406 Vgl. Bammann/Feest 2006, in: Feest-AK-StVollzG, § 162 StVollzG, Rn. 2.
407 Vgl. Arloth 2008, § 162 StVollzG, Rn. 1 ff.
408 Mittlerweile regelt § 116 Absatz 1 Satz 1 SächsStVollzG, dass an jeder Anstalt ein Beirat zu bilden ist.
409 Mitteilung eines Beiratsmitglieds Sachsens: 3. Kapitel: 2.2, S. 87 f.
410 Vgl. Baumann 1973, S. 103.
411 Mittlerweile regelt § 116 Absatz 1 Satz 2 SächsStVollzG, dass dem Beirat zwei Abgeordnete des Landtags, mindestens ein Vertreter der Kommune oder des Landkreises sowie weitere Personen des öffentlichen Lebens angehören sollen. In § 116

Anstaltsbeirat zwei Landtagsabgeordnete vertreten sind.[412] Dies kommt in der SVV indirekt zum Ausdruck, indem Ziff. 2 S. 2 SVV zu § 162 StVollzG festlegt, dass Mitglieder des Landtags von diesem als Beiratsmitglieder benannt werden. Ansonsten fehlt es jedoch an einer (verbindlichen) Regelung hinsichtlich der Beiratszusammensetzung. Insoweit hat Sachsen die gesetzgeberischen Vorstellungen und Erwartungen nicht umgesetzt. Dabei sollten gemäß dem Eignungsprinzip Personen als Beiratsmitglieder ausgewählt werden, die den öffentlichen Funktionen des Beirats entsprechen und dadurch eine effektive Aufgabenbewältigung garantieren können.[413] Hierbei sind Parlamentarier von besonderer Relevanz, da sie die gesetzgebenden Körperschaften und die Parteien am wirkungsvollsten unterrichten können. Dies findet in der sächsischen Ausführungsvorschrift lediglich durch die indirekte Formulierung in Ziff. 2 S. 2 SVV Berücksichtigung, die jedoch keine verbindliche Vorschrift hinsichtlich der Beiratszusammensetzung darstellt. Der darüber hinausgehende Regelungsverzicht lässt wesentliche praktische Nachteile befürchten. Wenn es an bindenden Vorgaben über die Eignung und die Auswahl der Beiratsmitglieder fehlt, besteht die Gefahr, dass solche Personen ausgewählt werden, die weder die entsprechenden beruflichen Qualifikationen und Eignungen mitbringen noch die erforderliche Motivation für dieses Ehrenamt aufweisen, sodass eine verantwortungsvolle Wahrnehmung der Beiratsaufgaben nicht mehr gewährleistet erscheint.

Weiterhin fehlt es in der sächsischen Regelung an einer Vorschrift, die darauf hinweist, welche Personen nicht als Beiratsmitglieder in Betracht kommen. Eine solche Vorschrift würde zwar in der SVV lediglich eine Wiederholung des Gesetzeswortlauts von § 162 Abs. 2 StVollzG darstellen und mag insoweit nicht unbedingt erforderlich erscheinen. Allerdings kommt in einer solchen Regelung mehr zum Ausdruck als eine bloße verbindliche Vorgabe über die Beiratszusammensetzung. Hierin wird gleichzeitig eine Aussage über die Stellung der Anstaltsbeiräte im Vollzugsgefüge getroffen. Diese muss maßgeblich durch deren Unabhängigkeit vom Vollzugsapparat geprägt sein. Nur dann kann den Beiräten die Wahrnehmung der ihnen zuvörderst obliegenden Funktion, der Kontrollfunktion, ermöglicht werden. Das Wissen um das Erfordernis der Eigenständigkeit ist nicht nur für das Selbstverständnis der Anstaltsbeiräte wichtig, sondern auch für das Bewusstsein jener Stellen, die für die Auswahl der Beiratsmitglieder zuständig sind. Eine entsprechende Erwähnung in der SVV würde damit weit mehr als eine bloße Wiederholung des

---

Absatz 1 Satz 5 SächsStVollzG ist normiert, dass Bedienstete der Anstalt nicht Mitglied des Beirats sein dürfen.

412 Vgl. Sächsisches Staatsministerium der Justiz und für Europa, 1998: Auf der Website „Medienservice Sachsen" sind die Ausführungen des damaligen Justizministers Steffen Heitmann anlässlich eines Treffens mit den parlamentarischen Anstaltsbeiräten und den Beiratsvorsitzenden am 3. Dezember 1998 in der Justizvollzugsanstalt Zeithain veröffentlicht. Hier betonte er besonders die Rolle der zwei in den Beiräten vertretenen Abgeordneten.

413 Vgl. Baumann 1973, S. 103.

Gesetzestextes darstellen. Sie würde maßgeblich zu einem größeren Verständnis von Sinn und Zweck der Institution Anstaltsbeirat beitragen.[414]

Ein weiterer Aspekt, der die Unabhängigkeit der Anstaltsbeiräte vom Vollzugsapparat maßgeblich sicherstellt, ist die Festlegung einer Wahlordnung sowie die Regelung der Beschlussfassungen innerhalb des Gremiums. Sachsen trifft hierzu lediglich in Ziff. 1 Abs. 2 SVV zu § 162 StVollzG Aussagen über die Wahl des Beiratsvorsitzenden und dessen Stellvertreters. Diese werden von den Mitgliedern des Beirats aus dessen Mitte gewählt. Über Beschlussfassungen innerhalb des Anstaltsbeirats sagt die SVV nichts. Dies erscheint problematisch. Eine Vorschrift, die die innere Organisation des Beirats regelt und festlegt, dass diese ausschließlich durch die Mitglieder selbst bestimmt wird, trägt maßgeblich zur Absicherung der Unabhängigkeit der Anstaltsbeiräte bei. Fehlt es an einer solchen Regelung, besteht die Gefahr, dass die Anstaltsleitung in den Willensbildungsprozess innerhalb des Beirats involviert wird und ihr insoweit Mitbestimmungsrechte eingeräumt werden, die ihr nach dem Gesetz nicht zukommen sollen. Ist ein entsprechendes Selbstverständnis bei den Beiräten nicht vorhanden, könnte hier wohl auch kein entsprechender Widerstand durch die Beiratsmitglieder erwartet werden. Zwar dürften die zwei im Beirat vertretenen Abgeordneten durchaus ein Bewusstsein für die gesetzgeberisch intendierte Unabhängigkeit der Beiräte haben und könnten insoweit für deren Wahrung eintreten. Ob dies jedoch tatsächlich eine befürchtete Einflussnahme durch die Anstaltsleitung zu verhindern vermag, ist fraglich. Weiterhin bestimmt zwar Ziff. 1 Abs. 2 SVV zu § 163 StVollzG, dass die Anstaltsbeiräte nicht den Weisungen der Vollzugsbehörden und damit auch nicht jenen der Anstaltsleitungen unterliegen. Hierdurch wird die Autonomie der Beiräte betont und gewährleistet. Gleichwohl wäre im Sinne einer Klarstellung eine Regelung begrüßenswert, welche die angesprochene Autonomie der Beiräte ausdrücklich auch auf die Beschlussfassungen innerhalb des Gremiums bezieht.

Das Auswahlverfahren der Beiratsmitglieder ist in Ziff. 2 SVV zu § 162 StVollzG geregelt. Danach werden die Mitglieder vom Anstaltsleiter nach Anhörung der regionalen kirchlichen Einrichtungen und der Verbände der freien Wohlfahrtspflege im Benehmen mit dem zuständigen Landrat oder Oberbürgermeister vorgeschlagen und vom Staatsministerium der Justiz ernannt. Mitglieder des Landtags werden von diesem benannt. Die zwei in jedem Anstaltsbeirat für Abgeordnete zur Verfügung stehenden Sitze werden gemäß der Geschäftsordnung des Sächsischen Landtags[415] entsprechend dem d'Hondtschen Höchstzahlverfahren besetzt. Hierdurch wird gewährleistet, dass die Sitzverteilung der zu besetzenden Anstaltsbeiräte die Stärkeverhältnisse des Parlaments widerspiegelt.[416]

Hinsichtlich des Auswahlverfahrens hat Sachsen den vom Gesetzgeber eingeräumten Regelungsspielraum genutzt. Die Vorschrift ist grundsätzlich sehr präzise

---

414   Vgl. die Ausführungen im 3. Kapitel: 2.1.1, S. 71 ff.
415   Vgl. LT Sachsen, GO des 5. Sächsischen Landtags vom 29. September 2009, S. 10.
416   Zu den Einzelheiten des d'Hondtschen Höchstzahlverfahrens Nohlen 2007, S. 114 ff.

ausgefallen; es erscheint jedoch fraglich, ob das Bundesland insoweit den gesetz-geberischen Vorstellungen und Erwartungen voll und ganz entsprochen hat. Das Vorschlagsrecht wird dem Anstaltsleiter im Benehmen mit dem zuständigen Landrat oder Oberbürgermeister überlassen. Dadurch wird die entsprechende Sachkunde der Anstaltsleitung sowie deren Interesse an einer vertrauensvollen Zusammenar-beit mit den Beiratsmitgliedern im Rahmen des Auswahlverfahrens berücksichtigt. Durch die vorherige Anhörung der kirchlichen Einrichtungen sowie der Verbände der freien Wohlfahrtspflege wird gewährleistet, dass zumindest zwei Institutio-nen, aus denen sich zweckmäßigerweise die Beiratsmitglieder rekrutieren sollten, ebenfalls in den Entscheidungsprozess einbezogen werden. Insoweit wäre aller-dings auch eine Einbindung der Arbeitgeber- und Arbeitnehmerverbände in diesen Entscheidungsprozess wünschenswert, da nach der gesetzgeberischen Intention auch aus diesen Verbänden Mitglieder im Anstaltsbeirat vertreten sein sollten. So enthält Ziff. 2 jedoch zumindest bezogen auf die kirchlichen Einrichtungen und die Wohlfahrtsverbände auch einen versteckten Hinweis auf die Frage, wer überhaupt als Beiratsmitglied in Betracht kommt. Entsprechend den öffentlichen Funktio-nen des Anstaltsbeirats sollen dies vor allem Mitglieder von kirchlichen Einrich-tungen bzw. von Wohlfahrtsverbänden sein. Dadurch wird vordergründig auf die Beratungs- bzw. Betreuungsfunktion der Beiräte hingewiesen. Problematisch an dieser Regelung erscheint aber, dass de facto die Beiratsmitglieder von der An-staltsleitung benannt werden. Auch wenn der eigentliche Akt der Ernennung dem Staatsministerium der Justiz vorbehalten bleibt, so kommt doch der Benennung die wichtigste Bedeutung im Rahmen des Auswahlverfahrens zu. Wurde eine Person erst einmal von der Anstaltsleitung benannt, so wird der Akt der Ernennung nur noch Formalität sein, da davon ausgegangen werden kann, dass die Anstaltsleitun-gen als diejenigen Institutionen, die direkt mit den künftigen Beiräten zu tun haben werden, die in ihren Augen geeignetsten Bewerber aussuchen. Genau hierin liegt die Problematik der Regelung, denn die Benennung zum Beiratsmitglied wird so faktisch vom Wohlwollen der Anstaltsleitungen abhängig gemacht. Damit ist die Unabhängigkeit der Anstaltsbeiräte von der Vollzugsanstalt erheblich in Gefahr und es bleibt zu befürchten, dass nur solche Personen von den Anstaltsleitungen als Beiratsmitglieder ausgesucht werden, die der Leitung unkritisch gegenübertreten und deren Arbeit nicht durch unbequeme Fragen oder Einwände belasten.[417] Dann aber erscheint eine sinnvolle Arbeit der Beiräte kaum noch möglich. Insoweit muss die sächsische Regelung als wenig gelungen bezeichnet werden.

Das Ernennungsrecht hinsichtlich der Parlamentarier verbleibt sinnvollerweise beim Landtag. Dadurch wird nicht nur dem Gewaltenteilungsprinzip Rechnung getragen, sondern es wird gleichfalls der Sonderstatus der Abgeordneten aner-kannt. Die Wahl der parlamentarischen Beiratsmitglieder entspricht demokrati-schen Grundsätzen und ist folglich nicht zu beanstanden. Der in Art. 39 Abs. 3 bzw. Art. 40 SächsVerf verankerte Grundsatz der formalen Chancengleichheit gebietet

---

417 Vgl. Baumann 1973, S. 103.

bei der Besetzung von Ausschüssen und sonstigen Gremien durch den Landtag die Berücksichtigung der Fraktionen entsprechend deren Stärkeverhältnis.[418] Demnach ist der Landtag bei der Sitzverteilung in den Anstaltsbeiräten gehalten, entsprechend dem Grundsatz der formalen Chancengleichheit eine Spiegelbildlichkeit zum Plenum herzustellen.[419] Hierbei muss er ein Proportionalverfahren heranziehen, um eine Über- oder Unterrepräsentation einzelner Fraktionen zu vermeiden. Mit der allgemeinen Regelung des § 15 Abs. 2 GOLT hat sich der Landtag dafür entschieden, bei der Besetzung sonstiger Gremien und Ausschüsse, die durch den Landtag vorzunehmen sind, das Stärkeverhältnis der Fraktionen nach Maßgabe des Höchstzahlverfahrens nach d'Hondt zugrunde zu legen. Dieses Prozedere ist verfassungsrechtlich unbedenklich[420], sodass das Auswahlverfahren der parlamentarischen Beiratsmitglieder grundsätzlich nicht zu beanstanden ist.

Die Amtsdauer des Beirats ist gemäß Ziff. 3 Abs. 1 SVV zu § 162 StVollzG an die Legislaturperiode des Landtags geknüpft. Dies bedeutet eine Amtszeit von fünf Jahren. Nach Abs. 2 ist die wiederholte Bestellung zulässig, eine Beschränkung der Wiederbestellung ist nicht vorgesehen. Hinsichtlich der unbegrenzt möglichen Wiederholung der Bestellung ergeben sich im Hinblick auf ein angemessenes Verhältnis zwischen Kontinuität der Beiratsarbeit und erforderlicher Fluktuation der Beiratsmitglieder die gleichen Bedenken, wie sie auch schon im Rahmen der Untersuchung der baden-württembergischen Verwaltungsvorschrift erwähnt wurden.[421]

Weiterhin stellt Ziff. 6 S. 1 SVV zu § 162 StVollzG fest, dass die Beiräte ehrenamtlich tätig sind. Diese Vorschrift dient der Präzisierung der bundesgesetzlichen Vorschriften, die keinen Verweis auf die Ehrenamtlichkeit der Beiratstätigkeit enthalten. Sie kann aufgrund ihres Klarstellungscharakters im Besonderen für das Selbstverständnis der Beiräte und damit für die Art und Weise ihrer Aufgabenerledigung von maßgeblicher (positiver) Relevanz sein.

Insgesamt ist damit bezüglich der Regelungen zur Beiratsorganisation in Sachsen festzustellen, dass insbesondere Defizite bei den Bestimmungen über die Beiratszusammensetzung und Beiratsauswahl der nichtparlamentarischen Beiratsmitglieder zu verzeichnen sind. Darüber hinaus erscheint die sächsische Regelung an sich recht knapp. Das Land hat insoweit den vom Gesetzgeber eingeräumten Regelungsspielraum nur teilweise genutzt.

2.2.2 Die Beiratsaufgaben

Die Regelungen zu den Beiratsaufgaben gemäß § 163 StVollzG fallen in der SVV sehr kurz aus. Dazu wird in Ziff. 1 Abs. 1 SVV lediglich festgestellt, dass die Mitglieder des Beirats dem Anstaltsleiter besondere Wahrnehmungen, Anregungen, Verbesserungsvorschläge und Beanstandungen mitteilen. Absatz 2 bestimmt, dass der Beirat

---

418   Vgl. Degenhart 2003, S. 198 ff.
419   Zur formalen Chancengleicheit Pieroth/Haghgu 2004, S. 94 ff.
420   Vgl. BVerfGE 96, 264, 283.
421   Vgl. die Ausführungen im 3. Kapitel: 2.1.1, S. 71 ff.

nicht die Aufgabe einer Beschwerdeinstanz im Sinne des § 108 StVollzG hat und er zudem nicht den Weisungen der Vollzugsbehörden unterliegt.

Von einer Konkretisierung des § 163 StVollzG durch die SVV insbesondere im Hinblick auf die öffentlichkeitsbezogenen Funktionen der Anstaltsbeiräte, die der Gesetzgeber bewusst nicht in den Wortlaut des § 163 StVollzG aufgenommen hat, kann demnach nicht die Rede sein. Das sächsische Staatsministerium der Justiz hat in diesem Bereich die notwendige Kompensation nicht geleistet.

Ein ausdrücklicher Hinweis auf die öffentlichkeitsbezogenen Aufgaben der Beiräte fehlt in der sächsischen Ausführungsvorschrift. In Ziff. 1 Abs. 3 SVV zu § 164 StVollzG ist lediglich festgelegt, dass der Anstaltsleiter den Vorsitzenden des Beirats über Ereignisse, die besonderes Aufsehen in der Öffentlichkeit erregt haben oder erregen können oder die sonst für den Beirat von besonderem Interesse sind, sowie über außerordentliche Vorkommnisse in der Anstalt und alle Planungen und Entwicklungen unterrichtet. Hierin kann eine indirekte Bezugnahme auf die Öffentlichkeits- und Kontrollfunktion der Anstaltsbeiräte gesehen werden.[422]

Inhaltlich vermag die Regelung der Ziff. 1 Abs. 3 SVV zu § 164 StVollzG nichts zu einer Aufgabenkonkretisierung beizutragen. Letztendlich regelt Ziff. 1 Abs. 3 SVV zu § 164 StVollzG den Beiräten zustehende (Informations-) Rechte unter Hinweis auf die Öffentlichkeitsaufgabe. Die dringend notwendige Aufgabenpräzisierung in diesem Bereich fehlt jedoch. Insoweit ergeben sich zum einen Bedenken gegen das dadurch implizierte Verständnis der Öffentlichkeitsinformation.[423] Es besteht die Gefahr, dass bei den Beiräten der falsche Eindruck erweckt wird, dass sich Öffentlichkeitsarbeit nur auf solche außergewöhnlichen Ereignisse beziehen sollte, die in der Bevölkerung großes Aufsehen hervorrufen können. Das entspricht jedoch gerade nicht dem Sinn und Zweck der Öffentlichkeitsarbeit durch die Beiräte. Diese sollten vielmehr versuchen, der Bevölkerung ein realitätsnahes Bild des Strafvollzugs zu vermitteln. Dieses beinhaltet aber nur zu einem sehr geringen Teil aufsehenerregende Skandale im Strafvollzug. Zum anderen birgt eine solch unpräzise Regelung die Gefahr, dass die Öffentlichkeits- und Kontrollfunktion von den Beiräten in der Praxis nicht als eigenständige Aufgaben erkannt und deshalb vernachlässigt werden. Diese sind aber wiederum grundlegende Voraussetzung dafür, dass der Vollzug transparent gestaltet werden kann und dadurch Vorurteile in der Bevölkerung gegenüber diesem ab- sowie Vertrauen und Verständnis aufgebaut werden können.[424] Soweit davon gesprochen werden kann, dass in Ziff. 1 Abs. 3 SVV zu § 164 StVollzG die Öffentlichkeits- und Kontrollfunktion erwähnt sind, kann darin keine rechtliche Absicherung dieser Funktionen erblickt werden.

Die Beratungsfunktion der Beiräte hat in Ziff. 1 Abs. 1 SVV zu § 163 StVollzG Aufnahme gefunden. Hier ist bestimmt, dass die Beiratsmitglieder dem Anstaltsleiter

---

422 Vgl. die Ausführungen zu der baden-württembergischen Regelung im 3. Kapitel: 2.1.3, S. 78 ff.
423 Vgl. die Ausführungen im 3. Kapitel: 2.1.2, S. 75 ff.
424 Baumann 1973, S. 103.

besondere Wahrnehmungen, Anregungen, Verbesserungsvorschläge und Beanstandungen mitteilen. Die SVV geht noch über den Wortlaut des § 163 StVollzG hinaus, der lediglich auf die Unterstützung durch Anregungen und Verbesserungsvorschläge hinweist. Es kommt zum Ausdruck, dass dem Gesetzeswortlaut nach nicht eine Mitwirkung der Beiräte im Sinne einer unkritischen Zustimmung zu den Abläufen im Vollzug gewollt wird, sondern dass konstruktive Kritik durch diese erwünscht ist. Dadurch werden die Beiräte zu echten Partnern bei der Arbeit im Vollzug, was sich positiv auf ihr Verhältnis zur Anstaltsleitung und damit auf ihre Arbeit auswirken kann. Gleichzeitig wird deutlich, dass sich die Funktion der Anstaltsbeiräte nicht in der bloßen Einzelfallhilfe für die Gefangenen erschöpft, sondern dass diese bei ihrer Arbeit stets die Gesamtsituation innerhalb der Anstalt im Blick haben sollten. Diesbezüglich ist die Vorschrift folglich als gelungen zu bezeichnen. Jedoch fehlt die Konkretisierung der weiteren anstaltsbezogenen Funktionen, wie die Aufgabe der Betreuung der Gefangenen und der Integrationsfunktion.

Es ist folglich festzustellen, dass Sachsen in seiner Ausführungsvorschrift nur die Mitwirkungsfunktion der Anstaltsbeiräte konkretisiert hat. Auf eine Präzisierung der weiteren anstaltsbezogenen Aufgaben sowie der öffentlichkeitsbezogenen Funktionen wurde vollständig verzichtet. Dies lässt befürchten, dass sich die fehlende Normierung negativ auf das Selbstverständnis der Beiräte und damit auch auf ihre Arbeit auswirkt. Mangels hinreichender Bestimmtheit bezüglich der ihnen zufallenden Aufgaben könnte bei den Beiräten der Eindruck entstehen, es genüge für eine ordnungsgemäße Arbeit, ihre bloße Präsenz in der Vollzugsanstalt sicherzustellen. Wenn dadurch die Anstaltsleitung zu der Auffassung gelangt, dass es sich bei den Beiräten um bloße „dekorative Gremien" handelt, deren Belange nicht ernst zu nehmen sind, so wird die Institution des Anstaltsbeirats ad absurdum geführt.[425]

2.2.3 Die Beiratsbefugnisse

Im Weiteren gilt es die sächsische Ausführungsvorschrift im Hinblick auf die Normierung und Konkretisierung der Beiratsbefugnisse gemäß § 164 StVollzG zu untersuchen.

Das Bundesland Sachsen hat den hierbei vom Bundesgesetzgeber eingeräumten Regelungsspielraum nur teilweise genutzt. In Ziff. 1 Abs. 1 der SVV zu § 164 StVollzG wird bestimmt, dass der Anstaltsleiter die Mitglieder des Beirats bei der Ausübung ihrer Befugnisse unterstützt und ihnen die erforderlichen Auskünfte erteilt. Außerdem unterrichtet der Anstaltsleiter den Vorsitzenden nach Ziff. 1 Abs. 3 der SVV zu § 164 StVollzG alsbald über außerordentliche Vorkommnisse in der Anstalt sowie alle Planungen, Entwicklungen und Ereignisse, die besonderes Aufsehen in der Öffentlichkeit erregt haben oder erregen können oder die sonst für den Beirat von besonderem Interesse sind.

---

425   Vgl. die Ausführungen im 3. Kapitel: 2.1.1, S. 71 ff. sowie die Ausführungen von Baumann 1973, S. 103.

Positiv an der Regelung des Absatzes 1 fällt auf, dass die Anstaltsleitung allgemein zur Unterstützung der Beiräte bei der Wahrnehmung ihrer Aufgaben verpflichtet wird. Dadurch wird klargestellt, dass die Anstaltsbeiräte von der Anstaltsleitung bei der Vollzugsarbeit zu berücksichtigen sind und eine Kooperation beider anzustreben ist. Dies ist wiederum unabdingbare Voraussetzung für eine effektive Zusammenarbeit bei der Erreichung des Vollzugsziels. Weiterhin wird die Anstaltsleitung zur Auskunft gegenüber den Beiräten verpflichtet. Dieser Verpflichtung entspricht ein sekundäres Informationsrecht[426] der Anstaltsbeiräte gegenüber der Anstaltsleitung. Damit erweitert auch Sachsen den Anwendungsbereich des § 164 StVollzG und stärkt auf diese Weise die Rechtsposition der Beiräte innerhalb des Vollzugsgefüges. Allerdings ergeben sich hinsichtlich der Formulierung der sekundären Informationsrechte gewisse Bedenken.

Die Auskunftpflicht der Anstaltsleitung beschränkt sich auf die „erforderlichen" Auskünfte. Aufgrund der Unbestimmtheit des Rechtsbegriffs der Erforderlichkeit besteht die Gefahr, dass die Beiräte in der Praxis aufgrund ihrer Rechtsunsicherheit von ihrem Informationsrecht kaum Gebrauch machen, was zu einer negativen Beeinflussung der Wirksamkeit der Beiratsarbeit führen kann.[427] Um dieser Gefahr vorzubeugen, wäre es unter Umständen notwendig, eine Aufzählung jener Fälle in die Ausführungsvorschrift aufzunehmen, auf welche sich das Informationsrecht bezieht, sodass der Begriff der Erforderlichkeit präzisiert und den Anstaltsleitungen dementsprechend eine Entscheidungshilfe zuteil würde. Gleiches gilt für die Informationsgewährung nach Absatz 3 der Ausführungsvorschrift.[428]

Weiter wird in Ziff. 1 Abs. 2 SVV zu § 164 StVollzG festgelegt, dass dem Beirat mit Zustimmung des Gefangenen Mitteilungen aus den Gefangenenpersonalakten gemacht werden können, soweit diese zur Erfüllung der Aufgaben des Beirats erforderlich sind. Diese Bestimmung begegnet ebenfalls einigen Bedenken. Zunächst wird den Beiräten weder ein Akteneinsichtsrecht noch überhaupt eine eigenständige Akteneinsichtsmöglichkeit zugesprochen. Sie sind auf Mitteilungen der Anstaltsleitung aus den Akten angewiesen, wodurch das Informationsrecht der Beiräte erheblich eingeschränkt und ihre Rechtsposition geschwächt wird.[429] Zudem wird die Mitteilungsmöglichkeit in das Ermessen der Anstaltsleitung gestellt, wodurch das Informationsrecht der Beiräte eine weitere Schmälerung erfährt. Einen weiteren Kritikpunkt stellt die Tatsache dar, dass die entsprechenden Mitteilungen lediglich mit der Zustimmung des jeweiligen Gefangenen gemacht werden können. Die hinter diesem Zustimmungserfordernis stehende Intention des Datenschutzes könnte mit Hilfe der Ausdehnung der Verschwiegenheitspflicht ebenfalls erreicht werden, ohne

---

426   Vgl. Wydra 2009, in: Schwind/et al.-StVollzG, §§ 162–165 StVollzG, Rn. 7.
427   Zu den Vor- und Nachteilen der Verwendung des unbestimmten Rechtsbegriffs der Erforderlichkeit vgl. die Ausführungen im 3. Kapitel: 2.1.3, S. 78 ff.
428   Vgl. ebd.
429   Vgl. ebd. die Ausführungen zur baden-württembergischen Regelung.

dass die Gefahr einer Abwertung des Informationsrechts der Beiräte besteht.[430] Es bleibt damit festzuhalten, dass Sachsen auf die Normierung eines Akteneinsichtsrechts – das im AE gefordert wurde – verzichtet hat und die Regelung hinsichtlich der Mitteilungsmöglichkeit aus den Gefangenenpersonalakten als durchaus problematisch angesehen werden muss.

Weiterhin hat der Beirat gemäß Ziff. 4 Abs. 1 SVV zu § 162 StVollzG das Recht, mindestens viermal im Jahr eine Sitzung einzuberufen. Dabei kann sich der Vorsitzende der Unterstützung durch die Anstalt bedienen. Nach Absatz 2 nehmen an den Beiratssitzungen auf Wunsch des Beirats der Anstaltsleiter und andere Anstaltsbedienstete teil. Der Anstaltsleiter gibt dabei, sofern vom Beirat gewünscht, einen Bericht über die Situation in der Anstalt. Die Festlegung einer viermaligen Zusammenkunft des Beirats im Jahr kann als Recht des Beirats aufgefasst werden und ist insoweit als durchaus positiv zu bewerten. Auch wenn die Beiratstätigkeit ehrenamtlich erfolgt, so ist doch eine gewisse Kontinuität bei der Ausübung dieses Amtes zu fordern, damit die Effektivität sichergestellt werden kann. Die Tatsache, dass sich der Vorsitzende bei der Einberufung des Beirats zu diesen Sitzungen der Unterstützung der Anstalt bedienen kann, macht zum einen deutlich, dass diesen Zusammenkünften ein gewisses Gewicht innerhalb des Anstaltsgefüges zukommt. Zum anderen werden dadurch die Zusammenarbeit und die Kooperation zwischen Anstaltsleitung und dem Vorsitzenden des Anstaltsbeirats betont. Diese beiden Aspekte werden zusätzlich durch die Teilnahmemöglichkeit der Anstaltsleitung und der Anstaltsbediensteten an den Beiratssitzungen hervorgehoben und gestärkt. Die Möglichkeit, von dem Anstaltsleiter eine Berichterstattung bezüglich der Situation in der Anstalt einfordern zu können, bewirkt eine wesentliche Stärkung der Rechtsposition des Beirats innerhalb des Vollzugsgefüges, indem sie ihn als ein gegenüber der Vollzugsverwaltung gleichwertiges Gremium erscheinen lässt. Dadurch wird die notwendige Zusammenarbeit im Sinne des § 154 Abs. 1 StVollzG bei der Erreichung des Vollzugsziels erheblich erleichtert.[431]

Positiv erscheint auch die Regelung in Ziff. 5 SVV zu § 162 StVollzG. Hierin wird bestimmt, dass den Gefangenen durch Aushang die Namen der Beiratsmitglieder bekannt zu geben und sie gleichzeitig darauf hinzuweisen sind, dass sie sich mit Wünschen, Anregungen und Beanstandungen an diese wenden können. Die notwendige Kontaktaufnahme mit den Gefangenen als Pendant zur Kommunikation mit der Vollzugsverwaltung ist unabdingbare Voraussetzung für die Wahrnehmung der Befugnisse durch die Beiratsmitglieder. Durch die Verpflichtung der Anstaltsleitung, die Gefangenen auf die Möglichkeit der Kontaktaufnahme mit den Beiratsmitgliedern hinzuweisen, wird die Kommunikationsmöglichkeit der Beiräte mit diesen erheblich erleichtert, wodurch wiederum eine Absicherung der Beiratsbefugnisse im Sinne des § 164 StVollzG stattfindet. Lediglich der Hinweis darauf, dass diese Kommunikation unüberwacht stattfindet, fehlt in der Ausführungsvorschrift. Dies

---

430   Vgl. dazu die Ausführungen im 3. Kapitel: 2.1.3, S. 78 ff.
431   Vgl. Baumann 1973, S. 103.

ergibt sich unmittelbar aus § 164 Abs. 2 StVollzG. Allerdings könnte eine solche Bestimmung in der Ausführungsvorschrift im Sinne einer Klarstellung durchaus positive Effekte hervorrufen, indem eventuelles Misstrauen der Gefangenen gegenüber den Anstaltsbeiräten abgebaut und dadurch die Grundlage für eine vertrauensvollere Kommunikation geschaffen wird.

In logischer Fortführung von Ziff. 5 stellt Ziff. 1 Abs. 2 SVV zu § 163 StVollzG fest, dass der Beirat nicht die Aufgabe einer Beschwerdeinstanz im Sinne des § 108 StVollzG hat. Diese Regelung kann sich durchaus vorteilhaft auswirken, denn auf diese Weise bleibt weniger Raum für Rechtsunsicherheiten[432] bei den Beiräten, sodass sie ihre (Rechts-) Position gegenüber den Gefangenen sehr viel besser einschätzen und diesen selbstbewusster gegenübertreten können.

Insgesamt lässt sich festhalten, dass bezüglich der Normierung der Beiratsbefugnisse Sachsen den vom Gesetzgeber belassenen Spielraum gerade im Hinblick auf die Zusammenarbeit mit den Gefangenen genutzt und insoweit sinnvolle Regelungen getroffen hat. Auf der anderen Seite muss festgestellt werden, dass die sächsische Ausführungsvorschrift im Hinblick auf die Absicherung der Auskunfts- und Informationsrechte der Beiräte nur teilweise über die Formulierung des § 164 StVollzG hinausgeht und diesbezüglich nur unzulänglich ausgestaltet ist.

2.2.4 Die Beiratspflichten

Sachsen hat die in § 165 StVollzG normierte Verschwiegenheitspflicht nicht in seine Ausführungsvorschrift übernommen. Die Nichterwähnung in der SVV erscheint jedoch wenig konsequent. Zunächst sind in der SVV die Informationsrechte der Anstaltsbeiräte (gegenüber der Anstaltsleitung und den Gefangenen) geregelt. Die Anstaltsbeiräte erhalten in Ausübung dieser Rechte notwendigerweise sehr vertrauliche und sensible Auskünfte. Eine Regelung zu dem Verhältnis zwischen der Pflicht zur Verschwiegenheit und dem Umgang mit den erlangten Informationen in der Öffentlichkeit erscheint deshalb als unabdingbares Korrelat zu dem Informationsrecht.[433] Darüber hinaus erwähnt Sachsen in seiner Ausführungsvorschrift explizit das Informationsrecht der Beiräte gegenüber den Insassen. In dieser Beziehung erfordert eine offene Kommunikation ein gewisses Vertrauensverhältnis zwischen den Beiräten und den Gefangenen, das wiederum nur geschaffen werden kann, wenn sich die Gefangenen sicher sein können, dass vertrauliche Informationen nicht an die Öffentlichkeit gelangen.[434] Diesbezüglich wäre es erforderlich, im Sinne einer Klarstellung den Umgang mit der Verschwiegenheitspflicht und der Öffentlichkeitsarbeit in der Ausführungsvorschrift zu regeln.

Als eigenständige Pflicht der Beiräte ist lediglich in Ziff. 4 Abs. 1 SVV zu § 162 StVollzG die viermalige Zusammenkunft des Beirats im Jahr geregelt. Wie bereits

---

432 Vgl. Gerken 1986, S. 254.
433 Dazu die Ausführungen im 3. Kapitel: 2.1.4, S. 82 ff.
434 Vgl. Gerken 1986, S. 49.

ausgeführt wurde, ist die Normierung einer solchen Pflicht vor allem im Hinblick auf eine kontinuierliche und damit effektive Beiratsarbeit sinnvoll, ohne dabei jedoch die Leistungsfähigkeit der ehrenamtlichen Beiratsmitglieder zu überfordern. Eine Regelung bezüglich der Anfertigung von Tätigkeitsberichten durch die Anstaltsbeiräte oder sonstiger Zusammenkünfte mit dem Staatsministerium der Justiz zum Zwecke einer Unterrichtung über die Beiratsarbeit in der Vollzugsanstalt enthält die sächsische Verwaltungsvorschrift nicht. In einem telefonischen Gespräch mit einem Beiratsmitglied aus Sachsen erfuhr die Verfasserin, dass eine Berichterstattung an das Staatsministerium der Justiz in der Praxis nur in der Form der Weitergabe der Protokolle jeder Beiratssitzung an das Ministerium erfolgt.[435] Ansonsten findet eine Information des Ministeriums nur nach Bedarf in schriftlicher oder mündlicher Form statt. Die fehlende Berichtspflicht kann sich durchaus problematisch auswirken. Zunächst vermag eine Berichtspflicht sowohl gegenüber der Aufsichtsbehörde als auch gegenüber der Anstaltsleitung die Zusammenarbeit zwischen den Beiräten und den genannten Institutionen erheblich zu verbessern, indem eine umfassende Information auf allen Seiten garantiert ist. Zudem ermöglicht die Anfertigung solcher Tätigkeitsberichte eine gewisse Selbstreflexion über das eigene Handeln.[436] Wenn die Pflicht zur Berichterstattung fehlt, ist zu befürchten, dass letztere nur in Ausnahmefällen erfolgt und dadurch das Bewusstsein und die Sensibilität der Beiräte für die Probleme ihrer Arbeit möglicherweise abnehmen. Eine Kompensation der fehlenden Berichterstattungspflicht durch regelmäßige Besprechungen mit dem Staatsministerium der Justiz kann nicht stattfinden, denn die sächsische Verwaltungsvorschrift sieht solche Besprechungen nicht vor. Ebenfalls in dem Gespräch mit dem sächsischen Beiratsmitglied konnte in Erfahrung gebracht werden, dass in der Praxis bisher in jeder ersten Hälfte einer Legislaturperiode eine gemeinsame Tagung auf Einladung des Ministeriums stattfand.[437] Hierzu wurden jedoch lediglich die Beiratsvorsitzenden und die Parlamentarier eingeladen (zu der letzten Tagung im September 2010 wurden auch erstmals die Stellvertreter eingeladen); zudem nahmen der Justizminister sowie der zuständige Referent an den Zusammenkünften teil. Ziel dieser Tagungen ist ähnlich wie in Baden-Württemberg ein Austausch über die Tätigkeit als Anstaltsbeirat sowie über die Besonderheiten der einzelnen Anstalten und die Weitergabe positiver Erfahrungen, wovon möglicherweise an anderen Anstalten profitiert werden kann. Diese freiwilligen Treffen können jedoch eine Pflicht zur Berichterstattung gegenüber dem Ministerium nicht ersetzen. Zum einen erfolgen sie nur einmal in fünf Jahren, was völlig unzureichend erscheint, um spürbare positive Auswirkungen für die Beiratsarbeit entfalten und gleichzeitig das Ministerium über aktuelle Entwicklungen zeitnah informieren zu können. Auf der anderen Seite sind

---

435 Mitteilung eines Beiratsmitglieds Sachsens: 3. Kapitel: 2.2, S. 87 f.
436 Zu den Möglichkeiten der Selbstreflexion in Form der Berichterstattung Schütte 2002, S. 336.
437 Mitteilung eines Beiratsmitglieds Sachsens: 3. Kapitel: 2.2, S. 87 f.

an diesen Zusammenkünften nicht alle Beiratsmitglieder beteiligt, sodass von einem wirklichen gegenseitigen und umfassenden Austausch kaum die Rede sein kann. Das Problem der Sanktionierung eines Pflichtverstoßes durch Beiratsmitglieder wurde bewusst dem Regelungsspielraum der Länder überlassen.[438] Diesbezüglich stellt Sachsen in Ziff. 3 Abs. 3 SVV zu § 162 StVollzG fest, dass ein Mitglied, das seine Pflichten erheblich verletzt, seines Amtes enthoben werden kann. Vor der Entscheidung sind der Betroffene und der Vorsitzende des Beirats zu hören. Bis zur Entscheidung über die Amtsenthebung kann das Ruhen der Befugnisse angeordnet werden. Bei Abgeordneten trifft die Entscheidung der Landtag, bei den sonstigen Mitgliedern das Staatsministerium der Justiz. Positiv an dieser Regelung ist, dass sie sich nicht nur auf die Verletzung der Verschwiegenheitspflicht bezieht, sondern auf die Verletzung sämtlicher Amtspflichten. Darüber hinaus ist die Amtsenthebung als Sanktion lediglich ultima ratio.[439] Zuvor soll durch eine Anhörung sowie durch ein Ruhenlassen der Befugnisse versucht werden, mildere Sanktionsmittel zu finden. Dadurch ist eine Differenzierung nach dem Schweregrad der Pflichtverletzungen möglich und es wird insoweit dem Prinzip des schonendsten Ausgleichs Rechnung getragen. Dieses Prinzip wird noch insoweit verstärkt, als dass die Sanktionierung in das Ermessen des Staatsministeriums der Justiz gelegt wird, wodurch eine gerechte Einzelfallentscheidung ermöglicht wird.

Hinsichtlich der Beiratspflichten bleibt damit festzuhalten, dass Sachsen lediglich die Sanktionierung einer Pflichtverletzung umfassend geregelt hat, während es eine Normierung in Bezug auf die Probleme im Zusammenhang mit der Verschwiegenheitspflicht vermissen lässt.

2.2.5 Gesamtwürdigung

Es lässt sich feststellen, dass Sachsen in seiner Verwaltungsvorschrift zur Ausführung des § 162 Abs. 3 StVollzG nur wenige präzise Regelungen getroffen hat, die über den Wortlaut der §§ 162 ff. StVollzG hinausgehen und insoweit bei der Konkretisierung der bundesgesetzlichen Vorschriften behilflich sein könnten. Dies erscheint erstaunlich, da Sachsen seine Ausführungsvorschrift zu einem Zeitpunkt erließ, als in den westlichen Bundesländern bereits seit vielen Jahren Anstaltsbeiräte sowie die entsprechenden Landesvorschriften zu § 162 Abs. 3 StVollzG existierten. Folglich wäre es für Sachsen naheliegend gewesen, aus den Versäumnissen und Unzulänglichkeiten der Vorschriften der anderen Bundesländer Konsequenzen zu ziehen und mit der eigenen Verwaltungsvorschrift die gesetzgeberischen Vorstellungen und Erwartungen an die länderrechtliche Ausgestaltung des Instituts des Anstaltsbeirats konkret und präzise umzusetzen. Diesen Weg ist Sachsen jedoch nicht gegangen, sondern das Land hat eine Verwaltungsvorschrift zu §§ 162 ff. StVollzG erlassen,

---

438   Vgl. die Ausführungen im 3. Kapitel: 1.4, S. 62 ff.
439   Zu der Amtsenthebung als ultima ratio Püttner 1983, S. 436.

die zwar in einigen Punkten die gewünschte Präzisierung vorgenommen hat, die jedoch überwiegend als viel zu ungenau und lückenhaft bezeichnet werden muss. Bezüglich der Organisation des Anstaltsbeirats lässt Sachsen vor allem Regelungen über die Beiratszusammensetzung vermissen. Diese Tatsache muss als ein schwerwiegendes Defizit begriffen werden, denn – wie bereits erörtert – scheint ein Zusammenhang zwischen der an den Funktionen des Beirats orientierten Besetzung dieses Gremiums und einer effektiven Beiratsarbeit sehr wahrscheinlich. Bedenken müssen auch bezüglich der Regelung des Auswahlverfahrens vorgebracht werden. Hierbei besteht durch die wesentliche Einbindung der Anstaltsleitung die Gefahr, dass die Unabhängigkeit des Beiratsgremiums nicht mehr hinreichend gewährleistet ist.

Die Aufgaben der Anstaltsbeiräte regelt Sachsen ebenso wenig wie Baden-Württemberg, obwohl ein besonderes Regelungsbedürfnis, vor allem in Bezug auf die öffentlichkeitsbezogenen Funktionen der Beiräte, besteht. Der Normierungsverzicht kann sich sehr negativ auf die Beiratspraxis auswirken. Denn wenn Unklarheit über die Aufgabenstellung herrscht, besteht die Gefahr, dass die Funktionen (wohl aus Unsicherheit heraus) entweder gar nicht oder nur sehr oberflächlich wahrgenommen werden, sodass die Arbeit der Anstaltsbeiräte in der Praxis droht, wenig effizient zu sein.[440]

Hinsichtlich der Rechte der Anstaltsbeiräte muss allerdings anerkannt werden, dass Sachsen zwar knapp formulierte, teilweise jedoch insgesamt aussagekräftige Regelungen getroffen hat. Die Regelung, dass den Beiräten ein umfassendes sekundäres Informationsrecht gegenüber der Anstaltsleitung zusteht und diese die Beiräte bei deren Arbeit zu unterstützen hat, ist dabei ebenso zu begrüßen wie der Hinweis auf eine Kontaktaufnahme der Anstaltsbeiräte mit den Insassen. Auf der anderen Seite fällt jedoch die fehlende Regelung eines Akteneinsichtsrechts der Beiräte negativ auf. Insgesamt hätte die Rechtsposition der Beiräte daher durchaus einer Ausweitung und stärkeren Verankerung bedurft. Gleiches muss für die Pflichten der Anstaltsbeiräte gelten. Dass auf eine Konkretisierung der Verschwiegenheitspflicht verzichtet wurde, muss ebenso als Manko der SVV aufgefasst werden wie die Tatsache, dass keine Pflicht der Beiräte zur Berichterstattung über ihre Tätigkeit geregelt wird. Nur wer absolute Klarheit über seine Rechte und Pflichten hat, kann selbstbewusst gegenüber seinen Kommunikationspartnern auftreten und eine wirkungsvolle Arbeit leisten.

Es bleibt festzuhalten, dass die sächsische Regelung die durch den Bundesgesetzgeber gewünschte Konkretisierung im Bereich der Normierung von Aufgaben und Befugnissen, aber auch Pflichten der Anstaltsbeiräte vermissen lässt. Wie die Analyse der Ausführungsvorschrift des Landes Baden-Württemberg gezeigt hat, steht Sachsen jedoch insoweit nicht allein da. Die Ausführungsvorschriften beider Bundesländer weisen nicht jene Klarheit und Präzision auf, die nach den Vorstellungen des Gesetzgebers diesen Regelwerken immanent sein sollten.

---

440 Vgl. Gerken 1986, S. 254.

3. Analyse und Bewertung der Ausführungsbestimmung Baden-Württembergs

Im Vergleich der länderrechtlichen Vorschriften in Ausführung der § 162 Abs. 3 StVollzG, § 18 Abs. 1 S. 2 JVollzGB I BW sollen die positiven und negativen Aspekte der baden-württembergischen Verwaltungsvorschrift genauer identifiziert und analysiert werden.

Grundsätzlich haben beide Länder den vom Gesetzgeber eingeräumten Gestaltungsspielraum[441] nur teilweise genutzt. Zum Teil wurden einige präzise Regelungen getroffen, im Übrigen beschränken sich Baden-Württemberg und Sachsen jedoch auf grundlegende Bestimmungen, ohne eine weitergehende Konkretisierung der gesetzlichen Vorschriften vorzunehmen.

Der Bundesgesetzgeber hat bewusst die Bildung und die Organisation der Anstaltsbeiräte der individuellen Regelung der Länder überlassen. Um nicht in die bereits bestehenden Beiratsmodelle durch eine bundesgesetzliche Regelung einzugreifen, wurde § 162 StVollzG dementsprechend kurz gefasst und es wurde auf die Ausführungsbestimmungen der Länder verwiesen. Der Landesgesetzgeber Baden-Württembergs wollte aufgrund der höheren Sachkenntnis des Justizministeriums diesem die Regelung der Einzelheiten über die Tätigkeit der Anstaltsbeiräte überlassen. Die Verwaltungsvorschrift Baden-Württembergs enthält mehr oder weniger ausführliche Vorschriften zu der Organisationsform der Anstaltsbeiräte. Hinsichtlich der Beiratszusammensetzung hat Baden-Württemberg wohl die im Vergleich zu Sachsen dezidiertere und sinnvollere Regelung getroffen.[442] Es werden darin die Mindest- und Höchstmitgliederzahlen der Beiratsmitglieder festgelegt und es wird eine Staffelung nach Größe und Belegungsfähigkeit der einzelnen Anstalt festgelegt. Eine solche Einteilungsmöglichkeit fehlt in Sachsen. Darüber hinaus erscheint es in Sachsen problematisch, dass keine Mindestmitgliederzahl für den Beirat bestimmt wurde. Diesbezüglich ist die baden-württembergische Regelung klarer und verständlicher. Allerdings ist sehr fraglich, ob die darin festgelegte Höchstmitgliederzahl von fünf Personen für eine effektive Beiratsarbeit ausreichend ist.

Im Hinblick auf das Eignungsprinzip[443] ist positiv zu bewerten, dass Baden-Württemberg eine beispielhafte Aufzählung jener Personenkreise in seine Ausführungsvorschrift aufnimmt, die als mögliche Beiratsmitglieder in Betracht kommen, und gleichzeitig über den Wortlaut des § 18 Abs. 5 JVollzGB I BW hinaus gehend bestimmt, welche Personen auf keinen Fall Beiratsmitglieder sein sollten. Sachsen trifft hierzu keinerlei weitere Bestimmungen. Allerdings legt Sachsen verbindlich fest, dass Landtagsabgeordnete zu den Mitgliedern des Beirats zählen sollen. Die Vertretung von Parlamentariern in dem Beirat könnte durchaus auch für Baden-Württemberg im Hinblick auf eine effektivere Aufgabenwahrnehmung der Beiräte

---

441 Vgl. die Ausführungen im 3. Kapitel: 1., S. 44 ff.
442 Vgl. die Ausführungen im 3. Kapitel: 2.1.1, S. 71 ff.
443 Vgl. Baumann 1973, S. 103.

interessant erscheinen und wird im Rahmen der nachfolgenden Untersuchung berücksichtigt werden. Hinsichtlich der Beschlussfassung innerhalb des Beirats und der Einsetzung einer Wahlordnung trifft Baden-Württemberg entsprechende Regelungen und trägt insoweit zur Wahrung der Unabhängigkeit der Beiräte von der Vollzugsverwaltung bei. In der sächsischen Ausführungsvorschrift befindet sich der Hinweis, dass die Beiräte nicht den Weisungen der Vollzugsbehörden unterliegen. Die Aufnahme einer solchen Regelung in die Verwaltungsvorschrift Baden-Württembergs könnte möglicherweise zu einer weitergehenden Absicherung der Unabhängigkeit der Anstaltsbeiräte auch in der Praxis beitragen.

Bezüglich des Auswahlverfahrens der Beiräte hat Baden-Württemberg im Vergleich zu Sachsen eine sehr sinnvolle Regelung erlassen, die die Anstaltsleitung aus dem Akt der Bestellung heraushält. Dies trifft auf Sachsen nicht zu, denn die Regelung der SVV bezüglich des Auswahlverfahrens muss wegen der wesentlichen Einbindung der Anstaltsleitung als durchaus bedenklich im Hinblick auf die Unabhängigkeit der Beiräte eingestuft werden. Die Amtszeit der Beiräte betreffend ist die Regelung in Baden-Württemberg zumindest insoweit zu begrüßen, als dass die Amtszeit eines Beiratsmitglieds seit Anfang 2010 nun nicht mehr drei, sondern fünf Jahre beträgt, was im Hinblick auf die erforderliche Einarbeitung in das Ehrenamt durchaus angemessen sein dürfte. Die Möglichkeit der erneuten Ernennung wird in Baden-Württemberg zwar bereits praktiziert, im Sinne einer Klarstellung wäre es jedoch sinnvoll, diese wie auch in Sachsen in den Wortlaut der Verwaltungsvorschrift mit aufzunehmen. Die Möglichkeit der Wiederbestellung erscheint im Hinblick auf die Kontinuität der Beiratsarbeit als durchaus positiv. Kritisch muss sie jedoch in Bezug auf eine (zu befürwortende) Fluktuation der Beiratsmitglieder bewertet werden, weshalb eine Regelung über die Möglichkeit der erneuten Bestellung auch eine Angabe dazu enthalten sollte, wie häufig eine solche möglich ist.

Die Auseinandersetzung mit § 163 StVollzG, § 18 Abs. 2 JVollzGB I BW[444] hat gezeigt, dass der Gesetzgeber zwar lediglich die anstaltsbezogenen Aufgaben der Beiräte normiert hat, er jedoch davon ausgegangen ist, dass diese daneben öffentlichkeitsbezogene Funktionen wahrnehmen sollen. Diese Funktionen sollten nach der Vorstellung des Gesetzgebers durch die Länder geregelt werden. Beide Bundesländer haben diese Erwartung nicht erfüllt. Zwar werden in den Ausführungsvorschriften sowohl die Kontroll- als auch die Öffentlichkeitsfunktion der Anstaltsbeiräte erwähnt, allerdings lediglich indirekt. Eine ausdrückliche Normierung dieser Beiratsaufgaben hat nicht stattgefunden. Die anstaltsbezogenen Aufgaben werden in der baden-württembergischen Vorschrift ebenfalls nicht näher konkretisiert. Zumindest ein Hinweis auf die Beratungsfunktion wie in Sachsen wäre im Sinne einer verbesserten Zusammenarbeit mit der Anstaltsleitung sicherlich hilfreich. Folglich ist für Baden-Württemberg (Gleiches gilt auch für Sachsen) nur durch eine Auslegung sämtlicher Vorschriften eine Klärung der Frage möglich, welche Aufgaben den Beiräten tatsächlich zukommen. Dies stellt sich vor allem deshalb als problematisch

---

444 Vgl. die Ausführungen im 3. Kapitel: 1.2, S. 52 ff.

dar, weil es sich bei den Beiratsmitgliedern meist nicht um Juristen handelt und sie deshalb mit einer solchen Auslegung erhebliche Schwierigkeiten haben dürften, was wiederum zu Unsicherheiten hinsichtlich ihrer eigenen Rechtsposition innerhalb des Vollzugsgefüges führen kann.[445]

Die gleichen Probleme ergeben sich bezüglich der Normierung der Beiratsbefugnisse. In diesem Bereich stellen sich die einzelnen Regelungen Baden-Württembergs sehr oft als wenig präzise und viel zu ungenau dar. Zwar wird die Pflicht der Anstaltsleitung zur Auskunftsgewährung gegenüber den Beiräten normiert, allerdings bestehen gegen dieses sekundäre Informationsrecht der Anstaltsbeiräte insoweit Bedenken, als dass der Umfang und Inhalt dieser Informationsgewährung nicht präzisiert werden und insofern aufgrund von Unsicherheiten bei den Beiräten eine seltenere Wahrnehmung dieses Informationsanspruchs zu befürchten ist. Ein Akteneinsichtsrecht, das nach Ansicht des Gesetzgebers den Beiräten zustehen sollte, wird ebenfalls nicht statuiert. Die Anstaltsbeiräte haben insofern lediglich ein Recht auf ermessensfehlerfreie Entscheidung.[446] Hier nähert sich Baden-Württemberg den gesetzgeberischen Vorstellungen noch am ehesten an, indem es die Möglichkeit der Akteneinsicht durch die Beiräte regelt. Die Ausgestaltung zu einem eigenständigen Recht fehlt jedoch. Sachsen dagegen bestimmt nicht einmal eine solche Akteneinsichtsmöglichkeit. Hier können die Beiräte lediglich Mitteilungen aus den Gefangenenpersonalakten erhalten, ohne diese selbst einsehen zu können. Zudem hängt die Mitteilungsmöglichkeit von personenbezogenen Daten in beiden Bundesländern von der Zustimmung des einzelnen Gefangenen ab, was eine weitere Einschränkung bedeutet.

Hinsichtlich der Regelung des Kontaktes der Beiräte zu den Gefangenen bleibt die baden-württembergische Vorschrift deutlich hinter jener aus Sachsen zurück. Das Informationsrecht der Anstaltsbeiräte gegenüber den Gefangenen durch unüberwachte Kommunikation mit diesen wird in der Ausführungsvorschrift Sachsens präzisiert. In Baden-Württemberg fehlt eine entsprechende Konkretisierung in der Landesvorschrift. Zudem weist die Verwaltungsvorschrift Baden-Württembergs nicht darauf hin, dass es sich bei den Anstaltsbeiräten nicht um Beschwerdeinstanzen handelt, was wichtige Voraussetzung für eine klar definierte Position der Beiräte im Vollzugsgefüge und damit auch für ihr Selbstverständnis wäre. Sachsen ist diesbezüglich konsequenter und verfügt in seiner Ausführungsvorschrift, dass die Beiräte keine Beschwerdeinstanz darstellen.

Das Recht zur Besichtigung des gesamten Anstaltsbereichs ist zwar in § 164 StVollzG, § 18 Abs. 3 JVollzGB I BW verankert,[447] jedoch weist Baden-Württemberg im Gegensatz zu Sachsen in seiner Ausführungsvorschrift hierauf noch einmal ausdrücklich hin, was im Sinne einer Klarstellungsfunktion durchaus begrüßenswert erscheint. In beiden Bundesländern ist das Recht des Beirats zu regelmäßigen

---

445   Vgl. auch Gerken 1986, S. 55.
446   Vgl. die Ausführungen im 3. Kapitel: 2.1.2, S. 75 ff.
447   Vgl. die Ausführungen im 3. Kapitel: 1.3, S. 58 ff.

Sitzungen normiert. Da eine Verpflichtung hierzu der Bedeutung dieses Ehrenamtes keine Rechnung tragen würde, wurden die Zusammenkünfte der Beiräte nicht verpflichtend geregelt. Was die Beiratsbefugnisse insgesamt angeht, so muss festgestellt werden, dass Baden-Württemberg vor allem im Bereich der Kommunikation der Beiräte mit den Gefangenen eine eigenständige Regelung vermissen lässt. Bezüglich der Informationsansprüche der Beiräte gegenüber der Anstaltsleitung erscheinen die vorhandenen Vorschriften nicht bestimmt genug. Aufgrund häufiger ungenauer Formulierungen kann eine Präzisierung der Beiratsbefugnisse nicht herbeigeführt werden. Insgesamt unterliegen beide Ausführungsvorschriften mehr oder minder der Kritik der mangelnden Klarheit und Bestimmtheit der Regelungen.

Die Beiratspflichten sind in § 165 StVollzG, § 18 Abs. 4 JVollzGB I BW[448] nur unzulänglich normiert. Es wird lediglich auf die Verschwiegenheitspflicht der Anstaltsbeiräte hingewiesen. Diese findet in den Ausführungsvorschriften der Länder keine Erwähnung. Das Problem des Verhältnisses dieser Pflicht zu der Öffentlichkeitsaufgabe der Beiräte wird in beiden Ländern nicht geregelt, obwohl im Rahmen des Gesetzgebungsverfahrens ausdrücklich darauf hingewiesen wurde. Als eigenständige Pflicht regelt Baden-Württemberg dagegen die jährliche Anfertigung eines Tätigkeits- und Erfahrungsberichts in Form einer Soll-Vorschrift. Im Gegensatz zu Sachsen verweist Baden-Württemberg dadurch zumindest auf die Möglichkeit der Beiräte, auf diesem Wege den Vollzug mitgestalten zu können. Die Sanktionierung eines eventuellen Pflichtverstoßes erwähnt Baden-Württemberg zwar, lässt aber im Vergleich zu Sachsen einen konkreten Hinweis auf das bei einem Pflichtverstoß anzuwendende Verfahren vermissen. Ein solcher wäre jedoch im Hinblick auf die Rechtssicherheit durchaus sinnvoll.

Insgesamt lässt sich festhalten, dass Baden-Württemberg mit seiner Ausführungsvorschrift zu § 18 JVollzGB I BW im Vergleich zu Sachsen ein sehr viel ausführlicheres Regelwerk geschaffen hat, welches viele Einzelheiten der Beiratstätigkeit normiert. Die jeweiligen Regelungen sind jedoch nicht immer klar und verständlich und hätten an der einen oder anderen Stelle eines Mehrs an Bestimmtheit bedurft. Zudem bleibt das Land hinter den Erwartungen, die im Bundes- und Landesgesetzgebungsverfahren bezüglich der Beiratsarbeit deutlich wurden, teilweise sehr weit zurück. Es bleibt der Untersuchung der Praxis überlassen zu analysieren, inwieweit sich diese teils unzulänglichen rechtlichen Vorschriften (positiv oder negativ) auf die praktische Arbeit der Anstaltsbeiräte Baden-Württembergs auswirken.

---

448   Vgl. die Ausführungen im 3. Kapitel: 1.4, S. 62 ff.

4. Kapitel: Der aktuelle Forschungsstand und die Situation in Baden-Württemberg

Die Anzahl der wissenschaftlichen Arbeiten zu dem Thema „Anstaltsbeiräte" ist sehr begrenzt. Es existieren im Wesentlichen fünf[449] einschlägige, teils empirische Untersuchungen, die fast alle Mitte der 1980er Jahre entstanden sind. Damals fand die Institution der Anstaltsbeiräte in der wissenschaftlichen Forschung intensive Beachtung.[450] Dieses Interesse ist jedoch mit der Zeit erheblich abgeflacht, sodass es an neueren Forschungsarbeiten bezüglich der Problematik und des Selbstverständnisses der Anstaltsbeiräte mangelt. Im Folgenden soll zunächst auf den bisherigen Forschungsstand eingegangen und es sollen die existierenden Forschungsergebnisse zu dem Thema Anstaltsbeiräte dargestellt werden. Im Anschluss daran wird die aktuelle Situation der Beiräte im Strafvollzug Baden-Württembergs näher beleuchtet werden.

1. Die bisherigen Forschungsarbeiten

Eine der ersten umfasenderen Untersuchungen zu den Anstaltsbeiräten als Teil des Vollzugsgefüges stammt von Hans-Jörg Münchbach aus dem Jahr 1973.[451] Die Arbeit entstand zu einer Zeit, als zwar in den meisten Bundesländern bereits Anstaltsbeiräte existierten, es jedoch noch kein einheitliches Bundesstrafvollzugsgesetz gab. Folglich hatte Münchbach nicht den Anspruch, anhand einer empirischen Analyse der Beiratstätigkeit mögliche Widersprüche zwischen der rechtlichen Regelung und der tatsächlichen Praxis herauszuarbeiten. Ihm ging es vielmehr darum, anhand pönologischer und soziologischer Fragestellungen die mit den Beiräten verbundenen Zielsetzungen und Funktionen sowie deren Wirkungsmöglichkeiten zu erörtern, um daraus realisierbare Lösungsvorschläge für die praktische Ausgestaltung dieser Institution zu gewinnen. Die auf diese Weise entwickelten Thesen waren primär als Vorschläge für das künftige Bundesstrafvollzugsgesetz gedacht.

Im Jahr 1987 ist die Arbeit von Schäfer erschienen, der die Tätigkeit der Anstaltsbeiräte an hessischen Justizvollzugsanstalten empirisch untersuchte.[452] Er befasste sich zunächst mit den rechts- und sozialstaatlichen Gesichtspunkten einer Beteiligung der Öffentlichkeit am Strafvollzug und erörterte die Entstehungsgeschichte der Anstaltsbeiräte sowie die Überlegungen des Gesetzgebers zu den §§ 162 ff. StVollzG.

---

449 Münchbach 1973; Gerken 1986; Schibol/Senff, ZfStrVo 1986; Schäfer 1987; Gandela 1988.
450 Vgl. Bammann/Feest 2006, in: Feest-AK-StVollzG, vor § 162 StVollzG, Rn. 8.
451 Vgl. Münchbach 1973, S. 5 ff.
452 Vgl. Schäfer 1987, S. 1 ff.

Einem Vergleich der Ausführungsbestimmungen der einzelnen Bundesländer und einer ausführlichen Darstellung der Besonderheiten der hessischen Anstaltsbeiräte folgte die schriftliche Befragung der Beiräte an den hessischen Vollzugsanstalten. Auf diese Weise konnte er einen Einblick in die tatsächliche Wirkungsweise der Beiräte in Hessen erhalten und anschließend einen Vergleich zu den §§ 162 ff. StVoll-zG ziehen. Die gleiche Untersuchung führte Schäfer zehn Jahre später nochmals durch und analysierte, inwieweit sich Änderungen in der Arbeit der Anstaltsbeiräte ergeben hatten.[453]

Eine weitere Arbeit zu der Problematik der Anstaltsbeiräte stammt von Schibol/ Senff aus dem Jahre 1986.[454] Sie beschäftigten sich mit den Aufgaben und Funktionen, die den Beiräten durch die bundesgesetzliche Vorschrift des § 163 StVollzG sowie durch die Ländervorschriften zugeschrieben werden. Im Fokus standen dabei insbesondere die Kontroll- und die Öffentlichkeitsfunktion, die in § 163 StVollzG keinen Eingang gefunden hatten. Anhand von Erfahrungsberichten von Beiräten, ergänzt durch einige persönliche Gespräche mit Anstaltsbeiräten, versuchten die Autoren, ein Bild von der Realität der Beiräte zu zeichnen[455], um auf diese Weise aufzuzeigen, wie sich die Beiratsarbeit in der Praxis vollzieht und inwieweit Schwierigkeiten bei der Aufgabenwahrnehmung auftauchen.

Ebenfalls 1986 veröffentlichte Gerken[456] ihre umfassende empirische Studie zu der Tätigkeit von Anstaltsbeiräten an Hamburger Justizvollzugsanstalten. Sie analysierte zunächst eingehend die §§ 162 ff. StVollzG im Hinblick auf die Erwartungen und Vorstellungen des Gesetzgebers über die Arbeit der Anstaltsbeiräte, bevor sie in einem zweiten Schritt die Hamburger Ausführungsvorschrift zu § 162 Abs. 3 StVoll-zG daraufhin untersuchte, inwieweit eine Konkretisierung der bundesgesetzlichen Bestimmungen stattgefunden hat. Im empirischen Teil ihrer Arbeit befragte Gerken an drei Justizvollzugsanstalten in Hamburg - Hamburg-Fuhlsbüttel, Untersuchungs-haftanstalt und Moritz-Liepmann-Haus (Übergangsvollzugsanstalt) - nicht nur die Anstaltsbeiräte bezüglich ihrer Tätigkeit im Vollzug, sondern auch die Beamten des allgemeinen Vollzugsdienstes, die Insassen, die Anstaltsleitungen sowie die Mitarbeiter des Strafvollzugsamtes. Auf diese Weise konnte sie die Stellung der Beiräte im System des Strafvollzugs beschreiben und durch Gegenüberstellung mit den gesetzlichen Erwartungen ein realitätsnahes Bild der Möglichkeiten der Anstaltsbeiräte in der Praxis zeichnen.

Eine weitere Studie zu den Anstaltsbeiräten wurde von Gandela im Jahr 1988 verfasst.[457] Neben einer Darstellung der bundesgesetzlichen Regelungen sowie der

---

453 Schäfer 1994, S. 196 ff.
454 Vgl. Schibol/Senff, ZfStrVo 1986, S. 202 ff. Im Rahmen dieser Arbeit erfolgte kei-ne länderspezifische Analyse der Beiratstätigkeit, sondern es wurden nur einige Anstaltsbeiräte sowie Anstaltsleiter an den Justizvollzugsanstalten Berlin-Tegel, Bielefeld-Brackwede II, Kiel und Rheinbach befragt.
455 Schibol/Senff, ZfStrVo 1986, S. 208.
456 Vgl. Gerken 1986, S. 1 ff.
457 Vgl. Gandela 1988, S. 229 ff.

Ländervorschriften untersuchte er die Praxis der Beiratsarbeit am Beispiel der Frankfurter Justizvollzugsanstalt III. Hierbei beschäftigte sich Gandela vor allem mit dem Einfluss und der Wirksamkeit der Anstaltsbeiräte im Hinblick auf deren Öffentlichkeitsfunktion und nahm dabei namentlich Bezug auf die Untersuchungen von Gerken und Schäfer.

2. Die Forschungsergebnisse

Insgesamt erscheint die Bilanz aus den genannten Untersuchungen wenig positiv. Der Einfluss und die Wirksamkeit der Anstaltsbeiräte beschränken sich hauptsächlich auf die Beratungs- und Betreuungsfunktion, während die Aufgaben der Vollzugskontrolle und der Öffentlichkeitsinformation nur selten angemessen erfüllt werden. Dies hängt maßgeblich mit dem Fehlen einer eindeutigen Aufgabenbeschreibung zusammen, die sich dementsprechend negativ auf das Selbstverständnis der Anstaltsbeiräte auswirkt.

2.1 Befunde bezüglich der Beiratsorganisation

Sowohl Gerken als auch Schäfer kamen bei ihren Untersuchungen zu dem Ergebnis, dass sich die Beiräte durch ihr Ehrenamt nicht überfordert fühlten.[458] Weder die Bewältigung der ihnen zufallenden Aufgaben noch die Sitzungshäufigkeit und der damit verbundene Aufwand schienen die Kapazitäten der Beiräte über Gebühr in Anspruch zu nehmen. Auch schienen das Alter und das Geschlecht keinen signifikanten Einfluss auf die Beiratsarbeit zu haben. Allerdings hatte zumindest nach den Untersuchungsergebnissen Schäfers die berufliche Herkunft der Beiratsmitglieder wesentlichen Einfluss auf die Arbeit des Anstaltsbeirats. So wirkte sich die Tatsache, dass 35% der Beiratsmitglieder aus anderen Bereichen des öffentlichen Dienstes als dem Strafvollzug kamen, dahingehend positiv aus, dass selbst ergebnislose Anregungen und Verbesserungsvorschläge sowie langwierige Verfahren und Entscheidungsprozesse die Beiratsmitglieder nicht resignieren ließen. In Hamburg waren zum Zeitpunkt der Untersuchung Gerkens keine Regelungen in der Ausführungsvorschrift vorhanden, die das Auswahlverfahren und die Auswahlkriterien für die Anstaltsbeiräte standardisierten. Dies stellte sich im Rahmen ihrer Untersuchung als sehr problematisch dar, weshalb sie eigene Vorschläge zur Regelung dieser Punkte vorlegte. So sollten die Beiratsmitglieder entsprechend den Beiratsaufgaben ausgewählt werden und insoweit über (organisations-) soziologische, kriminologische und ähnliche Kenntnisse, Fähigkeiten und Erfahrungen verfügen.[459] Darüber hinaus sollten die Mitglieder in einem gewissen Umfang im Umgang mit Behörden erfahren sein, eine gewisse Durchsetzungsfähigkeit besitzen und zur Teamarbeit bereit und

---

458 Vgl. Gerken 1986, S. 235; Schäfer 1987, S. 141.
459 Vgl. Gerken 1986, S. 275.

in der Lage sein.[460] Um eine Unabhängigkeit der Beiräte von der Justizbehörde zu garantieren, sollten sie nicht von dieser ernannt werden. Vielmehr sollte bestimmten Einrichtungen und Organisationen, die auch selbst Beiratsmitglieder entsenden (z. B. Kirchen, Gewerkschaften, Arbeitgeberverbände, Paritätische Wohlfahrtsverbände), ein Vorschlagsrecht eingeräumt werden, welches durch Vorschläge von Seiten der Deputierten und Bewerbungen von interessierten Bürgern ergänzt würde. Anhand dieser Vorschlagslisten sollten die Beiratsmitglieder dann in der Deputation mit einfacher Mehrheit gewählt werden.[461]

Eine Gefährdung der Unabhängigkeit der Beiratsmitglieder durch eine mangelnde Umsetzung des § 162 Abs. 2 StVollzG oder durch eine Einmischung der Anstaltsleitung in den Ablauf der Arbeit innerhalb des Beirats konnte nicht beobachtet werden. Im Gegenteil kamen sowohl Gerken als auch Schäfer zu dem Ergebnis, dass die Arbeit der Beiräte von der Anstaltsleitung und den Beamten des allgemeinen Vollzugsdienstes größtenteils akzeptiert und respektiert wurde, sodass die Kooperation mit diesen sowie mit dem Justizministerium ohne negative Einflussnahme meist unproblematisch funktionierte.[462] Vor allem im Hinblick auf die Zusammenarbeit mit der Anstaltsleitung und dem Justizministerium konnte Schäfer eine gewisse Arbeitsteilung unter den Beiratsmitgliedern feststellen. Während die einfachen Mitglieder vor allem für die Gespräche mit den Gefangenen und den Bediensteten zuständig gewesen seien, hätten die Beiratsvorsitzenden ihre Aufgabe eher in der Behandlung grundsätzlicher Probleme und dabei vornehmlich in der Zusammenarbeit mit dem Anstaltsleiter und dem Justizministerium gesehen.[463] Allerdings kam Gerken im Rahmen ihrer Studie zu dem Schluss, dass gewisse Faktoren der Organisationsform der Anstaltsbeiräte zu Problemen im Hinblick auf die Unabhängigkeit der Beiräte von den Justizbehörden führten. Dies betraf die nicht hinreichend eindeutig ausgesprochene Weisungsfreiheit der Beiräte, die bei diesen Unsicherheit bezüglich ihrer Rechtsposition verursachte. Deshalb sei es unbedingt erforderlich, diese Weisungsfreiheit durch eine entsprechende Regelung in die Ausführungsvorschrift des jeweiligen Bundeslandes mit aufzunehmen.[464]

Ebenfalls ohne Auswirkung auf die Einschätzung der Beiratsarbeit durch die Beiratsmitglieder war die Amtszeit der Anstaltsbeiräte. Aus den Befragungen Schäfers ergab sich, dass sich fast 80% der befragten Beiratsmitglieder für eine neue Amtsperiode zur Verfügung gestellt haben, dass jedoch eine „Gewöhnung" an die Beiratstätigkeit in dem Sinne, dass die kritische Aufmerksamkeit gegenüber dem Vollzugsgeschehen nicht mehr gegeben wäre, nicht festzustellen war.[465] Folglich scheint die hessische Ausführungsvorschrift, die eine Amtszeit von fünf Jahren

---

460   Vgl. Gerken 1986, S. 276.
461   Vgl. ebd., S. 277.
462   Vgl. Gerken 1986, S. 240; Schäfer 1987, S. 141.
463   Schäfer 1987, S. 141.
464   Vgl. Gerken 1986, S. 265.
465   Schäfer 1987, S. 141.

mit der Möglichkeit der erneuten Ernennung regelt, ein ausgeglichenes Verhältnis zwischen der geforderten Kontinuität der Beiratsarbeit auf der einen Seite und der unverzichtbaren Fluktuation der Beiratsmitglieder auf der anderen Seite gefunden zu haben.

Hinsichtlich der Größe der Anstaltsbeiräte vertrat Gerken die Auffassung, diese solle nicht von der Belegungsfähigkeit der jeweiligen Anstalt abhängig gemacht werden.[466] Da der Tätigkeitsschwerpunkt der Beiräte nicht auf der Betreuung der Insassen liege, eine stärkere interne Strukturierung der einzelnen Anstaltsbeiräte anzustreben sei sowie die Beiratsarbeit verstärkt nach außen gerichtet sein solle, sei im Hinblick auf die hierfür erforderlichen Kapazitäten eine generelle Beiratsmitgliederzahl von fünf Personen in Hamburg erforderlich.[467] Zudem schlug Gerken eine Kooperation aller Anstaltsbeiräte in Hamburg – möglicherweise durch die Anfertigung eines gemeinsamen Jahresberichtes – zwecks Förderung des Informationsaustauschs unter den einzelnen Anstaltsbeiräten vor.[468] Die Einführung eines zusätzlichen Vollzugsbeauftragten, eines Ombudsmannes, zur Unterstützung der Beiräte bei ihren Tätigkeiten lehnte Gerken ab. Eine solche Einführung hätte eine Ausgliederung der Kontrollfunktionen der Anstaltsbeiräte aus deren Tätigkeitsbereich zur Folge und damit einen Ausschluss dieser Funktion aus dem alltäglichen Ablauf in den Einzelanstalten, denn der Ombudsmann könnte lediglich stichprobenweise kontrollieren und damit kleinere Missstände im Alltäglichen nur schwer aufdecken.[469]

2.2 Befunde bezüglich der Beiratsaufgaben

2.2.1 Beratungs- und Betreuungsaufgabe

Die Beratungs- sowie die Betreuungs- und Integrationsfunktion der Beiräte haben im Gegensatz zu den öffentlichkeitsbezogenen Funktionen in § 163 StVollzG Eingang gefunden. Schibol/Senff kamen bei ihren Untersuchungen zu dem Ergebnis, dass die Betreuungs- und Integrationsfunktion von den Beiräten zwar als wichtige Aufgabe erkannt wurde, diese jedoch einige Schwierigkeiten bei der Wahrnehmung dieser Aufgabe hatten. Zwar hätten die Beiräte die Notwendigkeit erkannt, dass sich die Arbeit des Anstaltsbeirats nicht in der Einzelfallhilfe für den Gefangenen erschöpfen dürfe, sondern stets die Gesamtstruktur der Anstalt beachtet werden müsse.[470] Allerdings ergaben sich oft erst aus den Gesprächen mit den Gefangenen Informationen, die wiederum die Basis für die Beratungsfunktion darstellten, sodass diese Gespräche besonders wichtig für die Beiräte waren, besonders wenn sie die erforderlichen Informationen gerade nicht von der Anstaltsleitung erhielten. Folglich beschränkte sich

---

466   Ebenso Kleinert, Neue Praxis 1981, S. 71.
467   Vgl. Gerken 1986, S. 273.
468   Vgl. ebd., S. 269.
469   Ebd., S. 271.
470   Vgl. Schibol/Senff, ZfStrVo 1986, S. 204.

die Arbeit der Beiräte meist auf solche Einzelgespräche. Aber auch diese gestalteten sich oft schwierig, da die Gefangenen den Beiräten häufig ein grundsätzliches Misstrauen entgegenbrachten und eine gewisse Angst davor bestand, mit den Beiräten in den Dialog zu treten. Wenn dann schließlich eine Kommunikation stattgefunden hatte, so sahen sich viele Beiräte in der Funktion eines „Kummerkastens"[471]. Viele von ihnen versuchten insoweit eine Problembewältigung zusammen mit dem Gefangenen und nahmen dadurch auch sozialpädagogische Funktionen wahr. Dies erforderte in den meisten Fällen eine Kooperation mit den Bediensteten. Den Beiratsmitgliedern kam diesbezüglich eine Vermittlerrolle zu, welche sie jedoch nur bedingt ausfüllen konnten, da der hierfür erforderliche (positive) Kontakt mit den Bediensteten meist fehlte.

Hinsichtlich einer beratenden Mitwirkung am Vollzug konnten Schibol/Senff eine gewisse Frustration und Resignation bei den Beiräten feststellen, da diese häufig die Erfahrung gemacht hatten, dass ihre jeweiligen Verbesserungsvorschläge kaum oder gar nicht umgesetzt wurden.[472] Dies hing hauptsächlich damit zusammen, dass die unabdingbaren Voraussetzungen für eine solche aktive Mitwirkung der Beiräte – ein reibungsloser, uneingeschränkter Informationsfluss und eine Kooperation zwischen Beirat und Anstaltsleitung – oftmals nicht erfüllt waren. Mangels Verständnisses der einen (Beirat) für die Position des anderen (Anstaltsleitung) und umgekehrt konnte sich kein Vertrauensverhältnis entwickeln, sodass eine umfassende Kooperation und dadurch auch eine umfassende Information der Beiräte nicht zustande kommen konnte.[473] Die Wirkungsmöglichkeiten der Beiräte im Bereich der Beratungsfunktion stellten sich demnach als sehr begrenzt dar.

Gerken stellte bei der Auswertung ihrer Studie fest, dass die Beiratsmitglieder durchgängig ihre wichtigste Aufgabe im Einsatz für den einzelnen Gefangenen sahen und dies auch den Erwartungen entsprach, die von Seiten der Vollzugsverwaltung an sie gerichtet wurden.[474] Die Möglichkeit, die Gefangenen mit ihren Anliegen auf den Beschwerdeweg zu verweisen, schien hierbei nicht zu einer Zurückhaltung der Beiräte bezüglich ihrer Betreuungsfunktion führen. Folglich hatten die Hamburger Anstaltsbeiräte weniger die Verbesserung der Gesamtstruktur der Anstalt bei ihrer Tätigkeit im Blick, sondern es ging ihnen zuvörderst um eine wirksame Einzelfallhilfe. Dadurch traten aber Probleme im Kontakt mit den Bediensteten auf, der von den Beiräten nur bedingt gesucht wurde.[475] Durch die ausschließliche Fokussierung auf die Einzelschicksale der Gefangenen versuchten die Beiräte, ihre Arbeit an den Bedürfnissen der Insassen auszurichten, anstatt eine Lösung der Probleme auf allgemeinerer, grundsätzlicherer Ebene zu suchen.[476] Eine tatsächlich intensive

---

471   Vgl. Schibol/Senff, ZfStrVo 1986, S. 205.
472   Ebd.
473   Vgl. ebd., S. 206.
474   Vgl. Gerken 1986, S. 222.
475   Vgl. ebd., S. 252.
476   Ebd.

Einzelfallhilfe konnten die Beiräte jedoch aus Kapazitätsgründen nicht leisten, sodass sich die Insassen enttäuscht sahen und sich mit der Arbeit der Anstaltsbeiräte tendenziell eher unzufrieden zeigten. Die Mitwirkung bei der Gestaltung des Vollzugs wurde von den Beiratsmitgliedern als drittwichtigste Aufgabe nach der Kontrollfunktion genannt.[477] Allerdings erwähnten auch diesbezüglich die Hamburger Anstaltsbeiräte das Problem des häufig nur unzureichenden Informationsflusses zwischen Anstaltsleitung und Beiräten, wobei die Beiräte jedoch nicht von einer bewussten Zurückhaltung von Informationen durch die Anstaltsleitung ausgingen, sondern diese Tatsache eher auf Nachlässigkeit seitens der Anstaltsleiter zurückführten.[478] Ansonsten wiesen die Beiräte eine eher harmonisierende Haltung gegenüber den Anstaltsleitungen auf und die Zusammenarbeit mit diesen wurde als überwiegend positiv bewertet.[479] Folglich scheinen die Hamburger Anstaltsbeiräte keine oder zumindest nur geringe Schwierigkeiten bei der Wahrnehmung ihrer Beratungsfunktion zu haben.

Im Rahmen der Befragung Schäfers gaben die Beiräte an, dass sie nur mäßig an der Betreuung der Gefangenen mitwirkten, während Hilfe bei der Eingliederung der Gefangenen nach der Entlassung kaum bis gar nicht geleistet wurde.[480] Das Problem der zu starken Fokussierung auf die Einzelfallhilfe stellte sich bei den hessischen Anstaltsbeiräten weniger. Da die Vollzugsanstalten mit erheblichen Problemen wie einer eklatant ansteigenden Gefangenenbelegung und den daraus resultierenden Folgen konfrontiert waren, bestimmten diese Schwierigkeiten maßgeblich die Tätigkeit der Anstaltsbeiräte, sodass zu wenig Zeit blieb, um sich mit speziellen Fragen der Behandlung der Gefangenen oder deren individuellen Sorgen zu beschäftigen.[481] Die Möglichkeiten einer gestalterischen Mitwirkung im Vollzug wurden von den Beiräten als schlecht eingeschätzt. Zwar gaben die Beiratsmitglieder an, dass sie durchaus die Anstaltsleitung durch Anregungen und Verbesserungsvorschläge unterstützen konnten, die Tatsache jedoch, dass sie den Eindruck hatten, dadurch überhaupt nicht oder nur in geringem Maße zur Fortentwicklung des Vollzugs beizutragen, zeigte, dass ihre Anregungen und Verbesserungsvorschläge nicht in die eigentlichen Entscheidungsprozesse einflossen.[482] Dies lag nach Schäfer zum einen daran, dass nur eine unvollständige Information der Beiratsmitglieder durch die Vollzugsbehörden erfolgte, sodass eventuelle Verbesserungsvorschläge dementsprechend auch nicht hinreichend konkret ausfallen konnten. Zudem befinde sich in Hessen die eigentliche Entscheidungsebene für die Gestaltung des Vollzugs nicht in der Anstalt, sondern im Justizministerium, sodass eine effektive Mitwirkung der Beiräte letztendlich auch nicht möglich sei.[483] Folglich seien der Einfluss

---

477 Vgl. Gerken 1986, S. 222.
478 Vgl. ebd., S. 227.
479 Vgl. ebd., S. 247.
480 Vgl. Schäfer 1987, S. 67 f.
481 Vgl. ebd., S. 142.
482 Vgl. ebd., S. 68 f.
483 Vgl. ebd., S. 143.

und die Wirksamkeit der hessischen Beiräte hinsichtlich ihrer Beratungsfunktion sehr begrenzt und jedenfalls steigerungsfähig. Dennoch könnte diesbezüglich keine vollkommene Resignation bei den Beiräten festgestellt werden, was vor allem daran liegen dürfte, dass in den sonstigen Tätigkeitsbereichen eine grundsätzlich positive und konstruktive Zusammenarbeit mit den Vollzugsbehörden und ihren Mitarbeitern stattfinden würde.[484]

2.2.2 Öffentlichkeits- und Kontrollaufgabe

Schibol/Senff beschäftigten sich im Rahmen ihrer Untersuchung vor allem mit der Kontroll- und der Öffentlichkeitsfunktion, die in § 163 StVollzG keine Erwähnung gefunden haben und auch in vielen Ausführungsvorschriften der Länder nicht explizit normiert sind. Sie stellten dabei erhebliche Defizite bei der Wahrnehmung dieser Aufgaben durch die Anstaltsbeiräte fest.[485] Aus verschiedenen Beiratsberichten sowie persönlichen Gesprächen mit den Anstaltsbeiräten ergab sich, dass die Schwierigkeiten mit der Ausübung der Kontrollfunktion vor allem damit zusammenhingen, dass ein Dialog zwischen Beirat und Anstaltsleitung nicht zustande kam.[486] Da aber die Anstaltsbeiräte kein Kontrollorgan im Sinne einer Aufsichtsinstanz oder Rechtsaufsicht darstellen, sondern ihre Kontrolle im positiven Sinne eines Miteinanders zu verstehen ist, wäre ein solcher Dialog unverzichtbare Voraussetzung für die Wahrnehmung dieser Funktion. Ferner schien die mangelnde Konfliktbereitschaft einzelner Beiratsmitglieder ausschlaggebend dafür zu sein, dass eine konstruktive Kritik gegenüber der Anstaltsleitung nicht erfolgte. Die Schwierigkeiten bezüglich der Ausübung der Öffentlichkeitsfunktion waren auf zwei Ebenen zu verorten. Zum einen bestand bei den Beiräten – vermutlich aufgrund einer fehlenden gesetzlichen Normierung – eine erhebliche Unsicherheit darüber, inwieweit sie Öffentlichkeitsarbeit leisten sollen beziehungsweise müssen. Darüber hinaus stieß die Arbeit der Beiräte in den Medien auf wenig Resonanz, sodass es für sie kaum interessierte Ansprechpartner gab, mit welchen zusammen sie die geforderte Öffentlichkeit hätten herstellen können.[487]

Gerken kam in ihrer Studie zu dem Ergebnis, dass die Arbeit der Hamburger Anstaltsbeiräte „zwar ohne größeres Aufsehen von statten geht, aber auch – zumindest für die Öffentlichkeit – kaum spürbare Auswirkungen hat"[488]. Dies hing primär damit zusammen, dass die Aspekte der Kontrolle und der Öffentlichkeitsarbeit von den Beiratsmitgliedern nahezu ausnahmslos als nebensächlich eingestuft wurden.[489] Dieses Problem war wiederum auf die erhebliche Unsicherheit der Beiratsmitglieder hinsichtlich Art, Umfang und Funktion der Öffentlichkeitsinformation zurückzuführen. Zum einen herrschte in Hamburg unter den Beiräten die Auffassung, eine

---

484 Schäfer 1987, S. 142.
485 Schibol/Senff, ZfStrVo 1986, S. 208.
486 Vgl. ebd., S. 206.
487 Vgl. ebd., S. 207.
488 Gerken 1986, S. 250.
489 Vgl. ebd., S. 244.

Informationspolitik der Beiräte geschehe immer mit der Intention, die Mitarbeiter in den Anstalten unter Druck zu setzen, weshalb die Beiräte dazu neigten, die Öffentlichkeitsinformation als ultima ratio anzusehen.[490] Zum anderen empfanden die befragten Beiräte einen starken Widerspruch zwischen der Information der Öffentlichkeit und ihrer Pflicht zur Verschwiegenheit aus § 165 StVollzG.[491] Dieser Konflikt wurde von ihnen überwiegend zulasten der Öffentlichkeitsfunktion gelöst. Die Kontrollfunktion sei zwar von den Beiräten als Aufgabe anerkannt, doch würden sie hierauf keinen Schwerpunkt bei ihrer Arbeit legen. Dies führte Gerken auch auf eine fehlende Konfliktbereitschaft bei den Beiräten zurück, die ein kritisches Begleiten der Arbeit der zuständigen Stellen sowie Mitarbeiter und damit eine Kontrolle im positiven Sinn nicht oder nur schwer möglich machte.[492] Ein solches Vermeidungsverhalten erklärte Gerken vor allem mit der unzureichenden Normierung und Information der Beiräte bezüglich ihrer Rechte (und Pflichten), wodurch bei diesen erhebliche Unsicherheiten auftraten und Konflikte deshalb nicht oder nur selten ausgetragen wurden.[493]

Im Rahmen der Befragung Schäfers beurteilten die Beiräte den Umfang der vom Gesetzgeber gewollten Einflussnahme gesellschaftlicher Kräfte auf den Vollzug in den hessischen Anstalten eher gering. Der Grund für diese Wahrnehmung lag nach Schäfer hauptsächlich in der mangelnden Information der Beiräte durch die Anstaltsleitung über die Entwicklungen im Vollzug.[494] Dadurch konnten unter anderem auch die von den hessischen Beiräten für die Justizminister anzufertigenden Jahresberichte nicht mit den notwendigen Inhalten versehen werden. Diesbezüglich wurde von den Beiräten die mangelnde Stellungnahme des Ministeriums zu den Jahresberichten kritisiert.[495] Außerdem hatten sie die Erfahrung gemacht, dass allzu kritische Jahresberichte lediglich Probleme in der Zusammenarbeit mit der Anstalt verursachten.[496] Folglich waren auch hier Unsicherheiten der Beiräte bezüglich Art und Umfang der Öffentlichkeitsarbeit zu beobachten, und ein niedriges Konfliktpotential bei einzelnen Mitgliedern trug dazu bei, dass eine kritische Information der Öffentlichkeit, wenn möglich, eher vermieden wurde. Dies wirkte sich ebenfalls auf die Kontrollfunktion der Anstaltsbeiräte aus. Eine Kontrolle erfordert eine gewisse Konfliktbereitschaft, die bei den hessischen Anstaltsbeiräten nur bedingt vorhanden war. Zudem müssen sich die Beiräte als gleichberechtigte Partner im Vollzug ernst genommen und respektiert fühlen. Gerade daran schien es jedoch nach Auffassung der von Schäfer befragten Beiräte zu fehlen. Neben einer unzureichenden Information durch die Anstaltsleitung schien auch eine Rolle zu spielen, dass die eigentliche Entscheidungsebene für die Gestaltung des Vollzugs nicht in

---

490 Vgl. Gerken 1986, S. 257.
491 Vgl. ebd.
492 Vgl. ebd., S. 250 ff.
493 Vgl. ebd., S. 250.
494 Vgl. Schäfer 1987, S. 142.
495 Vgl. ebd., S. 85.
496 Vgl. ebd.

der Anstalt, sondern im Justizministerium oder im Hessischen Landtag zu suchen war, sodass bei den Beiräten das Gefühl eines echten Mitwirkens am Vollzug nicht entstehen konnte, was zu Resignation, der erwähnten durchschnittlichen Einschätzung einer möglichen Einflussnahme auf den Vollzug und damit einer mangelnden Kontrollausübung führte.[497]

2.3 Befunde bezüglich der Beiratsbefugnisse

Bei den Untersuchungen Gerkens bestätigte sich zum Teil die Befürchtung, dass sich die Anstaltsbeiräte mangels hinreichender gesetzlicher Konkretisierung in gewisser Weise auf „Gedeih und Verderb" der Informationsbereitschaft der Anstaltsleiter ausgesetzt sahen.[498] Deshalb forderte sie die Kenntlichmachung des bereits bestehenden Informationsrechts der Anstaltsbeiräte gegenüber den Anstaltsleitern als Rechtsanspruch. Darüber hinaus sollte die Informationspflicht nach geltendem Recht konkretisiert und eindeutig auf die Zusammenarbeitsklausel des § 154 StVollzG bezogen werden. Dadurch könnten bzw. müssten beide Seiten – Anstaltsbeiräte und Anstaltsleitung – von einer eindeutigen Rechtslage ausgehen und der Hinweis auf § 154 StVollzG würde eine gewisse Rahmensetzungsfunktion als Maßstab für die Geltendmachung des Informationsanspruchs erfüllen.[499] Ansonsten sei es angebracht, die Themen, über die die Anstaltsleiter die Beiräte zu informieren hätten, in der Ausführungsvorschrift exemplarisch zu benennen, um die in Betracht kommenden Themenbereiche zu konkretisieren.[500]

Generell sollten nach Gerken die Befugnisse, die den Beiräten nach geltendem Recht eingeräumt werden, deutlich als Rechtsansprüche ausgewiesen werden. Zudem sollte den Beiräten ein Berichtsrecht gegenüber dem Parlament als gesetzgebender, die Regierung kontrollierender Instanz eingeräumt werden.[501] Ein solches Recht wurde von Beiratsseite angeregt und hätte zum einen den Vorteil, dass den Stellungnahmen und Argumentationen der Beiräte mehr Gewicht auf politischer Ebene zukäme. Zum anderen könnte so ihre Arbeit in den Anstalten erleichtert werden, indem ihren Äußerungen auch innerhalb des Vollzugs verstärkt Gehör gewidmet würde und sie in der Lage wären, Anliegen direkt vor das Parlament zu bringen.[502] Dies würde die Bedeutung der Anstaltsbeiräte erheblich stärken und festigen.

Zu der gleichen Auffassung gelangte Kleinert[503] in seinem Erfahrungsbericht über seine Tätigkeit als Anstaltsbeirat in der Justizvollzugsanstalt II Hamburg-Fuhlsbüttel. Er resümierte, dass das Strafvollzugsgesetz den Anstaltsbeiräten zwar einige Befugnisse zugesteht, die Möglichkeiten der Beiräte, aus den aufgrund der

---

497 Vgl. Schäfer 1987, S. 143.
498 Vgl. Gerken 1986, S. 255.
499 Ebd.
500 Ebd.
501 Vgl. ebd., S. 254.
502 Vgl. Gerken 1986, S. 254 f.
503 Kleinert, Neue Praxis 1981, S. 70 ff.

Befugnisse gewonnenen Erkenntnissen Veränderungen herbeizuführen, jedoch eng beschränkt sind.[504]

Schäfer kam ebenfalls zu dem Ergebnis, dass die Information durch die Anstaltsleitung und die Vollzugsbehörde für die Anstaltsbeiräte eine viel wichtigere Rolle spielte als die Besichtigung der Anstalt und ihrer Einrichtungen.[505] Der Einholung von Auskünften bei dem Anstaltsleiter maßen die Beiräte eine überdurchschnittliche Bedeutung zu. Allerdings fühlten sich die Beiräte bezüglich besonderer Vorkommnisse in der Anstalt nur unzulänglich informiert.[506] Die unzureichende Information der Beiratsmitglieder wirkte sich wiederum negativ auf ihre Aufgabenwahrnehmung aus.[507] So schätzte die Mehrheit der befragten Beiratsmitglieder die beratende Mitwirkung der Anstaltsbeiräte bei verschiedenen Grundsatzangelegenheiten der Vollzugsanstalten als sehr schlecht ein. Die Beiräte stellten fest, dass sie hinsichtlich der Aufstellung der Haushaltsanmeldung und Personalplanung der Anstalt sowie bei der Aufstellung bzw. Änderung der allgemeinen Vollzugsordnung der Anstalt und der Planung sowie Vorbereitung von Maßnahmen zur allgemeinen und beruflichen Bildung bzw. Weiterbildung der Gefangenen gar keine oder nur sehr eingeschränkte Mitwirkungsmöglichkeiten hätten. Da gerade die Ausübung dieser Befugnisse eine Beteiligung der Beiräte durch die Vollzugsbehörden voraussetzt, war nach Schäfer die aktivere und umfassendere Information der Beiräte über die Entwicklung im Vollzug ein Ansatzpunkt für die Verbesserung der Beiratsarbeit.[508] Dafür sprach auch das Befragungsergebnis, wonach jene Befugnisse der Beiräte, die aus eigener Initiative ohne besondere Information durch den Anstaltsleiter wahrgenommen werden konnten, als überdurchschnittlich wichtig für die Erfüllung der Aufgaben angesehen wurden, während diejenigen Befugnisse, bei denen eine Information durch die Anstaltsleitung erforderlich war, knapp durchschnittliche Werte erhielten.[509] Zudem könnte eine Verbesserung der Mitwirkungsmöglichkeiten der Beiräte bei der Gestaltung des Vollzugs etwa durch eine ausführliche Stellungnahme des Justizministeriums zu den Jahresberichten der Beiräte erreicht werden. Bezüglich der Informationsgewinnung im Zusammenhang mit den Gefangenen kam der Einsichtnahme in die Gefangenenpersonalakten nach Auffassung der Beiräte kaum oder gar kein maßgeblicher Einfluss auf ihre Arbeit zu; stattdessen wurde das Aufsuchen der Gefangenen in ihren Hafträumen für die Kommunikation mit diesen von den Beiratsmitgliedern als sehr wichtig erachtet.[510] Dies lässt die Vermutung zu, dass für eine effektive Beiratsarbeit in diesem Bereich die Normierung eines Akteneinsichtsrechts nicht unbedingt erforderlich ist.

---

504 Vgl. Kleinert, Neue Praxis 1981, S. 71.
505 Vgl. Schäfer 1987, S. 73.
506 Vgl. ebd., S. 77.
507 Vgl. ebd., S. 142.
508 Vgl. ebd.
509 Ebd., S. 143.
510 Vgl. ebd., S. 74.

Im Rahmen der Untersuchung Gandelas erwiesen sich die protokollierten An-
staltsbegehungen, bei denen sich der Anstaltsbeirat vor Ort über Hinweise auf
unzuträgliche Zustände Kenntnis verschaffte, als sehr wichtig.[511] Hierbei fanden Gespräche mit Bediensteten und Gefangenen gleichermaßen statt, wodurch Missstände
leichter aufgedeckt werden konnten. In vielen Fällen wurden diese protokollierten
Missstände durch die Anstaltsleitung und das Ministerium schnell abgestellt.[512]
Vor allem durch Gespräche mit der Interessenvertretung der Gefangenen konnten
diesbezügliche Probleme hinreichend erörtert und entsprechende Lösungsmöglichkeiten gesucht werden.

2.4 Befunde bezüglich der Beiratspflichten

Vielfach wurde eine Kollision von Verschwiegenheitspflicht und Öffentlichkeitsfunktion der Beiräte befürchtet.[513] Dabei dürfte die sachlich-informative Öffentlichkeitsarbeit nur in Ausnahmefällen mit der Verschwiegenheitspflicht kollidieren.[514]
Gerken jedoch entdeckte bei ihren Befragungen starke Unsicherheiten bei den Anstaltsbeiräten bezüglich des Umfangs der Verschwiegenheitspflicht. Viele Beiräte
waren im Hinblick auf diese Pflichtstellung nur unzureichend aufgeklärt worden.
Deshalb wurde die Öffentlichkeitsarbeit in Form der Aufklärung nur sehr sporadisch betrieben und nach dem Ultima-Ratio-Gedanken von den Anstaltsbeiräten
behandelt.[515] Um diesbezüglich eine Verbesserung zu erreichen, schlug Gerken vor,
die Beiratsmitglieder bei Aufnahme des Amtes darüber zu informieren, dass die
Verschwiegenheitspflicht nicht als Verbot zu missverstehen ist, sich überhaupt
und grundsätzlich zu Problemen und Fragen des Strafvollzugs zu äußern, sondern
dass es hier um den Persönlichkeitsschutz Einzelner geht.[516] Insoweit wäre nach Gerken die Verschwiegenheitspflicht aber auch „reformbedürftig"[517]. Da gemäß ihren
Untersuchungsergebnissen die Anstaltsbeiräte ebenfalls für das Anstaltspersonal
vertrauenswürdig sein müssen, um effektiv arbeiten zu können, sollte sich die Verschwiegenheitspflicht für die Beiräte nicht nur auf die Insassen beziehen, sondern
desgleichen eingreifen, wenn es sich um die Preisgabe persönlicher Daten von
Anstaltsmitarbeitern handelt, denn auch dieser Personenkreis hat einen Anspruch
auf Persönlichkeitsschutz.[518]

---

511 Vgl. Gandela 1988, S. 234.
512 Ebd.
513 Vgl. hierzu die Diskussionen im Rahmen des Gesetzgebungsverfahrens zu § 165
     StVollzG im 3. Kapitel: 1.4.1, S. 64 f.
514 Vgl. die Ausführungen im 3. Kapitel: 1.4.1, S. 64 f.
515 Vgl. Gerken 1986, S. 257 f.
516 Vgl. ebd., S. 258.
517 Ebd., S. 259.
518 Vgl. ebd.

Zudem sollte die Schweigepflicht auch innerhalb der Anstalt gegenüber der Anstaltsleitung und den Vollzugsbeamten Geltung beanspruchen. Dabei besteht jedoch die Gefahr, dass die Anstaltsbeiräte – bei einer von ihnen nicht zu beeinflussenden Inanspruchnahme ihrer Schweigepflicht - ihre Vermittlerfunktion nicht mehr ausüben können.[519] Deshalb wäre es in das Ermessen des einzelnen Beiratsmitglieds zu stellen, ob dem Wunsch des Betroffenen nach Anonymität entsprochen wird oder - wenn sich der Betroffene nicht nennen lassen möchte - die Angelegenheit nicht weiterverfolgt wird.[520] Um hierbei nicht eine allzu große Verantwortung auf die Beiratsmitglieder abzuwälzen, sollte der Anstaltsbeirat mehrheitlich über die Notwendigkeit der Wahrung der Anonymität des Betroffenen entscheiden. Dadurch könnte auch verhindert werden, dass die Beiräte aufgrund ihrer Schweigepflicht innerhalb der Vollzugsanstalt ihre Vermittlertätigkeit nicht mehr ausüben könnten. Grundsätzlich empfahl Gerken jedoch die Ausweitung der Verschwiegenheitspflicht, denn gerade im Hinblick auf den totalen Charakter der Institution des Vollzugs bestehe ein Bedürfnis nach Anonymität und damit nach Abgrenzung zwischen Anstaltspersonal und Insassen.[521] Jedoch müsste auch diese Ausdehnung stets unter der Prämisse der umfassenden Aufklärung der Beiratsmitglieder bezüglich der Art und des Umfangs ihrer Verschwiegenheitspflicht erfolgen.

3. Die Situation in Baden-Württemberg

Für die Herleitung der Hypothesen über die Tätigkeit der Anstaltsbeiräte in Baden-Württemberg und die Zusammenstellung des Fragebogens war die Situation der Beiräte in Baden-Württemberg entscheidend. Um diese Praxis näher kennenzulernen, führte die Verfasserin ein Experteninterview mit dem für die Anstaltsbeiräte in Baden-Württemberg zuständigen Referenten im Justizministerium.[522] Gegenstände dieses Gesprächs waren nicht nur das Bestellungsverfahren in Baden-Württemberg, sondern auch die Eignung der Beiräte, ihr Selbstverständnis sowie Art und Umfang ihrer Aufgabenwahrnehmung. Folgende Erkenntnisse konnten gewonnen werden:

Im Rahmen des Bestellungsverfahrens der Beiräte wendet sich das Justizministerium an den entsprechenden Gemeinde- bzw. Kreistag und bittet um die Vorlage einer Vorschlagsliste. Diese wird zunächst der jeweiligen Justizvollzugsanstalt und dem Ministerium vorgelegt. Die Bestellung erfolgt durch den Justizminister. Bei der Auswahl der Beiratsmitglieder werden nicht immer die in der Verwaltungsvorschrift vorgegebenen Auswahlkriterien eingehalten, weil oftmals geeignete Kandidaten nicht zur Verfügung stehen. Bei der Erstellung der Vorschlagsliste werden sowohl ein Haupt- als auch ein Ersatzkandidat benannt. Bei der Amtseinführung

---

519 Gerken 1986, 259.
520 Vgl. ebd.
521 Vgl. ebd.
522 Mitteilung des Referenten des Justizministeriums Baden-Württembergs für die Anstaltsbeiräte: 3. Kapitel: 2.1, S. 69 f.

sind sowohl die Anstaltsleitung als auch der zuständige Referent sowie die früheren Beiratsmitglieder anwesend. Es erfolgt hierbei eine erste Besichtigung der jeweiligen Anstalt. Die wiederholte Bestellung eines bereits amtierenden Beiratsmitglieds ist unbegrenzt möglich.

Die Zusammensetzung des Beirats sollte einen Querschnitt aus allen Bevölkerungsgruppen abbilden. Die meisten der neu berufenen Anstaltsbeiräte kamen in ihrem bisherigen Leben mit dem Strafvollzug noch nicht in Kontakt, sodass sie mit der Arbeit in einer Justizvollzugsanstalt erst vertraut werden müssen. Außerdem haben nur sehr wenige Beiratsmitglieder eine juristische Ausbildung, sodass sie im Hinblick auf den Umgang mit den gesetzlich vorgeschrieben Abläufen im Strafvollzug relativ unerfahren sind. Die Altersstruktur der Anstaltsbeiräte ist sehr einseitig; die meisten Beiratsmitglieder sind über 50 Jahre alt. Viele Beiräte entscheiden sich zur Ausübung dieses Ehrenamtes nach dem Eintritt in das Rentenalter. Was die Geschlechterverteilung angeht, so sind in den Beiräten mehr Männer als Frauen vertreten.

Die Aufgaben werden von den Beiräten als unterschiedlich wichtig eingeschätzt und dementsprechend auch sehr unterschiedlich wahrgenommen. Dies hängt maßgeblich von der Persönlichkeit und dem Selbstverständnis der einzelnen Beiratsmitglieder ab. Mit Einzelproblemen wenden sich die Gefangenen oft zunächst an einzelne Beiratsmitglieder, die dann das Problem an die Anstaltsleitung weiterleiten und dadurch zu einer generellen Diskussion der Problematik beitragen. Das Verständnis, ausschließlich zur Interessenvertretung der Gefangenen berufen worden zu sein, scheint bei den Beiräten jedoch nicht vorzuherrschen. Eine Öffentlichkeitsarbeit der Anstaltsbeiräte findet nur begrenzt statt. Hierbei treten die Beiratsmitglieder oftmals als Repräsentanten des Strafvollzugs auf, die die Bevölkerung auf Veranstaltungen der Justizvollzugsanstalt über Neuerungen oder Veränderungen innerhalb der Justizvollzugsanstalt aufklären. Die Einschätzung der Bedeutung der Öffentlichkeitsarbeit und das Ausmaß der Wahrnehmung dieser Aufgabe variieren stark unter den einzelnen Beiratsmitgliedern und hängen maßgeblich davon ab, welches Gewicht die Stimme des jeweiligen Amtsinhabers in der Öffentlichkeit hat.

Im Hinblick auf die jährliche Berichterstattung an das Justizministerium ist festzuhalten, dass diesen Berichten in der Praxis von den Beiräten anscheinend sehr wenig Bedeutung zugemessen wird. Sie werden nur selten abgeliefert und beschränken sich inhaltlich auf eine grobe Beschreibung der Tätigkeiten der Beiräte. Auf spezielle Sachverhalte wird meist nicht eingegangen, sodass der Informationsgehalt der Berichte über die tatsächliche Arbeit der Anstaltsbeiräte relativ gering ist.

Die jährlich stattfindenden Tagungen erfahren etwas mehr Interesse. Diese werden von der Justizschule unter Teilnahme des Referenten für die ehrenamtlichen Mitarbeiter im Justizvollzug organisiert. Es werden hierzu alle Beiräte in Baden-Württemberg eingeladen, wobei jedoch erfahrungsgemäß eher wenige Personen dieser Einladung folgen. Bei diesen Tagungen werden Fachvorträge gehalten und es werden Neuigkeiten über die einzelnen Justizvollzugsanstalten ausgetauscht. Es erfolgen auch Diskussionen und ein Erfahrungsaustausch über aktuelle Themen im Justizvollzug. Über diese Tagungen hinaus sind Kontakte der Beiräte zum

Justizministerium eher selten. Der Referent besucht einmal jährlich die Justizvollzugsanstalten, wobei er die Anstalten besichtigt und sich mit der Anstaltsleitung
austauscht. Hierbei wird ein Gesprächstermin mit den Beiratsvorsitzenden verein-
bart. Auf Wunsch können an diesem Gespräch auch die übrigen Beiratsmitglieder
teilnehmen. Darüber hinaus nehmen die Anstaltsbeiräte jedoch von sich aus nur
sehr selten Kontakt mit dem Referenten auf.

5. Kapitel: Hypothesen und Definitionen

Aus der Analyse der Gesetzesmaterialien zum Strafvollzugsgesetz und Justizvollzugsgesetzbuch Baden-Württembergs sowie der Ausführungsbestimmungen der Länder lassen sich zusammen mit den Ergebnissen der bisherigen Untersuchungen zur Beiratstätigkeit und des Experteninterviews mit dem zuständigen Referenten im Justizministerium Baden-Württemberg verschiedene Hypothesen über die tatsächliche Situation der Anstaltsbeiräte herleiten. Diese Hypothesen können aufgeteilt werden in jene, die die Strukturen der Anstaltsbeiräte innerhalb des Vollzugsgefüges beschreiben, sowie in solche, die sich auf die Wahrnehmung der Aufgaben einerseits und die Inanspruchnahme der Befugnisse durch die Beiräte andererseits beziehen.

1. Die Strukturen des Anstaltsbeirats

1.1 Allgemeine Strukturen

Aus den bisherigen Studien zur Beiratstätigkeit ergab sich, dass viele Schwächen der Beiratspraxis auf eine oftmals nur unzureichende Information der Beiräte über die Anforderungen an ihr Ehrenamt zurückzuführen sind. Es ist deshalb besonders wichtig, dass die Beiräte vor Amtsantritt umfassend über ihr Ehrenamt und die damit verbundenen Anforderungen aufgeklärt werden. Diese Information dürfte erheblichen Einfluss auf die Kenntnis der Beiratsmitglieder bezüglich ihrer eigenen Rechtsstellung innerhalb des Vollzugsgefüges haben.

Definition „Kenntnis der eigenen Rechtsstellung": Die Kenntnis der eigenen Rechtsstellung wird darüber definiert, ob ein Beiratsmitglied seine Aufgaben, Rechte und Pflichten kennt.

Daneben dürfte auch die Erfahrung der Beiräte, die sie mit zunehmender Dauer der Beiratsmitgliedschaft erlangen, Einfluss auf die Kenntnis der eigenen Rechtsstellung haben. Es müssten die Beiräte, die bereits sehr lange Mitglied im Anstaltsbeirat sind und sich im Vollzug entsprechend auskennen, aufgrund ihrer langjährigen Tätigkeit ihre Aufgaben, Rechte und Pflichten ebenfalls besonders gut kennen.

Hypothese 1: Wenn ein Beiratsmitglied vor seinem Amtsantritt über die Tätigkeit eines Anstaltsbeirats informiert wurde oder sich diesbezüglich selbst Informationen beschafft hat, dann kennt es seine eigene Rechtsstellung innerhalb des Vollzugsgefüges.

Hypothese 1a: Mit zunehmender Dauer der Beiratsmitgliedschaft steigt die Wahrscheinlichkeit, dass ein Beiratsmitglied seine Rechtsstellung innerhalb des Vollzugsgefüges kennt.

Wie sich dem Gespräch mit dem Referenten Baden-Württembergs[523] entnehmen ließ, ist in Baden-Württemberg eine unbegrenzte Wiederholung der Bestellung zum Beiratsmitglied möglich. Viele der Beiratsmitglieder, die aufgrund dieser Möglichkeit sehr lange Mitglied im Anstaltsbeirat sind, scheinen zudem bereits das Rentenalter erreicht zu haben und die Ausübung des Ehrenamtes eines Anstaltsbeirats als sinnvolle Beschäftigung für die Zeit nach dem Austritt aus dem Berufsleben gewählt zu haben.[524] Diese Beiräte können wesentlich mehr Zeit für die Bewältigung der Aufgaben ihres Ehrenamtes aufwenden als jene, die erst vor kurzem das Amt angetreten haben und die das Ehrenamt möglicherweise neben ihrer beruflichen Tätigkeit ausüben. Die Dauer der Beiratsmitgliedschaft dürfte deshalb den monatlichen Zeitaufwand der Beiratsmitglieder für ihr Ehrenamt beeinflussen.

Hypothese 2: Der monatliche Zeitaufwand eines Beiratsmitglieds für sein Ehrenamt steigt mit zunehmender Dauer seiner Mitgliedschaft.

Eine umfassende Information der Beiräte über die Anforderungen an ihr Ehrenamt und eine damit verbundene gute Kenntnis der eigenen Rechtsstellung innerhalb des Vollzugsgefüges sollten außerdem zur Rechtssicherheit der Beiräte beitragen.

Definition „Rechtssicherheit": Die Rechtssicherheit wird darüber definiert, ob ein Beiratsmitglied vor Amtsantritt über die Tätigkeit als Anstaltsbeirat informiert wurde bzw. sich selbst diesbezüglich Informationen beschafft hat und ob es seine Aufgaben, Rechte und Pflichten kennt.

Diesbezüglich könnten sich Unterschiede zwischen den baden-württembergischen und den sächsischen Beiräten ergeben. Im Gegensatz zu Baden-Württemberg ist in der sächsischen Verwaltungsvorschrift die Rechtsstellung der Beiräte konkreter ausgestaltet, indem z. B. auch der Hinweis enthalten ist, dass die Beiräte nicht den Weisungen der Vollzugsbehörden unterliegen (Abs. 2 der SVV zu § 163 StVollzG). Dies kann ein Anhaltspunkt dafür sein, dass die sächsischen Beiräte besser über ihre Stellung im Vollzugsgefüge informiert sind und sie insgesamt ihre Aufgaben, Rechte und Pflichten besser kennen.

Hypothese 3: Die Beiratsmitglieder aus Sachsen sind eher rechtssicher als die Beiratsmitglieder aus Baden-Württemberg.

Die Beiräte, die eine Führungsrolle[525] im Anstaltsbeirat einnehmen, vertreten diesen nach außen und tragen aufgrund dessen eine besondere Verantwortung.

Definition „Führungsrolle": Hierunter fallen Anstaltsbeiräte, die entweder den Vorsitz oder den stellvertretenden Vorsitz im Beirat innehaben.

---

523 Mitteilung des Referenten des Justizministeriums Baden-Württembergs für die Anstaltsbeiräte: 3. Kapitel: 2.1, S. 69 f.
524 Zu der Bedeutung des sozialen Ehrenamtes im Alter bei Zuber 1996.
525 Zu der empirisch-psychologischen Forschung unter Verwendung von Rollenkonzepten bei Gross/et al. 1958, S. 67 ff.

Es liegt deshalb nahe, dass Beiratsmitglieder, die rechtssicher sind, ebenso wie Beiratsmitglieder, die schon lange Mitglied im Beirat sind und über hohe Erfahrungswerte verfügen, auch eher Führung und Verantwortung innerhalb des Gremiums übernehmen.

Hypothese 4: Wenn ein Beiratsmitglied rechtssicher ist, dann steigt die Wahrscheinlichkeit, dass es eine Führungsrolle im Beirat übernimmt ebenso wie mit zunehmender Dauer seiner Beiratsmitgliedschaft.

1.2 Verhaltensstrukturen innerhalb des Vollzugssystems

Gerken wies in ihrer Studie darauf hin, dass es einer deutlicheren Kennzeichnung der Rechte der Anstaltsbeiräte in der Hamburger Ausführungsvorschrift bedürfte, um die Wirkungsweise der Beiräte innerhalb des Strafvollzuges zu verstärken.[526] Dies würde den Partnern im Vollzugsgefüge dabei helfen, die Stellung der Anstaltsbeiräte besser einordnen zu können, sodass die gemeinsame Zusammenarbeit erleichtert würde.[527] Die unpräzise Ausgestaltung der Rechtsposition der Anstaltsbeiräte kann deshalb maßgeblichen Einfluss auf ihr Verhältnis zu den Interaktionspartnern im Vollzugsgefüge haben.

Dies dürfte vor allem auf das Verhältnis der Beiräte zu der Anstaltsleitung und dem Justizministerium zutreffen. Beide Institutionen mögen in der Wahrnehmung vieler Beiratsmitglieder eine gewisse bürokratische Autorität ausstrahlen. Die Zusammenarbeit mit diesen erfordert deshalb eine gute Kenntnis der eigenen Rechte. Fehlt diese Kenntnis, so besteht die Gefahr, dass die Beiräte einen allzu großen Respekt gegenüber der Anstaltsleitung und dem Justizministerium entwickeln, der sie daran hindert, ihre Rechte einzufordern, mit der Folge, dass sie ihre Aufgaben nicht umfassend wahrnehmen können.

Das Verhältnis der Anstaltsbeiräte zu den Vollzugsbeamten und den Insassen dürfte ebenfalls durch die fehlende Konkretisierung der Rechtsposition der Beiräte geprägt sein. Wenn sich die Beiräte, wie die Untersuchung Gerkens bestätigte, vor allem als Interessenvertretung der Gefangenen begreifen[528], so kann dies dazu führen, dass die Vollzugsbeamten den Beiräten gegenüber eher negativ eingestellt sind und deshalb eine Zusammenarbeit schwierig ist. Möglich erscheint jedoch auch, dass die Gefangenen die Beiräte als einen Teil der Vollzugsverwaltung begreifen und ihnen deshalb mit Argwohn und Misstrauen begegnen.

Aufgrund der vorgenannten Überlegungen müssten die Dauer der Beiratsmitgliedschaft der Anstaltsbeiräte sowie ihre Rechtssicherheit erheblichen Einfluss auf die persönliche Einschätzung ihrer Rolle innerhalb des Vollzugsgefüges haben. Den Beiräten, die seit längerem Mitglied im Anstaltsbeirat sind und die ihre Aufgaben und Rechte gut kennen, sollte es möglich sein, mit der Anstaltsleitung, dem Justizministerium, den

---

526 Vgl. Gerken 1986, S. 255.
527 Vgl. ebd., S. 254 f.
528 Vgl. ebd., S. 244.

Vollzugsbeamten und den Gefangenen auf Augenhöhe zusammenzuarbeiten. Rückschläge im Umgang mit diesen Interaktionspartnern dürften sie weniger entmutigen. Wenn diese Anstaltsbeiräte auch eher Führungsrollen innerhalb des Beirats einnehmen, so dürfte der Kontakt der Führungsmitglieder zu den Interaktionspartnern im Vollzugsgefüge ebenfalls gut gelingen.

Hypothese 5: Die Zusammenarbeit mit der Anstaltsleitung, den Vollzugsbeamten, den Gefangenen sowie dem Justizministerium wird positiv durch die Übernahme einer Führungsrolle im Beirat, die Rechtssicherheit eines Beiratsmitglieds sowie die Dauer seiner Beiratsmitgliedschaft beeinflusst.

Aufgrund der Tatsache, dass in Sachsen die Anstaltsleitung wesentlich in den Ernennungsvorgang der Anstaltsbeiräte involviert ist,[529] kann die Hypothese aufgestellt werden, dass sich hieraus eine bessere Zusammenarbeit der Beiräte mit der Anstaltsleitung als in Baden-Württemberg ergibt. Dies lässt sich auf das Verhältnis der Beiräte zu den Vollzugsbeamten übertragen. Wenn Personen von den Anstaltsleitungen berufen werden, die den letzteren bereits bekannt sind, so herrscht möglicherweise bei den Vollzugsbeamten das Verständnis vor, dass die ausgewählten Beiratsmitglieder für ihre Aufgabenwahrnehmung geeigneter erscheinen, sodass sie den Beiräten generell offener gegenübertreten, als es in Baden-Württemberg der Fall ist, wo die Beiräte für die Vollzugsbeamten grundsätzlich erst einmal fremde Personen darstellen.

Durch den Hinweis in der Verwaltungsvorschrift, dass die Beiräte nicht den Weisungen der Vollzugsbehörden unterliegen (Abs. 2 der SVV zu § 163 StVollzG), könnten zudem die Beiräte ihre Unabhängigkeit gegenüber dem Ministerium gestärkt sehen und deshalb besser mit dem Ministerium zusammenarbeiten. Da außerdem die sächsische Verwaltungsvorschrift im Gegensatz zu der baden-württembergischen den Hinweis darauf enthält, dass der Beirat nicht die Aufgabe einer Beschwerdeinstanz im Sinne des § 108 StVollzG hat (Abs. 2 SVV zu § 163 StVollzG), könnte das Bewusstsein der sächsischen Beiräte für ihre Rechtsstellung stärker ausgeprägt sein, sodass sie insgesamt besser mit den Gefangenen zusammenarbeiten als die Beiräte in Baden-Württemberg.

Hypothese 6: Die Zusammenarbeit der Beiräte aus Sachsen mit der Anstaltsleitung, den Vollzugsbeamten, den Gefangenen sowie dem Justizministerium ist besser als die der Beiräte aus Baden-Württemberg.

Bezüglich des Verhältnisses der Beiräte zu der Anstaltsleitung liegt die Vermutung nahe, dass der gegenseitige Informationsaustausch die gemeinsame Zusammenarbeit beeinflusst. Die von Schäfer befragten Beiratsmitglieder schilderten ihr Verhältnis zur Anstaltsleitung als höflich, jedoch auch als wenig konstruktiv.[530]

---

529 Vgl. die Ausführungen im 3. Kapitel: 2.2.1, S. 88 ff.
530 Vgl. Schäfer 1987, S. 117 ff.

Aufgrund der häufig unklaren Rechtslage herrschte bei den von Gerken befragten Beiräten meist Unsicherheit darüber, welche Rechte ihnen gegenüber der Anstaltsleitung überhaupt zustehen.[531] Wenn die Anstaltsleitungen folglich bereit sind, die Informationen an die Beiräte herauszugeben, welche diese für ihre Arbeit benötigen, so dürfte dies die gemeinsame Zusammenarbeit erleichtern.

Definition „Informationsaustausch": Der Informationsaustausch wird über die Weitergabe von Auskünften über Vorgänge in der Anstalt an die Beiräte durch die Anstaltsleitung sowie über die Unterrichtung der Beiräte über für die Öffentlichkeit wichtige Ereignisse durch die Anstaltsleitung definiert.

Hypothese 7: Der Informationsaustausch mit der Anstaltsleitung verbessert die Zusammenarbeit eines Beiratsmitglieds mit der Anstaltsleitung.

Darüber hinaus dürfte die Teilnahme der Anstaltsleitung und der Vollzugsbeamten an den Sitzungen des Anstaltsbeirats das gegenseitige Verhältnis maßgeblich beeinflussen. Dadurch signalisieren Anstaltsleitung und Vollzugsbeamte Interesse an der Tätigkeit des Beirats und die Bereitschaft, den Beirat bei diesen Tätigkeiten zu unterstützen. Deshalb sind eine regelmäßige Teilnahme sowohl der Anstaltsleitung als auch der Anstaltsbediensteten an den Sitzungen des Beirats sowie eine gemeinsame Sitzung von Beirat und Anstaltskonferenz zum Zwecke des gegenseitigen Austauschs in der Verwaltungsvorschrift Baden-Württembergs vorgesehen. Es lässt sich somit die Annahme formulieren, dass solche Zusammenkünfte das Verhältnis der Beiräte zur Anstaltsleitung und den Vollzugsbeamten positiv beeinflussen.

Hypothese 8: Gemeinsame Sitzungen des Anstaltsbeirats mit der Anstaltsleitung und den Anstaltsbediensteten sowie mit der Anstaltskonferenz verbessern die Zusammenarbeit des Anstaltsbeirats mit der Anstaltsleitung und den Vollzugsbeamten.

Die in Baden-Württemberg normierte Pflicht der Beiräte zur Erstellung von jährlichen Tätigkeitsberichten an das Justizministerium soll den regelmäßigen Austausch zwischen den Beiräten und dem Justizministerium fördern. Aus den bisherigen Studien[532] über die Beiratstätigkeit lässt sich jedoch schließen, dass die Pflicht zur Berichterstattung von den Beiratsmitgliedern oftmals als Last empfunden wird. Gerken[533] stellte fest, dass die Pflicht zur jährlichen Berichterstattung gegenüber dem Justizministerium ohne verpflichtende Reaktion hierauf das Verhältnis der Anstaltsbeiräte zu der Aufsichtsbehörde negativ zu beeinflussen vermag. Es lässt sich deshalb annehmen, dass die Einschätzung der Beiräte, inwieweit die von ihnen erstellten Tätigkeitsberichte Folgen für die Vollzugsgestaltung haben, Einfluss auf die Zusammenarbeit mit dem Justizministerium hat.

---

531 Vgl. Gerken 1986, S. 254.
532 Vgl. Schäfer 1987, S. 141; Gerken 1986, S. 260 ff.
533 Gerken 1986, S. 260 ff.

Hypothese 9: Wenn die Berichte an das Justizministerium konkrete Folgen für die Gestaltung des Vollzuges haben, dann verbessert sich die Zusammenarbeit der Beiräte mit dem Justizministerium.

Darüber hinaus können gemeinsame Arbeitsbesprechungen mit dem Justizministerium zu einem verbesserten Verhältnis zwischen Beiräten und Justizministerium beitragen. Dies konnte zumindest Schäfer in seiner Untersuchung belegen.[534] Zum einen ist im Rahmen eines direkten Dialogs die Berichterstattung oft leichter. Zum anderen erfolgt dabei ein Austausch der Beiräte untereinander. Auch der zuständige Referent des Ministeriums wies bei dem Gespräch[535] mit der Verfasserin darauf hin, dass die Beiräte diesen Tagungen mit dem Justizministerium im Hinblick auf einen möglichen gegenseitigen Informationsaustausch mehr Bedeutung beimessen würden als der Berichterstattung und dass das Interesse an einer Teilnahme an den Tagungen größer sei als das Engagement für die Anfertigung der Berichte.

Hypothese 10: Ein umfassender Austausch auf den jährlichen Tagungen mit dem Justizministerium verbessert die Zusammenarbeit zwischen Ministerium und Beiräten.

1.3 Verhaltensstrukturen außerhalb des Vollzugssystems

Ein guter Kontakt der Beiräte zu den Partnern außerhalb des Vollzuges setzt voraus, dass die Beiräte über die Vorgänge und Abläufe innerhalb der Anstalt informiert sind. Nur dann kann eine effektive Zusammenarbeit stattfinden. Diese Informationen müssen sich die Beiräte jedoch zunächst beschaffen.

Definition „Kooperation mit den Partnern außerhalb der JVA": Die Kooperation mit den Partnern außerhalb der JVA beinhaltet die Kooperationen mit der Agentur für Arbeit (Arbeitsamt), den sonstigen Sozialbehörden, der Bewährungshilfe, den Kirchen und sonstigen kirchlichen Einrichtungen, den Journalisten, den Abgeordneten des Landtags und den politischen Parteien.

Hypothese 11: Wenn die Beiräte Auskünfte bei der Anstaltsleitung über die Vorgänge in der Anstalt einholen, dann beeinflusst dies positiv die Zusammenarbeit der Beiräte mit den Partnern außerhalb der Vollzugsanstalt.

Es wurde bereits dargestellt, dass die Führungsmitglieder des Beirats aufgrund ihrer Rolle möglicherweise besser mit den Partnern innerhalb des Vollzuges zusammenarbeiten als die Nichtführungsmitglieder. Falls sich diese Annahme bestätigen sollte, so stellt sich die Frage nach den Wirkbereichen der sonstigen Beiratsmitglieder. Möglicherweise ziehen sich diese aufgrund der Rollenverteilung im Beirat im Kontakt zu den Partnern innerhalb der Vollzugsanstalt eher zurück und legen den Schwerpunkt ihrer Tätigkeit auf den „außervollzuglichen" Bereich.

---

534 Vgl. Schäfer 1987, S. 133.
535 Mitteilung des Referenten des Justizministeriums Baden-Württembergs für die Anstaltsbeiräte: 3. Kapitel: 2.1, S. 69 f.

Hypothese 12: Die Zusammenarbeit der Nichtführungsmitglieder im Beirat mit den Partnern außerhalb der Vollzugsanstalt verläuft besser als die Zusammenarbeit der Führungsmitglieder mit diesen.

Die Mitglieder eines Anstaltsbeirats sollten nach den Vorschlägen des AE entsprechend den Funktionen des Beirats ausgewählt werden. Hierbei gehören die Herstellung eines Kontakts zur Öffentlichkeit und die damit einhergehende Information der Bevölkerung über die Vollzugsrealität zu den elementaren Aufgaben der Anstaltsbeiräte. Damit ein solcher Öffentlichkeitsbezug hergestellt werden kann, ist es erforderlich, dass die Beiräte über die entsprechenden Verbindungen verfügen. Deshalb haben bereits die Autoren des AE[536] darauf hingewiesen, dass auch Journalisten und angesehene Personen, die in der Öffentlichkeit Resonanz finden, im Beirat vertreten sein sollten. Während sich in der Verwaltungsvorschrift Baden-Württembergs kein Hinweis darauf findet, dass Journalisten oder sonstige Persönlichkeiten von besonderem Ansehen in der Öffentlichkeit im Beirat vertreten sein sollten, legt Sachsen fest, dass in jedem Beirat zwei Landtagsabgeordnete vertreten sein müssen. Hierdurch wird eine maßgebliche Forderung aus dem AE erfüllt, in dem davon ausgegangen wurde, dass vor allem Parlamentarier im Beirat erforderlich sind, um die gesetzgebenden Körperschaften und die Parteien wirkungsvoll über den Alltag des Strafvollzugs unterrichten zu können. Es kann deshalb angenommen werden, dass die parlamentarischen Beiräte in Sachsen besser mit den Journalisten, Landtagsabgeordneten und politischen Parteien zusammenarbeiten als ihre nichtparlamentarischen Kollegen es tun.

Hypothese 13: Die parlamentarischen Beiräte in Sachsen arbeiten besser mit Journalisten, Landtagsabgeordneten und den politischen Parteien zusammen als die nichtparlamentarischen Beiräte.

2. Aufgabenwahrnehmung

2.1 Allgemeine Einflussfaktoren

Aus den Materialien zum Strafvollzugsgesetz ergibt sich, dass sich die Größe der Anstaltsbeiräte nach der Belegungsfähigkeit der jeweiligen Anstalt richten sollte, um eine effektive Aufgabenbewältigung durch die Beiräte zu gewährleisten.[537] In der Verwaltungsvorschrift des Landes Baden-Württemberg wird dementsprechend die Anzahl der in den Beirat zu berufenden Mitglieder von der Belegungsfähigkeit der betreffenden Justizvollzugsanstalt abhängig gemacht, wobei jedoch eine Mindestmitgliederzahl festgesetzt wird. Folglich lässt sich die Vermutung aufstellen, dass ein enger Zusammenhang zwischen der Leistungsfähigkeit der Anstaltsbeiräte und der Anzahl der Mitglieder in einem Anstaltsbeirat besteht.

---

536 Vgl. Baumann 1973, S. 103.
537 Vgl. die Ausführungen im 3. Kapitel: 1.1.2.1, S. 46 ff.

Hypothese 14: Je mehr Mitglieder ein Anstaltsbeirat hat, desto intensiver erfüllt das einzelne Beiratsmitglied seine Aufgaben.

Die Aufgabenwahrnehmung durch die Beiräte scheint sehr stark von der Einschätzung der eigenen Aufgaben und Rechte abzuhängen, weshalb Gerken eine deutlichere Ausweisung insbesondere der Rechte der Anstaltsbeiräte in der Verwaltungsvorschrift empfahl.[538] Deshalb dürfte die Rechtssicherheit, über die ein Beiratsmitglied verfügt, entscheidenden Einfluss darauf haben, in welchem Maße es seine Aufgaben wahrnimmt. Ausgehend von dieser Annahme müssten auch die Beiräte, die aufgrund ihrer langjährigen Mitgliedschaft im Anstaltsbeirat sehr erfahren sind und ihre Rechtsstellung kennen, ihre Aufgaben intensiv wahrnehmen können.

Hypothese 15: Wenn ein Beiratsmitglied rechtssicher ist, dann erhöht sich die Intensität seiner Aufgabenerfüllung ebenso wie mit zunehmender Dauer seiner Beiratsmitgliedschaft.

Es stellt sich außerdem die Frage, welche Rolle die Information der Anstaltsbeiräte vor ihrem Amtsantritt über ihre Tätigkeit für die Aufgabenwahrnehmung spielt. Nicht nur für die Erfüllung der anstaltsbezogenen Aufgaben, sondern gerade auch für die Wahrnehmung der ungeschriebenen Öffentlichkeitsaufgaben dürfte es entscheidend sein, inwieweit die Beiräte über diese Aufgaben vor Amtsantritt aufgeklärt wurden oder sich selbst informiert haben.

Definition „Anstaltsbezogene Aufgaben": Zu den anstaltsbezogenen Aufgaben wird die Aufgabe der Mitwirkung bei der Vollzugsgestaltung und bei der Betreuung der Gefangenen sowie die Aufgabe der Unterstützung der Anstaltsleitung durch Anregungen/Verbesserungsvorschläge und der Hilfe bei der Eingliederung der Gefangenen nach der Entlassung gezählt.

Definition „Öffentlichkeitsaufgaben": Zu den Öffentlichkeitsaufgaben wird die Aufgabe der Vermittlung eines der Realität entsprechenden Bildes des Strafvollzugs in der Öffentlichkeit und die Aufgabe der Werbung in der Öffentlichkeit um Verständnis für den Resozialisierungsvollzug gezählt.

Wichtig für eine effektive Aufgabenwahrnehmung ist allerdings nicht nur die Information der Beiräte vor Amtsantritt, sondern auch die Unterstützung während ihrer Amtszeit. Oft ergeben sich Fragen und Unklarheiten bezüglich der Ausübung des Ehrenamtes erst im Laufe der Zeit, wenn bereits einige Erfahrungen gesammelt werden konnten. Daher ist es wichtig, dass den Beiräten auch während ihrer Amtszeit Ratschläge oder Hilfestellungen vermittelt werden können. Die Information der Beiräte vor und während ihrer Amtszeit kann unter dem Begriff „Schulung" zusammengefasst werden.

Definition „Schulung": Die Schulung der Beiratsmitglieder bezeichnet die Information neuer Beiratsmitglieder bzw. deren selbstständige Informationsbeschaffung hinsichtlich der Aufgaben, Rechte und Pflichten des Ehrenamtes vor Amtsantritt

---

538 Vgl. Gerken 1986, S. 255.

sowie die Unterstützung der Beiräte bei ihrer Aufgabenbewältigung während der Amtsperiode durch Vorträge, Informationsveranstaltungen oder Gesprächsangebote. Besonders wichtig erscheinen in diesem Zusammenhang auch die Sitzungen des Beirats,[539] im Rahmen derer ein solcher Informationsaustausch stattfinden kann. Diese Sitzungen dürften die Aufgabenwahrnehmung eines Beiratsmitglieds ebenso beeinflussen wie die Schulung.

Hypothese 16: Beiratsmitglieder, die geschult sind, sowie Beiratsmitglieder, deren Beirat zu regelmäßigen Sitzungen zusammenkommt, erfüllen verstärkt ihre anstaltsbezogenen Aufgaben und ihre Öffentlichkeitsaufgaben.

Für eine effektive Wahrnehmung der ungeschriebenen Öffentlichkeitsaufgaben dürfte darüber hinaus auch entscheidend sein, inwieweit die Beiräte über ihre Verschwiegenheitspflicht aufgeklärt wurden. Gerken konnte in der Praxis erhebliche Defizite bei der Aufklärung der Beiräte über ihre Schweigepflicht ausmachen, was häufig zu einer Kollision mit der Wahrnehmung der Öffentlichkeitsfunktion führte.[540] Viele Beiräte sahen einen Widerspruch zwischen der Wahrnehmung der Öffentlichkeitsaufgaben und der Wahrung der Verschwiegenheit über persönliche Angelegenheiten der Gefangenen. Diesen Widerspruch versuchten viele Beiräte zu Lasten der Öffentlichkeitsfunktion zu lösen, indem sie dieser Aufgabe kaum oder gar nicht nachkamen.

Hypothese 17: Wenn ein Beiratsmitglied nicht über seine Verschwiegenheitspflicht aufgeklärt wurde, dann erfüllt es seine Öffentlichkeitsaufgaben kaum oder gar nicht.

Die Frage, ob und in welchem Umfang die Beiratsmitglieder ihre Aufgaben wahrnehmen, hängt auch stark mit der Organisation des Anstaltsbeirats zusammen.[541] Es kann angenommen werden, dass solche Mitglieder, die Führungsrollen innerhalb des Beirats übernehmen, aufgrund der umfassenden Verantwortung, die sie tragen, ihre Aufgaben insgesamt intensiver wahrnehmen als die Nichtführungsmitglieder. Die Führungsmitglieder kommen häufiger mit der Anstaltsleitung in Kontakt, sodass sie diese auch eher durch Anregungen und Verbesserungsvorschläge unterstützen können und möglicherweise auch intensiver an der Gestaltung des Vollzugs mitwirken. Gleiches könnte für die Aufgabe der Betreuung der Gefangenen gelten. Wenn angenommen wird, dass die Führungsmitglieder grundsätzlich einen besseren Kontakt zu den Gefangenen pflegen, so könnten sie ihre Betreuungsaufgabe intensiver wahrnehmen und den Gefangenen eher Hilfe bei der Eingliederung nach der Entlassung leisten.

Hypothese 18: Beiratsmitglieder, die eine Führungsrolle im Beirat einnehmen, erfüllen ihre Aufgaben intensiver als die sonstigen Beiratsmitglieder.

---

539 Zur Bedeutung der Sitzungen Baumann 1973, S. 103.
540 Vgl. Gerken 1986, S. 258.
541 Vgl. ebd., S. 244 ff.

2.2 Einflussfaktor Interaktion

Eine umfassende Information der Anstaltsbeiräte durch die Anstaltsleitung über Ereignisse in der Anstalt ist eine wichtige Voraussetzung für die effektive Aufgabenbewältigung durch die Beiräte. Schibol/Senff konnten in ihrer Untersuchung nachweisen, dass sich die Tätigkeit der Anstaltsbeiräte eher auf die Einzelfallhilfe für die Gefangenen als auf eine Verbesserung der Gesamtstruktur in der Anstalt bezog, weil sie von der Anstaltsleitung bzw. den Bediensteten zu wenig Informationen über die Vorgänge innerhalb der Anstalt erhielten, um Probleme auf einer allgemeineren Ebene lösen zu können.[542] Die Weitergabe von wichtigen, oftmals sehr vertraulichen Informationen setzt jedoch eine gute und vertrauensvolle Zusammenarbeit zwischen der Anstaltsleitung und den Beiräten voraus.

Hypothese 19: Die Zusammenarbeit mit der Anstaltsleitung und das Einholen von Auskünften bei dieser über Vorgänge in der Anstalt beeinflussen positiv die Aufgabenwahrnehmung eines Anstaltsbeirats.

Das Verhältnis zur Anstaltsleitung dürfte außerdem die Wahrnehmung der Öffentlichkeitsaufgaben durch die Beiräte beeinflussen. Die Frage, ob und in welchem Umfang ein Beiratsmitglied Öffentlichkeitsarbeit betreiben kann, hängt nicht nur von seinen Kontakten zur Öffentlichkeit ab, sondern wird in erheblichem Umfang auch von der Informationspolitik der Anstaltsleitungen mitbestimmt.[543] Nur wenn die Beiräte umfassend über die tatsächlichen Gegebenheiten in der Vollzugsanstalt aufgeklärt wurden, sind sie in der Lage, der Bevölkerung ein realitätsnahes Bild des Strafvollzugs zu vermitteln und gleichzeitig für den Resozialisierungsvollzug zu werben.

Hypothese 20: Wenn ein Informationsaustausch mit der Anstaltsleitung stattfindet, dann nimmt das Beiratsmitglied seine Öffentlichkeitsaufgaben verstärkt wahr.

Bezüglich der Aufgabenwahrnehmung könnte sich ein möglicher Unterschied zu Sachsen ergeben. Da die Rechtsstellung der Beiräte in der Verwaltungsvorschrift Sachsens konkreter ausgestaltet ist, könnten die dortigen Beiräte ihre anstaltsbezogenen Aufgaben intensiver wahrnehmen als ihre Kollegen in Baden-Württemberg. Da in Sachsen in jedem Beirat zwei Landtagsabgeordnete vertreten sind, könnten die sächsischen Beiräte auch ihre Öffentlichkeitsaufgaben intensiver wahrnehmen als es den Beiräten in Baden-Württemberg möglich ist.

Hypothese 21: Die Beiräte in Sachsen erfüllen ihre anstaltsbezogenen Aufgaben und ihre Öffentlichkeitsaufgaben intensiver als die Beiräte in Baden-Württemberg.

Aus dem Gespräch der Verfasserin mit dem zuständigen Referenten des Justizministeriums Baden-Württembergs ergab sich, dass die Aufgabenbewältigung

---

542 Vgl. Schibol/Senff, ZfStrVo 1986, S. 205.
543 Vgl. Gerken 1986, S. 253 ff.

der Beiräte in der Praxis meist einem bestimmten Muster folgt.[544] Die Gefangenen treten mit ihren persönlichen Problemen an die Beiräte heran und diese tragen die Anliegen – wenn sie dies als notwendig ansehen– an die Anstaltsleitung weiter. Sodann wird die Problematik auf genereller Ebene diskutiert und es wird versucht, Lösungen zu finden. Dies spricht dafür, dass die Anstaltsbeiräte ihre Aufgabenfelder nicht streng getrennt voneinander wahrnehmen und zwischen solchen Aufgaben differenzieren, die die generelle Mitwirkung und Beratung der Anstaltsleitung betreffen, und solchen Aufgaben, die sich auf die individuelle Betreuung der Gefangenen beziehen. Vielmehr bedingt die Möglichkeit der Mitwirkung bei der Vollzugsgestaltung und der Unterstützung der Anstaltsleitung durch Anregungen/Verbesserungsvorschläge die Wahrnehmung der Aufgabe der Mitwirkung bei der Betreuung der Gefangenen und der Hilfe bei der Wiedereingliederung und umgekehrt.

Hypothese 22: Je intensiver ein Beiratsmitglied die Aufgabe der Mitwirkung bei der Gestaltung des Vollzuges und die Aufgabe der Unterstützung der Anstaltsleitung durch Anregungen/Verbesserungsvorschläge erfüllt, desto intensiver nimmt es auch die Aufgabe der Mitwirkung bei der Betreuung der Gefangenen und die Aufgabe der Hilfe bei der Wiedereingliederung der Gefangenen nach der Entlassung wahr.

Die Aufgabenwahrnehmung durch die Beiräte wird maßgeblich auch durch ihr Verhältnis zu den Gefangenen beeinflusst. Die Gefangenen wenden sich an den Beirat insbesondere mit ihren Wünschen und Problemen in der Hoffnung auf Abhilfe. Dies haben die Untersuchungen Schibol/Senffs gezeigt.[545] So können auch verborgene Missstände aufgedeckt werden. Der Kontakt zu den Gefangenen ist deshalb nicht nur für die Wahrnehmung der Aufgabe der Betreuung der Gefangenen und der Hilfe bei deren Wiedereingliederung nach der Entlassung sehr wichtig. Auch die Mitwirkung an der Vollzugsgestaltung oder die Unterbreitung von Verbesserungsvorschlägen an die Anstaltsleitung erscheint nur möglich, wenn die Beiräte über die Situation in der Anstalt und die Bedürfnisse der Gefangenen informiert sind. Deshalb gehört die Kontaktaufnahme des Beirats zu den Gefangenen zu dessen elementaren Rechten, die im Gesetz verankert sind.

Definition „Kontaktaufnahme zu den Gefangenen": Zu der Kontaktaufnahme zu den Gefangenen zählen die Gespräche und der Schriftwechsel mit einzelnen Gefangenen bzw. ihrer Interessenvertretung sowie die Besuche der Gefangenen in ihren Haftraäumen durch die Beiräte.

Hypothese 23: Die Kontaktaufnahme zu den Gefangenen beeinflusst positiv die Zusammenarbeit eines Beiratsmitglieds mit den Gefangenen sowie seine Aufgabenwahrnehmung.

---

544 Mitteilung des Referenten des Justizministeriums Baden-Württembergs für die Anstaltsbeiräte: 3. Kapitel: 2.1, S. 69 f.
545 Vgl. Schibol/Senff, ZfStrVo 1986, S. 205.

Eine mögliche Gefahr im Hinblick auf die Zusammenarbeit mit den Gefangenen besteht jedoch darin, dass sich die Beiräte zu sehr auf die individuelle Betreuung der Gefangenen konzentrieren und dabei ihre Arbeit auf der allgemeinen Vollzugsebene vernachlässigen. Da in der sächsischen Verwaltungsvorschrift der Hinweis enthalten ist, dass die Beiräte keine zusätzliche Beschwerdeinstanz für die Gefangenen innerhalb des Vollzugssystems darstellen sollen, könnten die dortigen Beiräte sich diesbezüglich ihrer Rechtsposition sicherer sein und deshalb den Schwerpunkt ihrer Arbeit weniger in der individuellen Betreuung der Gefangenen sehen.

Hypothese 24: Die Beiräte in Baden-Württemberg beschäftigen sich mit der Aufgabe der Mitwirkung bei der Betreuung der Gefangenen und der Aufgabe der Hilfe bei der Wiedereingliederung der Gefangenen nach der Entlassung intensiver als die Beiräte in Sachsen.

Der Umfang der Aufgabenwahrnehmung durch die Beiräte dürfte auch durch die Art und Weise der Zusammenarbeit mit den Vollzugsbeamten beeinflusst werden. Diese sollen sich ebenfalls mit Anliegen oder Problemen an die Beiräte wenden können. Durch ihre Nähe zum Vollzugsgeschehen können sie die Beiräte so auf allgemeine Schwierigkeiten in der Anstalt hinweisen und die Beiräte können auf diese Weise wichtige Informationen, die sie zur Aufgabenbewältigung benötigen, erhalten.

Hypothese 25: Die Zusammenarbeit mit den Vollzugsbeamten beeinflusst positiv die Aufgabenwahrnehmung eines Beiratsmitglieds.

2.3 Einflussfaktor Beiratspersönlichkeit

Grundsätzlich sollten die Mitglieder eines Anstaltsbeirats gemäß den Funktionen des Beirats ausgewählt werden, um auf diese Weise eine umfassende Aufgabenwahrnehmung gewährleisten zu können.[546] Darüber hinaus dürfte aber auch die bisherige Erfahrung eines Beiratsmitglieds mit der Ausübung sonstiger Ehrenämter im kirchlichen/seelsorgerischen Bereich Einfluss auf die Aufgabenbewältigung haben. Wenn ein Beiratsmitglied bereits ehrenamtlich tätig gewesen ist, kennt es sich mit den generellen Anforderungen und Besonderheiten eines solchen Amtes aus und kann möglicherweise auch deshalb die Aufgaben eines Anstaltsbeirats einfacher bewältigen.

Hypothese 26: Ein Beiratsmitglied erfüllt verstärkt seine Aufgaben, wenn es bereits ehrenamtlich im kirchlichen/seelsorgerischen Bereich tätig ist/war.

Eine wirksame Entlassenenhilfe muss von mehreren Seiten ansetzen, damit den Gefangenen bei der Wiedereingliederung tatsächlich geholfen werden kann. Wichtig ist hierbei stets die Vermittlung zu Stellen und Institutionen außerhalb der Vollzugsanstalt, die den Gefangenen nach der Entlassung für den Aufbau eines Lebens in Freiheit wirksame Hilfestellungen geben können. Dementsprechend sieht die

---

546   Vgl. Baumann 1973, S. 103.

Verwaltungsvorschrift Baden-Württembergs die Mitwirkung je eines Mitglieds einer Arbeitnehmer- und einer Arbeitgeberorganisation sowie einer in der Sozialarbeit, insbesondere in der Straffälligenhilfe, tätigen Persönlichkeit im Beirat vor. Während die Vertreter der Arbeitnehmer- und Arbeitgeberorganisationen dank ihrer Kontakte speziell Hilfe bei der Suche nach einer Arbeitsstelle leisten können, ist es den in der Straffälligenhilfe tätigen Beiräten möglich, die soziale Wiedereingliederung zu unterstützen, indem etwa Hilfen bei der Wohnungssuche vermittelt werden.

Hypothese 27: Ein Beiratsmitglied erfüllt verstärkt die Aufgabe der Hilfe bei der Wiedereingliederung nach der Entlassung, wenn es Mitglied eines Arbeitgeberverbandes oder einer Gewerkschaft ist/war oder in der Straffälligenhilfe tätig ist/war.

Daneben dürfte auch die Art und Weise der Wahrnehmung der Öffentlichkeitsaufgaben von der jeweiligen Beiratspersönlichkeit abhängen. Wie bereits angesprochen wurde, sind die entsprechenden Beziehungen der Beiräte nach außen eine elementare Voraussetzung für eine wirkungsvolle Öffentlichkeitsarbeit. Deshalb sind in Sachsen in jedem Beirat zwei Landtagsabgeordnete vertreten. Diese müssten in größerem Ausmaß auf landespolitischer Ebene in der Lage sein, die Probleme und Bedürfnisse des Strafvollzugs dem Parlament und einer breiteren Öffentlichkeit zu vermitteln.

Hypothese 28: Die parlamentarischen Beiratsmitglieder in Sachsen erfüllen ihre Öffentlichkeitsaufgaben intensiver als ihre nichtparlamentarischen Kollegen.

3. Befugniswahrnehmung

3.1 Allgemeine Einflussfaktoren

Eine umfassende Wahrnehmung der Befugnisse ist unverzichtbar für eine wirkungsvolle Arbeit der Beiräte. Eines der wichtigsten Rechte der Anstaltsbeiräte ist dabei ihr Anspruch gegenüber der Anstaltsleitung auf Informationsweitergabe. Gerade für die Durchsetzung dieses Anspruchs bedarf es einer gewissen Sicherheit im Hinblick auf die eigene Rechtsposition und eines selbstbewussten Auftretens gegenüber der Anstaltsleitung. Es lässt sich deshalb vermuten, dass sowohl die Beiratsmitglieder, die über eine gewisse Rechtssicherheit verfügen, als auch jene Beiräte, die bereits lange Zeit Mitglied im Beirat sind, ihre Rechte insgesamt intensiv wahrnehmen können. Gleiches lässt sich im Hinblick auf die Führungsmitglieder vermuten.

Hypothese 29: Wenn ein Beiratsmitglied rechtssicher ist oder eine Führungsrolle im Beirat einnimmt, dann erhöht sich die Intensität seiner Befugniswahrnehmung ebenso wie mit zunehmender Dauer seiner Beiratsmitgliedschaft.

Gerade weil es an einer expliziten und umfassenden Erwähnung der Rechte der Beiräte in den gesetzlichen Vorschriften fehlt, ist ihre Schulung bezüglich der ihnen zustehenden Befugnisse umso wichtiger. Nur auf diese Weise erscheint es möglich, dass sich die Beiräte ihrer Rechtsstellung innerhalb der Vollzugsanstalt sicher werden und sie aufgrund dessen ihre Rechte selbstbewusster einfordern können. Eine solche Schulung kann auch im Rahmen der regelmäßigen Beiratssitzungen stattfinden.

Hypothese 30: Beiratsmitglieder, die geschult sind, sowie Beiratsmitglieder, deren Beirat zu regelmäßigen Sitzungen zusammenkommt, nehmen verstärkt ihre Befugnisse wahr.

Wie bereits aufgezeigt wurde, besteht ein notwendiger Zusammenhang zwischen der Aufgaben- und Befugniswahrnehmung der Anstaltsbeiräte. Es kann deshalb vermutet werden, dass die Beiräte, die mit ihrer Aufgabenwahrnehmung zufrieden sind und demnach ihre Beiratsarbeit grundsätzlich als wirksam einschätzen, in ihrem Selbstbewusstsein gestärkt sind, sodass sie wiederum ihre Rechte in höherem Maße einfordern und durchsetzen können.

Hypothese 31: Wenn ein Beiratsmitglied seine Arbeit als wirksam einschätzt, dann nimmt es verstärkt eine Befugnisse wahr.

3.2 Einflussfaktoren Interaktion und Beiratspersönlichkeit

Die bisherigen Studien[547] zu dem Thema „Anstaltsbeiräte" haben gezeigt, dass eine Weitergabe von Informationen durch die Anstaltsleitung und die Vollzugsbeamten unabdingbare Voraussetzung für eine wirksame Beiratsarbeit ist. Eine solche Informationsweitergabe setzt wiederum eine gute und vertrauensvolle Zusammenarbeit der Beteiligten voraus.

Hypothese 32: Die Zusammenarbeit eines Beiratsmitglieds mit der Anstaltsleitung und den Vollzugsbeamten beeinflusst positiv seine Befugniswahrnehmung.

Auch das Verhältnis zum Justizministerium dürfte die Befugniswahrnehmung beeinflussen. Die Beiräte, die gut mit dem Justizministerium zusammenarbeiten, könnten sich dadurch in ihrer Arbeit bestärkt fühlen, was dazu führen könnte, dass diese Beiräte ihre Rechte insgesamt intensiv wahrnehmen.

Hypothese 33: Die Zusammenarbeit eines Beiratsmitglieds mit dem Justizministerium beeinflusst positiv seine Befugniswahrnehmung.

Hinsichtlich des Verhältnisses zu den Gefangenen dürften außerdem die Beiratsmitglieder im Vorteil sein, die selbst im Bereich des Strafvollzugs beruflich tätig sind oder waren, z. B. als Sozialarbeiter. Diese kennen die Besonderheiten des Vollzugs und dürften zudem in der Kommunikation mit den Gefangenen erfahren sein. Dies lässt annehmen, dass diese Beiräte leichter in Kontakt mit den Gefangenen kommen und möglicherweise weniger Probleme im Umgang mit diesen haben.

Hypothese 34: Wenn ein Beiratsmitglied im Bereich des Strafvollzugs beruflich tätig ist/war, dann nimmt es verstärkt Kontakt zu den Gefangenen auf.

---

547   Vgl. Schibol/Senff 1986, S. 205 ff; Gerken 1986, S. 253.

Jene Beiräte, die Kontakt mit den Gefangenen aufnehmen, werden von diesen auch Informationen über die Vorgänge in der Anstalt erlangen und damit die Sichtweise der Beteiligten kennenlernen. Da die Beiräte jedoch Ansprechpartner für alle am Vollzug Beteiligten sein sollten, dürfte ihnen diese Sichtweise nicht genügen und sie müssten bestrebt sein, von der Anstaltsleitung ebenfalls Auskünfte über die benannten Vorgänge zu erhalten, um sich ein objektives Bild der Sachlage machen zu können. Folglich müssten jene Beiräte, die in hohem Maße Kontakt zu den Gefangenen pflegen, in ähnlich hohem Maße ihr Recht auf Auskunfterteilung gegenüber der Anstaltsleitung durchsetzen.

Hypothese 35: Je intensiver ein Beiratsmitglied Kontakt zu den Gefangenen aufnimmt, desto intensiver nimmt es das Recht auf Einholen von Auskünften bei der Anstaltsleitung wahr.

6. Kapitel: Die Methode der Untersuchung

1. Vorüberlegungen

Im Hinblick auf die unterschiedlichen Ausführungsbestimmungen der Länder bot es sich an, die Tätigkeit der Anstaltsbeiräte nicht nur in einem Bundesland zu untersuchen, sondern auf zwei Länder auszudehnen. Dies ermöglichte nicht nur einen Vergleich der Arbeit der Anstaltsbeiräte in den beiden Bundesländern und die Herausarbeitung von Gemeinsamkeiten und Unterschieden. Es konnte hierbei auch auf die unterschiedlichen Verwaltungsvorschriften Bezug genommen werden, indem die Tätigkeit der Anstaltsbeiräte in Relation zu den entsprechenden Ausführungsvorschriften gesetzt wurde. Auf diese Weise war es möglich, ein umfassendes Bild der tatsächlichen Arbeitsweise der Anstaltsbeiräte zu gewinnen und sowohl positive als auch negative Aspekte der gesetzlichen Vorschriften herauszuarbeiten.

Zunächst boten sich als Untersuchungsgegenstand die Anstaltsbeiräte in Baden-Württemberg an, da die Dissertation am Heidelberger Institut für Kriminologie angefertigt wurde. Darüber hinaus war die Verfasserin während ihres Studiums als ehrenamtliche Betreuerin in der Justizvollzugsanstalt Mannheim sowie in deren Außenstelle Heidelberg tätig und konnte so bereits wertvolle Einblicke in den Vollzugsalltag der baden-württembergischen Justizvollzugsanstalten gewinnen. Der Schwerpunkt der vorliegenden Studie wurde deshalb auf die Untersuchung der Beiratspraxis in Baden-Württemberg gelegt. Die Analyse der Beiratstätigkeit in Sachsen diente als Vergleichshintergrund. Der Grund für diese Wahl war zum einen, dass beide Bundesländer vergleichbar bezüglich der Anzahl der dort tätigen Anstaltsbeiräte sind (Baden-Württemberg: 89 Beiräte; Sachsen: 68 Beiräte). Beide Bundesländer verfügen zum anderen über recht unterschiedlich ausgestaltete Verwaltungsvorschriften, wobei der deutlichste Unterschied darin besteht, dass in Sachsen im Gegensatz zu Baden-Württemberg je zwei Landtagsabgeordnete als Mitglieder im Anstaltsbeirat vertreten sind. Es erschien damit interessant zu erforschen, inwieweit sich diese unterschiedliche rechtliche Ausgestaltung auf die Praxis auswirkt. Zudem unterstand Sachsen als Teil der ehemaligen DDR jahrzehntelang der Diktatur eines Unrechtsregimes, dessen totalitäre Methoden maßgeblich den Justizvollzug beeinflussten und mit den rechtsstaatlichen Grundsätzen der Bundesrepublik in keinster Weise vergleichbar waren. Auch vor diesem Hintergrund erschien ein anderes Selbstverständnis und damit eine andere Arbeits- und Wirkungsweise der Beiräte in Sachsen (zumindest derer, die diese Diktatur unmittelbar erlebten) denkbar, sodass ein Vergleich der Bundesländer Baden-Württemberg und Sachsen sinnvoll erschien.

Als Untersuchungsmethode wurde die schriftliche Befragung gewählt. Aufgrund der relativ großen Gruppe der zu befragenden Anstaltsbeiräte sowie der Tatsache, dass die Erhebung von der Verfasserin allein durchgeführt wurde, stellte dies die praktikabelste Untersuchungsvariante dar.[548] Durch die standardisierten Fragen und Antwortmöglichkeiten wurden eine größtmögliche Kontrolle der Erhebungssituation sowie eine Vergleichbarkeit der Antworten ermöglicht. Zusätzlich boten sich Interviews als weitere Erhebungsmethode an. Der Vorteil bestand hierbei darin, dass jedenfalls einige Beiratsmitglieder sehr ausführlich befragt werden konnten, während bei der schriftlichen Erhebung zwar viele Betroffene erfasst wurden, dabei jedoch nur eine weniger intensive Befragung möglich war. Um die erfassten Ausschnitte der Realität der Anstaltsbeiräte möglichst genau beschreiben und abbilden zu können, wurde die schriftliche Befragung daher durch zwei explorative Telefoninterviews mit Beiratsmitgliedern[549] sowie durch das persönliche Interview mit dem zuständigen Referenten im Justizministerium in Baden-Württemberg ergänzt.

2. Die Untersuchungsanordnung

2.1 Die Untersuchungsobjekte

Im Rahmen der vorliegenden Untersuchung wurden an sämtliche an den Justizvollzugsanstalten in Baden-Württemberg und Sachsen zwischen August und Dezember 2010 amtierenden Anstaltsbeiräte Fragebögen verschickt.

Baden-Württemberg verfügte zu dieser Zeit über 17 Justizvollzugsanstalten mit 25 Außenstellen, an denen je nach Belegungsfähigkeit zwischen drei und sieben Beiratsangehörige tätig sind (vgl. Tab. 1). Damit amtierten in Baden-Württemberg insgesamt 89 Anstaltsbeiräte.

---

548 Vgl. die Ausführungen von Raab-Steiner/Benesch 2008, S. 44 ff.

549 Die Bearbeiterin führte je ein Telefoninterview mit einem Beiratsmitglied aus Baden-Württemberg (15. Oktober 2010) und einem Beiratsmitglied aus Sachsen (25. November 2010). Gegenstand beider Telefoninterviews war die Erörterung der Beiratspraxis in dem jeweiligen Bundesland.

Tabelle 1: Anstaltsbeiräte in Baden-Württemberg; Stand Dezember 2010

Justizvollzugsanstalt	Anzahl der Beiratsmitglieder
Adelsheim mit Ast.[1] Mosbach	3
Bruchsal mit Ast. Kislau	5
Freiburg mit Ast. Emmendingen	7
Heilbronn mit Ast. Hohrainhof	5
Heimsheim mit Ast. Ludwigsburg u. Sachsenheim	5
Heimsheim Ast. Pforzheim	3
JVKH[2] Hohenasperg u. Sozialtherap. Anstalt mit Ast. Crailsheim	5
Karlsruhe mit Ast. Bühl u. Ast. Rastatt	3
Konstanz mit Ast. Singen	3
Mannheim mit Ast. Heidelberg	7
Offenburg mit Ast. Kenzingen	5
Ravensburg mit Ast. Bettenreute	5
Rottenburg mit Ast. Maßhalderbuch u. Tübingen	5
Rottweil mit Ast. Hechingen, Oberndorf u. Vill.-Schwenningen	3
Schwäbisch Gmünd mit Ast. Ellwangen, Heidenheim u. Kapfenburg	5
Schwäbisch Hall mit Ast. Klein-Komburg	5
Stuttgart	7
Ulm mit Ast. Frauengraben 4 und 6	5
Waldshut-Tiengen mit Ast. Lörrach	3

[1] Außenstelle
[2] Justizvollzugskrankenhaus

Die Belegungsfähigkeit der einzelnen Justizvollzugsanstalten variiert sehr stark (vgl. Tab. 2) und die Justizvollzugsanstalt Mannheim ist mit einer Belegungsfähigkeit von 794 Gefangenen die Größte.

Tabelle 2: Justizvollzugsanstalten Baden-Württemberg – Belegungsfähigkeit; Stand Oktober 2010

Justizvollzugsanstalt	Belegungsfähigkeit	Höchstbelegung
Adelsheim	454	370
- Ast.[1] Mosbach	20	12
Bruchsal	487	433
- Ast. Kislau	169	182
Freiburg	699	638
- Ast. Emmendingen	30	35
Heilbronn	263	295
- Ast. Hohrainhof	89	57
Heimsheim	487	467
- Ast. Pforzheim	122	86
- Ast. Ludwigsburg	84	56
- Ast. Sachsenheim	68	45
JVKH[2] Hohenasperg	188	129
Karlsruhe	110	132
- Ast. Bühl	28	29
- Ast. Rastatt	51	51
Konstanz	88	110
- Ast. Singen	48	55
Mannheim	794	701
- Ast. Heidelberg	77	96
Offenburg	500	502
- Ast. Kenzingen	22	18
Ravensburg	480	445
- Ast. Bettenreute	39	33
Rottenburg	525	565
- Ast. Maßhalderbuch	24	30
- Ast. Tübingen	43	62
Rottweil	20	35
- Ast. Hechingen	32	45
- Ast. Oberndorf	18	25
- Ast. Vill.-Schwenningen	18	31

[1] Außenstelle
[2] Justizvollzugskrankenhaus

Justizvollzugsanstalt	Belegungsfähigkeit	Höchstbelegung
Schwäbisch Gmünd	375	314
- Ast. Ellwangen	38	36
- Ast. Heidenheim	47	46
- Ast. Kapfenburg	45	36
Schwäbisch Hall	400	372
- Ast. Klein-Komburg	28	32
Sozialtherap. Anstalt BW	57	54
- Ast. Crailsheim	24	20
Stuttgart	626	676
Ulm	212	200
- Ast. Frauengraben 4 & 6	133	67
Waldshut-Tiengen	53	60
- Ast. Lörrach	62	0

Die meisten Justizvollzugsanstalten sind für den Erwachsenenvollzug zuständig (vgl. Tab. 3). Adelsheim ist neben Pforzheim die einzige Jugendstrafvollzugsanstalt; an ihr sind drei Personen im Anstaltsbeirat vertreten. Hinzu kommt das Justizvollzugskrankenhaus und die Sozialtherapeutische Anstalt Hohenasperg mit fünf Beiratsmitgliedern.

Tabelle 3: Justizvollzugsanstalten Baden-Württemberg – Sachliche Zuständigkeit

Justizvollzugsanstalt	Sachliche Zuständigkeit
Adelsheim	Männer: U-Haft[1] an jungen Gefangenen, JS[2] u. FS[3] gem. § 114 JGG
- Ast. Mosbach	Männer: offener Vollzug an jungen Gefangenen
Bruchsal	Männer: FS mit vorbeh./angeord. SV; offener Vollzug Abt. Styrumstr.
- Ast. Kislau	Männer: offener Vollzug
Freiburg	Männer: U-Haft, FS und SV; offener Vollzug Abt. Tennenbacherstr.
- Ast. Emmendingen	Männer: offener Vollzug
Heilbronn	Männer: FS ab 6 Monate; offener Vollzug in der Abt. Steinstraße
- Ast. Hohrainhof	Männer: offener Vollzug
Heimsheim	Männer: FS ab 6 Monate
- Ast. Pforzheim	Männer: geschlossener u. offener Vollzug; JS u. FS (§ 114 JGG)
- Ast. Ludwigsburg	Männer: offener Vollzug
- Ast. Sachsenheim	Männer: offener Vollzug bzgl. Straßenverkehrstätern
JVKH Hohenasperg	Männer u. Frauen: geschlossener Vollzug
Karlsruhe	Männer: U-Haft
- Ast. Bühl	Frauen: U-Haft u. FS bis 6 Monate
- Ast. Rastatt	Jugendarrestanstalt
Konstanz	Männer: U-Haft u. FS bis 1 Jahr 3 Monate; offener Vollzug in der Abt. Schottenstraße
- Ast. Singen	Männer: FS >1 Jahr 3 Monate an Verurteilten 62 Jahre o. älter
Mannheim	Männer: U-Haft und FS; offener Vollzug in der Abt. Herrenried
- Ast. Heidelberg	Männer u. Frauen: U-Haft
Offenburg	Männer: U-Haft, FS; FS >1 Jahr 3 Monate an Verurteilten <24 Jahren; JS an Verurteilten gem. § 89 b JGG
- Ast. Kenzingen	Männer: offener Vollzug; FS bis 1 Jahr 3 Monate u. mehr
Ravensburg	Frauen u. Männer: U-Haft Männer: FS; FS >1 Jahr 3 Monate an >24 Jährigen; JS (§ 89 b JGG); Männer: offener Vollzug Abt. Hinzistobel
- Ast. Bettenreute	Männer: offener Vollzug
Rottenburg	Männer: FS; Abt. für offenen Vollzug
- Ast. Maßhalderbuch	Männer: offener Vollzug
- Ast. Tübingen	Männer: U-Haft

[1] Untersuchungshaft
[2] Jugendstrafe
[3] Freiheitsstrafe

Justizvollzugsanstalt	Sachliche Zuständigkeit
Rottweil	Männer: U-Haft; FS bis 6 Monate
- Ast. Hechingen	Männer: U-Haft
- Ast. Oberndorf	Männer: geschlossener Vollzug an jungen Gefangenen
- Ast. Vill.- Schwenningen	Männer: U-Haft
Schwäbisch Gmünd	Frauen: U-Haft u. FS, JS u. SV; offener Vollzug in der Abt. Torbau
- Ast. Ellwangen	Männer: U-Haft
- Ast. Heidenheim	Männer: geschlossener u. offener Vollzug;
- AstKapfenburg	U-Haft, FS bis 1 Jahr 3 Monate Männer: offener Vollzug; FS bis 1 Jahr 3 Monate
Schwäbisch Hall	Männer: U-Haft u. FS ab 6 Monate; FS >1 Jahr 3 Monate an >24 Jährigen; JS an Verurteilten (§ 89 b JGG); offener Vollzug Unterlimpurger Str.
- Ast. Klein-Komburg	Männer: offener Vollzug
Sozialtherap. Anstalt BW	Männer: FS u. SV nach einer Verlegung gem. § 8 JVollzGB III; offener Vollzug in der Abt. Kellereibau
- Ast. Crailsheim	Männer: JS u. FS nach § 114 JGG an Verurteilten, mit Bedarf einer Drogentherapie
Stuttgart	Männer: U-Haft, FS und Strafarrest
Ulm	Männer: offener Vollzug
- Ast. Frauengraben 4 & 6	Männer: geschlossener Vollzug; U-Haft
Waldshut-Tiengen	Frauen u. Männer: U-Haft; Männer: FS bis 1 Jahr 3 Monate Männer: offener Vollzug Abt. Fertigbau
- Ast. Lörrach	Männer: geschlossener u. offener Vollzug; Sanierung ab 16.02.09

Im Rahmen eines Pretests wurden die sieben Anstaltsbeiräte an der Mannheimer Justizvollzugsanstalt gebeten, den Fragebogen auszufüllen und auf Verständlichkeit hin zu überprüfen. Durch die Teilnahme am Pretest kann das Problembewusstsein der Befragten verändert und dadurch ihr Antwortverhalten in der Hauptuntersuchung beeinflusst werden.[550] Um einen entsprechenden Effekt bei der vorliegenden Studie auszuschließen, wurden die Teilnehmer des Pretests für die Hauptuntersuchung nicht noch einmal befragt. Es wurden deshalb im Rahmen der Hauptuntersuchung 82 Anstaltsbeiräte in Baden-Württemberg angeschrieben.

In Sachsen gibt es zehn Justizvollzugsanstalten, an denen je nach Anstalt zwischen sechs und sieben Beiräte tätig sind (vgl. Tab. 4). Insgesamt amtierten im

---

550   Zu den „Pretest-Effekten" vgl. Bortz/Döring 2006, S. 539.

Untersuchungszeitraum in Sachsen 68 Anstaltsbeiräte, die in die Befragung einbezogen wurden.

Tabelle 4: Anstaltsbeiräte in Sachsen; Stand Dezember 2010

Justizvollzugsanstalt	Anzahl der Beiratsmitglieder
Bautzen	7
Chemnitz mit Bereichen Reichenhain, Kaßberg, Altendorfer Str.	7
Dresden mit sozialtherap. Abt.	7
Görlitz	7
Leipzig mit Krankenhaus	7
Regis-Breitingen	6
Torgau	6
Waldheim mit sozialtherap. Abt.	7
Zeithain	6
Zwickau	7

Die Belegungsfähigkeiten der einzelnen Justizvollzugsanstalten unterscheiden sich ebenfalls deutlich (vgl. Tab. 5). Die kleinste Justizvollzugsanstalt ist Zwickau mit einer Belegungsfähigkeit von 165 Gefangenen, die größte ist Dresden mit einer Belegungsfähigkeit von bis zu 805 Gefangenen.

Tabelle 5: Justizvollzugsanstalten Sachsen – Belegungsfähigkeit; Stand Dezember 2010

Justizvollzugsanstalt	Belegungsfähigkeit	Höchstbelegung
Bautzen	343	330
Chemnitz mit Bereichen Reichenhain, Kaßberg, Altendorfer Str.	240	223
Dresden mit sozialtherap. Abt.	805	763
Görlitz	209	184
Leipzig mit Krankenhaus	516	499
Regis-Breitingen	356	274
Torgau	382	353
Waldheim mit sozialtherap. Abt.	312	293
Zeithain	395	391
Zwickau	165	195

Auch in Sachsen sind die meisten Justizvollzugsanstalten für den Erwachsenenvollzug zuständig (vgl. Tab. 6). Nur die Anstalt Regis-Breitingen ist eine reine Jugendstrafvollzugsanstalt. Der Justizvollzugsanstalt Leipzig ist zudem ein Krankenhaus angegliedert.

Tabelle 6: Justizvollzugsanstalten Sachsen – Sachliche Zuständigkeit

Justizvollzugsanstalt	Sachliche Zuständigkeit
Bautzen	Männer: geschlossener Vollzug; FS, Ersatz-FS; Jugendarrestabteilung für männl. Jugendliche/Heranwachsende
Chemnitz Bereich Reichenhain	Frauen: geschlossener Vollzug; U-Haft, FS, Ersatz-FS; U-Haft u. JS an weibl. Jugendlichen/Heranwachsenden; Jugendarrest weiblich
Bereich Kaßberg	Männer: geschlossener Vollzug; U-Haft, FS bis 5 Jahre, Abschiebehaft, Ersatz-FS; U-Haft an männl. Jugendlichen/ Heranwachsenden
Bereich Altendorfer Str.	Männer u. Frauen: offener Vollzug, auch männl. u. weibl. Jugendliche
Dresden mit sozialtherap. Abt.	Männer u. Frauen: geschlossener Vollzug; U-Haft, FS, Ersatz-FS, Kurzstrafenabt. für männl. erwachsene Strafgefangene; U-Haft an männl. u. weibl. Jugendlichen/Heranwachsenden; Männer: offener Vollzug; Jugendarrest männl.
Görlitz	Männer: geschlossener Vollzug; U-Haft, FS bis 2 Jahre u. Ersatz-FS; U-Haft an männl. Jugendlichen u. Heranwachsenden
Leipzig mit Krankenhaus	Männer: geschlossener Vollzug; U-Haft, FS bis 2 Jahre u. Ersatz-FS; U-Haft an männl. Jugendlichen/Heranwachsenden
Regis-Breitingen	Männer: geschlossener u. offener Vollzug; JS an Jugendlichen/Heranwachsenden; Jugendarrestabteilung
Torgau	Männer: geschlossener Vollzug; FS, Ersatz-FS
Waldheim mit sozialtherap. Abt.	Männer: geschlossener Vollzug; FS >2 Jahre bzgl. Ersttäter
Zeithain	Männer: geschlossener Vollzug; FS bis 5 Jahre, Ersatz-FS; JS bei männl. Jugendlichen/Heranwachsenden bei Überschreiten der Aufnahmefähigkeit der JVA Regis-Breitingen
Zwickau	Männer: geschlossener Vollzug; U-Haft, FS bis 2 Jahre, Ersatz-FS; U-Haft an männl. Jugendlichen/Heranwachsenden

[1] Freiheitsstrafe
[2] Untersuchungshaft
[3] Jugendstrafe

Aufgrund der Tatsache, dass die Grundgesamtheiten mit 82 und 68 Personen sehr klein waren, wurden sämtliche amtierenden Beiräte in Baden-Württemberg und Sachsen angeschrieben; hierbei wurde nicht nach einzelnen Justizvollzugsanstalten selektiert. Der Fragebogen erstreckte sich insgesamt über 22 bzw. 23 Seiten und war mit 327 bzw. 347 Variablen sehr umfangreich.[551] Im Hinblick darauf und angesichts der Tatsache, dass die beiden Grundgesamtheiten nicht sehr umfangreich waren, stellte das Erreichen einer möglichst hohen Rücklaufquote ein großes Problem dar.[552]

Allerdings konnte die Verfasserin bereits im Vorfeld die Erfahrung machen, dass von allen Seiten Interesse an der Untersuchung bekundet wurde, sodass auf eine hinreichende Motivation bei den Beiräten zur Beantwortung der Fragebögen vertraut werden konnte. Im Rahmen der Genehmigung des Forschungsvorhabens in Baden-Württemberg wurde zunächst Kontakt mit dem Leiter des Kriminologischen Dienstes aufgenommen. Dieser zeigte sich sehr erfreut darüber, dass die Arbeit der Anstaltsbeiräte Gegenstand einer Studie sein sollte, und während des Genehmigungsverfahrens wurden der Verfasserin von dieser Seite wertvolle Tipps zur Durchführung der Untersuchung und zur Gestaltung der Fragebögen gegeben. Auch der zuständige Referent im Justizministerium Baden-Württembergs äußerte sich positiv zu dem Vorhaben. In einem persönlichen Gespräch wurden der Verfasserin Einblicke in die praktische Tätigkeit der Anstaltsbeiräte in Baden-Württemberg vermittelt, was wesentlich zur Präzisierung des Fragebogens beigetragen hat. Darüber hinaus zeigten sich die Anstaltsleitungen in Baden-Württemberg überaus kooperativ. Ihnen wurden die Fragebögen zunächst zugeleitet, um sie über die geplante Untersuchung zu informieren. Darüber hinaus wurden sie darum gebeten, die für die Untersuchung erforderlichen Angaben zu Anzahl und Namen der Anstaltsbeiräte zu machen. Die Zusammenarbeit funktionierte hierbei reibungslos. Es wurden zudem im Vorfeld der Untersuchung einige Telefonate mit Anstaltsbeiräten geführt, im Zuge derer die Verfasserin über die geplante Erhebung informierte und sich ein reges Interesse seitens der Beiräte an der geplanten Studie herauskristallisierte.

Die gleichen Erfahrungen wurden in Sachsen gemacht. Die Genehmigung des Forschungsvorhabens durch das Justizministerium wurde schnell und reibungslos erteilt. Von Seiten des Ministeriums wurden der Verfasserin die Telefonnummern der zuständigen Mitarbeiter an sämtlichen Justizvollzugsanstalten in Sachsen mitgeteilt. Die Anstalten informierten die Verfasserin bereitwillig über die amtierenden Anstaltsbeiräte mit ihren Vorsitzenden. Auch in Sachsen wurden im Vorfeld der Untersuchung mit einigen Beiratsvorsitzenden Telefongespräche über die anstehende Studie geführt, wobei ebenfalls durchgängig positive Reaktionen auf die geplante Befragung zu verzeichnen waren. Ein mögliches Problem stellte die erst kurze Amtsdauer einiger Anstaltsbeiräte dar. Aufgrund der sächsischen Landtagswahl im Jahre 2009 wurden in der ersten Hälfte des Jahres 2010 die Anstaltsbeiräte an den Justizvollzugsanstalten neu besetzt. Unter den neuen Mitgliedern waren einige Personen vertreten, die das Ehrenamt zum ersten Mal bekleideten und deshalb nur über wenige Erfahrungen verfügten, die sie im Rahmen der Befragung weitergeben könnten. Allerdings betrafen diese Neubesetzungen nur einen Teil

---

551   Vgl. die Fragebögen für Baden-Württemberg und Sachsen im Anhang.
552   Vgl. die Ausführungen von Toutenburg/Heumann 2008, S. 2 ff.

aller Beiräte in Sachsen, sodass eine erfolgreiche Durchführung der Untersuchung dennoch realistisch erschien. Es zeigte sich insgesamt, dass die wissenschaftliche Untersuchung der Arbeit der Anstaltsbeiräte von allen beteiligten Stellen und Personen begrüßt und unterstützt wurde. Insbesondere bei den Beiräten selbst war ein großes Bedürfnis zu spüren, ihre Wirkungs- und Arbeitsweise zu erklären und über ihre Tätigkeit zu berichten, weshalb die Verfasserin auf eine hohe Motivation der Beiräte bei der Beantwortung der Fragebögen und eine dementsprechend hohe Rücklaufquote vertraute.

2.2 Die Untersuchungsdurchführung

2.2.1 Der Pretest

Bei der Konstruktion der Fragebögen wurde auf den Gesetzestext der §§ 162 ff. StVollzG, § 18 JVollzGB I BW sowie auf die entsprechenden Verwaltungsvorschriften der Länder Baden-Württemberg und Sachsen Bezug genommen. Bei der Gestaltung der Fragen wurde überwiegend auf geschlossene Formulierungen zurückgegriffen. Dies ermöglichte auch Personen, denen die Verbalisierung Schwierigkeiten bereitet, eine einfache Beantwortung der Fragen.[553] Bei einigen komplexeren Fragestellungen wurden jedoch offene Fragen bzw. Mischformen gewählt, die zwar über vorgegebene Antwortkategorien verfügten, aber zusätzlich offene Kategorien enthielten. Dies bot den Vorteil, dass sich die antwortende Person nicht an vorgegebene Antwortmöglichkeiten halten musste, sondern selbst formulieren konnte. Gerade bei komplexen Themen, deren inhaltliche Abdeckung durch die Antwortkategorien nicht immer möglich war, konnte so dem Problem vorgebeugt werden, mögliche Antwortalternativen zu übersehen.[554] Darüber hinaus können gerade bei kleinen Befragtenzahlen auf diese Art individuelle Sichtweisen und Meinungen in die Untersuchung mit einfließen und entsprechende Ergebnisse abrunden bzw. absichern.[555] Bei den geschlossenen Fragen wurden sowohl einfache dichotome Antwortmöglichkeiten zur Auswahl gestellt als auch Ratingskalen mit mehreren Auswahlkategorien. Im Rahmen der offenen Fragen wurden freie Felder in den Fragebogen eingefügt, in denen die Befragten kurze schriftliche Antworten eintragen konnten.

Dieser vorläufig erstellte Fragebogen wurde dem Leiter des Kriminologischen Dienstes Baden-Württembergs zugeleitet. Dieser gab einige wertvolle Ratschläge zur inhaltlichen Abänderung einzelner Fragen. Dies betraf nicht nur den Umfang des Fragebogens, sondern auch die Formulierung und Verständlichkeit einzelner Fragestellungen. In dem Gespräch mit dem für die Anstaltsbeiräte zuständigen Referenten im Justizministerium konnte die Verfasserin nähere Einblicke in die

---

553 Vgl. Hussy/Schreier/Echterhoff 2010, S. 72.
554 Vgl. ebd.
555 Zur Untersuchungsmethodik Raab-Steiner/Benesch 2008, S. 52; Bortz/Döring 2006, S. 252; Koch 2004, S. 67.

Praxis der Tätigkeit der Beiräte in Baden-Württemberg erlangen.[556] Hierbei konnten insbesondere Informationen über die Bestellung der Beiräte, die jährlichen Berichte an das Justizministerium sowie die jährlichen Tagungen mit allen Beiräten in Baden-Württemberg gewonnen werden. Außerdem wurden so erste Eindrücke von dem Selbstverständnis der Beiräte und deren Aufgabenwahrnehmung erlangt, was zu einer weiteren Präzisierung und Konkretisierung des Fragebogens führte. Zudem wurden von dem Referenten weitere Anregungen bezüglich möglicher Fragestellungen nach der persönlichen Einschätzung des Ehrenamtes durch die Beiräte gegeben. Diese bezogen sich vor allem auf die Anerkennung, die die Beiräte möglicherweise durch ihre Umwelt erfahren, sowie auf die Unterstützung bei ihrer Aufgabenbewältigung.

Der so konstruierte Fragebogen wurde vor Durchführung der Hauptuntersuchung in einem Vorabtest auf seine Brauchbarkeit und Qualität überprüft.[557] Nur auf diese Weise konnten die Bearbeitungsdauer sowie die Verständlichkeit und damit die Praxisrelevanz des Fragebogens überprüft werden, sodass eine erfolgreiche Hauptuntersuchung möglich war. In einem Pretest wurden die sieben an der Mannheimer Justizvollzugsanstalt tätigen Anstaltsbeiräte angeschrieben und um Beantwortung des Fragebogenentwurfs gebeten. Von den sieben Mitgliedern beantworteten vier den Fragebogen. Hierbei wurden hilfreiche Bemerkungen zur Verständlichkeit der Fragen, zu dem Umfang des Fragebogens und der Bearbeitungsdauer gemacht. Nach Auswertung des Pretests waren nur einige minimale Korrekturen notwendig. Der Fragebogen schien insgesamt sowohl vom Inhalt als auch von der Formatierung her bearbeitungs- und anwenderfreundlich zu sein, sodass nach einer geringfügigen Überarbeitung die endgültige Fassung des Untersuchungsinstruments feststand.

2.2.2 Das Instrument der Hauptuntersuchung

Der Fragebogen der Hauptuntersuchung beinhaltete vierzehn Fragenkomplexe, die ihrerseits in verschiedene Fragestellungen unterteilt waren. Insgesamt setzte sich der Fragebogen für Baden-Württemberg aus 327 Variablen[558] zusammen, während jener für Sachsen 347 Variablen[559] enthielt. Grundsätzlich waren die Fragebögen für Baden-Württemberg und Sachsen identisch aufgebaut. Lediglich an jenen Stellen, an denen die Verwaltungsvorschriften zusätzliche bzw. abweichende Regelungen enthalten, unterschieden sich die Fragebögen in der Gestaltung der Fragen. Dies betraf die Fragen nach den Befugnissen der Beiräte, vor allem aber die Fragen nach der Berichterstattung an das Justizministerium.

---

556 Mitteilung des Referenten des Justizministeriums Baden-Württembergs für die Anstaltsbeiräte: 3. Kapitel: 2.1, S. 69 f.
557 Vgl. Raab-Steiner/Benesch 2008, S. 58.
558 Siehe dazu den Abdruck des baden-württembergischen Fragebogens im Anhang.
559 Siehe dazu den Abdruck des sächsischen Fragebogens im Anhang.

Die Fragen der ersten drei Abschnitte (Fragenkomplexe A-C) waren erforderlich, um die Stichprobe beschreiben zu können. Dabei wurde nicht nur nach den Merkmalen der Justizvollzugsanstalt gefragt, an der das Beiratsmitglied tätig war, sondern auch nach den Umständen seiner Bestellung, der aktuellen bzw. künftigen Rolle im Beirat und den Motiven, ehrenamtlich tätig zu sein. Es wurde außerdem die Selbsteinschätzung der Beiräte erfragt, indem nach der Kenntnis der Rechte, Aufgaben und Pflichten gefragt wurde. Im letzten Abschnitt wurden zudem Angaben zur befragten Person wie Geschlecht, Alter, Ausbildung und Beruf erfragt.

Der Fragenkomplex D beschäftigte sich damit, in welchem Maße die Anstaltsbeiräte als einzelne Personen sowie als Gremium ihre Aufgaben wahrnehmen. Diese Differenzierung wurde getroffen, weil anhand der bereits vorhandenen Studien anzunehmen war, dass hier unterschiedliche Resultate zu erwarten waren. Zunächst wurde nach den in § 163 StVollzG/§ 18 Abs. 2 JVollzGB I BW normierten Aufgaben gefragt (Mitwirkung bei der Gestaltung des Vollzugs; Mitwirkung bei der Betreuung der Gefangenen; Unterstützung des Anstaltsleiters durch Anregungen und Verbesserungsvorschläge; Hilfe bei der Eingliederung der Gefangenen nach der Entlassung). Zudem wurde die nicht normierte Öffentlichkeits- bzw. Kontrollfunktion erfragt (Vermittlung eines der Realität entsprechenden Bildes des Justizvollzugs in der Öffentlichkeit; Werbung in der Öffentlichkeit für die Belange eines auf Resozialisierung ausgerichteten Strafvollzugs). Die Antwortmöglichkeiten erstreckten sich auf einer Skala von 1 (= überhaupt nicht) bis 7 (= in sehr hohem Maße). Es wurde ferner die offene Frage gestellt, wie eine eventuelle Öffentlichkeitsarbeit im Einzelfall konkret aussieht.

Im Rahmen der Fragenbereiche E und F wurden den Beiräten verschiedene Themen vorgestellt, mit denen sie sich möglicherweise in ihrer aktuellen Amtsperiode beschäftigt hatten. Als Anhaltspunkte für die Auswahl der angeführten Beschäftigungsschwerpunkte dienten nicht nur die Ergebnisse der bisherigen empirischen Untersuchungen, sondern auch das Gespräch mit dem Referenten im Justizministerium Baden-Württembergs sowie die Erkenntnisse aus dem Pretest. Die Beiräte wurden dabei nach der Häufigkeit der Beschäftigung mit den einzelnen Themen gefragt (wiederum sowohl als einzelne Person als auch bezogen auf das gesamte Gremium). Diese Häufigkeit sollten sie anhand einer Skala von 1 (= nie in jetziger Amtsperiode) bis 5 (= > als 4-mal in der jetzigen Amtsperiode) beurteilen. Außerdem wurden sie danach gefragt, inwieweit ihnen der entsprechende Zeitanteil angemessen erscheint oder nicht. Als offene Fragen wurde formuliert, welche sonstigen Themen im Beirat besprochen wurden und welche Folgen die Bemühungen des Beirats bei den einzelnen Themen hatten.

Hieran schlossen sich die Fragen nach den Befugnissen der Beiräte an (Fragenkomplex G). Die Beiräte wurden danach gefragt, in welchem Maße sie selbst sowie der Beirat als Ganzes die entsprechenden Rechte wahrgenommen haben. Zunächst wurde nach den im Gesetzestext des § 164 StVollzG/§ 18 Abs. 3 JVollzGB I BW normierten Befugnissen gefragt (Entgegennahme von Wünschen, Anregungen und Beanstandungen, wobei zwischen Schriftwechsel und Aussprache mit einzelnen Gefangenen und Kontakten mit der Interessenvertretung der Gefangenen differenziert wurde; Unterrichtung über die Versorgung/Verpflegung der Gefangenen; Besichtigung der Anstalt und ihrer Einrichtungen; Aufsuchen von Gefangenen in ihren Haftträumen). Zusätzlich wurde nach den in den Verwaltungsvorschriften normierten Rechten gefragt (Entgegennahme von Mitteilungen aus Gefangenenpersonalakten; Einholung von Auskünften beim Anstaltsleiter mündlich, fernmündlich oder schriftlich; in BW: Unterrichtung durch den Anstaltsleiter über Ereignisse, die für die Öffentlichkeit von besonderem Interesse sind; in Sachsen: Unterrichtung durch den Anstaltsleiter über außerordentliche Vorkommnisse sowie über Planungen und Ereignisse, die in der Öffentlichkeit besonderes Aufsehen erregt haben oder erregen können oder die sonst für den Beirat von Interesse sind). Auch diesbezüglich konnten die Beiräte auf einer Skala zwischen 1 (= überhaupt nicht) und 7 (= in sehr hohem Maße) wählen, inwieweit sie diese Befugnisse wahrgenommen haben.

Die Fragengruppen H und I beschäftigten sich mit den Kontakten der Anstaltsbeiräte innerhalb und außerhalb der JVA. Hierbei wurden Institutionen und Personen aufgezählt, mit denen die Anstaltsbeiräte erfahrungsgemäß während ihrer Arbeit in Kontakt kommen können. Es wurde zum einen nach der Bedeutung der Kontakte gefragt. Hierbei konnten die Beiräte innerhalb einer Skala von 1 (= sehr wichtig) bis 5 (= überhaupt nicht wichtig) wählen. Darüber hinaus wurde nach der Einschätzung der Kooperation mit den entsprechenden Personen gefragt. Dabei konnten sich die Beiräte auf einer Skala von 1 (= sehr positiv) bis 5 (= sehr negativ) entscheiden. Die Fragen im Rahmen des Komplexes J waren auf die Verschwiegenheitspflicht der Beiräte nach § 165 StVollzG/§ 18 Abs. 4 JVollzGB I BW bezogen. Es wurde nach der persönlichen Einschätzung der Beiräte gefragt (Aufklärung über die Verschwiegenheitspflicht; Widerspruch zur Öffentlichkeitsarbeit; Verschwiegenheit gegenüber dem Anstaltspersonal; Verschwiegenheit bezogen auf Angelegenheiten der Bediensteten). Die Befragten konnten auf einer Skala zwischen 1 (= stimme gar nicht zu) und 7 (= stimme voll zu) wählen.

Der Fragenkomplex K betraf die Berichterstattung an das Justizministerium sowie die Zusammenkünfte der Beiräte. Hierbei unterschieden sich die Fragebögen für Baden-Württemberg und Sachsen. Da Baden-Württemberg die Berichterstattung an das Justizministerium in der Verwaltungsvorschrift geregelt hat und zudem jährliche Zusammenkünfte aller Beiräte mit dem zuständigen Referenten im Ministerium stattfinden, bezogen sich die Fragen auf die Anfertigung der schriftlichen Berichte an das Ministerium, die Folgen der Berichte sowie auf die Einschätzung der jährlichen Tagungen. Auch insoweit konnten sich die Beiräte auf einer Skala zwischen 1 (= stimme gar nicht zu) und 7 (= stimme voll zu) entscheiden. Sachsen dagegen regelt in seiner Ausführungsvorschrift eine Berichterstattung an das Justizministerium bzw. regelmäßiger Zusammenkünfte aller Beiräte im Land nicht. Deshalb wurden im sächsischen Fragebogen die Fragen dahingehend formuliert, ob überhaupt eine Berichterstattung bzw. Zusammenkünfte aller Beiräte stattfinden und wenn ja, wie diese Vorgänge vonstattengehen und was deren Inhalt ist. Diesbezüglich wurde das offene Antwortformat gewählt; ansonsten mussten die Beiräte sich zwischen fest vorgegebenen Antwortmöglichkeiten entscheiden.

Fragenkomplex L beschäftigte sich mit den Sitzungen der Beiräte. Es wurde nach der Häufigkeit und der persönlichen Teilnahme hieran sowie nach dem gegenseitigen Austausch mit der Anstaltsleitung gefragt. Der vorletzte Teil des Fragebogens (Teil M) betraf die persönliche Einschätzung des Ehrenamtes der Beiräte. Hierbei wurde nicht nur nach dem zeitlichen Aufwand gefragt, den die Beiräte in ihr Ehrenamt investieren, sondern auch inwieweit sie ihre Tätigkeit als wirksam einschätzen, ob sie Anerkennung von außen für die Ausübung ihres Ehrenamtes erfahren und in welchem Maße und durch wen sie möglicherweise Unterstützung bei ihrer Aufgabenbewältigung bekommen. Diese Angaben waren primär für die Darstellung des Selbstverständnisses der Beiräte relevant und konnten wichtige Anhaltspunkte für die Interpretation der Ergebnisse liefern. Deshalb waren hier auch einige Fragen in offenem Format formuliert. Der letzte Fragenkomplex N erfasste die Angaben zur Person wie Geschlecht, Alter, Ausbildung und Beruf.

3. Die Hauptuntersuchung

3.1 Die Durchführung der Hauptuntersuchung

Die Befragungen wurden in Baden-Württemberg im August 2010 durchgeführt. Es wurden den Beiratsvorsitzenden, deren Anschriften und Namen der Verfasserin aufgrund der vorangegangenen Zusammenarbeit mit dem zuständigen Referenten im Ministerium und den Anstaltsleitungen bekannt waren, die Fragebögen für ihren jeweiligen Anstaltsbeirat mit der Bitte zugesandt, die Fragebögen unter den einzelnen Mitgliedern zu verteilen. Aufgrund der recht großen Anzahl von insgesamt 150 zu befragenden Beiräten und der Tatsache, dass die Verfasserin die Studie allein durchführte, wurde aus Praktikabilitätsgründen darauf verzichtet, jeden einzelnen Anstaltsbeirat gesondert anzuschreiben. Zudem hatte sich diese Vorgehensweise bereits im Rahmen der Voruntersuchung an der Justizvollzugsanstalt Mannheim bewährt.

Den Fragebögen war ein Anschreiben beigefügt, in welchem erklärt wurde, dass die Studie zu wissenschaftlichen Zwecken im Rahmen einer Dissertation erfolgt, welche die Praxis der Anstaltsbeiräte erforscht. Es wurde ausdrücklich auf die Wahrung der Anonymität hingewiesen und um eine vollständige Beantwortung der Fragen gebeten. Zur Erleichterung der Rücksendung war jedem Fragebogen ein frankierter und adressierter Rückumschlag beigefügt. Da die Versendung der Fragebögen in die Sommerferien Baden-Württembergs fiel, wurde den Beiräten eine längere Rücklauffrist bis Ende September 2010 eingeräumt. Einige Beiratsvorsitzende kontaktierten die Verfasserin nach Erhalt der Fragebögen, um mitzuteilen, dass sich der Rücklauf der Fragebögen ihres Beirats etwas verzögern werde, da die nächste gemeinsame Sitzung, bei der die Fragebögen verteilt werden könnten, erst Ende September stattfinden werde. Anfang Oktober 2010 verschickte die Verfasserin ein Erinnerungsschreiben an die Anstaltsbeiräte, in dem sie sich für die rege Teilnahme an der Studie bedankte und jene Beiräte, die den Fragebogen noch nicht ausgefüllt hatten, darum bat, dies bis Ende November nachzuholen.

Auf die gleiche Weise wurde die Untersuchung in Sachsen durchgeführt. Da hier die Amtsperiode an die Legislaturperiode des Landtags geknüpft ist, waren die Anstaltsbeiräte an sächsischen Justizvollzugsanstalten gerade neu zusammengesetzt worden. Die Landtagswahl hatte zwar bereits 2009 stattgefunden, jedoch verzögerte sich die Berufung der neuen Beiräte, sodass sich viele Gremien erst im Frühjahr 2010 in ihrer neuen Besetzung zusammenfanden. Es war deshalb etwas aufwendiger, die genaue Anzahl der Beiräte sowie die Anschriften der einzelnen Beiratsvorsitzenden zu ermitteln, weshalb die Fragebögen erst Anfang September 2010 verschickt werden konnten. Aufgrund der Tatsache, dass die Anstaltsbeiräte in ihrer aktuellen Zusammensetzung erst wenige Wochen zusammenarbeiteten und einige Mitglieder dieses Ehrenamt wohl zum ersten Mal ausübten, wurde den Beiräten in Sachsen ebenfalls eine längere Beantwortungsfrist eingeräumt (bis Ende Oktober 2010). Ähnlich wie in Baden-Württemberg wurde die Verfasserin von zwei Vorsitzenden kontaktiert, die aufgrund späterer Sitzungen darauf hinwiesen, diese Frist nicht einhalten zu können, und darum baten, die entsprechenden Fragebögen noch zu einem späteren Zeitpunkt zurücksenden zu können. An die sächsischen Anstaltsbeiräte verschickte die Verfasserin Anfang November 2010 ebenfalls ein Erinnerungsschreiben mit der Bitte, noch nicht ausgefüllte Fragebögen bis spätestens Ende Dezember 2010 zurückzusenden.

3.2 Rücklauf der Fragebögen

Der Rücklauf der Fragebögen verlief positiv. In Baden-Württemberg wurden insgesamt 84 Fragebögen an Anstaltsbeiräte versandt, wobei jedoch zwei hiervon obsolet waren, da der Anstaltsbeirat an der Jugendjustizvollzugsanstalt Adelsheim am 09. September 2010 neu bestellt wurde und die Größe des Beirats im Zuge des am 01. Januar 2010 in Kraft getretenen Justizvollzugsgesetzbuches BW und der dazugehörigen Ausführungsvorschrift (Ziff. 1.1.3 VwV d. JM zu § 18 JVollzGB I BW) von fünf auf drei Mitglieder verkleinert wurde. Die Vorsitzende schickte die überflüssigen Fragebögen zurück. Damit wurden insgesamt 82 Fragebögen an Anstaltsbeiräte verschickt, von denen bis Ende September 2010 40 zurückkamen. Weitere 13 Fragebögen erreichten die Verfasserin, nachdem sie das Erinnerungsschreiben an die Anstaltsbeiräte verschickt hatte, sodass bis Ende Dezember 2010 insgesamt 53 Fragebögen beantwortet waren (62,2%). Hiervon waren 51 für die Untersuchung verwertbar, da 2 Fragebögen in wesentlichen Teilen nicht ausgefüllt und damit unvollständig waren. Folglich lagen der Untersuchung in Baden-Württemberg die Aussagen von 59,8% der mit der Befragung erreichten 82 Beiratsmitglieder zugrunde.

In Sachsen wurden insgesamt 69 Fragebögen an die Anstaltsbeiräte verschickt. Aufgrund der Neubestellung der Beiräte Anfang 2010 verkleinerte sich der Anstaltsbeirat an der Justizvollzugsanstalt Leipzig von acht auf sieben Mitglieder, sodass insgesamt 68 Beiratsmitglieder mit den Fragebögen erreicht wurden. Hiervon erreichten 25 Stück bis Ende Oktober die Verfasserin. Nachdem auch in Sachsen ein Erinnerungsschreiben an die Beiratsmitglieder versandt wurde, kamen weitere 10 Fragebögen bis Ende Dezember zurück, sodass der Rücklauf insgesamt 35 Fragebögen betrug (51,5%). Hiervon waren 32 verwertbar. Zwei Anstaltsbeiräte schickten den Fragebogen unbeantwortet zurück mit dem Hinweis darauf, dass sie erst vor kurzem in den Beirat berufen wurden und deshalb die Fragen nicht ausreichend beantworten können. Ein weiterer Fragebogen war aufgrund einer unvollständigen Bearbeitung nicht brauchbar. Damit konnten in die Untersuchung für Sachsen die Antworten von 47% der angeschriebenen 68 Beiratsmitglieder einbezogen werden.

Grundlage für die Studie insgesamt waren demnach die Auskünfte von 55,3% aller 150 angeschriebenen Anstaltsbeiräte in Baden-Württemberg und Sachsen.

3.3 Die Auswertungsmethode

Die Fragebögen wurden mit dem Statistikprogramm IBM®SPSS®Statistics[560] Version 22 zunächst deskriptiv ausgewertet. Dabei erfolgte eine Auszählung der einzelnen Fragen des Fragebogens nach Häufigkeiten. Die im Rahmen dieser Arbeit entwickelten Hypothesen wurden entsprechend der Zielsetzung der Studie grundsätzlich anhand der Daten aus Baden-Württemberg statistisch getestet. Soweit für einen Vergleich ein Rückgriff auf die sächsischen Daten erfolgte, wird an entsprechender Stelle darauf hingewiesen.

Zur Überprüfung der Hypothesen wurden vier statistische Testverfahren verwendet: der Mittelwertvergleich für Unterschiede von zwei Vergleichsgruppen mit Hilfe des t-Tests und des Mann-Whitney-U-Tests sowie die lineare und logistische Regressionsanalyse zur Untersuchung von Wirkungszusammenhängen zwischen unabhängigen und abhängigen Variablen. Welches Testverfahren bei welcher Hypothese zur Anwendung kam, hing von der jeweiligen Fragestellung ab und wird im Rahmen der Hypothesenprüfung jeweils erläutert.

Die statistische Analyse von Mittelwertunterschieden wird zur Überprüfung von Hypothesen bei Vorliegen zweier Vergleichsgruppen angewendet. Bei Normalverteilung der Daten wird mit Hilfe des t-Tests für unabhängige Stichproben untersucht, inwieweit sich diese Gruppen statistisch signifikant unterscheiden.[561] Vor Anwendung des t-Tests wird zur Prüfung der Testvoraussetzungen eine Testung der Daten auf Varianzgleichheit und Normalverteilung durchgeführt. Sind die Daten nicht normalverteilt, so ist der Mann-Whitney-U-Test das geeignete Verfahren[562], um zwei Mittelwerte zu vergleichen und ihre mögliche Differenz auf Signifikanz zu prüfen.[563]

Regressionsanalysen kommen zur Anwendung, wenn der Wirkungszusammenhang zwischen Variablen untersucht werden soll.[564] Sie ermöglichen Aussagen darüber, wie stark die einzelnen unabhängigen Variablen die abhängige Variable

---

560   SPSS (Statistical Package for the Social Sciences) ist ein Statistikprogramm für die sozialwissenschaftliche Datenanalyse. Die Firma SPSS wurde 2009 von IBM aufgekauft, weshalb das Programm seit 2010 den Namen IBM SPSS Statistics trägt.

561   Vgl. Bortz/Schuster 2010, S. 120.

562   Vgl. hierzu Bortz/Lienert 2008, S. 140 ff.

563   Raab-Steiner/Benesch 2010, S. 125.

564   Vgl. Wolf/Best 2010, S. 607 ff.

beeinflussen. Handelt es sich bei der abhängigen Variable um eine quantitative Variable, so wird die lineare Regression verwendet, um den linearen Zusammenhang zwischen den Variablen zu testen. Wenn die abhängige Variable dichotom ist, so stellt die logistische Regression das geeignete Testverfahren dar.[565]

Als Kriterium für statistische Signifikanz wurde eine Irrtumswahrscheinlichkeit von α <0,05 festgelegt. Unterschiede bis zu einem Signifikanzniveau von p <0,1 wurden als marginale Signifikanzen in den statistischen Analysen mitberücksichtigt. Auf der Grundlage des umfangreichen Fragebogens wurde eine große Anzahl von Hypothesen gebildet, die es galt zu prüfen, um den vorhandenen Datensatz optimal nutzen zu können. Dadurch entstand das Problem des multiplen Testens.[566] Auf eine in solchen Fällen übliche Alpha-Fehler-Adjustierung nach Bonferroni wurde allerdings verzichtet, denn eine solche würde bedeuten, ein kleineres Signifikanzniveau zu wählen, wodurch jedoch die Beta-Fehler-Wahrscheinlichkeit erhöht wird.[567] Ein solches Vorgehen birgt das Risiko, dass tatsächlich vorhandene Unterschiede nicht sichtbar werden und somit die statistische Aussagekraft verringert wird. Diese Entscheidung wurde aufgrund des eher explorativen Charakters der vorliegenden Untersuchung getroffen. Bei dieser handelt es sich um eine erste Grundlagenforschung, deren Ergebnisse in weiteren nachfolgenden Studien bestätigt werden müssen. Das Alpha-Niveau wurde deshalb gleichbleibend bei 0,05 gehalten. Die p-Werte wurden nominal angegeben und bei einem p-Wert von <0,05 wurde, wie üblich, von einem signifikanten Ergebnis gesprochen.

---

565 Vgl. Lohmann 2010, S. 677 ff.
566 Zu dem Problem des multiplen Testens Bortz/Schuster 2010, S. 230.
567 Vgl. Biemann 2009, S. 210.

7. Kapitel: Deskriptive Ergebnisse

Im Folgenden werden die Untersuchungsergebnisse beschrieben. Die deskriptive Auswertung der einzelnen Fragen des Fragebogens soll anhand von Häufigkeitstabellen und Abbildungen erfolgen.

1. Die Zusammensetzung der Stichproben

1.1 Persönliche Merkmale

1.1.1 Altersstruktur

Die Altersstruktur der Anstaltsbeiräte zeigte deutliche Unterschiede zwischen den beiden untersuchten Bundesländern. Demnach waren 94% der Beiräte, die in Baden-Württemberg an der Studie teilgenommen haben, 51 Jahre und älter und kein Beiratsmitglied war jünger als 40 Jahre (vgl. Abb. 1). In Sachsen waren dagegen etwa 47% der Teilnehmer jünger als 50 Jahre und fast 10% jünger als 40 Jahre. Mit etwa 20% lag in Baden-Württemberg der Anteil der Beiräte, die älter als 70 Jahre waren, deutlich über demjenigen in Sachsen, wo der Anteil lediglich 3% betrug. Die deutlich jüngere Zusammensetzung der Stichprobe aus Sachsen lässt sich damit erklären, dass die Beiratsgremien in Sachsen nach der Landtagswahl 2009 neu besetzt wurden und dabei einige Personen erstmals zum Beiratsmitglied bestellt wurden, was möglicherweise zu der „Verjüngung" der Anstaltsbeiräte in Sachsen geführt hat.

Abbildung 1: Altersstruktur der befragten Anstaltsbeiräte

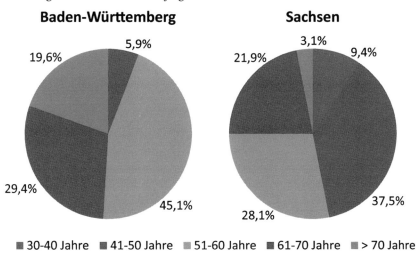

1.1.2 Geschlecht

Bei der Verteilung der Geschlechter (vgl. Abb. 2) lag der Anteil der männlichen Beiratsmitglieder in Sachsen mit knapp 69% deutlich über dem in Baden-Württemberg (43%). Entsprechend zeigte sich in Baden-Württemberg mit 29 weiblichen Teilnehmern von insgesamt 51 Rückmeldungen eine stärkere Präsenz weiblicher Beiräte in den Gremien.

Abbildung 2: Geschlecht der befragten Anstaltsbeiräte

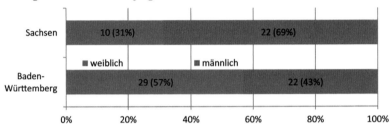

1.1.3 Schulische und berufliche Ausbildung

Die Untersuchung der schulischen und beruflichen Ausbildung der befragten Beiratsmitglieder deutet auf ein tendenziell hohes Abschlussniveau sowohl in Baden-Württemberg als auch in Sachsen hin (vgl. Abb. 3 und 4). Insgesamt 58% aller Befragten gaben an, mindestens die Fachhochschulreife erlangt zu haben. Lediglich 4% der Teilnehmer gaben an, keinen Schulabschluss erreicht zu haben. Das Abschlussniveau in Sachsen war etwas höher als in Baden-Württemberg. So gaben 59% der Befragten in Sachsen an, über die Hochschulreife zu verfügen, während in Baden-Württemberg dies lediglich auf 39% der Teilnehmer zutraf. Dementsprechend verfügten in Sachsen 47% über einen Hochschulabschluss. In Baden-Württemberg gaben dies 24% der befragten Beiräte an.

Abbildung 3: Schulische Ausbildung der befragten Anstaltsbeiräte

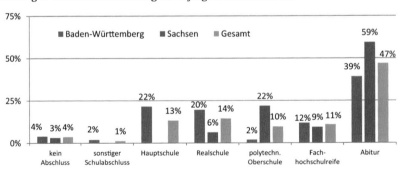

Abbildung 4: Berufliche Ausbildung der befragten Anstaltsbeiräte

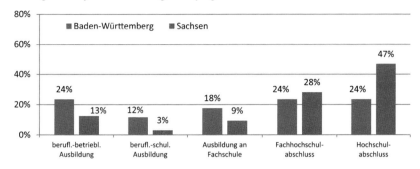

1.1.4 Berufliche Tätigkeit

Bei der Art der beruflichen Tätigkeit ergab sich ein sehr hoher Anteil an nicht erwerbstätigen Beiräten in Baden-Württemberg (43%) (vgl. Abb. 5). Demgegenüber ging die Mehrheit der Teilnehmer aus Sachsen mit über 78% einer Vollzeitbeschäftigung nach. Dieser Unterschied entsprach der gegensätzlichen Verteilung der Altersstruktur in beiden Bundesländern. Aufgrund des höheren Alters der befragten Beiräte in Baden-Württemberg war hier ein höherer Anteil an nicht (mehr) erwerbstätigen Beiräten zu erwarten. Aus der Analyse der jeweiligen Berufsgruppen ergab sich ein ähnliches Bild im Ländervergleich (vgl. Abb. 6). Hier bildete die Gruppe der Angestellten mit jeweils mehr als 50% die Mehrheit. Weiterhin deutete ein relativ hoher Anteil von insgesamt 19% bei der Gruppe der Beamten und Richter sowie ein äußerst geringer Anteil der Arbeiter unter den Befragten (4%) auf eine stärkere Neigung unter den kaufmännischen und akademischen Berufen zum Engagement als Anstaltsbeirat hin.

Abbildung 5: Übersicht zum Beschäftigungsgrad der befragten Anstaltsbeiräte

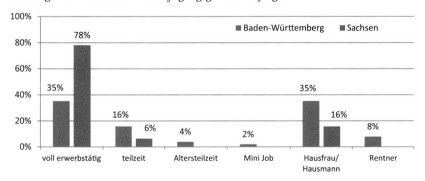

Abbildung 6: Übersicht der Berufsgruppen

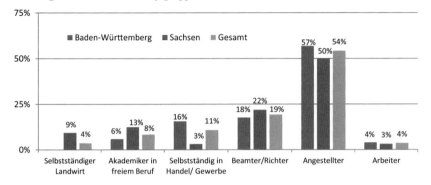

1.2 Der Anstaltsbeirat

1.2.1 Anzahl der Mitglieder

Bezüglich der Mitgliederanzahl zeigte sich ein klares Schwergewicht der jeweiligen Gremien in Baden-Württemberg bei fünf Mitgliedern (vgl. Abb. 7). Aufgrund der Staffelung der Beiratsmitgliederzahl entsprechend der Größe und Belegungsfähigkeit der Justizvollzugsanstalten ergab sich, dass mehr als die Hälfte der Beiräte (63%) gemäß den bisherigen Verwaltungsvorgaben an Anstalten mit einer Belegungsfähigkeit zwischen 200 und 700 Gefangenen arbeitete (nach Ziff. 1.1.3 VwV d. JM zu § 18 JVollzGB I BW gültig ab 01. April 2010 an Anstalten mit einer Belegungsfähigkeit von mehr als 500 Gefangenen). In Sachsen dagegen arbeitete die große Mehrheit in Beiräten mit einer Stärke von sieben Mitgliedern, da hier eine feste Größenvorgabe existiert.

Abbildung 7: Mitgliederzahl der Anstaltsbeiräte

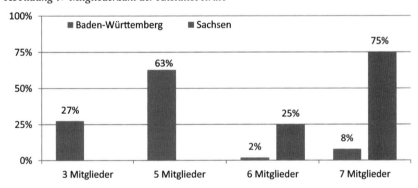

1.2.2 Dauer der Mitgliedschaft

Bei der Betrachtung der Mitgliedschaftsdauer in den untersuchten Beiräten kann hervorgehoben werden, dass etwa 61% der Beiräte in Baden-Württemberg bereits über mehr als fünf Jahre Amtserfahrung verfügten (vgl. Abb. 8). In Sachsen dagegen übten etwa zwei Drittel der Befragten ihr Ehrenamt erst zwischen einem und drei Jahren aus. Überdies konnten etwa 18% der Beiräte aus Baden-Württemberg auf eine Mitgliedschaft von mehr als 15 Jahren zurückblicken, wohingegen nur etwa 9% aus Sachsen eine Beiratszugehörigkeit von mehr als 12 Jahren vorweisen konnten. Diese Länderunterschiede in der Dauer der Beiratszugehörigkeit lassen sich ebenfalls mit der noch relativ jungen Zusammensetzung der sächsischen Beiratsgremien in der neuen Amtsperiode erklären, in der einige Beiräte erstmals ihr Ehrenamt an einer Vollzugsanstalt antraten.

Abbildung 8: Dauer der Beiratsmitgliedschaft

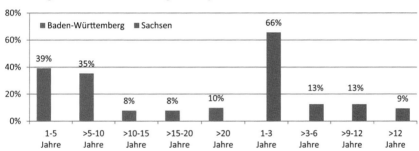

1.2.3 Amtsperiode

Bei den Angaben in Bezug auf die absolvierten Amtsperioden bestanden wiederum deutliche Unterschiede zwischen Sachsen und Baden-Württemberg (vgl. Abb. 9). Aufgrund der Neubesetzungen der Gremien in Sachsen befanden sich dort 72% der befragten Beiräte in ihrer ersten Amtsperiode, während dies in Baden-Württemberg lediglich auf 24% der Beiratsmitglieder zutraf. Zwei Drittel der Befragten aus Baden-Württemberg hatten bis zu drei Amtsperioden absolviert. Die gleiche Anzahl an Amtsperioden wurde von über 90% der Beiräte aus Sachsen angegeben. Auffällig ist zusätzlich die relativ hohe Anzahl an Befragten in Baden-Württemberg mit einer Beiratstätigkeit von vier Amtsperioden und mehr (33%).

Gleichzeitig gaben rund 49% der Beiräte aus Baden-Württemberg an, für eine weitere Amtsperiode nicht mehr zur Verfügung zu stehen (vgl. Abb. 10). Dieser Anteil fiel in Sachsen mit nur etwa 25% deutlich niedriger aus. Auch dieses Resultat lässt sich damit erklären, dass die meisten der befragten Beiräte in Sachsen erstmals eine Amtszeit im Beirat absolvieren und sich deshalb eine erneute Bestellung vorstellen können, während die meisten Beiräte in Baden-Württemberg mindestens eine Amtsperiode hinter sich haben und möglicherweise deshalb auf eine weitere Amtszeit verzichten möchten.

Abbildung 9: Anzahl der Amtsperioden (AP)

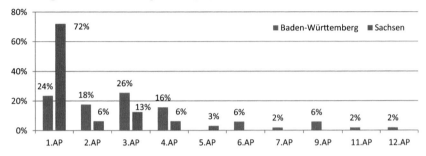

Abbildung 10: Anstreben einer weiteren Amtsperiode

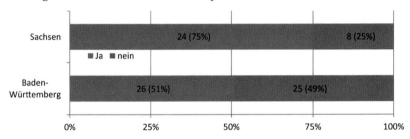

1.2.4 Funktion im Beirat

In Baden-Württemberg gaben 47% der Befragten an, den Vorsitz oder stellvertretenden Vorsitz im Beiratsgremium inne zu haben (vgl. Abb. 11). In Sachsen war dieser Anteil etwas niedriger und lag bei 38%. 53% der Befragten in Baden-Württemberg und 63% der Befragten in Sachsen waren sonstige Mitglieder.

Abbildung 11: Bekleidete Funktion im Beiratsgremium

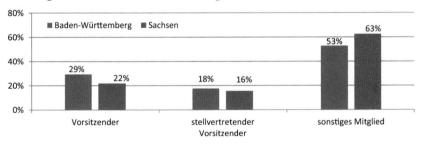

1.3 Anstaltsbezogene Merkmale

1.3.1 Durchschnittsbelegung der Anstalt

Eine durchschnittliche Belegung zwischen 300 und 500 Gefangenen nannten insgesamt 42% der Befragten (vgl. Abb. 12). 29% meldeten eine Belegung von 100 bis 300 Insassen. Lediglich drei Beiräte gaben eine Belegung von mehr als 700 Gefangenen an. 16% der Rückmeldungen aus Baden-Württemberg wiesen eine Belegung von weniger als 100 Gefangenen aus, wogegen in Sachsen keine Anstalt eine derart geringe Belegungsfähigkeit besitzt. Insgesamt betreuten die befragten Beiräte aus Sachsen schwerpunktmäßig Anstalten mit einer Durchschnittsbelegung von 100 bis 500 Gefangenen (88%), während dieser Anteil in Baden-Württemberg bei lediglich 61% lag. Somit ließ sich eine breite Verteilung auf alle untersuchten Justizvollzugsanstalten feststellen.

Abbildung 12: Durchschnittliche Belegung der Justizvollzugsanstalten

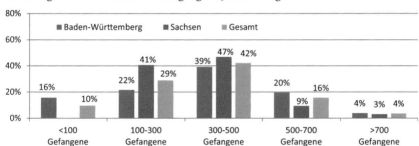

1.3.2 Vollzugsarten

Bei der Frage nach den angewandten Vollzugsarten zeigte sich, dass nur 6% der befragten Beiräte in Anstalten arbeiteten, an denen lediglich Jugendstrafe vollzogen wurde (vgl. Abb. 13). Auch in Verbindung mit einer Strafhaft und Untersuchungshaft wurde die Jugendstrafe nur in 12% der Fälle genannt. Die meisten der befragten Beiräte in Baden-Württemberg (55%) arbeiteten in Anstalten, an denen Strafhaft und Untersuchungshaft vollzogen wurden. Auch in Sachsen bildete die Kombination dieser beiden Vollzugsarten mit insgesamt 41% den Schwerpunkt.

163

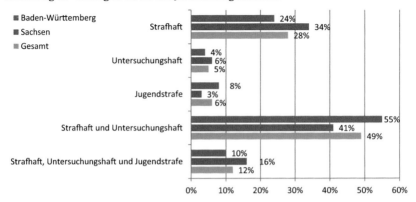

1.3.3 Vollzugsformen

Jeweils 82% der Befragten in Baden-Württemberg und über 90% derjenigen in Sachsen gaben an, dass es an ihrer Vollzugsanstalt sowohl den geschlossenen als auch den offenen Vollzug gab (vgl. Abb. 14). Lediglich 18% der befragten Beiräte in Baden-Württemberg und 9% in Sachsen waren an einer JVA tätig, an der ausschließlich der geschlossene Vollzug möglich war.

Abbildung 14: Vollzugsformen an den Justizvollzugsanstalten

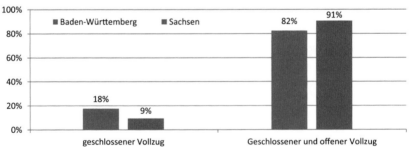

1.3.4 Wohnort

Bei der Frage zur Einwohnerzahl des Ortes, in dem die JVA liegt, zeigte sich eine unterschiedliche Tendenz im Vergleich der beiden Bundesländer (vgl. Abb. 15). In Baden-Württemberg arbeiteten neun (18%) der befragten Beiratsmitglieder an Justizvollzugsanstalten, die in Kleinstädten mit weniger als 10.000 Einwohnern liegen.[568]

---

568   Dies sind die Orte Adelsheim und Heimsheim.

Dieser Anteil lag in Sachsen bei 16% (fünf Mitglieder).[569] Die Hälfte der Beiräte (51%) aus Baden-Württemberg und 41% der Beiräte aus Sachsen waren in Orten mit einer Einwohnerzahl zwischen 10.000 und 100.000[570] tätig. In Baden-Württemberg stammten 16 Beiräte (31%) aus Großstädten mit mehr als 100.000 Einwohnern.[571] In Sachsen waren dies rund 44%.[572]

Abbildung 15: Einwohnerzahl des der Justizvollzugsanstalt zugehörigen Ortes

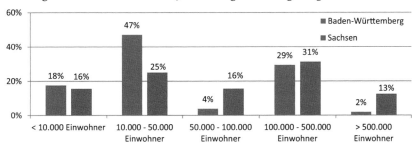

Die Entfernung des Wohnorts des Beiratsmitglieds zur JVA wurde in einer separaten Frage im Hinblick darauf untersucht, ob bei der Bestellung zum Beiratsmitglied auf eine gewisse Zumutbarkeit bezüglich der örtlichen Entfernung zur JVA geachtet wurde. Die Ergebnisse (vgl. Abb. 16) zeigten, dass sich sowohl in Baden-Württemberg als auch in Sachsen eine Entfernungsgrenze zwischen Wohnort und JVA von etwa 25 km ergab. So gaben 88% der Beiräte in Baden-Württemberg und 72% der Beiräte in Sachsen an, in einer Entfernung von 25 km und näher zur Vollzugsanstalt zu leben. 37% der Beiräte aus Baden-Württemberg und 31% der Beiräte aus Sachsen wohnten in einer Distanz von 5 km oder näher zu der Anstalt. Nur jeweils ein Beirat in Baden-Württemberg und drei Beiräte in Sachsen mussten eine Wegstrecke von mehr als 50 km auf sich nehmen. Dies zeigte, dass bei den meisten Beiratsmitgliedern die örtliche Nähe zur Ausübung ihres Ehrenamtes gegeben war.

---

569 Es handelt sich um die Orte Regis-Breitingen, Waldheim und Zeithain.
570 In Baden-Württemberg sind dies: Bruchsal, Schwäbisch Hall, Pforzheim, Rottenburg, Waldshut-Tiengen, Ravensburg, Asperg, Schwäbisch Gmünd, Offenburg und Konstanz. In Sachsen gehören dazu: Bautzen, Torgau und Görlitz.
571 Es sind die Städte Heilbronn, Karlsruhe, Ulm, Freiburg, Rottweil und Stuttgart.
572 Diese Beiräte stammen aus Chemnitz, Zwickau, Dresden und Leipzig.

Abbildung 16: Entfernung des Wohnortes des Beiratsmitglieds zur Justizvollzugsanstalt

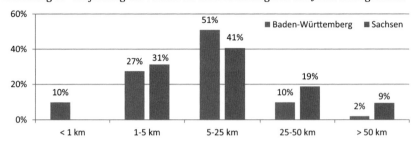

1.4 Bestellung zum Anstaltsbeirat

1.4.1 Bestellungsverfahren

Die Teilnehmer der Studie wurden gefragt, wie sie auf das Ehrenamt des Anstaltsbeirats aufmerksam wurden und inwiefern sie vor ihrem Amtsantritt über die Aufgaben eines Anstaltsbeirats informiert wurden (vgl. Abb. 17 und 18).

Über 70% der Beiräte aus Baden-Württemberg wurden durch eine politische Partei zur Aufnahme der Beiratstätigkeit aufgefordert. In nur 2% der Fälle erfolgte diese Ansprache direkt durch die Anstaltsleitung. Ein gänzlich anderes, wenn auch erwartetes Bild, zeigte sich in Sachsen. Hier wurden etwa 31% der Beiräte durch die JVA angesprochen und zu gleichen Teilen durch ihren Arbeitgeber oder durch gemeinnützige Organisationen zur Mitgliedschaft in einem Anstaltsbeirat angeregt (je 28%). Der hohe Anteil der Beiräte in Sachsen, die durch die Anstaltsleitung oder Bedienstete für das Ehrenamt gewonnen wurden, lässt sich damit erklären, dass die Anstaltsleitung in Sachsen gemäß den Vorgaben der Verwaltungsvorschrift die Beiratsmitglieder im Benehmen mit dem zuständigen Landrat oder Oberbürgermeister vorschlägt und damit wesentlich in das Bestellungsverfahren mit einbezogen ist, während dies in Baden-Württemberg nicht der Fall ist.

Abbildung 17: Ansprache des Beiratsmitglieds

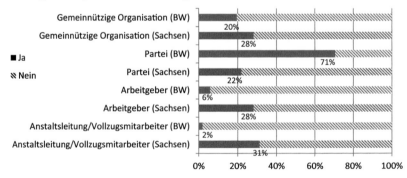

166

Nur etwa 14% der Beiräte gaben an, vor Amtsantritt nicht über die Aufgaben eines Anstaltsbeirats informiert worden zu sein (vgl. Abb. 18). Während in Baden-Württemberg 57% der Beiratsmitglieder nur teilweise und lediglich 28% ausführlich über ihre Aufgaben informiert wurden, fühlten sich in Sachsen 72% der Beiräte vor Amtsantritt ausführlich über das Beiratsamt informiert.

Abbildung 18: Informationserhalt vor Amtsantritt

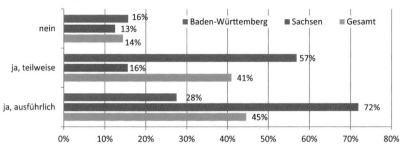

Die Mehrheit der Befragten aus Baden-Württemberg gab überdies an, eigenständig Informationen beschafft zu haben, um sich ihrer Aufgabe im Beirat zu stellen, wogegen dies nur die Hälfte ihrer sächsischen Kollegen aktiv betrieben hatte (vgl. Tab. 7).

Tabelle 7: Informationsbeschaffung vor Amtsantritt

Selbstständige Informationsbeschaffung vor Amtsantritt	Häufigkeit absolut		Häufigkeit in %	
	BW	**Sachsen**	**BW**	**Sachsen**
Nein	20	16	39,2	50,0
Ja	31	16	60,8	50,0
Gesamt	51	32	100,0	100,0

1.4.2 Eignung als Anstaltsbeirat

Zur Eignung als Beirat können bestimmte Vorkenntnisse des Justizvollzugs oder im Rahmen der Bekleidung einer öffentlichkeitswirksamen Funktion hilfreich sein. Demgemäß wurden die Teilnehmer nach ihren bisherigen, in dem genannten Zusammenhang stehenden Tätigkeiten befragt (vgl. Abb. 19). Während 40% der sächsischen Beiräte bereits einer Tätigkeit im Bereich des Strafvollzugs nachgingen, besaßen nur etwa 12% der Befragten aus Baden-Württemberg diese Vorkenntnisse. Der hohe prozentuale Anteil in Sachsen dürfte wiederum auf die starke Einbindung der Anstaltsleitungen in den Bestellungsakt der Beiratsmitglieder zurückzuführen sein. Ein ähnliches Bild ergab sich für die Straffälligenhilfe. In diesem Bereich verfügten 25% der Beiräte aus Sachsen, jedoch lediglich 6% der

Beiräte aus Baden-Württemberg bereits über Erfahrungen. Jeweils etwa ein Viertel der Befragten beider Bundesländer gab an, im Bereich der Sozialarbeit tätig gewesen zu sein, und etwa 33% (Baden-Württemberg) bzw. 28% (Sachsen) haben bereits vor ihrem Engagement im Anstaltsbeirat eine ehrenamtliche Tätigkeit im kirchlich/seelsorgerischen Bereich ausgeführt. Mitglied einer Gewerkschaft oder eines Arbeitgeberverbandes waren 25% der Beiräte in Sachsen und 33% der Beiräte in Baden-Württemberg, wobei in beiden Ländern die meisten Beiräte einer Gewerkschaft angehört haben (29% BW; 19% Sachsen). Etwa 38% der Teilnehmer aus Sachsen gaben an, zum Zeitpunkt der Aufnahme der Beiratstätigkeit als Abgeordnete des sächsischen Landtags tätig gewesen zu sein.

Abbildung 19: Eignung als Anstaltsbeirat

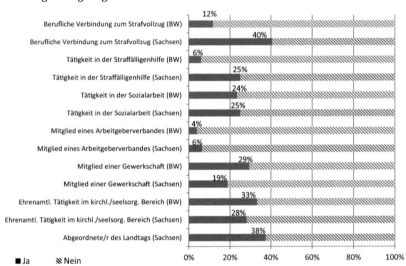

1.5 Persönliche Einschätzung des Ehrenamtes

1.5.1 Monatlicher Zeitaufwand

74% der Befragten aus Baden-Württemberg und 50% der Beiräte aus Sachsen widmeten sich bis zu vier Stunden im Monat ihrer Tätigkeit als Anstaltsbeirat (vgl. Abb. 20). 50% der sächsischen Befragten wandten mehr als vier Stunden je Monat auf, knapp 38% dieser Gruppe investierten jeden Monat mehr als acht Stunden in das Ehrenamt. Insgesamt beschäftigten sich rund 12% aller befragten Beiräte mehr als acht Stunden monatlich mit den Aufgaben ihres Ehrenamtes.

Auf die Frage, ob die Beiräte den jeweils monatlich investierten Zeitaufwand der Tätigkeit als angemessen empfanden, bejahten dies rund 87% aller Beiräte (88% in Baden-Württemberg; 84% in Sachsen) (vgl. Abb. 21). Eine Gruppe von zehn

Teilnehmern (12%) empfand den Zeitaufwand als zu gering, um den Anforderungen als Beirat gerecht zu werden. Lediglich ein Befragter gab an, zu viel Zeit für seine Beiratstätigkeit einzusetzen.

Abbildung 20: Monatlicher Zeitaufwand für das Ehrenamt

Abbildung 21: Einschätzung der Angemessenheit des monatlichen Zeitaufwands

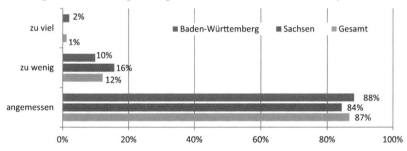

1.5.2 Wirksamkeit der Beiratstätigkeit

Die Frage, ob die Beiratstätigkeit als wirksam einzustufen ist, wurde von der Mehrheit aller Beiräte (76%) bejaht (vgl. Tab. 8). Nur ein Teilnehmer aus Sachsen empfand seine Arbeit im Gremium als nicht wirksam. Eine nicht unerhebliche Anzahl an Beiräten (20% in Baden-Württemberg, 28% in Sachsen) wusste indes nicht, ob das Engagement im Beirat wirkungsvoll war oder ob der Aufwand vergebens betrieben wurde. Dies lässt die Vermutung zu, dass eine Rückmeldung hinsichtlich der Wirksamkeit der geleisteten Arbeit des Beirats teilweise ausbleibt oder nur unzureichend erfolgt, sodass eine Selbsteinschätzung diesbezüglich nur schwer möglich ist.

Wirksamkeit der Beiratstätigkeit	Häufigkeit absolut			Häufigkeit in %		
	BW	Sachsen	Gesamt	BW	Sachsen	Gesamt
Nein	0	1	1	0,0	3,1	1,2
Ja	41	22	63	80,4	68,8	75,9
weiß nicht genau	10	9	19	19,6	28,1	22,9
Gesamt	51	32	83	100,0	100,0	100,0

1.5.3 Anerkennung für die Ausübung des Ehrenamtes

Weiterhin wurden die Beiräte gefragt, inwiefern sie eine Anerkennung für ihre Arbeit im Beirat erfuhren und durch wen ihnen diese Anerkennung zuteil wurde (vgl. Tab. 9). Die überwiegende Anzahl der Beiräte in Baden-Württemberg (84%) und Sachsen (72%) erfuhr den Angaben zufolge Anerkennung für ihr Ehrenamt. Allerdings gaben rund 28% der sächsischen Beiräte und 16% der Beiräte in Baden-Württemberg an, keine Anerkennung zu erhalten.

Tabelle 9: Anerkennung für die Ausübung des Ehrenamtes

Anerkennung für die Ehrenamtstätigkeit	Häufigkeit absolut		Häufigkeit in %	
	BW	Sachsen	BW	Sachsen
Nein	8	9	15,7	28,1
Ja	43	23	84,3	71,9
Gesamt	51	32	100,0	100,0

Die Anerkennung wurde nach den häufigsten Nennungen durch die Personengruppen erteilt, die dem einzelnen Beiratsmitglied persönlich oder in ehrenamtlicher Hinsicht nahe standen und dementsprechend die Inhalte des Ehrenamtes kannten. Aus Abbildung 22 wird ersichtlich, dass insgesamt 50% der sächsischen Beiräte, die Anerkennung für ihr Amt erfuhren, ausschließlich durch die Anstaltsleitung, Familie und Freunde oder durch die Gefangenen Zuspruch für ihr Ehrenamt erhielten. In Baden-Württemberg wurde dies von 44% aller Befragten berichtet. Die Anerkennung allein durch die Anstaltsleitung und das Justizministerium spielte in beiden Bundesländern keine große Rolle. Dafür gaben 16% der befragten Beiräte in Baden-Württemberg und 28% der Beiräte in Sachsen an, durch sonstige Personengruppen Bestätigung für ihr Ehrenamt zu bekommen. Nur knapp 8% aller Beiräte aus Baden-Württemberg (3% aus Sachsen) erfuhr Anerkennung durch alle abgefragten Personenkreise, einschließlich des Justizministeriums und der Gemeinde.

Abbildung 22: Ursprung der Anerkennung für die Ausübung des Ehrenamtes

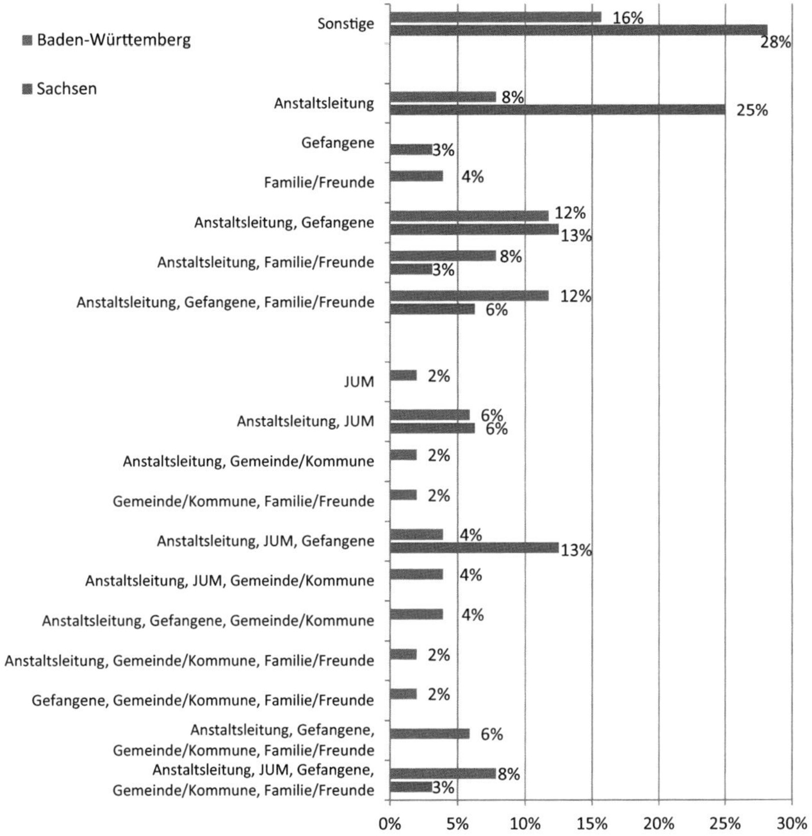

1.5.4 Unterstützung bei der Ausübung des Ehrenamtes

82% der Beiräte aus Baden-Württemberg und 66% aus Sachsen erfuhren nach ihren Angaben bei ihrer Arbeit Unterstützung durch Dritte (vgl. Abb. 23 und 24). 24% aller Beiräte fühlten sich in ihrer Tätigkeit nicht unterstützt (18% der baden-württembergischen und über 34% der sächsischen Teilnehmer). Unter den Beiräten in Baden-Württemberg, die nach eigener Einschätzung Unterstützung erfuhren, fanden die meisten entweder Beistand allein bei der Anstaltsleitung (33%) bzw. dem Justizministerium (19%) oder bei beiden Institutionen zusammen (24%). In Sachsen bekamen die meisten Beiräte die Unterstützung allein von der Anstaltsleitung (48%) oder im Zusammenspiel mit dem Justizministerium (33%).

Abbildung 23: Unterstützung bei der Ausübung des Ehrenamtes

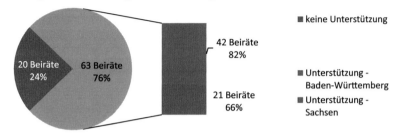

Abbildung 24: Ursprung der Unterstützung bei der Ausübung des Ehrenamtes

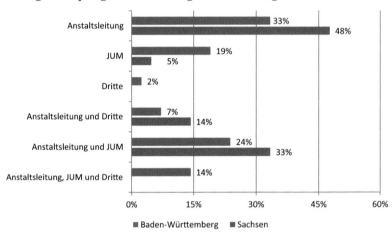

Die Frage, welche konkreten Unterstützungsangebote den Beiräten zur Verfügung stehen, wurde in Baden-Württemberg von 34 der 42 Beiräte (in Sachsen 20 von 21 Beiräten), die eine Unterstützung bejahten, beantwortet (vgl. Tab. 10). Insgesamt empfanden die meisten Beiräte in Baden-Württemberg (74%) und Sachsen (70%) die genannten Unterstützungsangebote als völlig ausreichend.

Tabelle 10: Einschätzung der Unterstützungsangebote

Einschätzung der Unterstützungsangeboten	Häufigkeit absolut		Häufigkeit in %	
	BW	Sachsen	BW	Sachsen
nicht ausreichend	3	2	8,8	10,0
ausreichend	25	14	73,5	70,0
teilweise ausreichend	6	4	17,6	20,0
Gesamt	34	20	100,0	100,0

Im Rahmen der Unterstützungsangebote wurden die Gespräche und der Informationsaustausch mit der Anstaltsleitung und den Vollzugsmitarbeitern mit 46% der Nennungen in Baden-Württemberg, bzw. 58% in Sachsen, am häufigsten angegeben (vgl. Abb. 25). Außerdem spielten die jährlichen Tagungen mit dem Justizministerium in Baden-Württemberg (38%) eine wichtige Rolle. In Sachsen erfuhren zudem 17% der Beiräte Unterstützung durch regelmäßige Kommunikation mit dem Staatsministerium der Justiz, sowie durch Beratungen in den Landtagsgremien (13%).

Abbildung 25: Angebote im Rahmen der Aufgabenunterstützung

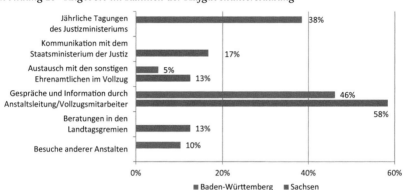

1.5.5 Sonstige ehrenamtliche Tätigkeit in der Anstalt

Die Mehrheit der befragten Beiräte (86%) übte neben der Beiratstätigkeit keine weiteren Ehrenämter innerhalb der JVA aus (vgl. Abb. 26). Lediglich 12 der insgesamt 83 Beiräte (12% in BW; 19% in Sachsen) fanden ausreichend Zeit für weitere ehrenamtliche Engagements innerhalb der Vollzugsanstalt.

Abbildung 26: Ausübung sonstiger ehrenamtlicher Tätigkeiten innerhalb der Justizvollzugsanstalt

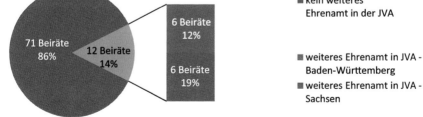

1.5.6 Beweggründe für die Ausübung der ehrenamtlichen Tätigkeit

Die Gründe für die Ausübung der ehrenamtlichen Tätigkeit eines Anstaltsbeirats waren zahlreich. Die Antworten zu dieser Thematik wurden in einer offenen Frage gewonnen. Die am häufigsten genannten Beweggründe wurden in der nachfolgenden Tabelle aufgeführt (vgl. Abb. 27). Neben dem Wunsch, sich sozial zu engagieren (18% aller Nennungen), wurden insbesondere das Interesse an den internen Abläufen einer JVA sowie das Interesse aus beruflichen Gründen (je 14%) als Hauptbeweggründe angegeben. Immerhin 12% der Beiräte gaben an, aufgrund der Bekleidung eines politischen Amtes das Ehrenamt eines Anstaltsbeirats übernommen zu haben.

Abbildung 27: Beweggründe für die Ausübung des Ehrenamtes

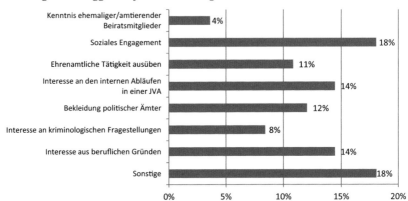

2. Aufgaben der Anstaltsbeiräte

2.1 Kenntnis der Aufgaben

Insgesamt gaben sämtliche befragten Beiräte in Baden-Württemberg und Sachsen an, ihre Aufgaben sicher zu kennen. Lediglich 2 Beiräte aus Baden-Württemberg waren sich der Aufgabenstellung ihres Ehrenamtes nicht ganz sicher (vgl. Tab. 11).

Tabelle 11: Kenntnis der Aufgaben eines Anstaltsbeirats

Kenntnis der Aufgaben	Häufigkeit absolut		Häufigkeit in %	
	BW	Sachsen	BW	Sachsen
Ja	49	32	96,1	100,0
weiß nicht genau	2	0.0	3,9	0,0
Gesamt	51	32	100,0	100,0

2.2 Aufgabenbewältigung

2.2.1 Einschätzung der individuellen Aufgabenbewältigung

Die Einschätzung der Beiräte zur Bewältigung ihrer Aufgaben lieferte ein zum Teil unterschiedliches Bild im Ländervergleich (vgl. Tab. 12 und 13). Die Mitwirkungsmöglichkeiten bei der Vollzugsgestaltung schätzten je 72% der Beiräte zufriedenstellend ein und sahen sich in der Lage, diese Aufgabe in hohem bis sehr hohem Maße wahrzunehmen. Gleiches galt für die Unterstützung des Anstaltsleiters durch Anregungen und Verbesserungsvorschläge. Diese Aufgabe konnten die Beiräte aus Baden-Württemberg nach ihrer Einschätzung etwas intensiver wahrnehmen (76%) als ihre Kollegen aus Sachsen (59%). Die Betreuungsaufgabe bewältigten je knapp 65% der Beiräte nach ihren Angaben in hohem bis sehr hohem Maße.

Unterschiede im Ländervergleich ergaben sich bei der Aufgabe der Hilfe bei der Wiedereingliederung. Die Befragten aus Baden-Württemberg empfanden ihre Aufgabenwahrnehmung in diesem Bereich als äußerst ineffektiv und nicht zufriedenstellend. Knapp 59% gaben an, diese Aufgabe überhaupt nicht wahrzunehmen, und nur 4% sahen sich in der Lage, diese Aufgabe moderat effektiv umsetzen zu können. Ihre sächsischen Kollegen dagegen gaben mit über 28% der Nennungen an, bei der Wiedereingliederung effektiv mitwirken zu können. Ebenfalls 28%, und damit 30% weniger als in Baden-Württemberg, sahen sich außer Stande, diese wichtige Aufgabe zielführend erfüllen zu können.

Bei der Wahrnehmung der Öffentlichkeitsaufgaben ließen sich wiederum keine Länderunterschiede feststellen; je ca. die Hälfte der befragten Beiratsmitglieder in Baden-Württemberg (55%) und Sachsen (56%) gab an, der Öffentlichkeit ein der Realität entsprechendes Bild des Strafvollzugs vermitteln zu können. Gleiches galt für die Werbung in der Öffentlichkeit für den Resozialisierungsvollzug (effektive Bewertung in BW: 57%, in Sachsen: 50%).

Es zeigte sich, dass die Beiräte nach ihren Angaben die Erfüllung ihrer anstaltsbezogenen Aufgaben bis auf die Hilfe bei der Wiedereingliederung in Baden-Württemberg insgesamt mehr oder weniger intensiv wahrnahmen. Wesentliche Unterschiede zwischen den Mitwirkungshandlungen auf Vollzugsebene und der Einzelfallhilfe ließen sich nicht erkennen. Bei den Öffentlichkeitsaufgaben stellte sich das Bild etwas anders dar. Hier waren immerhin knapp die Hälfte der Beiräte in beiden Bundesländern der Auffassung, dass sie diese Aufgaben gar nicht oder nur bedingt erfüllen könnten.

Tabelle 12: Einschätzung der individuellen Aufgabenbewältigung in Baden-Württemberg

Baden-Württemberg	überh. nicht	überw. nicht	eher weniger	weiß nicht	eher mehr	überw. ja	in sehr hohem Maße
Mitwirkung bei der Vollzugsgestaltung	2,0	3,9	7,8	13,7	31,4	31,4	9,8
Mitwirkung bei der Betreuung der Gefangenen	5,9	3,9	11,8	13,7	17,6	37,3	9,8
Unterstützung der Anstaltsleitung durch Anregungen/ Verbesserungsvorschläge	0,0	7,8	5,9	9,8	23,5	29,4	23,5
Hilfe bei der Eingliederung nach der Entlassung	58,8	19,6	9,8	7,8	3,9	0,0	0,0
Vermittlung eines der Realität entsprechenden Bildes des Strafvollzuges in der Öffentlichkeit	3,9	5,9	13,7	21,6	27,5	17,6	9,8
Werbung in der Öffentlichkeit um Verständnis für den Resozialisierungsvollzug	3,9	7,8	13,7	17,6	25,5	19,6	11,8

(Angaben in %; Stichprobe: N=51 in BW)

Tabelle 13: Einschätzung der individuellen Aufgabenbewältigung in Sachsen

Sachsen	überh. nicht	überw. nicht	eher weniger	weiß nicht	eher mehr	überw. ja	in sehr hohem Maße
Mitwirkung bei der Vollzugsgestaltung	3,1	0,0	15,6	9,4	34,4	15,6	21,9
Mitwirkung bei der Betreuung der Gefangenen	3,1	3,1	9,4	18,8	21,9	31,3	12,5
Unterstützung der Anstaltsleitung durch Anregungen/ Verbesserungsvorschläge	0,0	3,1	6,3	31,3	15,6	25,0	18,8
Hilfe bei der Eingliederung nach der Entlassung	28,1	25,0	12,5	6,3	15,6	9,4	3,1
Vermittlung eines der Realität entsprechenden Bildes des Strafvollzuges in der Öffentlichkeit	0,0	6,3	6,3	31,3	21,9	18,8	15,6
Werbung in der Öffentlichkeit um Verständnis für den Resozialisierungsvollzug	9,4	12,5	6,3	21,9	18,8	21,9	9,4

(Angaben in %; Stichprobe: N=32 in Sachsen)

2.2.2 Einschätzung der Aufgabenbewältigung durch den Beirat als Gremium

Zusätzlich zur individuellen Einschätzung der Aufgabenbewältigung der Beiräte wurde die Wirksamkeit der Aufgabenbewältigung im Zusammenwirken des gesamten Beiratsgremiums erfragt (vgl. Tab. 14 und 15). Die Beurteilung der individuell sehr negativ bewerteten Aufgabenerfüllung der Hilfe bei der Wiedereingliederung fiel im Kontext der Gremiumsarbeit in Baden-Württemberg nicht wesentlich optimistischer aus. Lediglich 8% der Beiräte bewerteten die Arbeit des Gremiums in diesem Bereich als effektiv. In Sachsen dagegen wertete knapp ein Drittel der Befragten und damit deutlich mehr als in Baden-Württemberg diese Arbeit im Gremium als eher wirksam.

Bei der Wahrnehmung der Mitwirkungsaufgabe bei der Vollzugsgestaltung ergaben sich keine großen Unterschiede im Vergleich zur individuellen Aufgabenerfüllung. Auch die Wahrnehmung der Aufgabe der Unterstützung der Anstaltsleitung durch Anregungen und Verbesserungsvorschläge sowie der Betreuungsaufgabe durch das Gremium bewerteten in Baden-Württemberg 79% der Beiräte bzw. 71% als effektiv. Der Beirat als Gremium konnte hier nach Ansicht der Befragten nur leicht effizienter arbeiten als das einzelne Beiratsmitglied. Ein Unterschied ergab sich insoweit jedoch für Sachsen. Die Wahrnehmung der Betreuungsaufgabe durch das Gremium bewerteten 81% der Beiräte als effektiv bis sehr effektiv (in der individuellen Einschätzung waren dies lediglich 65%). Außerdem war es dem Gremium nach den Angaben der Beiräte insgesamt eher möglich, die Anstaltsleitung durch Verbesserungsvorschläge zu unterstützen (72% im Vergleich zu 59% bei der individuellen Aufgabenbewältigung). Die Einschätzung der Beiräte, dass das Gremium in diesem Bereich eine wesentlich wirksamere Arbeit leisten kann, deutet auf eine klare Aufgabenverteilung innerhalb des Beirats hin.

Bei der Wahrnehmung der Öffentlichkeitsaufgabe ergaben sich im Vergleich zur individuellen Aufgabenbewältigung keine großen Unterschiede. Etwas mehr als die Hälfte aller Befragten gab hierzu an, dass das Beiratsgremium diese Aufgabe in hohem bis sehr hohem Maße wahrnahm.

Tabelle 14: Einschätzung der Aufgabenbewältigung durch den Beirat als Gremium in Baden-Württemberg

Baden-Württemberg	überh. nicht	überw. nicht	eher weniger	weiß nicht	eher mehr	überw. ja	in sehr hohem Maße
Mitwirkung bei der Vollzugsgestaltung	2,0	7,8	2,0	15,7	25,5	33,3	13,7
Mitwirkung bei der Betreuung der Gefangenen	5,9	2,0	13,7	7,8	19,6	37,3	13,7
Unterstützung der Anstaltsleitung durch Anregungen/ Verbesserungsvorschläge	0,0	3,9	3,9	13,7	27,5	27,5	23,5
Hilfe bei der Eingliederung nach der Entlassung	49,0	17,6	15,7	9,8	2,0	2,0	3,9
Vermittlung eines der Realität entsprechenden Bildes des Strafvollzuges in der Öffentlichkeit	3,9	7,8	11,8	19,6	27,5	19,6	9,8
Werbung in der Öffentlichkeit um Verständnis für den Resozialisierungsvollzug	5,9	7,8	9,8	23,5	25,5	15,7	11,8

(Angaben in %; Stichprobe: N=51 in BW)

Tabelle 15: Einschätzung der Aufgabenbewältigung durch den Beirat als Gremium in Sachsen

Sachsen	überh. nicht	überw. nicht	eher weniger	weiß nicht	eher mehr	überw. ja	in sehr hohem Maße
Mitwirkung bei der Vollzugsgestaltung	0,0	0,0	15,6	6,3	25,0	37,5	15,6
Mitwirkung bei der Betreuung der Gefangenen	0,0	0,0	6,3	12,5	31,3	34,4	15,6
Unterstützung der Anstaltsleitung durch Anregungen/Verbesserungsvorschläge	0,0	0,0	9,4	18,8	31,3	21,9	18,8
Hilfe bei der Eingliederung nach der Entlassung	18,8	18,8	15,6	15,6	21,9	9,4	0,0
Vermittlung eines der Realität entsprechenden Bildes des Strafvollzuges in der Öffentlichkeit	0,0	6,3	3,1	28,1	18,8	25,0	18,8
Werbung in der Öffentlichkeit um Verständnis für den Resozialisierungsvollzug	3,1	12,5	9,4	21,9	21,9	18,8	12,5

(Angaben in %; Stichprobe: N=32 in Sachsen)

2.3 Tatsächliche Wahrnehmung der Öffentlichkeitsfunktion

Es interessierte zudem, auf welche Weise die Beiräte in der Praxis Öffentlichkeitsarbeit betrieben (vgl. Abb. 28). Die Untersuchung hierzu hat in der Auswertung einer offenen Frage ergeben, dass sich die Beiräte bei der Wahrnehmung der Öffentlichkeitsaufgabe auf die Kontakte und den Austausch von Informationen innerhalb ihres persönlichen Familien- und Freundeskreises oder innerhalb derjenigen Institutionen, denen sie angehörten oder zu denen sie Zugang hatten (55% der in Baden-Württemberg und 54% in Sachsen) beschränkten. Eine Öffentlichkeitsarbeit im Sinne von Pressearbeit oder Teilnahme an öffentlichen Veranstaltungen wurde in Baden-Württemberg lediglich von knapp 20% der die Frage beantwortenden Beiräte betrieben. In Sachsen lag dieser Anteil immerhin bei 35%.

Abbildung 28: Tätigkeiten im Bereich der Öffentlichkeitsarbeit

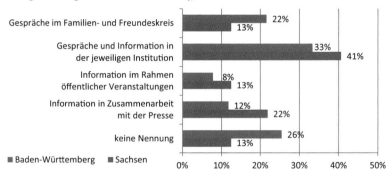

2.4 Die wichtigsten Aufgaben und Ziele der Beiräte

Abschließend wurde im Rahmen offener Fragen ermittelt, welche für die Befragten die wichtigste Aufgabe eines Anstaltsbeirats ist und was ihrer Einschätzung nach die Ziele der Beiratstätigkeit sind (vgl. Abb. 29). Die hohe Rücklaufquote von je über 90% zu diesen Themen belegte großes Interesse an der Mitteilung individueller Sichtweisen und Schwerpunkte. Demgemäß ließ sich in Bezug auf die Nennung der wichtigsten Beiratsaufgabe mit mehr als 49% in Baden-Württemberg und 25% in Sachsen die Funktion des Beirats, zwischen Anstaltsleitung, Bediensteten und Gefangenen zu vermitteln, festhalten. Eine weitere durchaus wichtige Rolle spielte für viele Beiräte die Beschäftigung mit Einzelproblemen der Gefangenen (16% der Angaben aus Baden-Württemberg und 19% aus Sachsen). Fast genauso häufig wurde die Wahrnehmung der Öffentlichkeitsfunktion genannt (14% in Baden-Württemberg und 19% in Sachsen). Bemerkenswert erschien die Tatsache, dass in Sachsen 13% der Beiräte die kritische Kontrolle des Vollzugsgeschehens als ihre wichtigste Aufgabe benannten, in Baden-Württemberg dieser Anteil jedoch nur bei 4% lag. Dies lässt sich möglicherweise auf die Vergangenheit der sächsischen Beiräte zurückführen, deren Land jahrzehntelang dem Unrechtsregime der DDR unterstand, was bei den Beiräten unter Umständen zu einer besonderen Sensibilisierung für die rechtsstaatliche Kontrolle des Strafvollzugs geführt hat.

Bezüglich der Frage nach den Zielen der Beiratstätigkeit (vgl. Abb. 30) sahen die Beiräte mit rund 32% der Nennungen die Vermittlung, sowohl zwischen den Interaktionspartnern innerhalb der JVA als auch zwischen dem Justizvollzug und der Bevölkerung, als zentrales Ziel ihrer Arbeit an. Mit jeweils knapp 16% der Angaben sahen die Beiräte aus Baden-Württemberg und Sachsen die Unterstützung der Anstaltsleitung, der Mitarbeiter der Vollzugsanstalt und der Gefangenen sowie die kritische Beobachtung des Vollzugsgeschehens als Außenstehende als ihr wichtigstes Ziel an. Es nannten zudem in Baden-Württemberg je sieben Mitglieder (14%) die Verbesserung des Strafvollzugs beziehungsweise die Resozialisierung als wichtigste Zielsetzung.

Abbildung 29: Einschätzung der wichtigsten Aufgabe eines Anstaltsbeirats

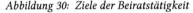

Abbildung 30: Ziele der Beiratstätigkeit

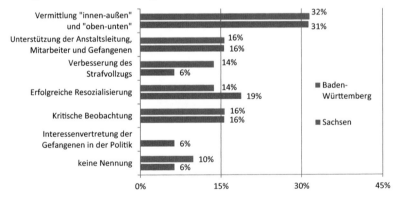

180

3. Tätigkeitsschwerpunkte

3.1 Tätigkeitsschwerpunkte der Beiräte

Bei der Frage nach den Aufgabenschwerpunkten der Beiräte in ihrer aktuellen Amtsperiode zeigte sich, dass sich die Häufigkeiten im Vergleich der Bundesländer in einigen Bereichen ähnelten (vgl. Tab. 16). So widmeten sich die Beiräte in der Regel sehr selten Themen, die die schulische oder berufliche Ausbildung der Gefangenen betrafen. Nur jeder Dritte Beirat beschäftigte sich mehr als zweimal mit diesen Themen. Dagegen sahen die Befragten einen Schwerpunkt in der Begleitung der Gefangenen bei deren beruflichen Beschäftigungen innerhalb und außerhalb der JVA. Hier gaben rund zwei Drittel der Beiräte in Baden-Württemberg und 59% der sächsischen Beiräte an, sich häufiger als zweimal in dieser Amtsperiode mit dieser Thematik auseinandergesetzt zu haben. Weitere Themenschwerpunkte bildeten die Unterbringung der Gefangenen und die Beschäftigung mit Einzelproblemen der Gefangenen. So gaben 55% der Beiräte aus Baden-Württemberg und 44% der Beiräte aus Sachsen an, sich mehr als dreimal in dieser Amtsperiode um die Unterbringung der Gefangenen gekümmert zu haben. Mit Einzelproblemen der Gefangenen beschäftigten sich in Baden-Württemberg 43% der Beiräte und in Sachsen 50% mehr als dreimal in der aktuellen Amtsperiode. Weiterhin gaben rund 24% der baden-württembergischen Teilnehmer an, sich mehr als viermal mit dem Thema der Vermittlung bei Problemen zwischen den Interaktionspartnern innerhalb der JVA befasst zu haben. In Sachsen waren dies dagegen nur 3% der Nennungen. Demgegenüber beschäftigten sich 31% der sächsischen Beiräte mehr als dreimal mit besonderen Vorfällen innerhalb der Anstalt, während 84% der Beiräte in Baden-Württemberg angaben, dass dies nie oder nur ein bis zwei Mal Thema war.

Insgesamt zeigte sich, dass die Beiräte bei ihrer Arbeit die Schwerpunkte größtenteils auf verschiedene Themengebiete verteilten und sich nicht auf einige wenige Aspekte beschränkten.

Tabelle 16: Eigene Tätigkeitsschwerpunkte

Häufigkeit der eigenen Erörterung		nie in jetziger Amtsperiode	1- bis 2-mal in jetziger Amtsperiode	2- bis 3-mal in jetziger Amtsperiode	3- bis 4-mal in jetziger Amtsperiode	>4-mal in jetziger Amtsperiode
Ärztliche Versorgung der Gefangenen	BW	7,8	29,4	27,5	19,6	15,7
	Sachsen	15,6	21,9	37,5	18,8	6,3
Berufliche Beschäftigung der Gefangenen	BW	9,8	23,5	29,4	23,5	13,7
	Sachsen	12,5	28,1	25,0	12,5	21,9
Schulische Ausbildung der Gefangenen	BW	33,3	23,5	15,7	15,7	11,8
	Sachsen	31,3	37,5	18,8	6,3	6,3
Berufliche Ausbildung der Gefangenen	BW	33,3	33,3	15,7	11,8	5,9
	Sachsen	37,5	21,9	28,1	9,4	3,1
Unterbringung der Gefangenen	BW	9,8	11,8	23,5	29,4	25,5
	Sachsen	6,3	15,6	34,4	21,9	21,9
Besondere Behandlungsmaßnahmen	BW	15,7	25,5	29,4	15,7	13,7
	Sachsen	21,9	25,0	34,4	9,4	9,4
Einzelprobleme der Gefangenen	BW	13,7	25,5	17,6	9,8	33,3
	Sachsen	3,1	31,3	15,6	28,1	21,9
Belegungssituation in der Anstalt	BW	25,5	27,5	23,5	15,7	7,8
	Sachsen	18,8	9,4	31,3	21,9	18,8
Problemvermittlung	BW	17,6	25,5	21,6	11,8	23,5
	Sachsen	21,9	25,0	31,3	18,8	3,1
Besondere Vorfälle	BW	52,9	31,4	7,8	5,9	2,0
	Sachsen	28,1	28,1	12,5	15,6	15,6

(Angaben in %; Stichprobe: N=51 in BW; N=32 in Sachsen)

In diesem Zusammenhang wurde außerdem gefragt, wie die Beiräte den Zeitaufwand für die genannten Themenschwerpunkte einschätzten (vgl. Tab. 17). In der Regel wurde der eingesetzte Zeitaufwand als durchaus angemessen erachtet. Auffällig war jedoch, dass sich die Beiräte bewusst darüber waren, dass der Zeitaufwand für Themen der schulischen und beruflichen Ausbildung durchaus erhöht werden sollte. Dazu gaben rund 24% der Beiräte aus Baden-Württemberg bzw. rund ein Fünftel der sächsischen Kollegen an, dass ihrer Einschätzung nach der Zeitaufwand zu gering ausfiel. Hinsichtlich der Einschätzung des Zeitanteils für die Beschäftigung mit Einzelproblemen gingen immerhin 13% der Beiräte in Sachsen davon aus, dass sie in diese Thematik zu viel Zeit investierten, während knapp 16% in Baden-Württemberg der Meinung waren, dass der Zeitanteil noch erhöht werden müsste.

Tabelle 17: Eigener Zeitaufwand nach Tätigkeit

Einschätzung des eigenen Zeitanteils		zu wenig	angemessen	zu viel
Ärztliche Versorgung der Gefangenen	BW	7,8	90,2	2,0
	Sachsen	9,4	87,5	3,1
Berufliche Beschäftigung der Gefangenen	BW	15,7	84,3	0,0
	Sachsen	12,5	81,3	6,3
Schulische Ausbildung der Gefangenen	BW	23,5	76,5	0,0
	Sachsen	18,8	78,1	3,1
Berufliche Ausbildung der Gefangenen	BW	23,5	76,5	0,0
	Sachsen	21,9	78,1	0,0
Unterbringung der Gefangenen	BW	7,8	92,2	0,0
	Sachsen	9,4	84,4	6,3
Besondere Behandlungsmaßnahmen	BW	17,6	82,4	0,0
	Sachsen	25,0	75,0	0,0
Einzelprobleme der Gefangenen	BW	15,7	80,4	3,9
	Sachsen	0,0	87,5	12,5
Belegungssituation in der Anstalt	BW	13,7	84,3	2,0
	Sachsen	3,1	90,6	6,3
Problemvermittlung	BW	5,9	92,2	2,0
	Sachsen	18,8	81,3	0,0
Besondere Vorfälle	BW	9,8	90,2	0,0
	Sachsen	6,3	93,8	0,0

(Angaben in %; Stichprobe: N=51 in BW; N=32 in Sachsen)

3.2 Tätigkeitsschwerpunkte des Beirats als Gremium

Im gleichen Zusammenhang wurden die Beiräte befragt, wie sie die Tätigkeits-schwerpunkte und deren Zeitanteil aus Sicht des gesamten Gremiums einordnen (vgl. Tab. 18). Auch hier sahen die Beiräte einen Schwerpunkt in der Unterstützung der Gefangenen bei der beruflichen Beschäftigung, obgleich die Nennungen aus Sachsen mit 53% für das Gremium leicht geringer ausfielen als die entsprechende Einzelwertung. In Baden-Württemberg wurde dieser Schwerpunkt mit drei Viertel aller Nennungen noch deutlicher hervorgehoben. Weiterhin wurde die Mitwirkung bei Themen der Unterbringung der Gefangenen als zentrale Aufgabe des gesamten Anstaltsbeirats empfunden. Rund 80% der baden-württembergischen und etwa 75% der sächsischen Beiräte gaben hier eine Häufigkeit von mehr als zweimal und je etwa 28% sogar eine Häufigkeit von mehr als viermal in dieser Amtsperiode an. Hin-sichtlich der Einzelprobleme der Gefangenen fiel die Beschäftigung des gesamten Beiratsgremiums in der Häufigkeit fast genauso wie bei der individuellen Wahr-nehmung aus. Je 47% der Beiräte in Baden-Württemberg und Sachsen widmeten sich dieser Problematik mehr als dreimal in der jetzigen Amtsperiode. Im Rahmen der Beschäftigung mit besonderen Vorfällen innerhalb der Anstalt zeigte sich das gleiche Bild wie bei der individuellen Erörterung. Die Beiratsgremien aus Sachsen beschäftigten sich damit zu 31% mehr als dreimal in der aktuellen Amtsperiode, während der Anteil in Baden-Württemberg lediglich bei knapp 8% lag.

Auch bei der Erörterung der Themenschwerpunkte durch den Beirat als Gremium ließ sich somit feststellen, dass eine Verteilung der abgefragten Schwerpunkte auf verschiedene Themen erfolgte und eine grobe Vernachlässigung einzelner Thematiken nicht erkannt werden konnte.

Tabelle 18: Tätigkeitsschwerpunkte des Beirats als Gremium

Häufigkeit der Erörterung des Beirats		nie in jetziger Amtsperiode	1- bis 2-mal in jetziger Amtsperiode	2- bis 3-mal in jetziger Amtsperiode	3- bis 4-mal in jetziger Amtsperiode	>4-mal in jetziger Amtsperiode
Ärztliche Versorgung der Gefangenen	BW	9,8	27,5	21,6	23,5	17,6
	Sachsen	12,5	28,1	37,5	15,6	6,3
Berufliche Beschäftigung der Gefangenen	BW	7,8	17,6	29,4	31,4	13,7
	Sachsen	15,6	31,3	18,8	21,9	12,5
Schulische Ausbildung der Gefangenen	BW	27,5	27,5	15,7	17,6	11,8
	Sachsen	28,1	40,6	25,0	0,0	6,3
Berufliche Ausbildung der Gefangenen	BW	29,4	33,3	21,6	11,8	3,9
	Sachsen	34,4	21,9	34,4	6,3	3,1
Unterbringung der Gefangenen	BW	7,8	11,8	23,5	29,4	27,5
	Sachsen	6,3	18,8	40,6	6,3	28,1
Besondere Behandlungsmaßnahmen	BW	13,7	31,4	19,6	19,6	15,7
	Sachsen	21,9	34,4	28,1	6,3	9,4
Einzelprobleme der Gefangenen	BW	11,8	17,6	23,5	13,7	33,3
	Sachsen	0,0	31,3	21,9	21,9	25,0
Belegungssituation in der Anstalt	BW	23,5	29,4	23,5	13,7	9,8
	Sachsen	15,6	12,5	31,3	21,9	18,8
Problemvermittlung	BW	15,7	23,5	21,6	15,7	23,5
	Sachsen	18,8	21,9	40,6	12,5	6,3
Besondere Vorfälle	BW	52,9	31,4	7,8	5,9	2,0
	Sachsen	25,0	28,1	15,6	9,4	21,9

(Angaben in %; Stichprobe: N=51 in BW; N=32 in Sachsen)

In puncto Zeitaufwand zeichneten sich wiederum unterschiedliche Ergebnisse im Ländervergleich ab (vgl. Tab. 19). Während die sächsischen Beiräte den Aufwand für Themen wie die Vermittlung bei Problemen in der Anstalt und die besonderen Behandlungsmaßnahmen für die Gefangenen als zu gering erachteten, sahen die Beiräte in Baden-Württemberg Verbesserungspotential in der schulischen Ausbildung. Außerdem waren die Beiräte in Sachsen (13%) bei der Erörterung der Einzelprobleme der Gefangenen innerhalb des Gremiums der Meinung, dass sie hier zu viel Zeit investierten. 12% der Beiräte in Baden-Württemberg meinten, dass sich der Beirat häufiger mit besonderen Vorfällen beschäftigen sollte. Insgesamt

schätzten die Beiräte die aufgewendete Zeit des Gremiums ebenso wie den individuell eingesetzten Zeitaufwand als angemessen ein.

Tabelle 19: Zeitaufwand des Beirats als Gremium nach Tätigkeit

Einschätzung des Zeitanteils im Beirat		zu wenig	angemessen	zu viel
Ärztliche Versorgung der Gefangenen	BW	9,8	90,2	0,0
	Sachsen	15,6	81,3	3,1
Berufliche Beschäftigung der Gefangenen	BW	9,8	90,2	0,0
	Sachsen	9,4	84,4	6,3
Schulische Ausbildung der Gefangenen	BW	21,6	78,4	0,0
	Sachsen	15,6	81,3	3,1
Berufliche Ausbildung der Gefangenen	BW	19,6	80,4	0,0
	Sachsen	18,8	81,3	0,0
Unterbringung der Gefangenen	BW	3,9	96,1	0,0
	Sachsen	12,5	81,3	6,3
Besondere Behandlungsmaßnahmen	BW	11,8	88,2	0,0
	Sachsen	25,0	71,9	3,1
Einzelprobleme der Gefangenen	BW	9,8	86,3	3,9
	Sachsen	3,1	84,4	12,5
Belegungssituation in der Anstalt	BW	11,8	86,3	2,0
	Sachsen	3,1	90,6	6,3
Problemvermittlung	BW	5,9	92,2	2,0
	Sachsen	21,9	78,1	0,0
Besondere Vorfälle	BW	11,8	88,2	0,0
	Sachsen	6,3	93,8	0,0

(Angaben in %; Stichprobe: N=51 in BW; N=32 in Sachsen)

3.3 Sonstige Themenschwerpunkte

Befragt zu den sonstigen Schwerpunkten ihrer Arbeit, gaben die Beiräte als häufigs-
te Tätigkeit mit über 29% (26% für Baden-Württemberg und 34% für Sachsen) die
Unterstützung der Gefangenen bei Ernährungsfragen an (vgl. Abb. 31). In Baden-
Württemberg wurde zudem die Freizeitgestaltung, mit etwa 31%, als weitere wichtige
Aufgabe erwähnt. Auch der Einkauf spielte mit 16% aller gültigen Nennungen in
Baden-Württemberg und 19% in Sachsen eine nicht unerhebliche Rolle.

Abbildung 31: Weitere Themenschwerpunkte der Beiratstätigkeit

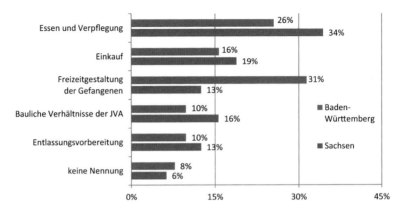

4. Befugnisse der Anstaltsbeiräte

4.1 Kenntnis der Rechte

Etwa 92% aller Beiräte waren sich ihrer Rechte als Beiratsmitglied bewusst (vgl. Tab. 20). Nur ein Beiratsangehöriger aus Sachsen gab an, seine Befugnisse nicht zu kennen, und etwa 10% der Beiräte aus Baden-Württemberg sowie ein Beirat aus Sachsen waren sich in diesem Punkt unsicher.

Tabelle 20: Kenntnis der Rechte eines Anstaltsbeirats

Kenntnis der Rechte	Häufigkeit absolut		Häufigkeit in %	
	BW	Sachsen	BW	Sachsen
Nein	0	1	0,0	3,1
Ja	46	30	90,2	93,8
weiß nicht genau	5	1	9,8	3,1
Gesamt	51	32	100,0	100,0

4.2 Wahrnehmung der Befugnisse

4.2.1 Einschätzung der individuellen Befugniswahrnehmung

Neben der Frage nach der Kenntnis ihrer Rechte wurden die Beiräte gefragt, in welchem Maße sie ihre Befugnisse wahrnehmen. Die nachfolgenden Tabellen 21 und 22 zeigen, dass sich die Intensitäten der Ausübung der Befugnisse in Sachsen und Baden-Württemberg gleichen. Im Kontakt mit den Gefangenen spielte der Schriftwechsel sowohl mit einzelnen Gefangenen als auch mit der Interessenvertretung der Gefangenen eine eher untergeordnete Rolle. Dagegen nahmen 65% der Beiräte

186

aus Baden-Württemberg die Gesprächsmöglichkeiten mit einzelnen Gefangenen in hohem bis sehr hohem Maße wahr (63% für die Gespräche mit der Interessenvertretung). Der Anteil lag in Sachsen bei 50% bzw. bei 63% bezüglich der Gespräche mit der Interessenvertretung. Mit je 51% beziehungsweise 69% der Nennungen in Baden-Württemberg wurden die Möglichkeit der Einholung von Auskünften bei der Anstaltsleitung sowie die Unterrichtung über wichtige Ereignisse seitens der Anstaltsleitung ebenfalls in hohem bis sehr hohem Maße wahrgenommen. In Sachsen wichen diese Werte etwas ab. So holten nur etwa 44% der sächsischen Beiräte in hohem bis sehr hohem Maße Auskünfte bei der Anstaltsleitung ein. Dagegen wurden 88% in hohem bis sehr hohem Maße von der Anstaltsleitung über wichtige Ereignisse unterrichtet. Deutlich negative Aussagen wurden im Bereich der Einsicht in Personalakten der Gefangenen sowie beim Aufsuchen der Gefangenen in den Haftträumen getroffen. 71% der Beiräte in Baden-Württemberg und sogar 91% ihrer sächsischen Kollegen nahmen praktisch keine Einsicht in die Gefangenenpersonalakten. Die Möglichkeit, Gefangene in ihren Räumlichkeiten aufzusuchen, wurde von 59% der baden-württembergischen und 47% der sächsischen Beiräte größtenteils nicht genutzt. Die Möglichkeit von Anstaltsbesichtigungen wurde von mehr als der Hälfte der Beiräte (67% in BW und 63% in Sachsen) in Anspruch genommen. Etwa ein Drittel der Beiräte besichtigte die Anstalt jedoch so gut wie nie.

Tabelle 21: Einschätzung der individuellen Befugniswahrnehmung in Baden-Württemberg

Baden-Württemberg	überh. nicht	überw. nicht	eher weniger	weiß nicht	eher mehr	überw. ja	in sehr hohem Maße
Gespräche mit einzelnen Gefangenen	5,9	13,7	3,9	11,8	11,8	21,6	31,4
Gespräche mit der Interessenvertretung der Gefangenen	11,8	3,9	3,9	17,6	9,8	23,5	29,4
Schriftwechsel mit einzelnen Gefangenen	27,5	15,7	9,8	17,6	7,8	9,8	11,8
Schriftwechsel mit der Interessenvertretung der Gefangenen	35,3	7,8	7,8	21,6	9,8	7,8	9,8
Aufsuchen Gefangener in den Haftträumen	35,3	23,5	9,8	11,8	5,9	2,0	11,8
Anstaltsbesichtigungen	0,0	5,9	11,8	15,7	17,6	23,5	25,5
Entgegennahme von Mitteilungen aus Gefangenenpersonalakten	56,9	13,7	7,8	9,8	3,9	3,9	3,9
Einholung von Auskünften bei der Anstaltsleitung	7,8	15,7	3,9	21,6	15,7	25,5	9,8
Unterrichtung über öffentlichkeitsbedeutsame Ereignisse durch die Anstaltsleitung	3,9	2,0	3,9	21,6	15,7	33,3	19,6

(Angaben in %; Stichprobe: N=51 in BW)

Tabelle 22: Einschätzung der individuellen Befugniswahrnehmung in Sachsen

Sachsen	überh. nicht	überw. nicht	eher weniger	weiß nicht	eher mehr	überw. ja	in sehr hohem Maße
Gespräche mit einzelnen Gefangenen	9,4	12,5	18,8	12,5	18,8	12,5	15,6
Gespräche mit der Interessenvertretung der Gefangenen	15,6	0,0	9,4	12,5	28,1	15,6	18,8
Schriftwechsel mit einzelnen Gefangenen	12,5	28,1	6,3	12,5	25,0	12,5	3,1
Schriftwechsel mit der Interessenvertretung der Gefangenen	34,4	28,1	0,0	12,5	9,4	3,1	12,5
Aufsuchen Gefangener in den Hafträumen	25,0	21,9	15,6	15,6	12,5	6,3	3,1
Anstaltsbesichtigungen	0,0	6,3	12,5	18,8	18,8	31,3	12,5
Entgegennahme von Mitteilungen aus Gefangenenpersonalakten	71,9	18,8	3,1	3,1	0,0	0,0	3,1
Einholung von Auskünfte bei der Anstaltsleitung	9,4	9,4	12,5	25,0	12,5	9,4	21,9
Unterrichtung über außerordentliche Vorkommnisse durch die Anstaltsleitung	0,0	0,0	0,0	12,5	21,9	18,8	46,9
Unterrichtung über Entwicklungen von öffentlichem Interesse durch die Anstaltsleitung	0,0	0,0	3,1	9,4	18,8	31,3	37,5

(Angaben in %; Stichprobe: N=32 in Sachsen)

4.2.2 Einschätzung der Befugniswahrnehmung durch den Beirat als Gremium

Wie erwartet nahmen die Beiratsgremien die Befugnisse zum Teil deutlich intensiver wahr als die einzelnen Beiratsmitglieder (vgl. Tab 23 und 24). So ließ sich feststellen, dass der Schriftwechsel mit den Gefangenen (BW: 45%; Sachsen: 50%) und ihrer Interessenvertretung (BW: 41%; Sachsen: 44%) intensiver genutzt wurde. Außerdem führten in Sachsen die Beiratsgremien eher Gespräche mit den Gefangenen (60%) und ihrer Interessenvertretung (78%) und mehr als die Hälfte nutzte in hohem oder sehr hohem Maße die Möglichkeit, von der Anstaltsleitung Auskünfte einzuholen (53%). 75% der Beiratsgremien in Baden-Württemberg und sogar 91% der Gremien in Sachsen wurden in hohem oder sehr hohem Maße von der Anstaltsleitung über wichtige Ereignisse unterrichtet. Die Beiratsgremien suchten insgesamt auch eher die Gefangenen in ihren Hafträumen auf (BW: 33%; Sachsen: 31%).

Tabelle 23: Einschätzung der Befugniswahrnehmung durch den Beirat als Gremium in Baden-Württemberg

Baden-Württemberg	überh. nicht	überw. nicht	eher weniger	weiß nicht	eher mehr	überw. ja	in sehr hohem Maße
Gespräche mit einzelnen Gefangenen	3,9	5,9	3,9	17,6	13,7	23,5	31,4
Gespräche mit der Interessenvertretung der Gefangenen	7,8	3,9	2,0	19,6	11,8	25,5	29,4
Schriftwechsel mit einzelnen Gefangenen	13,7	11,8	7,8	21,6	13,7	13,7	17,6
Schriftwechsel mit der Interessenvertretung der Gefangenen	25,5	5,9	7,8	19,6	11,8	15,7	13,7
Aufsuchen Gefangener in den Haftäumen	23,5	19,6	13,7	9,8	11,8	11,8	9,8
Anstaltsbesichtigungen	0,0	5,9	13,7	13,7	17,6	21,6	27,5
Entgegennahme von Mitteilungen aus Gefangenenpersonalakten	51,0	15,7	9,8	9,8	3,9	5,9	3,9
Einholung von Auskünften bei der Anstaltsleitung	5,9	5,9	11,8	17,6	19,6	31,4	7,8
Unterrichtung über öffentlichkeitsbedeutsame Ereignisse durch die Anstaltsleitung	2,0	2,0	3,9	17,6	15,7	37,3	21,6

(Angaben in %; Stichprobe: N=51 in BW)

Tabelle 24: Einschätzung der Befugniswahrnehmung durch den Beirat als Gremium in Sachsen

Sachsen	überh. nicht	überw. nicht	eher weniger	weiß nicht	eher mehr	überw. ja	in sehr hohem Maße
Gespräche mit einzelnen Gefangenen	9,4	9,4	9,4	12,5	15,6	25,0	18,8
Gespräche mit der Interessenvertretung der Gefangenen	6,3	0,0	6,3	9,4	28,1	21,9	28,1
Schriftwechsel mit einzelnen Gefangenen	18,8	0,0	6,3	25,0	12,5	25,0	12,5
Schriftwechsel mit der Interessenvertretung der Gefangenen	25,0	18,8	0,0	12,5	15,6	12,5	15,6
Aufsuchen Gefangener in den Haftäumen	18,8	12,5	18,8	18,8	21,9	6,3	3,1
Anstaltsbesichtigungen	0,0	6,3	9,4	18,8	18,8	34,4	12,5
Entgegennahme von Mitteilungen aus Gefangenenpersonalakten	59,4	18,8	9,4	9,4	0,0	0,0	3,1
Einholung von Auskünfte bei der Anstaltsleitung	3,1	9,4	12,5	21,9	15,6	12,5	25,0
Unterrichtung über außerordentliche Vorkommnisse durch die Anstaltsleitung	0,0	0,0	0,0	9,4	21,9	21,9	46,9
Unterrichtung über Entwicklungen von öffentlichem Interesse durch die Anstaltsleitung	0,0	0,0	3,1	9,4	15,6	34,4	37,5

(Angaben in %; Stichprobe: N=32 in Sachsen)

5. Kontakte der Anstaltsbeiräte

5.1 Kontakte innerhalb des Vollzugssystems

Die Frage nach der Bedeutung der Kontakte zu verschiedenen Personengruppen innerhalb des Vollzugssystems zeigte, dass sich unterschiedliche Schwerpunkte aus Sicht der Beiräte im Vergleich der Bundesländer ergaben (vgl. Tab. 25). Grundsätzlich wurde der Kontakt zur Anstaltsleitung mit 96% bzw. 88% in Baden-Württemberg und Sachsen als äußerst wichtig erachtet. Weiterhin war der Kontakt zu den Gefangenen für 96% der Beiräte in Baden-Württemberg und 88% in Sachsen wichtig bzw. sehr wichtig. Dem Kontakt zu den Vollzugsbeamten maßen dagegen nur rund 25% der Beiräte aus Sachsen eine sehr wichtige Bedeutung zu, während dies knapp 65% ihrer Amtskollegen aus Baden-Württemberg taten. Die Interaktion mit dem Justizministerium schien für die Beiräte insgesamt nicht besonders wichtig bzw. sehr wichtig zu sein (BW: 31%, Sachsen: 41%). Der Kontakt zu den übrigen in der

JVA tätigen Personen z. B. Sozialarbeitern und Psychologen wurde überwiegend als wichtig oder sehr wichtig eingeschätzt. Diese Einschätzungen korrespondieren mit der Einschätzung der jeweiligen Kooperation mit den genannten Personenkreisen nur teilweise (vgl. Tab. 26). So schätzten die Beiräte die Bedeutung des Kontakts zur Anstaltsleitung als sehr wichtig ein, dies schlug sich jedoch nicht immer in Kooperation um. In Baden-Württemberg konnten lediglich 71% der Beiräte sehr positiv mit der Anstaltsleitung kooperieren, in Sachsen waren es 72%. Gleiches galt für die Zusammenarbeit mit den Gefangenen. Diese bewerteten 71% der Beiräte in Baden-Württemberg positiv oder sehr positiv (96% schätzten den Kontakt als wichtig oder sehr wichtig ein). Dies traf für die Einschätzung der Beiräte in Sachsen bezüglich der Kooperation mit den Gefangenen ebenfalls zu (75% positiver oder sehr positiver Kontakt bei 88% Einschätzung der Bedeutung als wichtig oder sehr wichtig). Insgesamt wurde jedoch die Kooperation mit der Anstaltsleitung und den Gefangenen sowohl in Baden-Württemberg als auch in Sachsen äußerst positiv bewertet. Dies traf in Baden-Württemberg auch auf die Kooperation mit den Vollzugsbeamten zu, nicht dagegen in Sachsen (lediglich 28% sehr positive Nennungen im Vergleich zu 53% in Baden-Württemberg). Die Kooperation mit dem Justizministerium wurde entsprechend der Einschätzung der Bedeutung des Kontakts sowohl in Baden-Württemberg als auch in Sachsen (29% bzw. 43% positive oder sehr positive Nennungen) nicht ganz so positiv beurteilt. Insoweit arbeiteten die Beiräte aus Sachsen etwas besser mit ihrem Ministerium zusammen.

Tabelle 25: Bedeutung der Kontakte innerhalb des Vollzugssystems

Bedeutung des Kontaktes	Baden-Württemberg					Sachsen				
	sehr wichtig	wichtig	weiß nicht	weniger wichtig	nicht wichtig	sehr wichtig	wichtig	weiß nicht	weniger wichtig	nicht wichtig
Anstaltsleitung	96,1	3,9	0,0	0,0	0,0	87,5	3,1	0,0	6,3	3,1
Vollzugsbeamte	64,7	25,5	9,8	0,0	0,0	25,0	40,6	18,8	9,4	6,3
Gefangene	78,4	17,6	3,9	0,0	0,0	46,9	40,6	6,3	3,1	3,1
Justizministerium	11,8	19,6	31,4	27,5	9,8	9,4	31,3	34,4	18,8	6,3
Sozialarbeiter	47,1	31,4	19,6	2,0	0,0	31,3	46,9	9,4	6,3	6,3
Psychologen	37,3	33,3	23,5	5,9	0,0	15,6	31,3	46,9	3,1	3,1
Ärzte	27,5	25,5	33,3	11,8	2,0	9,4	50,0	25,0	9,4	6,3
Werkdienst	33,3	39,2	17,6	7,8	2,0	0,0	25,0	53,1	21,9	0,0
sonstige Ehrenamtliche	27,5	19,6	33,3	15,7	3,9	12,5	21,9	31,3	28,1	6,3

(Angaben in %; Stichprobe: N=51 in BW; N=32 in Sachsen)

Tabelle 26: Ausgestaltung der Kooperationen innerhalb des Vollzugssystems

Ausgestaltung der Kooperation	Baden-Württemberg					Sachsen				
	sehr positiv	positiv	weder positiv noch negativ	eher negativ	sehr negativ	sehr positiv	positiv	weder positiv noch negativ	eher negativ	sehr negativ
Anstaltsleitung	70,6	25,5	3,9	0,0	0,0	71,9	21,9	3,1	3,1	0,0
Vollzugsbeamte	52,9	29,4	17,6	0,0	0,0	28,1	46,9	21,9	0,0	3,1
Gefangene	27,5	43,1	29,4	0,0	0,0	28,1	46,9	21,9	3,1	0,0
Justizministerium	9,8	19,6	51,0	17,6	2,0	12,5	31,3	34,4	18,8	3,1
Sozialarbeiter	45,1	33,3	21,6	0,0	0,0	31,3	43,8	21,9	3,1	0,0
Psychologen	31,4	25,5	41,2	2,0	0,0	9,4	43,8	40,6	6,3	0,0
Ärzte	13,7	31,4	45,1	9,8	0,0	12,5	43,8	34,4	9,4	0,0
Werkdienst	43,1	29,4	21,6	3,9	2,0	6,3	28,1	46,9	18,8	0,0
sonstige Ehrenamtliche	17,6	19,6	49,0	11,8	2,0	15,6	28,1	43,8	12,5	0,0

(Angaben in %; Stichprobe: N=51 in BW; N=32 in Sachsen)

5.2 Kontakte außerhalb des Vollzugssystems

Im Rahmen der Kontakte zu den Partnern außerhalb des Vollzugssystems zeigte sich, inwiefern sich die Beiräte auch um den Austausch mit externen Stellen bemühten und welche Bedeutung sie diesen beimaßen (vgl. Tab. 27 und 28). Auffallend war zunächst, dass im Vergleich zu Baden-Württemberg deutlich mehr sächsische Beiräte die Bedeutung des Kontakts zur Agentur für Arbeit, den Sozialbehörden und der Bewährungshilfe als sehr wichtig einschätzten. Die Kooperation mit diesen Institutionen bewerteten dann jedoch deutlich weniger Beiratsmitglieder als sehr positiv. Bei den baden-württembergischen Beiräten hingegen entsprach die Einschätzung der Bedeutung des Kontakts zu diesen Institutionen weitgehend auch der Einschätzung der tatsächlichen Kooperation mit diesen. Außergewöhnliche Länderunterschiede in der Kooperation mit den Kirchen oder den Journalisten fielen nicht auf. Bemerkenswert waren allerdings die unterschiedlichen Bewertungen des Kontakts zu den Landtagsabgeordneten und politischen Parteien. Während in Sachsen, wo die Beiratsgremien mit je zwei Landtagsabgeordneten besetzt sind, der Kontakt zu den sonstigen Landtagsabgeordneten und den politischen Parteien mit je 41% bzw. 16% als sehr wichtig eingestuft wurde, war dies in Baden-Württemberg lediglich bei 10% bzw. 8% der befragten Beiräte der Fall. Die Kooperation mit den sonstigen Landtagsabgeordneten und den politischen Parteien bezeichneten 28% bzw. 9% der sächsischen Beiräte als sehr positiv. In Baden-Württemberg dagegen wurde die tatsächliche Kooperation mit den Landtagsabgeordneten und den politischen Parteien nicht ganz so positiv beurteilt (12% bzw. 10% sehr positive Nennungen). Grundsätzlich kann festgehalten werden, dass die Bewertung der sächsischen Beiräte bezüglich der Wichtigkeit externer Kontakte höher ausfiel als die der baden-württembergischen Beiräte. Auch im Hinblick auf die Kooperationen mit den Institutionen außerhalb des Vollzugssystems ergab sich eine unterschiedliche Sichtweise zwischen Baden-Württemberg und Sachsen. Während die Meinungen in Baden-Württemberg größtenteils indifferent waren, wurde die Kooperation mit externen Partnern in Sachsen kritischer gesehen und öfter negativ bewertet.

Tabelle 27: Bedeutung der Kontakte außerhalb des Vollzugssystems

Bedeutung des Kontaktes	Baden-Württemberg					Sachsen				
	sehr wichtig	wichtig	weiß nicht	weniger wichtig	nicht wichtig	sehr wichtig	wichtig	weiß nicht	weniger wichtig	nicht wichtig
Arbeitsamt	7,8	17,6	39,2	27,5	7,8	34,4	37,5	15,6	9,4	3,1
Sozialbehörden	11,8	31,4	29,4	21,6	5,9	40,6	34,4	15,6	6,3	3,1
Bewährungshilfe	19,6	27,5	35,3	17,6	0,0	28,1	31,3	21,9	12,5	6,3
Kirchen	7,8	37,3	35,3	11,8	7,8	9,4	40,6	18,8	25,0	6,3
Journalisten	7,8	23,5	29,4	15,7	23,5	6,3	18,8	40,6	18,8	15,6
Landtagsabgeordnete	9,8	39,2	21,6	15,7	13,7	40,6	21,9	31,3	3,1	3,1
Politische Parteien	7,8	37,3	23,5	19,6	11,8	15,6	15,6	34,4	21,9	12,5

(Angaben in %; Stichprobe: N=51 in BW; N=32 in Sachsen)

Tabelle 28: Ausgestaltung der Kooperationen außerhalb des Vollzugssystems

Ausgestaltung der Kooperation	Baden-Württemberg					Sachsen				
	sehr positiv	positiv	weder positiv noch negativ	eher negativ	sehr negativ	sehr positiv	positiv	weder positiv noch negativ	eher negativ	sehr negativ
Arbeitsamt	3,9	17,6	70,6	5,9	2,0	21,9	31,3	40,6	6,3	0,0
Sozialbehörden	7,8	29,4	58,8	2,0	2,0	15,6	37,5	31,3	12,5	3,1
Bewährungshilfe	11,8	31,4	56,9	0,0	0,0	15,6	40,6	40,6	0,0	3,1
Kirchen	17,6	29,4	49,0	3,9	0,0	15,6	25,0	46,9	9,4	3,1
Journalisten	5,9	21,6	54,9	9,8	7,8	3,1	21,9	56,3	12,5	6,3
Landtagsabgeordnete	11,8	27,5	51,0	7,8	2,0	28,1	31,3	31,3	3,1	6,3
Politische Parteien	9,8	23,5	58,8	5,9	2,0	9,4	18,8	53,1	15,6	3,1

(Angaben in %; Stichprobe: N=51 in BW; N=32 in Sachsen)

6. Pflichten der Anstaltsbeiräte

6.1 Kenntnis der Pflichten

Über 90% der Beiräte aus Baden-Württemberg und sogar 94% der Amtskollegen aus Sachsen waren sich ihrer Pflichten als Beiratsmitglied bewusst. Lediglich knapp 10% aller Befragten in Baden-Württemberg und 6% in Sachsen waren sich diesbezüglich unsicher (vgl. Tab. 29).

Kenntnis der Pflichten	Häufigkeit absolut		Häufigkeit in %	
	BW	Sachsen	BW	Sachsen
Ja	46	30	90,2	93,8
weiß nicht genau	5	2	9,8	6,3
Gesamt	51	32	100,0	100,0

6.2 Verschwiegenheitspflicht

Eine der wesentlichen Pflichten eines Beirats ist die Verschwiegenheit bezüglich aller vertraulichen Angelegenheiten, insbesondere in Bezug auf die persönlichen Daten der Gefangenen. Rund 86% aller befragten Beiräte in Baden-Württemberg und 88% in Sachsen gaben an, über ihre Pflicht zur Verschwiegenheit aufgeklärt worden zu sein (vgl. Tab. 30). Ein Großteil der Befragten sah keinen grundsätzlichen Widerspruch zwischen Wahrnehmung der Öffentlichkeitsaufgaben und Wahrung der Verschwiegenheit. Allerdings waren sich 39% der Beiräte in Baden-Württemberg und 25% der Beiräte in Sachsen diesbezüglich unsicher oder bejahten einen solchen Konflikt eher. Mit über 73% bzw. 86% stimmten die Beiräte aus Baden-Württemberg und Sachsen der Frage zu, ob die Pflicht zur Verschwiegenheit in Bezug auf die Angelegenheiten der Gefangenen auch gegenüber dem Anstaltspersonal Geltung beanspruchen sollte. Außerdem bejahten sie die Frage (BW: 75%; Sachsen: 81%), ob die Verschwiegenheitspflicht auch auf vertrauliche Belange der Bediensteten ausgedehnt werden sollte.

Tabelle 30: Verschwiegenheitspflicht

Verschwiegenheitspflicht		stimme gar nicht zu	stimme nicht zu	stimme eher weniger zu	weiß nicht	stimme eher zu	stimme zu	stimme voll zu
Aufklärung über die	BW	0,0	5,9	0,0	2,0	5,9	25,5	60,8
Verschwiegenheitspflicht	Sachsen	0,0	3,1	0,0	6,3	3,1	9,4	78,1
Widerspruch Verschwiegenheit-	BW	39,2	15,7	5,9	15,7	3,9	9,8	9,8
pflicht - Öffentlichkeitsarbeit	Sachsen	40,6	25,0	9,4	9,4	3,1	9,4	3,1
Verschwiegenheit gegenüber	BW	7,8	2,0	3,9	5,9	7,8	25,5	47,1
dem Anstaltspersonal	Sachsen	6,3	6,3	3,1	6,3	3,1	28,1	46,9
Verschwiegenheit auch im Bezug	BW	5,9	2,0	2,0	2,0	2,0	19,6	66,7
auf die Belange der Bediensteten	Sachsen	6,3	3,1	3,1	3,1	3,1	18,8	62,5

(Angaben in %; Stichprobe: N=51 in BW; N=32 in Sachsen)

7. Kontakt zum Justizministerium

7.1 Berichterstattung

Anders als in Sachsen sind die Beiräte in Baden-Württemberg zu einer jährlichen Berichterstattung über ihre Beiratstätigkeit an das Justizministerium verpflichtet. Vor diesem Hintergrund wurden nur die baden-württembergischen Beiräte gefragt, inwiefern sie die Berichte für ihre Zwecke einsetzen können, ob sie die Berichte als Medium der Informationsweitergabe an das Justizministerium für notwendig erachten und ob die Berichte sich auf die Gestaltung der Arbeit im Vollzug konkret auswirken (vgl. Tab. 31). Die Möglichkeit zur Empfehlung von Verbesserungsmaßnahmen im Vollzug durch die jährlichen Berichte wurde von mehr als 60% der Befragten bestätigt. Auch der Einsatz der Berichte als Instrument der Informationsweitergabe an das Justizministerium wurde von rund zwei Dritteln der Teilnehmer zustimmend bewertet. Direkte Folgen und Auswirkungen in der Vollzugsgestaltung aufgrund der Berichte sahen allerdings nur wenige der Befragten. Die Mehrheit (51%) konnte hier eher keinen direkten Zusammenhang erblicken.

Weiterhin wurden die Beiräte gebeten, ihre Einschätzung bezüglich des Arbeitsaufwands bei der Berichterstellung abzugeben und zu bewerten, inwiefern sich die inhaltliche Ausgestaltung als komplex und eher kompliziert darstellte. Das Ergebnis zur Bewertung des Zeitaufwands zeigte keine eindeutige Tendenz an. Die inhaltliche Gestaltung der Berichte dagegen wurde von knapp der Hälfte der Befragten (47%) als eher unproblematisch erachtet. Außerdem gaben 65% der Beiräte an, kritische Punkte in ihren Berichten aufzuführen und so problematische Themen offen an das Justizministerium zu richten. Eine bewusste Zurückhaltung zu Gunsten der Anstaltsleitung schien diesbezüglich eher selten aufzutreten.

Tabelle 31: Einschätzung der Berichterstattung des Anstaltsbeirats an das Justizministerium in Baden-Württemberg

Berichterstattung an das Justizministerium	stimme gar nicht zu	stimme nicht zu	stimme eher weniger zu	weiß nicht	stimme eher zu	stimme zu	stimme voll zu
Möglichkeit der Aussprache von Empfehlungen für eine Verbesserung des Vollzuges in den Berichten	7,8	9,8	11,8	7,8	11,8	15,7	35,3
Notwendigkeit der Berichte zur Information des Justizministeriums	5,9	11,8	9,8	7,8	11,8	19,6	33,3
Konkrete Folgen der Berichte für den Vollzug	17,6	15,7	17,6	25,5	9,8	7,8	5,9
Zu hoher Arbeitsaufwand für die Anfertigung der Berichte	11,8	15,7	9,8	17,6	13,7	17,6	13,7
Schwierigkeit der inhaltlichen Ausgestaltung der Berichte	13,7	15,7	17,6	25,5	3,9	3,9	19,6
Unkritische Abfassung der Berichte	25,5	23,5	15,7	29,4	3,9	2,0	0,0

(Angaben in %; Stichprobe: N=51 in BW)

Für Sachsen wurde den Befragten die Möglichkeit der Bewertung gegeben, inwiefern sie die Einführung einer jährlichen Berichterstattung an das Justizministerium für notwendig erachten und eine solche sie bei ihrer Beiratstätigkeit unterstützen und Verbesserungen des Vollzugs erwirken könnte. Etwa 44% der Beiräte sahen in der Einführung von Berichten teilweise und 28% ganz sicher eine Chance zur Weitergabe von Empfehlungen an das Ministerium (vgl. Tab. 32). Weiterhin sahen rund 38% der Befragten die grundsätzliche Notwendigkeit der Informationsweitergabe an das Justizministerium durch die Einführung eines Berichtswesens. 25% erachteten dies allerdings nur zum Teil als notwendig und 28% empfanden die Einführung einer Berichterstattung als unnötig.

Tabelle 32: Einschätzung der potentiellen Berichterstattung des Anstaltsbeirats an das Justizministerium in Sachsen

Potentielle Berichterstattung an das Justizministerium	Nein	Ja	teilweise	weiß nicht
Möglichkeit der Aussprache von Empfehlungen für eine Verbesserung des Vollzuges durch Berichte	15,6	28,1	43,8	12,5
Notwendigkeit der Berichte zur Information des Justizministeriums	28,1	37,5	25,0	9,4

(Angaben in %; Stichprobe: N=32 in Sachsen)

7.2 Tagungen

Die Einschätzung der Beiräte bezüglich der Notwendigkeit und Effizienz der Tagungen mit dem Justizministerium war überwiegend positiv (vgl. Tab. 33). Über zwei Drittel der Befragten (75%) erkannten eine Notwendigkeit der Tagungen zum Informationsaustausch und rund 53% erachteten die Möglichkeit eines umfassenden Austauschs bei diesen Sitzungen als gegeben. Insgesamt erfuhren die jährlichen Tagungen mit dem Justizministerium damit eine grundsätzlich positive Resonanz.

Tabelle 33: Einschätzung der Notwendigkeit und Effizienz der Tagungen des Anstaltsbeirats mit dem Justizministerium in Baden-Württemberg

Notwendigkeit und Effizienz der Tagungen	stimme gar nicht zu	stimme nicht zu	stimme eher weniger zu	weiß nicht	stimme eher zu	stimme zu	stimme voll zu
Notwendigkeit der Tagungen zum Erfahrungsaustausch	2,0	5,9	3,9	13,7	7,8	15,7	51,0
Umfassender Austausch bei den Tagungen	0,0	11,8	13,7	21,6	13,7	7,8	31,4

(Angaben in %; Stichprobe: N=51 in BW)

8. Sitzungen der Anstaltsbeiräte

8.1 Häufigkeit der Sitzungen

Das Gremium des Anstaltsbeirats sollte sich, wenn möglich, in Baden-Württemberg dreimal und in Sachsen viermal pro Jahr zu einer gemeinsamen Sitzung treffen. Vor diesem Hintergrund wurden die teilnehmenden Beiräte befragt, in welcher Frequenz sie in ihrem Gremium tagten und wie oft ihnen die persönliche Teilnahme möglich war (vgl. Abb. 32 und Tab. 34).

Abbildung 32: Häufigkeit der Sitzungen

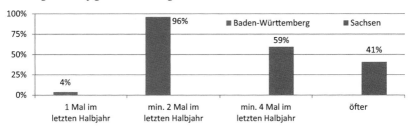

Tabelle 34: Häufigkeit der Teilnahme der Beiratsmitglieder an den Sitzungen

Teilnahme an den Sitzungen	Häufigkeit absolut		Häufigkeit in %	
	BW	Sachsen	BW	Sachsen
ja immer	39	22	76,5	68,8
meistens	12	10	23,5	31,3
Gesamt	51	32	100,0	100,0

Wie Abbildung 32 zeigt, gaben rund 96% der Beiräte aus Baden-Württemberg an, im vergangenen Halbjahr zwei Mal und öfter getagt zu haben. Alle Beiräte aus Sachsen bestätigten die Durchführung von vier und mehr Beiratssitzungen in den letzten sechs Monaten, was der Tatsache geschuldet sein kann, dass sich die Gremien in Sachsen 2010 neu gebildet haben und daher ein erhöhter Abstimmungs- und Koordinationsbedarf bestand. Auch die regelmäßige Teilnahme der Befragten an den Sitzungen wurde grundsätzlich bestätigt. Etwa 77% der Beiräte in Baden-Württemberg und 69% der Beiräte in Sachsen nahmen sogar an jeder der Beiratssitzungen teil.

Zudem ist es wichtig, insbesondere bei Sitzungen mit einem großen zeitlichen Abstand, dass die Beschlussfähigkeit des Beirats stets gewährleistet ist. Aufgrund der Vielzahl an Sitzungsterminen verwunderte es nicht, dass rund 18% der Beiräte bestätigten, dass die Beschlussfähigkeit nicht zu allen Terminen sichergestellt werden konnte (vgl. Tab. 35).

Tabelle 35: Beschlussfähigkeit des Beirats bei den Sitzungen

Beschlussfähigkeit gegeben	Häufigkeit absolut		Häufigkeit in %	
	BW	Sachsen	BW	Sachsen
ja immer	41	27	80,4	84,4
meistens	10	5	19,6	15,6
Gesamt	51	32	100,0	100,0

8.2 Dauer der Sitzungen

Die Dauer der Sitzungen wurde von der Mehrheit der Befragten zwischen einer und zwei Stunden bzw. mehr als zwei Stunden angegeben. Nur drei der baden-württembergischen Beiräte (6%) gaben an, bis zu einer Stunde oder weniger zu tagen (vgl. Abb. 33).

Abbildung 33: Dauer der Sitzungen

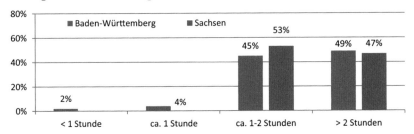

8.3 Teilnahme von Anstaltsleiter oder Bediensteten

Die Beiratssitzungen finden – wenn es durch den Beirat gewünscht wird – in großem Maße unter Teilnahme der Anstaltsleitung oder der Bediensteten der JVA statt. Rund 57% der Beiräte in Baden-Württemberg und sogar 81% in Sachsen bestätigten die stete Teilnahme dieser Gruppen. Etwa 28% der Befragten gaben an, dass die Teilnahme der Anstaltsleitung überwiegend stattfand und nur 6% meldeten eine unregelmäßige Beteiligung der Repräsentanten der JVA (vgl. Tab. 36).

Tabelle 36: Häufigkeit der Teilnahme durch Anstaltsleitung oder Bedienstete an den Sitzungen

Teilnahme durch Anstaltsleitung/ Bedienstete	Häufigkeit absolut			Häufigkeit in %		
	BW	Sachsen	Gesamt	BW	Sachsen	Gesamt
ja immer	29	26	55	56,9	81,3	66,3
meistens	18	5	23	35,3	15,6	27,7
teilweise	4	1	5	7,8	3,1	6,0
Gesamt	51	32	83	100,0	100,0	100,0

8.4 Anstaltskonferenz (Baden-Württemberg)

Abbildung 34 zu den gemeinsamen Sitzungen von Anstaltsbeirat und Anstaltskonferenz zeigt, dass lediglich 32% der Beiräte das Stattfinden einer solchen Zusammenkunft gemäß den gesetzlichen Vorgaben halbjährig oder öfter bejahten. Auffällig erscheint, dass rund 39% der Beiräte nie an einer solchen Sitzung teilgenommen haben. Immerhin bejahten 29% unregelmäßig beziehungsweise selten stattfindende Sitzungen mit der Anstaltskonferenz. Insgesamt zeigte sich, dass diese gesetzlich vorgesehenen gemeinsamen Sitzungen in der Praxis eher selten stattfanden.

Dieses Ergebnis erscheint umso auffälliger, als von den Beiräten, die das Stattfinden gemeinsamer Sitzungen bejahten, immerhin 87% einen Informationsaustausch immer oder meistens bejahten (65% waren der Auffassung, dass ein solcher Austausch immer stattfand) (vgl. Abb. 35). Dies deutet auf ein tatsächlich vorhandenes Potential dieser gemeinsamen Sitzungen hin, einen positiven Beitrag für die Verständigung und den gegenseitigen Austausch zu liefern, das in der Praxis aber kaum genutzt wird.

Abbildung 34: Häufigkeit gemeinsamer Sitzungen mit der Anstaltskonferenz

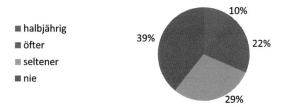

■ halbjährig
■ öfter
■ seltener
■ nie

10%
39%
22%
29%

Abbildung 35: Möglichkeit des gegenseitigen Austauschs bei Sitzungen mit der
Anstaltskonferenz

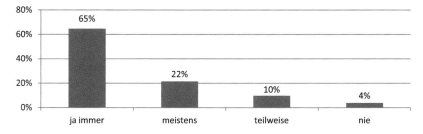

8.5 Anstaltsbesichtigungen

Im Bereich der Anstaltsbesichtigungen wurde zunächst die generelle Häufigkeit der Besichtigungen abgefragt und dann wurde betrachtet, wie oft der Befragte selbst an den Rundgängen teilgenommen hat (vgl. Abb. 36 und Tab. 37). Etwa 33% der Beiräte aus Baden-Württemberg gaben an, entsprechend ihren gesetzlichen Vorgaben einmal im Jahr die Anstalt zu besichtigen. 57% der Beiräte taten dies sogar öfter. Rund 84% der Beiräte aus Sachsen gaben an, mindestens einmal im Halbjahr oder öfter eine Besichtigung durchzuführen. Knapp 69% der Befragten bestätigten die stete und weitere 29% die häufige Teilnahme an den Anstaltsbesichtigungen.

Abbildung 36: Häufigkeit der Anstaltsbesichtigungen

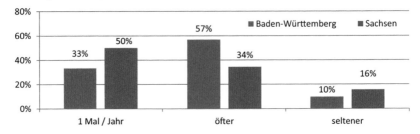

Tabelle 37: Häufigkeit der eigenen Teilnahme an den Anstaltsbesichtigungen

Teilnahme an Anstaltsbesichtigungen	Häufigkeit absolut			Häufigkeit in %		
	BW	Sachsen	Gesamt	BW	Sachsen	Gesamt
ja immer	38	19	57	74,5	59,4	68,7
meistens	11	13	24	21,6	40,6	28,9
teilweise	2	0	2	3,9	0,0	2,4
Gesamt	51	32	83	100,0	100,0	100,0

8. Kapitel: Hypothesenprüfung

Im Folgenden werden die Ergebnisse der inferenzstatistischen Hypothesenprüfung für die Abschnitte „Strukturen des Anstaltsbeirats", „Aufgabenwahrnehmung" und „Befugniswahrnehmung" dargestellt und unter Bezugnahme auf die deskriptiven Resultate diskutiert und interpretiert. Als Interpretationshilfe dienen an dieser Stelle vor allem die Experteninterviews mit den Beiratsmitgliedern aus Baden-Württemberg und Sachsen.

1. Die Strukturen des Anstaltsbeirates

1.1 Allgemeine Strukturen

Hypothese 1: Wenn ein Beiratsmitglied vor seinem Amtsantritt über die Tätigkeit eines Anstaltsbeirats informiert wurde oder sich diesbezüglich selbst Informationen beschafft hat, dann kennt es seine eigene Rechtsstellung innerhalb des Vollzugsgefüges.

Hypothese 1a: Mit zunehmender Dauer der Beiratsmitgliedschaft steigt die Wahrscheinlichkeit, dass ein Beiratsmitglied seine Rechtsstellung innerhalb des Vollzugsgefüges kennt.

Für die Untersuchung der Hypothesen 1 und 1a wurde die Variable „Kenntnis der eigenen Rechtsstellung"[573] als Summenscore[574] aus den Fragebogenitems C8, C9 und C10[575] gebildet. Mit Hilfe der linearen Regressionsanalyse wurde dann der Einfluss der unabhängigen Variablen „Informationserhalt vor Amtsantritt" (C6), „Selbstständige Informationsbeschaffung vor Amtsantritt" (C7) und „Dauer der Beiratsmitgliedschaft" (C2) auf die abhängige Variable „Kenntnis der eigenen Rechtsstellung" untersucht. Tabelle 38 zeigt, dass sich weder der Informationserhalt vor Amtsantritt noch die selbstständige Informationsbeschaffung vor Amtsantritt signifikant auf die Kenntnis der eigenen Rechtsstellung auswirken, weshalb die Hypothese 1 zu verwerfen war.

---

573 Zu der Definition der Variablen „Kenntnis der eigenen Rechtsstellung" vgl. die Ausführungen im 5. Kapitel: 1.1, S. 123.
574 Zu der Bildung von Summenscores vgl. Fromm 2012, S. 80.
575 C8 („Kenntnis der Aufgaben"), C9 („Kenntnis der Rechte") und C10 („Kenntnis der Pflichten"). Zu den Variablen, ihrer Codierung und der Bildung der einzelnen Summenscores vgl. auch den Codeplan im Anhang.

*Tabelle 38: Lineare Regressionsanalyse - Einfluss des „Informationserhalts vor Amtsantritt"
und der „selbstständigen Informationsbeschaffung vor Amtsantritt" auf die
„Kenntnis der eigenen Rechtsstellung"*

Koeffizienten[a]

Modell	Nicht standardisierte Koeffizienten		Standardisierte Koeffizienten	t	Sig.
	B	Standardfehler	Beta		
(Konstante)	3,153	0,205	0,000	15,400	0,000
Informationserhalt vor Amtsantritt	0,074	0,125	0,088	0,596	0,554
Selbstständige Informationsbeschaffung vor Amtsantritt	-0,002	0,165	-0,004	-0,012	0,991

a. Abhängige Variable: Kenntnis der eigenen Rechtsstellung

Dagegen konnte ein signifikanter Zusammenhang zwischen der Dauer der Beirats-mitgliedschaft und der Kenntnis der eigenen Rechtsstellung nachgewiesen werden ($p = 0,039$; vgl. Tab. 39), sodass die Hypothese 1a bestätigt wurde.

*Tabelle 39: Lineare Regressionsanalyse - Einfluss der „Dauer der Beiratsmitgliedschaft" auf
die „Kenntnis der eigenen Rechtsstellung"*

Koeffizienten[a]

Modell	Nicht standardisierte Koeffizienten		Standardisierte Koeffizienten	t	Sig.
	B	Standardfehler	Beta		
(Konstante)	3,413	0,112	0,000	30,426	0,000
Dauer der Beiratsmitgliedschaft	-0,020	0,009	-0,291	-2,125	0,039

a. Abhängige Variable: Kenntnis der eigenen Rechtsstellung

Die Ergebnisse zeigen, dass mit zunehmender Dauer der Mitgliedschaft im Beirat die Wahrscheinlichkeit steigt, dass ein Beiratsmitglied seine Rechtsstellung inner-halb des Vollzugsgefüges kennt. Die Information vor Amtsantritt über die Tätigkeit eines Anstaltsbeirats dagegen beeinflusst die Kenntnis der Beiratsmitglieder bezüg-lich ihrer Aufgaben, Rechte und Pflichten nicht, obwohl eine solche Information gerade zu einer verbesserten Kenntnis der Beiräte hinsichtlich ihrer Rechtsstellung beitragen sollte. Der Grund für den mangelnden Einfluss der Information vor Amts-antritt auf die Kenntnis der eigenen Rechtsstellung muss aber nicht unbedingt darin liegen, dass diese kein oder kaum Aufklärungspotential hat, sondern kann auch darin begründet sein, dass 59% der befragten Anstaltsbeiräte in Baden-Württemberg in der 3. Amtsperiode oder noch länger ihr Ehrenamt ausübten und deshalb die Informationen, die sie vor Amtsantritt über das Ehrenamt erhalten oder sich selbst beschafft hatten, schon so lange zurücklagen, dass sie für die Kenntnis der eigenen Rechtsstellung kaum noch von Relevanz waren.

Hypothese 2: Der monatliche Zeitaufwand eines Beiratsmitglieds für sein Ehren-amt steigt mit zunehmender Dauer seiner Mitgliedschaft.

Mit Hilfe der linearen Regressionsanalyse wurde der Einfluss der unabhängigen Variablen „Dauer der Beiratsmitgliedschaft" auf die abhängige Variable „Monatlicher Zeitaufwand für das Ehrenamt" (M.1) untersucht. Als Ergebnis konnte die Hypothese 2 bestätigt werden, denn die Dauer der Beiratsmitgliedschaft beeinflusst signifikant den monatlichen Zeitaufwand eines Beiratsmitglieds für sein Ehrenamt (p = 0,006; vgl. Tab. 40).

Tabelle 40: Lineare Regressionsanalyse - Einfluss der „Dauer der Beiratsmitgliedschaft" auf den „Monatlichen Zeitaufwand für das Ehrenamt"

Koeffizienten[a]

Modell	Nicht standardisierte Koeffizienten		Standardisierte Koeffizienten	t	Sig.
	B	Standardfehler	Beta		
(Konstante)	2,455	0,894	0,000	2,747	0,008
Dauer der Beiratsmitgliedschaft	0,214	0,075	0,380	2,873	0,006

a. Abhängige Variable: Monatlicher Zeitaufwand für das Ehrenamt

Die Erklärung für dieses Ergebnis kann in der Altersstruktur der baden-württembergischen Beiräte gesehen werden.[576] Die jüngsten Beiratsmitglieder waren zwischen 41 und 50 Jahre alt. Diese stellten aber nur einen Anteil von 5,9% der befragten Beiräte. Damit waren 94,1% älter als 50 Jahre. 49% der Befragten waren sogar älter als 61 Jahre. Das Alter der Befragten, die 15 Jahre und länger ihr Ehrenamt bekleideten, lag bei 51 Jahren und darüber. 77,8% dieser Beiräte waren älter als 61 Jahre und 33,3% waren über 70 Jahre alt. Nur 22,2% dieser Beiratsmitglieder standen noch voll oder zumindest teilweise im Berufsleben. 55,5% waren gar nicht mehr erwerbstätig. Dies erklärt den höheren Zeitaufwand für die Ausübung des Ehrenamtes. Die meisten der langjährigen Beiratsmitglieder waren aus dem Berufsleben ausgeschieden und konnten ihrem Amt sehr viel mehr Zeit und Aufwand widmen als diejenigen Mitglieder, die neben der Tätigkeit als Anstaltsbeirat noch einem Beruf nachgehen mussten.

Hypothese 3: Die Beiratsmitglieder aus Sachsen sind eher rechtssicher als die Beiratsmitglieder aus Baden-Württemberg.

Die Variable „Rechtssicherheit"[577] wurde als Summenscore aus den Fragebogenitems C6, C7, C8, C9, C10[578] gebildet. Für den Vergleich der Rechtssicherheit der Beiratsmitglieder in Baden-Württemberg und Sachsen wurde der Mann-Whitney-U-Test gerechnet, da die Daten nicht normalverteilt waren. Der mittlere Rang, der

---

576 Vgl. die Ergebnisse im 7. Kapitel: 1.1.1, S. 157.
577 Zu der Definition der Variablen „Rechtssicherheit" vgl. die Ausführungen im 5. Kapitel: 1.1, S. 125.
578 C6 („Informationserhalt vor Amtsantritt"), C7 („Selbstständige Informationsbeschaffung vor Amtsantritt"), C8 („Kenntnis der Aufgaben"), C9 („Kenntnis der Rechte") und C10 („Kenntnis der Pflichten").

nichtparametrische Ersatz für den Durchschnittswert, ist für Sachsen höher (vgl. Tab. 41). Dieser Unterschied ist signifikant (p = 0,002; vgl. Tab. 42). Als Ergebnis lässt sich damit festhalten, dass sich die Beiräte in Sachsen und Baden-Württemberg tatsächlich hinsichtlich ihrer Rechtssicherheit signifikant voneinander unterscheiden, was die Hypothese 3 bestätigt.

Tabelle 41: Rangplätze für BW und Sachsen in Bezug auf die „Rechtssicherheit"

Ränge

	Bundesland	N	Mittlerer Rang	Summe der Ränge
	Sachsen	31	51,39	1593
Rechtssicherheit	BW	51	35,49	1810
	Gesamtsumme	82		

Tabelle 42: Mann-Whitney-U-Test zum Vergleich der mittleren Ränge für BW und Sachsen in Bezug auf die „Rechtssicherheit"

Teststatistiken[a]

	Kenntnis der eigenen Rechtsstellung
Mann-Whitney-U-Test	484,0
Wilcoxon-W	1810,0
U	-3,098
Asymp. Sig. (2-seitig)	0,002

a. Gruppierungsvariable: Bundesland

Der dargestellte Unterschied könnte sich zum einen damit erklären lassen, dass in der sächsischen Verwaltungsvorschrift die Rechtsstellung der Beiräte im Gegensatz zu Baden-Württemberg konkreter ausgestaltet ist.[579] Zum anderen wird die Rechtssicherheit der Beiräte aber auch maßgeblich durch ihre Information hinsichtlich ihrer ehrenamtlichen Tätigkeit vor Amtsantritt beeinflusst. Da die Beiratsgremien in Sachsen nach der Landtagswahl 2009 mit vielen Mitgliedern, die erstmals das Ehrenamt ausüben, neu besetzt wurden, dürfte bei diesen Beiräten im Gegensatz zu den meisten ihrer baden-württembergischen Kollegen die Informationen, die sie vor Amtsantritt erhalten haben, noch sehr präsent sein, was ihre Rechtssicherheit sicherlich maßgeblich geprägt hat.

Hypothese 4: Wenn ein Beiratsmitglied rechtssicher ist, dann steigt die Wahrscheinlichkeit, dass es eine Führungsrolle im Beirat übernimmt ebenso wie mit zunehmender Dauer seiner Beiratsmitgliedschaft.

---

579   Vgl. die Ausführungen im 3. Kapitel: 2.2, S. 87 ff. sowie im 5. Kapitel: 1.1, S. 123 ff.

Für die Überprüfung der Hypothese 4 wurde der Summenscore aus den Fragebogenitems C.4.1 und C.4.2[580] berechnet und die neue abhängige Variable „Führungsrolle"[581] gebildet. Mit der logistischen Regressionsanalyse wurde der Einfluss der unabhängigen Variablen „Dauer der Beiratsmitgliedschaft" und „Rechtssicherheit" auf die Übernahme einer Führungsrolle getestet. Die Dauer der Beiratsmitgliedschaft hat einen signifikanten Einfluss auf die Übernahme einer Führungsrolle im Beirat (p = 0,011; vgl. Tab. 43). Dieser Teil der Hypothese 4 konnte damit bestätigt werden, während der andere Teil verworfen wurde, da die Rechtssicherheit keinen Einfluss auf die Übernahme einer Führungsrolle im Beirat hat.

Tabelle 43: Logistische Regressionsanalyse - Einfluss der „Rechtssicherheit" und der „Dauer der Beiratsmitgliedschaft" auf die Übernahme einer „Führungsrolle"

Variablen in der Gleichung

		B	Standard-fehler	Wald	df	Sig.	Exp(B)
Schritt 1ᵃ	Rechtssicherheit	0,013	0,355	0,001	1,000	0,971	1,013
	Dauer der Beiratsmitgliedschaft	0,150	0,059	6,393	1,000	0,011	1,162
	Konstante	-1,436	1,964	0,535	1,000	0,465	0,238

a. In Schritt 1 eingegebene Variable(n): Rechtssicherheit, Dauer der Beiratsmitgliedschaft.
Abhängige Variable: Führungsrolle

Während also mit zunehmender Dauer der Beiratsmitgliedschaft eher eine Führungsrolle im Beirat übernommen wird, spielt die erlangte Rechtssicherheit eines Beiratsmitglieds für die Übernahme einer Führungsrolle keine Rolle. Diese Ergebnisse lassen sich damit erklären, dass die Beiräte über einen größeren Erfahrungsschatz verfügen, je länger sie Mitglied im Beirat sind. Sie sind mit den Abläufen des Vollzugsgefüges genauestens vertraut und können die Geschehnisse innerhalb eines solch geschlossenen und komplexen Systems wie das einer Vollzugsanstalt besser einschätzen und interpretieren.[582] Es zeigt sich so, dass die über die Jahre gewonnene Routine und die Erfahrungswerte die Bereitschaft der Beiräte, Führung und Verantwortung zu übernehmen, eher fördern als die reine Information über die Tätigkeit eines Anstaltsbeirats und die damit verbundene Kenntnis der Anforderungen an das Ehrenamt.

1.2 Verhaltensstrukturen innerhalb des Vollzugssystems

Hypothese 5: Die Zusammenarbeit mit der Anstaltsleitung, den Vollzugsbeamten, den Gefangenen sowie dem Justizministerium wird positiv durch die Übernahme

---

580 C.4.1 („Vorsitzende/r"), C.4.2 („stellvertretende/r Vorsitzende/r").
581 Zu der Definition der Variablen „Führungsrolle" vgl. die Ausführungen im 5. Kapitel: 1.1, S. 125.
582 Nach Güttler beeinflusst die Einstellung zum eigenen Selbst maßgeblich die Interaktion mit der Umwelt; vgl. dazu Güttler 2003, S. 105 ff.

einer Führungsrolle im Beirat, die Rechtssicherheit eines Beiratsmitglieds sowie die Dauer seiner Beiratsmitgliedschaft beeinflusst.

Um den Einfluss der unabhängigen Variablen „Dauer der Beiratsmitgliedschaft", „Führungsrolle" und „Rechtssicherheit" auf die Kooperation mit der Anstaltsleitung, den Vollzugsbeamten, den Gefangenen und dem Justizministerium untersuchen zu können, wurde aus den Fragebogenitems I.1.1, I.1.2, I.1.3 und I.1.4[583] der Summenscore zu der neuen abhängigen Variablen „Kooperation mit AL_VollzB_Gef_JuM"[584] gebildet und eine lineare Regression berechnet. Es konnte kein signifikanter Wirkungszusammenhang zwischen den unabhängigen Variablen und der abhängigen Variable nachgewiesen werden, sodass die Hypothese 5 verworfen wurde. Die Analyse zeigt allerdings, dass die Dauer der Beiratsmitgliedschaft die Kooperation mit den genannten Interaktionspartnern marginal signifikant beeinflusst (p = 0,053; vgl. Tab. 44).

Tabelle 44: Lineare Regressionsanalyse - Einfluss der „Dauer der Beiratsmitgliedschaft", „Führungsrolle" und „Rechtssicherheit" auf die „Kooperation mit AL_VollzB_ Gef_JuM"

Koeffizienten[a]

Modell	Nicht standardisierte Koeffizienten		Standardisierte Koeffizienten	t	Sig.
	B	Standardfehler	Beta		
(Konstante)	8,957	1,855	0,000	4,830	0,000
Dauer der Beiratsmitgliedschaft	-0,080	0,040	-0,306	-1,988	0,053
Führungsrolle	0,170	0,639	0,041	0,267	0,791
Rechtssicherheit	-0,091	0,333	-0,038	-0,274	0,786

a. Abhängige Variable: Kooperation mit AL_VollzB_Gef_JuM

Dies impliziert eine empirische Tendenz, dass sich mit zunehmender Dauer der Beiratsmitgliedschaft auch die Zusammenarbeit mit den genannten Interaktionspartnern verbessert. Diese Tendenz lässt sich damit erklären, dass die langjährigen Mitglieder ihre Rechtsstellung innerhalb des Vollzugsgefüges gut kennen, wodurch sie ihren Interaktionspartnern sehr viel selbstbewusster entgegentreten und die Position des Beirats sehr viel klarer vertreten können. Dass aus ihrer Sicht auf diese Weise eine erfolgreiche Kooperation zustande kommen kann, bestätigt auch die Aussage des interviewten Beiratsmitglieds aus Baden-Württemberg, wonach die jahrelange Erfahrung vor allem mit Behörden auf kommunaler Ebene das Selbstbewusstsein als Anstaltsbeirat stärke und deshalb die Zusammenarbeit mit der Anstaltsleitung besser gelingen könne. Außerdem führe die Erfahrung im Umgang

---

583 I.1.1 („Kooperation mit der Anstaltsleitung"), I.1.2 („Kooperation mit Vollzugsbeamten"), I.1.3 („Kooperation mit Gefangenen") und I.1.4 („Kooperation mit Justizministerium").

584 Zur Messung der Qualität der Kooperation vgl. die Ausführungen zu der Skalierung der Variablen der Fragengruppe I im 6. Kapitel: 2.2.2, S. 150 ff. sowie den Fragebogen und den Codeplan im Anhang.

mit Behörden allgemein vor allem auch zu einem selbstbewussteren Auftreten gegenüber dem Justizministerium.[585] Die langjährigen Beiratsmitglieder dürften zudem die Besonderheiten und Schwierigkeiten im Umgang mit den Gefangenen sehr genau kennen. Ihre Sicherheit bezüglich der eigenen Rechtsstellung kann verhindern, dass die Beiräte von den Gefangenen in Rollen gedrängt werden, die ihnen nicht zukommen, etwa die einer zusätzlichen Beschwerdeinstanz innerhalb des Vollzugs.[586]

Zwischen der Übernahme einer Führungsrolle und den Kooperationen mit den genannten Interaktionspartnern konnte hingegen kein Zusammenhang nachgewiesen werden. Anhand der Bemerkungen der Beiratsmitglieder im Fragebogen zeigte sich jedoch, dass die Rollenverteilung innerhalb des Beirats anscheinend durchaus Einfluss auf die Zusammenarbeit mit den Interaktionspartnern hat. So bemerkte ein Beiratsmitglied:

Beiratsmitglied Nr. 29: *„Der/Die Vorsitzende übernimmt sämtliche Einzelkontakte mit den Gefangenen sowie Gesprächstermine mit diesen. Der Beirat trifft sich regelmäßig mit der Gefangenenvertretung sowie mit den Beamten der JVA."*

Es ist außerdem zu beachten, dass die Dauer der Beiratsmitgliedschaft die Übernahme einer Führungsrolle beeinflusst[587], sodass viel dafür spricht, dass die Beiräte, die den Vorsitz oder den stellvertretenden Vorsitz im Beirat inne haben, aufgrund ihrer langjährigen Erfahrung ebenfalls gut mit den Interaktionspartnern im Vollzugsgefüge zusammenarbeiten.

Hypothese 6: Die Zusammenarbeit der Beiräte aus Sachsen mit der Anstaltsleitung, den Vollzugsbeamten, den Gefangenen sowie dem Justizministerium ist besser als die der Beiräte aus Baden-Württemberg.

Für den Ländervergleich hinsichtlich der Variablen „Kooperation mit AL_VollzB_Gef_JuM" wurde aufgrund der fehlenden Normalverteilung der Daten der Mann-Whitney-U-Test gerechnet. Wie aus Tabelle 45 ersichtlich ist, fällt der mittlere Rang für Sachsen etwas höher aus. Der Unterschied zwischen Sachsen und Baden-Württemberg im Hinblick auf die Kooperationen mit der Anstaltsleitung, den Vollzugsbeamten, den Gefangenen und dem Justizministerium ist allerdings nicht signifikant(vgl. Tab. 46), weshalb die Hypothese 6 verworfen wurde.

---

585 Mitteilung Beiratsmitglied Baden-Württembergs: 6. Kapitel: 1, S. 139 f.
586 Bereits Buschbeck und Hess konnten in ihren Einstellungsuntersuchungen ein gewisses Spannungsverhältnis zwischen Aufsichtsbeamten und Insassen feststellen, welches sie auf die existierende Distanz zwischen beiden Gruppen zurückführten; vgl. Buschbeck/Hess, ZfStrVo 1973, S. 204 ff.
587 Vgl. die Ergebnisse im 8. Kapitel: 1.1, S. 200.

Tabelle 45: Rangplätze für BW und Sachsen in Bezug auf die „Kooperation mit AL_VollzB_Gef_JuM"

Ränge

	Bundesland	N	Mittlerer Rang	Summe der Ränge
Kooperation mit AL_VollzB_Gef_JuM	Sachsen	31	43,42	1346
	BW	51	40,33	2057
	Gesamtsumme	82		

Tabelle 46: Mann-Whitney-U-Test zum Vergleich der mittleren Ränge für BW und Sachsen in Bezug auf die „Kooperation mit AL_VollzB_Gef_JuM"

Teststatistiken[a]

	Kooperation mit AL_VollzB_Gef_JuM
Mann-Whitney-U-Test	731,0
Wilcoxon-W	2057,0
U	-0,576
Asymp. Sig. (2-seitig)	0,565

a. Gruppierungsvariable: Bundesland

Wenn man die Kooperationen mit den verschiedenen Interaktionspartnern allerdings einzeln betrachtet, so zeigt Tabelle 47, dass der mittlere Rang für Sachsen im Hinblick auf die Zusammenarbeit mit den Vollzugsbeamten deutlich höher ist als jener für Baden-Württemberg. Dieser Unterschied ist signifikant (p = 0,003; vgl. Tab. 48), sodass festgestellt werden kann, dass die Beiräte aus Sachsen nach ihrer Einschätzung mit den Vollzugsbeamten besser zusammenarbeiten als die Beiratsmitglieder aus Baden-Württemberg. Dies könnte darauf zurückführen sein, dass sich die Anstaltsbeiräte in Sachsen und die Anstaltsleitungen oftmals bereits vor der Bestellung der Beiräte kennen und die Beiräte aufgrund dessen sowohl den Anstaltsleitungen als auch den Vollzugsbeamten per se schon näher stehen als es in Baden-Württemberg der Fall ist. Bei den Vollzugsbeamten herrscht möglicherweise das Verständnis vor, dass die von den Anstaltsleitungen ausgewählten Beiratsmitglieder für ihre Aufgabenwahrnehmung besonders geeignet erscheinen, sodass sie den Beiräten generell offener gegenübertreten und deshalb eine gute Zusammenarbeit zwischen beiden zustande kommt.

Tabelle 47: Rangplätze für BW und Sachsen in Bezug auf die „Kooperation mit VollzB"

Ränge

	Bundesland	N	Mittlerer Rang	Summe der Ränge
Kooperation mit VollzB	Sachsen	31	48,32	1498
	BW	51	37,35	1905
	Gesamtsumme	82		

Teststatistiken

	Kooperation mit VollzB
Mann-Whitney-U-Test	579,0
Wilcoxon-W	1905,0
U	-2,173
Asymp. Sig. (2-seitig)	0,030

Hypothese 7: Der Informationsaustausch mit der Anstaltsleitung verbessert die Zusammenarbeit eines Beiratsmitglieds mit der Anstaltsleitung.

Zur Verifizierung der Hypothese 7 wurde der Einfluss des Informationsaustauschs[588] in Form der unabhängigen Variablen „Einholen Auskünfte bei AL durch Beiratsmitglied", „Einholen Auskünfte bei AL durch Beirat", „Unterrichtung Beiratsmitglied durch AL über öffentlichkeitsbedeutsame Ereignisse" und „Unterrichtung Beirat durch AL über öffentlichkeitsbedeutsame Ereignisse"[589] (G.8.1, G.8.2, G.9.1, G.9.2) auf die abhängige Variable „Kooperation mit der Anstaltsleitung" (I.1.1) mit Hilfe der linearen Regressionsanalyse untersucht. Aus Tabelle 49 ist ersichtlich, dass es keinen statistisch signifikanten Zusammenhang zwischen dem Informationsaustausch und der Kooperation der Beiräte mit der Anstaltsleitung gibt, weshalb die Hypothese 7 verworfen wurde.

---

588   Zu der Definition der Variablen „Informationsaustausch" vgl. die Ausführungen im 5. Kapitel: 1.2, S. 128.

589   Zur Messung der Qualität der Befugniswahrnehmung vgl. die Ausführungen zu der Skalierung der Variablen der Fragengruppe G im 6. Kapitel: 2.2.2, S. 150 ff. sowie den Fragebogen und den Codeplan im Anhang.

Tabelle 49: *Lineare Regressionsanalyse - Einfluss des „Einholens Auskünfte bei AL durch Beiratsmitglied" und des „Einholens Auskünfte bei AL durch Beirat" sowie der „Unterrichtung Beiratsmitglied durch AL über öffentlichkeitsbedeutsame Ereignisse" und der „Unterrichtung Beirat durch AL über öffentlichkeitsbedeutsame Ereignisse" auf die „Kooperation mit AL"*

Koeffizienten[a]

Modell	Nicht standardisierte Koeffizienten		Standardisierte Koeffizienten	t	Sig.
	B	Standardfehler	Beta		
(Konstante)	1,755	0,348	0,000	5,050	0,000
Einholen Auskünfte bei AL durch Beiratsmitglied	-0,072	0,067	-0,239	-1,072	0,289
Einholen Auskünfte bei AL durch Beirat	0,021	0,073	0,061	0,285	0,777
Unterrichtung Beiratsmitglied durch AL über öffentlichkeitsbedeutsame Ereignisse	0,052	0,102	0,141	0,508	0,614
Unterrichtung Beirat durch AL über öffentlichkeitsbedeutsame Ereignisse	-0,087	0,109	-0,219	-0,800	0,428

a. Abhängige Variable: Kooperation mit AL

Die Befragung der Beiräte hat gezeigt, dass diese in Baden-Württemberg mit der Informationspolitik der Anstaltsleitung bedingt zufrieden sind. So gab nur die Hälfte der befragten Beiratsmitglieder (51,1%) an, eher häufiger oder sogar in sehr hohem Maße Auskünfte bei der Anstaltsleitung einzuholen.[590] Etwas mehr als die Hälfte der Befragten (68,8%) berichtete, eher häufiger oder sogar in sehr hohem Maße von der Anstaltsleitung über für die Öffentlichkeit wichtige Ereignisse informiert worden zu sein. Diese Ergebnisse zeigen, dass trotz der von den Beiräten als sehr gut bewerteten Zusammenarbeit mit der Anstaltsleitung (96,1% sehr positive oder positive Bewertungen), die Informationsweitergabe durch die Anstaltsleitung in der Praxis verbesserungswürdig ist was ein Grund dafür sein kann, dass kein Einfluss des Informationsaustauschs auf die Zusammenarbeit mit der Anstaltsleitung beobachtet werden konnte.

Hypothese 8: Gemeinsame Sitzungen des Anstaltsbeirats mit der Anstaltsleitung und den Anstaltsbediensteten sowie mit der Anstaltskonferenz verbessern die Zusammenarbeit des Anstaltsbeirats mit der Anstaltsleitung und den Vollzugsbeamten.

Für die Untersuchung des Einflusses der unabhängigen Variablen „Sitzungen mit AL und ABed" (L.5) und „Sitzungen mit AKonf" (L.6) auf die abhängige Variable „Kooperation mit AL und VollzB", welche sich als Summenscore aus den Fragebogenitems I.1.1 und I.1.2[591] zusammensetzt, wurde eine lineare Regression gerechnet. Es

---

590   Vgl. die Ergebnisse im 7. Kapitel: 4.2.1, S. 186 ff.
591   I.1.1 („Kooperation mit AL") und I.1.2 („Kooperation mit VollzB").

konnte kein signifikanter Zusammenhang beobachtet werden (vgl. Tab. 50), sodass die Hypothese 8 verworfen wurde.

Das Ergebnis zeigt allerdings, dass die Sitzungen mit der Anstaltsleitung und den Anstaltsbediensteten einen marginal signifikanten Einfluss auf die Zusammenarbeit mit der Anstaltsleitung und den Vollzugsbeamten haben (p = 0,085). Es kann deshalb von einer statistischen Tendenz dahingehend gesprochen werden, dass gemeinsame Sitzungen mit der Anstaltsleitung und den Anstaltsbediensteten tatsächlich die Kooperation mit der Anstaltsleitung und den Vollzugsbeamten verbessern.

Tabelle 50: Lineare Regressionsanalyse - Einfluss der „Sitzungen mit AL und ABed" und „Sitzungen mit AKonf" auf die „Kooperation mit AL und VollzB"

Koeffizienten[a]

Modell	Nicht standardisierte Koeffizienten		Standardisierte Koeffizienten	t	Sig.
	B	Standardfehler	Beta		
(Konstante)	1,788	0,807	0,000	2,217	0,031
Sitzungen mit AL und ABed	0,493	0,280	0,263	1,760	0,085
Sitzungen mit AKonf	0,150	0,179	0,125	0,839	0,406

a. Abhängige Variable: Kooperation mit AL und VollzB

Dies unterstreicht die von den Beiräten als sehr gut bewertete Zusammenarbeit mit der Anstaltsleitung und den Vollzugsbeamten (96,1% bzw. 82,4% positive oder sehr positive Bewertungen). Besonders das Verhältnis der Anstaltsbeiräte zu den Vollzugsbeamten scheint im Laufe der Zeit einem Wandel unterlegen zu sein, wie sich aus Bemerkungen der Beiräte im Fragebogen ergeben hat:

Beiratsmitglied Nr. 19: *„Ich bin seit 25 Jahren Beiratsmitglied. Anfangs war die Beiratstätigkeit den Bediensteten ‚neu'. Sie haben uns schikaniert, wo es nur ging. Ich sagte damals, dass ich mich nicht vergraulen lasse. Ich bleibe so lange, bis sich die Schikane bessert. Inzwischen sind auch die Bediensteten besser ausgebildet".*

Durch die Teilnahme an den Beiratssitzungen signalisieren Anstaltsleitung und Vollzugsbeamte Interesse an der Tätigkeit der Beiräte und zeigen, dass sie das Gremium als Partner innerhalb des Vollzugssystems akzeptieren und ernst nehmen. Diese gemeinsamen Sitzungen scheinen in der Praxis vor allen Dingen für den gegenseitigen Informationsaustausch sehr wichtig zu sein, wie die Kommentare der befragten Beiräte bestätigten:

Beiratsmitglied Nr. 48: *„Der Anstaltsleiter informiert bei den regelmäßigen monatlichen Sitzungen über besondere Vorkommnisse sowie Schulungen und Veranstaltungen kultureller und sportlicher Art sowie über Freizeitgestaltungen und Baumaßnahmen innerhalb der JVA."*

Beiratsmitglied Nr. 27: *„Zudem finden monatliche Besprechungen mit der Anstaltsleitung statt, in welchen besondere und wichtige Infos ausgetauscht und der Beirat unterrichtet wird."*

Diese Bemerkungen zeigen, welch gewichtige Bedeutung den Sitzungen mit der Anstaltsleitung im Hinblick auf die gemeinsame Zusammenarbeit zukommt.

Hypothese 9: Wenn die Berichte an das Justizministerium konkrete Folgen für die Gestaltung des Vollzuges haben, dann verbessert sich die Zusammenarbeit der Beiräte mit dem Justizministerium.

Zur Überprüfung der Hypothese 9 wurde mit Hilfe der linearen Regressionsanalyse getestet, welchen Einfluss entsprechende Konsequenzen der Berichte an das Justizministerium auf die Zusammenarbeit mit dem Justizministerium haben. Der Einflussfaktor „Konsequenzen der Berichte für den Vollzug" (K.3) stellte die unabhängige Variable da und die „Kooperation mit JuM" (I.1.4) war die abhängige Variable. Es konnte kein signifikanter Zusammenhang nachgewiesen werden, weshalb die Hypothese 9 zu verwerfen war. Allerdings beeinflusst die Berichterstattung die Zusammenarbeit mit dem Justizministerium fasst signifikant($p = 0{,}070$; vgl. Tab. 51), was eine empirische Tendenz impliziert, dass sich die Zusammenarbeit mit dem Justizministerium verbessert, wenn die Beiräte den Berichten konkrete Folgen für die Vollzugsgestaltung bescheinigen.

Tabelle 51: Lineare Regressionsanalyse - Einfluss der „Konsequenzen der Berichte für den Vollzug" auf die „Kooperation mit JuM"

Koeffizienten[a]

Modell	Nicht standardisierte Koeffizienten		Standardisierte Koeffizienten	t	Sig.
	B	Standardfehler	Beta		
(Konstante)	3,278	0,275	0,000	11,903	0,000
Konsequenzen der Berichte für den Vollzug	-0,133	0,072	-0,255	-1,850	0,070

a. Abhängige Variable: Kooperation mit JuM

Eine solche Einstellung der Beiräte erscheint auch nachvollziehbar, da die Anfertigung der Berichte für sie einen erheblichen Arbeitsaufwand bedeutet und es deshalb für die Mitglieder, die eine solche Pflicht ernst nehmen, überaus wichtig ist, dass diese Berichte auch Konsequenzen nach sich ziehen.[592] Diese Richtung wird auch durch die Bemerkungen der Beiräte zu der Berichterstattungspflicht bestätigt:

Beiratsmitglied Nr. 19: *„Das JM ist abgehoben. Ich vermute, dass unsere jährlichen Berichte nur abgelegt werden."*

Beiratsmitglied Nr. 24: *„Oft sind es immer die gleichen Themen in den Berichten z.B. zu wenig Sport, Besuchszeit zu kurz, Essen zu wenig, keine Arbeit in der Anstalt. Diese Themen*

---

592 Das Gefühl der Wertschätzung und Zugehörigkeit prägt maßgeblich die Einstellungen gegenüber dem Interaktionspartner; vgl. hierzu Kleinert 2004, S. 31.

werden gebetsmühlenartig vorgetragen. Es sollten nur Themen von größerer Bedeutung in die Berichte, z.B. ärztliche Versorgungen."

Hypothese 10: Ein umfassender Austausch auf den jährlichen Tagungen mit dem Justizministerium verbessert die Zusammenarbeit zwischen Ministerium und Beiräten. Für die Untersuchung des Wirkungszusammenhangs zwischen dem Austausch auf den jährlichen Tagungen mit dem Justizministerium und der Zusammenarbeit der Beiräte mit diesem wurde eine lineare Regression gerechnet mit der unabhängigen Variablen „Austausch auf den Tagungen" (K.8.) und der abhängigen Variablen „Kooperation mit JuM". Der Zusammenhang ist höchst signifikant (p = 0,000; vgl. Tab. 52), sodass die Hypothese 10 bestätigt wurde. Findet ein umfassender Austausch auf den jährlichen Tagungen statt, dann beeinflusst dies signifikant positiv die Zusammenarbeit der Beiräte mit dem Justizministerium.

Tabelle 52: Lineare Regressionsanalyse - Einfluss des „Austauschs auf den Tagungen" auf die „Kooperation mit JuM"

Koeffizienten[a]

Modell	Nicht standardisierte Koeffizienten		Standardisierte Koeffizienten	t	Sig.
	B	Standardfehler	Beta		
(Konstante)	4,076	0,324	0,000	12,571	0,000
Austausch auf den Tagungen	-0,258	0,063	-0,507	-4,112	0,000

a. Abhängige Variable: Kooperation mit JuM

Eine Erklärung für dieses Ergebnis kann darin gesehen werden, dass im Rahmen dieser Tagungen der direkte Dialog mit dem Ministerium möglich ist, sodass Anregungen, Probleme oder sonstige Anliegen leichter angesprochen werden können. Darüber hinaus kann dabei eine sofortige Stellungnahme durch das Ministerium erfolgen. Die große Bedeutung dieser Tagungen für das gegenseitige Verhältnis wird auch durch die Kommentare der befragten Beiräte bestätigt:

Beiratsmitglied Nr. 3: *„Der Austausch mit anderen Beiräten aus verschiedenen Anstalten und die gut vorbereiteten Vorträge mit entsprechendem Infogehalt sind weiterhin wünschenswert, möglichst ohne Teilnahme anderer ‚Ehrenamtlicher', da die Gefahr der ‚Neid-Debatte' besteht: ‚Die haben die Rechte und wir nicht...'"*

Beiratsmitglied Nr. 25: *„Die Erfahrung in den vergangenen Amtsperioden hat erwiesen, dass die direkten persönlichen Rückblicke und Gespräche bei den Jahrestagungen wesentlich informativer sind: Justizministerium und die Beiratsmitglieder tauschen aktuelle Themen ebenso wie Lösungsmöglichkeiten von Langzeitproblemen aus".*

Die Ergebnisse der Untersuchung der Hypothesen 9 und 10 zeigen, dass die jährlichen Tagungen mit dem Ministerium, aber auch die Pflicht der Beiräte zur jährlichen Berichterstattung das Potential dazu haben, das Verhältnis zwischen den Beiräten und dem Justizministerium zu verbessern. Vor dem Hintergrund, dass mehr als die

Hälfte der befragten Beiräte die Zusammenarbeit mit dem Justizministerium entweder neutral oder schlecht bewertete[593], wird zu diskutieren sein, inwieweit dieses Potential in der Praxis zur Verbesserung des Verhältnisses zwischen Beiräten und Ministerium noch intensiver genutzt werden kann.

1.3 Verhaltensstrukturen außerhalb des Vollzugssystems

Hypothese 11: Wenn die Beiräte Auskünfte bei der Anstaltsleitung über die Vorgänge in der Anstalt einholen, dann beeinflusst dies positiv die Zusammenarbeit der Beiräte mit den Partnern außerhalb der Vollzugsanstalt.

Für die Verifizierung der Hypothese 11 wurde der Summenscore aus den Fragebogenitems I.2.1, I.2.2, I.2.3, I.2.4, I.2.5, I.2.6, I.2.7[594] gebildet und die neue abhängige Variable „Kooperation mit Partnern außerhalb der JVA"[595] gebildet. Im Rahmen des linearen Regressionsverfahrens wurde der Einfluss der unabhängigen Variablen „Einholen Auskünfte bei AL durch Beiratsmitglied" und „Einholen Auskünfte bei AL durch Beirat" auf diese Kooperation getestet. Da kein signifikanter Zusammenhang nachgewiesen werden konnte, musste die Hypothese verworfen werden. Allerdings zeigt Tabelle 53 ein fasst signifikantes Ergebnis (p = 0,096), sodass von einer empirischen Tendenz gesprochen werden kann, dass das Einholen von Auskünften durch das einzelne Beiratsmitglied die Kooperation beeinflusst.

Tabelle 53: Lineare Regressionsanalyse - Einfluss des „Einholens Auskünfte bei AL durch Beiratsmitglied" und des „Einholens Auskünfte bei AL durch Beirat" auf die „Kooperation mit Partnern außerhalb der JVA"

Koeffizienten[a]

Modell	Nicht standardisierte Koeffizienten		Standardisierte Koeffizienten	t	Sig.
	B	Standardfehler	Beta		
(Konstante)	19,677	1,565	0,000	12,570	0,000
Einholen Auskünfte bei AL durch Beiratsmitglied	-0,637	0,375	-0,321	-1,699	0,096
Einholen Auskünfte bei AL durch Beirat	0,344	0,420	0,155	0,818	0,417

a. Abhängige Variable: Kooperation mit Partnern außerhalb der JVA

Betrachtet man die Kooperationen einzeln, so ist festzustellen, dass das Einholen von Auskünften durch das einzelne Beiratsmitglied die abhängige Variable „Kooperation

---

593   Vgl. die Ergebnisse im 7. Kapitel: 5.1, S. 190 f.
594   I.2.1–I.2.7: Kooperation mit der Agentur für Arbeit, den Sozialbehörden, der Bewährungshilfe, den Kirchen/kirchl. Einrichtungen, Journalisten, Abgeordneten des Landtags und den politischen Parteien.
595   Zu der Definition der Variablen „Kooperation mit den Partnern außerhalb der JVA" vgl. die Ausführungen im 5. Kapitel: 1.3, S. 128.

mit Kirchen/kirchlichen Einrichtungen" (I.2.4) signifikant beeinflusst (p = 0,023; vgl. Tab. 54) und einen ebenfalls marginal signifikanten Einfluss auf die abhängige Variable „Kooperation mit Abgeordneten des Landtags" (I.2.6) hat (p = 0,070; vgl. Tab. 55).

Tabelle 54: Lineare Regressionsanalyse - Einfluss des „Einholens Auskünfte bei AL durch Beiratsmitglied" und des „Einholens Auskünfte bei AL durch Beirat" auf die „Kooperation mit Kirchen/kirchlichen Einrichtungen"

Koeffizienten[a]

Modell	Nicht standardisierte Koeffizienten		Standardisierte Koeffizienten	t	Sig.
	B	Standardfehler	Beta		
(Konstante)	3,010	0,341	0,000	8,821	0,000
Einholen Auskünfte bei AL durch Beiratsmitglied	-0,192	0,082	-0,426	-2,353	0,023
Einholen Auskünfte bei AL durch Beirat	0,048	0,092	0,095	0,525	0,602

a. Abhängige Variable: Kooperation mit Kirchen/kirchlichen Einrichtungen

Tabelle 55: Lineare Regressionsanalyse - Einfluss des „Einholens Auskünfte bei AL durch Beiratsmitglied" und des „Einholens Auskünfte bei AL durch Beirat" auf die „Kooperation mit Abgeordneten des Landtags"

Koeffizienten[a]

Modell	Nicht standardisierte Koeffizienten		Standardisierte Koeffizienten	t	Sig.
	B	Standardfehler	Beta		
(Konstante)	2,581	0,374	0,000	6,900	0,000
Einholen Auskünfte bei AL durch Beiratsmitglied	-0,166	0,090	-0,348	-1,853	0,070
Einholen Auskünfte bei AL durch Beirat	0,162	0,100	0,303	1,614	0,113

a. Abhängige Variable: Kooperation mit Abgeordneten des Landtags

Diese Ergebnisse verdeutlichen, dass der Umgang mit Außenstehenden ein bestimmtes Maß an Information und Kenntnis über die Vorgänge und Abläufe innerhalb der Anstalt voraussetzt. Nur wenn die Beiräte sich diese Informationen von der Anstaltsleitung beschaffen können, sind sie in der Lage, eine objektive Einschätzung des Vollzugs abzugeben, die eine effektive Zusammenarbeit mit den Partnern außerhalb des Vollzugs erst möglich macht.

Hypothese 12: Die Zusammenarbeit der Nichtführungsmitglieder im Beirat mit den Partnern außerhalb der Vollzugsanstalt verläuft besser als die Zusammenarbeit der Führungsmitglieder mit diesen.

Zur Überprüfung der Hypothese 12 wurde ein Mittelwertvergleich zwischen den Mitgliedern, die eine Führungsrolle im Beirat einnehmen, und den Nichtführungsmitgliedern (C.4.3) bezüglich der „Kooperation mit Partnern außerhalb der JVA" berechnet. Da die Kooperation nicht normalverteilt war, kam der Mann-Whitney-U-Test zur Anwendung. Der mittlere Rang ist für die Nichtführungsmitglieder höher (vgl. Tab. 56). Dieser Unterschied ist signifikant (p = 0.019; vgl. Tab. 57), was die Hypothese bestätigt. Die Nichtführungsmitglieder im Anstaltsbeirat kooperieren nach ihrer Einschätzung besser mit den Partnern außerhalb der Vollzugsanstalt als die Führungsmitglieder. Dieses Ergebnis unterstreicht die Vermutung, dass es innerhalb des Anstaltsbeirats eine klare Rollenverteilung im Hinblick auf die Zusammenarbeit mit den unterschiedlichen Interaktionspartnern gibt und die Nichtführungsmitglieder offenbar den Schwerpunkt ihrer Tätigkeit eher im „außervollzuglichen" Bereich sehen.

Tabelle 56: Rangplätze für die „Führungsrolle" (0 = nein; 1 = ja) in Bezug auf die „Kooperation mit Partnern außerhalb der JVA"

Ränge

	Führungsrolle	N	Mittlerer Rang	Summe der Ränge
Kooperation mit Partnern außerhalb der JVA	0	27	30,52	824
	1	24	20,92	502
	Gesamtsumme	51		

Tabelle 57: Mann-Whitney-U-Test zum Vergleich der mittleren Ränge für die „Führungsrolle" in Bezug auf die „Kooperation mit Partnern außerhalb der JVA"

Teststatistiken[a]

	Kooperation mit Partnern außerhalb der JVA
Mann-Whitney-U-Test	202,0
Wilcoxon-W	502,0
U	-2,352
Asymp. Sig. (2-seitig)	0,019

a. Gruppierungsvariable: Führungsrolle

Hypothese 13: Die parlamentarischen Beiräte in Sachsen arbeiten besser mit Journalisten, Landtagsabgeordneten und den politischen Parteien zusammen als die nichtparlamentarischen Beiräte.

Um die Zusammenarbeit der parlamentarischen und nichtparlamentarischen Beiräte Sachsens mit den Journalisten, Landtagsabgeordneten und politischen Parteien miteinander vergleichen zu können, wurde aus den Fragebogenitems I.2.5, I.2.6 und I.2.7[596] für Sachsen der Summenscore berechnet und die neue Variable „Kooperation mit Journalisten_AbgLT_polit.Parteien" gebildet. Diese war nicht normalverteilt,

---

596 I.2.5–I.2.7: Kooperation mit Journalisten, Abgeordneten des Landtags und den politischen Parteien.

sodass der Mann-Whitney-U-Test gerechnet wurde. Der mittlere Rang ist für die nichtparlamentarischen Beiräte etwas höher wie Tabelle 58 zeigt. Allerdings ist der Unterschied nicht signifikant (vgl. Tab. 59), sodass die Hypothese 13 verworfen werden musste.

Tabelle 58: Rangplätze für den/die „Abgeordnete/n des LT (Sachsen)" (0 = nein; 1 = ja) in Bezug auf die „Kooperation mit Journalisten_AbgLT_polit. Parteien"

Ränge

	Abgeordnete/r des LT (Sachsen)	N	Mittlerer Rang	Rangsumme
Kooperation mit	0	19	16,24	308,5
Journalisten_AbgLT_	1	12	15,63	187,5
polit.Parteien	Gesamt	31		

Tabelle 59: Mann-Whitney-U-Test zum Vergleich der mittleren Ränge für den/die „Abgeordnete/n des LT (Sachsen)" in Bezug auf die „Kooperation mit Journalisten_AbgLT_polit. Parteien"

Statistik für Test[a]

	Kooperation mit Journalisten_ AbgLT_polit.Parteien
Mann-Whitney-U	109,5
Wilcoxon-W	187,5
Z	-0,186
Asymptotische Signifikanz (2-seitig)	0,852
Exakte Signifikanz [2*(1-seitig Sig.)]	0,857[b]

a. Gruppenvariable: Abgeordnete/r des LT (Sachsen)
b. Nicht für Bindungen korrigiert.

Diese Analyseergebnisse zeigen, dass der politische Hintergrund der Beiräte offenbar keinen Einfluss auf die Zusammenarbeit mit Außenstehenden hat. Dieser Befund überrascht vor allem in Bezug auf die Kooperation mit den sonstigen Landtagsabgeordneten, da mit diesen die Zusammenarbeit der parlamentarischen Beiratsmitglieder besonders gut gelingen müsste. Dieses Resultat muss jedoch nicht darauf zurückzuführen sein, dass der Kontakt der parlamentarischen Beiräte zu den genannten Interaktionspartnern schlecht ist. Ein Erklärungsansatz könnte auch sein, dass im Parlament und in der sonstigen Öffentlichkeit wenig Interesse an der Beiratstätigkeit der abgesandten Abgeordneten besteht. Da außerdem zum Zeitpunkt der Befragung die Beiratsgremien in Sachsen erst neu besetzt wurden, kann das Ergebnis auch dahingehend interpretiert werden, dass sich die parlamentarischen Beiräte erst einmal in ihr Amt eingewöhnen müssen und deshalb die Zusammenarbeit mit den Abgeordneten, politischen Parteien und Journalisten (noch) nicht wesentlich besser gelingt.

2. Aufgabenwahrnehmung

2.1 Allgemeine Einflussfaktoren

Hypothese 14: Je mehr Mitglieder ein Anstaltsbeirat hat, desto intensiver erfüllt das einzelne Beiratsmitglied seine Aufgaben.

Tabelle 60 zeigt, dass bei der Berechnung einer linearen Regression mit den unabhängigen Variablen „Durchschnittsbelegung Anstalt" (A.1) und „Mitgliederanzahl im Beirat" (C.1) und der abhängigen Variablen „Aufgabenwahrnehmung Beiratsmitglied"[597] (Summenscore aus den Fragebogenitems D.1.1, D.2.1, D.3.1, D.4.1, D.5.1, D.6.1[598]) beide potenziellen Einflussfaktoren nicht signifikant sind.

Tabelle 60: Lineare Regressionsanalyse - Einfluss der „Durchschnittsbelegung Anstalt" und der „Mitgliederanzahl im Beirat" auf die „Aufgabenwahrnehmung Beiratsmitglied"

Koeffizienten[a]

Modell	Nicht standardisierte Koeffizienten		Standardisierte Koeffizienten	t	Sig.
	B	Standardfehler	Beta		
(Konstante)	47,634	4,186	0,000	11,379	0,000
Durchschnittsbelegung Anstalt	0,561	1,367	0,048	0,410	0,683
Mitgliederanzahl im Beirat	1,385	0,943	0,173	1,469	0,146

a. Abhängige Variable: Aufgabenwahrnehmung Beiratsmitglied

Aus Tabelle 61 ist jedoch ersichtlich, dass die Durchschnittsbelegung der Anstalt und die Mitgliederanzahl im Beirat positiv korreliert sind. Je höher die Durchschnittsbelegung der Anstalt ist, desto höher ist auch die Anzahl der Mitglieder im Beirat. Dies entspricht den Vorgaben der Verwaltungsvorschrift Baden-Württembergs, wonach die Beiratsgröße abhängig von der Durchschnittsbelegung der Anstalt sein soll, und war somit zu erwarten. Betrachtet man nur die Korrelation zwischen der Mitgliederanzahl im Beirat und der Aufgabenwahrnehmung des Beiratsmitglieds ist festzustellen, dass der Zusammenhang signifikant ist (p = 0,043).

---

597   Zur Messung der Qualität der Aufgabenwahrnehmung vgl. die Ausführungen zu der Skalierung der Variablen der Fragengruppe D im 6. Kapitel: 2.2.2, S. 150 ff. sowie den Fragebogen und den Codeplan im Anhang.

598   D.1.1–D.6.1: Wahrnehmung der Aufgabe der Mitwirkung bei der Vollzugsgestaltung, bei der Gefangenenbetreuung, der Unterstützung der Anstaltsleitung durch Anregungen und Verbesserungsvorschläge, der Hilfe bei der Wiedereingliederung der Gefangenen nach der Entlassung, der Vermittlung eines realitätsnahen Bildes des Strafvollzuges in der Öffentlichkeit und der Werbung in der Öffentlichkeit für die Belange des Strafvollzuges durch das einzelne Beiratsmitglied.

Tabelle 61: Korrelation zwischen der „Mitgliederanzahl im Beirat" und der „Aufgaben-wahrnehmung Beiratsmitglied"

Korrelationen

		Durchschnittsbe-legung Anstalt	Mitgliederanzahl Beirat	Aufgabenwahr-nehmung Beiratsmitglied
Durchschnittbelegung Anstalt	Pearson-Korrelation	1,000	0,354**	0,110
	Sig. (1-seitig)		0,001	0,163
	N	82	82	82
Mitgliederanzahl im Beirat	Pearson-Korrelation	0,354**	1,000	0,190*
	Sig. (1-seitig)	0,001		0,043
	N	82	82	82
Aufgabenwahrnehmung Beiratsmitglied	Pearson-Korrelation	0,110	0,190*	1,000
	Sig. (1-seitig)	0,163	0,043	
	N	82	82	82

**. Korrelation ist bei Niveau 0,01 signifikant (einseitig).
*. Korrelation ist bei Niveau 0,05 signifikant (einseitig).

Die Beiratsgröße beeinflusst demnach die Aufgabenwahrnehmung des Beiratsmit-glieds. Die im Rahmen der Hypothesenentwicklung aufgestellte Annahme, dass mit der wachsenden Zahl der zu betreuenden Gefangenen die Arbeitsbelastung der Anstaltsbeiräte steigt und deshalb ein Zusammenhang besteht zwischen der Mitgliederanzahl im Beirat und der Intensität der Aufgabenwahrnehmung durch die Beiräte, wird damit durch die Untersuchung bestätigt. Dieses Ergebnis zeigt, dass eine Staffelung der Beiratsmitgliederzahl entsprechend der Größe und Bele-gungsfähigkeit der Justizvollzugsanstalten sinnvoll und ratsam ist, weil mit zuneh-mender Größe der Anstalt auch die Arbeitsbelastung der Beiräte ansteigt und diese ihren Aufgaben nur dann hinreichend gerecht werden können, wenn sie über eine entsprechende Mindestanzahl von Mitgliedern verfügen, um das Arbeitspensum angemessen bewältigen zu können.[599] Hier wäre – entsprechend der Bemerkung eines Beiratsmitglieds – in einem zweiten Schritt zu überlegen, ob die bisherige Staffelung im Hinblick auf die Mitgliederzahl und die Arbeitsbelastung der Beiräte angemessen erscheint oder ob diesbezüglich Änderungen notwendig wären:

Beiratsmitglied Nr. 28: *„Im Justizministerium werden Beiräte als lästiges und über-flüssiges Anhängsel gesehen [...]. Im Entwurf des Strafvollzugsgesetzes soll die Zahl der Beiräte für unsere Anstaltsgröße von 5 auf 3 gekürzt werden!!!*

Das belastet zukünftig die verbleibenden Beiräte stärker und erschwert (z. B. Beschlussfä-higkeit) ihre Arbeit erheblich. Der Aufwand für die ehrenamtliche Entschädigung dürfte auf Grund seiner Höhe kein Argument sein."

---

599   Vgl. hierzu auch die Ausführungen im 3. Kapitel: 2.1.1, S. 71 ff.

Hypothese 15: Wenn ein Beiratsmitglied rechtssicher ist, dann erhöht sich die Intensität seiner Aufgabenerfüllung ebenso wie mit zunehmender Dauer seiner Beiratsmitgliedschaft.

Für die Überprüfung der Hypothese 15 wurde der Einfluss der unabhängigen Variablen „Rechtssicherheit" und „Dauer der Beiratsmitgliedschaft" auf die Aufgabenwahrnehmung des einzelnen Beiratsmitglieds mit Hilfe der linearen Regressionsanalyse untersucht. Die Rechtssicherheit beeinflusst signifikant die Aufgabenwahrnehmung ($p = 0{,}031$; vgl. Tab. 62). Dieser Teil der Hypothese konnte bestätigt werden. Die Dauer der Beiratsmitgliedschaft dagegen hat keinen Einfluss auf die Erfüllung der Aufgaben des Beiratsmitglieds, sodass dieser Teil der Hypothese 15 verworfen wurde.

Tabelle 62: Lineare Regressionsanalyse - Einfluss der „Dauer der Beiratsmitgliedschaft"
und der „Rechtssicherheit" auf die „Aufgabenwahrnehmung Beiratsmitglied"

Koeffizienten[a]

Modell	Nicht standardisierte Koeffizienten		Standardisierte Koeffizienten	t	Sig.
	B	Standardfehler	Beta		
(Konstante)	31,270	9,020	0,000	3,467	0,001
Dauer der Beiratsmitgliedschaft	0,201	0,178	0,153	1,131	0,264
Rechtssicherheit	3,606	1,620	0,302	2,226	0,031

a. Abhängige Variable: Aufgabenwahrnehmung Beiratsmitglied

Diese Ergebnisse bestätigen zum einen den Ansatz Gerkens, wonach die Aufgabenwahrnehmung durch die Beiräte von ihrer Einschätzung der eigenen Aufgaben und Rechte abhängig ist.[600] Eine umfassende Information der Beiräte trägt zu einer fundierten Kenntnis ihrer Aufgaben, Rechte und Pflichten bei. Dadurch gewinnen die Beiräte an Rechtssicherheit, welche es ihnen wiederum ermöglicht, sich intensiver mit ihren Aufgaben zu beschäftigen. Zum anderen scheint das Ergebnis aber auch die Befürchtungen aus dem AE zu bestätigen, dass mit zunehmender Amtsdauer eine Gewöhnung an die Beiratstätigkeit eintritt. Denn obwohl die Dauer der Beiratsmitgliedschaft signifikant den Zeitaufwand für das Ehrenamt beeinflusst, geht damit nach Selbsteinschätzung der Beiräte keine intensivere Aufgabenerfüllung einher. Ein Erklärungsansatz hierfür könnte sein, dass mit zunehmender Amtsdauer bei den Beiräten eine gewisse Abstumpfung im Hinblick auf die Ausübung ihres Ehrenamtes eintritt, welche sie an einer intensiven Aufgabenerfüllung hindert. In Bezug auf dieses Ergebnis bleibt zu diskutieren, inwieweit die Möglichkeit einer unbegrenzten Wiederholung der Bestellung zum Beiratsmitglied in Baden-Württemberg sinnvoll ist.

Hypothese 16: Beiratsmitglieder, die geschult sind, sowie Beiratsmitglieder, deren Beirat zu regelmäßigen Sitzungen zusammenkommt, erfüllen verstärkt ihre anstaltsbezogenen Aufgaben und ihre Öffentlichkeitsaufgaben.

---

600 Vgl. Gerken 1986, S. 255.

Die unabhängigen Variablen „Regelmäßige Beiratssitzungen" (L.1) sowie „Informationserhalt vor Amtsantritt", „Selbstständige Informationsbeschaffung vor Amtsantritt" und „Unterstützung bei der Ausübung des Ehrenamtes"[601] (M.6) stellten für die Untersuchung der Hypothese 16 die potenziellen Einflussfaktoren dar, deren Wirkung auf die abhängigen Variablen „Wahrnehmung anstaltsbezogene Aufgaben Beiratsmitglied" (Summenscore aus den Fragebogenitems D.1.1, D.2.1, D.3.1, D.4.1[602]) und „Wahrnehmung Öffentlichkeitsaufgaben Beiratsmitglied"[603](Summenscore aus den Fragebogenitems D.5.1 und D.6.1[604]) im Wege der linearen Regressionsanalyse getestet wurde. Die Unterstützung der Beiräte während der Amtszeit durch Gesprächsangebote etc. hat einen signifikanten Einfluss auf die Wahrnehmung der anstaltsbezogenen Aufgaben (p = 0,042; vgl. Tab. 63).

Tabelle 63: Lineare Regressionsanalyse - Einfluss des „Informationserhalts vor Amtsantritt", der „Selbstständigen Informationsbeschaffung vor Amtsantritt" und der „Unterstützung bei Ausübung des Ehrenamtes" auf die „Wahrnehmung anstaltsbezogene Aufgaben Beiratsmitglied"

	Koeffizienten[a]					
Modell	**Nicht standardisierte Koeffizienten**		**Standardisierte Koeffizienten**	**t**	**Sig.**
	B	**Standardfehler**	**Beta**		
(Konstante)	38,447	4,930	0,000	7,798	0,000
Informationserhalt vor Amtsantritt	4,081	2,220	0,253	1,838	0,072
Selbstständige Informationsbeschaffung vor Amtsantritt	5,801	2,906	0,272	1,996	0,052
Unterstützung bei Ausübung des Ehrenamtes	7,685	3,669	0,281	2,094	0,042

a. Abhängige Variable: Wahrnehmung anstaltsbezogene Aufgaben Beiratsmitglied

Dieser Teil der Hypothese 16 kann bestätigt werden. Im Übrigen musste sie verworfen werden. Die Analyse zeigt allerdings, dass auch der Informationserhalt vor Amtsantritt (p = 0,072) sowie die selbstständige Informationsbeschaffung vor Amtsantritt (p = 0,052) und die regelmäßigen Beiratssitzungen (p = 0,077; vgl. Tab. 64) die Wahrnehmung der anstaltsbezogenen Aufgaben marginal signifikant beeinflussen.

---

601   Zu der Definition der Variablen „Schulung" vgl. die Ausführungen im 5. Kapitel: 2.1, S. 129 f.

602   D.1.1–D.4.1: Wahrnehmung der Aufgabe der Mitwirkung bei der Vollzugsgestaltung, bei der Gefangenenbetreuung, der Unterstützung der Anstaltsleitung durch Anregungen und Verbesserungsvorschläge und der Hilfe bei der Wiedereingliederung der Gefangenen nach der Entlassung durch das einzelne Beiratsmitglied.

603   Zu der Definition der Variablen „Anstaltsbezogene Aufgaben" und „Öffentlichkeitsaufgaben" vgl. die Ausführungen im 5. Kapitel: 2.1, S. 129.

604   D.5.1–D.6.1: Wahrnehmung der Aufgabe der Vermittlung eines realitätsnahen Bildes des Strafvollzuges in der Öffentlichkeit und der Werbung in der Öffentlichkeit für die Belange des Strafvollzuges durch das einzelne Beiratsmitglied.

Dies impliziert eine empirische Tendenz, dass bei einer Information der Beiräte vor Amtsantritt sowie bei regelmäßig stattfindenden Beiratssitzungen die Aufgaben von den Beiräten auch verstärkt wahrgenommen werden.

Tabelle 64: Lineare Regressionsanalyse - Einfluss der „Regelmäßigen Beiratssitzungen" auf die „Wahrnehmung anstaltsbezogene Aufgaben Beiratsmitglied"

Koeffizienten[a]

Modell	Nicht standardisierte Koeffizienten		Standardisierte Koeffizienten	t	Sig.
	B	Standardfehler	Beta		
(Konstante)	13,224	22,011	0,000	0,601	0,551
Regelmäßige Beiratssitzungen	13,388	7,418	0,250	1,805	0,077

a. Abhängige Variable: Wahrnehmung anstaltsbezogene Aufgaben Beiratsmitglied

Das bestätigt die Annahme, dass für die Erfüllung der anstaltsbezogenen Aufgaben eines Anstaltsbeirats die Information der Beiräte über diese Aufgabenbereiche wichtig ist. Die entsprechende Vermittlung der Informationen sollte idealerweise auf zwei Wegen erfolgen. Zum einen müssen die Beiräte vor ihrem Amtsantritt umfassend über ihre Tätigkeit informiert werden. Es zeigt sich dabei auch, dass das eigenverantwortliche Engagement der Beiräte in Form der selbstständigen Informationsbeschaffung von besonderer Bedeutung ist. Zum anderen muss auch während der Amtsperiode der Austausch der Beiräte untereinander gewährleistet sein. Dieser scheint für eine erfolgreiche Wahrnehmung der Aufgaben besonders wichtig, wie folgender Kommentar eines Beiratsmitglieds bestätigt:

Beiratsmitglied Nr. 25: „Der Anstaltsbeirat organisiert seit 1986 jährlich einen Anstaltsbesuch in einer JVA in Baden-Württemberg, Bayern u. a. Gemeinsam mit Anstaltsleitung und Vollzugsmitarbeitern und dem Anstaltsbeirat sind jeweils 20 Teilnehmer beteiligt. Anstaltsbesichtigung und Kulturprogramm und gemütlicher Ausklang mit den Gastgebern sind eine ausgezeichnete Gelegenheit der Gegenseitigkeit. Die Vielfalt des Strafvollzuges im offenen wie geschlossenen Vollzug sowie die Individualität der Anstalten, der Bediensteten und Gefangenen führt zu einem eindrucksvollen Gedankenaustausch. Die Mitglieder des Anstaltsbeirats und die Vollzugsmitarbeiter können so Erfahrungen austauschen."

Weiterhin wird deutlich, dass die regelmäßigen Beiratssitzungen zu der Information der Beiräte untereinander und damit zu einer intensiveren Aufgabenerfüllung entscheidend beitragen können. Oft ergeben sich Fragen und Unklarheiten bezüglich der Ausübung des Ehrenamtes erst im Laufe der Zeit, wenn bereits einige Erfahrungen gesammelt werden konnten.[605] Daher ist ein fortwährender Austausch der Beiräte untereinander zur Vermittlung von Ratschlägen und Hilfestellungen sehr wichtig.

---

605   Vgl. Baumann 1973, S. 103.

Ein Effekt auf die Wahrnehmung der Öffentlichkeitsaufgaben durch die Information der Beiräte vor oder während der Amtszeit kann nicht belegt werden (vgl. Tab. 65).

Tabelle 65: Lineare Regressionsanalyse - Einfluss des „Informationserhalts vor Amtsantritt", der „Selbstständigen Informationsbeschaffung vor Amtsantritt" und der „Unterstützung bei Ausübung des Ehrenamtes" auf die „Wahrnehmung Öffentlichkeitsaufgaben Beiratsmitglied"

Koeffizienten[a]

Modell	Nicht standardisierte Koeffizienten		Standardisierte Koeffizienten	t	Sig.
	B	Standardfehler	Beta		
(Konstante)	14,654	3,020	0,000	4,852	0,000
Informationserhalt vor Amtsantritt	1,712	1,360	0,187	1,259	0,214
Selbstständige Informationsbeschaffung vor Amtsantritt	1,713	1,780	0,141	0,963	0,341
Unterstützung während Amtszeit	0,713	2,247	0,046	0,317	0,753

a. Abhängige Variable: Wahrnehmung Öffentlichkeitsaufgaben Beiratsmitglied

Auch die regelmäßigen Beiratssitzungen beeinflussen die Wahrnehmung der Öffentlichkeitsaufgaben nicht signifikant (vgl. Tab. 66). Ein Erklärungsansatz für diese Ergebnisse könnte sein, dass den Beiräten keine oder kaum Informationen über die Wahrnehmung der Öffentlichkeitsaufgaben vermittelt werden und sie sich diesbezüglich auch selbst keine Informationen beschaffen. Möglich ist jedoch auch, dass die Beiräte durchaus Informationen in Bezug auf die Erfüllung der Öffentlichkeitsaufgaben erhalten, diese aber entweder nicht ausreichend oder qualitativ nicht gut genug sind, damit die Anstaltsbeiräte sie für sich in der Praxis nutzen können. Vor dem Hintergrund, dass immerhin fast die Hälfte der befragten Beiräte der Auffassung war, die Öffentlichkeitsaufgaben kaum oder gar nicht wahrzunehmen[606], bleibt zu diskutieren, ob eine intensivere Aufklärung der Beiräte über ihr Ehrenamt hier eine Verbesserung erzielen könnte.

Tabelle 66: Lineare Regressionsanalyse - Einfluss der „Regelmäßigen Beiratssitzungen" auf die „Wahrnehmung Öffentlichkeitsaufgaben Beiratsmitglied"

Koeffizienten[a]

Modell	Nicht standardisierte Koeffizienten		Standardisierte Koeffizienten	t	Sig.
	B	Standardfehler	Beta		
(Konstante)	2,184	12,747	0,000	0,171	0,865
Regelmäßige Beiratssitzungen	5,408	4,296	0,177	1,259	0,214

a. Abhängige Variable: Wahrnehmung Öffentlichkeitsaufgaben Beiratsmitglied

---

606   Vgl. die Ausführungen im 7. Kapitel: 2.2.1, S. 175 f.

Hypothese 17: Wenn ein Beiratsmitglied nicht über seine Verschwiegenheitspflicht aufgeklärt wurde, dann erfüllt es seine Öffentlichkeitsaufgaben kaum oder gar nicht. Zur Überprüfung der Hypothese 17 wurde eine lineare Regression gerechnet mit der unabhängigen Variablen „Aufklärung über Verschwiegenheitspflicht" (J.1) und der „Wahrnehmung Öffentlichkeitsaufgaben Beiratsmitglied" als abhängiger Variablen. Für den Datensatz aus Baden-Württemberg konnte die Hypothese nicht bestätigt werden, wie aus Tabelle 67 ersichtlich ist.

Tabelle 67: Lineare Regressionsanalyse - Einfluss der „Aufklärung über Verschwiegenheitspflicht" auf die „Wahrnehmung Öffentlichkeitsaufgaben Beiratsmitglied"

Koeffizienten[a]

Modell	Nicht standardisierte Koeffizienten		Standardisierte Koeffizienten	t	Sig.
	B	Standardfehler	Beta		
(Konstante)	12,831	4,201	0,000	3,054	0,004
Aufklärung über Verschwiegenheitspflicht	0,855	0,656	0,183	1,303	0,199

a. Abhängige Variable: Wahrnehmung Öffentlichkeitsaufgaben Beiratsmitglied

Wenn man jedoch die lineare Regression für die gesamten Daten aus Baden-Württemberg und Sachsen rechnet, so hat die Aufklärung der Beiräte über ihre Verschwiegenheitspflicht einen signifikanten Einfluss auf die Wahrnehmung der Öffentlichkeitsaufgaben (p = 0,020; vgl. Tab. 68). Dieses Ergebnis verwundert nicht, da bei der Zusammenfassung beider Bundesländer ein größerer Datensatz zur Bestätigung eines Einflusses im Sinne statistischer Signifikanz vorliegt und bei zunehmender Größe der Stichproben auch sehr kleine Abweichungen von der Normalität zur formalen Signifikanz führen können.

Tabelle 68: Lineare Regressionsanalyse - Einflusses der „Aufklärung über Verschwiegenheitspflicht BW und Sachsen" auf die „Wahrnehmung Öffentlichkeitsaufgaben Beiratsmitglied BW und Sachsen"

Koeffizienten[a]

Modell	Nicht standardisierte Koeffizienten		Standardisierte Koeffizienten	t	Sig.
	B	Standardfehler	Beta		
(Konstante)	11,332	3,048	0,000	3,717	0,000
Aufklärung über Verschwiegenheitspflicht BW und Sachsen	1,117	0,472	0,256	2,366	0,020

a. Abhängige Variable: Wahrnehmung Öffentlichkeitsaufgaben Beiratsmitglied BW und Sachsen

Grundsätzlich zeigt sich jedoch, dass es zu einem Spannungsverhältnis bei der Aufgabenbewältigung vor allem im Bereich der Öffentlichkeitsarbeit kommen kann, wenn diese im Widerspruch zu der den Beiräten auferlegten Verschwiegenheitspflicht gesehen wird.[607] Die Beiräte scheinen in der Praxis mit diesem Spannungsverhältnis unterschiedlich umzugehen:

Beiratsmitglied Nr. 3: „*Es ist nicht in jedem Fall möglich, sich an die Verschwiegenheitspflicht zu halten. In bestimmten Fällen schlage ich ein dreier Gespräch (mit Anstaltsleitung) vor, was dann meist zur Zurücknahme der Beschwerde führt (oft scheint ,Dampfablassen' zu genügen)".*

Beiratsmitglied Nr. 28: „*Alle Gespräche mit den Mitarbeitern, der Anstaltsleitung und den Gefangenen sind vertraulich. Deshalb ist jedes Mal zu klären, in welchem Umfang Informationen weitergegeben und verwendet werden dürfen. In der Praxis ist dies kein Problem.*"

Beiratsmitglied Nr. 24: „*Das Verhältnis Verschwiegenheitspflicht – Öffentlichkeitsarbeit ist ein Spagat für einen Beirat und fordert Fingerspitzengefühl. Ohne Namen zu nennen ist das möglich.*"

Beiratsmitglied Nr. 30: „*Aufklärung der Öffentlichkeit ist auch unter Wahrung der Persönlichkeitsrechte gut möglich (abstrahieren von Einzelfällen usw.)*"

Daraus lässt sich ableiten, dass die Aufklärung der Beiräte über die Inhalte und den Sinn und Zweck der Verschwiegenheitspflicht elementar wichtig ist, um ein solches Spannungsverhältnis abzumildern und den Beiräten Strategien an die Hand zu geben, mit diesem Konflikt verantwortlich umzugehen. Unterbleibt eine derartige Aufklärung, besteht die Gefahr, dass sich die Beiräte von der Öffentlichkeitsfunktion komplett abwenden und diese Aufgaben entweder gar nicht oder nur noch rudimentär wahrnehmen.

Hypothese 18: Beiratsmitglieder, die eine Führungsrolle im Beirat einnehmen, erfüllen ihre Aufgaben intensiver als die sonstigen Beiratsmitglieder.

Für den Mittelwertvergleich zwischen den Mitgliedern, die eine Führungsrolle im Beirat einnehmen, und den sonstigen Mitgliedern im Hinblick auf die Variable „Aufgabenwahrnehmung Beiratsmitglied" wurde aufgrund der Normalverteilung der Daten der t-Test gerechnet. Der Mittelwert ist für die sonstigen Beiratsmitglieder etwas höher (vgl. Tab. 69). Der Unterschied ist jedoch nicht signifikant (vgl. Tab. 70), sodass die Hypothese verworfen werden musste.

---

607   Vgl. hierzu auch Gerken 1986, S. 258 ff.

Tabelle 69: Mittelwert für die „Führungsrolle" (0 = nein; 1 = ja) in Bezug auf die „Aufgabenwahrnehmung Beiratsmitglied"

Gruppenstatistik

	Führungsrolle	N	Mittelwert	Standardabweichung	Standardfehler Mittelwert
Aufgabenwahrnehmung Beiratsmitglied	1	24	52,667	10,209	2,084
	0	27	53,037	10,967	2,111

Tabelle 70: T-Test zum Vergleich der Mittelwerte für die „Führungsrolle" in Bezug auf die „Aufgabenwahrnehmung Beiratsmitglied"

Test bei unabhängigen Stichproben

		Levene-Test der Varianzgleichheit		T-Test für die Mittelwertgleichheit						
		F	Sig.	t	df	Sig. (2-seitig)	Mittelwertdifferenz	Standardfehlerdifferenz	95% Konfidenzintervall der Differenz	
									Unterer	Oberer
Aufgabenwahrnehmung Beiratsmitglied	Varianzgleichheit angenommen	0,253	0,617	-0,124	49,000	0,902	-0,370	2,979	-6,356	5,616
	Varianzgleichheit nicht angenommen			-0,125	48,884	0,901	-0,370	2,966	-6,331	5,590

Die Analysewerte lassen darauf schließen, dass die Rolle, die ein Beiratsmitglied innerhalb des Gremiums einnimmt, sich offenbar nicht auf die Wahrnehmung seiner Aufgaben auswirkt. War im Rahmen der Hypothesenentwicklung vermutet worden, dass die Führungsmitglieder möglicherweise aufgrund ihrer größeren Erfahrung und Rechtssicherheit ihre Aufgaben intensiver erfüllen, so scheint dies in der Praxis nicht der Fall zu sein. Eine Rollenverteilung im Hinblick auf die Aufgabenwahrnehmung bei Führungs- und Nichtführungsmitgliedern findet offensichtlich nicht statt.

2.2 Einflussfaktor Interaktion

Hypothese 19: Die Zusammenarbeit mit der Anstaltsleitung und das Einholen von Auskünften bei dieser über Vorgänge in der Anstalt beeinflussen positiv die Aufgabenwahrnehmung eines Anstaltsbeirats.

Mit der linearen Regressionsanalyse wurde der Einfluss der unabhängigen Variablen „Einholen Auskünfte bei AL durch Beiratsmitglied" und „Einholen Auskünfte bei AL durch Beirat" und „Kooperation mit AL" auf die abhängigen Variablen „Aufgabenwahrnehmung Beiratsmitglied" sowie „Wahrnehmung Aufgabe Mitwirkung bei der Vollzugsgestaltung und Unterstützung der AL durch Anregungen/

Verbesserungsvorschläge Beiratsmitglied", dargestellt als Summenscore aus den Fragebogenitems D.1.1 und D.3.1, getestet. Als Ergebnis zeigt Tabelle 71, dass die Kooperation mit der Anstaltsleitung einen signifikanten Einfluss auf die allgemeine Aufgabenwahrnehmung ausübt (p = 0,016).

Tabelle 71: Lineare Regressionsanalyse - Einfluss des „Einholens Auskünfte bei AL durch Beiratsmitglied", des „Einholens Auskünfte bei AL durch Beirat" und der „Kooperation mit AL" auf die „Aufgabenwahrnehmung Beiratsmitglied"

Koeffizienten[a]

Modell	Nicht standardisierte Koeffizienten		Standardisierte Koeffizienten	t	Sig.
	B	Standardfehler	Beta		
(Konstante)	62,590	6,021	0,000	10,395	0,000
Einholen Auskünfte bei AL durch Beiratsmitglied	-1,579	1,056	-0,275	-1,496	0,141
Einholen Auskünfte bei AL durch Beirat	1,260	1,173	0,196	1,074	0,288
Kooperation mit AL	-6,511	2,609	-0,343	-2,496	0,016

a. Abhängige Variable: Aufgabenwahrnehmung Beiratsmitglied

Auch die Wahrnehmung der Aufgabe der Mitwirkung bei der Vollzugsgestaltung und der Unterstützung der Anstaltsleitung durch Anregungen und Verbesserungsvorschläge wird signifikant durch die Zusammenarbeit mit der Anstaltsleitung beeinflusst (p = 0,017; vgl. Tab. 72). Der Teil von Hypothese 19, der sich auf die Kooperation mit der Anstaltsleitung bezieht, wurde damit bestätigt. Ansonsten musste die Hypothese verworfen werden.

Tabelle 72: Lineare Regressionsanalyse - Einfluss des „Einholens Auskünfte bei AL durch Beiratsmitglied", des „Einholens Auskünfte bei AL durch Beirat" und der „Kooperation mit AL" auf die „Wahrnehmung Aufgabe Mitwirkung bei der Vollzugsgestaltung und Unterstützung AL durch Anregungen/Verbesserungsvorschläge"

Koeffizienten[a]

Modell	Nicht standardisierte Koeffizienten		Standardisierte Koeffizienten	t	Sig.
	B	Standardfehler	Beta		
(Konstante)	23,645	2,793	0,000	8,464	0,000
Einholen Auskünfte bei AL durch Beiratsmitglied	-0,008	0,490	-0,003	-0,016	0,987
Einholen Auskünfte bei AL durch Beirat	0,262	0,544	0,088	0,482	0,632
Kooperation mit AL	-2,989	1,210	-0,342	-2,470	0,017

a. Abhängige Variable: Wahrnehmung Aufgabe Mitwirkung bei der Vollzugsgestaltung und Unterstützung der AL durch Anregungen/Verbesserungsvorschläge Beiratsmitglied

Demnach ist ein aus Sicht der Beiräte vertrauensvolles und kooperatives Verhältnis zwischen Anstaltsleitung und Beiratsmitgliedern Bedingung für eine intensive

Aufgabenerfüllung durch die Beiräte. Insbesondere für die Mitwirkungshandlungen bei der Vollzugsgestaltung ist die Zusammenarbeit der Beiräte mit der Anstaltsleitung, im Rahmen derer auch wichtige Informationen ausgetauscht werden können, von Bedeutung. Aber auch die Unterstützung der Anstaltsleitung durch Anregungen und Verbesserungsvorschläge ist den Beiräten nur möglich, wenn sie durch die Zusammenarbeit mit der Anstaltsleitung über die Situation in der Anstalt aufgeklärt werden und dementsprechend adäquate Ideen vorbringen können. Es zeigt sich, dass für die Gestaltungsmöglichkeiten auf allgemeiner Vollzugsebene die Kooperation mit der Anstaltsleitung überaus wichtig ist. Allerdings kann kein statistisch signifikanter Zusammenhang zwischen dem Einholen von Auskünften bei der Anstaltsleitung und der Aufgabenwahrnehmung nachgewiesen werden. Ein Erklärungsansatz hierfür könnte sein, dass der Informationsaustausch in der Praxis weniger durch aktives Bemühen der Beiräte um Auskünfte stattfindet, sondern eher durch passives Entgegennehmen von Informationen der Anstaltsleitung. Diese Interpretation würde auch den Umfrageergebnissen entsprechen, wonach fast 70% der Beiräte angaben, von der Anstaltsleitung über öffentlichkeitsbedeutsame Ereignisse informiert worden zu sein, aber nur die Hälfte der Befragten aktiv Auskünfte bei der Anstaltsleitung einholte.

Hypothese 20: Wenn ein Informationsaustausch mit der Anstaltsleitung stattfindet, dann nimmt das Beiratsmitglied seine Öffentlichkeitsaufgaben verstärkt wahr.

Zur Verifizierung dieser Hypothese wurde der Einfluss der unabhängigen Variablen „Einholen Auskünften bei AL durch Beiratsmitglied", „Einholen Auskünften bei AL durch Beirat", „Unterrichtung Beiratsmitglied durch AL über öffentlichkeitsbedeutsame Ereignisse" und „Unterrichtung Beirat durch AL über öffentlichkeitsbedeutsame Ereignisse" auf die abhängige Variable „Wahrnehmung Öffentlichkeitsaufgaben Beiratsmitglied" mit der linearen Regressionsanalyse untersucht. Es konnte kein statistisch signifikanter Zusammenhang nachgewiesen werden, sodass die Hypothese zu verwerfen war. Allerdings zeigt sich, dass die Unterrichtung des gesamten Beirats durch die Anstaltsleitung über öffentlichkeitsbedeutsame Ereignisse (G.9.2) einen marginal signifikanten Einfluss auf die Wahrnehmung der Öffentlichkeitsaufgaben durch das einzelne Beiratsmitglied hat (p = 0,086; vgl. Tab. 73), was auf eine empirische Tendenz hindeutet, dass bei Unterrichtung des gesamten Beirats über öffentlichkeitsbedeutsame Ereignisse, die Erfüllung der Öffentlichkeitsaufgaben durch das einzelne Beiratsmitglied verbessert wird.

Tabelle 73: Lineare Regressionsanalyse - Einfluss des „Einholens Auskünfte bei AL durch Beiratsmitglied", des „Einholens Auskünfte bei AL durch Beirat", der „Unterrichtung Beiratsmitglied durch AL über öffentlichkeitsbedeutsame Ereignisse" und der „Unterrichtung Beirat durch AL über öffentlichkeitsbedeutsame Ereignisse" auf die „Wahrnehmung Öffentlichkeitsaufgaben Beiratsmitglied"

	Koeffizienten[a]				
Modell	**Nicht standardisierte Koeffizienten**		**Standardisierte Koeffizienten**	**t**	**Sig.**
	B	**Standardfehler**	**Beta**		
(Konstante)	16,071	2,977	0,000	5,399	0,000
Einholen Auskünfte bei AL durch Beiratsmitglied	-0,519	0,456	-0,166	-1,140	0,258
Einholen Auskünfte bei AL durch Beirat	-0,291	0,514	-0,084	-0,566	0,573
Unterrichtung Beiratsmitglied durch AL über öffentlichkeitsbedeutsame Ereignisse	-0,724	0,923	-0,175	-0,785	0,435
Unterrichtung Beirat durch AL über öffentlichkeitsbedeutsame Ereignisse	1,757	1,011	0,390	1,739	0,086

a. Abhängige Variable: Wahrnehmung Öffentlichkeitsaufgaben Beiratsmitglied

Im Rahmen der Hypothesenentwicklung wurde die Annahme getroffen, dass eine umfassende Informationspolitik durch die Anstaltsleitung Voraussetzung für eine intensive Öffentlichkeitsarbeit ist.[608] Die Untersuchung zeigt jedoch, dass die Informationsweitergabe durch die Anstaltsleitung die Wahrnehmung der Öffentlichkeitsaufgaben der Beiräte nicht signifikant beeinflusst. Für dieses Ergebnis sind zwei mögliche Begründungen denkbar. Entweder spielt für die Öffentlichkeitsarbeit der Beiräte die Information durch die Anstaltsleitung keine entscheidende Rolle oder die Beiräte können die ihnen gewährten Informationen in der Öffentlichkeitsarbeit nicht umsetzen. Aufgrund der Tatsache, dass die meisten Beiräte unter Öffentlichkeitsarbeit die Information von Freundes- und Familienkreis beziehungsweise das Wirken in ihren jeweiligen Institutionen verstehen[609], dürfte wohl die erste Begründung zutreffen. Dies bestätigt das Telefoninterview mit dem Beiratsmitglied aus Baden-Württemberg.[610] Es berichtete, dass eine Öffentlichkeitsarbeit kaum bis gar nicht stattfindet. Wenn die Öffentlichkeit informiert wird, dann höchsten über Pressemitteilungen der Vollzugsanstalt bezüglich eventueller Neuerungen oder Veränderungen innerhalb der Anstalt. Der Sinn und Zweck der Öffentlichkeitsarbeit wird zudem von den befragten Beiräten fast ausschließlich in der kritischen Kontrolle des Strafvollzugs gesehen und insoweit wird Öffentlichkeitsarbeit überwiegend nicht gewollt, um die Justizvollzugsanstalt keiner negativen Publicity auszusetzen. So gab

---

608   Vgl. die Ausführungen im 5. Kapitel: 2.2, S. 132 ff.
609   Vgl. die Ergebnisse im 7. Kapitel: 2.3, S. 179 f.
610   Mitteilung Beiratsmitglied Baden-Württembergs: 6. Kapitel: 1, S. 139 f.

das interviewte Beiratsmitglied an, dass Probleme und Schwierigkeiten anstaltsintern geklärt werden müssten und es keinen Sinn macht, dafür die Öffentlichkeit zu bemühen und dadurch den Ruf der Justiz nach außen zu beschädigen. Folglich spielt die umfassende Information für die Art und Weise der von den Beiräten betriebenen Öffentlichkeitsarbeit keine entscheidende Rolle.

Hypothese 21: Die Beiräte in Sachsen erfüllen ihre anstaltsbezogenen Aufgaben und ihre Öffentlichkeitsaufgaben intensiver als die Beiräte in Baden-Württemberg.

Für den Mittelwertvergleich der Länder im Hinblick auf die Variablen „Wahrnehmung anstaltsbezogene Aufgaben Beiratsmitglied" und „Wahrnehmung Öffentlichkeitsaufgaben Beiratsmitglied" wurde aufgrund der Normalverteilung der Daten der t-Test gerechnet. Die Mittelwerte sind für Sachsen in Bezug auf beide Aufgabenbereiche etwas höher (vgl. Tab. 74).

Tabelle 74: Mittelwert für BW und Sachsen in Bezug auf die „Wahrnehmung anstaltsbezogene Aufgaben Beiratsmitglied" und „Wahrnehmung Öffentlichkeitsaufgaben Beiratsmitglied"

Gruppenstatistik

	Bundesland	N	Mittelwert	Standardabweichung	Standardfehler Mittelwert
Wahrnehmung anstaltsbezogene Aufgaben Beiratsmitglied	Sachsen	31	55,677	12,131	2,179
	BW	51	52,863	10,513	1,472
Wahrnehmung Öffentlichkeitsaufgaben Beiratsmitglied	Sachsen	31	18,710	5,722	1,028
	BW	51	18,196	5,990	0,839

Der Unterschied ist allerdings nicht signifikant, wie Tabelle 75 zeigt, sodass die Hypothese zu verwerfen war. Das Ergebnis überrascht insbesondere im Hinblick auf die Wahrnehmung der Öffentlichkeitsaufgaben, da gerade die Vertretung zweier Landtagsabgeordneter in den sächsischen Beiräten zu einer intensiveren Erfüllung der Öffentlichkeitsaufgaben beitragen sollte. Eine mögliche Erklärung dafür, dass sich im Bereich der Wahrnehmung der Öffentlichkeitsaufgaben kein signifikanter Unterschied zwischen den Ländern zeigt, könnte sein, dass die Beiratsgremien Sachsens zum Zeitpunkt der Befragung gerade neu zusammengesetzt waren und viele der Beiratsmitglieder ihr Amt zum ersten Mal ausübten und damit noch recht unerfahren waren, was eine Zurückhaltung im Bereich der Wahrnehmung der Öffentlichkeitsaufgaben erklären könnte.

Tabelle 75: *T-Test zum Vergleich der Mittelwerte für BW und Sachsen in Bezug auf die „Wahrnehmung anstaltsbezogene Aufgaben Beiratsmitglied" und „Wahrnehmung Öffentlichkeitsaufgaben Beiratsmitglied"*

Test bei unabhängigen Stichproben

		Levene-Test der Varianzgleichheit		T-Test für die Mittelwertgleichheit						
		F	Sig.	t	df	Sig. (2-seitig)	Mittelwert-differenz	Standard-fehler-differenz	95% Konfidenzintervall der Differenz	
									Unterer	Oberer
Wahrnehmung anstaltsbezo-gene Aufgaben Beiratsmitglied	Varianzgleichheit angenommen	1,047	0,309	1,109	80,000	0,271	2,815	2,539	-2,237	7,867
	Varianzgleichheit nicht angenommen			1,070	56,569	0,289	2,815	2,629	-2,452	8,081
Wahrnehmung Öffentlich-keitsaufgaben Beiratsmitglied	Varianzgleichheit angenommen	0,011	0,918	0,383	80,000	0,703	0,514	1,342	-2,156	3,184
	Varianzgleichheit nicht angenommen			0,387	65,766	0,700	0,514	1,327	-2,135	3,162

Hypothese 22: Je intensiver ein Beiratsmitglied die Aufgabe der Mitwirkung bei der Gestaltung des Vollzuges und die Aufgabe der Unterstützung der Anstaltsleitung durch Anregungen/Verbesserungsvorschläge erfüllt, desto intensiver nimmt es auch die Aufgabe der Mitwirkung bei der Betreuung der Gefangenen und die Aufgabe der Hilfe bei der Wiedereingliederung der Gefangenen nach der Entlassung wahr.

Zur Überprüfung der Hypothese 22 wurde der Einfluss der unabhängigen Variablen „Wahrnehmung Aufgabe Mitwirkung bei der Vollzugsgestaltung Beiratsmitglied" und „Wahrnehmung Aufgabe Unterstützung der AL durch Anregungen/Verbesserungsvorschläge Beiratsmitglied" auf die abhängige Variable „Wahrnehmung Betreuungs- und Wiedereingliederungsaufgabe Beiratsmitglied", die sich als Summenscore aus den Fragebogenitems D.2.1 und D.4.1 zusammensetzt, mit Hilfe der linearen Regressionsanalyse getestet. Die Wahrnehmung der Aufgabe der Unterstützung der Anstaltsleitung durch Anregungen/Verbesserungsvorschläge durch das einzelne Beiratsmitglied beeinflusst signifikant seine Wahrnehmung der Betreuungs- und Wiedereingliederungsaufgabe (p = 0,001; vgl. Tab. 76). Dieser Teil der Hypothese konnte bestätigt werden. Im Übrigen wurde sie verworfen.

Tabelle 76: Lineare Regressionsanalyse - Einfluss der „Wahrnehmung Aufgabe Mitwirkung bei der Vollzugsgestaltung Beiratsmitglied" und der „Wahrnehmung Aufgabe Unterstützung der AL durch Anregungen/Verbesserungsvorschläge Beiratsmitglied" auf die „Wahrnehmung Betreuungs- und Wiedereingliederungsaufgabe Beiratsmitglied"

Koeffizienten[a]

Modell	Nicht standardisierte Koeffizienten		Standardisierte Koeffizienten	t	Sig.
	B	Standardfehler	Beta		
(Konstante)	1,157	1,032	0,000	1,121	0,268
Wahrnehmung Aufgabe Mitwirkung bei der Vollzugsgestaltung Beiratsmitglied	0,299	0,235	0,183	1,273	0,209
Wahrnehmung Aufgabe Unterstützung der AL durch Anregungen/Verbesserungsvorschläge Beiratsmitglied	0,747	0,215	0,500	3,479	0,001

a. Abhängige Variable: Wahrnehmung Betreuungs- und Wiedereingliederungsaufgabe Beiratsmitglied

Dieses Resultat lässt darauf schließen, dass die Wahrnehmung der einzelnen Aufgabenbereiche eng miteinander verknüpft ist und in der Praxis ein enger Zusammenhang besteht zwischen jenen Aufgaben, die die generelle Mitwirkung bei der Vollzugsgestaltung betreffen, und solchen Aufgaben, die sich auf die individuelle Betreuung der Gefangenen beziehen. Damit scheint sich die ursprüngliche Annahme zu bestätigen,[611] dass die Beiräte in der Praxis entsprechend einem bestimmten Muster arbeiten, indem sie im Rahmen der Betreuung der Gefangenen Probleme und Anliegen aufdecken und diese – falls notwendig – an die Anstaltsleitung weitertragen, um auf genereller Ebene eine Problemlösung diskutieren zu können. Deshalb bedingt die Wahrnehmung der Betreuungsaufgaben eine intensive Bewältigung der Beratungsaufgaben und umgekehrt.

Hypothese 23: Die Kontaktaufnahme zu den Gefangenen beeinflusst positiv die Zusammenarbeit eines Beiratsmitglieds mit den Gefangenen sowie seine Aufgabenwahrnehmung.

Es wurde zur Verifizierung der Hypothese 23 der Summenscore aus den Fragebogenitems G.1.1, G.2.1, G.3.1, G.4.1 und G.5.1[612] zu der neuen Variablen „Kontaktaufnahme zu den Gefangenen"[613] berechnet. Diese stellte im Rahmen der linearen Regressionsanalysen die unabhängige Variable dar, deren Einfluss auf die abhängigen Variablen „Kooperation mit Gefangenen" (I.1.3) und „Aufgabenwahrnehmung Beiratsmitglied" untersucht wurde. Die Ergebnisse zeigen keinen

---

611 Vgl. die Ausführungen im 5. Kapitel: 2.2, 132 ff.
612 G.1.1–G.5.1: Gespräche und Schriftwechsel mit einzelnen Gefangenen und ihrer Interessenvertretung je durch das einzelne Beiratsmitglied.
613 Zu der Definition der Variablen „Kontaktaufnahme zu den Gefangenen" vgl. die Ausführungen im 5. Kapitel: 2.2., S. 134.

statistisch signifikanten Zusammenhang (vgl. Tab. 77 und 78), sodass die Hypothese verworfen wurde.

Tabelle 77: Lineare Regressionsanalyse - Einfluss der „Kontaktaufnahme zu den Gefangenen" auf die „Kooperation mit Gefangenen"

Koeffizienten[a]

Modell	Nicht standardisierte Koeffizienten		Standardisierte Koeffizienten	t	Sig.
	B	Standardfehler	Beta		
(Konstante)	2,391	0,359	0,000	6,654	0,000
Kontaktaufnahme zu den Gefangenen	-0,009	0,008	-0,153	-1,082	0,285

a. Abhängige Variable: Kooperation mit Gefangenen

Allerdings ist der Einfluss der Kontaktaufnahme auf die Aufgabenwahrnehmung marginal signifikant (p = 0,050: Tab. 78), sodass von einem statistischen Trend gesprochen werden kann, dass die Kontaktaufnahme zu den Gefangenen die Aufgabenwahrnehmung des Beiratsmitglieds beeinflusst.

Tabelle 78: Lineare Regressionsanalyse - Einfluss der „Kontaktaufnahme zu den Gefangenen" auf die „Aufgabenwahrnehmung Beiratsmitglied"

Koeffizienten[a]

Modell	Nicht standardisierte Koeffizienten		Standardisierte Koeffizienten	t	Sig.
	B	Standardfehler	Beta		
(Konstante)	43,597	4,826	0,000	9,034	0,000
Kontaktaufnahme zu den Gefangenen	0,224	0,111	0,276	2,010	0,050

a. Abhängige Variable: Aufgabenwahrnehmung Beiratsmitglied

Es wird deutlich, dass der Kontakt der Beiräte zu den Gefangenen nicht nur für die Wahrnehmung der Betreuungsaufgabe wichtig ist, sondern für die Aufgabenerfüllung insgesamt. Vor allem im Gespräch mit den Gefangenen können Missstände und Probleme offen angesprochen und dann durch die Beiräte an die Anstaltsleitung weitergetragen werden. Auf diese Weise wird eine Problemlösung auf genereller Ebene ermöglicht. Die Darlegungen der Gefangenen an die Beiräte erscheinen demnach für eine wirkungsvolle Tätigkeit der Beiräte mindestens genauso wichtig zu sein wie die Auskunftserteilung durch die Anstaltsleitung. Im Verhältnis zu den Gefangenen ist es allerdings für die Beiräte besonders wichtig, sich nicht für deren ausschließliche Interessen instrumentalisieren zu lassen. Hierauf wurde auch in dem Telefoninterview mit dem Beiratsmitglied aus Baden-Württemberg[614] hingewiesen. Der Befragte betonte,

---

614 Mitteilung Beiratsmitglied Baden-Württembergs: 6. Kapitel: 1, S. 139 f.

dass es im Umgang mit den Gefangenen besonders wichtig ist, sich eine objektive Sichtweise als Beirat zu bewahren, um sich von den Gefangenen nicht beeinflussen zu lassen. Gleiches ergab sich aus Bemerkungen der Beiräte im Fragebogen:

> **Beiratsmitglied Nr. 24:** *„Diese Kooperationen (mit den sonstigen Vollzugsbeteiligten)*[615] *sind sehr wichtig. Viele Gefangene sagen nicht die Wahrheit. Sie täuschen Krankheiten vor. Sie beschweren sich über Dinge, die die Beamten längst erledigt haben. Sie spielen Ärzte gegeneinander aus. ‚Vom Arzt A bekomme ich alles, vom Arzt B nichts'. Sie täuschen Zahnschmerzen vor, um an Schmerztabletten zu kommen usw. Wenn keine Kooperation mit den Punkten 1–8 (gemeint ist mit den sonstigen Partnern innerhalb der Justizvollzugsanstalt)*[616] *vorhanden ist, wäre eine sinnvolle Arbeit des Beirats unmöglich. Oft lösen sich 90% der Beschwerden in Luft auf nach Rücksprache mit den Bediensteten."*

Hypothese 24: Die Beiräte in Baden-Württemberg beschäftigen sich mit der Aufgabe der Mitwirkung bei der Betreuung der Gefangenen und der Aufgabe der Hilfe bei der Wiedereingliederung der Gefangenen nach der Entlassung intensiver als die Beiräte in Sachsen.

Für den Mittelwertvergleich der Länder bezüglich der Variablen „Wahrnehmung Betreuungs- und Wiedereingliederungsaufgabe" sowohl durch das einzelne Beiratsmitglied als auch durch das einzelne Beiratsmitglied und den gesamten Beirat wurde der Mann-Whitney-U-Test gerechnet, da die Daten nicht normalverteilt waren. In beiden Fällen ist der mittlere Rang für Sachsen höher (vgl. Tab. 79). Der Unterschied ist allerdings nur für das einzelne Beiratsmitglied und den gesamten Beirat signifikant (p = 0,018; vgl. Tab. 80). Die Beiratsgremien in Sachsen nehmen die Betreuungs- und Wiedereingliederungsaufgabe intensiver wahr als die Beiratsgremien in Baden-Württemberg. Die Hypothese 24 war zu verwerfen.

Tabelle 79: Rangplätze für BW und Sachsen in Bezug auf die „Wahrnehmung Betreuungs- und Wiedereingliederungsaufgabe Beiratsmitglied" und „Wahrnehmung Betreuungs- und Wiedereingliederungsaufgabe Beiratsmitglied und Beirat gesamt"

	Ränge			
	Bundesland	**N**	**Mittlerer Rang**	**Summe der Ränge**
Wahrnehmung Betreuungs- und Wiedereingliederungsaufgabe Beiratsmitglied	Sachsen	31	46,95	1455,5
	BW	51	38,19	1947,5
	Gesamtsumme	82		
Wahrnehmung Betreuungs- und Wiedereingliederungsaufgabe Beiratsmitglied und Beirat gesamt	Sachsen	31	49,44	1532,5
	BW	51	36,68	1870,5
	Gesamtsumme	82		

---

615   Anmerkung der Verfasserin.
616   Anmerkung der Verfasserin.

Tabelle 80: *Mann-Whitney-U-Test zum Vergleich der mittleren Ränge für BW und Sachsen in Bezug auf die „Wahrnehmung Betreuungs- und Wiedereingliederungsaufgabe Beiratsmitglied" und „Wahrnehmung Betreuungs- und Wiedereingliederungsaufgabe Beiratsmitglied und Beirat gesamt"*

Teststatistiken[a]

	Wahrnehmung Betreuungs- und Wiedereingliederungs- aufgabe Beiratsmitglied	Wahrnehmung Betreuungs- und Wiedereingliederungs- aufgabe Beiratsmitglied und Beirat gesamt
Mann-Whitney-U-Test	621,5	544,5
Wilcoxon-W	1947,5	1870,5
U	-1,633	-2,368
Asymp. Sig. (2-seitig)	0,102	0,018

a. Gruppierungsvariable: Bundesland

Wie aus den Analyseergebnissen ersichtlich ist, beschäftigen sich die Beiratsgremien in Sachsen intensiver mit der Betreuungs- und Wiedereingliederungsaufgabe als ihre baden-württembergischen Kollegen. Ein Erklärungsansatz für dieses Resultat könnte sein, dass die Beiratsgremien Sachsens zum Befragungszeitpunkt neu zusammengesetzt waren und die Mitglieder sich deshalb noch in der Eingewöhnungsphase befanden, sodass sie möglicherweise ihre Aufgaben als Gremium noch eher im vollzugsinternen Bereich erblickten. Dieser Ansatz entspricht auch den deskriptiven Ergebnissen, wonach die sächsischen Beiräte die Aufgabe der Hilfe bei der Wiedereingliederung der Gefangenen nach der Entlassung in höherem Maße erfüllen als ihre baden-württembergischen Kollegen.[617]

Hypothese 25: Die Zusammenarbeit mit den Vollzugsbeamten beeinflusst positiv die Aufgabenwahrnehmung eines Beiratsmitglieds.

Zur Überprüfung der Hypothese 25 wurde eine lineare Regression gerechnet mit den Parametern „Kooperation mit VollzB" (I.1.2) als unabhängiger Variablen und der „Wahrnehmung anstaltsbezogene Aufgaben Beiratsmitglied" als abhängiger Variablen. Das Ergebnis ist signifikant (p = 0,044) wie Tabelle 81 zeigt. Die Kooperation mit den Vollzugsbeamten beeinflusst positiv die Wahrnehmung der anstaltsbezogenen Aufgaben durch das einzelne Beiratsmitglied.

---

617   Vgl. die Ergebnisse im 7. Kapitel: 2.2.2, S. 177 f.

Tabelle 81: Lineare Regressionsanalyse - Einfluss der „Kooperation mit VollzB" auf die „Aufgabenwahrnehmung Beiratsmitglied"

Koeffizienten[a]

Modell	Nicht standardisierte Koeffizienten		Standardisierte Koeffizienten	t	Sig.
	B	Standardfehler	Beta		
(Konstante)	59,222	3,395	0,000	17,442	0,000
Kooperation mit VollzB	-3,861	1,871	-0,283	-2,064	0,044

a. Abhängige Variable: Aufgabenwahrnehmung Beiratsmitglied

Somit wird die Annahme bestätigt, dass der Kontakt zu den Vollzugsbeamten für die Arbeit der Beiräte mindestens genauso wichtig ist wie jener zur Anstaltsleitung. Die Beiräte sind Ansprechpartner für alle am Vollzug Beteiligten und damit auch für die Vollzugsbeamten, die durch die Nähe zum Vollzugsgeschehen besonders in der Lage sind, die Beiräte über bestimmte Vorgänge und Situationen zu informieren. Dass sich die Beiräte in der Praxis auch tatsächlich als Ansprechpartnern für die Vollzugsbeamten begreifen, bekundete das interviewte Beiratsmitglied.[618] Es wies darauf hin, dass Konflikte und ein eventuelles Fehlverhalten der Vollzugsbeamten menschlich sind und in gemeinsamen Gesprächen geklärt werden müssen, um die gegenseitige Beziehung nicht zu belasten. Besteht folglich ein Vertrauensverhältnis zwischen Beirat und Vollzugsbeamten, dann werden Informationen zwischen beiden eher ausgetauscht, was wiederum eine intensive Aufgabenbewältigung der Beiräte fördert.

2.3 Einflussfaktor Beiratspersönlichkeit

Hypothese 26: Ein Beiratsmitglied erfüllt verstärkt seine Aufgaben, wenn es bereits ehrenamtlich im kirchlichen/seelsorgerischen Bereich tätig ist/war.

Um den Einfluss der unabhängigen Variablen „Ehrenamtliche Tätigkeit im kirchl./seelsorg.Bereich" (B.2.6) auf die abhängige Variable "Aufgabenwahrnehmung Beiratsmitglied" untersuchen zu können, wurde eine lineare Regression gerechnet. Das Ergebnis ist nicht signifikant (vgl. Tab. 82), sodass die Hypothese 26 zu verwerfen war.

---

618   Mitteilung Beiratsmitglied Baden-Württembergs: 6. Kapitel: 1, S. 139 f.

Tabelle 82: *Lineare Regressionsanalyse - Einfluss der „Ehrenamtlichen Tätigkeit im kirchl./*
seelsorg. Bereich" auf die „Aufgabenwahrnehmung Beiratsmitglied"

Koeffizienten[a]

Modell	Nicht standardisierte Koeffizienten		Standardisierte Koeffizienten	t	Sig.
	B	Standardfehler	Beta		
(Konstante)	52,324	1,816	0,000	28,807	0,000
Ehrenamtliche Tätigkeit im kirchl./ seelsorg. Bereich	1,618	3,146	0,073	0,514	0,609

a. Abhängige Variable: Aufgabenwahrnehmung Beiratsmitglied

Dies bedeutet jedoch nicht, dass sich die ehrenamtliche Erfahrung eines Beirats-mitglieds in anderen Bereichen nicht positiv auf seine Tätigkeit als Anstaltsbeirat auswirken kann. Diese Erfahrungswerte[619] können ebenso wie die theoretischen Kenntnisse der Rechte und Aufgaben eines Anstaltsbeirats dazu beitragen, dass ein Beiratsmitglied seine Aufgaben intensiv wahrnehmen kann. Die Kommentare der befragten Beiräte bestätigen diesen Ansatz:

Beiratsmitglied Nr. 42: „Ich übe noch andere Ehrenämter im Bereich der Kommunalpolitik
aus und dies wirkt sich sehr positiv auf das Ehrenamt des Anstaltsbeirats aus."

Beiratsmitglied Nr. 51: „Ich übe noch andere Ehrenämter aus: Ich bin Stadträtin und
AWO Kreisvorsitzende und Vorstand des Vereins für Jugendhilfe. Diese Ehrenämter wir-
ken sich sehr positiv auf die Beiratsarbeit aus: Es ergeben sich durch den Sozial- und
Jugendhilfeausschuss sowie durch Angebote der AWO im Bereich der Jugendhilfe und
soziale Dienstleistungen Synergien."

Gerade im Bereich der ehrenamtlichen Tätigkeit ist es besonders schwierig, die Balance zwischen zu viel und zu wenig Aufwand zu finden. Da kann es helfen, wenn ein Beiratsmitglied bereits vor der Tätigkeit als Anstaltsbeirat sonstige Ehrenämter bekleidet hat und mit dieser Art von Aufgaben bereits vertraut ist.

Hypothese 27: Ein Beiratsmitglied erfüllt verstärkt die Aufgabe der Hilfe bei der Wiedereingliederung nach der Entlassung, wenn es Mitglied eines Arbeitgeberver-bandes oder einer Gewerkschaft ist/war oder in der Straffälligenhilfe tätig ist/war.

Im Rahmen der Untersuchung der Hypothese 27 wurde der Einfluss der unab-hängigen Variablen „Tätigkeit in der Straffälligenhilfe" (B.2.2), „Mitglied Arbeitge-berverband" (B.2.4) und „Mitglied Gewerkschaft" (B.2.5) auf die abhängige Variable „Wahrnehmung der Wiedereingliederungsaufgabe Beiratsmitglied" (D.4.1) mit der linearen Regressionsanalyse getestet. Dabei konnten keine signifikanten Zusam-menhänge nachgewiesen werden. Die Hypothese war deshalb zu verwerfen. Wenn man jedoch die Wahrnehmung der Wiedereingliederungsaufgabe sowohl durch das Beiratsmitglied als auch durch den gesamten Beirat, dargestellt als Summenscore

---

619   Zu den Motiven für ein freiwilliges Engagement Göhl 2005, S. 18 ff.

aus den Fragebogenitems D.4.1 und D.4.2, als abhängige Variable betrachtet, so kann festgestellt werden, dass die Mitgliedschaft in einem Arbeitgeberverband die Wahrnehmung der Wiedereingliederungsaufgabe marginal signifikant beeinflusst (p = 0,068; vgl. Tab. 83).

*Tabelle 83: Lineare Regressionsanalyse - Einfluss der „Tätigkeit in der Straffälligenhilfe",
„Mitglied Arbeitgeberverband" und „Mitglied Gewerkschaft" auf die „Wahrnehmung Wiedereingliederungsaufgabe Beiratsmitglied und Beirat gesamt"*

Koeffizienten[a]

Modell	Nicht standardisierte Koeffizienten		Standardisierte Koeffizienten	t	Sig.
	B	Standardfehler	Beta		
(Konstante)	3,816	0,404	0,000	9,451	0,000
Tätigkeit in der Straffälligenhilfe	1,263	1,424	0,127	0,887	0,380
Mitglied Arbeitgeberverband	3,184	1,704	0,263	1,868	0,068
Mitglied Gewerkschaft	-0,117	0,741	-0,023	-0,159	0,875

a. Abhängige Variable: Wahrnehmung Wiedereingliederungsaufgabe Beiratsmitglied und Beirat gesamt

Es kann folglich von einem empirischen Trend gesprochen werden, dass die Mitgliedschaft in einem Arbeitgeberverband die Wahrnehmung der Wiedereingliederungsaufgabe positiv beeinflusst. Grundsätzlich scheint die Entlassenenhilfe in der Praxis allerdings eher eine untergeordnete Rolle zu spielen. Dies ergibt sich aus den Ergebnissen der deskriptiven Auswertung,[620] aber auch aus den Bemerkungen der Anstaltsbeiräte im Fragebogen selbst:

Beiratsmitglied Nr. 3: „Eingliederung nach der Entlassung [spielt] nur bedingt [eine Rolle], weil hierbei professionelle Mitarbeiter bessere Möglichkeiten haben. In den ersten Jahren meiner Tätigkeit sah ich dies noch als meine Aufgabe als Beirat an, weil wir weder Sozialdienste noch andere Dienste in der Einrichtung hatten."

Umso sinnvoller erscheint es deshalb, dass für die Erfüllung dieser gesetzlich normierten Aufgabe entsprechend qualifizierte Mitglieder im Beirat vertreten sind. Die Mitglieder eines Arbeitgeberverbandes sind in der Lage, durch die Vermittlung der Gefangenen an Stellen und Institutionen außerhalb der Vollzugsanstalt, die den Gefangenen nach der Entlassung bei der Suche nach Arbeitsstellen behilflich sein können, zur Wahrnehmung der Wiedereingliederungsaufgabe entscheidend beizutragen.

Hypothese 28: Die parlamentarischen Beiratsmitglieder in Sachsen erfüllen ihre Öffentlichkeitsaufgaben intensiver als ihre nichtparlamentarischen Kollegen.

Für den Gruppenvergleich der parlamentarischen und nichtparlamentarischen Beiratsmitglieder (B.2.7 Sachsen) in Sachsen bezüglich der „Wahrnehmung ihrer Öffentlichkeitsaufgaben" wurde aufgrund der Normalverteilung der Daten der t-Test gerechnet. Der Mittelwert ist für die parlamentarischen Mitglieder leicht

---

620   Vgl. die Ergebnisse im 7. Kapitel: 2.2.1, S. 175 ff.

höher (vgl. Tab. 84). Der Unterschied allerdings ist nicht signifikant (vgl. Tab. 85), weshalb die Hypothese 28 zu verwerfen war.

Tabelle 84: *Mittelwert für den/die „Abgeordnete/n des LT (Sachsen)" (0 = nein; 1 = ja=) in Bezug auf die „Wahrnehmung Öffentlichkeitsaufgaben Beiratsmitglied"*

Gruppenstatistiken

	Abgeordnete/r des LT (Sachsen)	N	Mittelwert	Standard-abweichung	Standard-fehler Mittelwert
Wahrnehmung Öffentlichkeitsaufgaben Beiratsmitglied	0	19	18,421	5,337	1,224
	1	12	19,167	6,506	1,878

Tabelle 85: *T-Test zum Vergleich der Mittelwerte für den/die „Abgeordnete/n des LT (Sachsen)" in Bezug auf die „Wahrnehmung Öffentlichkeitsaufgaben Beiratsmitglied"*

Test bei unabhängigen Stichproben

		Levene-Test der Varianz-gleichheit		T-Test für die Mittelwertgleichheit					95% Konfiden-zintervall der Differenz	
		F	Sig.	t	df	Sig. (2-seitig)	Mittel-wert-diffe-renz	Stan-dard-fehler-differenz	Unterer	Oberer
Wahrnehmung Öffentlich-keitsaufgaben Beiratsmitglied	Varianzgleichheit angenommen	0,011	0,918	0,383	80,000	0,703	0,514	1,342	-2,156	3,184
	Varianzgleichheit nicht angenommen			0,387	65,766	0,700	0,514	1,327	-2,135	3,162

Im Rahmen der Hypothesenbildung war die Annahme aufgestellt worden, dass der Umfang der Wahrnehmung der Öffentlichkeitsaufgaben durch die Eignung der Anstaltsbeiräte mitbestimmt wird. Die Hypothese, dass die Abgeordneten in den sächsischen Beiratsgremien ihre Öffentlichkeitsaufgaben intensiver wahrnehmen, wurde allerdings nicht bestätigt. Eine mögliche Erklärung dafür könnte - wie bereits angesprochen - die zum Befragungszeitpunkt relativ neue Besetzung der Beiratsgremien in Sachsen sein. Die neuen Beiratsmitglieder - unter ihnen auch die Landtagsabgeordneten - müssen sich erst in ihr Ehrenamt einarbeiten, was eine Zurückhaltung bei der Wahrnehmung der Aufgaben insgesamt, aber auch speziell der Öffentlichkeitsaufgaben erklären würde. Es wird gerade im Hinblick darauf, dass die Beiräte eine Öffentlichkeitsarbeit im eigentlichen Sinne nicht zu betreiben scheinen[621], deutlich, dass es für die Wahrnehmung der Öffentlichkeitsfunktion geeigneter Personen im

---

621   Vgl. die Ausführungen im 7. Kapitel: 2.3, S. 177.

Beirat bedarf, die über entsprechende Kontakte zur Öffentlichkeit verfügen, um mit dieser in den Dialog treten zu können:[622]

Beiratsmitglied Nr. 25: „Die Kooperation mit interessierten Abgeordneten des Landtags bzw. Bundestages kann hilfreich sein. Thema: Familie – Beziehung – natürliches Umfeld für die soziale Entwicklung der Jugendlichen schaffen. Dies bedeutet: Prävention anstelle von Straffälligkeit.“

In der Praxis scheint es aber oftmals an solchen Ansprechpartnern in der Öffentlichkeit, die sich für die Belange der Beiräte und des Strafvollzugs interessieren, zu fehlen, wie die Kommentare der Beiräte zeigen:

Beiratsmitglied Nr. 19: „Es ist sehr schwierig, in manchen Bevölkerungsgruppen um Verständnis zu werben. Ein weites Feld.“

Beiratsmitglied Nr. 24: „Allgemein ist das Interesse in der Bevölkerung, eine Anstalt zu besuchen, nicht groß. Die im Strafvollzug zur Wiedereingliederung notwendigen Maßnahmen wie Fernsehen, Computer, Radio, Fortbildungskurse, Sport, Büchereien, Zeitschriften usw. finden in der Bevölkerung wenig Zuspruch. Viele Menschen sagen, der heutige Vollzug sei keine Strafe – insbesondere gegenüber den Opfern.“

Umso wichtiger ist es, in die Beiratsgremien neben Abgeordnete des Landtags auch solche Personen zu berufen, die mit weiteren Teilen der Öffentlichkeit vernetzt sind und gute Kontakte pflegen, welche sie für die Belange des Strafvollzuges nutzen können. Hier sind insbesondere Journalisten zu nennen, da diese in der Öffentlichkeitsarbeit von Berufs wegen gut erfahren sind.

3. Befugniswahrnehmung – Hypothesenprüfung

3.1 Allgemeine Einflussfaktoren

Hypothese 29: Wenn ein Beiratsmitglied rechtssicher ist oder eine Führungsrolle im Beirat einnimmt, dann erhöht sich die Intensität seiner Befugniswahrnehmung ebenso wie mit zunehmender Dauer seiner Beiratsmitgliedschaft.

Für die Überprüfung der Hypothese 29 wurde eine lineare Regression gerechnet mit der „Dauer der Beiratsmitgliedschaft", der „Führungsrolle" und der „Rechtssicherheit" als unabhängigen Variablen und der abhängigen Variablen „Befugniswahrnehmung Beiratsmitglied"[623], welche als Summenscore aus den Fragebogenitems G.1.1 bis G.9.1[624] zusammengesetzt war. Die Auswertung zeigt, dass lediglich die Dauer der

---

622 Vgl. Baumann 1973, S. 103; Eggert, ZfStrVo 1981, S. 360.

623 Zur Messung der Qualität der Befugniswahrnehmung vgl. die Ausführungen zu der Skalierung der Variablen der Fragengruppe G im 6. Kapitel: 2.2.2, S. 150 ff. sowie den Fragebogen und den Codeplan im Anhang.

624 G.1.1–G.9.1: Wahrnehmung der Befugnis zur Gesprächsführung mit einzelnen Gefangenen und der Interessenvertretung der Gefangenen, des Schriftwechsels mit

Beiratsmitgliedschaft einen signifikanten Einfluss auf die Befugniswahrnehmung ausübt (p = 0,036; vgl. Tab. 86), sodass dieser Teil der Hypothese 29 bestätigt wurde. Im Übrigen musste sie verworfen werden, da weder die Führungsrolle noch die Rechtssicherheit einen signifikanten Einfluss auf die Befugniswahrnehmung haben.

Tabelle 86: Lineare Regressionsanalyse - Einfluss der „Dauer der Beiratsmitgliedschaft", der „Führungsrolle" und der „Rechtssicherheit" auf die „Befugniswahrnehmung Beiratsmitglied"

Koeffizienten[a]

Modell	Nicht standardisierte Koeffizienten		Standardisierte Koeffizienten	t	Sig.
	B	Standardfehler	Beta		
(Konstante)	30,833	9,116	0,000	3,382	0,001
Dauer der Beiratsmitgliedschaft	0,427	0,197	0,323	2,162	0,036
Führungsrolle	2,045	3,139	0,097	0,651	0,518
Rechtssicherheit	0,143	1,635	0,012	0,087	0,931

a. Abhängige Variable: Befugniswahrnehmung Beiratsmitglied

Es lässt sich feststellen, dass es wiederum die Dauer der Beiratsmitgliedschaft ist, die Einfluss auf die Befugniswahrnehmung der Beiräte hat. Die Wahrnehmung der Rechte durch die Beiräte erfordert die Kenntnis der Anforderungen und Eigenheiten des Ehrenamtes. Diese Kenntnis kann nicht alleine durch die reine Information der Beiräte vor ihrem Amtsantritt vermittelt werden. Die persönliche Erfahrung eines Beiratsmitglieds spielt dabei auch eine wesentliche Rolle. Je mehr Erfahrung und Praxis es mitbringt, desto eher ist es in der Lage, die eigene Situation innerhalb des Vollzugsgefüges objektiv einschätzen und die ihm zustehenden Rechte selbstbewusst einfordern zu können. Insofern scheint es sinnvoll, die Amtsperioden der Beiräte nicht zu kurz zu bemessen, da davon auszugehen ist, dass die Beiräte erst mit zunehmender Amtszeit eine gewisse Routine entwickeln, die sie für die umfassende Befugniswahrnehmung benötigen. Dies mag auch die Erklärung sein, weshalb sich die Rechtssicherheit nicht signifikant auf die Befugniswahrnehmung auswirkt. Überraschenderweise scheint die Übernahme einer Führungsrolle im Beirat nicht mit einer intensiveren Befugniswahrnehmung zu korrespondieren. Hier ist allerdings aufgrund der obigen Ergebnisse davon auszugehen, dass die Führungsmitglieder auch meist langjährige Beiratsmitglieder sind und sich so indirekt die über die Jahre gewonnene Erfahrung eines Beiratsmitglieds über die Führungsrolle auch auf die Befugniswahrnehmung auswirkt.

---

einzelnen Gefangenen und der Interessenvertretung der Gefangenen, des Aufsuchens der Gefangenen in ihren Haftträumen, der Besichtigung der Anstalt, der Entgegennahme von Mitteilungen aus Gefangenenpersonalakten, des Einholens von Auskünften bei der Anstaltsleitung und der Unterrichtung von der Anstaltsleitung über öffentlichkeitsbedeutsame Ereignisse je durch das einzelne Beiratsmitglied.

Hypothese 30: Beiratsmitglieder, die geschult sind, sowie Beiratsmitglieder, deren Beirat zu regelmäßigen Sitzungen zusammenkommt, nehmen verstärkt ihre Befugnisse wahr.

Im Rahmen der Verifizierung der Hypothese 30 wurde ebenfalls eine lineare Regressionsanalyse gerechnet. Die unabhängigen Variablen „Informationserhalt vor Amtsantritt", „Selbstständige Informationsbeschaffung vor Amtsantritt", „Unterstützung bei der Ausübung des Ehrenamtes" und „Regelmäßige Beiratssitzungen" stellten die Einflussfaktoren dar, deren Wirkung auf die abhängige Variable „Befugniswahrnehmung Beiratsmitglied" untersucht wurde. Es konnte kein signifikanter Zusammenhang nachgewiesen werden (vgl. Tab. 87 und 88), sodass die Hypothese verworfen werden musste.

Tabelle 87: Lineare Regressionsanalyse - Einfluss des „Informationserhalts vor Amtsantritt", der „Selbstständigen Informationsbeschaffung vor Amtsantritt" und der „Unterstützung bei der Ausübung des Ehrenamtes" auf die „Befugniswahrnehmung Beiratsmitglied"

Koeffizienten[a]

Modell	Nicht standardisierte Koeffizienten		Standardisierte Koeffizienten	t	Sig.
	B	Standardfehler	Beta		
(Konstante)	31,656	5,267	0,000	6,011	0,000
Informationserhalt vor Amtsantritt	-1,240	2,371	-0,076	-0,523	0,604
Selbstständige Informationsbeschaffung vor Amtsantritt	1,594	3,104	0,074	0,513	0,610
Unterstützung bei der Ausübung des Ehrenamtes	6,257	3,919	0,227	1,596	0,117

a. Abhängige Variable: Befugniswahrnehmung Beiratsmitglied

Tabelle 88: Lineare Regressionsanalyse - Einfluss der „Regelmäßige Beiratssitzungen" auf die „Befugniswahrnehmung Beiratsmitglied"

Koeffizienten[a]

Modell	Nicht standardisierte Koeffizienten		Standardisierte Koeffizienten	t	Sig.
	B	Standardfehler	Beta		
(Konstante)	33,643	22,941	0,000	1,467	0,149
Regelmäßige Beiratssitzungen	0,929	7,732	0,017	0,120	0,905

a. Abhängige Variable: Befugniswahrnehmung Beiratsmitglied

Entgegen der Annahme üben weder die Schulung der Beiräte noch die regelmäßigen Beiratssitzungen einen Einfluss auf die Befugniswahrnehmung der Beiräte aus. Das Ergebnis bestätigt die vorangegangenen Vermutungen, dass die rein sachliche Information der Beiräte für die Wahrnehmung ihrer Rechte nicht ausschlaggebend ist. Aufgrund einer fehlenden expliziten Erwähnung der Rechte der Beiräte in den einschlägigen Vorschriften ist die umfassende Information der Beiräte vor und während ihrer Amtszeit bezüglich der ihnen zustehenden Befugnisse natürlich sehr wichtig. Die Informationsgewährung kann jedoch die im Laufe der Amtszeit gewonnenen Erfahrungswerte nicht ersetzen. Dies muss allerdings nicht bedeuten, dass die Information der Beiräte nicht notwendig wäre. Gerade die Interaktion mit den sonstigen Beiratsmitgliedern ist für den gegenseitigen Austausch bei der Erörterung bestimmter Themen besonders wichtig. Dadurch können die neuen Beiratsmitglieder wertvolle Hilfen und Anregungen für ihre Arbeit erhalten. In Kombination mit der zunehmenden Erfahrung und Routine der Beiräte dürfte diese Art der Informationsgewinnung entscheidend zu einer intensiven Befugniswahrnehmung beitragen.

Hypothese 31: Wenn ein Beiratsmitglied seine Arbeit als wirksam einschätzt, dann nimmt es verstärkt eine Befugnisse wahr.

Der Zusammenhang zwischen der unabhängigen Variablen „Wirksamkeit der Beiratstätigkeit" (M.3) und der abhängigen Variablen „Befugniswahrnehmung Beiratsmitglied" wurde mit der linearen Regressionsanalyse getestet. Es konnte nachgewiesen werden, dass die Einschätzung eines Beiratsmitglieds seiner Arbeit als wirksam seine Befugniswahrnehmung signifikant beeinflusst (p = 0,045; vgl. Tab. 89).

Tabelle 89: Lineare Regressionsanalyse - Einfluss der „Wirksamkeit der Beiratstätigkeit"
auf die „Befugniswahrnehmung Beiratsmitglied"

Koeffizienten[a]

Modell	Nicht standardisierte Koeffizienten		Standardisierte Koeffizienten	t	Sig.
	B	Standardfehler	Beta		
(Konstante)	45,307	4,572	0,000	9,911	0,000
Wirksamkeit der Beiratstätigkeit	-7,454	3,628	-0,282	-2,055	0,045

a. Abhängige Variable: Befugniswahrnehmung Beiratsmitglied

Es bestätigt sich damit die Annahme, dass ein notwendiger Zusammenhang zwischen der persönlichen Einschätzung der eigenen Arbeit und der Inanspruchnahme der Rechte eines Anstaltsbeirats besteht. Eine als wirksam empfundene Beiratsarbeit stärkt das Selbstbewusstsein der Beiräte, was eine wichtige Voraussetzung für die Inanspruchnahme und Durchsetzung ihrer Rechte ist.

3.2 Einflussfaktor Interaktion und Beiratspersönlichkeit

Hypothese 32: Die Zusammenarbeit eines Beiratsmitglieds mit der Anstaltsleitung und den Vollzugsbeamten beeinflusst positiv seine Befugniswahrnehmung.

Der Wirkungszusammenhang zwischen den unabhängigen Variablen „Kooperation mit AL" und „Kooperation mit VollzB" und der abhängigen Variablen „Befugniswahrnehmung Beiratsmitglied" wurde mit Hilfe der linearen Regressionsanalyse untersucht. Die Hypothese wurde nicht bestätigt, da kein signifikanter Zusammenhang nachgewiesen werden konnte. Allerdings beeinflusst die Kooperation mit den

Vollzugsbeamten marginal signifikant die Befugniswahrnehmung des einzelnen Beiratsmitglieds (p = 0.096; vgl. Tab. 90).

Tabelle 90: *Lineare Regressionsanalyse - Einfluss der „Kooperation mit AL" und der „Kooperation mit VollzB" auf die „Befugniswahrnehmung Beiratsmitglied"*

Koeffizienten[a]

Modell	Nicht standardisierte Koeffizienten		Standardisierte Koeffizienten	t	Sig.
	B	Standardfehler	Beta		
(Konstante)	42,382	3,973	0,000	10,668	0,000
Kooperation mit AL	0,812	3,514	0,042	0,231	0,818
Kooperation mit VollzB	-4,294	2,527	-0,312	-1,699	0,096

a. Abhängige Variable: Befugniswahrnehmung Beiratsmitglied

Dieser empirische Trend unterstreicht den Einfluss der Zusammenarbeit mit den Vollzugsbeamten auf die Befugniswahrnehmung eines Beiratsmitglieds und steht im Einklang mit den deskriptiven Resultaten, wonach 82% der Anstaltsbeiräte ihrer Einschätzung nach gut oder sehr gut mit den Vollzugsbeamten kooperierten.[625] Die Vollzugsbeamten stehen dem tatsächlichen Geschehen im Vollzug näher als die Anstaltsleitung und nehmen daher aus der Sicht der Beiräte eine besonders wichtige Rolle ein.[626] Sie haben tagtäglich Umgang mit den Gefangenen und sind über die täglichen Vorgänge innerhalb der Anstalt umfassend informiert. Anstaltsbeiräte, die aufgrund ihres Ehrenamtes nicht jeden Tag in der Anstalt präsent sein können, sind auf dieses Wissen angewiesen, wenn sie ihre Rechte wirksam einsetzen und eine effektive Beiratsarbeit leisten möchten. Eine gute Kooperation zwischen den Vollzugsbeamten und den Beiräten fördert damit eine entsprechende Informationsweitergabe und auf diese Weise eine umfassende Befugniswahrnehmung durch die Beiräte.

Überraschenderweise konnte ein Einfluss der Zusammenarbeit mit der Anstaltsleitung auf die Befugniswahrnehmung des Beiratsmitglieds nicht nachgewiesen werden. Dies liegt möglicherweise daran, dass die Anstaltsleitung eine größere Distanz zu dem täglichen Geschehen in der Vollzugsanstalt hat und deshalb für die alltägliche Arbeit der Beiräte die Information durch die Vollzugsbeamten von größerer Bedeutung ist als die abstrakten und generellen Auskünfte der Anstaltsleitung. Gleichwohl ist auch die Zusammenarbeit mit der Anstaltsleitung für die Inanspruchnahme der Befugnisse von Bedeutung. Für ihre Arbeit benötigen die Beiräte vielfach auch generelle Auskünfte über sehr vertrauliche Angelegenheiten, die nur von der Anstaltsleitung erteilt werden können. Ein gutes Verhältnis zur Anstaltsleitung dürfte sich deshalb ebenfalls positiv auf die Wahrnehmung der Befugnisse durch die Beiräte auswirken. Das bestätigen auch die Aussagen der Beiräte:

---

625 Vgl. die Ergebnisse im 7. Kapitel: 5.1, S. 190 f.
626 Vgl. Gerken 1986, S. 255 ff.

Beiratsmitglied Nr. 3: *„Da ich persönlich einmal wöchentlich von Beginn des Amtes an die JVA besuche, mache ich mich durch Aufsuchen der Anstaltsleitung kundig. Ich habe Verständnis, dass bei der Vielschichtigkeit des Gefängnisalltages die Kommunikation manchmal auf der Strecke bleibt."*

Beiratsmitglied Nr. 28: *„Die Wahrnehmung der aufgezählten Befugnisse ist prägend für die Arbeit des Beirats und daher elementar wichtig. Die Häufigkeit ist je nach Problemstellung unterschiedlich. Die Wahrnehmung der Befugnisse wird von der Anstaltsleitung und den Mitarbeitern bereitwillig unterstützt."*

Hypothese 33: Die Zusammenarbeit eines Beiratsmitglieds mit dem Justizministerium beeinflusst positiv seine Befugniswahrnehmung.

Auch der Zusammenhang zwischen der unabhängigen Variablen „Kooperation mit JuM" und der abhängigen Variablen „Befugniswahrnehmung Beiratsmitglied" wurde mit Hilfe der linearen Regressionsanalyse berechnet. Die Hypothese 33 konnte nicht bestätigt werden, da kein signifikanter Zusammenhang nachgewiesen werden konnte. Es zeigt sich jedoch ein marginal signifikanter Einfluss der Kooperation. Dies impliziert einen empirischen Trend, dass die Kooperation mit dem Justizministerium die Befugniswahrnehmung verbessert ($p = 0.066$; vgl. Tab. 91).

Tabelle 91: Lineare Regressionsanalyse - Einfluss der „Kooperation mit JuM" auf die „Befugniswahrnehmung Beiratsmitglied"

Koeffizienten[a]

Modell	Nicht standardisierte Koeffizienten		Standardisierte Koeffizienten	t	Sig.
	B	Standardfehler	Beta		
(Konstante)	44,947	4,767	0,000	9,428	0,000
Kooperation mit JuM	-3,030	1,608	-0,260	-1,884	0,066

a. Abhängige Variable: Befugniswahrnehmung Beiratsmitglied

Dadurch wird die Annahme bestätigt, dass das Verhältnis der Beiräte zum Justizministerium im Allgemeinen eine intensive Befugniswahrnehmung zu begünstigen vermag. Wie bereits angesprochen wurde, bewerteten die Beiräte die Zusammenarbeit mit dem Justizministerium allerdings eher schlecht[627]. Im Hinblick auf dieses Ergebnis sollte versucht werden, in der Praxis eine Verbesserung der Zusammenarbeit mit dem Justizministerium zu erreichen, denn diese hat das Potential, die Befugniswahrnehmung aus Sicht der Beiräte positiv zu beeinflussen.

Hypothese 34: Wenn ein Beiratsmitglied im Bereich des Strafvollzugs beruflich tätig ist/war, dann nimmt es verstärkt Kontakt zu den Gefangenen auf.

Der Einfluss der unabhängigen Variablen „Berufliche Verbindung zum Strafvollzug" (B.2.1) auf die „Kontaktaufnahme zu den Gefangenen" als abhängiger Variablen

---

627 Vgl. die Ergebnisse im 7. Kapitel: 5.1, S. 190 f.

wurde ebenfalls mit der linearen Regression berechnet. Es konnte ein signifikanter Zusammenhang zwischen der anderweitigen beruflichen Tätigkeit eines Beiratsmitglieds im Strafvollzug und der Kontaktaufnahme nachgewiesen werden (p = 0,017; vgl. Tab. 92), sodass die Hypothese 34 bestätigt wurde.

Tabelle 92: Lineare Regressionsanalyse - Einfluss der „Beruflichen Verbindung zum Strafvollzug" auf die „Kontaktaufnahme zu den Gefangenen"

Koeffizienten[a]

Modell	Nicht standardisierte Koeffizienten		Standardisierte Koeffizienten	t	Sig.
	B	Standardfehler	Beta		
(Konstante)	39,844	1,841	0,000	21,647	0,000
Berufliche Verbindung zum Strafvollzug	13,322	5,366	0,334	2,483	0,017

a. Abhängige Variable: Kontaktaufnahme zu den Gefangenen

Das Ergebnis zeigt, dass es für die Arbeit als Anstaltsbeirat von Vorteil ist, wenn ein Beiratsmitglied bereits Erfahrungen mit dem Strafvollzug hat. Es kennt die Besonderheiten des Vollzugs im Allgemeinen und ist in der Interaktion mit den Gefangenen erfahren, was sich positiv auf den Umgang und die Kontaktaufnahme zu letzteren auswirkt. Der Umgang mit den Gefangenen erfordert ein gewisses Maß an Fingerspitzengefühl und Einfühlungsvermögen. Diese Eigenschaften können sich nur bei häufiger Kontaktaufnahme und Zusammenarbeit einstellen. Insgesamt ist der persönliche Kontakt der Anstaltsbeiräte zu den Gefangenen für ihre Arbeit elementar wichtig. So wies das interviewte Beiratsmitglied aus Baden-Württemberg darauf hin,[628] dass die persönlichen Sprechstunden mit den Gefangenen sehr bedeutsam für die Tätigkeit des Beirats sind, da nur auf diese Weise eine vertrauensvolle Atmosphäre geschaffen werden kann, in der der Gefangene die Möglichkeit hat, ohne Zwang Probleme, Schwierigkeiten oder sonstige Anliegen mitzuteilen. Die Beteiligung im Beirat von Mitgliedern, die bereits Verbindungen zum Strafvollzug hatten oder noch immer haben, kann deshalb insbesondere für die Umsetzung des Kontaktaufnahmerechts und damit für die Arbeit des Beirats insgesamt von großem Vorteil sein.

Hypothese 35: Je intensiver ein Beiratsmitglied Kontakt zu den Gefangenen aufnimmt, desto intensiver nimmt es das Recht auf Einholen von Auskünften bei der Anstaltsleitung wahr.

Auch für die Überprüfung der Hypothese 35 wurde die lineare Regressionsanalyse verwendet. Getestet wurde der Einfluss der unabhängigen Variablen „Kontaktaufnahme zu den Gefangenen" auf die abhängigen Variablen „Einholen Auskünfte

---

628 Mitteilung Beiratsmitglied Baden-Württembergs: 6. Kapitel: 1, S. 139 f.

bei AL durch Mitglied" und „Einholen Auskünfte bei AL durch Beirat". Beide Tests zeigten signifikante Ergebnisse wie aus den Tabellen 93 und 94 ersichtlich ist.

Tabelle 93: Lineare Regressionsanalyse - Einfluss der „Kontaktaufnahme zu den Gefangenen" auf das „Einholen Auskünfte bei AL durch Beiratsmitglied"

Koeffizienten[a]

Modell	Nicht standardisierte Koeffizienten		Standardisierte Koeffizienten	t	Sig.
	B	Standardfehler	Beta		
(Konstante)	2,309	0,819	0,000	2,819	0,007
Kontaktaufnahme zu den Gefangenen	0,050	0,019	0,353	2,639	0,011

a. Abhängige Variable: Einholen Auskünfte bei AL durch Beiratsmitglied

Die Kontaktaufnahme zu den Gefangenen beeinflusst sowohl das Einholen der Auskünfte bei der Anstaltsleitung durch das einzelne Beiratsmitglied signifikant (p = 0,011) als auch durch das gesamte Beiratsgremium (p = 0,009). Die Hypothese wurde damit bestätigt.

Tabelle 94: Lineare Regressionsanalyse - Einfluss der „Kontaktaufnahme zu den Gefangenen" auf das „Einholen Auskünfte bei AL durch Beirat"

Koeffizienten[a]

Modell	Nicht standardisierte Koeffizienten		Standardisierte Koeffizienten	t	Sig.
	B	Standardfehler	Beta		
(Konstante)	2,754	0,728	0,000	3,785	0,000
Kontaktaufnahme zu den Gefangenen	0,046	0,017	0,363	2,723	0,009

a. Abhängige Variable: Einholen Auskünfte bei AL durch Beirat

Die Kontaktaufnahme zu den Gefangenen stellt ein besonders häufig in Anspruch genommenes Recht der Anstaltsbeiräte dar. So führten knapp 65% der befragten Beiräte in Baden-Württemberg häufig oder sehr häufig Gespräche mit einzelnen Gefangenen.[629] Dabei spielt in der Praxis die schriftliche Kooperation anscheinend nur eine untergeordnete Rolle, während dem mündlichen Kontakt eine größere Bedeutung zukommt:

> *Beiratsmitglied Nr. 27: „Es finden monatliche Sprechstunden statt, in welchen dann schriftliche Begehren der Gefangenen an den Beirat übergeben werden können."*

Anhand der obigen Ergebnisse zeigt sich nun, dass ein enger Zusammenhang zwischen der Kontaktaufnahme der Beiräte zu den Gefangenen und der Informationsweitergabe durch die Anstaltsleitung besteht. Dies macht deutlich, dass die

---

629   Vgl. die Ergebnisse im 7. Kapitel: 4.2.1, S. 186 ff.

Kommunikation mit den Gefangenen prägend ist für die Inanspruchnahme des Rechts auf Einholen von Auskünften bei der Anstaltsleitung. Nur wenn die Beiräte den Gefangenen auf Augenhöhe begegnen und zu diesen ein entsprechendes Vertrauensverhältnis aufbauen, ohne Gefahr zu laufen, sich von den Gefangenen fremdbestimmen zu lassen, können sie die nötigen Informationen hinsichtlich der tatsächlichen Verhältnisse in der Anstalt von der Anstaltsleitung einfordern. Gleichzeitig kann eine als zufriedenstellend empfundene Informationspolitik durch die Anstaltsleitung bewirken, dass sich die Beiräte anerkannt fühlen, was sich ebenfalls positiv auf ihr Verhältnis zu den Gefangenen auswirken kann.

9. Kapitel: Gesamtbetrachtung: Normative Erwartung und tatsächliche Praxis der Anstaltsbeiräte

Nachdem nun die Ergebnisse der deskriptiven Auswertung und der Hypothesenprüfung dargestellt und analysiert wurden, soll im Folgenden ein Bild der gegenwärtigen tatsächlichen Situation der Anstaltsbeiräte in Baden-Württemberg skizziert werden. Hierbei wird die Praxis der Beiräte den im Rahmen der Analyse der rechtlichen Vorschriften (§ 18 JVollzGB I BW; VwV d. JM in Ausführung des § 18 Abs. 1 Satz 2 JVollzGB I BW) gewonnenen Erkenntnissen hinsichtlich der normativen Erwartungen an die Anstaltsbeiräte gegenübergestellt. Dadurch können Aussagen zu den geäußerten Bedenken gegen die baden-württembergische Verwaltungsvorschrift getroffen[630] und die tatsächlichen Wirkungsmöglichkeiten der Anstaltsbeiräte herausgearbeitet werden.

1. Die tatsächlichen Strukturen des Anstaltsbeirats im Verhältnis zur rechtlichen Ausgestaltung

Die Dauer der Zugehörigkeit eines Beiratsmitglieds zum Anstaltsbeirat ist von erheblicher Bedeutung für die Beiratspraxis, denn sie bestimmt maßgeblich das persönliche Selbstverständnis des Beiratsmitglieds und damit auch seinen Umgang mit den Anforderungen an das Ehrenamt.

Mit zunehmender Dauer der Beiratstätigkeit gewinnen die Beiratsmitglieder an praktischer Erfahrung. Sie kennen ihre Aufgaben, Rechte und Pflichten als Anstaltsbeirat und damit ihre Rechtsstellung innerhalb des Vollzugsgefüges. Gleichzeitig werden sie sich der Anforderungen an das Ehrenamt bewusster, sie kennen die Abläufe und Strukturen innerhalb der Justizvollzugsanstalt und nehmen ihre Befugnisse intensiver wahr. Mit dem Ausscheiden aus dem Berufsleben ist es ihnen auch möglich, einen erhöhten Arbeits- und Zeitaufwand für das Ehrenamt zu betreiben. Diesbezüglich bestätigt die Untersuchung die gegen die baden-württembergische Verwaltungsvorschrift geäußerten Bedenken im Hinblick auf die Dauer der Amtszeit der Beiräte. Die bisherige Amtszeit von drei Jahren war in der Tat zu kurz bemessen, um sich in das Ehrenamt einarbeiten und eine effektive Beiratsarbeit leisten zu können.[631] Insoweit ist die Erweiterung der Amtszeit in der neuen Verwaltungsvorschrift auf fünf Jahre auch im Sinne einer weitest gehenden Kontinuität der Beiratsarbeit positiv zu bewerten. Die Tatsache, dass mit zunehmender Dauer

---

630 Zu der Erörterung der Verwaltungsvorschrift Baden-Württembergs siehe 3. Kapitel: 2.1, S. 69 ff.
631 So auch die ursprüngliche Annahme im 3. Kapitel: 2.1.1, S. 71 ff.

der Beiratsmitgliedschaft keine intensivere Aufgabenerfüllung einhergeht, bestätigt allerdings auch die vermuteten Bedenken gegen eine unbegrenzt mögliche Wiederholung der Bestellung zum Beiratsmitglied. Unter dem Aspekt einer größtmöglichen Leistungsfähigkeit und einer von Zeit zu Zeit notwendigen Fluktuation der Beiratsmitglieder wäre hier eine Bestimmung in die Verwaltungsvorschrift mit aufzunehmen, welche die Möglichkeit der Wiederbestellung limitiert.

Die Anstaltsbeiräte übernehmen mit zunehmender Dauer der Beiratsmitgliedschaft auch eher eine Führungsrolle (Vorsitz oder stellvertretenden Vorsitz) im Beirat. Die Rollenverteilung[632] innerhalb des Beirats wirkt sich auf die Tätigkeit des Gremiums insgesamt aus. Die Führungsmitglieder legten den Schwerpunkt ihrer Arbeit eher auf die Zusammenarbeit mit den Partnern innerhalb der Anstalt, indem sie z. B. alle Einzelkontakte mit den Gefangenen übernahmen. Die Nichtführungsmitglieder dagegen arbeiteten mit den Partnern außerhalb der Justizvollzugsanstalt signifikant besser zusammen. Insoweit ließ sich eine Schwerpunktsetzung der einzelnen Beiratsmitglieder bei ihrer Arbeit beobachten. Nach der Intention des Gesetzgebers sollten jedoch alle Mitglieder eines Beirats sowohl ihre anstaltsbezogenen Aufgaben und Befugnisse als auch ihre öffentlichkeitsbezogenen Aufgaben gleichermaßen wahrnehmen. Damit dieser Intention in der Praxis entsprochen werden kann, wäre in der Verwaltungsvorschrift bei der Formulierung der Aufgaben und Befugnisse darauf hinzuweisen, dass diese von allen Mitgliedern des Beirats und nicht etwa nur vom Vorsitzenden oder dem Gremium als Ganzem wahrgenommen werden.

Die Eignung der Beiratsmitglieder wiederum spielt in der Praxis keine derart wichtige Rolle wie angenommen wurde. Nach den gesetzgeberischen Vorstellungen[633] sollte diese Eignung maßgeblich Umfang und Ausmaß des Kontaktes der Beiräte zur Öffentlichkeit sowie die Intensität ihrer Aufgabenwahrnehmung mitbestimmen. Deshalb sind in den Beiratsgremien Sachsens auch jeweils zwei Landtagsabgeordnete vertreten. Die Untersuchung zeigte allerdings für Sachsen, dass die Landtagsabgeordneten dort nicht signifikant besser mit der parlamentarischen Öffentlichkeit zusammenarbeiten als ihre nichtparlamentarischen Kollegen. Auch zwischen den sächsischen und baden-württembergischen Beiräten zeigten sich wider Erwarten keine Unterschiede in der Wahrnehmung der Öffentlichkeitsaufgaben. Obwohl in Baden-Württemberg mehr als 70% der befragten Beiräte von einer Partei für das Amt geworben wurden[634], können diese Beiräte ihre Kontakte zur Öffentlichkeit offenbar nicht nutzen und beschränken ihre Öffentlichkeitsarbeit meist auf ihr engeres soziales Umfeld oder ihre Institutionen. Dagegen kann zumindest ein Einfluss der Mitgliedschaft in einem Arbeitgeberverband auf die Aufgabenwahrnehmung sowie ein Einfluss der anderweitigen (beruflichen) Verbindung eines Beiratsmitglieds zum Strafvollzug auf seine Kontaktaufnahme zu den Gefangenen festgestellt werden.

---

632 Vgl. hierzu Sader 1975, S. 209 ff.
633 Vgl. die Ausführungen im 3. Kapitel: 1.1, S. 44 ff.
634 Vgl. die Ergebnisse im 7. Kapitel: 1.4.1, S. 166 ff.

Die im Rahmen der Auslegung der Verwaltungsvorschrift Baden-Württembergs[635] positiv bewertete Bezugnahme der rechtlichen Regelung auf das Eignungsprinzip hat sich demnach in der Praxis als nicht so relevant dargestellt wie vermutet wurde. Dies sollte jedoch nicht zu der Annahme verleiten, das Eignungsprinzip als obsolet zu betrachten, da die erzielten Untersuchungsergebnisse, wie bereits angesprochen, auch auf andere Einflussfaktoren zurückzuführen sein können. Insbesondere im Bereich der Erfüllung der Öffentlichkeitsaufgaben scheint es angesichts der Tatsache, dass den Beiräten oft geeignete Ansprechpartner in der Öffentlichkeit fehlen, sinnvoll, das Eignungsprinzip in die baden-württembergische Verwaltungsvorschrift mit aufzunehmen und dadurch auch solche Personen in den Beirat zu berufen, die über besondere Kontakte zur Öffentlichkeit verfügen. Dies könnten neben Abgeordneten des Landtags auch Journalisten sein. Im Übrigen bestätigen die Ergebnisse hinsichtlich der sonstigen ehrenamtlichen Erfahrungen der Beiratsmitglieder das vermutete Erfordernis einer Einbeziehung der persönlichen Eignung potentieller Beiratsmitglieder in den „Eignungskatalog" der Verwaltungsvorschrift. Für eine erfolgreiche Beiratstätigkeit kommt es nicht nur auf die (berufliche) Herkunft der Beiräte, sondern maßgeblich auch auf das eigene Engagement und Interesse und damit auf die „persönliche Eignung" der Beiratsmitglieder an.[636]

2. Die tatsächliche Organisation des Anstaltsbeirats im Verhältnis zur rechtlichen Ausgestaltung

Die Anzahl der Beiratsmitglieder in jedem Gremium ist in Baden-Württemberg nach der Größe und Belegungsfähigkeit der jeweiligen Justizvollzugsanstalt gestaffelt. Die Untersuchung hat gezeigt, dass die Beiratsgröße die Aufgabenwahrnehmung des Beiratsmitglieds in der Praxis tatsächlich beeinflusst.

Dieses Ergebnis bestätigt die getroffene Annahme im Rahmen der Analyse der Verwaltungsvorschrift Baden-Württembergs, dass die Staffelung der Beiratsmitgliederzahl in den Gremien gemäß der Belegungsfähigkeit der jeweiligen Justizvollzugsanstalt sinnvoll und notwendig ist, damit die Beiräte ihre Aufgaben bewältigen können.[637] Die Ergebnisse belegen allerdings auch, dass die Herabstufung der Mitgliederzahlen sowie der Höchstmitgliederzahl auf fünf Beiräte in jedem Gremium nicht ratsam ist, weil die Leistungsfähigkeit der Beiratsmitglieder gerade an den größeren Justizvollzugsanstalten dadurch beeinträchtigt werden kann. Deshalb erscheint eine Neustaffelung der Beiratsmitgliederzahl in der Verwaltungsvorschrift unbedingt notwendig.

Ein Kriterium, welches die Effektivität der Beiratstätigkeit maßgeblich beeinflusst und damit elementar wichtig für die Ausübung des Ehrenamtes ist, stellt die Schulung der Beiratsmitglieder in Form der Information vor Amtsantritt über ihr

---

635 Vgl. die Ausführungen im 3. Kapitel: 2.1.1, S. 71 ff.
636 So auch Eggert, ZfStrVo 1981, S. 360.
637 Vgl. die Ausführungen im 3. Kapitel: 2.1.1, S. 71 ff.

Ehrenamt und der Unterstützung während ihrer Amtszeit dar. Diese kann zusammen mit einer guten Kenntnis der eigenen Rechtsstellung die Rechtssicherheit der Beiräte verbessern und damit zu einer intensiveren Aufgabenbewältigung beitragen. Vor dem Hintergrund, dass lediglich 27,5% der befragten Beiräte angaben, vor ihrem Amtsantritt sehr ausführlich über ihre Tätigkeit informiert worden zu sein, sollte hierauf in der Praxis mehr Wert gelegt und die Information der Beiräte vor Amtsantritt intensiviert werden.

Außerdem führt der interne Austausch der Beiräte untereinander bei den regelmäßigen Beiratssitzungen zu einer umfassenderen Information der Beiräte und kann so zu einer intensiveren Aufgabenwahrnehmung beitragen. Diese regelmäßigen Sitzungen sind prägend für die Beiratsarbeit. Sie fanden in Regelmäßigkeit unter Teilnahme fast aller Beiratsmitglieder statt, wie die Untersuchung zeigte. Dies deutet auf ein hohes Engagement der Beiräte hin. Außerdem bestätigten 92% die regelmäßige Teilnahme von Anstaltsleitung oder Bediensteten an den Beiratssitzungen.[638] Daran zeigt sich, dass von Seiten der Anstaltsleitung und der Bediensteten ein grundsätzliches Interesse an der Tätigkeit des Beirats gegeben ist und eine hohe Bereitschaft zur Unterstützung der Beiräte besteht. Dies wirkte sich entsprechend der gesetzgeberischen Intention[639] positiv auf die Zusammenarbeit mit der Anstaltsleitung und den Vollzugsbeamten aus. Insoweit muss es als bedenklich eingestuft werden, dass in der Verwaltungsvorschrift Baden-Württembergs nunmehr die Häufigkeit der Beiratssitzungen verkürzt wurde.[640] Hier erscheint eine Änderung der rechtlichen Regelung erforderlich, die im Rahmen der Konsequenzen diskutiert werden wird.

3. Die tatsächliche Aufgabenwahrnehmung im Verhältnis zur rechtlichen Ausgestaltung

Wesentlich für eine effektive Aufgabenbewältigung ist die Kenntnis der Anstaltsbeiräte hinsichtlich ihrer Aufgaben, wobei fast alle Beiratsmitglieder sowohl diese Kenntnis als auch die Wirksamkeit ihrer Beiratstätigkeit bejahten. Diese Einschätzungen stimmten jedoch nur bedingt mit der tatsächlichen Aufgabenwahrnehmung überein.

3.1 Die anstaltsbezogenen Aufgaben

Die Aufgaben der Mitwirkung bei der Vollzugsgestaltung und der Unterstützung der Anstaltsleitung durch Anregungen und Verbesserungsvorschläge nahmen die Beiräte zwar wahr. Bei genauerer Betrachtung der Daten ist jedoch festzustellen, dass lediglich die Hälfte der Beiräte die Anstaltsleitung intensiv unterstützte. Bei

---

638   Vgl. die Ergebnisse im 7. Kapitel: 8.3, S. 198 f.
639   Vgl. Baumann 1973, S. 103.
640   Die Sitzungen des Beirats wurden von bisher mindestens viermal pro Halbjahr auf mindestens dreimal pro Halbjahr verkürzt.

der Aufgabe der Vollzugsgestaltung lag dieser Anteil sogar nur bei 41%.[641] Diese Verteilung lässt darauf schließen, dass die Bemühungen der Beiräte bei der Unterstützung der Anstaltsleitung durch Verbesserungsvorschläge ihr Ziel nicht erreichen konnten, weshalb die Mitwirkung bei der Vollzugsgestaltung eher negativ bewertet wurde. Obwohl die Beratungsfunktion vom Gesetzgeber als eine der wichtigsten anstaltsbezogenen Aufgaben der Beiräte betrachtet wurde,[642] nahmen die Beiräte Baden-Württembergs diese nicht voll umfänglich wahr. Die insgesamt eher zurückhaltende Erfüllung der gestalterischen Aufgaben kann auf die in diesen Bereichen oft fehlende Information der Anstaltsbeiräte über die Situation und die Vorgänge in der Vollzugsanstalt zurückzuführen. Dem entsprach das Ergebnis, dass die Hälfte der befragten Beiräte kaum oder gar keine Auskünfte bei der Anstaltsleitung einholte.[643] Dies bewirkt, dass sich die tatsächlich unterbreiteten Unterstützungsangebote nicht als effizient erweisen und die Beiräte deshalb kaum an der Gestaltung des Vollzugs mitwirken. Eine entscheidende Rolle dürfte insoweit auch die unzureichende Konkretisierung der Aufgabe der Mitwirkung bei der Vollzugsgestaltung in der Verwaltungsvorschrift spielen.[644] Ohne Anhaltspunkte dafür, auf welche Aspekte sich die Mitwirkungshandlungen beziehen sollten, ist es für die Beiräte schwierig, diese umfassend wahrzunehmen. Die gegen eine fehlende Präzisierung dieser Aufgabe in der Verwaltungsvorschrift vorgebrachten Bedenken haben folglich durchaus ihre Berechtigung, weshalb eine Konkretisierung der rechtlichen Regelung bezüglich der Mitwirkungsaufgabe dringend notwendig erscheint.

Ähnlich problematisch stellt sich die Sachlage bei der Betreuung der Gefangenen und bei der Hilfe zur Wiedereingliederung der Gefangenen dar. Weniger als die Hälfte der Beiräte nahm die Aufgabe der Betreuung der Gefangenen in hohem oder sehr hohem Maße wahr. Die Hilfe bei der Wiedereingliederung der Gefangenen wurde von den Beiräten nur rudimentär wahrgenommen und lediglich 14% gaben an, die Resozialisierung stelle auf jeden Fall ein wichtiges Ziel der Beiratstätigkeit dar.[645] Folglich sahen nur wenige Beiräte die Wiedereingliederungshilfe als wichtige Aufgabe an. Wie die Bemerkungen[646] der Beiräte hierzu zeigten, stellte dies aus ihrer Sicht eine Aufgabe dar, die speziell hierfür ausgebildete Mitarbeiter der Anstalt wie z. B. Sozialarbeiter sehr viel besser wahrnehmen können. Für die einzelnen Beiräte war diese Aufgabe praktisch nur schwer umsetzbar. Es erscheint deshalb sinnvoll, geeignete Mitglieder in den Beirat zu berufen, die von Berufs wegen bereits mit der Resozialisierung Gefangener zu tun haben und deshalb in der Lage sind, diese Aufgabe des Beirats tatsächlich wahrzunehmen.

---

641   Vgl. die Ergebnisse im 7. Kapitel: 2.2.1, S. 175 f.
642   Vgl. die Ergebnisse zur historischen Gesetzesauslegung im 3. Kapitel: 1.2.2, S. 54 ff.
643   Vgl. die Ergebnisse im 7. Kapitel: 4.2.1, S. 186 ff.
644   Zu den hiergegen geäußerten Bedenken im 3. Kapitel: 2.1.2, S. 75 ff.
645   Vgl. die Darstellung im 7. Kapitel: 2.4, S. 179 f.
646   Vgl. die Bemerkung des Beiratsmitglieds Nr. 3 im 8. Kapitel: 2.3, S. 228.

Im Rahmen der Tätigkeit der Anstaltsbeiräte waren eine Überbewertung einzelner Aufgaben und damit eine einseitige Schwerpunktverlagerung nicht zu beobachten. Die Häufigkeitsverteilungen der einzelnen Aufgabenbereiche entsprachen der persönlichen Einschätzung der Beiräte hinsichtlich der Zielsetzung ihrer Tätigkeit. So stellten das „soziale Engagement" (16%) und das „Interesse an den internen Abläufen in einer Justizvollzugsanstalt" (18%) die am häufigsten genannten Beweggründe für die Übernahme des Ehrenamtes eines Anstaltsbeirats dar. Als wichtigste Aufgabe beziehungsweise als Ziel der Beiratstätigkeit sahen die befragten Beiräte mit 49% (bzw. 31%) die Vermittlung zwischen allen am Vollzug Beteiligten sowie die Unterstützung sowohl der Anstaltsleitung als auch der Vollzugsbeamten und der Gefangenen.[647] Dies zeigt, dass sich die Anstaltsbeiräte ihrer Funktion entsprechend als Ansprechpartner für alle Vollzugsbeteiligten sehen und nicht einseitig Prioritäten setzen. Dies ergab sich zudem aus den Bemerkungen der Beiräte zu den nach ihrer Meinung wichtigsten Aufgaben eines Anstaltsbeirats:

Beiratsmitglied Nr. 17: „Objektiver Ansprechpartner für alle (!) Anstaltsbetroffenen sein."

Beiratsmitglied Nr. 28: „Moderation zwischen Anstaltsleitung und Gefangenen; Kontakt zu den Gefangenen, den Mitarbeitern und der Anstaltsleitung pflegen; Mitwirkung bei auftretenden Problemen."

Die Art und Weise sowie der Umfang der Aufgabenwahrnehmung durch die Anstaltsbeiräte spiegelt sich in der Angabe ihrer Tätigkeitsschwerpunkte wider. Die am häufigsten genannten Themen bezogen sich auf die Betreuung der Gefangenen (Beschäftigung mit Einzelproblemen, berufliche Beschäftigung im Vollzug, Unterbringung) sowie auf die Bewältigung und Mitwirkung bei der Lösung allgemeiner Probleme und Anliegen (Vermittlung bei Problemen, Ernährungsfragen, Freizeitgestaltung).[648] Damit beschäftigten sich die befragten Beiräte entsprechend der gesetzgeberischen Intention gleichermaßen mit Bedürfnissen der einzelnen Gefangenen sowie mit Fragen und Angelegenheiten, die zur allgemeinen Verbesserung des Strafvollzugs beitragen konnten.

Das Verhältnis der Aufgaben zueinander, aber auch die Zusammenarbeit mit der Anstaltsleitung beziehungsweise den Vollzugsbeamten, hat maßgeblichen Einfluss auf die Wahrnehmung der einzelnen Aufgabenbereiche. Es konnte festgestellt werden, dass die einzelnen Aufgabenbereiche in der Praxis eng miteinander verknüpft sind und zumindest die Wahrnehmung der Aufgabe der Unterstützung der Anstaltsleitung durch Anregungen und Verbesserungsvorschläge die Intensität der Wahrnehmung der Betreuungsaufgabe und der Aufgabe der Hilfe zur Wiedereingliederung bedingt.[649] Es ist deshalb besonders wichtig in der Praxis darauf zu achten, dass die Beiräte ihren Aufgaben gleichermaßen nachkommen, da die Vernachlässigung

---

647 Vgl. die Ergebnisse im 7. Kapitel: 2.4, S. 179 f. zu den wichtigsten Aufgaben und Zielen der Beiratstätigkeit.
648 Vgl. die Ergebnisse im 7. Kapitel: 3.1, S. 181 f.
649 Vgl. die Darstellung im 8. Kapitel: 2.2, S. 222.

eines Aufgabenbereichs negative Auswirkungen auf die Beiratsarbeit insgesamt haben kann.

Außerdem beeinflusst die Zusammenarbeit mit der Anstaltsleitung die Aufgabenwahrnehmung im Allgemeinen und im Besonderen die Erfüllung der Aufgabe der Mitwirkung bei der Vollzugsgestaltung und der Unterstützung der Anstaltsleitung durch Anregungen und Verbesserungsvorschläge. Je besser die Anstaltsbeiräte aus ihrer Sicht mit der Anstaltsleitung kooperieren, desto intensiver kommen sie ihren Mitwirkungsaufgaben nach. Ebenso wichtig für die Aufgabenwahrnehmung ist die Zusammenarbeit mit den Vollzugsbeamten. Gleichzeitig wird die Intensität der Aufgabenerfüllung in erheblichem Maße durch das persönliche Selbstverständnis der befragten Beiräte beeinflusst. Verfügen die Beiratsmitglieder über eine Rechtssicherheit bezüglich der eigenen Position innerhalb der Vollzugsanstalt, so nehmen sie ihre Aufgaben intensiver wahr. Die im Rahmen der Analyse der Verwaltungsvorschrift erörterten Gefahren hinsichtlich einer fehlenden ausreichenden Rechtssicherheit bei den Beiräten haben folglich in der Praxis durchaus eine Relevanz.[650] Vor diesem Hintergrund erscheint es umso wichtiger für eine ausreichende Konkretisierung der Rechtsstellung der Beiräte in der Verwaltungsvorschrift zu sorgen, damit sie ihre anstaltsbezogenen Aufgaben in vollem Umfang wahrnehmen können.

3.2 Die öffentlichkeitsbezogenen Aufgaben

Etwas anders stellt sich das Bild im Rahmen der Öffentlichkeitsaufgaben dar. Grundsätzlich nahmen die Beiräte diese weniger intensiv wahr als die anstaltsbezogenen Aufgaben. Lediglich 27% der befragten Beiräte vermittelten in hohem bis sehr hohem Maße der Öffentlichkeit ein der Realität entsprechendes Bild des Strafvollzuges. Gleiches ergab sich für die Werbung in der Öffentlichkeit für den Resozialisierungsvollzug. Eine vollständige Vernachlässigung dieser Aufgabenbereiche konnte jedoch nicht festgestellt werden. Immerhin nannten 14% der Beiräte die Öffentlichkeitsarbeit als eine ihrer wichtigsten Aufgaben.[651] Allerdings herrschte bei den Beiräten ein völlig anderes Verständnis von Öffentlichkeitsarbeit vor, als es der gesetzgeberischen Intention entsprechen würde. Mehr als die Hälfte der Beiratsmitglieder gab an, im Rahmen der Öffentlichkeitsarbeit hauptsächlich Gespräche mit Freunden oder der Familie zu führen beziehungsweise Informationen über den Strafvollzug in den jeweiligen Institutionen (Schule, politische Fraktionen, gemeinnützige Vereine, soziale Einrichtungen), in denen sie wirkten, weiterzugeben. Eine Information in Zusammenarbeit mit der Presse bejahten lediglich 12%,[652] wobei sich diese häufig auf eine bloße Teilnahme der Beiräte an Pressterminen der Anstalt beschränkte und ein tatsächlich informierendes Auftreten der Beiräte, das an die breite Bevölkerung gerichtet wäre, nicht stattfand.

---

650   Zu den geäußerten Bedenken im 3. Kapitel: 2.1.2, S. 75 ff.
651   Zu den Ergebnissen beider Aspekte im 7. Kapitel: 2.4 S. 179 f.
652   Vgl. die Ergebnisse im 7. Kapitel: 2.3, S. 179 f.

Dies wird auch durch die folgenden Bemerkungen der Beiräte zu der Frage, was sie konkret im Bereich der Öffentlichkeitsarbeit tun, bestätigt:

Beiratsmitglied Nr. 41: „Wir geben Pressemitteilungen gemeinsam mit der JVA heraus."

Beiratsmitglied Nr. 2: „In meinem kirchlichen und politischen Umfeld bemühe ich mich in Gesprächen um den Abbau von Vorurteilen. Presse meide ich aus langjährigen negativen Erfahrungen."

Einige Beiräte bemühten sich, Maßnahmen zu ergreifen, die eine breitere Öffentlichkeit ansprachen:

Beiratsmitglied Nr. 35: „Ich verfasse Leserbriefe in der Zeitung, um über die tatsächliche Situation des Vollzuges zu berichten."

Beiratsmitglied Nr. 46: „Ich verfasse Zeitungsartikel über den Strafvollzug; Schulungen für künftige Ehrenamtliche geben."

Eine einheitliche Öffentlichkeitsarbeit aller Beiräte, wie sie der Gesetzgeber im Sinn hatte – eigenständige Information der Bevölkerung über bestimmte Themen und Probleme des Strafvollzugs insbesondere über die Medien – erfolgte nicht. Dies dürfte zwei wesentliche Gründe haben. Zum einen beurteilten viele Beiräte die Öffentlichkeitsarbeit hauptsächlich unter dem Aspekt der kritischen Kontrolle und sahen hierin weniger die Möglichkeit einer informativen Aufklärung, was auch durch das Telefoninterview mit dem baden-württembergischen Beiratsmitglied bestätigt wird[653]. Eine öffentliche Anprangerung von Missständen innerhalb der Vollzugsanstalt oder gar der Anstaltsleitung in der Presse wurde jedoch vermieden, vor allem um dem Ansehen des Strafvollzugs nicht zu schaden. Folglich fand eine Öffentlichkeitsinformation so gut wie nicht statt.

Zum anderen konnte im Rahmen der deskriptiven Auswertung der Daten festgestellt werden, dass einige Beiräte den Kontakt zur Öffentlichkeit durchaus als sehr wichtig erachteten, dies jedoch in der Praxis nicht in eine aus ihrer Sicht positive Kooperation mit den öffentlichen Stellen umsetzen konnten.[654] So bewerteten fast die Hälfte aller befragten Beiräte die Bedeutung des Kontakts zu den Landtagsabgeordneten und den politischen Parteien als wichtig oder sehr wichtig, tatsächlich schätzten aber nur 39% bzw. 33% die Zusammenarbeit mit diesen als gut oder sehr gut ein. Selbst die Mitglieder, die die Zusammenarbeit mit diesen Stellen als gut bewerteten, waren dennoch nicht in der Lage, ihre Öffentlichkeitsaufgaben in hohem oder sehr hohem Maße wahrzunehmen. Die Beiräte stellten folglich die eigentlich als überaus wichtig erachteten Verbindungen nach außen entweder gar nicht erst her oder, wenn sie sie hergestellt hatten, nutzten sie diese nicht zu einer verbesserten Öffentlichkeitsarbeit. Die Gründe hierfür können vielfältig sein. Möglicherweise

---

653 Mitteilung Beiratsmitglied Baden-Württembergs: 6. Kapitel: 1, S. 139 f.
654 Vgl. die Ergebnisse im 7. Kapitel: 5.2, S. 192 ff.

fehlen geeignete Ansprechpartner in der Öffentlichkeit[655] oder die Beiräte sehen einen Konflikt mit ihrer Verschwiegenheitspflicht. Diesbezüglich gaben zwar 86% an, über diese Pflicht hinreichend aufgeklärt worden zu sein, und immerhin knapp 61% sahen insoweit auch keinen Widerspruch zur Öffentlichkeitsarbeit.[656] Allerdings hat die Hypothesenprüfung gezeigt, dass eine unzureichende Aufklärung der Beiräte über ihre Verschwiegenheitspflicht die Wahrnehmung der Öffentlichkeitsaufgaben negativ beeinflusst.[657] Die Bemerkungen der Beiräte hierzu belegen zudem, wie schwierig es in der Praxis sein kann, mit dem Spannungsverhältnis zwischen Schweigepflicht und Öffentlichkeitsarbeit umzugehen:

Beiratsmitglied Nr. 25: „Der Anstaltsbeirat sucht das persönliche Gespräch zu den am Vollzug interessierten Stadträten/Fraktionen, u. a. Abgeordnete im Landtag oder den Wahlkreisabgeordneten im Bundestag wie Bundesministerin Frau Dr. Schawan oder Sozialministerin Frau Dr. Stolz. Auftritte oder Pressegespräche widersprechen unserem vertraulichen Umgang mit den Schicksalen und dem Schutz der Gefangenen."

Beiratsmitglied Nr. 32: „Wir informieren die der Fraktion angehörigen Gemeinderäten. In Maßen auch die Presse. Viele Bereiche unterliegen der Schweigepflicht."

Die im Rahmen der Auslegung der Verwaltungsvorschrift angesprochenen Bedenken hinsichtlich einer fehlenden Regelung des Verhältnisses zwischen Öffentlichkeitsarbeit und Verschwiegenheitspflicht sind demnach in der Praxis tatsächlich relevant[658], weshalb eine solche Regelung in die Verwaltungsvorschrift unbedingt aufzunehmen wäre.

Im Einzelfall konnte eine unzureichende Informationsweitergabe durch die Anstaltsleitung dazu führen, dass es den Beiräten schlicht an öffentlichkeitsrelevanten Themen fehlte und deshalb die Öffentlichkeitsarbeit gemieden wurde:

Beiratsmitglied Nr. 30: „Kommunikation mit der Fraktion und gesellschaftlichen Gruppen. Einmal erfolgte eine Presseerklärung. Von der Anstaltsleitung unabhängige Informationen zu erhalten ist nur schwer und bei großem Aufwand (Briefkontakt usw. mit Insassen(-vertretung)) möglich."

Grundsätzlich lässt sich jedoch den Ergebnissen der Hypothesenprüfung entnehmen, dass ein Zusammenhang zwischen der Informationspolitik der Anstaltsleitung und der Wahrnehmung der Öffentlichkeitsaufgabe durch die Beiräte nicht besteht. Der Informationsaustausch mit der Anstaltsleitung beeinflusst die Wahrnehmung der Öffentlichkeitsaufgaben daher nicht.

In jedem Fall führt das angesprochene Missverhältnis zwischen Anspruch und Wirklichkeit bezüglich der Herstellung von Kontakten zur Öffentlichkeit dazu,

---

655   Vgl. den Hinweis des Beiratsmitglieds Nr. 2 auf die negativen Erfahrungen mit der Presse oben im 9. Kapitel: 3.2, S. 245.
656   Vgl. die Ergebnisse im 7. Kapitel: 6, S. 193 f.
657   Vgl. die Ergebnisse im 8. Kapitel: 2.1, S. 216.
658   Vgl. hierzu die Ausführungen im 3. Kapitel: 2.1.2, S. 75 ff.

dass eine den gesetzgeberischen Intentionen entsprechende Öffentlichkeitsarbeit und damit auch die Wahrnehmung eines wesentlichen Teils der Kontrollfunktion in Form der Öffentlichkeitsinformation[659] nicht erfolgt. Die grundsätzlich positive Einschätzung der Bedeutung der Kontakte zur Öffentlichkeit durch die befragten Beiräte deutet darauf hin, dass sie möglicherweise ursprünglich doch ein anderes Verständnis der Öffentlichkeitsarbeit, im Einklang mit den gesetzgeberischen Vorstellungen, hatten. Aufgrund der Tatsache, dass ihnen jedoch der Aufbau einer Kooperation mit der Öffentlichkeit – ungeachtet der Gründe hierfür – nicht gelingt, wenden sie sich hiervon ab und interpretieren die Öffentlichkeitsarbeit für sich auf eine Weise, der sie tatsächlich gerecht werden können.[660] Diese Abwendung von der gesetzgeberisch intendierten Öffentlichkeitsarbeit dürfte einen weiteren Grund für die nur unzureichende Beschäftigung mit diesem Aufgabenbereich darstellen.

In jedem Fall kann so erklärt werden, weshalb die Informationspolitik der Anstaltsleitung – so positiv sie auch sein mag – gegenwärtig scheinbar keinen Einfluss auf die Öffentlichkeitsarbeit der Beiräte hat. Für die Art und Weise, in der die befragten Beiräte ihre Öffentlichkeitsaufgaben interpretieren und umsetzen, benötigen sie nur bedingt die umfassende Information der Anstaltsleitung über die Ereignisse und Vorfälle innerhalb der Anstalt.

Im Rahmen der Untersuchung der Öffentlichkeitsaufgaben bestätigten sich damit zum einen die Bedenken, die bei der Analyse der Verwaltungsvorschrift hinsichtlich der fehlenden Normierung der Öffentlichkeitsaufgaben geäußert wurden.[661] Es fehlt an einer hinreichenden Konkretisierung dieses Aufgabenbereichs in der Verwaltungsvorschrift, die in erheblichem Maße zu einem veränderten Verständnis der Beiräte in Bezug auf die Wahrnehmung ihrer Öffentlichkeitsaufgaben beitragen könnte. Zum anderen belegen die Ergebnisse der Studie die zu Beginn der Arbeit aufgestellten Vermutungen hinsichtlich der Regelungen zum Eignungsprinzip in der Verwaltungsvorschrift. Die Auswahl der Beiratsmitglieder entsprechend ihrer Eignung ist Garant für eine effektive Aufgabenbewältigung, es fehlt jedoch in den Beiräten an geeigneten Personen für die Wahrnehmung der Öffentlichkeitsaufgaben, was unter anderem auch ein Grund für die Vernachlässigung dieses Aufgabenbereichs sein dürfte. Die in der Verwaltungsvorschrift fehlende Erwähnung jener für die Öffentlichkeitsarbeit besonders geeigneter Personen, die über die entsprechenden Verbindungen zur Öffentlichkeit verfügen und diese auch herstellen können, wirkt sich demnach in der Praxis negativ aus. Hier muss eine Änderung ansetzen, um die Tätigkeit der Anstaltsbeiräte öffentlichkeitswirksamer zu gestalten.

---

659   Zur Kontrollfunktion in Form der Öffentlichkeitsinformation siehe 3. Kapitel: 1.2.2, S. 54.
660   Zu der Problematik bei Rollenkonflikten Ziegler 2008, S. 5 ff.
661   Zu den geäußerten Bedenken im 3. Kapitel: 2.1.2, S. 75 ff.

4. Die tatsächliche Befugniswahrnehmung im Verhältnis zur rechtlichen Ausgestaltung

Zwischen Aufgaben- und Befugniswahrnehmung besteht ein notwendiger Zusammenhang. Nur wenn ein Beiratsmitglied die ihm zustehenden Rechte kennt und in Anspruch nehmen kann, ist eine angemessene Bewältigung der Aufgaben möglich. Bei der Wahrnehmung der Befugnisse im Einzelnen ergaben sich hinsichtlich der Intensität jedoch deutliche Unterschiede.

4.1 Die Kontaktaufnahme zu den Gefangenen

Die Kontaktaufnahme zu den Gefangenen spielte für die Arbeit der Anstaltsbeiräte eine besonders wichtige Rolle, wobei dem direkten persönlichen Kontakt eine größere Bedeutung zukam als dem Schriftwechsel. Mehr als die Hälfte der befragten Beiräte trat selten oder nie in schriftlichen Kontakt zu den Gefangenen selbst oder ihrer Interessenvertretung.[662] Dagegen führten über 60% der Beiräte intensiv Gespräche mit einzelnen Gefangenen beziehungsweise ihrer Interessenvertretung. Dies lag vor allem daran, dass die Anstaltsbeiräte an vielen Justizvollzugsanstalten regelmäßige Sprechstunden für die Gefangenen eingerichtet hatten, welche diese zur Kontaktaufnahme mit dem Beirat bevorzugt nutzen. Das bestätigten die oben dargestellten Bemerkungen der Beiräte in den Fragebögen sowie das interviewte Beiratsmitglied aus Baden-Württemberg[663]. Im Rahmen dieser Sprechstunden findet die eigentliche Kommunikation mit den Gefangenen statt. Schriftliche Begehren der Gefangenen werden häufig – wenn sie eingereicht werden – in diesen Sprechstunden an den Beirat als Gremium übergeben. Die Übergabe an einzelne Beiratsmitglieder findet seltener statt. Dies erklärt auch, weshalb der schriftliche Kontakt zu den Gefangenen für den Beirat als Gremium etwas positiver eingeschätzt wurde.

Obwohl der mündliche Kontakt zu den Gefangenen im Gegensatz zum Schriftwechsel wesentlich häufiger stattfand, suchten lediglich 29% der Befragten die Gefangenen öfter in ihren Haftraumen auf.[664] Dies ist auf die Art der praktischen Arbeit des Beirats mit den Gefangenen zurückzuführen.[665] Die Tätigkeit des Beirats ist dadurch charakterisiert, dass den Gefangenen konkrete Hilfs- und Unterstützungsangebote gemacht werden, sehr häufig in Form der genannten regelmäßig stattfindenden Sprechstunden, innerhalb derer sich die Gefangenen mit ihren Anliegen an die Beiräte wenden können. Der Beirat drängt sich den Gefangenen nicht auf, sondern agiert auf deren ausdrücklichen Wunsch hin. Um eine Unterstützung durch den Beirat müssen sich die Gefangenen folglich aktiv bemühen. Dies entspricht dem Wesen und der gesetzlich intendierten Funktion des Anstaltsbeirats als einer neutralen Vermittlungsinstanz innerhalb des Vollzugs, an die sich insbesondere die

---

662 Vgl. die Ergebnisse im 7. Kapitel: 4.2.1, S. 186 ff.
663 Mitteilung Beiratsmitglied Baden-Württembergs: 6. Kapitel: 1, S. 139 f.
664 Vgl. die Ergebnisse im 7. Kapitel: 4.2.1, S. 186 ff.
665 Mitteilung Beiratsmitglied Baden-Württembergs: 6. Kapitel: 1, S. 139 f.

Gefangenen mit „Wünschen, Anregungen und Beanstandungen" wenden können, jedoch nicht müssen. Eine Kontaktaufnahme entsteht folglich in den allermeisten Fällen dadurch, dass die Gefangenen auf den Beirat z. B. im Rahmen der angebotenen Sprechstunden zukommen, und nicht umgekehrt. Dies dürfte der Grund dafür sein, dass das Aufsuchen der Gefangenen in ihren Hafträumen durch den Beirat für die praktische Arbeit kaum eine Rolle spielte.

Insgesamt bleibt hinsichtlich der (mündlichen) Kontaktaufnahme zu den Gefangenen festzustellen, dass die Inanspruchnahme dieser Befugnis durch die Beiräte durchaus noch steigerungsfähig ist. Denn immerhin nahmen *nur* etwa zwei Drittel der Befragten dieses Recht intensiv wahr, obwohl der Gesetzgeber hierin eines der elementarsten Rechte des Anstaltsbeirats sah[666]. Dieses Ergebnis kann auch auf die unterschiedlichen Positionen innerhalb des Beirats zurückzuführen sein. Hier scheint es eine klare Rollenverteilung zu geben, wie die Bemerkung eines Beiratsmitglieds[667] zeigt. Dieses Mitglied wies darauf hin, dass Einzelkontakte und Gesprächstermine mit den Gefangenen ausschließlich durch die Beiratsvorsitzenden wahrgenommen wurden, während sich der Beirat regelmäßig mit der Gefangenenvertretung traf. Es muss folglich überlegt werden, welche Änderungen auf rechtlicher und/oder praktischer Ebene greifen müssten, damit die Kontaktaufnahme zu den Gefangenen von allen Beiratsmitgliedern noch intensiver genutzt wird, denn wie die Hypothesenprüfung gezeigt hat, besteht ein Zusammenhang zwischen der Kontaktaufnahme mit den Gefangenen und der Auskunftserteilung durch die Anstaltsleitung sowie der Aufgabenwahrnehmung durch die Beiräte, sodass sich eine intensivere Wahrnehmung dieses Rechts positiv auf die gesamte Beiratsarbeit auswirken würde.

Für die Kontaktaufnahme der Beiräte zu den Gefangenen stellte sich im Rahmen der Untersuchung außerdem heraus, dass hier die Eignung der Beiräte eine besondere Rolle spielt. Die Beiräte, die bereits beruflich mit dem Strafvollzug zu tun haben oder hatten, nehmen intensiver Kontakt zu den Gefangenen auf. Hieran zeigt sich, dass insbesondere beim Umgang mit den Gefangenen die Kenntnis der Besonderheiten des Strafvollzuges von Nutzen ist, weil auf diese Weise die eigene Position innerhalb des Vollzugsgefüges besser eingeschätzt werden kann und dadurch auch der Gefahr einer Instrumentalisierung der Beiräte durch die Gefangenen für deren persönliche Zwecke vorgebeugt wird. Es ist deshalb sinnvoll, die Rechtsstellung der Beiräte in der rechtlichen Regelung hinreichend zu konkretisieren, insbesondere im Hinblick darauf, dass sie keine ausschließliche Interessenvertretung und Beschwerdeinstanz für die Gefangenen darstellen, um so die Gefahr einer einseitigen Ausrichtung der Beiratstätigkeit an den Belangen der Gefangenen zu vermeiden.

Für die Zusammenarbeit mit den Gefangenen spielte die Entgegennahme von Mitteilungen aus Gefangenenpersonalakten nach der Umfrage nahezu überhaupt keine Rolle. In diesem Bereich erwiesen sich die aufgrund einer fehlenden Normierung eines ausdrücklichen Akteneinsichtsrechts der Beiräte in der Verwaltungsvorschrift

---

666 Zu der gesetzgeberischen Intention im 3. Kapitel: 1.3, S. 58 ff.
667 Vgl. die Bemerkung des Beiratsmitglieds Nr. 29 im 8. Kapitel: 1.2, S. 201.

geäußerten Bedenken als nicht begründet. Ein Akteneinsichtsrecht ist für eine effektive Beiratsarbeit nicht notwendigerweise erforderlich, sodass die Regelung einer bloßen Akteneinsichtsmöglichkeit den praktischen Bedürfnissen der Beiratstätigkeit hinreichend gerecht wird, ohne dass die Informationsansprüche der Beiräte dadurch eine praktisch relevante Abwertung erfahren. Das Ergebnis hinsichtlich der Einsichtnahme in die Gefangenenpersonalakten entspricht den Erkenntnissen zur Aufgabenwahrnehmung der Beiräte und ihren Tätigkeitsschwerpunkten.[668] Die Arbeit der Beiräte im Umgang mit den Gefangenen konzentrierte sich hauptsächlich auf die Begleitung und Unterstützung der Gefangenen bei der Bewältigung von individuellen oder grundsätzlichen Alltagsproblemen, die das Leben in einer Justizvollzugsanstalt prägen. So bildeten die Unterbringung der Gefangenen, ihre berufliche Beschäftigung im Vollzug, aber auch ihre persönlichen Probleme sowie die Freizeitgestaltung und die Verpflegung die Schwerpunkte der Beiratstätigkeit. Bei der Auseinandersetzung mit diesen Themen ist eher Pragmatismus, Sachlichkeit, aber auch menschliches Einfühlungsvermögen der Beiräte gefordert. Auf die Kenntnis einzelner Lebensläufe und personenbezogener Daten kommt es nicht an. Lediglich für die Entlassenenhilfe könnten dementsprechende Angaben hilfreich sein, da diese Aufgabe von den befragten Beiräten jedoch kaum wahrgenommen wurde, erfolgte konsequenterweise auch unter diesem Aspekt selten ein Einblick in die Gefangenenpersonalakten. Die angesprochene Verteilung der Tätigkeitsschwerpunkte ist übrigens ein weiterer Hinweis darauf, dass sich die Beiräte in Baden-Württemberg bei ihrer Arbeit nicht übermäßig oder ausschließlich auf die Betreuung und die Beschäftigung mit einzelnen Gefangenen konzentrieren, sondern hier immer auch entsprechend ihrer normierten Aufgaben die Verbesserung der allgemeinen Situation in der Anstalt im Blick haben.

Die Anstaltsbesichtigungen wurden von 67% der Beiräte häufiger durchgeführt.[669] Zudem wurden die baulichen Verhältnisse, die Verpflegung der Gefangenen und ihre Freizeitgestaltung bei den sonstigen Themenschwerpunkten genannt. Insbesondere im Hinblick darauf, dass die Beiräte als Ehrenamtliche nicht ständig im Vollzug präsent sein können, ist es für sie umso wichtiger, sich durch regelmäßige Besichtigungen der Haftäume, der Arbeitsplätze und der Freizeitmöglichkeiten einen umfassenden Eindruck und Überblick über die tatsächliche Situation in der Anstalt zu verschaffen. Dies macht das in der Verwaltungsvorschrift verankerte Recht der Beiräte, die Anstalten regelmäßig zu besichtigen, unverzichtbar.

4.2 Der Informationsanspruch gegenüber der Anstaltsleitung

Die Inanspruchnahme der Informationsrechte gegenüber der Anstaltsleitung variierte stark nach Art und Inhalt der einzuholenden Information. Lediglich die Hälfte der befragten Beiräte holte in hohem Maße Auskünfte bei der Anstaltsleitung ein.

---

668 Vgl. die Ergebnisse unter im 7. Kapitel: 2.2.1, S. 175 f. sowie im 7. Kapitel: 3.1, S. 181 f.
669 Vgl. die Ergebnisse im 7. Kapitel: 4.2.1, S. 186 ff.

Dagegen bejahten fast 69%[670] die umfassende Unterrichtung durch die Anstaltsleitung über für die Öffentlichkeit besonders bedeutsame Ereignisse, obwohl dem Wortlaut der Verwaltungsvorschrift gemäß diese lediglich gegenüber den Beiratsvorsitzenden oder den Stellvertretern zu erfolgen hat. Der Informationsanspruch der Beiräte gegenüber der Anstaltsleitung stellt entsprechend der gesetzgeberischen Intention eines der wichtigsten Rechte des Anstaltsbeirats dar, welches er für eine wirksame Beiratstätigkeit benötigt.

Es erscheint deshalb erstaunlich, dass die Möglichkeit, solche Auskünfte einzuholen, die für eine angemessene Beiratsarbeit erforderlich sind, von den Beiräten nicht in vollem Umfang genutzt wird, obwohl es sich hierbei um eine allen Beiratsmitgliedern zustehende Befugnis und damit im Vergleich zu der Unterrichtung, die lediglich gegenüber den Beiratsvorsitzenden oder ihren Stellvertretern erfolgen sollte, um das wesentlich umfassendere Recht handelt. Zudem bezieht sich die Unterrichtungsmöglichkeit dem Wortlaut nach lediglich auf solche Ereignisse, die für die Öffentlichkeit von besonderem Interesse sind, während sich der Auskunftsanspruch auf alle für die Beiratsarbeit wichtigen Aspekte bezieht. Er kann außerdem – wie sich den Ergebnissen der Hypothesenprüfung entnehmen ließ – zu einer aus Sicht der Beiräte verbesserten Zusammenarbeit mit den Partnern außerhalb der Vollzugsanstalt und einer intensiveren Wahrnehmung der Betreuungsaufgabe und der Aufgabe der Werbung in der Öffentlichkeit um Verständnis für den Resozialisierungsvollzug beitragen, sodass er für eine wirksame Tätigkeit des Beirats elementar wichtig ist.

Die Tatsache, dass sich die Beiräte durch die Anstaltsleitung besser unterrichtet fühlten, obwohl sich dieses Informationsrecht primär an die Beiratsvorsitzenden und ihre Stellvertreter richtet, liefert gleichzeitig den möglichen Grund für diese Unterschiede. Offensichtlich sind die Anstaltsleitungen offen für die Zusammenarbeit mit den befragten Beiräten und deshalb bereit, die entsprechenden Informationen über wichtige Ereignisse, die für die Öffentlichkeit von Interesse sind, auch an Nichtführungsmitglieder herauszugeben. Es scheint kein Grund ersichtlich, weshalb sich dieses Entgegenkommen der Anstaltsleitungen grundsätzlich nicht auch auf die sonstigen Auskünfte, die für eine ordnungsgemäße Tätigkeit des Beirats erforderlich sind, beziehen sollte (abweichende Einzelfälle, bei denen sich die Anstaltsleitung bewusst gegen eine umfassende Auskunftserteilung stellt, sind natürlich denkbar). Dem entspricht die sehr positive Einschätzung der Kooperation mit der Anstaltsleitung durch die Beiräte.[671] Folglich dürfte die nur moderate Einholung der für die Beiratsarbeit erforderlichen Auskünfte nicht primär auf eine unzureichende Informationsbereitschaft der Anstaltsleitungen, sondern vielmehr auf ein zu zögerliches Einfordern dieses Rechts durch die Anstaltsbeiräte zurückzuführen sein. Möglicherweise haben die Beiräte Probleme damit zu entscheiden, welche Informationen sie tatsächlich für ihre Beiratstätigkeit benötigen und deshalb

---

670 Vgl. die Ergebnisse im 7. Kapitel: 4.2.1, S. 186 ff.
671 Vgl. die Ergebnisse im 7. Kapitel: 4.2.1, S. 186 ff.

von der Anstaltsleitung tatsächlich einfordern dürfen.[672] Deshalb setzen sie ihren Auskunftsanspruch nicht in vollem Umfang durch. Entsprechend der Bemerkung eines Beiratsmitglieds erscheint es jedoch auch denkbar, dass sich die Beiräte zu wenig selbstsicher und fordernd zeigen, wenn es um ihren Auskunftsanspruch geht:

Nr. 30: *„Von der Anstaltsleitung unabhängige Informationen zu erhalten ist nur schwer und bei großem Aufwand (Briefkontakt usw. mit Insassen(-vertretung)) möglich".*

Anscheinend sind die Beiräte im Umgang mit der Anstaltsleitung gehemmt, wenn sich diese nicht in jedem Fall absolut kommunikations- und informationsbereit präsentiert (was bei der Vielschichtigkeit des Alltags in der JVA durchaus verständlich ist). Gerade dann müssten die Beiräte jedoch durch ein selbstsicheres Auftreten ihren Auskunftsanspruch trotz schwieriger Umstände unbedingt und umfassend einfordern. Dazu sind jedoch ein selbstbewusstes Auftreten und eine gewisse Konfliktbereitschaft der Beiräte im Umgang mit der Anstaltsleitung erforderlich, die anscheinend nur sehr bedingt vorhanden sind. Dies deutet auf eine insgesamt recht große Rechtsunsicherheit der Beiräte in diesem Bereich hin, die es ihnen nicht erlaubt, ihr Recht auf Auskunftserteilung umfassend einzufordern.

Diese Ergebnisse belegen die im Rahmen der Erörterung der Verwaltungsvorschrift geäußerten Vorbehalte zu der Verwendung des unbestimmten Rechtsbegriffs der „Erforderlichkeit" bei der Formulierung des Auskunftsanspruchs.[673] So sinnvoll eine entsprechende rechtliche Ausgestaltung unter theoretischen Gesichtspunkten erscheinen mag, so wirft sie doch erhebliche praktische Probleme auf. Die Beiräte können nur schwer mit der ihnen eingeräumten Einschätzungsprärogative umgehen. Sie haben Probleme damit, den Begriff der „Erforderlichkeit" zu deuten und tun sich schwer damit zu erkennen, welche Auskünfte sie tatsächlich für ihre Tätigkeit benötigen und deshalb auch umfassend von der Anstaltsleitung einfordern dürfen. Folglich setzen sie ihren Auskunftsanspruch nicht vollumfänglich durch. Hier muss überlegt werden, welche Änderungen auf rechtlicher Ebene zu einer intensiveren Wahrnehmung des Auskunftsanspruchs führen können.

5. Die tatsächlichen Kontakte innerhalb des Vollzugssystems im Verhältnis zur rechtlichen Ausgestaltung

Die Kontakte mit den Partnern innerhalb des Vollzugssystems bewerteten die Beiräte überwiegend positiv.[674] Viele der befragten Beiräte erfuhren durch die Anstaltsleitung

---

672   Nach Sader führt das Gefühl der Überforderung zu Rollenkonflikten und im Einzelfall auch zu Rollenverschiebungen; vgl. Sader 1975, S. 223.

673   Vgl. die Ausführungen im 3. Kapitel: 2.1.3, S. 78 ff.

674   Vgl. die Ergebnisse im 7. Kapitel: 5.1, S. 190 f.

und die Gefangenen Anerkennung ihrer Arbeit. Unterstützt fühlten sich die Beiräte hauptsächlich von der Anstaltsleitung und dem Justizministerium.[675]

Vor allem das Verhältnis zur Anstaltsleitung muss aber im Hinblick auf die oben getroffenen Schlussfolgerungen zum Informationsanspruch der Beiräte differenziert betrachtet werden. Grundsätzlich bewerteten die Beiräte die Bedeutung des Kontakts zur Anstaltsleitung für ihre Arbeit als sehr wichtig.[676] Auch die generelle Zusammenarbeit mit der Anstaltsleitung wurde von den Beiräten sehr positiv eingeschätzt.[677] Dementsprechend kam die Hypothesenprüfung zu dem Ergebnis, dass eine gute Zusammenarbeit mit der Anstaltsleitung zu einer intensiveren Aufgabenwahrnehmung durch die Beiräte beiträgt. Insoweit muss jedoch beachtet werden, dass die Untersuchung des Informationsanspruchs der Beiräte durchaus Schwierigkeiten im Verhältnis zur Anstaltsleitung vermuten lässt. Den Beiräten dürfte es im Umgang mit der Anstaltsleitung vor allem an Rechtssicherheit und damit einhergehend an Konfliktbereitschaft mangeln. Konflikte entstehen jedoch notwendigerweise in einem mehr oder weniger regelmäßigen Miteinander. Eine konstruktive Zusammenarbeit ist nur möglich, wenn diese Konflikte ausgetragen und bereinigt werden. Dies kann eine Kooperation sogar noch verbessern.[678] Da die Beiräte anscheinend aber nur bedingt in der Lage sind, solche Konflikte auszuhalten und sich selbstbewusst für die eigenen Rechte einzusetzen, muss das Ergebnis der aus der Sicht der Beiräte erfolgreichen Kooperation mit der Anstaltsleitung unter Vorbehalt betrachtet werden. Grundsätzlich besteht nach Ansicht der Beiräte ein positives Verhältnis zwischen ihnen und den Anstaltsleitungen (möglicherweise auch bedingt durch eine unkritische und damit für die Anstaltsleitung bequeme Haltung der Beiräte). Eine tatsächlich konstruktive Zusammenarbeit muss zumindest für den Bereich des gegenseitigen Informationsaustauschs jedoch stark bezweifelt werden. Hier können sich die skizzierten Vorteile der Aufnahme eines Hinweises in die Verwaltungsvorschrift bezüglich der Weisungsunabhängigkeit der Beiräte von den Vollzugsbehörden und damit von der Anstaltsleitung durchaus positiv auswirken.[679] Dadurch würde die Rechtssicherheit bei den Beiräten gestärkt und ihnen auf diese Weise ein selbstsichereres Auftreten gegenüber der Anstaltsleitung ermöglicht werden.

Das Verhältnis der Beiräte zu den Vollzugsbeamten und den Gefangenen scheint nach der Beurteilung der Beiräte insgesamt ausgeglichen zu sein. Die Beiräte schätzten den Kontakt zu beiden Gruppen für ihre Arbeit als sehr wichtig ein. Auch die tatsächliche Zusammenarbeit mit den Vollzugsbeamten und den Gefangenen verlief aus der Sicht der Beiräte positiv. Vor allem der Kontakt zu den Vollzugsbeamten ist für die Aufgabenwahrnehmung der Beiräte von besonderer Bedeutung, da eine

---

675 Vgl. dazu die Ergebnisse im 7. Kapitel: 1.5.3, S. 170 f. sowie im 7. Kapitel: 1.5.4, S. 171 ff.

676 Vgl. die Ergebnisse im 7. Kapitel: 5.1, S. 190 f.

677 Vgl. die Ergebnisse im 7. Kapitel: 5.1, 190 f.

678 Zum Konfliktbegriff in der Soziologie und der Möglichkeit, Konflikte über Kommunikation auszutragen, siehe Behne 1999, S. 75.

679 Vgl. hierzu die Ausführungen im 3. Kapitel: 2.1.1, S. 71 ff.

gute Zusammenarbeit mit den Vollzugsbeamten die Aufgabenwahrnehmung positiv beeinflusst.[680] Für den Kontakt zu den Vollzugsbeamten und den Gefangenen spielt die Verschwiegenheitspflicht der Beiräte eine wichtige Rolle. Dementsprechend sprachen sich 73% der befragten Beiräte dafür aus, dass die Verschwiegenheitspflicht bezüglich der Gefangenen auch Geltung gegenüber dem Anstaltspersonal erfahren sollte. 86% gaben an, dass die Verschwiegenheitspflicht auch auf Belange der Bediensteten ausgeweitet werden sollte. Diese Werte sprechen dafür, dass eine Erweiterung der Verschwiegenheitspflicht auf diese beiden Punkte die Kontakte der Beiräte sowohl zu den Vollzugsbeamten als auch zu den Gefangenen noch verbessern kann. Insoweit bestätigten sich die aufgestellten Annahmen zu der positiv bewerteten Ausgestaltung des § 18 Abs. 4 JVollzGB I BW.[681]

Die Beurteilung der Kontakte zur Anstaltsleitung, den Vollzugsbeamten und den Gefangenen stimmt mit der Einschätzung der wichtigsten Aufgaben und Ziele durch die Beiräte überein und deutet so insgesamt auf ein den Funktionen eines Anstaltsbeirats größtenteils entsprechendes Selbstverständnis bei den Beiräten hin. Diese nannten die Vermittlungsfunktion am häufigsten als ihre wichtigste Aufgabe und ihr oberstes Ziel. Dementsprechend suchten sie den Kontakt und die Zusammenarbeit zu allen am Vollzug Beteiligten und konnten auf diese Weise Ansprechpartner für alle diese Gruppen sein, ohne sich als ausschließliche Interessenvertretung einzelner Partner zu begreifen.

Das Verhältnis der Anstaltsbeiräte zum Justizministerium stellte sich als weniger positiv dar. Zwar fühlten sich die Beiräte in ihrer Tätigkeit durchaus vom Justizministerium unterstützt, jedoch erachteten lediglich 31% der Befragten diesen Kontakt für ihre Arbeit als besonders wichtig und eine tatsächlich positive Kooperation bejahten nur 29% (im Vergleich zu 96% bei der Anstaltsleitung und 82% bzw. 70% bei den Vollzugsbeamten sowie den Gefangenen).[682] Diese Einschätzungen erscheinen umso erstaunlicher, als die Hypothesenprüfung verdeutlichte, dass die Zusammenarbeit mit dem Justizministerium die Befugniswahrnehmung der Beiräte durchaus verbessern kann. Im Umgang mit dem Justizministerium gelten jedoch Besonderheiten, die bei der Kooperation mit den bereits genannten Vollzugspartnern keine Rolle spielen. Hier ist zu beachten, dass das Justizministerium im Gegensatz zu den anderen Vollzugsbeteiligten nicht in der Anstalt selbst präsent ist. So beschränkt sich der tatsächliche Kontakt der Beiräte zum Justizministerium hauptsächlich auf die jährlichen Tätigkeitsberichte und die Tagungen, an denen die Beiratsmitglieder jedoch nicht verpflichtet sind teilzunehmen. Das Verhältnis zum Justizministerium wird folglich durch eine große Distanz geprägt.[683] Beiräte, die sich weder an

---

680   Vgl. die Ausführungen im 5. Kapitel: 2.2, S. 132 ff.
681   Zu der gesetzlichen Regelung der Verschwiegenheitspflicht im 3. Kapitel: 1.4, S. 62 ff.
682   Vgl. die Ergebnisse im 7. Kapitel: 1.5.4, S. 171 f. sowie im 7. Kapitel: 5.1, S. 190 f.
683   Distanz vermag die gegenseitige Kommunikation negativ zu beeinflussen. Eine negativ bewertete Kommunikation wirkt sich wiederum negativ auf die eigene Zufriedenheit und damit auch auf die Effizienz der Zusammenarbeit aus; vgl. Podsiadlowski 2002, S. 273.

den Tätigkeitsberichten noch an den Tagungen beteiligen, haben überhaupt keine Verbindung zum Ministerium. Wenn ein Beiratsmitglied an den Tagungen nicht teilnimmt, dann kann sich die Zusammenarbeit mit dem Justizministerium nur noch über die nonverbale Kommunikation in Form der Tätigkeitsberichte ergeben. Dies dürfte im Ergebnis wenig konstruktiv sein. Aus den Bemerkungen der Beiräte ergab sich zudem, dass das Ministerium aus Sicht der Anstaltsbeiräte eine starke Autorität ausstrahlt, was zur Verunsicherung der Beiräte und dadurch zu einer verminderten Kommunikation führen dürfte.[684] Folglich bewirkt bereits die sich aus der Natur der Sache ergebende Stellung des Justizministeriums im Vollzugsgefüge (jedoch außerhalb der Vollzugsanstalt), aber auch die Ausgestaltung des Verhältnisses der Beiräte zum Ministerium über die Tätigkeitsberichte und Tagungen eine schwierige Ausgangslage für eine erfolgreiche Kooperation.

Gerade die Tätigkeitsberichte und die jährlichen Tagungen bieten jedoch die Möglichkeit, das Verhältnis zwischen Beiräten und Justizministerium zu verbessern. Hinsichtlich der jährlichen Tätigkeitsberichte waren immerhin 60% der Befragten der Auffassung, dass diese notwendig seien, um Anregungen und Verbesserungsvorschläge für den Vollzug auszusprechen.[685] Die Hypothesenprüfung belegte zudem das theoretische Potential der Tätigkeitsberichte, zu einer verbesserten Kooperation mit dem Justizministerium beitragen zu können. Dies setzt allerdings voraus, dass die Beiräte das Gefühl haben, dass die Berichte auch konkrete Folgen herbeiführen. Genau dies wurde aber von der Hälfte der Beiräte verneint.[686] Hier besteht die Gefahr, dass sich die Beiräte vom Justizministerium nicht mehr ernst genommen fühlen und sich von der Kooperation mit diesem zurückziehen.[687]

Ähnlich stellte sich das Bild für die jährlichen Tagungen mit dem Ministerium dar. Deren Notwendigkeit wurde von 75% der Beiräte bejaht und diese könnten theoretisch ebenfalls das Verhältnis der Beiräte zum Ministerium verbessern. Wenn die Beiräte der Auffassung sind, dass bei den Tagungen ein umfassender Austausch stattfindet, dann wirkt sich dies positiv auf ihre Zusammenarbeit mit dem Ministerium aus. Immerhin erfuhren die meisten der Beiräte, die eine Unterstützung bei der Ausübung ihres Ehrenamtes bejahten, eine solche in den jährlich stattfindenden Tagungen mit dem Ministerium, weil dabei der als wichtig empfundene Austausch nicht nur mit dem Ministerium, sondern auch mit Beiratsmitgliedern anderer Anstalten möglich war.[688] Allerdings nahmen laut dem Gespräch mit dem für die Anstaltsbeiräte zuständigen Referenten Baden-Württembergs[689] nur wenige Beiräte an diesen Tagungen tatsächlich regelmäßig teil. Dies dürfte unter anderem

---

684 Nach Ehrlich hat Autorität die Macht, gegenseitige Kommunikation zu stören oder gar zu zerstören; vgl. Penzo 1998, S. 302.
685 Vgl. die Ergebnisse im 7. Kapitel: 7.1, S. 195 f.
686 Vgl. die Bemerkungen der Beiräte im 7. Kapitel: 7.1, S. 195 f.
687 Vgl. hierzu die Ausführungen bei Podsiadlowski 2002, S. 273 ff.
688 Vgl. hierzu die Ergebnisse im 7. Kapitel: 1.5.4, S. 172.
689 Mitteilung des Referenten des Justizministeriums Baden-Württembergs für die Anstaltsbeiräte: 3. Kapitel: 2.1, S. 69 f.

auch daran liegen, dass die Erwartungen der Beiräte an die Tagungen nicht erfüllt werden. Einige von ihnen würden sich diesbezüglich eine Austauschmöglichkeit mit dem Justizministerium ohne Beteiligung sonstiger Ehrenamtlicher wünschen.[690] Die Zurückhaltung bei der Teilnahme an den Tagungen kann auch darin begründet liegen, dass diesem Wunsch bisher noch nicht entsprochen wurde.[691]

Insgesamt muss festgestellt werden, dass sowohl die Tätigkeitsberichte als auch die Tagungen aufgrund ihrer praktischen Ausgestaltung nicht zu einem verbesserten Verhältnis zwischen Beiräten und Justizministerium beitragen, obwohl beide Instrumente über ein entsprechendes Potential verfügen. Dieses muss in der Praxis mehr genutzt werden. Die Ergebnisse in Bezug auf die Kooperation mit dem Justizministerium machen zudem deutlich, dass ein praktisches Bedürfnis für die dargestellten Vorteile der Aufnahme eines Hinweises in die Verwaltungsvorschrift bezüglich der Weisungsunabhängigkeit der Beiratsmitglieder von den Vollzugsbehörden besteht. Dieses könnte die Selbstsicherheit der Beiräte gegenüber dem Justizministerium stärken und auf diese Weise durchaus das Verhältnis der Beiräte zu dem Justizministerium verbessern.

6. Die tatsächlichen Kontakte außerhalb des Vollzugssystems im Verhältnis zur rechtlichen Ausgestaltung

Die Kontakte zu den Partnern außerhalb der Vollzugsanstalt wurden von den Beiräten sowohl in ihrer Bedeutung für ihre Arbeit als auch in der tatsächlich stattfindenden Kooperation neutral bis positiv bewertet.[692] Im Rahmen der Hypothesenprüfung konnte festgestellt werden, dass die Auswahl und Eignung der Beiratsmitglieder entsprechend den gesetzlich vorgeschriebenen Funktionen des Beirats das Verhältnis zu den Interaktionspartnern außerhalb der Anstalt aus Sicht der Beiräte verbessern kann und in diesem Sinne unbedingt beizubehalten ist. Dadurch ist den befragten Beiräten ein arbeitsteiliges Vorgehen möglich, indem sich jedes Mitglied auf die ihm gelegenen Kontakte nach außen und die entsprechenden Aufgaben im Beirat konzentriert. Dies führt zu einer erheblichen Steigerung der Effektivität der Beiratsarbeit.

Nachgewiesen wurde jedoch auch, dass die Beiräte ihre Zusammenarbeit mit den öffentlichen Stellen nicht immer wunschgemäß betreiben konnten. Die Beiräte, die die Bedeutung des Kontakts zu den Partnern außerhalb des Vollzugs als sehr wichtig einstuften, konnten die Zusammenarbeit nach ihrer Einschätzung nicht dementsprechend entwickeln. Dies hatte negative Auswirkungen vor allem auf die nach

---

690 Vgl. die Bemerkung des Beiratsmitglieds Nr. 3 im 8. Kapitel: 1.2, S. 207.

691 Eine unklare Auftrags- und Kompetenzabgrenzung kann das Konfliktpotential ehrenamtlicher Mitarbeiter vor allem gegenüber hauptamtlichen Mitarbeitern erhöhen und den Wunsch nach Abgrenzung erhöhen; vgl. Küng 2002, S. 27.

692 Vgl. die Ergebnisse im 7. Kapitel: 5.2, S. 192 f.

außen gerichtete Öffentlichkeitsaufgabe. Insofern bestätigten sich wiederum die im Rahmen der Auslegung der Verwaltungsvorschrift aufgestellten Vorbehalte gegen eine nur unzureichende rechtliche Ausgestaltung des Eignungsprinzips und der fehlenden Erwähnung solcher für eine Öffentlichkeitsarbeit besonders geeigneter Personen.[693] Die Aufnahme einer Regelung bezüglich des Eignungsprinzips in die Verwaltungsvorschrift ist deshalb unbedingt notwendig, um dieses Missverhältnis zwischen Anspruch und Realität zu beseitigen.

7. Fazit

Anhand der Erkenntnisse aus der vorliegenden Studie lässt sich die Tätigkeit der Anstaltsbeiräte an den baden-württembergischen Justizvollzugsanstalten knapp 40 Jahre nach ihrer Einrichtung zusammenfassend wie folgt beschreiben:

Der Anstaltsbeirat stellt eine anerkannte Institution innerhalb des Strafvollzugs dar, deren Mitglieder sich von den Vollzugsbeteiligten zum größten Teil respektiert und geschätzt fühlen. Die Beiräte selbst üben ihr Ehrenamt in dem Bewusstsein einer sozialen Verpflichtung und gesellschaftlichen Verantwortung aus und agieren dabei mit einem Selbstverständnis, das die Internalisierung der gesetzlich intendierten Funktionen erkennen lässt. Sie zeigen ein hohes Engagement bei der Ausübung ihrer anstaltsbezogenen Tätigkeiten. Die Erfüllung ihrer Öffentlichkeitsaufgaben spielt bei ihrer Arbeit allerdings nur eine untergeordnete Rolle. Dementsprechend schätzen die Beiräte ihre Möglichkeiten im Bereich der Öffentlichkeitsarbeit als gering ein, während sie ihr anstaltsinternes Wirken als durchaus effektiv und erfolgreich beurteilen und insoweit ihre Tätigkeit als bedeutsam für den Strafvollzug erachten.

Diese Einschätzungen müssen jedoch vorsichtig bewertet werden, denn die vorliegende Befragung hat ausschließlich die Selbsteinschätzung der Beiräte erhoben. Studien zur Selbsteinschätzung, insbesondere die Studie von Kruger und Dunning[694], kamen zu dem Ergebnis, dass sich Personen bei Selbsteinschätzungen eher über- als unterschätzen. Die Einschätzung der Wirksamkeit ihrer Tätigkeit durch die Beiräte muss daher nicht der tatsächlichen Effektivität ihrer Arbeit entsprechen. Außerdem spielt bei Befragungen immer auch die soziale Erwünschtheit eine Rolle. Der Befragte ist bei der Formulierung seiner Antworten um eine positive Selbstdarstellung bemüht und tendiert deshalb dazu, seine Antworten den vermeintlichen Erwartungen des Fragestellers anzupassen.[695] In der konkreten Befragungssituation können zudem tatsächliche Sachverhalte verschwiegen oder beschönigt werden, weil bestimmte Konsequenzen befürchtet werden.[696] Es kann deshalb auch nicht ausgeschlossen werden, dass die Beiräte ihr Wirken effektiver einschätzen als es

---

693   Vgl. die Ausführungen im 3. Kapitel: 2.1.1, S. 71 ff.
694   Kruger/Dunning 1999, Journal of Personality and Social Psychology, S. 1121–1134.
695   Vgl. Friedrichs 1980, S. 152.
696   Vgl. Schnell/Hill/Esser 2005, S. 355.

tatsächlich ist, um dadurch den vermeintlichen Erwartungen der Interviewerin zu entsprechen oder negative Konsequenzen etwa in der Zusammenarbeit mit ihren Interaktionspartnern (z. B. keine Informationsübermittlung mehr durch die Anstaltsleitung) zu vermeiden. Die Problematik der Selbstüberschätzung sowie der sozialen Erwünschtheit muss deshalb bei der Bewertung der Beiratstätigkeit durch die Beiräte selbst berücksichtigt werden.

Zusammengefasst lässt sich festhalten, dass die Wirksamkeit der Beiratsarbeit sehr von den unterschiedlichen Aufgabenbereichen abhängt und sich die Tätigkeit der Beiräte weitestgehend auf den anstaltsinternen Bereich und die einzelnen externen Institutionen, denen sie zum Teil angehören, beschränkt. Für die breite Öffentlichkeit spielt sich die Beiratstätigkeit jedoch überwiegend noch immer im Verborgenen ab.

10. Kapitel: Schlussfolgerungen

Zu Beginn der Arbeit wurden die verschiedenen Verständnis- und Auslegungsmöglichkeiten des Begriffs „Anstaltsbeirat" diskutiert.[697] Es kann nun aufgrund der vorliegenden Ergebnisse festgehalten werden, dass die Beiräte in der Praxis ihrer gesetzlich verankerten Beratungs- und Betreuungsaufgabe nachkommen und damit entsprechend einem normativen Verständnis des Begriffs des Anstaltsbeirats agieren. Ihre rechtspolitische Funktion, durch eine beobachtend-kontrollierende Teilnahme die Öffentlichkeitsbeteiligung am Strafvollzug zu sichern, nehmen sie jedoch kaum wahr. Es stellt sich deshalb die Frage, ob die Institution des Anstaltsbeirats überhaupt sinnvoll und geeignet ist, den mit ihr verfolgten Zweck – die Herstellung von Öffentlichkeit im Strafvollzug – zu erreichen. Die Beantwortung dieser Frage hängt letztlich davon ab, ob die analysierten Schwächen der Beiratstätigkeit durch Veränderungen auf theoretischer und praktischer Ebene überwunden werden können, um ein insgesamt nachhaltigeres und vor allem öffentlichkeitswirksameres Engagement der Beiräte zu erreichen.

Im Rahmen der Untersuchung wurden neben tatsächlich bestehenden Unzulänglichkeiten in der Arbeit der Anstaltsbeiräte auch einzelne Gesichtspunkte herausgearbeitet, die keinen Mangel der Beiratstätigkeit an sich darstellen, die aber durchaus negativen Einfluss auf die Art und den Umfang der Aufgabenwahrnehmung der Beiräte haben können. Insofern erscheinen sie verbesserungswürdig, um das Leistungsvermögen der Beiräte zu steigern. Beide Aspekte sind hauptsächlich auf eine oftmals nur unzureichende gesetzliche Konkretisierung der Beiratsrolle zurückzuführen. Teilweise kommen die Erwartungen, die ursprünglich mit der Einführung des Gremiums des Anstaltsbeirats verknüpft waren, weder im Wortlaut des Landesgesetzes noch in der Verwaltungsvorschrift zum Ausdruck. Der Landesgesetzgeber beziehungsweise das Justizministerium haben durch die Verwendung unbestimmter Rechtsbegriffe sehr viel Spielraum für Interpretationen gelassen, sodass sich die notwendige Präzisierung nicht einstellen konnte. Dies gilt sowohl für die Aufgaben- als auch für die Befugniswahrnehmung. Teilweise werden in den rechtlichen Regelungen aber auch Anordnungen getroffen, die der Praxis der Beiräte nicht entgegenkommen und deshalb einer Korrektur bedürfen.

Nachfolgend wird deshalb zum einen erörtert, inwieweit eine Novellierung der Verwaltungsvorschrift[698] – unter Berücksichtigung der tatsächlichen Möglichkeiten der Beiräte – zu einer eindeutigeren Definition der Stellung und Funktion der

---

697 Vgl. die Ausführungen im 1. Kapitel: 2.4, S. 15 ff.

698 Durch den Verweis in § 18 Abs. 1 Satz 2 JVollzGB I BW wurde dem Justizministerium bewusst ein Beurteilungsspielraum zur näheren Konkretisierung der Vorschriften über die Anstaltsbeiräte belassen. Diesen Spielraum gilt es zu nutzen, um im Sinne einer gesteigerten Effizienz der Beiratstätigkeit präzisere Regelungen zu erlassen.

Beiräte innerhalb des Vollzugsgefüges sowie der damit verbundenen Aufgaben und Befugnisse beitragen könnte. Zum anderen soll darauf eingegangen werden, welche Veränderungen in der Praxis greifen müssten, um die Arbeit der Beiräte nachhaltiger zu gestalten.

1. Rechtliche Konsequenzen

Im folgenden Abschnitt werden mögliche rechtliche Konsequenzen im Hinblick auf eine notwendige Konkretisierung der Verwaltungsvorschrift diskutiert.

1.1 Neuregelung der Beiratsorganisation

1.1.1 Die Größe der Anstaltsbeiräte

In der baden-württembergischen Verwaltungsvorschrift über die Tätigkeit der Anstaltsbeiräte an den Justizvollzugsanstalten steht die Mitgliederzahl der Beiräte in Abhängigkeit zur Größe und Belegungsfähigkeit der jeweiligen Vollzugsanstalt. In Ziff. 2 der VwV d. JM a. F. vom 23. September 2004 war vorgesehen, dass die Beiräte bei Justizvollzugsanstalten mit einer Belegungsfähigkeit bis 200 Gefangene aus drei Mitgliedern, bis 700 Gefangene aus fünf Mitgliedern und bei einer Belegungsfähigkeit darüber hinaus aus sieben Mitgliedern bestehen. Ziff. 1.1.3 der VwV d. JM n. F. vom 01. April 2010 dagegen bestimmt, dass der Beirat in der Regel aus drei Mitgliedern und nur bei einer Belegungsfähigkeit von mehr als 500 Haftplätzen aus fünf Mitgliedern besteht. Die Untersuchung zeigte, dass diese Staffelungen sinnvoll und notwendig sind, denn die Beiratsgröße beeinflusst die Intensität der Aufgabenwahrnehmung eines Beiratsmitglieds. Mit wachsender Größe der Justizvollzugsanstalt steigt auch die Arbeitsbelastung der Anstaltsbeiräte, sodass bei einer Unterbesetzung der Beiratsgremien die Gefahr einer Überforderung der Beiräte besteht mit der Folge, dass sie ihren Aufgaben nicht mehr hinreichend gerecht werden können.[699] Die Bemerkungen der Beiratsmitglieder[700] lassen darauf schließen, dass die Arbeitsbelastung der Beiräte an Anstalten mit 200 bis 500 Haftplätzen sehr hoch ist. Mit der Neufassung der Verwaltungsvorschrift verfügen die Beiratsgremien an diesen Justizvollzugsanstalten statt über fünf nur noch über drei Mitglieder. Dies führt zu einer höheren Belastung dieser Gruppe.

Angesichts dieser Resultate und der Vielschichtigkeit der Aufgaben eines Beirats ist es angezeigt, eine Neustaffelung der Beiratsgröße im Sinne einer effektiven Aufgabenbewältigung vorzunehmen. Im Hinblick darauf, dass die Tätigkeit der Beiräte ehrenamtlicher Natur ist, muss versucht werden, ein ausgeglichenes Verhältnis zwischen angemessenem Zeitaufwand und einer effizienten Arbeit zu schaffen.[701] Dazu

---

699   Vgl. die Ergebnisse im 8. Kapitel: 2.1, S. 218 ff.

700   Dazu die Bemerkung des Beiratsmitglieds Nr. 28 im 8. Kapitel: 2.1, S. 212.

701   Da Ehrenamtliche kein vorgeschriebenes Arbeitspensum haben, verfügen sie über eine hohe persönliche und zeitliche Flexibilität; vgl. Küng 2002, S. 24. Deshalb ist

sollten wie bisher in der VwV d. JM vom 23. September 2004 die Beiräte an einer Justizvollzugsanstalt mit einer Belegungsfähigkeit bis 200 Gefangene über drei Mitglieder verfügen, da davon auszugehen ist, dass diese Anzahl an Beiratsmitgliedern für eine effektive Beiratsarbeit an den entsprechenden Anstalten ausreichend ist. Bei einer Belegungsfähigkeit von 200 bis 500 Gefangenen sollten die Beiratsgremien aus fünf Mitgliedern bestehen, denn es besteht die Gefahr, dass diese Gruppe der Beiräte bei einer reduzierten Anzahl von drei Mitgliedern mit den anfallenden Aufgaben überlastet ist. Deshalb erscheint es sinnvoll, insoweit die bisherige Quote der Beiräte beizubehalten. Ab einer Belegungsfähigkeit von 500 Gefangenen (und nicht wie in der VwV d. JM a.F. angeordnet ab einer Belegungsfähigkeit von 700 Gefangenen) sollten die Beiratsgremien über sieben Mitglieder verfügen. Die Arbeitsbelastung der Beiräte an Justizvollzugsanstalten mit mehr als 500 zu betreuenden Gefangenen ist sehr viel höher als an Anstalten mit weniger Haftplätzen, sodass es ratsam ist, die Staffelung der Anzahl der Beiratsmitglieder in den Gremien dementsprechend anzupassen und bereits ab einer Belegungsfähigkeit von 500 Gefangenen zwei Mitglieder mehr in den Beirat zu berufen. Damit werden auch die Beiräte an diesen Anstalten entlastet und können auf diese Weise mehr Zeit und Energie in ihr Ehrenamt investieren.

Durch eine solche Neuregelung würden den Beiräten die für eine erfolgreiche Beiratsarbeit erforderlichen Kapazitäten eingeräumt werden.

1.1.2 Die Dauer der Mitgliedschaft

Bisher sah Ziff. 3 Abs. 1 VwV d. JM a. F. eine Amtszeit von drei Jahren vor, wobei eine wiederholte Bestellung unbeschränkt möglich gewesen ist. In Ziff. 1.1.4 VwV d. JM n. F. wird die Amtszeit der Beiräte auf fünf Jahre verlängert. Die wiederholte Bestellung ist gleichfalls möglich. Die Anordnung einer verlängerten Amtszeit auf fünf Jahre ist sinnvoll und notwendig, denn die Untersuchung zeigte, dass die Dauer der Beiratsmitgliedschaft erheblichen Einfluss auf die Ausübung des Ehrenamtes hat. Mit zunehmender Dauer der Zugehörigkeit zum Beirat kennen die Beiräte nicht nur ihre Rechtsstellung innerhalb des Vollzugsgefüges besser, sondern sie nehmen auch ihre Befugnisse intensiver wahr und können aus ihrer Sicht besser mit der Anstaltsleitung, den Vollzugsbeamten, den Gefangenen und dem Justizministerium zusammenarbeiten. Dadurch wird deutlich, dass die Beiräte eine gewisse Einarbeitungsphase benötigen, um sich an ihr Ehrenamt und die damit verbundenen Besonderheiten zu gewöhnen und die erforderliche Routine und Sicherheit für die Bewältigung ihrer Aufgaben zu erlangen. Es ist deshalb zweckmäßig, durch eine verlängerte Amtsperiode den Beiräten diese erforderliche Entwicklungsphase zur Einarbeitung und Gewöhnung an ihr Ehrenamt zu gewähren. Auch im Sinne der

---

es umso wichtiger, dass der investierte Arbeitsaufwand sich in einer effektiven Tätigkeit niederschlägt.

Sicherung einer weitest gehenden Kontinuität der Beiratstätigkeit erscheint eine erweiterte Amtszeit von fünf Jahren generell als sehr vernünftig.[702]

Die weiterhin beliebig oft wiederholbare Bestellung zum Beiratsmitglied wirft jedoch Probleme auf. Zwar zeigte sich, dass mit zunehmender Dauer der Beiratsmitgliedschaft die Beiräte mehr Zeit in ihr Ehrenamt investieren. Damit geht jedoch keine intensivere Aufgabenerfüllung einher. Offenbar verfügen die Beiräte mit zunehmender Dauer ihrer Mitgliedschaft im Beirat zwar über die erforderliche Routine für die Ausübung ihres Ehrenamtes. Diese wirkt sich jedoch nicht auf ihr Leistungspotenzial aus. Im Sinne einer Stärkung der Leistungsfähigkeit der Beiräte, aber auch im Hinblick auf eine zweckdienliche turnusmäßige Erneuerung der Beiratsgremien erscheint deshalb eine Begrenzung der Amtszeit auf maximal zwei Amtsperioden (10 Jahre) notwendig. Eine Amtsdauer von 5 bis 10 Jahren ermöglicht den Beiräten eine kontinuierliche Arbeit.[703] Eine noch längere Amtsdauer sollte vermieden werden, weil dadurch die nötige Fluktuation an Beiratsmitgliedern, die benötigt wird, um immer wieder neue Impulse in der Beiratsarbeit zu setzen, verhindert wird.[704] Eine wirksame Arbeit kann nur gedeihen, wenn in regelmäßigen Abständen die eigene Vorgehensweise und Praxis kritisch überprüft wird. Ein langjähriges Beiratsmitglied wird es in der üblichen Routine jedoch oft schwer haben, einen objektiven Blick für notwendige Änderungen oder Verbesserungen beizubehalten. Entsprechende Denkanstöße müssen dann von außen kommen. Ansonsten besteht die Gefahr, dass die Weiterentwicklung der Beiräte und ihrer Tätigkeit gehemmt wird, weil neue Ideen oder Veränderungsmöglichkeiten entweder nicht gesehen oder abgelehnt werden. Vor allem dann, wenn es um das Aufbrechen alter, festgefahrener Strukturen geht, nämlich um die Entwicklung eines neuen Verständnisses im Bereich der Öffentlichkeitsarbeit, ist ein in regelmäßigen Abständen durchgeführter Austausch der Beiratsmitglieder für eine erfolgreiche und auch kritische Mitwirkung am Vollzug unbedingt notwendig.[705]

1.1.3 Die Auswahl der Beiratsmitglieder

Die Beiratsmitglieder in Baden-Württemberg werden vom Justizministerium aus einer Vorschlagsliste bestellt, um deren Aufstellung die Anstaltsleitung den Gemeinde- bzw. den Kreistag bittet. Dieses Vorgehen ist im Vergleich zu der sächsischen Beiratspraxis, welche die Anstaltsleitung entscheidend in den Auswahlprozess mit einbezieht, sehr viel ratsamer. Denn die Gefahr des sächsischen Auswahlmodells

---

702   Vgl. die Vorschläge des AE bei Baumann 1973, S. 103.

703   Vgl. Baumann 1973, S. 103.

704   Fluktuation kann insbesondere strategiebedingt erwünscht sein, da sie zu einer gesteigerten Effizienz der Organisation beitragen kann; vgl. Wastian/et al. 2009, S. 202 ff.

705   Durch neue Impulse und dadurch vermittelte neue Argumentationen können in besonderer Weise Einstellungsänderungen hervorgerufen werden; vgl. Bierhoff 2006, S. 342. Dadurch können neue Strukturen und Denkansätze entwickelt werden.

besteht darin, dass die Beiräte nicht mehr ausschließlich nach ihrer Eignung für das Ehrenamt ausgewählt werden, sondern dass hauptsächlich subjektive Einschätzungen der Anstaltsleitung für die Auswahl ausschlaggebend sind. Zudem droht dadurch eine Vereitelung der Unabhängigkeit der Beiräte bei der Ausübung ihres Ehrenamtes, was die Wirksamkeit der Beiratstätigkeit insgesamt negativ beeinflussen kann. Vor diesem Hintergrund erscheint das baden-württembergische Auswahlverfahren, bei dem die Anstaltsleitungen zwar in den Auswahlprozess eingebunden sind, aber keine entscheidende Rolle spielen, sehr sinnvoll.

Die Auswahl der Beiratsmitglieder sollte sich an den gesetzlich intendierten Aufgaben eines Anstaltsbeirats ausrichten.[706] Bei der künftigen Auswahl der Anstaltsbeiräte ist deshalb besonders auf jene Aufgabenbereiche ein Augenmerk zu legen, die im Rahmen der bisherigen Arbeit eher vernachlässigt wurden. Dies betrifft vor allem die Öffentlichkeitsarbeit sowie die Entlassenenhilfe.

Die untersuchten Anstaltsbeiräte beschränkten ihre Öffentlichkeitsarbeit auf den eigenen Wirkungskreis im näheren Umfeld und haben damit ein gänzlich anderes Verständnis der Öffentlichkeitsaufgabe, als dies ursprünglich vom Gesetzgeber gedacht war. Dies dürfte unter anderem daran liegen, dass die Beiräte Schwierigkeiten hatten, den Kontakt zu Personen und Institutionen, die Zugang zur breiten Öffentlichkeit haben, aufzubauen.[707] Hier müsste eine Veränderung ansetzen, um die erforderliche Vernetzung mit den Medien und den politischen Strukturen herstellen zu können. Es sollte deshalb zweckmäßigerweise die Vertretung eines Journalisten in jedem Beirat angestrebt werden. Dieser verfügt über die notwendige Anbindung an die Medien (Tageszeitungen, Radio, Fernsehen etc.) und ist deshalb in besonderer Weise in der Lage, die breite Öffentlichkeit anzusprechen und über die Geschehnisse im Vollzug zu informieren. Durch den so eröffneten Zugang der Beiräte zur Bevölkerung könnte sich bei ihnen ein Bewusstseinswechsel in Bezug auf die Wahrnehmung der Öffentlichkeitsaufgaben vollziehen,[708] sodass sie diese Funktion künftig ihrer ursprünglichen Bedeutung entsprechend erfüllen können.

Für eine umfassende Bewältigung der Öffentlichkeitsaufgaben ist aber nicht nur die Information der Bevölkerung wichtig, auch die Unterrichtung der gesetzgebenden Körperschaften spielt eine besondere Rolle. Speziell im Hinblick auf die nach der Föderalismusreform in die Gesetzgebungszuständigkeiten der Länder übergegangenen Regelungen des Strafvollzugs erscheint die Information des Parlaments über die aktuelle Situation im Strafvollzug als überaus bedeutsam. Der Kontakt zur parlamentarischen Öffentlichkeit kommt ohne die entsprechenden Verbindungen jedoch kaum zustande. Über diese Beziehungen verfügen die Parlamentarier selbst

---

706   Vgl. die Vorschläge des AE bei Baumann 1973, S. 103.
707   Vgl. dazu die Bemerkungen der Beiratsmitglieder Nr. 19 und Nr. 24 im 8. Kapitel: 2.3, S. 230.
708   Kommunikation innerhalb der Gruppe trägt maßgeblich zu einem verbesserten Gruppenprozess bei und fördert die Kreativität. Dadurch können auch Einstellungsänderungen bewirkt werden; vgl. Podsiadlowski 2002, S. 273 ff.

am ehesten, weshalb in jedem Anstaltsbeirat ein Abgeordneter des Landtags vertreten sein sollte.[709] In den sächsischen Beiratsgremien sind Abgeordnete des Landtags fester Bestandteil und deren Beteiligung am Beirat ist mittlerweile in § 116 Sächs-StVollzG gesetzlich normiert. In Baden-Württemberg wurde diese Gruppe bisher bei der Zusammensetzung des Beiratsgremiums völlig übergangen. Zwar sind in den Beiräten bereits viele politisch engagierte Mitglieder tätig, die auf kommunalpolitischer Ebene z.B. in Form der Berichterstattung an den Kreistag ihren Einfluss zu Gunsten des Strafvollzugs geltend machen können.[710] Die Berufung dieser Mitglieder in den Beirat und ihre Einflussnahme auf politischer Ebene basieren jedoch letztlich auf dem persönlichen Engagement und damit auf der Freiwilligkeit der Beiräte. Zudem können auch diese Beiratsmitglieder den Kontakt zum Landtag nur bedingt herstellen. Ihre Einwirkungsmöglichkeiten auf die Landespolitik dürften insoweit sehr gering sein.[711] Im Sinne einer umfassenden und wirkungsvollen Information der (Landes-) Gesetzgebungsorgane sollte deshalb zweckmäßigerweise in jeden Beirat ein Landtagsabgeordneter berufen werden.

Den parlamentarischen Beiratsmitgliedern sollte zudem ein jährliches Berichtsrecht gegenüber dem Parlament zustehen. Auf diese Weise können sie ihre Anliegen und die damit verbundenen Themen des Strafvollzugs aktiv in das Landesparlament einbringen und bei ihren Kollegen im Landtag das notwendige Interesse für die Belange des Justizvollzugs wecken.[712] Um zu vermeiden, dass die Einsetzung von Abgeordneten im Beirat zu einer öffentlichkeitswirksamen aber tatsächlich ineffizienten Farce verkommt, muss mit dem Recht zur Berichterstattung auch eine Berichterstattungspflicht der Beiräte korrespondieren. Diese Berichterstattungspflicht sollte rechtlich als Soll-Vorschrift ausgestaltet werden, um einer möglichen Überforderung der Beiräte dann vorzubeugen, wenn etwa aufgrund fehlender berichtenswerter Ereignisse eine Berichterstattung nicht erforderlich ist. Die Berichterstattung sollte sich auf solche grundsätzlichen Themen und Aspekte beschränken, die politischen Entscheidungsprozessen tatsächlich zugänglich und hierdurch beeinflussbar sind.[713] Die Beiräte könnten auf diese Weise die bestehenden Schwierigkeiten und Bedürfnisse des Strafvollzugs aus ihrem „stiefmütterlichen" Dasein befreien und in das politische Bewusstsein bringen, indem sie die Diskussion auf landespolitischer Ebene anregen. Den Beiräten würde so außerdem die Möglichkeit eingeräumt werden, als Experten eigene Stellungnahmen zu politisch bedeutsamen den Strafvollzug betreffenden Grundsatzentscheidungen abzugeben und hierdurch die Gesetzgebung

---

709 Zum Einfluss und der Repräsentanz von Interessen im Parlament bei von Beyme 2010, S. 222.

710 Vgl. hierzu die Ergebnisse im 7. Kapitel: 1.4.1, S. 166 f.

711 Über den Zugang zum Parlament bei von Beyme 2010, S. 215 ff.

712 Wenn die entsprechende Lobby im Landtag für den Strafvollzug nicht vorhanden ist, kann es schwer sein, diesbezügliche Anliegen in den Fokus zu rücken. Nach Woye kann Lobbyarbeit vor allem im Bundestag zu veränderten Schwerpunktsetzungen innerhalb des Parlaments führen; Woye 2009, S. 16.

713 Vgl. auch die Ausführungen von Gerken 1986, S. 255.

positiv zu beeinflussen.[714] Gleichzeitig würde dem Beirat eine grundsätzlichere und bedeutendere Stellung im Strafvollzug zukommen und auf diese Weise könnte das gesamte Ansehen dieser Institution – nicht nur innerhalb, sondern auch außerhalb des Vollzugs – erheblich aufgewertet werden.[715]

Neben der Öffentlichkeitsarbeit gehört die Kontaktpflege zu den Gefangenen zu den wichtigsten Aufgaben der Beiräte. Dabei sollten sie nicht nur an der Betreuung der Gefangenen mitwirken, sondern auch Hilfe bei der Wiedereingliederung der Gefangenen nach der Entlassung leisten. Dies gelang den Befragten der Studie nur sehr bedingt. Die Vorbereitung der Gefangenen auf ihre Entlassung und ihre sich anschließende Resozialisierung ist die Aufgabe speziell geschulter Fachkräfte innerhalb und außerhalb der Justizvollzugsanstalt. Entsprechend der Formulierung in der Verwaltungsvorschrift kann es die Aufgabe des Anstaltsbeirats deshalb nur sein, diesen Experten bei der Bewältigung der Resozialisierungsaufgabe Hilfestellung zu leisten. Dafür bedarf es Mitglieder im Beirat, die über entsprechende Kontakte zu den Fachkräften verfügen. Dies können neben Beiratsmitgliedern der Arbeitgeberverbände, Gewerkschaften sowie aus der Sozialarbeit auch solche Personen sein, die der Agentur für Arbeit oder dem Paritätischen Wohlfahrtsverband Baden-Württembergs angehören. Eine erfolgreiche Wiedereingliederung setzt neben der beruflichen auch die gesellschaftliche Resozialisierung voraus.[716] Während die Agentur für Arbeit durch die Vermittlung von Arbeitsstellen nach der Freilassung zur wirtschaftlichen Absicherung der Entlassenen beitragen kann, leistet der Paritätische Wohlfahrtsverband durch sein soziales Engagement einen wichtigen Beitrag zur Vorbereitung der Gefangenen auf ihre gesellschaftliche Wiedereingliederung.[717] Um deshalb insgesamt eine effektivere und vor allem umfangreichere Entlassenenhilfe durch den Beirat zu garantieren, sollten jedem Beirat ein Vertreter der Agentur für Arbeit sowie ein Mitglied des Paritätischen Wohlfahrtsverbandes angehören.

Die Eignung der Beiratsmitglieder bestimmt sich darüber hinaus durch ihre persönliche Einschätzung des Ehrenamtes und ihr Durchsetzungsvermögen gegenüber den sonstigen Vollzugsbeteiligten sowie außenstehenden Behörden und sonstigen Stellen. Die Frage, ob dazu zweckmäßigerweise die Berufung von Juristen in den Beirat gesetzlich geregelt werden sollte, muss verneint werden. Diese dürften zwar aufgrund ihrer Ausbildung in besonderer Weise über die oben genannten Eigenschaften verfügen und sich zudem mit den rechtlichen Besonderheiten des Strafvollzugs gut auskennen. Um jedoch Interessenkollisionen und persönliche Konflikte zu vermeiden (etwa weil die potentiellen Beiratsmitglieder bereits von Berufs wegen

---

714 Zu den Möglichkeiten eines Berichtsrechts der Ausschüsse im Parlament bei Achterberg 1984, S. 143.
715 Vgl. Gerken 1986, S. 255.
716 Zu den Voraussetzungen für eine erfolgreiche Resozialisierung bei Schmidt 2007, S. 24 ff.
717 Vgl. ebd., S. 26. So zählt vor allem die Unterstützung bei der Herstellung sozialer Kontakte und die persönlichen Hilfen sowie die Krisenintervention zu den wichtigsten Voraussetzungen für eine erfolgreiche Resozialisierung.

mit den Gefangenen schon einmal zu tun hatten), erscheint es sinnvoller, auf eine Erwähnung in der Verwaltungsvorschrift zu verzichten.[718] Zumal die Untersuchung zeigte, dass bereits heute einige Juristen (meist Rechtsanwälte) unter den Beiratsmitgliedern zu finden sind, die häufig aufgrund ihres politischen Engagements den Weg in den Beirat gefunden hatten, sodass sich deren Beteiligung auch ohne rechtliche Regelung erreichen lässt.

In der Verwaltungsvorschrift sollten die genannten Eignungskriterien der Beiräte wie folgt zum Ausdruck kommen: Die Beteiligung eines Mitglieds des Landtags wird für jeden Beirat zwingend normiert. Da die Beiräte aber nur über drei bis sieben Mitglieder verfügen sollten, werden – um die Funktionsfähigkeit des Beirats zu gewährleisten – die Organisationen, aus denen sich die Beiratsmitglieder darüber hinaus zweckmäßigerweise rekrutieren sollten, in der Verwaltungsvorschrift zwar genannt, ihre Vertretung im Beirat jedoch nicht verbindlich festgelegt. Insoweit kommt lediglich eine Auswahl von Vertretern aus den genannten Bereichen in Betracht. Es ist somit anzustreben, dass dem Beirat je ein Vertreter einer Arbeitnehmer- und Arbeitgeberorganisation sowie ein Mitglied der Agentur für Arbeit und des Paritätischen Wohlfahrtsverbandes angehören. Zudem sollen Journalisten, Persönlichkeiten aus der Straffälligenhilfe sowie ein Landtagsabgeordneter im Beirat vertreten sein.

1.1.4 Die Sitzungen

Bisher war vorgesehen, dass die Beiräte mindestens zweimal im Halbjahr zu Sitzungen zusammentreten. Die Häufigkeit dieser Zusammenkünfte wird nun in Ziff. 1.4.1 VwV d. JM n. F. auf dreimal pro Jahr verkürzt. Diese Änderung erscheint im Hinblick auf die Bedeutung der regelmäßigen Sitzungen wenig sinnvoll. Im Rahmen der Beiratssitzungen wird nicht nur der Austausch der Beiräte untereinander gefördert, sondern durch die Teilnahme von Anstaltsleitung und Bediensteten kann auch das Verhältnis zu diesen Vollzugsbeteiligten entscheidend positiv beeinflusst werden, sodass bereits in diesem Sinne häufige Sitzungen wünschenswert sind. Bei der Frage nach einer Änderung der geltenden Regelung muss zum einen beachtet werden, dass die Beiräte ehrenamtlich tätig sind und durch zu häufige Beiratssitzungen nicht überfordert werden dürfen. Zum anderen enthält Ziff. 1.4.1 VwV d. JM n. F. lediglich eine Mindestangabe und 96% der befragten Beiräte gaben an, ungeachtet dessen zweimal und mehr im letzten Halbjahr getagt zu haben.[719] Dies könnte eine rechtliche Regelung entbehrlich machen. Im Sinne einer Klarstellungsfunktion und einer Anerkennung der Institution des Anstaltsbeirats an sich und aufgrund der Wichtigkeit regelmäßiger Zusammenkünfte ist die ursprüngliche Regelung (mindestens zwei Sitzungen pro Halbjahr) wieder einzuführen. Dies gilt auch für die gemeinsamen Sitzungen von Beirat und Anstaltskonferenz. Diese Zusammenkünfte wurden von ursprünglich einmal im Halbjahr auf einmal pro Jahr reduziert. Die

---

718 Vgl. auch Gerken 1986, S. 276.
719 Vgl. die Ergebnisse im 7. Kapitel: 8.1, S. 197 f.

Untersuchung zeigte allerdings, dass die gemeinsamen Sitzungen über ein großes Potential verfügen, die Zusammenarbeit mit der Anstaltsleitung zu fördern und zu verbessern. So gaben knapp 65% der Befragten, die die Regelmäßigkeit dieser Sitzungen bejahten, an, dass hierbei immer ein Austausch mit der Anstaltsleitung zustande kam.[720] Es sollte deshalb bei einer halbjährigen Zusammenkunft von Beirat und Anstaltskonferenz bleiben.

1.1.5 Die Tagungen mit dem Justizministerium

Die gemeinsamen Tagungen mit dem Justizministerium waren in der bisherigen Verwaltungsvorschrift nicht geregelt. In Ziff. 2.3.1 VwV d. JM n. F. werden die Tagungen zumindest erwähnt, indem bestimmt wird, dass die Beiratsmitglieder für die Tagungen, zu denen das Justizministerium geladen hat, ein Sitzungsgeld sowie eine Reisekostenvergütung erhalten. Insofern wird aber lediglich die finanzielle Abwicklung der Tagungen geregelt. Im Hinblick auf die vorliegenden Ergebnisse wäre eine Regelung über das Verfahren unbedingt notwendig. Die Tagungen wurden von den Beiräten grundsätzlich positiv bewertet und vermögen das Verhältnis und den Austausch mit dem Justizministerium positiv zu beeinflussen.[721] Dies zeigten auch die Bemerkungen der Beiräte sehr deutlich. Dennoch ist – wie das Gespräch mit dem Referenten[722] belegte – eine gewisse Zurückhaltung der Beiräte bei der Teilnahme an diesen Tagungen zu bemerken. Dies dürfte unter anderem daran liegen, dass die Erwartungen vieler Beiräte an die Tagungen, sich dabei ohne die Anwesenheit sonstiger Ehrenamtlicher mit dem Justizministerium austauschen zu können, enttäuscht wurden.[723] Es wäre deshalb in der Verwaltungsvorschrift eine Regelung wünschenswert, die zunächst klar definiert, dass einmal im Jahr eine gemeinsame Tagung ausschließlich der Anstaltsbeiräte[724] mit dem Justizministerium stattfindet, zu der alle Beiratsmitglieder in Baden-Württemberg eingeladen werden. Um eine rege Teilnahme der Beiräte zu fördern, sollte diese verbindlich als Soll-Vorschrift ausgestaltet werden (auf eine darüber hinausgehende Verpflichtung der Beiräte sollte zur Vermeidung einer Überforderung der Beiräte verzichtet werden). Es erscheint zudem sinnvoll, die Beiräte bzw. ihre Vorsitzenden verpflichtend in die Organisation der Tagungen etwa durch eigene Vorträge mit einzubeziehen, um Engagement und Interesse zu wecken und zu fördern.[725]

---

720   Vgl. die Ergebnisse im 7. Kapitel: 8.4, S. 199 f.
721   Vgl. die Ergebnisse im 8. Kapitel: 1.2, S. 206 f.
722   Mitteilung des Referenten des Justizministeriums Baden-Württembergs für die Anstaltsbeiräte: 3. Kapitel: 2.1, S. 69 f.
723   Vgl. die Bemerkung Nr. 3 im 8. Kapitel: 1.2, S. 207.
724   Zu dem besonderen Bedürfnis der Anerkennung bei Ehrenamtlichen vgl. Bethke 2009, S. 16.
725   Zur Motivation bei Ehrenamtlichen vgl. Göhl 2005, S. 8 ff.

1.1.6 Die Berichterstattung an das Justizministerium

Das Verhältnis der Beiräte zum Justizministerium ist durch eine relativ große Distanz und ein mehr oder weniger großes Misstrauen der Beiräte gegenüber dem Ministerium gekennzeichnet. Eine Aufwertung dieser Beziehung kann nicht nur über die regelmäßigen Tagungen, sondern auch durch die Berichterstattungspflicht der Beiräte gegenüber dem Justizministerium erreicht werden. Diese Berichte können durchaus zu einer verbesserten Zusammenarbeit beitragen. Die Untersuchung zeigte allerdings, dass die von vielen Beiräten empfundenen fehlenden Konsequenzen der Berichte zu einer negativen Einstellung gegenüber der Berichterstattungspflicht und dem Justizministerium führten.[726] Hier müsste eine Korrektur ansetzen, indem das Justizministerium verpflichtet wird, zu den Tätigkeitsberichten Stellung zu nehmen. Dies kann schriftlich erfolgen; denkbar wäre auch eine mündliche Stellungnahme im Rahmen der jährlichen Tagungen. Auf diese Weise würden die Beiräte zudem motiviert werden, an diesen Tagungen tatsächlich teilzunehmen. Wichtig ist jedoch, dass eine Stellungnahme des Ministeriums stattfindet. Sie sollte verpflichtend in der Verwaltungsvorschrift geregelt werden. Dadurch wird den Beiräten die notwendige Anerkennung für ihre Bemühungen entgegengebracht. Wenn diese das Gefühl haben, dass ihre Berichte und die damit verbundenen Anregungen und Empfehlungen ernst genommen werden und praktische Konsequenzen haben, dann wird auf diese Weise die Bedeutung der Tätigkeitsberichte angehoben und die Beiräte können sich ernsthaft mit den Inhalten der Berichte auseinandersetzen, ohne diese mit den immer gleichen leeren Floskeln zu füllen.[727] Die bereits bestehende rechtliche Ausgestaltung der Berichterstattungspflicht als Soll-Vorschrift vermag gleichzeitig einer möglichen Überforderung der Beiräte dann vorzubeugen, wenn etwa aufgrund fehlender erwähnenswerter Ereignisse oder aufgrund einer bereits erfolgten mündlichen Information des Justizministeriums z. B. im Rahmen der Tagungen eine Berichterstattung nicht erforderlich ist. Auf diese Weise könnte das Potential der Berichte im Sinne einer verbesserten Zusammenarbeit sinnvoll genutzt werden.

Im Hinblick auf eine häufigere und umfassendere Öffentlichkeitsinformation sollten die jährlichen Tätigkeitsberichte zusammen mit der Stellungnahme des Justizministeriums außerdem veröffentlicht werden.[728] In Betracht käme eine Bekanntmachung durch das Justizministerium selbst über die Presse oder auf der justizeigenen Homepage. Daneben erscheint eine Veröffentlichung direkt durch die Beiräte etwa in der Lokalpresse denkbar. Wenn in jedem Beirat ein Journalist vertreten ist, dürfte der Zugang zu den Medien wesentlich leichter fallen. Es bestünde so die Chance, die jährlichen Tätigkeitsberichte, die für das Justizministerium angefertigt werden, zusammen mit der Stellungnahme des Justizministeriums zu

---

726   Vgl. die Ergebnisse im 7. Kapitel: 7.1, S. 195 f. sowie im 8. Kapitel: 1.2, S. 205 f.

727   Zu den Möglichkeiten der positiven Einstellungsänderung durch positive Kommunikation bei Podsiadlowski 2002, S. 273 ff.

728   So auch der Vorschlag des AE bei Baumann 1973, S. 103.

publizieren. Die Berichte müssten selbstverständlich vor ihrer Veröffentlichung redigiert werden, damit keine vertraulichen Interna an die Öffentlichkeit gelangen. Möglich erscheint auch eine Vorstellung der Berichte und Stellungnahmen im Rahmen gemeinsamer Pressetermine mit der Anstaltsleitung nach nordrhein-westfälischem Vorbild[729]. Auf diese Weise könnte die Bevölkerung über die Vorgänge und Situationen im Strafvollzug regelmäßig informiert werden und den Tätigkeitsberichten käme eine weitere wichtige Funktion zu. Diese hätten nicht nur den Zweck, eine bessere Zusammenarbeit mit dem Justizministerium zu erreichen, sie könnten auch einen wesentlichen Beitrag zu einer verbesserten Öffentlichkeitsarbeit leisten. Diese Möglichkeiten sollten genutzt werden.

Um das Verhältnis der Beiräte zum Justizministerium generell zu klären, wäre ein Hinweis in der Verwaltungsvorschrift auf die Weisungsunabhängigkeit der Beiräte sinnvoll. Dadurch könnten die Beiräte ihre Rechtsstellung gegenüber dem Ministerium besser einschätzen, was die Zusammenarbeit erleichtern würde.

1.2 Neuregelung der Beiratsaufgaben

1.2.1 Die anstaltsbezogenen Aufgaben

Bei der Wahrnehmung der anstaltsbezogenen Aufgaben durch die Beiräte konnte keine Schwerpunktsetzung auf einzelne Aufgabengebiete festgestellt werden. Insbesondere die allgemeine Mitwirkung bei der Vollzugsgestaltung sowie die Betreuung einzelner Gefangener hielten sich die Waage. Eine ausschließliche Fokussierung der Beiräte auf die Gefangenenbetreuung war in der Studie nicht erkennbar.[730] Dies dürfte vor allem am Selbstverständnis der Anstaltsbeiräte liegen, die sich ihrer Funktion entsprechend als Ansprechpartner für alle am Vollzug Beteiligten und nicht als ausschließliche Interessenvertretung der Gefangenen sehen. Die Beiräte haben insoweit ihre wohl wichtigste Aufgabe – die Vermittlung bei Schwierigkeiten sowie das Hinwirken auf eine konstruktive Zusammenarbeit aller Vollzugsbeteiligten – internalisiert und agieren dementsprechend.[731]

Dennoch besteht die Gefahr, dass sich die Beiräte bei fehlender Kenntnis ihrer eigenen Rechtsstellung von den Gefangenen für ihre Zwecke instrumentalisieren lassen und auf diese Weise in die Funktion einer zusätzlichen Beschwerdeinstanz gedrängt werden. Einer solchen Entwicklung muss durch eine entsprechende Stärkung des Selbstverständnisses der Beiräte entgegengewirkt werden. Es sollte deshalb im Sinne einer Klarstellungsfunktion in die Verwaltungsvorschrift der Hinweis aufgenommen werden, dass die Beiräte nicht die Aufgabe einer zusätzlichen

---

729 Hier besteht für den Beirat die Möglichkeit, auf der jährlich durchzuführenden Pressekonferenz der Anstaltsleitung über seine Tätigkeit zu berichten; vgl. Ziff. 7.1 AV d. JM NRW vom 24. August 1998, 4439-IV A.3, JMBl. NW, S. 262.

730 Vgl. die Ergebnisse im 7. Kapitel: 2.2, S. 175 f.

731 Vgl. hierzu auch die Angaben der Beiräte zu ihren wichtigsten Aufgaben und Zielen der Beiratstätigkeit im 7. Kapitel: 2.4, S. 179 f.

Beschwerdeinstanz für die Gefangenen einnehmen. Sinnvoll erscheint außerdem ein Hinweis in der Verwaltungsvorschrift ähnlich der sächsischen Regelung in § 116 Absatz 2 Satz 3 SächsStVollzG, dass die Beiräte auch Ansprechpartner für die Vollzugsbediensteten sind. Dadurch wird ihre Rolle als neutrale Vermittlungsinstanz im Vollzug gestärkt. Daneben ist die umfassende und ausführliche Information der Anstaltsbeiräte bei Amtsantritt über ihre Funktionen unverzichtbar.[732] Hiermit besteht die Möglichkeit, gleich zu Beginn der Amtszeit die Beiräte über ihre tatsächlichen Aufgaben zu informieren, sodass sie von Anfang an einen objektiven Eindruck ihres Amtes vermittelt bekommen und nicht Gefahr laufen, ein verfälschtes Selbstverständnis zu entwickeln.

Insgesamt kann die Intensität der Wahrnehmung der anstaltsbezogenen Aufgaben noch gesteigert werden. Dies gilt insbesondere für die Hilfe bei der Wiedereingliederung. Hier dürfte die Bestellung geeigneter Personen in den Beirat die notwendige Abhilfe schaffen.

Außerdem kann die Mitwirkung bei der Vollzugsgestaltung bzw. die Unterstützung des Anstaltsleiters durch Verbesserungsvorschläge noch intensiviert werden. Dies würde zum einen eine ausführlichere und umfassendere Information der Anstaltsbeiräte über die Gegebenheiten in der Justizvollzugsanstalt voraussetzen. Dass eine solche nicht immer in entsprechendem Umfang erfolgt, dürfte weniger an der mangelnden Informationsbereitschaft der Anstaltsleitung als vielmehr an der zu zögerlichen Durchsetzung des Auskunftsanspruchs durch die Beiräte liegen.[733] Wenn folglich die Informationsmöglichkeiten der Anstaltsbeiräte deutlicher als Rechtsansprüche ausgewiesen werden und diese dann ihren Anspruch auf Auskunftserteilung umfassender umsetzen, dürften die vollzugsgestalterischen Aufgaben von den Beiräten intensiver wahrgenommen werden. Zum anderen dürfte auch eine Konkretisierung vor allem der Aufgabe der Mitwirkung bei der Vollzugsgestaltung[734] zu einer intensiveren Wahrnehmung dieses Aufgabenbereichs durch die Beiräte beitragen. Es ist sinnvoll, diese Aufgabe in die Verwaltungsvorschrift einzubeziehen, um auf diese Weise eine Aufgabenpräzisierung und dadurch eine Stärkung der Rechtsposition der Beiräte zu erreichen. Es sollten dabei beispielhaft ausdrücklich Punkte erwähnt werden, auf die sich die Beratungsfunktion der Beiräte erstreckt. Dadurch wird der Gefahr vorgebeugt, dass die Beiräte die Aufgabe der Mitwirkung bei der Vollzugsgestaltung aufgrund ihrer Unsicherheit darüber vernachlässigen, worin diese Mitwirkungshandlungen in der Praxis bestehen sollten.

Eine weitere Ursache dafür, dass die einzelnen Aufgabenbereiche nur mäßig intensiv wahrgenommen wurden, könnte in einer möglichen Überforderung der Beiratsmitglieder aufgrund eines zu hohen Arbeitspensums zu sehen sein, das sie

---

732 Zu dem Erreichen hoher Rechtskenntnis und Rechtssicherheit durch notwendige Information bei von Arnauld 2006, S. 364 ff.

733 Vgl. die Ausführungen im 9. Kapitel: 4.2, S. 261 ff.

734 Vgl. hierzu die Ausführungen zu Beginn der Arbeit im Rahmen der Analyse der Verwaltungsvorschrift Baden-Württembergs im 3. Kapitel: 2.1.2, S. 75 ff.

dazu zwingt, Prioritäten zu setzen.[735] Anstatt sich verstärkt auf ein Aufgabengebiet zu konzentrieren, versuchen die Beiräte ihre Ressourcen für alle Aufgabenbereiche gleichermaßen einzusetzen. Deshalb erscheint es unbedingt erforderlich, dass die Anzahl der Beiratsmitglieder insbesondere an den größeren Anstalten im Sinne einer intensiveren Aufgabenwahrnehmung erhöht wird.

1.2.2 Die öffentlichkeitsbezogenen Aufgaben

Die öffentlichkeitsbezogenen Aufgaben der Beiräte beinhalten nicht nur die Öffentlichkeitsarbeit im Sinne einer Information der Bevölkerung, sondern umfassen auch die Kontrollfunktion[736] der Beiräte. Durch die Beteiligung der Öffentlichkeit am Strafvollzug in Form der Anstaltsbeiräte soll dieser transparenter gestaltet werden, um auf diese Weise insbesondere für die Gefangenen Schutz vor staatlicher Willkür zu gewährleisten. Unter dieser Form der rechtsstaatlichen Kontrolle ist weniger eine Aufsicht über die Maßnahmen der Anstaltsleitung bzw. der Bediensteten durch die Anstaltsbeiräte zu verstehen, sondern vielmehr eine Zusammenarbeit im Hinblick auf eine Verbesserung und Optimierung des Strafvollzugs. Durch die Möglichkeit der Beiräte, bei der Vollzugsgestaltung mitzuwirken und mit Verbesserungsvorschlägen die Anstaltsleitung zu unterstützen, soll eine kritische Begleitung der Arbeit der Anstaltsleitung ermöglicht werden. Die Untersuchung zeigte, dass ein entsprechendes Verständnis bei den Beiräten nur bedingt vorhanden ist. So wurde die kritische Beobachtung bzw. die rechtsstaatliche Kontrolle nur von 17% der Befragten als wichtigstes Ziel der Beiratstätigkeit genannt.[737] Gefragt nach den wichtigsten Aufgaben, nannten nur wenige Beiräte die Kontrollfunktion:

Beiratsmitglied Nr. 24: „Zu überprüfen, dass der Strafvollzug im Sinne des Rechtsstaates durchgeführt wird. Probleme, die dabei auftreten mit der Anstaltsleitung besprechen und Abhilfe schaffen – Bindeglied zwischen Gefangenen und Anstaltsleitung sein.“

Beiratsmitglied Nr. 6: „Kritische Begleitung, wenn mögl. Verbesserung des Strafvollzuges; Öffentlichkeitsarbeit zugunsten der JVA, eines ‚menschenwürdigen‘ Strafvollzuges und der Gefangenen (nicht wegschließen, sondern auf soziale Wiedereingliederung hinarbeiten...).“

Lediglich ein Teil der Beiräte arbeitet folglich in dem Bewusstsein, dass es zu ihren grundlegenden Aufgaben gehört, durch ihre Anwesenheit in der Vollzugsanstalt etwaige Missstände aufzudecken und gemeinsam mit der Anstaltsleitung Verbesserungsvorschläge für einen humaneren, am Ziel der Resozialisierung ausgerichteten Vollzug zu entwickeln. Hier ist eine ausführlichere Information der Beiräte über ihre

---

735 Die Hypothesenprüfung hat gezeigt, dass ein Zusammenhang zwischen der Mitgliederanzahl im Beirat und der Intensität der Aufgabenwahrnehmung durch die einzelnen Beiratsmitglieder besteht. Vgl. hierzu die Ergebnisse im 8. Kapitel: 2.1, S. 218 f.

736 Zu der Kontrollfunktion der Beiräte im 1. Kapitel: 2.2.1, S. 8 ff.

737 Vgl. die Ergebnisse im 7. Kapitel: 2.4, S. 179 f.

Kontrollfunktion unbedingt erforderlich. Allerdings stehen den Beiräten in der Praxis nur bedingt „Kontrollinstrumente" zur Verfügung. Mängel und Schwierigkeiten im Kleinen können auf individueller, anstaltsbezogener Ebene angesprochen und Lösungsversuche unternommen werden. Fallen den Beiräten dagegen generelle, den gesamten Strafvollzug betreffende Widersprüche oder Probleme ins Auge, etwa Unregelmäßigkeiten bei der Einhaltung der gesetzlichen Vorschriften oder sonstige verbesserungswürdige Verfahrensweisen, dann können sie mit ihren Gestaltungsmöglichkeiten, die auf individueller Ebene sehr wirksam sind, auf genereller Ebene recht wenig bewirken. Sie können lediglich das Justizministerium (z. B. in Form der Tätigkeitsberichte) hierüber in Kenntnis setzen und auf entsprechende Reaktionen und Konsequenzen hoffen. Dies erscheint jedoch nicht nur für die Beiräte selbst als sehr unbefriedigend, sondern kann auch sehr ineffizient sein, wenn die Berichterstattung ohne Konsequenzen bleibt.[738] An dieser Stelle könnte ein bereits angesprochenes Berichtsrecht an das Parlament Abhilfe schaffen.[739] Wenn in jedem Beirat ein Landtagsabgeordneter vertreten ist, können durch eine regelmäßige Berichterstattung an das Parlament generelle Probleme des Strafvollzugs auf politischer Ebene angesprochen werden. Die parlamentarischen Beiratsmitglieder verfügen außerdem aufgrund ihrer Stellung über das notwendige Know-how, gleichzeitig mögliche Anregungen und Verbesserungsvorschläge zu erarbeiten. Auf diese Weise würde das Kontrollrecht der Beiräte um die notwendige generelle Dimension ergänzt und damit komplettiert werden.

Die Öffentlichkeitsarbeit der Anstaltsbeiräte ist durch erhebliche Missverständnisse auf Seiten der Beiräte geprägt und findet deshalb nur sehr bedingt statt.[740] Zunächst besteht bei vielen Anstaltsbeiräten die grundsätzliche Einschätzung, dass die eigenmächtige Information der Bevölkerung über die Situation in der Anstalt mit einer Diskreditierung der Anstaltsleitung bzw. der Bediensteten einhergeht. Um dies (und damit die Entstehung möglicher Konflikte) zu vermeiden, halten sie sich diesbezüglich sehr zurück und sprechen allenfalls in ihrem Familien- und Freundeskreis und/oder in ihren jeweiligen Institutionen über ihre Arbeit sowie die damit verbundenen Erfahrungen und Erkenntnisse. Außerdem fällt es den Beiräten offenbar sehr schwer, Kontakte zu der breiten Öffentlichkeit aufzubauen. Die Untersuchung zeigte, dass oftmals ein erheblicher Widerspruch zwischen der Einschätzung der Bedeutung der Kontakte nach außen und der Kooperation mit externen Stellen besteht.[741] Den Beiräten gelingt die Umsetzung der als durchaus wichtig empfundenen Zusammenarbeit mit der Öffentlichkeit in der Realität kaum, sodass auch deshalb

---

738 Vgl. die Ergebnisse im 7. Kapitel: 7.1, S. 195 f. Direkte Folgen und Auswirkungen für die Vollzugsgestaltung durch die Berichterstattung an das Ministerium sahen nur etwas mehr als 20% der Beiräte, sodass auf diesem Wege anscheinend nur bedingt generelle Verbesserungsvorschläge greifen.

739 Die Berichterstattung als wichtiges Instrument zur Information des Parlaments vgl. Achterberg 1984, S. 143.

740 Vgl. hierzu die Ausführungen im 9. Kapitel: 3.2, S. 255 ff.

741 Vgl. die Ergebnisse im 7. Kapitel: 5.2, S. 192 ff.

eine Öffentlichkeitsinformation nur spärlich vorhanden ist. Das Zusammenspiel dieser beiden Faktoren führt dazu, dass eine einheitliche Vorgehensweise der Beiräte in diesem Bereich nicht vorhanden ist und letztlich jeder Beirat nach eigenem Gutdünken häufiger oder seltener an die Bevölkerung herantritt.[742] Teilweise wird überhaupt keine Öffentlichkeitsarbeit betrieben und eine solche auch gänzlich abgelehnt. Andere Beiratsmitglieder versuchen im Rahmen ihrer Möglichkeiten, etwa durch Pressearbeit tätig zu werden, wobei sich diese häufig auf ein Begleiten der Anstaltsleitung bei Presseterminen beschränkt. Eine tatsächlich informative Öffentlichkeitarbeit durch die Beiräte findet selten statt. Diese angesprochenen Aspekte müssen den Ansatzpunkt für mögliche Veränderungen darstellen.

Zunächst ist es wichtig, die Öffentlichkeitsaufgaben in den Wortlaut der Verwaltungsvorschrift aufzunehmen und dadurch von ihrem „Schattendasein" zu befreien. Nur wenn die „Vermittlung eines der Realität entsprechenden Bildes des Strafvollzuges in der Öffentlichkeit" und die „Werbung in der Öffentlichkeit für einen auf Resozialisierung ausgerichteten Vollzug"[743] rechtlich verbindlich den Anstaltsbeiräten als Aufgaben zugewiesen werden, kann sich bei ihnen (und auch bei allen anderen Vollzugsbeteiligten) das Bewusstsein dafür entwickeln, dass die Öffentlichkeitsarbeit für die Beiratsarbeit keine unwichtige Nebenrolle spielt, sondern dass es sich dabei um eine wichtige, mit den sonstigen anstaltsbezogenen Aufgaben auf einer Stufe stehende Funktion handelt. Dadurch besteht die Chance, dass die Öffentlichkeitsarbeit von den Beiräten tatsächlich als gleichberechtigte Aufgabe anerkannt wird und sie sich bereits aufgrund dessen häufiger damit beschäftigen. Im Sinne einer Klarstellungsfunktion erscheint außerdem die Aufnahme einer Regelung nach dem Vorbild von § 116 Absatz 2 Satz 2 SächsStVollzG in die Verwaltungsvorschrift sinnvoll, wonach die Beiräte Kontakte zu öffentlichen und privaten Einrichtungen vermitteln sollen. Dadurch wird Bezug auf die Öffentlichkeitsaufgaben genommen und es wird zudem die Rolle der Beiräte als Vermittlungsinstanz zwischen dem Justizvollzug und der Öffentlichkeit betont.

Ebenso wichtig ist es, dass ganz allgemein definiert wird, was unter der Öffentlichkeitsarbeit der Anstaltsbeiräte zu verstehen ist. Dabei muss berücksichtigt werden, dass es nicht die Aufgabe der Beiräte sein kann und darf, umfassende Aufklärungskampagnen in der Bevölkerung zum Abbau von Vorurteilen gegenüber dem Strafvollzug zu starten. Die Beiräte können immer nur den Teil der Öffentlichkeit ansprechen, zu dem sie als Vertreter einer Institution oder Organisation (z. B. der Parteien, Wohlfahrtsverbände, Gewerkschaften etc.) tatsächlich Zugang haben. Wenn also die befragten Beiräte angeben, eine Öffentlichkeitsarbeit ausschließlich innerhalb ihrer Institutionen zu betreiben, so entspricht das in jeder Hinsicht ihren Funktionen und ist völlig legitim. Allerdings sollten gerade auch das Parlament und die breite Bevölkerung durch die Tätigkeit der Anstaltsbeiräte auf die Realität des

---

742 Dazu die Bemerkungen der Beiräte zu der Frage, was sie konkret im Bereich der Öffentlichkeitsarbeit leisten, im 9. Kapitel: 3.2, S. 255 ff.

743 Vgl. Roxin 1974, S. 123.

Strafvollzuges aufmerksam gemacht werden.[744] Wenn es den Beiräten gelingt, in diesen beiden Bereichen durch ihr Wirken Öffentlichkeit herzustellen, dann haben sie die Möglichkeit, dadurch einen wertvollen gesellschaftspolitischen Beitrag zu leisten. Sie können zu einer Weiterentwicklung des Strafvollzugs auf politisch-gesetzlicher Ebene beitragen und in der Bevölkerung ein Bewusstsein für die Probleme des Strafvollzugs hervorrufen. Um diese Aufgaben wahrnehmen zu können, müssen Mitglieder im Beirat vertreten sein, die über die entsprechenden Kontakte verfügen.[745] Dies setzt – wie bereits oben angesprochen – die Berufung eines Journalisten als Vertreter der breiten Öffentlichkeit und eines Landtagsabgeordneten als Vertreter der parlamentarischen Öffentlichkeit in den Beirat voraus. Beide potentiellen Beiratsmitglieder verfügen jeweils über die notwendigen Ansprechpartner und können durch ihre Beteiligung im Beirat die Öffentlichkeitsarbeit dahingehend ergänzen und vervollständigen.

Daneben muss auf eine Veränderung des Verständnisses bei den Beiräten hinsichtlich ihrer Öffentlichkeitsarbeit hingewirkt werden. Hierzu ist eine umfangreiche Information der Beiräte bei Amtsbeginn speziell über ihre Öffentlichkeitsaufgaben notwendig.[746] Dabei sollte ihnen verdeutlicht werden, dass sie im Rahmen ihrer Institutionen, in ihrem persönlichen Umfeld, aber auch bei jeder sonstigen Gelegenheit, die sich ihnen für eine Ansprache an die Bevölkerung bietet, über den Strafvollzug informieren sowie ihre Erfahrungen weitergeben können und auch sollen. Den Beiräten muss das Bewusstsein vermittelt werden, dass es bei der Öffentlichkeitsarbeit zu differenzieren gilt. Die kritische Begleitung der Arbeit in der Vollzugsanstalt und die auf diese Weise aufgedeckten Missstände sollten nicht an die breite Öffentlichkeit gelangen, denn es besteht die Gefahr, hierdurch bereits existierende Vorurteile in der Bevölkerung noch zu verstärken anstatt abzubauen, was wiederum von der Anstaltsleitung oder den Bediensteten durchaus als Diskreditierung ihrer Arbeit aufgefasst werden kann. Diese Aspekte sollten – selbstverständlich neben der Diskussion innerhalb des Vollzugs – im Rahmen der öffentlichen Institutionen, denen die Beiräte angehören (z.B. in der Kommunalpolitik respektive im Parlament) angesprochen werden, da so die Möglichkeit der Entwicklung konstruktiver Lösungsvorschläge besteht. Die Ansprache der breiten Bevölkerung dagegen sollte sich auf eine rein informative Berichterstattung beschränken.[747] Den Beiräten ist vor Augen zu führen, dass dadurch erheblich zur Aufklärung der Öffentlichkeit über die Besonderheiten des Strafvollzugs beigetragen werden kann und dass diese Art der Öffentlichkeitsarbeit deshalb sehr im Interesse des Strafvollzugs und seiner

---

744 Die Information insbesondere der breiten Bevölkerung war die eigentliche Intention des Gesetzgebers, die er mit der Öffentlichkeitsarbeit der Beiräte verband. Vgl. dazu die Ausführungen im 3. Kapitel: 1.2, S. 52 ff.

745 So auch die Auffassung des AE bei Baumann 1973, S. 103.

746 Zu den Möglichkeiten der positiven Einstellungsänderungen durch inhaltliche Überzeugung bei Bierhoff 2006, S. 342.

747 Zu den Möglichkeiten, durch Information zum Abbau von Vorurteilen gegenüber dem Strafvollzug in der Bevölkerung beizutragen, bei Schmidt 2007, S. 163.

Beteiligten liegt. Gelingt es, bei den Beiräten ein Bewusstsein für diese Unterschiede zu entwickeln, dann dürften sie die Öffentlichkeitsaufgabe von selbst als wichtiger Bestandteil ihrer Arbeit verinnerlichen, sodass sie in erhöhtem Maße den Kontakt sowie die Aussprache mit der breiten Öffentlichkeit suchen und ihrer Öffentlichkeitsaufgabe in dem ursprünglich mit der Institutionalisierung der Beiräte verbundenen Sinn nachkommen.

Ein weiterer Aspekt, der im Zusammenhang mit der Öffentlichkeitsarbeit gesehen werden muss, ist die Pflicht der Beiräte zur Verschwiegenheit. Die Untersuchung zeigte in diesem Zusammenhang, dass das Bestehen eines möglichen Widerspruchs von den Beiräten größtenteils nicht empfunden wird, was sicherlich auch einer umfassenden Aufklärung der Beiräte über Art und Umfang ihrer Verschwiegenheitspflicht geschuldet ist.[748] Ihnen gelingt die Differenzierung zwischen dem Persönlichkeitsschutz vor allem der Gefangenen einerseits und der Weitergabe objektiver Informationen andererseits, wobei hierbei jedoch auch beachtet werden muss, dass die Beiräte eine Öffentlichkeitsarbeit im tatsächlichen Sinne bisher nur sehr bedingt leisten und deshalb nur selten in einen Konflikt mit der Verschwiegenheitspflicht geraten dürften. Wenn künftig eine intensivere Öffentlichkeitsinformation stattfinden soll, dann muss die ausführliche Aufklärung der Beiräte über ihre Verschwiegenheitspflicht umso mehr beibehalten werden, um auch in diesen Situationen Kollisionen, die möglicherweise zu Lasten der Öffentlichkeitsarbeit gelöst werden, zu vermeiden. Positiv erscheint die Neuregelung in § 18 Abs. 4 JVollzGB I BW, wonach die Verschwiegenheitspflicht nicht mehr nur auf den Bereich außerhalb des Amtes der Beiräte beschränkt ist, sondern auch innerhalb der Justizvollzugsanstalt Geltung beansprucht, soweit eine Angelegenheit ihrer Natur nach vertraulich ist.[749] Der Gesetzeswortlaut ist so zu verstehen, dass die Beiräte in jedem Einzelfall selbst entscheiden können, inwieweit sie eine Angelegenheit als vertraulich einstufen und sich insoweit auf ihre Verschwiegenheit berufen. Dies ist hauptsächlich für ihre anstaltsinterne Arbeit wichtig, weil den Beiräten dabei eine Vermittlungsfunktion zukommt, die nicht immer mit absoluter Verschwiegenheit vereinbar ist.[750] Durch den Beurteilungsspielraum wird den Beiräten auch ein großes Maß an Eigenverantwortung übertragen, was letztlich ein Zeichen der Anerkennung und des Vertrauens zu dieser Institution darstellt. Außerdem kann durch die Neuregelung das Verhältnis der Beiräte zu den Gefangenen verbessert werden, weil diese mit einer vertraulichen Behandlung ihrer Angelegenheiten durch die Beiräte auch innerhalb der Anstalt rechnen können.

Ebenfalls positiv an der Regelung des § 18 Abs. 4 JVollzGB I BW ist zu bewerten, dass der Hinweis auf die Verschwiegenheit bezüglich der vertraulichen Angelegenheiten der Gefangenen weggefallen ist. Dies dürfte oft dazu geführt haben, dass die Verschwiegenheitspflicht von den Beiräten als ein ausschließliches Schutzgesetz zu

---

748 Vgl. die Ergebnisse im 7. Kapitel: 6, S. 193 f.
749 Vgl. die Ausführungen zu § 18 Abs. 4 JVollzGB I BW im 3. Kapitel: 1.4, S. 62 ff.
750 So auch Gerken 1986, S. 259.

Gunsten der Gefangenen verstanden wurde.[751] Die Beiräte selbst stehen aber auch in engem Kontakt zu den Vollzugsbediensteten und sonstigen Vollzugsmitarbeitern, auf deren vertrauensvolle Zusammenarbeit sie für ihre eigene Tätigkeit unbedingt angewiesen sind. Zur Herstellung und Aufrechterhaltung dieses Vertrauens ist es erforderlich, dass die Beiräte auch über vertrauliche Angelegenheiten dieser Personengruppen Verschwiegenheit wahren können, soweit diese ihnen bekannt werden. Die Neuformulierung des § 18 Abs. 4 JVollzGB I BW macht dies nun möglich, wodurch auch dem Wunsch eines Großteils der Befragten entsprochen worden ist.

1.3 Neuregelung der Beiratsbefugnisse

1.3.1 Die Kontaktaufnahme zu den Gefangenen

Der Kontakt zu den Gefangenen gelingt den Beiräten insgesamt recht gut; allerdings sind hier durchaus noch Verbesserungen wünschenswert. Zunächst konnte festgestellt werden, dass die Kommunikation mit den Gefangenen sehr häufig ausschließlich über die Beiratsvorsitzenden läuft.[752] An diesem Punkt müssten praktische Veränderungen ansetzen, denn im Wortlaut des § 18 JVollzGB I BW ist bereits ausdrücklich darauf hingewiesen, dass diese Befugnis von allen Mitgliedern des Beirats und nicht etwa nur vom Vorsitzenden oder dem Gremium als Ganzem wahrgenommen werden kann. Insoweit verspricht eine Änderung der rechtlichen Regelungen wenig Besserung. Hier müssten vielmehr praktische Änderungen greifen, auf die im Folgenden noch einzugehen sein wird.

Zur Förderung eines insgesamt intensiveren Verhältnisses der Beiräte zu den Gefangenen eignet sich dagegen eine dezidiertere Ausgestaltung der rechtlichen Regelungen durchaus. Die Untersuchung zeigte, dass die Beiratsmitglieder offenbar nur selten von sich aus in Kontakt mit den Gefangenen treten.[753] Vielmehr scheint es so zu sein, dass die Gefangenen selbst aktiv die Kommunikation mit den Beiräten suchen müssen. Wenn also die Impulse von den Gefangenen kommen müssen, so sollte mehr dafür getan werden, dass diese von sich aus die Initiative ergreifen und bei persönlichen Anliegen oder Problemen auf die Beiratsmitglieder zugehen, indem sie z.B. die von diesen angebotenen Sprechstunden wahrnehmen. Deshalb ist es notwendig, die Kontaktangebote der Beiräte in der gesamten Anstalt insbesondere für die Gefangenen bekannt zu machen. Hier empfiehlt es sich, Aushänge mit den wichtigsten Informationen über die Beiräte in der Anstalt zu veröffentlichen. Darauf sollten neben den Namen der Beiräte die Möglichkeiten der Kontaktaufnahmen (etwa die Termine der stattfindenden Sprechstunden) sowie die Funktionen der Beiräte (Entgegennahme von Anregungen, Wünschen und Beanstandungen) vermerkt sein. In vielen Vollzugsanstalten dürften solche Bekanntmachungen durch die Beiräte

---

751 Vgl. Gerken 1986, S. 258.
752 Vgl. die Ergebnisse im 8. Kapitel: 1.2, S. 201.
753 Vgl. die Ausführungen im 9. Kapitel: 4.1, S. 259 ff.

bereits üblich sein;[754] um aber eine einheitliche Praxis an allen Vollzugsanstalten in Baden-Württemberg zu gewährleisten, ist es sinnvoll, in der Verwaltungsvorschrift etwa nach dem Vorbild Sachsens solche Aushänge verpflichtend zu regeln.

Für eine erfolgreiche Zusammenarbeit mit den Gefangenen ist es darüber hinaus erforderlich, dass diese ausführlich über die Rolle und Funktion des Anstaltsbeirats aufgeklärt werden. Ansonsten besteht die Gefahr, dass sich die Insassen mit unrealistischen Erwartungen an die Beiräte wenden, die diese nicht erfüllen können, was in der Folge dazu führt, dass sich die Gefangenen aus Enttäuschung zurückziehen und den Kontakt zu den Beiräten ganz meiden.[755] Deshalb sollten die Gefangenen auch über die Aufgaben des Anstaltsbeirats unterrichtet und insbesondere darauf hingewiesen werden, dass es sich hierbei um eine Vermittlungsinstanz und damit um Ansprechpartner für alle am Vollzug Beteiligten und nicht um eine ausschließliche Interessenvertretung oder zusätzliche Beschwerdeinstanz für die Gefangenen handelt. Auf diese Weise können die Gefangenen die (Hilfs-) Möglichkeiten der Beiräte realistisch einschätzen und es besteht die Chance, dass eine bessere Zusammenarbeit zustande kommt, weil die Erwartungen an die Tätigkeit der Anstaltsbeiräte hinreichend geklärt sind.[756]

1.3.2 Der Informationsanspruch gegenüber der Anstaltsleitung

Die Information der Anstaltsbeiräte über wichtige Ereignisse innerhalb der Anstalt ist für eine erfolgreiche Beiratsarbeit wichtig. Neben den Gefangenen und den Vollzugsbediensteten ist die Anstaltsleitung eine Informationsquelle von grundlegender Bedeutung. Deshalb regeln Ziff. 1.3.1 und 1.3.2 VwV d. JM n. F. die Informationsansprüche der Beiräte gegenüber der Anstaltsleitung in Form der Möglichkeit zur Einholung der für die Beiratsarbeit erforderlichen Auskünfte und der Unterrichtung durch die Anstaltsleitung über die für die Öffentlichkeit von besonderem Interesse scheinenden Anstaltsereignisse. Die vorliegende Untersuchung hat gezeigt, dass die Beiräte eher von der Anstaltsleitung über öffentlichkeitsrelevante Ereignisse unterrichtet werden, als dass sie eigene, für ihre Tätigkeit erforderliche Auskünfte bei dieser einholen.[757] Die Beiräte haben offenbar Probleme damit, aktiv zu entscheiden, welche Informationen sie für ihre Tätigkeit benötigen, und diese dann von der Anstaltsleitung einzufordern. Dies dürfte weniger an einer mangelnden Informationsbereitschaft auf Seiten der Anstaltsleitung liegen, die nach Aussagen der Befragten durchaus umfänglich unterrichtet, sondern vielmehr an einer zu großen (Rechts-) Unsicherheit bei den Beiräten selbst, die sie daran hindert, ihren Anspruch auf konkrete Auskünfte gegenüber der Anstaltsleitung einzufordern und dabei Konflikte

---

754 Darauf wurde vereinzelt in den beantworteten Fragebögen durch die Beiratsmitglieder hingewiesen.
755 Zu der Problematik der Rollenüberforderung bei Sader 1975, S. 223.
756 Zu dem positiven Wechselverhältnis zwischen Kommunikation und Einstellung bei Podsiadlowski 2002, S. 273.
757 Vgl. die Ausführungen im 9. Kapitel: 4.2, S. 261 ff.

oder Rückschläge hinzunehmen, ohne sich davon sofort entmutigen zu lassen. Dieser Einstellung der Beiräte kann durch Veränderungen der Verwaltungsvorschrift entgegengewirkt werden.[758] Ziel muss hierbei die Stärkung der Selbstsicherheit der Anstaltsbeiräte sein, damit diese künftig nicht mehr derart zurückhaltend agieren, wenn es um die Durchsetzung ihrer Informationsansprüche geht.[759]

Zunächst sollte im Wortlaut der Verwaltungsvorschrift ausdrücklich darauf hingewiesen werden, dass die Anstaltsleitung zur Auskunftserteilung gegenüber den Beiräten sowie zu deren Unterrichtung verpflichtet ist. Einer solchen Formulierung kommt eine wichtige Klarstellungsfunktion zu, wodurch den Beiräten verdeutlicht wird, dass sie ein Recht auf Einforderung der Auskünfte haben und die Anstaltsleitung ihnen diese Informationen zukommen lassen muss. Wenn dieser Anspruch als solcher deutlich benannt wird, können sich die Beiräte ihrer dahingehenden Rechtsposition erheblich sicherer sein.

Im Weiteren muss deutlich zwischen dem Auskunftsanspruch gemäß Ziff. 1.3.1 VwV d. JM n. F. und der Unterrichtung nach Ziff. 1.3.2 VwV d. JM n. F. differenziert werden. Der Auskunftsanspruch bezieht sich auf alle für eine erfolgreiche Beiratsarbeit erforderlichen Auskünfte. Es handelt sich diesbezüglich häufig um ganz alltägliche Geschehnisse, Begebenheiten oder Themen, die den Beiräten oftmals einfach deshalb verborgen bleiben, weil sie aufgrund ihres Ehrenamtes nicht jeden Tag in der Anstalt präsent sein können.[760] Es obliegt insoweit ihrer Einschätzung, welche Auskünfte sie für die ordnungsgemäße Bewältigung ihrer Aufgaben benötigen. Deshalb wurde dieser Auskunftsanspruch mit dem unbestimmten Rechtsbegriff der „Erforderlichkeit" verknüpft.[761] Zum einen soll dadurch gewährleistet werden, dass die Beiräte alle notwendigen Informationen für ihre Arbeit bekommen, ohne auf bestimmte Themen beschränkt zu sein. Zum anderen wird auf diese Weise der Anstaltsleitung der notwendige Entscheidungsspielraum eingeräumt, um stets im Einzelfall durch Auslegung ermitteln zu können, welche Informationen sie gewährt. Für den Erhalt der entsprechenden Auskünfte ist deshalb ein aktives Zugehen der Beiräte auf die Anstaltsleitung notwendig, denn diese ist erstens aufgrund der Vielschichtigkeit des Vollzugsgeschehens gar nicht in der Lage, den Beirat von sich aus über jedes Detail zu unterrichten, und kann zweitens nur schwer beurteilen, welche

---

758 Einstellungsänderung ist vor allem durch eindeutige Argumentation möglich, die den Empfänger auch tatsächlich erreicht. Hierzu muss sie klar und deutlich geäußert werden; vgl. Bierhoff 2006, S. 343 ff.

759 Rechtssicherheit kann nur durch eindeutige Feststellbarkeit des betroffenen Rechts entstehen; vgl. von Arnauld 2006, S. 106.

760 Bei Ehrenamtlichen besteht häufig die Versuchung, sie aufgrund ihrer eingeschränkten Verfügbarkeit für einfache Tätigkeiten einzusetzen, für welche sie spezielle Informationen oder Fachwissen nicht benötigen; vgl. Küng 2002, S. 22.

761 Die Problematik des unbestimmten Rechtsbegriffs der „Erforderlichkeit" wurde bereits im Rahmen der Analyse der Verwaltungsvorschrift erörtert; Vgl. 3. Kapitel: 2.1.3, S. 78 ff.

der vielen stattfindenden Ereignisse für die Beiratsarbeit wichtig sind und deshalb dem Beirat mitgeteilt werden müssen.

Anders sieht es bei der Unterrichtung nach Ziff. 1.3.2 VwV d. JM n. F. aus. Diese bezieht sich nicht auf alltägliche Ereignisse, sondern auf außerordentliche Vorkommnisse, die für die Öffentlichkeit von besonderem Interesse sind. Insoweit müssen die Beiräte nicht unbedingt auf die Anstaltsleitung zugehen. Aufgrund der Bedeutsamkeit dieser Ereignisse wird diese in den meisten Fällen von sich aus hierüber berichten. Dieses Vorgehen kann von der Anstaltsleitung auch erwartet werden, denn es handelt sich dabei um eher selten auftretende außergewöhnliche Geschehnisse, von denen die Beiräte aufgrund ihrer Distanz zum Alltagsbetrieb in der Anstalt wenig mitbekommen dürften. Es stellt sich nun die Frage, inwieweit hinsichtlich dieser Informationsansprüche Änderungen in der Verwaltungsvorschrift notwendig sind, um die Voraussetzungen für eine intensivere Wahrnehmung durch die Beiräte zu schaffen.

Die Modifikationen sollten sich primär auf den Auskunftsanspruch gemäß Ziff. 1.3.1 VwV d. JM n. F. beziehen, der von den Beiräten in der Praxis eher vernachlässigt wird. Um den Beiräten eine häufigere Inanspruchnahme dieses Rechts zu erleichtern, wäre es geboten, den unbestimmten Rechtsbegriff der „Erforderlichkeit" durch eine beispielhafte Aufzählung jener Themenbereiche zu präzisieren, auf die sich die Auskunftserteilung insbesondere beziehen sollte.[762] Die Untersuchung hat ergeben, dass die Beiräte für eine erfolgreiche Beiratsarbeit weniger abstrakte Daten oder Befunde über einzelne Gefangene (etwa aus Gefangenenpersonalakten) benötigen, sondern dass sie sich sehr viel häufiger mit ganz pragmatischen Angelegenheiten beschäftigen und diesbezüglich Lösungen und Verbesserungen anstreben. Deshalb sollte sich der Beispielskatalog zur Konkretisierung des Begriffs der „Erforderlichkeit"[763] an den tatsächlichen Themenschwerpunkten der Beiräte orientieren. Hierzu gehören: die Berufs- und Ausbildungssituation in der Anstalt; die baulichen Verhältnisse der JVA; die Belegungssituation und die Unterbringung der Gefangenen; die Verpflegung der Gefangenen und ihre Freizeitmöglichkeiten; individuelle Besonderheiten und Probleme einzelner Gefangener wie z. B. Erkrankungen oder ärztliche Behandlungen und die Situation im offenen Vollzug.

Darüber hinaus sollte in den Wortlaut der Ziff. 1.3.1 VwV d. JM n. F. aufgenommen werden, dass sich der Auskunftsanspruch insbesondere auf solche Themen bezieht, die für die Öffentlichkeit von besonderem Interesse sein können. Dies müssen nicht immer besondere Vorfälle oder außergewöhnliche Ereignisse sein. Für eine informative Öffentlichkeitsarbeit ist es fast noch wichtiger, den Menschen ein Bild des alltäglichen Lebens in einer Vollzugsanstalt sowie damit verbundenen Probleme zu vermitteln. Nur auf diese Weise – wenn also auch über Alltäglichkeiten berichtet wird – kann in der Bevölkerung dem Missverständnis entgegengewirkt werden,

---

762 Vgl. die Ausführungen im 3. Kapitel: 2.1.3, S. 78 ff.

763 Zu den Vor- und Nachteilen einer Konkretisierung unbestimmter Rechtsbegriffe durch eine beispielhafte Aufzählung Spannowsky 1987, S. 165.

dass in den Vollzugsanstalten Skandale und Eklats an der Tagesordnung sind.[764] Außerdem bestünde durch eine entsprechende Formulierung die Möglichkeit, bei den Beiräten dem (offenbar existierenden) Fehlschluss vorzubeugen, dass sich eine Öffentlichkeitsinformation ausschließlich auf außergewöhnliche Vorfälle innerhalb der Anstalt beziehen muss. Ein solches Verständnis führt zu der vorherrschenden Meinung der Beiräte, dass solche Ereignisse besser nicht veröffentlicht werden sollten, um eine Verschlechterung des in der Öffentlichkeit ohnehin bereits negativen Bildes des Strafvollzuges zu verhindern.[765] Wäre in Ziff. 1.3.1 VwV d. JM n. F. der Hinweis auf die Öffentlichkeit enthalten, so könnte auf diese Weise den Beiräten vermittelt werden, dass es im Rahmen der Öffentlichkeitsinformation vorzugsweise auf die Darstellung und Erklärung der alltäglichen Abläufe und Vorgänge in der Anstalt und weniger auf die Bekanntmachung irgendwelcher Skandale ankommt.

Wichtig ist, die dargestellten Aufzählungen in der Verwaltungsvorschrift deutlich als Beispielskatalog zu kennzeichnen, um eine auf diese Themengebiete begrenzte Information der Beiräte und damit eine Verkürzung des Auskunftsanspruchs zu vermeiden.[766] Mögliche Änderungen sind auch für die Unterrichtung nach Ziff. 1.3.2 VwV d. JM n. F. denkbar. Diese bezieht sich auf solche Anstaltsereignisse, die für die Öffentlichkeit von besonderem Interesse sind. Hier müsste eine Korrektur ansetzen, denn die Beiräte sollten nicht nur über Vorkommnisse unterrichtet werden, die nach Einschätzung der Anstaltsleitung die Öffentlichkeit besonders interessieren dürften, sondern grundsätzlich über alle wichtigen und außergewöhnlichen Geschehnisse in der Anstalt. Dies müsste im Wortlaut von Ziff. 1.3.2 VwV d. JM n. F. ganz deutlich zum Ausdruck kommen. In einem zweiten Schritt wäre ebenfalls durch eine beispielhafte Aufzählung zu konkretisieren, was unter „außergewöhnlichen Ereignissen" zu verstehen ist. An dieser Stelle wäre zwischen solchen Vorkommnissen, deren Kenntnis für die Beiräte und ihre Arbeit unabdingbar ist, und jenen Geschehnissen, die für die Öffentlichkeit von besonderem Interesse sind, zu differenzieren. Die Beiräte selbst müssen ausnahmslos über alle wichtigen, außergewöhnlichen Ereignisse in der Anstalt informiert werden, da sie ansonsten ihren Aufgaben nicht vollumfänglich gerecht werden können.[767] Zu diesen Ereignissen zählen: Entweichungen, Todesfälle Gefangener (einschließlich versuchter Suizide), Verdacht auf vorsätzliche körperliche oder psychische Misshandlung Gefangener (vor allem durch Mitgefangene), Verdacht auf vorsätzliche oder fahrlässige Begehung von Straftaten durch Gefangene, Aufstände der Gefangenen, Erlasse und Verfügungen, besondere Freizeitveranstaltungen, Bauvorhaben, schuldhaftes Fehlverhalten Bediensteter. An die

---

764   Zu der für den Abbau von Vorurteilen notwendigen sachlichen Information der Bevölkerung bei Schmidt 2007, S. 163.

765   Zu der Möglichkeit von Einstellungsänderungen vgl. Bierhoff 2006, S. 342 ff.

766   Vgl. dazu die Ausführungen im Rahmen der Analyse der Verwaltungsvorschrift im 3. Kapitel: 2.1.3, S. 78 ff.

767   So auch die Auffassung des AE bei Baumann 1973, S. 103.

Öffentlichkeit dagegen sollten nur tatsächlich feststehende Begebenheiten dringen, an denen diese ein berechtigtes Interesse hat. Reine Planungen oder Vorhaben, ohne dass sich diese konkretisiert haben, sollten dagegen (noch) nicht veröffentlicht werden. Dies gilt insbesondere für bloße Verdachtsmomente bei Fehlverhalten Gefangener oder Bediensteter. Eine vorzeitige Bekanntmachung würde zu unnötigen Spekulationen und möglicherweise auch zu Vorverurteilungen in der Öffentlichkeit führen, die dem Vollzug mehr schaden als nützen können.[768] Für die Öffentlichkeit sind insbesondere folgende Themen von berechtigtem Interesse: Todesfälle und Entweichungen Gefangener, Aufstände Gefangener, feststehende Bauvorhaben. Insbesondere das Fehlverhalten von Bediensteten fällt hierunter zunächst nicht, sondern sollte ausschließlich intern geklärt werden. Erst eine strafrechtlich relevante und insoweit auch festgestellte Handlung würde die oben aufgestellten Voraussetzungen erfüllen.

Die angesprochenen Veränderungen der verwaltungsrechtlichen Regelungen können insgesamt zu einer intensiveren Wahrnehmung der Informationsrechte durch den Beirat und dadurch zu einer effektiveren Beiratsarbeit beitragen. Denn wie gezeigt wurde, dürfte den Beiräten auch deshalb eine Mitwirkung bei der Vollzugsgestaltung nur schwer möglich sein, weil sie Probleme mit dem Einholen von Auskünften bei der Anstaltsleitung haben.[769] Diese Schwierigkeiten könnten durch eine Konkretisierung des Auskunftsanspruchs in der Verwaltungsvorschrift beseitigt werden und damit könnte zu einer effektiveren Wahrnehmung der Aufgabe der Mitwirkung bei der Vollzugsgestaltung durch die Beiräte beigetragen werden.

1.4 Neuregelung der Zusammenarbeit mit der Anstaltsleitung

Die Art und der Umfang der Inanspruchnahme der Informationsrechte durch die Beiräte hängen stark von der Zusammenarbeit mit der Anstaltsleitung ab, denn die Beiräte sind letztlich auf die Bereitschaft der Anstaltsleitung zur Weitergabe der Informationen angewiesen. Je positiver sich demnach das Verhältnis zur Anstaltsleitung darstellt, desto eher können die Beiräte mit entsprechenden Auskünften und Mitteilungen rechnen. Bisher wurde die Information der Beiräte ausschließlich unter dem Aspekt einer Verpflichtung der Anstaltsleitung zur Informationsweitergabe diskutiert.[770] Die vorliegende Untersuchung zeigte aber, dass die Anstaltsleitungen offenbar grundsätzlich bereit sind, die Anstaltsbeiräte über die Vorgänge in der Anstalt zu unterrichten (wobei negativ abweichende Einzelfälle sicherlich auch vorkommen). Die Beiräte scheinen selbst aufgrund bestehender Unsicherheiten Probleme damit zu haben, die ihnen zustehenden Informationen bei der Anstaltsleitung einzuholen. Um hier Verbesserungen zu erreichen, sollte in die Verwaltungsvorschrift eine Regelung aufgenommen werden, die sich ausdrücklich auf die

---

768 Vgl. die Ausführungen von Schmidt 2007, S. 163 ff.
769 Vgl. die Ausführungen im 9. Kapitel: 3.1, S. 252 ff.
770 Vgl. Wydra 2009, in: Schwind/et al.-StVollzG, §§ 162–165 StVollzG, Rn. 7; Bammann/ Feest 2006, in: Feest-AK-StVollzG, § 164 StvollzG, Rn. 1 ff.

Zusammenarbeit zwischen Anstaltsleitung und Beiräten bezieht. Hierin müsste neben einer Verpflichtung der Anstaltsleitung zur Informationsweitergabe an die Beiräte auch eine Verpflichtung der einzelnen Beiratsmitglieder zur Unterrichtung der Anstaltsleitung über ihre konkreten Tätigkeiten geregelt werden.[771] Die Beiräte sollten dazu veranlasst werden, die Anstaltsleitung bezüglich solcher Beobachtungen und Vorfälle zu benachrichtigen, die der Diskussion mit dieser bedürfen. Außerdem sollten sie der Anstaltsleitung ihre Anregungen, Verbesserungsvorschläge und persönlichen Einschätzungen zu bestimmten beobachteten Vorgängen im Vollzug mitteilen, soweit dies für die Erfüllung der Aufgaben des Strafvollzugs und damit für eine positive Weiterentwicklung des Vollzugs erforderlich ist (§ 16 JVollzGB I BW). Wichtig ist dabei der Hinweis in der Verwaltungsvorschrift darauf, dass diese Verpflichtung jedes einzelne Beiratsmitglied trifft, da ansonsten die Gefahr besteht, dass die Interaktion mit der Anstaltsleitung hauptsächlich von den Beiratsvorsitzenden ausgeht. Im Sinne einer Stärkung des Selbstbewusstseins der Beiräte gerade im Umgang mit der Anstaltsleitung sollte diesbezüglich aber jedes Beiratsmitglied in die Pflicht genommen werden.

Eine solche Regelung hätte zwei große Vorteile. Zunächst würde die Tätigkeit der Anstaltsbeiräte rechtlich hinreichend anerkannt werden. Den Beiräten selbst könnte auf diese Weise vermittelt werden, dass sie einen wichtigen Beitrag für die Arbeit innerhalb des Strafvollzugs leisten[772], und die Normierung der Tatsache, dass nicht nur die Beiräte auf die Zusammenarbeit mit der Anstaltsleitung angewiesen sind, sondern die Anstaltsleitung auch auf die Zusammenarbeit mit den Beiräten angewiesen ist, um wirksame Arbeit leisten zu können, stärkt das Verantwortungsgefühl der Beiräte. Außerdem würden die Beiräte auf diese Weise veranlasst werden, sich mit der Anstaltsleitung auseinanderzusetzen, was ihnen wiederum helfen kann, künftig eher ihren Auskunftsanspruch gegenüber dieser durchzusetzen.

2. Praktische Konsequenzen

Die angesprochenen Veränderungen auf rechtlicher Ebene sind geeignet, das Anforderungsprofil an das Amt des Anstaltsbeirats klar zu definieren und dadurch den Rahmen für die Arbeit der Anstaltsbeiräte zu schaffen. Im Folgenden soll nun diskutiert werden, auf welche Weise eine sinnvolle Arbeit der Beiräte innerhalb dieser gesetzlichen Rahmenbedingungen gelingen kann.

Bei der Erörterung der Konsequenzen für die Beiratspraxis darf nicht vergessen werden, dass es sich bei der Tätigkeit eines Beirats um ein Ehrenamt handelt, welches die Beiräte freiwillig in ihrer Freizeit ausüben. Dies sollte für die praktische

---

771   Eine positive Kommunikation wirkt sich sowohl auf die gemeinsame Zusammenarbeit als auch auf die persönliche Zufriedenheit aus. Dies macht eine effizientere Arbeit möglich; vgl. Podsiadlowski 2002, S. 273.

772   Die Anerkennung der ehrenamtlichen Tätigkeit ist eine wichtige Voraussetzung für ihre Arbeitsmotivation; vgl. Küng 2002, S. 22.

Ausgestaltung der Beiratstätigkeit bedeuten, dass einer Überforderung der Beiräte entgegengewirkt werden muss und ihnen deshalb ein tätigkeitsbezogener Autonomiespielraum verbleiben sollte, der es ihnen ermöglicht, eigenverantwortlich zu arbeiten. Es sollte deshalb auf eine Überregulierung der Beiratspraxis verzichtet werden und der Fokus darauf gerichtet sein, Strategien und Maßnahmen zu entwickeln, die geeignet sind, die limitierten Ressourcen der Beiräte zu stärken.

Dabei ist es zunächst wichtig, die Voraussetzungen für eine eigenverantwortliche Arbeit der Beiräte zu schaffen. Hier ist die Aufklärung der Beiräte über ihre Aufgaben von erheblicher Bedeutung. Im Rahmen der Untersuchung zeigte sich, dass die Information der Beiräte vor Amtsantritt ihre Aufgabenbewältigung beeinflusst. Diese Information sollte verbessert werden, denn ein Großteil der festgestellten Mängel und Schwächen in der Beiratsarbeit (z. B. die stark eingeschränkte Öffentlichkeitsarbeit oder das zu zögerliche Einfordern von Auskünften bei der Anstaltsleitung) basieren auf Missverständnissen oder Unkenntnis seitens der Beiräte und könnten deshalb durch eine umfangreiche Aufklärung behoben werden.[773]

Damit stellt sich die Frage, wie eine derartige Information auszusehen hätte. Selbstverständlich sollte es (wie bisher auch) bei einer mündlichen Einführung in das Ehrenamt durch Anstaltsleitung und Justizministerium bleiben. Eine solche vermag den Beiräten einen ersten Eindruck und einen groben Überblick über ihre zukünftigen Aufgaben zu verschaffen. Die persönliche Ansprache erleichtert zudem das Kennenlernen der wichtigsten Interaktionspartner der Beiräte im Vollzug. Als alleinige Informationsquelle reicht die mündliche Unterrichtung jedoch nicht aus, sie kann insoweit lediglich eine ergänzende Funktion zu der schriftlichen Information einnehmen.[774] Gerade bei Amtsantritt dürften viele Beiräte möglicherweise auftauchende Probleme und Fragestellungen noch gar nicht erkennen, da sich diese häufig erst einstellen, wenn die ersten praktischen Erfahrungen mit dem Ehrenamt gemacht werden. In diesen Situationen benötigen die Beiräte in besonderem Maße Unterstützung und Anleitung. Es besteht natürlich die Möglichkeit, von der Erfahrung der bereits länger amtierenden Beiratsmitglieder zu profitieren. Aber auch dieser Austausch kann eine objektive Information nicht ersetzen, da die Gefahr besteht, dass im Rahmen dieser internen Hilfen ein über die Jahre hinweg falsch entwickeltes Selbstverständnis und dementsprechend praktizierte Verhaltensmuster weitergegeben werden, die dem eigentlichen Sinn und Zweck der Beiratsarbeit nicht entsprechen. Deshalb muss der Schwerpunkt auf eine schriftliche Unterweisung gelegt werden, die sehr ausführlich und systematisch erfolgen sollte. Die Aussagen der befragten Beiräte belegen, dass eine einheitliche Informationspraxis bisher kaum stattgefunden hat.[775] Dies muss sich ändern. Den Beiräten sollte bei Amtsantritt eine umfassende, vom Justizministerium für alle Anstaltsbeiräte Baden-Württembergs

---

773 Vgl. die Ausführungen im 9. Kapitel: 3.2, S. 255 ff. sowie im 9. Kapitel: 4.2, S. 261 ff.
774 Zu den Vorteilen einer schriftlichen Information vgl. von Blanckenburg/et al. 2005, S. 90.
775 Vgl. die Ergebnisse im 7. Kapitel: 1.4.1, S. 166 f.

herausgegebene Informationsbroschüre ausgehändigt werden, die dezidiert zu den Aufgaben, Rechten und Pflichten des Anstaltsbeirats und seiner Mitglieder sowie zu den im Zusammenhang mit der Ausübung des Ehrenamtes auftauchenden Fragen und Problemen Stellung nimmt.[776] Eine solche Broschüre hat den Vorteil, dass die Beiräte auch während ihrer Amtszeit bei Schwierigkeiten oder neuen Fragestellungen stets einen Leitfaden zur Hand haben, an dem sie sich bei ihrer Arbeit orientieren können. Inhaltlich sollte die Informationsschrift die rechtlichen Bestimmungen über die Anstaltsbeiräte mitsamt einer Erläuterung wiedergeben. Dabei sollte sie so gefasst sein, dass sie für den juristischen Laien verständlich ist (ansonsten würde die bloße Aushändigung des Gesetzestextes genügen). Es müsste konkret auf folgende Aspekte umfassend eingegangen werden:

Zunächst sollte ein kurzer Überblick über die verschiedenen Justizvollzugsanstalten im Land gegeben werden und es müssten die Grundzüge und Strukturen des Strafvollzugs (Ziele, Organisation, Aufbau einer Justizvollzugsanstalt etc.) kurz skizziert werden. Dann ist auf die Stellung des Beiratsgremiums im Vollzugssystem und ihre spezifischen Funktionen einzugehen. Hierbei ist es wichtig hervorzuheben, dass die Beiräte die Funktion einer neutralen Vermittlungsinstanz innerhalb des Strafvollzugs einnehmen und insoweit Ansprechpartner für alle Vollzugsbeteiligten sein sollten. Aufgrund dessen sind sie weder von der Anstaltsleitung oder dem Justizministerium weisungsabhängig, noch sollen sie als Interessenvertretung oder Beschwerdeinstanz für die Gefangenen agieren. Im Weiteren sind die Aufgaben der Beiräte zu benennen. Hier kommt es vor allem auf die Bezeichnung und Erläuterung der Öffentlichkeitsaufgaben an. Es sollte ein Hinweis auf Art und Umfang der Öffentlichkeitsarbeit erfolgen. Wichtig ist es zu erwähnen, dass die Aufgaben von allen Beiratsmitgliedern gleichermaßen wahrzunehmen sind, um die Vernachlässigung einzelner Aufgabenbereiche zu verhindern. Gleiches gilt für die Befugnisse. Die Beiräte müssten ausdrücklich auf ihren Informationsanspruch gegenüber der Anstaltsleitung und die damit verbundene Verpflichtung der Anstaltsleitung zur Auskunft hingewiesen werden. Die Rechte der Beiräte sollten deutlich als solche gekennzeichnet sein. Entsprechend müssen die Pflichten der Beiräte Erwähnung finden. Dabei ist insbesondere auf den Inhalt der Verschwiegenheitspflicht und das Verhältnis zur Öffentlichkeitsarbeit einzugehen. Es sollte aber auch die Verpflichtung der Beiräte zur Zusammenarbeit mit allen Vollzugsbeteiligten insbesondere mit der Anstaltsleitung (Weitergabe von Informationen) und dem Justizministerium (Anfertigung der Tätigkeitsberichte sowie Teilnahme an den jährlichen Tagungen) genannt werden. Schließlich müssten noch Hinweise auf die praktische Ausgestaltung der Tätigkeit des Anstaltsbeirats (Häufigkeit der Sitzungen, Anstaltsbesichtigungen, Sprechstunden für die Gefangene etc.) enthalten sein.

Eine derart ausführlich gestaltete Informationsbroschüre kann zu einem wichtigen Leitfaden werden, der die Beiratsmitglieder in ihr Ehrenamt einführt, sie bei der

---

776 So auch Gerken 1986, S. 282.

Ausübung dieses Amtes unterstützt und ihnen dabei hilft, ein besseres Verständnis für ihre Tätigkeit zu entwickeln. Gleichzeitig ermöglichen die vorgeschlagenen rechtlichen Veränderungen ein arbeitsteiliges Vorgehen der Beiräte.[777] Im Rahmen der Untersuchung zeichnete sich bereits eine gewisse Aufgabenverteilung innerhalb des Beiratsgremiums ab. Je nach Herkunft und beruflichem Hintergrund der einzelnen Beiratsmitglieder variierten die Art und der Umfang der Aufgabenwahrnehmung sowie der Kontakt insbesondere zu den Gefangenen.[778] Ein derartiges Vorgehen erscheint sinnvoll und sollte noch weiter intensiviert werden. Wenn in jedem Beirat unter anderem ein Abgeordneter des Landtags sowie weitere Fachkräfte vertreten sind, wäre eine noch weitergehende Spezialisierung der Beiräte auf bestimmte Aufgabenbereiche möglich. Auf diese Weise könnten die sehr vielschichtigen Funktionen des Anstaltsbeirats von den jeweiligen dafür besonders geeigneten Experten wahrgenommen werden, was eine erhebliche Arbeitsentlastung für die Beiräte bedeuten würde. Eine solche Arbeitsteilung in Verbindung mit einer fundierten Kenntnis der Anforderungen an das Ehrenamt kann dazu beitragen, dass die Beiräte ihre Ressourcen optimal für die Beiratstätigkeit nutzen können.

Diese Ressourcen sollten von den Beiräten insbesondere in eine noch intensivere Zusammenarbeit mit den Gefangenen investiert werden. Eine solche ist für die Arbeit der Beiräte besonders wichtig, sodass gefragt werden muss, auf welche Weise ein noch beständigerer Kontakt mit den Gefangenen zustande kommen kann und was getan werden muss, damit durch diese Kontaktaufnahmen auf beiden Seiten noch positivere Effekte erzielt werden können. Wie bereits angesprochen wurde[779], müssen die Gefangenen aktiv ein Tätigwerden der Beiräte anfordern, um deren Hilfe in Anspruch nehmen zu können. Damit eine Interaktion überhaupt stattfinden kann, müssen die Beiräte demnach ihre Hilfsangebote innerhalb der Anstalt für jeden Gefangenen ersichtlich und bekannt machen. Hierfür bieten sich in erster Linie regelmäßige Sprechstunden an, die bereits in einigen Vollzugsanstalten durch die dortigen Beiräte eingerichtet wurden.[780] Diese haben gegenüber Einzelgesprächsterminen den Vorteil, dass sie den Insassen relativ einfach und schnell den Zugang zu den Beiräten ermöglichen, ohne dass die Gefangenen vorher bürokratischen Aufwand etwa in

---

777   Zu den Vor- und Nachteilen der Spezialisierung und Arbeitsteilung in einzelnen Organisationen bei Bergmann/Garrecht 2008, S. 22; sowie Gerken 1986, S. 277 f.
778   Vgl. die Ergebnisse im 8. Kapitel: 2.3, S. 236 ff. sowie im 8. Kapitel: 3.2, S. 243 ff.
779   Vgl. die Ausführungen im 9. Kapitel: 4.1, S. 259 ff.
780   Die Einrichtung von Sprechstunden für die Gefangenen wird auch im Rahmen der Geltendmachung des Beschwerderechts gemäß § 108 Abs. 1 StVollzG aufgrund ihrer Praktikabilität gefordert; vgl. Schuler 2005, in: Schwind/et al.-StVollzG, § 108 StVollzG, Rn. 3.

Form der Terminvereinbarung betreiben müssen.[781] Die Praxiserfahrung[782] zeigt, dass es am ehesten zu Gesprächen mit den Gefangenen kommt, wenn diesen durch die persönliche Anwesenheit die Gelegenheit geboten wird, von sich aus den Kontakt zu suchen und die Kommunikation aufzunehmen. Die Sprechstunden sollten deshalb generell so ausgestaltet sein, dass sie jedem Gefangenen ohne Voranmeldung unproblematisch die Kontaktaufnahme zu den Beiräten ermöglichen. Außerdem sollten die Sprechstunden regelmäßig und stets zu den gleichen Zeiten stattfinden, denn gerade im streng reglementierten und durchorganisierten Leben in der Vollzugsanstalt spielen immer wiederkehrende Rituale für die Gefangenen eine besonders wichtige Rolle, weil sie Kontinuität vermitteln und dadurch Vertrauen schaffen.[783] Zu beachten ist darüber hinaus, dass die Sprechstunden den Gefangenen bekannt gemacht werden müssen. Hierzu sollten in jeder Vollzugsanstalt Aushänge platziert werden, auf denen neben den Terminen für die Sprechstunde auch die Namen der Beiratsmitglieder sowie die Funktionen des Beirats kurz genannt werden. Damit der Kontakt zu den Gefangenen nicht ausschließlich durch die Beiratsvorsitzenden zustande kommt, sollten an der Organisation und Durchführung der Sprechstunden auch die sonstigen Beiratsmitglieder beteiligt werden.

Zudem müssen die Voraussetzungen für konstruktive Gespräche zwischen den Beiräten und den Gefangenen geschaffen werden. Dazu ist es von großer Bedeutung, die Gefangenen vorab über die Tätigkeit und die Funktion des Beirats zu informieren[784], um das Aufkommen falscher Erwartungen seitens der Gefangenen an die Beiräte zu vermeiden. Eine entsprechende Information der Insassen wäre in Form einer Veranstaltung durch die Beiräte in der Anstalt bei jeder neuen Zusammensetzung des Gremiums denkbar, auf der sie sich und ihre Arbeit den Gefangenen vorstellen.[785] Dagegen ist aber der beträchtliche logistische Aufwand einzuwenden, der insbesondere in Vollzugsanstalten mit einer hohen Belegungsfähigkeit für solche Arrangements betrieben werden müsste. Zudem könnte auf diese Weise nur ein Bruchteil der Gefangenen angesprochen werden, denn die Teilnahme jedes einzelnen Gefangenen an der Informationsveranstaltung würde von dem Zeitpunkt des Strafantritts und der Dauer der zu verbüßenden Strafe abhängen. Im Hinblick auf die Wichtigkeit der Information der Gefangenen sollte deshalb auf solche Veranstaltungen verzichtet werden. Da in Baden-Württemberg zudem das Beiratsgremium gemäß der geltenden Verwaltungsvorschrift nicht einheitlich neu besetzt wird, sondern eine Neubestellung individuell für jedes Beiratsmitglied erfolgt, erscheinen solche Veranstaltungen bei jeder Neubesetzung auch kaum praktikabel.

---

781 Die Beratung von Gefangenen in Form von Sprechstunden als optimale Form der Begegnung; vgl. Koeppel 1999, S. 79.

782 Die Verfasserin war von 2005 bis 2006 als ehrenamtliche Betreuerin in der Untersuchungshaftabteilung für weibliche Untersuchungshäftlinge in Heidelberg tätig.

783 Zu dem streng reglementierten Leben im Vollzug vgl. die Ausführungen bei Schmidt 2007, S. 7.

784 Vgl. dazu Podsiadlowski 2002, S. 273.

785 Vgl. hierzu den Vorschlag Gerkens 1986, S. 279 ff.

Der Schwerpunkt sollte deshalb auf eine generelle Information der Gefangenen über die Tätigkeit des Beirats gelegt werden, ohne dass es hier besonders auf die Vorstellung der einzelnen Persönlichkeiten der Beiratsmitglieder ankommt. Hierfür eignet sich insbesondere die schriftliche Information der Gefangenen,[786] denn auf diese Weise können den Gefangenen die Aufgaben des Beirats ausführlich erklärt und dargestellt werden. Eine umfassende Informationsbroschüre wäre ausnahmslos jedem Gefangenen bei Strafantritt auszuhändigen und sollte darüber hinaus innerhalb der Anstalt jedem Gefangenen jederzeit zugänglich sein, sodass er die Möglichkeit hat, sich mit der Institution des Anstaltsbeirats zu beschäftigen. Wenn er sich dann zu einer Kontaktaufnahme mit den Beiratsmitgliedern entschließt, dürfte diese Begegnung auf Seiten des Gefangenen eher durch realistische Erwartungen geprägt sein, was die Zusammenarbeit wesentlich erleichtert.

Darüber hinaus ist es für die Arbeit der Beiräte sehr wichtig, dass die Beiräte auch während ihrer Amtszeit unterstützend begleitet werden. Im Rahmen der Befragung gaben die Beiräte an, dass sie sich am ehesten durch die jährlichen Tagungen mit dem Justizministerium sowie durch den Austausch mit der Anstaltsleitung unterstützt fühlen. Folglich sind Anstaltsleitung und Justizministerium gefragt, ihre Unterstützungsangebote auszuweiten bzw. zu intensivieren.

Für die Anstaltsleitung bedeutet dies vor allem ein intensives Bemühen um gemeinsame Sitzungen mit dem Beirat. Diese sollten idealerweise nicht nur in der gesetzlich vorgeschriebenen Häufigkeit stattfinden, sondern immer dann einberufen werden können, wenn von Seiten der Beiräte oder der Anstaltsleitung Bedarf hierzu besteht. In diesen Sitzungen steckt ein großes Potential, einen positiven Beitrag für die Kooperation zwischen Beiräten und Anstaltsleitung zu leisten, weil dabei dem Beirat nicht nur die notwendigen Informationen für seine Arbeit vermittelt, sondern auch wertvolle Tipps und Hilfestellungen für die Arbeit in der konkreten Justizvollzugsanstalt durch die Anstaltsleitung weitergegeben werden können. Dadurch wird dem Beirat die erforderliche Wertschätzung für seine Arbeit gezollt und außerdem seine besondere Position im Strafvollzug gerade auch im Vergleich zu den ehrenamtlichen Betreuern betont. In Bezug auf die ehrenamtlichen Betreuer im Vollzug sollte zudem eine deutlichere Abgrenzung stattfinden. Im Gegensatz zu diesen kommt den Beiräten die sehr viel komplexere Funktion der Mitwirkung an der Verbesserung der Gesamtsituation innerhalb des Vollzugs zu.[787] Die Wahrnehmung dieser Aufgabe erfordert die Rolle des Beirats als neutrale Instanz in der Vollzugsanstalt. Die Untersuchung zeigte, dass sich die Beiräte in Baden-Württemberg durchaus ihrer Verantwortung diesbezüglich bewusst sind und ihre Tätigkeit dementsprechend

---

786 Die Vorteile einer schriftlichen Information bestehen insbesondere in der Dokumentation der Verbindlichkeit der Kooperationspartner. Sie schafft Klarheit über die Rechte und Pflichten der Kooperationspartner, regelt das Vorgehen bei der Entscheidungsfindung und mach Hierarchien transparent; vgl. von Blanckenburg/ et al. 2005, S. 90.

787 Zu der Abgrenzung beider Gremien im 1. Kapitel: 2.3.2, S. 13 ff.

organisieren. Sie sehen sich als Mediatoren für alle am Vollzug Beteiligten und definieren die Vermittlung zwischen den im Vollzug notwendig aufeinandertreffenden unterschiedlichen Interessen im Sinne einer positiven Ausgestaltung und Entwicklung des Vollzugs als ihre wichtigste Aufgabe.[788] Viele von ihnen lassen dabei eine gute Kenntnis der Strukturen des Vollzugs und der damit verbundenen (Ziel-) Konflikte erkennen. Gerade weil sich die Beiräte ihrer komplexen und oft auch schwierigen Aufgabe bewusst sind, besteht daher das Bedürfnis nach Anerkennung einerseits und nach Abgrenzung gegenüber den ehrenamtlichen Betreuern andererseits.[789] Diesem Bedürfnis sollte die Anstaltsleitung Rechnung tragen, indem sie die spezifische Stellung des Anstaltsbeirats im Vollzugsgefüge bei ihrer Arbeit und im Umgang mit den Beiräten berücksichtigt. Hierzu gehört die unbedingte Bereitschaft zur Zusammenarbeit sowie zur Weitergabe von Informationen, die die Beiräte für ihre Arbeit benötigen.

Ein noch größeres Potential, die Beiräte bei ihrer Arbeit zu unterstützen, steckt in den jährlichen Tagungen mit dem Justizministerium. Auch diese sollten – wie bereits angesprochen – in Anerkennung der Tätigkeit der Beiräte ausschließlich mit diesen und dem Justizministerium ohne die Teilnahme sonstiger Ehrenamtlicher stattfinden. Neben konkreten Hilfs- oder Unterstützungsangeboten sollte dabei der Austausch mit den Beiräten anderer Anstalten und dem Justizministerium im Vordergrund stehen. Solche jährlichen „Feedback"-Gespräche mit dem Justizministerium erleichtern die Selbstreflektion und können dadurch nicht nur zu einer gesteigerten Leistungsfähigkeit der Beiräte beitragen, sondern diesen auch das Gefühl der Wertschätzung vermitteln. Das Justizministerium spielt darüber hinaus eine besondere Rolle für die Tätigkeit der Beiräte, weil es nicht in die Organisation der Justizvollzugsanstalten eingebunden ist. Diese Rolle als „außenstehender" Interaktionspartner der Beiräte führte bisher dazu, dass das Verhältnis der Beiräte zu dem Justizministerium eher distanziert war, weil es in ihrer Arbeit kaum Berührungspunkte mit dem Ministerium gab. Gerade in dieser Rolle des Justizministeriums besteht jedoch auch die Chance für die Behörde als übergeordnete Vermittlungsinstanz die Arbeit der Beiräte zu fördern. Das Justizministerium sollte sich insoweit als Koordinator der Beiratsarbeit begreifen, der bereit und in der Lage sein sollte, empathisch mit den Beiräten zu interagieren, diese bei ihrer Arbeit bedarfsorientiert unterstützend zu begleiten und als Mediator bei auftretenden Problemen zwischen den Beiräten und ihren Interaktionspartnern innerhalb der Justizvollzugsanstalt zu vermitteln.

Diese Aspekte möglicher Veränderungen auf praktischer Ebene können zusammen dazu beitragen, ein positives Arbeitsklima für die Beiräte und damit eine der wichtigsten Voraussetzung überhaupt für eine effiziente ehrenamtliche Tätigkeit zu schaffen.

---

788   Vgl. die Ergebnisse im 7. Kapitel: 2.4, S. 179 f.
789   Zu dem Bedürfnis der ehrenamtlichen Mitarbeiter nach Abgrenzung; vgl. Küng 2002, S. 22.

3. Schlussbetrachtung

Im Rahmen dieses letzten Kapitels wurde vor dem Hintergrund der Frage, ob der Anstaltsbeirat überhaupt eine sinnvolle Einrichtung des Strafvollzugs darstellt, erörtert, welche Möglichkeiten bestehen, vorhandene Schwächen in der Tätigkeit der baden-württembergischen Anstaltsbeiräte zu beseitigen, um dadurch die Effizienz ihrer Aufgabenwahrnehmung zu steigern. Die vorgeschlagenen Veränderungen auf rechtlicher und praktischer Ebene sind zweckmäßig, um diese Mängel zu beheben und auf diese Weise die Wirksamkeit der Beiratstätigkeit positiv zu beeinflussen. Das Justizministerium Baden-Württembergs könnte durch eine dezidiertere und ausführlichere Fassung der Verwaltungsvorschrift entsprechend den Funktionen des Beirats, vor allem auch im Hinblick auf ein verändertes Verständnis bezüglich der Öffentlichkeitsarbeit und der Informationsbeschaffung gegenüber der Anstaltsleitung, zu einer Steigerung der Leistungsfähigkeit der Beiräte beitragen. Auch durch einige Änderungen in der tatsächlichen Arbeit der Beiräte und im Verhalten der einzelnen Vollzugsbeteiligten kann eine Verbesserung der vorhandenen Strukturen erreicht werden. Diese Maßnahmen scheinen zusammen geeignet, eine Konkretisierung der Funktionsbestimmung der Beiräte zu erreichen und dadurch ihre Position innerhalb des Vollzugssystems zu festigen. Auf diese Weise kann die Wirksamkeit der Beiratstätigkeit besonders im Bereich der Öffentlichkeitsarbeit erhöht und der Anstaltsbeirat zu einer Institution weiterentwickelt werden, die geeignet ist, die geforderte Transparenz des Strafvollzugs herzustellen und dadurch als unverzichtbarer Garant der stabilen Beteiligung und Einflussnahme gesellschaftlicher Kräfte auf den Strafvollzug in Baden-Württemberg zu wirken.

4. Vorschlag für eine Novellierung der Verwaltungsvorschrift Baden-Württembergs

Im Folgenden soll ein Vorschlag für eine Neufassung der Verwaltungsvorschrift des Justizministeriums Baden-Württembergs vom 01. April 2010 über Anstaltsbeiräte unterbreitet werden.

Zu § 18 Anstaltsbeiräte wird ergänzend bestimmt:

1. Die Stellung des Anstaltsbeirats

1.1 Bei den selbstständigen Justizvollzugsanstalten werden Anstaltsbeiräte gebildet. Die Aufgabe des Anstaltsbeirats erstreckt sich auch auf die jeweiligen Außenstellen der Justizvollzugsanstalten.

1.2 Bei der Justizvollzugsanstalt Heimsheim Außenstelle Jugendstrafanstalt Pforzheim wird ein Anstaltsbeirat mit drei Mitgliedern gebildet.

1.3 Der Anstaltseirat besteht bei Justizvollzugsanstalten mit einer Belegungsfähigkeit bis zu 200 Gefangenen aus drei Mitgliedern, bis zu 500 Gefangenen aus fünf Mitgliedern und bei einer höheren Belegungsfähigkeit aus sieben Mitgliedern.

1.4 Die Tätigkeit der Anstaltsbeiräte ist ehrenamtlich. Sie wirken als Vertreter der Öffentlichkeit bei der Gestaltung des Vollzugs und der Betreuung der Gefangenen mit. Sie unterstützen die Anstaltsleiterin oder den Anstaltsleiter durch Anregungen und Verbesserungsvorschläge und helfen bei der Eingliederung der Gefangenen nach der Entlassung.

1.5 Der Anstaltsbeirat und seine Mitglieder unterliegen nicht den Weisungen der Vollzugsbehörden.

2. Die Bildung des Anstaltsbeirats

2.1 Die Mitglieder des Anstaltsbeirats werden vom Justizministerium bestellt. Die Bestellung erfolgt aus einer Vorschlagsliste, um deren Aufstellung die Anstaltsleiterin oder der Anstaltsleiter, wenn die Justizvollzugsanstalt (maßgebend ist der Sitz der Hauptanstalt) in einem Stadtkreis liegt, den Gemeinderat, im Übrigen den Kreistag, bittet. In der Vorschlagsliste sollen Ersatzmitglieder benannt werden.

2.2 Das Mitglied des Landtags (Nr. 2.5) wird von diesem bestellt.

2.3 Die Amtsdauer des Anstaltsbeirats entspricht der Wahlperiode des Landtags. Sie beträgt fünf Jahre. Sie beginnt mit der konstituierenden Sitzung des Anstaltsbeirats, die jeweils alsbald nach der ersten Tagung des Landtags stattfindet.

2.4 Die Mitglieder des Anstaltsbeirats können nach Ablauf der Amtsdauer erneut bestellt werden. Die wiederholte Bestellung ist jedoch nur einmal zulässig.

2.5 Die Mitglieder des Anstaltsbeirats sollen Personen sein, die Verständnis für die Aufgaben und Ziele des Strafvollzugs haben und bereit sind, an der Erreichung des Vollzugsziels der Eingliederung entlassener Gefangener mitzuarbeiten.

2.6 In jedem Anstaltsbeirat ist ein/e Abgeordnete/r des Landtags vertreten. Dem Anstaltsbeirat sollen außerdem angehören:

- ein/e Vertreter/in der Arbeitgeberorganisationen
- ein/e Vertreter/in der Gewerkschaften
- ein/e Vertreter/in der Agentur für Arbeit
- ein/e Vertreter/in eines Journalistenverbandes
- je ein/e Vertreter/in des Paritätischen Wohlfahrtsverbandes
- eine in der Sozialarbeit, insbesondere in der Straffälligenhilfe, tätige Persönlichkeit

Dem Anstaltsbeirat sollen Frauen und Männer angehören. Die Mitglieder der Anstaltsbeiräte bei Jugendstrafanstalten sollen in der Erziehung junger Menschen erfahren oder dazu befähigt sein.

2.7 Außer dem in § 18 Abs. 5 JVollzGB I genannten Personenkreis sind als Mitglieder des Anstaltsbeirats auch Personen ausgeschlossen, die zu der Justizvollzugsanstalt geschäftliche Beziehungen unterhalten.

3. Widerruf der Bestellung und Nachbesetzung

3.1 Bei Verletzung der ihm obliegenden Pflichten oder aus anderem wichtigen Grund kann die Bestellung als Mitglied des Anstaltsbeirats widerrufen werden. Vor der Entscheidung sind der Betroffene und der oder die Vorsitzende des Anstaltsbeirats zu hören. Bis zur Entscheidung über die Amtsenthebung kann das Ruhen der Befugnisse (§ 18 Abs. 3 JVollzGb I) angeordnet werden. Die Entscheidung obliegt bei Abgeordneten dem Landtag und bei den sonstigen Mitgliedern dem Justizministerium.

3.2 Scheidet ein Mitglied des Anstaltsbeirats aus, bestellt das Justizministerium aus der Vorschlagsliste ein neues Mitglied. Bei Abgeordneten erfolgt die Nachbesetzung durch den Landtag.

4. Vorsitz und Beschlussfähigkeit

4.1 Die Mitglieder des Anstaltsbeirats wählen aus ihrer Mitte eine Vorsitzende oder einen Vorsitzenden sowie eine Stellvertreterin oder einen Stellvertreter.

4.2 Der Anstaltsbeirat fasst seine Beschlüsse mit Stimmenmehrheit. Er ist beschlussfähig, wenn mindestens die Hälfte der Mitglieder anwesend ist.

5. Die Aufgaben des Anstaltsbeirats

5.1 Der Anstaltsbeirat kann seine Aufgaben gemeinsam wahrnehmen oder sie einzelnen Mitgliedern übertragen. Auch ohne eine solche Übertragung ist jedes Mitglied zur Aufgabenwahrnehmung berechtigt. Der Anstaltsbeirat hat nicht die Aufgabe einer Beschwerdeinstanz gemäß § 92 JVollzGB III.

5.2 Der Anstaltsbeirat und seine Mitglieder arbeiten mit allen im Justizvollzug Tätigen zusammen und wirken an der Erfüllung der Aufgaben des Vollzugs mit (§ 16 Abs. 1 JVollzGB I BW). Zu diesem Zweck teilen sie die in Erfüllung ihrer Aufgaben gemachten besonderen Beobachtungen sowie Anregungen, Verbesserungsvorschläge und Beanstandungen der Anstaltsleiterin oder dem Anstaltsleiter mit. Sie sind ebenso Ansprechpartner für die Vollzugsbediensteten.

5.3 Der Anstaltsbeirat wirkt bei der Fortentwicklung des Vollzuges beratend mit, insbesondere bei der Aufstellung der Haushalts- und Personalplanung, bei der Aufstellung und Änderung der Hausordnung sowie bei der Planung und Vorbereitung von Maßnahmen zur allgemeinen und beruflichen Bildung und Weiterbildung der Gefangenen.

5.4 Der Anstaltsbeirat beobachtet die Arbeit im Vollzug und unterrichtet die zuständigen Behörden und die Öffentlichkeit. Er vermittelt Kontakte des Vollzugs zu öffentlichen und privaten Einrichtungen. Er soll sich bemühen, in der Öffentlichkeit ein der Wirklichkeit entsprechendes Bild des Strafvollzugs zu vermitteln und um Verständnis für die Belange eines auf Resozialisierung ausgerichteten Strafvollzugs zu werben.

6. Die Befugnisse des Anstaltsbeirats

6.1 Der Anstaltsbeirat kann seine Befugnisse gemeinsam wahrnehmen oder sie einzelnen Mitgliedern übertragen.

6.2 Die Anstaltsleiterin oder der Anstaltsleiter ist verpflichtet, den Anstaltsbeirat bei der Erfüllung seiner Aufgaben zu unterstützen und ihm die für seine Tätigkeit in der Justizvollzugsanstalt und in der Öffentlichkeit erforderlichen Auskünfte zu erteilen. Dazu gehören insbesondere Mitteilungen über:

– die Berufs- und Ausbildungssituation in der Justizvollzugsanstalt,
– die baulichen Verhältnisse in der Justizvollzugsanstalt,
– die Belegungssituation und die Unterbringung der Gefangenen,
– die ärztliche Versorgung und Behandlung der Gefangenen,
– die Verpflegung und die Freizeitmöglichkeiten der Gefangenen.

Die Anstaltsleitung gewährt dem Anstaltsbeirat auf dessen Verlangen Einsicht in die Gefangenenpersonalakten und macht Mitteilungen aus Gefangenenpersonalakten, soweit dies zur Erfüllung der Aufgabe der Mitglieder des Anstaltsbeirats erforderlich ist und sie nicht Einzelheiten eines noch anhängigen Ermittlungs- oder Gerichtsverfahrens betreffen.

6.3 Die Anstaltsleiterin oder der Anstaltsleiter ist verpflichtet, die Vorsitzende oder den Vorsitzenden des Anstaltsbeirats unverzüglich über besondere Vorkommnisse in der Anstalt sowie alle Planungen und Entwicklungen, die für den Anstaltsbeirat zur Erfüllung seiner Aufgaben von wichtiger Bedeutung sind, zu unterrichten. Dazu gehören insbesondere:

– Entweichungen,
– Todesfälle,
– Verdacht auf körperliche oder psychische Misshandlung Gefangener,
– Verdacht auf Begehung von Straftaten durch Gefangene,
– Aufstände der Gefangenen,
– Erlasse und Verfügungen,
– besondere Freizeitveranstaltungen,
– Bauvorhaben,
– schuldhaftes Fehlverhalten der Vollzugsbeamten.

Die Anstaltsleitung unterrichtet die Vorsitzende oder den Vorsitzenden des Anstaltsbeirats außerdem über Anstaltsereignisse, die für die Öffentlichkeit von besonderem Interesse sind. Dazu gehören insbesondere:

– Entweichungen,
– Todesfälle,
– Aufstände der Gefangenen,
– Erlasse und Verfügungen,
– besondere Freizeitveranstaltungen,
– Bauvorhaben.

Die Vorsitzende oder der Vorsitzende des Anstaltsbeirats werden über den rechtskräftigen Abschluss von Strafverfahren, die aus Anlass solcher Ereignisse eingeleitet worden sind, in Kenntnis gesetzt.

6.4 Die Mitglieder des Anstaltsbeirats sind berechtigt, der Öffentlichkeit über ihre Tätigkeit zu berichten. Sie haben bei ihrer Öffentlichkeitsarbeit den Schutz der Persönlichkeitsrechte der Gefangenen, der Bediensteten und der Anstaltsleiterin/des Anstaltsleiters zu gewährleisten.

6.5 In den Justizvollzugsanstalten sind durch Aushang die Namen der Beiratsmitglieder sowie die Möglichkeiten der Kontaktaufnahme zu diesen unter dem Hinweis bekannt zu machen, dass sich die Gefangenen mit Wünschen, Anregungen und Beanstandungen an diese wenden können.

6.6 Der Anstaltsbeirat soll einmal im Jahr durch das parlamentarische Mitglied dem Landtag Baden-Württembergs über die politisch bedeutsamen Entwicklungen im Strafvollzug Bericht erstatten und dabei Anregungen und Empfehlungen aussprechen.

7. Die Sitzungen des Anstaltsbeirats

7.1 Der Anstaltsbeirat wird von seiner Vorsitzenden oder seinem Vorsitzenden in jedem Halbjahr mindestens zweimal zu Sitzungen in der Justizvollzugsanstalt und mindestens einmal zu einer Besichtigung des gesamten Anstaltsbereichs (einschließlich der Außenstelle) einberufen.

7.2 Die Anstaltsleiterin oder der Anstaltsleiter regt bei der Vorsitzenden oder dem Vorsitzenden des Anstaltsbeirats die Einberufung einer Sitzung des Anstaltsbeirats an, wenn dies erforderlich ist.

7.3 An den Beiratssitzungen nehmen auf Wunsch des Anstaltsbeirats die Anstaltsleiterin oder der Anstaltsleiter sowie andere Anstaltsbedienstete teil. Die Anstaltsleiterin oder der Anstaltsleiter gibt dabei, sofern der Anstaltsbeirat dies wünscht, einen mündlichen Bericht über die Situation in der Justizvollzugsanstalt.

7.4 Mindestens einmal im Halbjahr soll eine gemeinsame Sitzung von Anstaltsbeirat und Anstaltskonferenz zum Zwecke des Gedankenaustausches und der gegenseitigen Unterrichtung abgehalten werden. Die Sitzung wird von der Anstaltsleiterin oder dem Anstaltsleiter im Benehmen mit der oder dem Vorsitzenden des Anstaltsbeirats einberufen.

8. Die Jahresberichte und Tagungen mit dem Justizministerium

8.1 Der Anstaltsbeirat soll dem Justizministerium jährlich einen schriftlichen Tätigkeits- und Erfahrungsbericht vorlegen und dabei Anregungen und Empfehlungen aussprechen. Das Justizministerium nimmt zu dem Bericht schriftlich Stellung und stellt den Bericht mit seiner Stellungnahme auf den jährlich stattfindenden Tagungen vor.

8.2 Der jährliche Tätigkeits- und Erfahrungsbericht des Anstaltsbeirats ist zusammen mit der schriftlichen Stellungnahme des Justizministeriums zu veröffentlichen.

8.3 Das Justizministerium lädt einmal im Jahr alle Anstaltsbeiräte Baden-Württembergs zu einer gemeinsamen Tagung ein. Die Anstaltsbeiräte sollen an diesen Tagungen teilnehmen und an ihrer Gestaltung mitwirken.

Literaturverzeichnis

Achterberg, N. 1984. *Parlamentsrecht.* Tübingen, 1984.

Alting, H. 1976. Die Anstaltsbeiräte. In H.-D. Schwind, & G. Blau (Hrsg.), *Strafvollzug in der Praxis. Eine Einführung in die Probleme und Realitäten des Strafvollzuges und der Entlassenenhilfe* (S. 235–239). Berlin, New York, 1976.

Amelung, K. 1983. Die Einwilligung des Unfreien. Das Problem der Freiwilligkeit bei der Einwilligung eingesperrter Personen. *Zeitschrift für die gesamte Strafrechtswissenschaft,* Band 95, S. 1–31.

Amschewitz, D. 2008. *Die Durchsetzungsrichtlinie und ihre Umsetzung im deutschen Recht.* Tübingen, 2008.

Appel, J. 1905. *Der Vollzug der Freiheitsstrafen in Baden.* Karlsruhe, 1905.

Arloth, F. 2008. *Strafvollzugsgesetz Kommentar.* 2. Auflage. München, 2008.

von Arnauld, A. 2006. *Rechtssicherheit.* Tübingen, 2006.

Bammann, K., & Feest, J. 2006. Kommentierung zu § 1 StVollzG, §§ 162–165 StVollzG. In J. Feest (Hrsg.), *Kommentar zum Strafvollzugsgesetz, Reihe Alternativkommentare.* 5. Auflage. Neuwied, 2006. (zit.: Bammann/Feest 2006, in Feest-AK-StVollzG, §, Rn.).

Bauer, F. 1957/58. Straffälligenhilfe nach der Entlassung. *Bewährungshilfe Heft 3,* S. 180–199.

Baumann, J. 1971. Die Strafvollzugsreform aus der Sicht des Alternativ-Entwurfs der Strafrechtslehrer. In A. Kaufmann, & T. Würtenberger (Hrsg.), *Die Strafvollzugsreform. Eine kritische Bestandsaufnahme* (S. 21–33). Karlsruhe, 1971.

Baumann, J. 1973. *Alternativentwurf eines Strafvollzugsgesetzes, vorgelegt von einem Arbeitskreis deutscher und schweizerischer Strafrechtslehrer.* Tübingen, 1973.

Baumann, J. 1979. Der Anstaltsbeirat als Garant eines transparenten Strafvollzugs. In J. Baumann (Hrsg.), *Strafvollzug und Öffentlichkeit* (S. 1–14). Tübingen, 1979.

Beccaria, C. 1776/1998. *Über Verbrechen und Strafen.* Nach der Ausgabe von 1766 übersetzt und herausgegeben von Wilhelm Alff. Frankfurt am Main, 1998.

Behne, M. 1999. *Harmonie und Konflikt - soziokulturelle Entwicklung auf Taiwan.* Münster, 1999.

Benz, U. 1982. *Zur Rolle der Laienrichter im Strafprozess.* Lübeck, 1982.

Bergmann, R., & Garrecht, M. 2008. *Organisation und Projektmanagement.* Heidelberg, 2008.

Bethke, N. 2009. *Neue Wege zur Gewinnung und Einbeziehung neuer Ehrenamtlicher in die Arbeitsbereiche der freien Wohlfahrtspflege.* Nordersted, 2009.

von Beyme, K. 2010. *Das politische System der Bundesrepublik Deutschland. Eine Einführung.* 11. Auflage. Wiesbaden, 2010.

Biemann, T. 2009. Logik und Kritik des Hypothesentestens. In S. Albers, D. Klapper, U. Konradt, A. Walter, & J. Wolf (Hrsg.), *Methodik der empirischen Forschung* (S. 205–220). 3. Auflage. Wiesbaden, 2009.

Bierhoff, H. W. 2006. *Sozialpsychologie.* 6. Auflage. Stuttgart, 2006.

von Blanckenburg, C., Böhm, B., Dienel, H.-L., & Legewie, H. 2005. *Leitfaden für interdisziplinäre Forschergruppen; Projekte initiieren - Zusammenarbeit gestalten.* München, 2005. (zit.: von Blanckenburg/et al. 2005, S.).

Bockelmann, P. 1960. Öffentlichkeit und Strafrechtspflege. *Neue Juristische Wochenschrift,* S. 217–221.

Bortz, J., & Döring, N. 2006. *Forschungsmethoden und Evaluation für Human- und Sozialwissenschaftler.* 4. Auflage. Heidelberg, 2006.

Bortz, J., & Lienert, G. A. 2008. *Kurzgefasste Statistik für die klinische Forschung. Leitfaden für die verteilungsfreie Analyse kleiner Stichproben.* 3. Auflage. Heidelberg, 2008

Bortz, J., & Schuster, C. 2010. *Statistik für Human- und Sozialwissenschaftler.* 7. Auflage. Berlin, Heidelberg, 2010.

Brucks, F. 1928. Die innere Organisation der Gefangenenanstalten in Deutschland. In E. Bumke (Hrsg.), *Deutsches Gefängniswesen* (S. 98–123). Berlin, 1928.

Brunner, R., & Dölling, D. 2002. *Jugendgerichtsgesetz.* 11. Auflage. Berlin, New York, 2002.

Bumke, C. 2004. *Relative Rechtswidrigkeit.* Tübingen, 2004.

Bundesministerium der Justiz (Hrsg.). 1954. *Materialien zur Strafrechtsreform, 6. Band.* Bonn, 1954. (zit.: BMJ 1954, Materialien zur Strafrechtsreform, S.).

Bundesministerium der Justiz (Hrsg.). 1970. *Tagungsberichte der Strafvollzugskommission, 10. Band.* Bonn, 1970. (zit.: BMJ 1970, Tagungsberichte der Strafvollzugskommission, Bd. 10, S.).

Bundesministerium der Justiz (Hrsg.). 1971. *Tagungsberichte der Strafvollzugskommission, Sonderband 11–13.* Bonn, 1971. (zit.: BMJ 1971, Tagungsberichte der Strafvollzugskommission, Sonderband 11–13, S.).

Busch, M. 1988. Ehren- und nebenamtliche Mitarbeiter im Strafvollzug. In H.-D. Schwind, & G. Blau (Hrsg.), *Strafvollzug in der Praxis. Eine Einführung in die Probleme und Realitäten des Strafvollzugs und der Entlassenenhilfe* (S. 221–228). 2. Auflage. Berlin, New York, 1988.

Buschbeck, H., & Hess, G. 1973. Wie objektiv bewertet man sich selbst? Untersuchung zum Eigen- und Fremdbild bei Aufsichtsbeamten und Häftlingen im Jugendstrafvollzug. *Zeitschrift für Strafvollzug und Straffälligenhilfe,* S. 204–218.

Calliess, R.-P. 1981. *Strafvollzugsrecht.* 2. Auflage. München, 1981.

Calliess, R.-P. 1992. *Strafvollzugsrecht.* 3. Auflage. München, 1992.

Calliess, R.-P., & Müller-Dietz, H. 2005. *Strafvollzugsgesetz Kommentar.* 10. Auflage. München, 2005.

Casper, G., & Zeisel, H. 1979. *Der Laienrichter im Strafprozess.* Heidelberg, Karlsruhe, 1979.

Chilian, W. 1974. Die Anstaltsbeiräte im kommenden Strafvollzug. *Zeitschrift für Strafvollzug und Straffälligenhilfe,* S. 202–205.

Cyrus, H. 1982. *Laienhelfer im Strafvollzug.* Weinheim, Basel, 1982.

Degenhart, C. 2003. *Staatrecht I. Staatsorganisationsrecht.* 19. Auflage. Heidelberg, 2003.

Der Deutsche Bundestag (Hrsg.). 1976. *Bundestags-Drucksache 7/918. Veröffentlichte Materialien Nr. 2, Gesetz über den Vollzug der Freiheitsstrafe und der freiheitsentziehenden Maßregeln der Besserung und Sicherung (StVollzG). Vom 16. März 1976 (BGBl. I S. 581).* Bonn, 1976. (zit.: BT-Drucks. 7/918, S.).

Der Deutsche Bundestag (Hrsg.). 1976. *Bundestags-Drucksache 7/3998. Veröffentlichte Materialien Nr. 2, Gesetz über den Vollzug der Freiheitsstrafe und der freiheitsentziehenden Maßregeln der Besserung und Sicherung (StVollzG). Vom 16. März 1976 (BGBl. I S. 581).* Bonn, 1976. (zit.: BT-Drucks. 7/3998, S.).

Der Deutsche Bundestag (Hrsg.). 2004. *Bundestags-Drucksache 15/3191. Antwort der Bundesregierung auf die kleine Anfrage der Abgeordneten Jörg van Essen, Daniel Bahr (Münster), Rainer Brüderle, weiterer Abgeordneter und der Fraktion der FDP.* Berlin, 2004. (zit.: BT-Drucks. 15/3191, S.).

Deutsche Presseagentur (Hrsg.). 1967. Gefängnisinspektion durch Abgeordnete. Artikel vom 11. Februar 1967. *Frankfurter Allgemeine Zeitung,* S. 60. (zit.: dpa 1967, Frankfurter Allgemeine Zeitung, Artikel vom 11. Februar 1967, S.).

Deutsche Presseagentur (Hrsg.). 2006. Neuer Gefängnisskandal. Häftling zwang Mitgefangenen, sich die Pulsadern aufzuschlitzen. Artikel vom 23. November 2006. *Spiegel Online Panorama.* Abgerufen am 25. März 2011 von http://www.spiegel.de/panorama. (zit.: dpa 2006, Spiegel Online Panorama, Artikel vom 23. November 2006).

Deutsche Presseagentur (Hrsg.). 2010. Schlechte Behandlung Schwangerer. CDU-Politikerin droht neuer Gefängnisskandal. Artikel vom 28. April 2010. *Welt Online.* Abgerufen am 22. März 2011 von http://www.welt.de/politik. (zit.: dpa 2010, Welt Online, Artikel vom 28. April 2010).

Dölling, B. 2009. *Strafvollzug zwischen Wende und Wiedervereinigung; Kriminalpolitik und Gefangenenprotest im letzten Jahr der DDR.* Berlin, 2009.

Eggert, H.-J. 1981. Die Herkunft ehrenamtlicher Mitarbeiter in der Straffälligenhilfe - Eine Untersuchung an zwölf Gruppen ehrenamtlicher Mitarbeiter in Niedersachsen und Lübeck. *Zeitschrift für Strafvollzug und Straffälligenhilfe,* S. 359–361.

Eichler, H. 1935. Inwieweit ist in der Strafvollstreckung Raum für eine Mitwirkung richterlicher Instanzen? *Deutsches Strafrecht*, S. 357–364.

Essig, K. 2000. *Die Entwicklung des Strafvollzuges in den neuen Bundesländern; Bestandsaufnahme und Analyse unter besonderer Berücksichtigung der Situation der Strafvollzugsbediensteten aus der ehemaligen DDR.* Mönchengladbach, 2000.

Feest, J. 2009. Aktuelles zur Gesetzgebung Strafvollzug. Beitrag vom 11. September 2009. *Strafvollzugsarchiv e.V. an der Universität Bremen.* Abgerufen am 1. Februar 2010 von http://www.strafvollzugsarchiv.de. (zit.: Feest 2009, Strafvollzugsarchiv, Beitrag vom 11. September 2009).

Feest, J. 2010. Justizvollzugsgesetzbuch Baden-Württemberg - Anmerkungen zu dem darin enthaltenen Landesstrafvollzugsgesetz. Beitrag vom 29. Januar 2010. *Strafvollzugsarchiv e.V. an der Universität Bremen.* Abgerufen am 1. Februar 2010 von http://www.strafvollzugsarchiv.de. (zit.: Feest 2010, Strafvollzugsarchiv, Beitrag vom 29. Januar 2010).

Fischer, T. 2008. *Strafgesetzbuch und Nebengesetze, Kurzkommentar.* 55. Auflage. München, 2008.

Fox, L. W. 1952. *The english prison and borstal systems.* London, 1952.

Frede, L. 1927. Der Strafvollzug als Gegenstand staatlicher Verwaltung. In L. Frede, & M. Grünhut (Hrsg.), *Reform des Strafvollzuges. Kritische Beiträge zu dem Amtlichen Entwurf eines Strafvollzugsgesetzes* (S. 31–54). Berlin, Leipzig, 1927.

Friedrichs, J. 1980. *Methoden empirischer Sozialforschung.* 11. Auflage. Opladen, 1980.

Fromm, S. 2012. *Datenanalyse mit SPSS für Fortgeschrittene 2: Multivariate verfahren für Querschnittdaten.* 2. Auflage. Wiesbaden, 2012.

Gamper, A. 2010. *Staat und Verfassung. Einführung in die Allgemeine Staatslehre.* 2. Auflage. Wien, 2010.

Gandela, J. 1988. Anstaltsbeiräte. In H.-D. Schwind, & G. Blau (Hrsg.), *Strafvollzug in der Praxis. Eine Einführung in die Probleme und Realitäten des Strafvollzugs und der Entlassenenhilfe* (S. 229–236). 2. Auflage. Berlin, New York, 1988.

Gerken, J. 1986. *Anstaltsbeiräte.* Frankfurt am Main, Berlin, New York, 1986.

Göhl, H. 2005. *Ehrenamtliches Engagement im Verein. Die Hamburger Tafel, ein Beispiel.* Norderstedt, 2005.

Grambow, O. 1910. *Das Gefängniswesen Bremens.* Leipzig, 1910.

Gross, N., Mason, W., & McEachern, A. 1958. *Explorations in role analysis. Studies of the school superintendency role.* New York, 1958. (zit.: Grosset al. 1958, S.).

Grunau, T. 1959. Die Beteiligung des Richters an Entscheidungen im Vollzug. In Bundesministerium der Justiz (Hrsg.), *Materialien zur Strafrechtsreform, 8. Band, 1. Teil* (S. 475–553). Bonn, 1959.

Güttler, P. 2003. *Sozialpsychologie.* 4. Auflage. München, 2003.

Habermas, J. 1990. *Strukturwandel der Öffentlichkeit.* Neuwied, 1990.

Haller, W. 1964. *Der schwedische Justitieombudsmann. Eine Einrichtung des Rechtsschutzes und der parlamentarischen Kontrolle im Hinblick auf das Verhalten von Organen der Verwaltung und der Rechtspflege.* Zürich, 1964.

Hardwig, W. 1955. Öffentlichkeit und Strafrechtspflege. *Zeitschrift für Strafvollzug und Straffälligenhilfe,* S. 1–128.

Hasse, A. 1928. Die Gefangenenanstalten in Deutschland und die Organisation ihrer Verwaltung. In E. Bumke (Hrsg.), *Deutsches Gefängniswesen* (S. 33–70). Berlin, 1928.

Hau, C. 1925. *Lebenslänglich. Erlebtes und Erlittenes.* Berlin, 1925.

Hauptvogel, F. 1935. Welche Zielrichtung ist dem künftigen Strafrecht zu setzen? *Deutsches Strafrecht,* S. 321–334.

Henkel, H. 1968. *Strafverfahrensrecht. Ein Lehrbuch.* 2. Auflage. Stuttgart, 1968.

von Hippel, R. 1931. *Die Entstehung der modernen Freiheitsstrafe und des Erziehungsstrafvollzugs.* Eisenach, 1931.

Hoffmann, E. 1982. Kommentierung zu § 162 StVollzG. In R. Wassermann (Hrsg.), *Kommentar zum Strafvollzugsgesetz, Reihe Alternativkommentare.* 2. Auflage. Neuwied, Darmstadt, 1982. (zit.: Hoffmann 1982, in Wassermann-AK-StVollzG, §, Rn.).

Hofmann, H. 2008. Kommentierung zu Art. 20 GG. In B. Schmidt-Bleibtreu, H. Hofmann, & A. Hopfau (Hrsg.), *Kommentar zum Grundgesetz.* 11. Auflage. Köln, München, 2008. (zit.: Hofmann 2008, in Schmidt-Bleibtreu/et al.-GG, Art., Rn.).

Hussy, W., Schreier, M., & Echterhoff, G. 2010. *Forschungsmethoden in Psychologie und Sozialwissenschaften.* Heidelberg, 2010.

Jescheck, H.-H. 1969. *Lehrbuch des Strafrechts. Allgemeiner Teil.* Berlin, 1969.

Jestaedt, M. 1999. *Grundrechtsentfaltung im Gesetz.* Tübingen, 1999.

Julius, N. H. 1828. *Vorlesungen über die Gefängnis-Kunde oder über die Verbesserung der Gefängnisse und sittliche Besserung der Gefangenen, entlassenen Sträflinge usw.* Berlin, 1828.

Jung, H. 1977. Das Strafvollzugsgesetz und die „Öffnung des Vollzuges". *Zeitschrift für Strafvollzug und Straffälligenhilfe,* S. 86–92.

Jung, H., & Müller-Dietz, H. (Hrsg.). 1974. *Vorschläge zum Entwurf eines Strafvollzugsgesetzes.* Schriftenreihe des Bundeszusammenschlusses für Straffälligenhilfe - Fachausschuss Strafrecht und Strafvollzug. 2. Auflage. Bonn-Bad Godesberg, 1974.

Justizministerium Baden-Württemberg (Hrsg.). 1968. Allgemeinverfügung vom 6. März 1968, 4401-VI/3. *Die Justiz 1968,* S. 116–117. (zit.: AV d. JM vom 6. März 1968, 4401-VI/3, Die Justiz 1968, S.).

Justizministerium Baden-Württemberg (Hrsg.). 1971. Allgemeinverfügung vom 5. Oktober 1971, 4401-VI/4. *Die Justiz 1971*, S. 344. (zit.: AV d. JM vom 5. Oktober 1971, 4401-VI/4, Die Justiz 1971, S. 344).

Justizministerium Baden-Württemberg (Hrsg.). 1977. Allgemeinverfügung vom 15. März 1977, 4439-VI/9. *Die Justiz 1977*, S. 145. (zit.: AV d. JM vom 15. März 1977, 4439-VI/9, Die Justiz 1977, S. 145).

Justizministerium Baden-Württemberg (Hrsg.). 2004. Verwaltungsvorschrift vom 23. September 2004, 4439/0086. *Die Justiz 2004*, S. 456–457. (zit.: VwV d. JM vom 23. September 2004, 4439/0086, Die Justiz 2004, S.).

Justizministerium Baden-Württemberg (Hrsg.). 2010. Verwaltungsvorschrift vom 01. April 2010, 4430/0168. *Die Justiz 2010*, S. 109. (zit.: VwV d. JM vom 01. April 2010, 4430/0168, Die Justiz 2010, S. 109.).

Justizministerium Nordrhein Westfalen (Hrsg.). 2011. Verwaltungsvorschrift vom 24. August 1998 in der Fassung vom 29. März 2011, 4439-IV A.3, *Justizministerialblatt Nordrhein-Westfalen*, S. 262. (zit.: AV d. JM NRW vom 24. August 1998, 4439-IV A.3, JMBl. NW, S. 262.).

Kaiser, G. 1978. Begriff, Ortsbestimmung, Entwicklung und System des Strafvollzugs. In G. Kaiser, H.-J. Kerner, & H. Schöch (Hrsg.), *Strafvollzug, Eine Einführung in die Grundlagen* (S. 1–50, 137–162). 2. Auflage. Heidelberg, Karlsruhe, 1978.

Kaiser, G., & Schöch, H. 2003. *Strafvollzug - Eine Einführung in die Grundlagen.* 5. Auflage. Heidelberg, 2003.

Kerner, H.-J. 1981. Anmerkung zu OLG Hamm. *Neue Zeitschrift für Strafrecht*, S. 277–280.

Kerner, H.-J. 1992. Vollzugsstab und Insassen des Strafvollzugs/ Strafvollzug als Prozess. In G. Kaiser, H.-J. Kerner, & H. Schöch (Hrsg.), *Strafvollzug* (S. 346–570). 4. Auflage. Heidelberg, 1992.

Klausa, E. 1972. *Ehrenamtliche Richter - Ihre Auswahl und Funktion - empirisch untersucht.* Frankfurt am Main, 1972.

Klein, A. 1905. *Die Vorschriften über Verwaltung und Strafvollzug in den Preußischen Justizgefängnissen.* Berlin, 1905.

Klein, A. 1912. Vorschläge zu einem Entwurf eines Reichsgesetzes über den Vollzug der gerichtlich erkannten Freiheitsstrafe. *Zeitschrift für die gesamte Strafrechtswissenschaft*, S. 643–668.

Kleinert, C. 2004. *Fremdenfeindlichkeit. Einstellungen junger Deutscher zu Migranten.* Wiesbaden, 2004.

Kleinert, U. 1981. Strukturen und Tendenzen legen uns lahm - Über die Schwierigkeit, heutzutage Anstaltsbeirat im Strafvollzug zu bleiben. *Neue Praxis*, S. 70–77.

Koch, H.-J. 1979. *Unbestimmte Rechtsbegriffe und Ermessensermächtigungen im Verwaltungsrecht.* Frankfurt am Main, 1979.

Koch, J. 2004. *Marktforschung.* 4. Auflage. Oldenburg, 2004.

Koeppel, T. 1999. *Kontrolle des Strafvollzuges. Individueller Rechtsschutz und generelle Aufsicht. Ein Rechtsvergleich.* Mönchengladbach, 1999.

Krebs, A. 1948. Über die Mitarbeit von Laien im englischen Gefängniswesen. In E. Falkenberg (Hrsg.), *Beiträge zur Kultur- und Rechtsphilosophie, Festschrift für G. Radbruch* (S. 174–202). Heidelberg, 1948. (zit.: Krebs, FS-Radbruch 1948, S.).

Krebs, A. 1950. Theodor Fliedner. *Zeitschrift für Strafvollzug und Straffälligenhilfe,* S. 17–22.

Krebs, A. 1963. Strafvollzug und Öffentlichkeit. *Zeitschrift für Strafvollzug und Straffälligenhilfe,* S. 63–71.

Krebs, A. 1969. Aus der Geschichte der Straffälligenhilfe in Hessen. Zum hundertjährigen Bestehen des Frankfurter Gefängnisvereins. *Zeitschrift für Strafvollzug und Straffälligenhilfe,* S. 127–147.

Krebs, A. 1980. „Gefängnisgesellschaften" und „Anstaltsbeiräte" - Eine geschichtliche Betrachtung. In Niedersächsische Gesellschaft für Straffälligenbetreuung und Bewährungshilfe e.V. - Landesverband - (Hrsg.), *Freiwillige Mitarbeit in der Straffälligenhilfe und professionelle Sozialarbeit.* (S. 105–120). Hannover, 1980.

Krebs, A. 1982. Der „Anstaltsbeirat" (§§ 162 bis 165 StVollzG), Eine sozialgeschichtliche Studie über das Mitwirken gesellschaftlicher Kräfte bei dem staatlichen Vollzug der Freiheitsstrafe. In E.-W. Hanack (Hrsg.), *Festschrift für Hanns Dünnebier zum 75. Geburtstag am 12. Juni 1982* (S. 707–727). Berlin, 1982. (zit.: Krebs, FS-Dünnebier 1982, S.).

Kriegsmann, H. 1912. *Einführung in die Gefängniskunde.* Heidelberg, 1912.

Kruger, J., & Dunning, D. 1999. Unskilled and unaware of it: How difficulties in recognizing one's own incompetence lead to inflated self-assessments. *Journal of Personality and Social Psychology,* 77. Band, Heft 6, S. 1121–1134. (zit.: Kruger/Dunning 1999, Journal of Personality and Social Psychology, S. 1121–1134.).

Kühler, H. 1959. Die Gefangenen- und Entlassenenfürsorge. In Bundesministerium der Justiz (Hrsg.), *Materialien zur Strafrechtsreform, 8. Band, 2. Teil* (S. 513–654). Bonn, 1959.

Küng, T. 2002. *Das Verhältnis zwischen ehrenamtlichen und hauptamtlichen Mitarbeitern in Nonprofit-Organisationen.* Nordersted, 2002.

Landtag Baden-Württemberg (Hrsg.). 2009. *Drucksache 14/5012. Gesetzesentwurf der Landesregierung. Gesetz zur Umsetzung der Föderalismusreform im Justizvollzug.* Stuttgart, 2009. (zit.: LT BW-Drucks. 14/5012, S.).

Landtag Baden-Württemberg (Hrsg.). 2009. *Drucksache 14/5411, Gesetz zur Umsetzung der Föderalismusreform im Justizvollzug; Gesetzbuch über den Justizvollzug in Baden-Württemberg.* Stuttgart, 2009. (zit.: LT BW-Drucks. 14/5411, S.).

Landtag Sachsen (Hrsg.). 2009. Geschäftsordnung des 5. Sächsischen Landtags beschlossen und in Kraft getreten in der konstituierenden Sitzung am 29. September 2009. Dresden, 2009. (zit.: LT Sachsen, GO des 5. Sächsischen Landtags vom 29. September 2009, S. 10).

Laubenthal, K. 2008. *Strafvollzug.* 5. Auflage. Berlin, Heidelberg, 2008.

Laubenthal, K. 2011. *Strafvollzug.* 6. Auflage. Berlin, Heidelberg, 2011.

Lohmann, H. 2010. Nicht-Linearität und Nicht-Additivität in der multiplen Regression: Interaktionseffekte, Polynome und Splines. In C. Wolf, & H. Best (Hrsg.), *Handbuch der sozialwissenschaftlichen Datenanalyse* (S. 677–706). Wiesbaden, 2010.

Löhr, D. 2008. *Zur Mitwirkung der Laienrichter im Strafprozess - Eine Untersuchung über die rechtsgeschichtliche und gegenwärtige Bedeutung der Laienbeteiligung im Strafverfahren.* Hamburg, 2008.

von Lossow, W. 1955. Elisabeth Fry - der Engel der Gefangenen, Zur 175. Wiederkehr ihres Geburtstages am 21.5.55. *Zeitschrift für Strafvollzug und Straffälligenhilfe,* S. 13–15.

Maihofer, W. 1966. Die kriminalpolitische Konzeption unseres künftigen Strafrechts. *Blätter für Strafvollzugskunde,* S. 1–10.

Maurer, H. 2004. *Allgemeines Verwaltungsrecht.* 15. Auflage. München, 2004.

von Michaelis, F. 1921. Mitwirkung am Strafvollzuge. *Blätter für Gefängniskunde,* S. 224–230.

von Michaelis, F. 1925. *Leitfaden über Gefängniskunde.* Münster, 1925.

Mittermaier, K. J. 1858. *Die Gefängnisverbesserung insbesondere die Bedeutung und Durchführung der Einzelhaft im Zusammenhange mit dem Besserungsprinzip nach den Erfahrungen der verschiedenen Strafanstalten.* Erlangen, 1858.

Mittermaier, W. 1954. *Gefängniskunde.* Berlin, Frankfurt am Main, 1954.

Möstl, M. 2006. Normative Handlungsformen. In H.-U. Erichsen, & D. Ehlers (Hrsg.), *Allgemeines Verwaltungsrecht* (S. 547–600). 13. Auflage. Berlin, 2006.

Müller, G. A. 1964. *Geschichte der Entlassenenfürsorge in Baden von ihren Anfängen bis zur Gründung der Bezirksschutzvereine 1882.* Bonn, 1964.

Müller-Dietz, H. 1972. Verfassung und Strafvollzugsgesetz. *Neue Juristische Wochenschrift,* S. 1161–1167.

Müller-Dietz, H. 1978. Aufgaben, Rechte und Pflichten ehrenamtlicher Vollzugshelfer. In Bundeshilfswerk für Straffälligenhilfe e.V. (Hrsg.), *20 Jahre Bundeshilfswerk für Straffälligenhilfe e.V.* (S. 9–28).Bonn, 1978.

Müller-Dietz, H. 1978 a. *Strafvollzugsrecht.* 2. Auflage. Berlin, New York, 1978.

Müller-Dietz, H., & Würtenberger, T. (Hrsg.). 1969. *Fragebogenenquête zur Lage und Reform des Strafvollzugs. Denkschrift des Fachausschusses I Strafrecht und Strafvollzug des Bundeszusammenschlusses für Straffälligenhilfe.* Schriftenreihe des Bundeszusammenschlusses für Straffälligenhilfe - Fachausschuss Strafrecht und Strafvollzug. Bad Godesberg, 1969.

Müller-Dietz, H., & Würtenberger, T. (Hrsg.). 1969 a. *Hauptprobleme der künftigen Strafvollzugsgesetzgebung. Denkschrift des Fachausschusses I Strafrecht und Strafvollzug des Bundeszusammenschlusses für Straffälligenhilfe.* Schriftenreihe des Bundeszusammenschlusses für Straffälligenhilfe - Fachausschuss Strafrecht und Strafvollzug. Bad Godesberg, 1969.

Münchbach, H.-J. 1973. *Strafvollzug und Öffentlichkeit unter besonderer Berücksichtigung der Anstaltsbeiräte.* Stuttgart, 1973.

Naucke, W. 2000. *Über die Zerbrechlichkeit des rechtsstaatlichen Strafrechts.* Baden-Baden, 2000.

Niebler, W. 1967. Gefängnisbeiräte in Bayern. *Zeitschrift für Strafvollzug und Straffälligenhilfe,* S. 128–131.

Nohlen, D. 2007. *Wahlrecht und Parteiensystem.* 5. Auflage. Opladen, 2007.

Parlamentarischer Rat. (Hrsg.). 1948/49. *Stenographische Berichte über die Plenarsitzungen. 10. Sitzung am 8. Mai 1949.* Bonn, 1948/49. (zit.: 10. Sitzung des Parlamentarischen Rates am 8. Mai 1949, Stenographische Berichte, Bonn 1948/49, S. 203).

Penzo, G. 1998. Politik als Ethos und das Problem der Freiheit bei Jaspers. In L. H. Ehrlich, & R. Wisser (Hrsg.), *Karl Jaspers* (S. 295–305). Würzburg, 1998.

Pfenninger, H. 1955. Die Aufsicht über den Strafvollzug in den Schweizerischen Kantonen. *Schweizerische Zeitschrift für Strafrecht,* S. 279–307.

Pieroth, B., & Haghgu, K. 2004. *Stärkung der Rechte der Abgeordneten und der Opposition im Landesverfassungsrecht.* Münster, 2004.

Pieroth, B., & Schlink, B. 2003. *Grundrechte Staatsrecht II.* 19. Auflage. Heidelberg, 2003.

Pietzcker, J. 1982. Der Anspruch auf ermessensfehlerfreie Entscheidung. *Juristische Schulung,* S. 106–110.

Podsiadlowski, A. 2002. Diversität in Organisationen und Arbeitsgruppen. In J. Allmendinger, & H. Thomas (Hrsg.), *Organisationssoziologie. Kölner Zeitschrift für Soziologie und Sozialpsychologie, Sonderheft 42* (S. 260–283). Wiesbaden, 2002.

Preuß. 1925. Zur Reform des Strafvollzugs in Preußen. *Juristenzeitung,* S. 309–313.

Püttner, G. (Hrsg.). 1983. *Handbuch der kommunalen Wissenschaft und Praxis.* 2. Auflage. Berlin, Heidelberg und New York, 1983.

Raab-Steiner, E., & Benesch, M. 2008. *Der Fragebogen. Von der Forschungsidee zur SPSS-Auswertung.* Wien, 2008.

Raab-Steiner, E., & Benesch, M. 2010. *Der Fragebogen. Von der Forschungsidee zur SPSS/PASW-Auswertung.* 2. Auflage. Wien, 2010.

Radbruch, G. 1952/53. Die ersten Zuchthäuser und ihr geistesgeschichtlicher Hintergrund. *Zeitschrift für Strafvollzug und Straffälligenhilfe,* S. 163–174.

Rennig, C. 1993. *Die Entscheidungsfindung durch Schöffen und Berufsrichter in rechtlicher und psychologischer Sicht.* Marburg, 1993.

Resch, A. 1935. Der Stufenstrafvollzug. Rückblick und Ausblick. *Deutsches Strafrecht,* S. 334–356.

Ritter, G. A. 1998. Bismarck und die Grundlegung des deutschen Sozialstaates. In F. Ruland (Hrsg.), *Verfassung, Theorie und Praxis des Sozialstaates. Festschrift für Hans F. Zacher zum 70. Geburtstag* (S. 789–820). Heidelberg, 1998. (zit.: Ritter, FS-Zacher 1998, S.).

von Rohden, G., & Just, T. 1926. *Hundert Jahre Geschichte der rheinisch-westfälischen Gefängnisgesellschaft 1826–1926.* Düsseldorf, 1926.

Rotthaus, K. P. 1980. Partner im sozialen Umfeld des Vollzuges-Möglichkeiten und Grenzen der Zusammenarbeit. In H. Kury (Hrsg.), *Strafvollzug und Öffentlichkeit* (S. 155–178). Freiburg, 1980.

Rotthaus, K. P. 1999. Kommentierung zu § 165 StVollzG. In H.-D. Schwind, & A. Böhm (Hrsg.), *Strafvollzugsgesetz, Kommentar.* 3. Auflage. Berlin, New York, 1999. (zit.: Rotthaus 1999, in: Schwind/Böhm-StVollzG, §, Rn.).

Rotthaus, K.P., & Wydra, B. 2005. Kommentierung zu §§ 162–165 StVollzG. In H.-D. Schwind, A. Böhm, & J.-M. Jehle (Hrsg.), *Strafvollzugsgesetz - Kommentar.* 4. Auflage. Berlin, 2005. (zit.: Rotthaus/Wydra 2005, in: Schwind/et al.-StVollzG, §, Rn.).

Roxin, C. 1974. Die Anstaltsbeiräte im Alternativ-Entwurf. In J. Baumann (Hrsg.), *Die Reform des Strafvollzugs, Programm nach den Vorstellungen des Alternativ-Entwurfs zu einem neuen Strafvollzugsgesetz* (S. 115–127). München, 1974.

Sachs, M. (Hrsg.). 2009. *Grundgesetz Kommentar.* 5. Auflage. München, 2009.

Sächsische Staatskanzlei (Hrsg.). 2013. Sächsisches Gesetz- und Verordnungsblatt, Nr. 5/2013. Vom 26. Mai 2013. Dresden, 2013. (zit.: SächsGVBl., Nr. 5/2013, S.).

Sächsisches Staatsministerium der Justiz und für Europa (Hrsg.). 1998. *Medienservice Sachsen.* Beitrag vom 3. Dezember 1998. Abgerufen am 12. November 2009 von http://www.medienservice.sachsen.de. (zit.: Sächsisches Staatsministerium der Justiz und für Europa, 1998).

Sächsisches Staatsministerium der Justiz und für Europa (Hrsg.). 2002. Verwaltungsvorschrift zum Strafvollzugsgesetz, Bl.-Nr. 1, Gkv-Nr.: 311-V02.1, in der Fassung vom 27. November 2008. *Sächsisches Justizministerialblatt,* S. 2. (zit.: SVV d. SMJ, SächsJMBl. Jg. 2002, Bl.-Nr. 1 S. 2, Gkv-Nr.: 311-V02.1).

Sader, M. 1975. Rollentheorie. In C. F. Graumann (Hrsg.), *Sozialpsychologie. 1. Halbband: Theorien und Methoden.Handbuch der Psychologie, 7. Band.* Göttingen, 1975.

Schäfer, K.-H. 1987. *Anstaltsbeiräte - Die institutionalisierte Öffentlichkeit?* Heidelberg, 1987.

Schäfer, K.-H. 1994. Anstaltsbeiräte und parlamentarische Kontrolle im hessischen Justizvollzug. In M. Busch, G. Edel, & H. Müller-Dietz (Hrsg.), *Gefängnis und Gesellschaft. Gedächtnisschrift für Albert Krebs* (S. 196–229). Pfaffenweiler, 1994.

Schaffstein, F., & Beulke, W. 2002. *Jugendstrafrecht. Eine systematische Darstellung.* 14. Auflage. Stuttgart, 2002.

Schenke, W.-R. 2009. *Verwaltungsprozessrecht.* 12. Auflage. Heidelberg, 2009.

Schibol, P., & Senff, B. 1986. Anstaltsbeiräte - Aufgaben und Funktion. *Zeitschrift für Strafvollzug und Straffälligenhilfe*, S. 202–210.

Schilken, E. 2007. *Gerichtsverfassungsrecht.* 4. Auflage. Bonn, 2007.

Schmidt, E. 1947. Neue Forschungen über den Ursprung der modernen Freiheitsstrafe. *Schweizerische Zeitschrift für Strafrecht*, S. 171–193.

Schmidt, E. 1964. *Lehrkommentar zur Strafprozessordnung und zum Gerichtsverfassungsgesetz. Teil I: Die rechtstheoretischen und rechtspolitischen Grundlagen des Verfahrensrechts.* 2. Auflage. Göttingen, 1964.

Schmidt, E. 1965. *Einführung in die Geschichte der deutschen Strafrechtspflege.* 3. Auflage. Göttingen, 1965.

Schmidt, S. 2007. *Resozialisierung und Strafvollzug. Theoretische Überlegungen und empirische Untersuchung zu Sanktionseinstellungen in der Öffentlichkeit.* Norderstedt, 2007.

Schnell, R., Hill, P. B., & Esser, E. (Hrsg.). 2005. *Methoden der empirischen Sozialforschung.* 7. Auflage. München, 2005.

Schütte, G. 2002. Wissenschaftliche Medienkritik. In G. Rusch (Hrsg.), *Einführung in die Medienwissenschaft. Konzeptionen, Theorien, Methoden, Anwendungen* (S. 329–337). Wiesbaden, 2002.

Schuler, M. 2005. Kommentierung zu § 108 StVollzG. In H.-D. Schwind, A. Böhm, & J.-M. Jehle (Hrsg.), *Strafvollzugsgesetz - Kommentar.* 4. Auflage. Berlin, 2005. (zit.: Schuler 2005, in: Schwind/et al.-StVollzG, §, Rn.).

Siefert, E. 1933. *Neupreußischer Strafvollzug; Politisierung und Verfall.* Halle, 1933.

Siekmann, G. 1974. Der Bundeszusammenschluss für Straffälligenhilfe. *Zeitschrift für Strafvollzug und Straffälligenhilfe*, S. 154–156.

Sieverts, R. 1967. Zur Geschichte der Reformversuche im Freiheitsstrafvollzug. In D. Rollmann (Hrsg.), *Strafvollzug in Deutschland - Situation und Reform* (S. 43–54). Frankfurt am Main, 1967.

Smith, A. D. 1962. *Women in Prison.* London, 1962.

Sommer, M. 1925. *Die Fürsorge im Strafrecht.* Berlin, 1925.

Sommermann, K.-P. 2005. Kommentierung zu Art. 20 GG. In H. von Mangoldt, F. Klein, & C. Starck (Hrsg.), *Kommentar zum Grundgesetz, Band 2.* 5. Auflage. München, 2005. (zit.: Sommermann 2005, in: von Mangoldt/et al.-GG, Art., Rn.).

Spannowsky, W. 1987. *Der Handlungsspielraum und die Grenzen der regionalen Wirtschaftsförderung des Bundes.* Berlin, 1987.

Teeters, N. K. 1955. *The cradle of the penitentiary. The Walnut Street Jail at Philadelphia, 1773–1835.* Philadelphia, 1955.

Theißen, R. 1990. *Ehrenamtliche Mitarbeit im Strafvollzug der Bundesrepublik Deutschland.* Bonn, 1990.

Toutenburg, H., & Heumann, C. 2008. *Deskriptive Statistik.* 4. Auflage. München, 2008.

Valentin, F. 1970. Beteiligung der Öffentlichkeit am Vollzug: Anstaltsbeiräte (Hamburger Modell). *Zeitschrift für Strafvollzug und Straffälligenhilfe*, S. 262–280.

Vereinte Nationen. 1958/59. Einheitliche Mindestgrundsätze für die Behandlung der Gefangenen des Ersten Kongresses der Vereinten Nationen über Verbrechensverhütung und Behandlung Straffälliger in Genf. *Zeitschrift für Strafvollzug und Straffälligenhilfe*, S. 147–183. (zit.: Nr. 61 der von den Vereinten Nationen festgelegten einheitlichen Mindestgrundsätze für die Behandlung der Gefangenen, abgedruckt in ZfStrVo 1958/59, S. 171.).

Wagner, B. 1986. Die Länderregelungen zur Ernennung, Entlassung und Suspendierung von Anstaltsbeiräten gemäß § 162 III StVollzG. *Zeitschrift für Strafvollzug und Straffälligenhilfe*, S. 340–344.

Walhalla Fachverlag (Hrsg.). 2011. *Handbuch Strafvollzug der Länder Ausgabe 2011. Die neuen Vollzugsrechte. Die bundeseinheitlichen Vorschriften. Textsammlung.* 3. Auflage. Regensburg, 2011. (zit.: Walhalla Fachverlag 2011, Handbuch Strafvollzug der Länder, Stand Februar 2011.).

Wastian, M., Braumandl, I., & von Rosenstiel, L. 2009. *Angewandte Psychologie für Projektmanager. Ein Praxisbuch für die erfolgreiche Projektleitung.* Heidelberg, 2009. (zit.: Wastian/et al. 2009, S.).

Weißenrieder, O. 1928. Die Strafanstaltsbeamten. In E. Bumke (Hrsg.), *Deutsches Gefängniswesen* (S. 71–97). Berlin, 1928.

Wingler, A. 1969. *Gefängnisbeiräte.* Schriftenreihe des Bundeszusammenschlusses für Straffälligenhilfe, Heft 9. Bonn-Bad Godesberg, 1969.

Wingler, A. 1970. Gefängnisbeiräte in Baden (Badener Modell). *Zeitschrift für Strafvollzug und Straffälligenhilfe*, S. 252–259.

Wittrock, P. 2010. Justizskandal vor NRW-Wahl; Rüttgers Ministerin für Pannen. Artikel vom 14. April 2010. *Spiegel Online Politik.* Abgerufen am 25. März 2011 von http://www.spiegel.de/politik. (zit.: Wittrock 2010, Spiegel Online Politik, Artikel vom 14. April 2010).

Wolf, C., & Best, H. (Hrsg.). 2010. *Handbuch der sozialwissenschaftlichen Datenanalyse.* Wiesbaden, 2010.

Wolf, M. 1987. *Gerichtsverfassungsrecht aller Verfahrenszweige.* 6. Auflage. München, 1987.

Woye, S. 2009. *Bundestag und Verbände. Ideal und Praxis.* Norderstedt, 2009.

Würtenberger, T. 1964. Cesare Beccaria (1738–94) und sein Buch „Von Verbrechen und Strafen" (1764). *Zeitschrift für Strafvollzug und Straffälligenhilfe*, S. 127–134.

Würtenberger, T. 1967. Reform des Strafvollzugs im sozialen Rechtsstaat. *Juristenzeitung*, S. 233–242.

Würtenberger, T. 1971. Strafvollzug im sozialen Rechtsstaat. In A. Kaufmann (Hrsg.), *Die Strafvollzugsreform* (S. 11–19). Karlsruhe, 1971.

Wydra, B. 2009. Kommentierung zu §§ 162–165 StVollzG. In H.-D. Schwind, A. Böhm, J.-M. Jehle, & K. Laubenthal (Hrsg.), *Strafvollzugsgesetz - Bund und Länder; Kommentar.* 5. Auflage. Berlin, 2009. (zit.: Wydra 2009, in: Schwind/et al.-StVollzG, §, Rn.).

Xanthopoulos, G., & Ley, J. 2007. Horror im Jugendknast. Diese Bubis folterten, vergewaltigten und töteten!. Artikel vom 1. August 2007. *Bild.de.* Abgerufen am 23. März 2011 von http://www.bild.de/news. (zit.: Xanthopoulos/Ley 2007, Bild Online, Artikel vom 01. August 2007).

Ziegler, E. 2008. *Die Rollentheorie aus sozialpsychologischer Sicht.* Norderstedt, 2008.

Zuber, S. 1996. *Das soziale Ehrenamt - Eine Form der Sinnfindung im Alter.* Norderstedt, 1996.

Gesprächsverzeichnis

Beiratsmitglied Baden-Württembergs. 2010. Informationen über die Beiratspraxis in Baden-Württemberg. Telefonisches Gespräch am 15. Oktober 2010. Heidelberg. (zit.: Mitteilung Beiratsmitglied Baden-Württembergs: Telefonisches Gespräch am 15. Oktober 2010).

Beiratsmitglied Sachsens. 2010. Informationen über die Beiratspraxis in Sachsen. Telefonisches Gespräch am 25. November 2010. Heidelberg. (zit.: Mitteilung Beiratsmitglied Sachsens: Telefonisches Gespräch am 25. November 2010).

Referent des Justizministeriums Baden-Württembergs für die Anstaltsbeiräte. 2010. Informationen über die Tätigkeit der Anstaltsbeiräte in Baden-Württemberg. Persönliches Gespräch am 17. Juni 2010. Stuttgart. (zit.: Mitteilung des Referenten des Justizministeriums Baden-Württembergs für die Anstaltsbeiräte: Persönliches Gespräch am 17. Juni 2010).

Abbildungsverzeichnis

Abbildung 1:   Altersstruktur der befragten Anstaltsbeiräte 157

Abbildung 2:   Geschlecht der befragten Anstaltsbeiräte 158

Abbildung 3:   Schulische Ausbildung der befragten Anstaltsbeiräte 158

Abbildung 4:   Berufliche Ausbildung der befragten Anstaltsbeiräte 159

Abbildung 5:   Übersicht zum Beschäftigungsgrad der befragten
                Anstaltsbeiräte 159

Abbildung 6:   Übersicht der Berufsgruppen 160

Abbildung 7:   Mitgliederzahl der Anstaltsbeiräte 160

Abbildung 8:   Dauer der Beiratsmitgliedschaft 161

Abbildung 9:   Anzahl der Amtsperioden (AP) 162

Abbildung 10:   Anstreben einer weiteren Amtsperiode 162

Abbildung 11:   Bekleidete Funktion im Beiratsgremium 162

Abbildung 12:   Durchschnittliche Belegung der Justizvollzugsanstalten 163

Abbildung 13:   Vollzugsarten an den Justizvollzugsanstalten 164

Abbildung 14:   Vollzugsformen an den Justizvollzugsanstalten 164

Abbildung 15:   Einwohnerzahl des der Justizvollzugsanstalt
                zugehörigen Ortes 165

Abbildung 16:   Entfernung des Wohnortes des Beiratsmitglieds zur
                Justizvollzugsanstalt 166

Abbildung 17:   Ansprache des Beiratsmitglieds 166

Abbildung 18:   Informationserhalt vor Amtsantritt 167

Abbildung 19:   Eignung als Anstaltsbeirat 168

Abbildung 20:   Monatlicher Zeitaufwand für das Ehrenamt 169

Abbildung 21:   Einschätzung der Angemessenheit des monatlichen
                Zeitaufwands 169

Abbildung 22:   Ursprung der Anerkennung für die Ausübung des
                Ehrenamtes 171

Abbildung 23:   Unterstützung bei der Ausübung des Ehrenamtes 172

Abbildung 24:   Ursprung der Unterstützung bei der Ausübung des
                Ehrenamtes 172

Abbildung 25:   Angebote im Rahmen der Aufgabenunterstützung 173

Abbildung 26: Ausübung sonstiger ehrenamtlicher Tätigkeiten innerhalb der Justizvollzugsanstalt.. 173

Abbildung 27: Beweggründe für die Ausübung des Ehrenamtes................... 174

Abbildung 28: Tätigkeiten im Bereich der Öffentlichkeitsarbeit..................... 179

Abbildung 29: Einschätzung der wichtigsten Aufgabe eines Anstaltsbeirats... 180

Abbildung 30: Ziele der Beiratstätigkeit.. 180

Abbildung 31: Weitere Themenschwerpunkte der Beiratstätigkeit............... 186

Abbildung 32: Häufigkeit der Sitzungen... 197

Abbildung 33: Dauer der Sitzungen... 198

Abbildung 34: Häufigkeit gemeinsamer Sitzungen mit der Anstaltskonferenz... 199

Abbildung 35: Möglichkeit des gegenseitigen Austauschs bei Sitzungen mit der Anstaltskonferenz....................................... 199

Abbildung 36: Häufigkeit der Anstaltsbesichtigungen................................... 200

Tabellenverzeichnis

Tabelle 1:   Anstaltsbeiräte in Baden-Württemberg; Stand
Dezember 2010 141

Tabelle 2:   Justizvollzugsanstalten Baden-Württemberg –
Belegungsfähigkeit; Stand Oktober 2010 142

Tabelle 3:   Justizvollzugsanstalten Baden-Württemberg – Sachliche
Zuständigkeit 144

Tabelle 4:   Anstaltsbeiräte in Sachsen; Stand Dezember 2010 146

Tabelle 5:   Justizvollzugsanstalten Sachsen – Belegungsfähigkeit;
Stand Dezember 2010 146

Tabelle 6:   Justizvollzugsanstalten Sachsen – Sachliche Zuständigkeit 147

Tabelle 7:   Informationsbeschaffung vor Amtsantritt 167

Tabelle 8:   Einschätzung der Wirksamkeit der Beiratstätigkeit 170

Tabelle 9:   Anerkennung für die Ausübung des Ehrenamtes 170

Tabelle 10: Einschätzung der Unterstützungsangebote 172

Tabelle 11: Kenntnis der Aufgaben eines Anstaltsbeirats 174

Tabelle 12: Einschätzung der individuellen Aufgabenbewältigung in
Baden-Württemberg 176

Tabelle 13: Einschätzung der individuellen Aufgabenbewältigung in
Sachsen 176

Tabelle 14: Einschätzung der Aufgabenbewältigung durch den Beirat
als Gremium in Baden-Württemberg 178

Tabelle 15: Einschätzung der Aufgabenbewältigung durch den Beirat
als Gremium in Sachsen 178

Tabelle 16: Eigene Tätigkeitsschwerpunkte 182

Tabelle 17: Eigener Zeitaufwand nach Tätigkeit 183

Tabelle 18: Tätigkeitsschwerpunkte des Beirats als Gremium 184

Tabelle 19: Zeitaufwand des Beirats als Gremium nach Tätigkeit 185

Tabelle 20: Kenntnis der Rechte eines Anstaltsbeirats 186

Tabelle 21: Einschätzung der individuellen Befugniswahrnehmung in
Baden-Württemberg 187

Tabelle 22: Einschätzung der individuellen Befugniswahrnehmung in Sachsen.. 188

Tabelle 23: Einschätzung der Befugniswahrnehmung durch den Beirat als Gremium in Baden-Württemberg... 189

Tabelle 24: Einschätzung der Befugniswahrnehmung durch den Beirat als Gremium in Sachsen... 190

Tabelle 25: Bedeutung der Kontakte innerhalb des Vollzugssystems............. 191

Tabelle 26: Ausgestaltung der Kooperationen innerhalb des Vollzugssystems 192

Tabelle 27: Bedeutung der Kontakte außerhalb des Vollzugssystems............ 193

Tabelle 28: Ausgestaltung der Kooperationen außerhalb des Vollzugssystems 193

Tabelle 29: Kenntnis der Pflichten eines Anstaltsbeirats............................. 194

Tabelle 30: Verschwiegenheitspflicht... 194

Tabelle 31: Einschätzung der Berichterstattung des Anstaltsbeirats an das Justizministerium in Baden-Württemberg................................. 195

Tabelle 32: Einschätzung der potentiellen Berichterstattung des Anstaltsbeirats an das Justizministerium in Sachsen.................... 196

Tabelle 33: Einschätzung der Notwendigkeit und Effizienz der Tagungen des Anstaltsbeirats mit dem Justizministerium in Baden-Württemberg.. 196

Tabelle 34: Häufigkeit der Teilnahme der Beiratsmitglieder an den Sitzungen 197

Tabelle 35: Beschlussfähigkeit des Beirats bei den Sitzungen.................... 198

Tabelle 36: Häufigkeit der Teilnahme durch Anstaltsleitung oder Bedienstete an den Sitzungen 198

Tabelle 37: Häufigkeit der eigenen Teilnahme an den Anstaltsbesichtigungen 200

Tabelle 38: Lineare Regressionsanalyse - Einfluss des „Informationserhalts vor Amtsantritt" und der „selbstständigen Informationsbeschaffung vor Amtsantritt" auf die „Kenntnis der eigenen Rechtsstellung"............................ 202

Tabelle 39: Lineare Regressionsanalyse - Einfluss der „Dauer der Beiratsmitgliedschaft" auf die „Kenntnis der eigenen Rechtsstellung"... 202

Tabelle 40: Lineare Regressionsanalyse - Einfluss der „Dauer der Beiratsmitgliedschaft" auf den „Monatlichen Zeitaufwand für das Ehrenamt".. 203

Tabelle 41: Rangplätze für BW und Sachsen in Bezug auf die „Rechtssicherheit".. 204

Tabelle 42: Mann-Whitney-U-Test zum Vergleich der mittleren Ränge für BW und Sachsen in Bezug auf die „Rechtssicherheit"............ 204

Tabelle 43: Logistische Regressionsanalyse - Einfluss der „Rechtssicherheit" und der „Dauer der Beiratsmitgliedschaft" auf die Übernahme einer „Führungsrolle"... 205

Tabelle 44: Lineare Regressionsanalyse - Einfluss der „Dauer der Beiratsmitgliedschaft", „Führungsrolle" und „Rechtssicherheit" auf die „Kooperation mit AL_VollzB_ Gef_JuM".. 206

Tabelle 45: Rangplätze für BW und Sachsen in Bezug auf die „Kooperation mit AL_VollzB_Gef_JuM"........................... 208

Tabelle 46: Mann-Whitney-U-Test zum Vergleich der mittleren Ränge für BW und Sachsen in Bezug auf die „Kooperation mit AL_VollzB_Gef_JuM"... 208

Tabelle 47: Rangplätze für BW und Sachsen in Bezug auf die „Kooperation mit VollzB".. 208

Tabelle 48: Mann-Whitney-U-Test zum Vergleich der mittleren Ränge für BW und Sachsen in Bezug auf die „Kooperation mit VollzB".. 209

Tabelle 49: Lineare Regressionsanalyse - Einfluss des „Einholens Auskünfte bei AL durch Beiratsmitglied" und des „Einholens Auskünfte bei AL durch Beirat" sowie der „Unterrichtung Beiratsmitglied durch AL über öffentlichkeitsbedeutsame Ereignisse" und der „Unterrichtung Beirat durch AL über öffentlichkeitsbedeutsame Ereignisse" auf die „Kooperation mit AL"... 210

Tabelle 50: Lineare Regressionsanalyse - Einfluss der „Sitzungen mit AL und ABed" und „Sitzungen mit AKonf" auf die „Kooperation mit AL und VollzB"................................ 211

Tabelle 51: Lineare Regressionsanalyse - Einfluss der „Konsequenzen der Berichte für den Vollzug" auf die „Kooperation mit JuM" 212

Tabelle 52: Lineare Regressionsanalyse - Einfluss des „Austauschs auf den Tagungen" auf die „Kooperation mit JuM" 213

Tabelle 53: Lineare Regressionsanalyse - Einfluss des „Einholens Auskünfte bei AL durch Beiratsmitglied" und des „Einholens Auskünfte bei AL durch Beirat" auf die „Kooperation mit Partnern außerhalb der JVA" 214

Tabelle 54: Lineare Regressionsanalyse - Einfluss des „Einholens Auskünfte bei AL durch Beiratsmitglied" und des „Einholens Auskünfte bei AL durch Beirat" auf die „Kooperation mit Kirchen/kirchlichen Einrichtungen" 215

Tabelle 55: Lineare Regressionsanalyse - Einfluss des „Einholens Auskünfte bei AL durch Beiratsmitglied" und des „Einholens Auskünfte bei AL durch Beirat" auf die „Kooperation mit Abgeordneten des Landtags" 215

Tabelle 56: Rangplätze für die „Führungsrolle" (0 = nein; 1 = ja) in Bezug auf die „Kooperation mit Partnern außerhalb der JVA" 216

Tabelle 57: Mann-Whitney-U-Test zum Vergleich der mittleren Ränge für die „Führungsrolle" in Bezug auf die „Kooperation mit Partnern außerhalb der JVA" 216

Tabelle 58: Rangplätze für den/die „Abgeordnete/n des LT (Sachsen)" (0 = nein; 1 = ja) in Bezug auf die „Kooperation mit Journalisten_AbgLT_polit. Parteien" 217

Tabelle 59: Mann-Whitney-U-Test zum Vergleich der mittleren Ränge für den/die „Abgeordnete/n des LT (Sachsen)" in Bezug auf die „Kooperation mit Journalisten_AbgLT_polit. Parteien" 217

Tabelle 60: Lineare Regressionsanalyse - Einfluss der „Durchschnittsbelegung Anstalt" und der „Mitgliederanzahl im Beirat" auf die „Aufgabenwahrnehmung Beiratsmitglied" 218

Tabelle 61: Korrelation zwischen der „Mitgliederanzahl im Beirat" und der „Aufgabenwahrnehmung Beiratsmitglied" 219

Tabelle 62: Lineare Regressionsanalyse - Einfluss der „Dauer der Beiratsmitgliedschaft" und der „Rechtssicherheit" auf die „Aufgabenwahrnehmung Beiratsmitglied" 220

Tabelle 63: Lineare Regressionsanalyse - Einfluss des „Informationserhalts vor Amtsantritt", der „Selbstständigen Informationsbeschaffung vor Amtsantritt" und der „Unterstützung bei Ausübung des Ehrenamtes" auf die „Wahrnehmung anstaltsbezogene Aufgaben Beiratsmitglied".. 221

Tabelle 64: Lineare Regressionsanalyse - Einfluss der „Regelmäßigen Beiratssitzungen" auf die „Wahrnehmung anstaltsbezogene Aufgaben Beiratsmitglied"... 222

Tabelle 65: Lineare Regressionsanalyse - Einfluss des „Informationserhalts vor Amtsantritt", der „Selbstständigen Informationsbeschaffung vor Amtsantritt" und der „Unterstützung bei Ausübung des Ehrenamtes" auf die „Wahrnehmung Öffentlichkeitsaufgaben Beiratsmitglied".......... 223

Tabelle 66: Lineare Regressionsanalyse - Einfluss der „Regelmäßigen Beiratssitzungen" auf die „Wahrnehmung Öffentlichkeitsaufgaben Beiratsmitglied"...................................... 223

Tabelle 67: Lineare Regressionsanalyse - Einfluss der „Aufklärung über Verschwiegenheitspflicht" auf die „Wahrnehmung Öffentlichkeitsaufgaben Beiratsmitglied"........................ 224

Tabelle 68: Lineare Regressionsanalyse - Einflusses der „Aufklärung über Verschwiegenheitspflicht BW und Sachsen" auf die „Wahrnehmung Öffentlichkeitsaufgaben Beiratsmitglied BW und Sachsen".. 224

Tabelle 69: Mittelwert für die „Führungsrolle" (0 = nein; 1 = ja) in Bezug auf die „Aufgabenwahrnehmung Beiratsmitglied"............. 226

Tabelle 70: T-Test zum Vergleich der Mittelwerte für die „Führungsrolle" in Bezug auf die „Aufgabenwahrnehmung Beiratsmitglied"... 226

Tabelle 71: Lineare Regressionsanalyse - Einfluss des „Einholens Auskünfte bei AL durch Beiratsmitglied", des „Einholens Auskünfte bei AL durch Beirat" und der „Kooperation mit AL" auf die „Aufgabenwahrnehmung Beiratsmitglied"............... 227

Tabelle 72: Lineare Regressionsanalyse - Einfluss des „Einholens Auskünfte bei AL durch Beiratsmitglied", des „Einholens Auskünfte bei AL durch Beirat" und der „Kooperation mit AL" auf die „Wahrnehmung Aufgabe Mitwirkung bei der Vollzugsgestaltung und Unterstützung AL durch Anregungen/Verbesserungsvorschläge".......................... 227

Tabelle 73: Lineare Regressionsanalyse - Einfluss des „Einholens Auskünfte bei AL durch Beiratsmitglied", des „Einholens Auskünfte bei AL durch Beirat", der „Unterrichtung Beiratsmitglied durch AL über öffentlichkeitsbedeutsame Ereignisse" und der „Unterrichtung Beirat durch AL über öffentlichkeitsbedeutsame Ereignisse" auf die „Wahrnehmung Öffentlichkeitsaufgaben Beiratsmitglied".......... 229

Tabelle 74: Mittelwert für BW und Sachsen in Bezug auf die „Wahrnehmung anstaltsbezogene Aufgaben Beiratsmitglied" und „Wahrnehmung Öffentlichkeitsaufgaben Beiratsmitglied"........................ 230

Tabelle 75: T-Test zum Vergleich der Mittelwerte für BW und Sachsen in Bezug auf die „Wahrnehmung anstaltsbezogene Aufgaben Beiratsmitglied" und „Wahrnehmung Öffentlichkeitsaufgaben Beiratsmitglied"........................ 231

Tabelle 76: Lineare Regressionsanalyse - Einfluss der „Wahrnehmung Aufgabe Mitwirkung bei der Vollzugsgestaltung Beiratsmitglied" und der „Wahrnehmung Aufgabe Unterstützung der AL durch Anregungen/Verbesserungsvorschläge Beiratsmitglied" auf die „Wahrnehmung Betreuungs- und Wiedereingliederungsaufgabe Beiratsmitglied"........................ 232

Tabelle 77: Lineare Regressionsanalyse - Einfluss der „Kontaktaufnahme zu den Gefangenen" auf die „Kooperation mit Gefangenen"........................ 233

Tabelle 78: Lineare Regressionsanalyse - Einfluss der „Kontaktaufnahme zu den Gefangenen" auf die „Aufgabenwahrnehmung Beiratsmitglied"........................ 233

Tabelle 79: Rangplätze für BW und Sachsen in Bezug
auf die „Wahrnehmung Betreuungs- und
Wiedereingliederungsaufgabe Beiratsmitglied"
und „Wahrnehmung Betreuungs- und
Wiedereingliederungsaufgabe Beiratsmitglied
und Beirat gesamt" 234

Tabelle 80: Mann-Whitney-U-Test zum Vergleich der mittleren Ränge
für BW und Sachsen in Bezug auf die „Wahrnehmung
Betreuungs- und Wiedereingliederungsaufgabe
Beiratsmitglied" und „Wahrnehmung Betreuungs- und
Wiedereingliederungsaufgabe Beiratsmitglied und Beirat
gesamt" 235

Tabelle 81: Lineare Regressionsanalyse - Einfluss der „Kooperation mit
VollzB" auf die „Aufgabenwahrnehmung Beiratsmitglied" 236

Tabelle 82: Lineare Regressionsanalyse - Einfluss der „Ehrenamtlichen
Tätigkeit im kirchl./seelsorg. Bereich" auf die
„Aufgabenwahrnehmung Beiratsmitglied" 237

Tabelle 83: Lineare Regressionsanalyse - Einfluss der „Tätigkeit in
der Straffälligenhilfe", „Mitglied Arbeitgeberverband"
und „Mitglied Gewerkschaft" auf die „Wahrnehmung
Wiedereingliederungsaufgabe Beiratsmitglied und Beirat
gesamt" 238

Tabelle 84: Mittelwert für den/die „Abgeordnete/n des LT (Sachsen)"
(0 = nein; 1 = ja=) in Bezug auf die „Wahrnehmung
Öffentlichkeitsaufgaben Beiratsmitglied" 239

Tabelle 85: T-Test zum Vergleich der Mittelwerte für den/die
„Abgeordnete/n des LT (Sachsen)" in Bezug auf die
„Wahrnehmung Öffentlichkeitsaufgaben Beiratsmitglied" 239

Tabelle 86: Lineare Regressionsanalyse - Einfluss der „Dauer der
Beiratsmitgliedschaft", der „Führungsrolle" und der
„Rechtssicherheit" auf die „Befugniswahrnehmung
Beiratsmitglied" 241

Tabelle 87: Lineare Regressionsanalyse - Einfluss des
„Informationserhalts vor Amtsantritt", der „Selbstständigen
Informationsbeschaffung vor Amtsantritt" und der
„Unterstützung bei der Ausübung des Ehrenamtes" auf die
„Befugniswahrnehmung Beiratsmitglied" 242

Tabelle 88: Lineare Regressionsanalyse - Einfluss der „Regelmäßige Beiratssitzungen" auf die „Befugniswahrnehmung Beiratsmitglied"... 242

Tabelle 89: Lineare Regressionsanalyse - Einfluss der „Wirksamkeit der Beiratstätigkeit" auf die „Befugniswahrnehmung Beiratsmitglied"... 243

Tabelle 90: Lineare Regressionsanalyse - Einfluss der „Kooperation mit AL" und der „Kooperation mit VollzB" auf die „Befugniswahrnehmung Beiratsmitglied"............................ 244

Tabelle 91: Lineare Regressionsanalyse - Einfluss der „Kooperation mit JuM" auf die „Befugniswahrnehmung Beiratsmitglied".............. 245

Tabelle 92: Lineare Regressionsanalyse - Einfluss der „Beruflichen Verbindung zum Strafvollzug" auf die „Kontaktaufnahme zu den Gefangenen".. 246

Tabelle 93: Lineare Regressionsanalyse - Einfluss der „Kontaktaufnahme zu den Gefangenen" auf das „Einholen Auskünfte bei AL durch Beiratsmitglied"............................ 247

Tabelle 94: Lineare Regressionsanalyse - Einfluss der „Kontaktaufnahme zu den Gefangenen" auf das „Einholen Auskünfte bei AL durch Beirat".. 247

Anhang 1: Fragebogen Baden-Württemberg

A. Die Justizvollzugsanstalt

Sie üben derzeit Ihr Ehrenamt als Mitglied eines Anstaltsbeirats an einer baden-württembergischen Justizvollzugsanstalt aus.

Bitte beantworten Sie folgende Fragen:	1	2	3	4	5

1. Wie hoch ist die Durchschnittsbelegung Ihrer Anstalt?
   Bitte kreuzen Sie nur eine Alternative an!

   1 = < 100 Gefangene
   2 = 100–300 Gefangene
   3 = > 300–500 Gefangene   ☐   ☐   ☐   ☐   ☐
   4 = > 500–700 Gefangene
   5 = > 700 Gefangene

2. Wie hoch ist die Einwohnerzahl des Ortes, in dem Ihre Anstalt liegt?
   Bitte kreuzen Sie nur eine Alternative an!

   1 = < 10.000
   2 = 10.000–50.000
   3 = > 50.000–100.000   ☐   ☐   ☐   ☐   ☐
   4 = > 100.000–500.000
   5 = > 500.000

3. Wie weit entfernt wohnen Sie von Ihrer Anstalt?
   Bitte kreuzen Sie nur eine Alternative an!

   1 = < 1 km
   2 = 1–5 km
   3 = > 5–25 km   ☐   ☐   ☐   ☐   ☐
   4 = > 25–50 km
   5 = > 50 km

4. Welche Vollzugsarten gibt es an Ihrer Anstalt?
   Es können mehrere Alternativen angekreuzt werden!

   1 = Strafhaft
   2 = Untersuchungshaft
   3 = Jugendstrafe   ☐   ☐   ☐

5. Welche Vollzugsformen gibt es an Ihrer Anstalt?
   Bitte kreuzen Sie nur eine Alternative an!

   1 = nur geschlossener Vollzug
   2 = geschlossener und offener Vollzug
   3 = nur offener Vollzug   ☐   ☐   ☐

B. Die Mitgliedschaft im Anstaltsbeirat

Im Folgenden finden Sie Aussagen bezüglich Ihrer erstmaligen Bestellung zum Mitglied im Anstaltsbeirat sowie zu Ihren möglichen sonstigen Tätigkeiten.

Treffen folgende Aussagen bzgl. der Bestellung zum Beiratsmitglied auf Sie zu?	Ja	Nein
1. Ich wurde von einer gemeinnützigen Organisation angesprochen, z.B. Arbeiterwohlfahrt, Caritas, Diakonisches Werk der evangelischen Kirche.	☐	☐
2. Ich wurde von einer Partei angesprochen.	☐	☐
3. Ich wurde von meinem Arbeitgeber angesprochen.	☐	☐
4. Mich haben die Anstaltsleitung bzw. andere Vollzugsmitarbeiter auf die Tätigkeit im Beirat aufmerksam gemacht.	☐	☐

Treffen folgende Aussagen bzgl. sonstiger Tätigkeiten auf Sie zu?	Ja	Nein
1. Ich habe/hatte beruflich mit Strafvollzug zu tun.	☐	☐
2. Ich bin/war in der Straffälligenhilfe tätig.	☐	☐
3. Ich bin/war in der Sozialarbeit tätig (außerhalb der Straffälligenhilfe).	☐	☐
4. Ich bin/war Mitglied eines Arbeitgeberverbandes, z.B. Gesamtmetall, Bundesarbeitgeberverband Chemie.	☐	☐
5. Ich bin/war Mitglied einer Gewerkschaft, z.B. IG Metall, Verdi.	☐	☐
6. Ich bin/war bereits ehrenamtlich im kirchlichen/seelsorgerischen Bereich tätig.	☐	☐

7. Was waren Ihre Beweggründe und Motive, das Ehrenamt eines Anstaltsbeirats zu übernehmen?

C. Der Anstaltsbeirat

Die folgenden Fragen beziehen sich auf Ihren Anstaltsbeirat sowie auf Ihre Funktion innerhalb des Beirates.

1. Wie viele Mitglieder hat Ihr Anstaltsbeirat?

2. Wie lange sind Sie schon Beiratsmitglied?
   (Angabe in Monaten)

3. In welcher Amtsperiode befinden Sie sich?

Bitte kreuzen Sie die auf Sie zutreffende Alternative an:

	1	2	3
4. Welche Funktion nehmen Sie in dieser Amtsperiode im Beirat ein? 1 = Vorsitzende/r 2 = stellvertretende/r Vorsitzende/r 3 = sonstiges Mitglied	☐	☐	☐
5. Streben Sie eine weitere Amtsperiode im Beirat an? 1 = ja 2 = nein	☐	☐	
6. Wurden Sie vor Ihrem Amtsantritt über die Tätigkeit im Anstaltsbeirat informiert? 1 = ja, ausführlich 2 = ja, teilweise 3 = nein	☐	☐	☐
7. Haben Sie sich vor Ihrem Amtsantritt selbst Informationen über die Tätigkeit im Anstaltsbeirat beschafft? 1 = ja 2 = nein	☐	☐	
8. Kennen Sie die Aufgaben eines Anstaltsbeirats? 1 = ja 2 = weiß nicht genau 3 = nein	☐	☐	☐
9. Kennen Sie die Rechte eines Anstaltsbeirats? 1 = ja 2 = weiß nicht genau 3 = nein	☐	☐	☐

Bitte kreuzen Sie die auf Sie zutreffende Alternative an:

	1	2	3

10. Kennen Sie die Pflichten eines Anstaltsbeirats?

1 = ja
2 = weiß nicht genau
3 = nein

	1	2	3
	☐	☐	☐

11. Was halten Sie persönlich für die wichtigsten Aufgaben eines Anstaltsbeirats?

12. Was sollten Ihrer Meinung nach die Ziele der Tätigkeit eines Anstaltsbeirats sein?

Bemerkungen:

L

D. Die Aufgaben der Anstaltsbeiräte

Im Folgenden finden Sie Fragen zu den Aufgaben der Anstaltsbeiräte.

In welchem Maße erfüllen Sie bzw. Ihr Beirat diese Aufgaben?

Überhaupt nicht bedeutet, dass eine Aufgabe nie erfüllt werden kann.

In sehr hohem Maße bedeutet, dass eine Aufgabe immer und in vollem Umfang erfüllt werden kann.

	überhaupt nicht						in sehr hohem Maße
	1	2	3	4	5	6	7
1. Mitwirkung bei der Gestaltung des Vollzuges, indem z.B. Probleme innerhalb der Anstalt erkannt sowie benannt werden und/oder konkrete Lösungsvorschläge gemacht werden							
1. Sie	☐	☐	☐	☐	☐	☐	☐
2. Ihr Beirat	☐	☐	☐	☐	☐	☐	☐
2. Mitwirkung bei der Betreuung der einzelnen Gefangenen, z.B. durch Gespräche oder eine gemeinsame Problembewältigung							
1. Sie	☐	☐	☐	☐	☐	☐	☐
2. Ihr Beirat	☐	☐	☐	☐	☐	☐	☐
3. Unterstützung des Anstaltsleiters durch Anregungen und Verbesserungsvorschläge							
1. Sie	☐	☐	☐	☐	☐	☐	☐
2. Ihr Beirat	☐	☐	☐	☐	☐	☐	☐
4. Hilfe bei der Eingliederung der Gefangenen nach der Entlassung, z.B. bei der Vermittlung von Arbeitsstellen oder Wohnraum							
1. Sie	☐	☐	☐	☐	☐	☐	☐
2. Ihr Beirat	☐	☐	☐	☐	☐	☐	☐

In welchem Maße erfüllen Sie bzw. Ihr Beirat diese Aufgaben?	überhaupt nicht						in sehr hohem Maße
	1	2	3	4	5	6	7

5. Vermittlung eines der Realität entsprechenden Bildes des Strafvollzuges und seiner Probleme in der Öffentlichkeit

	1	2	3	4	5	6	7
1. Sie	☐	☐	☐	☐	☐	☐	☐
2. Ihr Beirat	☐	☐	☐	☐	☐	☐	☐

6. Werbung in der Öffentlichkeit um Verständnis für die Belange eines auf Resozialisierung ausgerichteten Strafvollzuges

	1	2	3	4	5	6	7
1. Sie	☐	☐	☐	☐	☐	☐	☐
2. Ihr Beirat	☐	☐	☐	☐	☐	☐	☐

7. Was tun Sie konkret im Bereich der Öffentlichkeitsarbeit?

Bemerkungen:

Die Tätigkeitsschwerpunkte: E = Häufigkeit; F = Zeitanteil

Nachfolgend sind Themen aufgeführt, mit denen sich möglicherweise Sie und/oder Ihr Anstaltsbeirat während Ihrer jetzigen Amtszeit beschäftigt haben. Geben Sie bitte an, wie **häufig** Sie bzw. Ihr Beirat sich mit den aufgeführten Themen in Ihrer **jetzigen** Amtsperiode beschäftigt haben:

1 = nie
2 = 1–2 Mal
3 = 2–3 Mal
4 = 3–4 Mal
5 = >4 Mal

Bewerten Sie bitte, ob Ihnen der hierfür aufgewendete **Zeitanteil** angemessen erscheint.

Inwieweit haben Sie sich bzw. hat sich Ihr Beirat mit folgenden Themen befasst?	Häufigkeit					Zeitanteil		
	1	2	3	4	5	zu wenig	ange- messen	zu viel
1. Ärztliche Versorgung der Gefangenen								
1. Sie	☐	☐	☐	☐	☐	☐	☐	☐
2. Ihr Beirat	☐	☐	☐	☐	☐	☐	☐	☐
2. Arbeit (berufliche Beschäftigung) der Gefangenen								
1. Sie	☐	☐	☐	☐	☐	☐	☐	☐
2. Ihr Beirat	☐	☐	☐	☐	☐	☐	☐	☐
3. Schulische Ausbildung der Gefangenen								
1. Sie	☐	☐	☐	☐	☐	☐	☐	☐
2. Ihr Beirat	☐	☐	☐	☐	☐	☐	☐	☐
4. Berufliche Ausbildung der Gefangenen (z.B. Lehrgänge, Fernunterricht)								
1. Sie	☐	☐	☐	☐	☐	☐	☐	☐
2. Ihr Beirat	☐	☐	☐	☐	☐	☐	☐	☐
5. Unterbringung der Gefangenen								
1. Sie	☐	☐	☐	☐	☐	☐	☐	☐
2. Ihr Beirat	☐	☐	☐	☐	☐	☐	☐	☐

Inwieweit haben Sie sich bzw. hat sich Ihr Beirat mit folgenden Themen befasst?	Häufigkeit					Zeitanteil		
	1	2	3	4	5	zu wenig	ange- messen	zu viel
6. Besondere Behandlungsmaßnahmen für Gefangene (z.B. individuelle Therapien für Suchtkranke, Arbeitstherapie)								
1. Sie	☐	☐	☐	☐	☐	☐	☐	☐
2. Ihr Beirat	☐	☐	☐	☐	☐	☐	☐	☐
7. Persönliche Probleme einzelner Gefangener								
1. Sie	☐	☐	☐	☐	☐	☐	☐	☐
2. Ihr Beirat	☐	☐	☐	☐	☐	☐	☐	☐
8. Belegungssituation in der Anstalt (z.B. Überbelegung)								
1. Sie	☐	☐	☐	☐	☐	☐	☐	☐
2. Ihr Beirat	☐	☐	☐	☐	☐	☐	☐	☐
9. Vermittlung bei Problemen zwischen Gefangenen und Anstaltspersonal								
1. Sie	☐	☐	☐	☐	☐	☐	☐	☐
2. Ihr Beirat	☐	☐	☐	☐	☐	☐	☐	☐
10. Besondere Vorfälle (z.B. Entweichungen)								
1. Sie	☐	☐	☐	☐	☐	☐	☐	☐
2. Ihr Beirat	☐	☐	☐	☐	☐	☐	☐	☐

11. Mit welchen sonstigen Themen haben Sie sich bzw. hat sich Ihr Beirat schwerpunktmäßig befasst?

12. Welche konkreten Folgen hatten Ihre bzw. die Bemühungen Ihres Beirats bei den einzelnen Themen?

G. Die Befugnisse der Anstaltsbeiräte

Im Folgenden finden Sie Fragen zu den Befugnissen der Anstaltsbeiräte.

In welchem Maße nehmen Sie bzw. Ihr Beirat diese Befugnisse wahr?

Überhaupt nicht bedeutet, dass ein Recht nie in Anspruch genommen wird.

In sehr hohem Maße bedeutet, dass ein Recht sehr häufig und in vollem Umfang in Anspruch genommen wird.

	überhaupt nicht					in sehr hohem Maße	
	1	2	3	4	5	6	7
1. Gespräche mit einzelnen Gefangenen zur Entgegennahme von Wünschen, Anregungen und Beanstandungen							
1. Sie	☐	☐	☐	☐	☐	☐	☐
2. Ihr Beirat	☐	☐	☐	☐	☐	☐	☐
2. Gespräche mit der Interessenvertretung der Gefangenen zur Entgegennahme von Wünschen, Anregungen und Beanstandungen							
1. Sie	☐	☐	☐	☐	☐	☐	☐
2. Ihr Beirat	☐	☐	☐	☐	☐	☐	☐
3. Schriftwechsel mit einzelnen Gefangenen zur Entgegennahme von Wünschen, Anregungen und Beanstandungen							
1. Sie	☐	☐	☐	☐	☐	☐	☐
2. Ihr Beirat	☐	☐	☐	☐	☐	☐	☐
4. Schriftwechsel mit der Interessenvertretung der Gefangenen zur Entgegennahme von Wünschen, Anregungen und Beanstandungen							
1. Sie	☐	☐	☐	☐	☐	☐	☐
2. Ihr Beirat	☐	☐	☐	☐	☐	☐	☐

In welchem Maße nehmen Sie bzw. Ihr Beirat diese Befugnisse wahr?	überhaupt nicht						in sehr hohem Maße
	1	2	3	4	5	6	7
5. Aufsuchen von Gefangenen in ihren Hafträumen							
1. Sie	☐	☐	☐	☐	☐	☐	☐
2. Ihr Beirat	☐	☐	☐	☐	☐	☐	☐
6. Besichtigung der gesamten Anstalt oder einzelner Bereiche							
1. Sie	☐	☐	☐	☐	☐	☐	☐
2. Ihr Beirat	☐	☐	☐	☐	☐	☐	☐
7. Entgegennahme von Mitteilungen aus Gefangenenpersonalakten durch den Anstaltsleiter							
1. Sie	☐	☐	☐	☐	☐	☐	☐
2. Ihr Beirat	☐	☐	☐	☐	☐	☐	☐
8. Einholung von Auskünften bei der Anstaltsleitung mündlich, fernmündlich oder schriftlich							
1. Sie	☐	☐	☐	☐	☐	☐	☐
2. Ihr Beirat	☐	☐	☐	☐	☐	☐	☐
9. Unterrichtung durch den Anstaltsleiter über Ereignisse, die für die Öffentlichkeit von besonderem Interesse sind							
1. Sie	☐	☐	☐	☐	☐	☐	☐
2. Ihr Beirat	☐	☐	☐	☐	☐	☐	☐

Bemerkungen:

_____

_____

_____

_____

_____

H.1 Die Kontakte zu den Partnern innerhalb der Justizvollzugsanstalt

Im Rahmen Ihrer Tätigkeit als Anstaltsbeirat haben Sie vor allem Kontakt zu den Partnern innerhalb der Justizvollzugsanstalt.

Kontakt bedeutet jede Form der Kommunikation schriftlicher, mündlicher oder fernmündlicher Art.

Bewerten Sie bitte diese Kontakte nach ihrer *Bedeutung für Ihre Arbeit.*

1 = sehr wichtig
2 = wichtig
3 = weiß nicht
4 = eher weniger wichtig
5 = überhaupt nicht wichtig

Bewerten Sie bitte folgende Kontakte:	sehr wichtig			überhaupt nicht wichtig	
	1	2	3	4	5
1. Bedeutung des Kontaktes zu der Anstaltsleitung	□	□	□	□	□
2. Bedeutung des Kontaktes zu den Beamten des allgemeinen Vollzugsdienstes	□	□	□	□	□
3. Bedeutung des Kontaktes zu den Gefangenen	□	□	□	□	□
4. Bedeutung des Kontaktes zum Justizministerium	□	□	□	□	□
5. Bedeutung des Kontaktes zu den Sozialarbeitern der Anstalt	□	□	□	□	□
6. Bedeutung des Kontaktes zu den Psychologen der Anstalt	□	□	□	□	□
7. Bedeutung des Kontaktes zu den Ärzten der Anstalt	□	□	□	□	□
8. Bedeutung des Kontaktes zum Werkdienst und zu den Ausbildern der Anstalt	□	□	□	□	□
9. Bedeutung des Kontaktes zu den sonstigen ehrenamtlichen Mitarbeitern der Anstalt (abgesehen von Mitgliedern des Anstaltsbeirats)	□	□	□	□	□

I.1 Die Kooperationen mit den Partnern innerhalb der Justizvollzugsanstalt

Geben Sie bitte außerdem an, inwieweit Sie die *Kooperation* mit diesen Personen positiv oder negativ bewerten.

1= sehr positiv
2 = positiv
3 = weder positiv noch negativ
4 = eher negativ
5 = sehr negativ

Bewerten Sie bitte die Kooperation:	sehr positiv				sehr negativ
	1	2	3	4	5
1. Kooperation mit der Anstaltsleitung	☐	☐	☐	☐	☐
2. Kooperation mit den Beamten des allgemeinen Vollzugsdienstes	☐	☐	☐	☐	☐
3. Kooperation mit den Gefangenen	☐	☐	☐	☐	☐
4. Kooperation mit dem Justizministerium	☐	☐	☐	☐	☐
5. Kooperation mit den Sozialarbeitern der Anstalt	☐	☐	☐	☐	☐
6. Kooperation mit den Psychologen der Anstalt	☐	☐	☐	☐	☐
7. Kooperation mit den Ärzten der Anstalt	☐	☐	☐	☐	☐
8. Kooperation mit dem Werkdienst und den Ausbildern der Anstalt	☐	☐	☐	☐	☐
9. Kooperation mit den sonstigen ehrenamtlichen Mitarbeitern der Anstalt (abgesehen von Mitgliedern des Anstaltsbeirats)	☐	☐	☐	☐	☐

<u>Bemerkungen</u>:

_____

_____

_____

_____

_____

H.2 Die Kontakte zu außenstehenden Personen und Institutionen

Darüber hinaus stehen Sie auch in Kontakt zu Personen und Institutionen, die nicht Teil der Justizvollzugsanstalt sind.

Kontakt bedeutet jede Form der Kommunikation schriftlicher, mündlicher oder fernmündlicher Art.

Bewerten Sie bitte diese Kontakte nach ihrer *Bedeutung für Ihre Arbeit.*

1 = **sehr wichtig**
2 = **wichtig**
3 = **weiß nicht**
4 = **eher weniger wichtig**
5 = **überhaupt nicht wichtig**

Bewerten Sie bitte folgende Kontakte:	sehr wichtig				überhaupt nicht wichtig
	1	2	3	4	5
1. Bedeutung des Kontaktes zum Arbeitsamt	☐	☐	☐	☐	☐
2. Bedeutung des Kontaktes zu den sonstigen Sozialbehörden	☐	☐	☐	☐	☐
3. Bedeutung des Kontaktes zu der Bewährungshilfe	☐	☐	☐	☐	☐
4. Bedeutung des Kontaktes zu den Kirchen und sonstigen kirchlichen Einrichtungen	☐	☐	☐	☐	☐
5. Bedeutung des Kontaktes zu Journalisten aus Rundfunk, Presse oder Fernsehen	☐	☐	☐	☐	☐
6. Bedeutung des Kontaktes zu Abgeordneten des Landtags	☐	☐	☐	☐	☐
7. Bedeutung des Kontaktes zu politischen Parteien	☐	☐	☐	☐	☐

I.2 Die Kooperationen mit außenstehenden Personen und Institutionen

Geben Sie bitte außerdem an, inwieweit Sie die *Kooperation* mit diesen Personen und Institutionen positiv oder negativ bewerten.

1 = **sehr positiv**
2 = **positiv**
3 = **weder positiv noch negativ**
4 = **eher negativ**
5 = **sehr negativ**

Bewerten Sie bitte die Kooperation:	**sehr positiv**				**sehr negativ**
	1	**2**	**3**	**4**	**5**
1. Kooperation mit dem Arbeitsamt	☐	☐	☐	☐	☐
2. Kooperation mit den sonstigen Sozialbehörden	☐	☐	☐	☐	☐
3. Kooperation mit der Bewährungshilfe	☐	☐	☐	☐	☐
4. Kooperation mit den Kirchen und sonstigen kirchlichen Einrichtungen	☐	☐	☐	☐	☐
5. Kooperation mit den Journalisten aus Rundfunk, Presse oder Fernsehen	☐	☐	☐	☐	☐
6. Kooperation mit den Abgeordneten des Landtags	☐	☐	☐	☐	☐
7. Kooperation mit politischen Parteien	☐	☐	☐	☐	☐

Bemerkungen:

_____

_____

_____

_____

_____

_____

_____

_____

_____

J. Die Pflichten der Anstaltsbeiräte

Im Folgenden finden Sie Aussagen zu den Pflichten der Anstaltsbeiräte.

Inwieweit stimmen Sie den folgenden Aussagen zu?	Stimme gar nicht zu					Stimme voll zu	
	1	2	3	4	5	6	7
1. Bei der Bestellung zum Beiratsmitglied wurde ich ausreichend über meine Verschwiegenheitspflicht aufgeklärt.	☐	☐	☐	☐	☐	☐	☐
2. Die Verschwiegenheitspflicht steht im Widerspruch zu der geforderten Öffentlichkeitsarbeit der Beiräte, denn es ist nicht möglich, einerseits das Recht der Gefangenen auf Persönlichkeitsschutz zu beachten und andererseits die Öffentlichkeit umfassend aufzuklären.	☐	☐	☐	☐	☐	☐	☐
3. Die Beiräte sollten auf Wunsch der Insassen auch gegenüber dem Anstaltspersonal verschwiegen sein, soweit diesem bestimmte Informationen über die Gefangenen nicht ohnehin zugänglich sind.	☐	☐	☐	☐	☐	☐	☐
4. Die Beiräte sollten nicht nur verpflichtet sein, über vertrauliche Angelegenheiten der Gefangenen Verschwiegenheit zu bewahren, sondern auch über vertrauliche Angelegenheiten der Anstaltsbediensteten, sofern ihnen solche bekannt werden.	☐	☐	☐	☐	☐	☐	☐

Bemerkungen:

_____

_____

_____

_____

_____

_____

_____

_____

K. Die Berichte an das Justizministerium

Der Anstaltsbeirat soll dem Justizministerium einen Jahresbericht vorlegen und dabei Anregungen und Empfehlungen aussprechen.

Inwieweit stimmen Sie den folgenden Aussagen zu?	Stimme gar nicht zu						Stimme voll zu
	1	2	3	4	5	6	7
1. Durch die Anfertigung solcher Berichte besteht die Möglichkeit, Anregungen und Empfehlungen für eine Verbesserung des Vollzuges zu geben.	☐	☐	☐	☐	☐	☐	☐
2. Die Anfertigung dieser Berichte ist notwendig, um das Justizministerium über die aktuellen Tätigkeiten des Beirats informieren zu können.	☐	☐	☐	☐	☐	☐	☐
3. Die Berichte haben meiner Meinung nach konkrete Folgen für die Gestaltung des Vollzuges.	☐	☐	☐	☐	☐	☐	☐
4. Der Arbeitsaufwand für die Anfertigung eines solchen Berichtes ist zu hoch.	☐	☐	☐	☐	☐	☐	☐
5. Oft ist es schwierig, die Berichte mit Inhalten zu füllen, da es wenig gibt, worüber es sich zu informieren lohnt.	☐	☐	☐	☐	☐	☐	☐
6. Es wird vermieden, die Berichte allzu kritisch zu verfassen, da ansonsten Probleme mit der Anstalt drohen.	☐	☐	☐	☐	☐	☐	☐
7. Die jährlich stattfindenden Tagungen mit allen Beiräten aus Baden-Württemberg sind für einen gegenseitigen Erfahrungsaustausch unter den Beiräten notwendig.	☐	☐	☐	☐	☐	☐	☐
8. Bei diesen Tagungen, zu denen das Justizministerium einlädt, findet auch ein umfassender Austausch mit dem Ministerium statt.	☐	☐	☐	☐	☐	☐	☐

Bemerkungen:

_____

_____

_____

_____

_____

L. Die Sitzungen des Anstaltsbeirats

Der Anstaltsbeirat tritt regelmäßig zu Sitzungen und Besichtigungen zusammen.

Bitte beantworten Sie folgende Fragen: 1   2   3   4   5

1. Wie häufig hielt Ihr Beirat im letzten Halbjahr Sitzungen ab?

   1 = keinmal
   2 = einmal
   3 = zweimal und mehr

2. Nehmen Sie an den Beiratssitzungen teil?

   1 = ja immer
   2 = meistens
   3 = teilweise
   4 = eher selten
   5 = nie

3. Ist der Beirat bei seinen Sitzungen beschlussfähig?

   1 = ja immer
   2 = meistens
   3 = teilweise
   4 = eher selten
   5 = nie

4. Wie lange dauern die Sitzungen des Beirats durchschnittlich?

   1 = weniger als 1 Stunde
   2 = ca. 1 Stunde
   3 = ca. 1 bis 2 Stunden
   4 = mehr als 2 Stunden

5. Haben der Anstaltsleiter oder Anstaltsbedienstete an den Sitzungen teilgenommen?

   1 = ja immer
   2 = meistens
   3 = teilweise
   4 = eher selten
   5 = nie

6. Wie oft erfolgt eine gemeinsame Sitzung von Anstaltsbeirat und Anstaltskonferenz?

   1 = halbjährig
   2 = öfter
   3 = seltener
   4 = nie

Bitte beantworten Sie folgende Fragen: 1 2 3 4 5

7. Findet dabei ein gegenseitiger Informationsaustausch über die Situation und die Vorgänge in der Anstalt statt?

   1 = ja immer
   2 = meistens
   3 = teilweise
   4 = eher selten
   5 = nie

   ☐ ☐ ☐ ☐ ☐

8. Wie häufig besichtigt Ihr Beirat die Anstalt oder einzelne Bereiche?

   1 = einmal im Halbjahr
   2 = öfter
   3 = seltener

   ☐ ☐ ☐ ☐

9. Nehmen Sie an den Besichtigungen teil?

   1 = ja immer
   2 = meistens
   3 = teilweise
   4 = eher selten
   5 = nie

   ☐ ☐ ☐ ☐ ☐

Bemerkungen:

_____
_____
_____
_____
_____
_____
_____
_____
_____
_____
_____
_____
_____
_____
_____
_____

M. Das Ehrenamt

Im Folgenden werden Fragen zu Ihrer persönlichen Einschätzung Ihres Ehrenamtes formuliert.

Bitte beantworten Sie folgende Fragen:	1	2	3	4	5

1. Wieviel Zeit wenden Sie durchschnittlich im Monat für Ihr Ehrenamt als Anstaltsbeirat auf?

     [　　　　　　] **Std./Monat**

2. Sind Sie der Meinung, dass diese aufgewendete Zeit angemessen ist?

   1 = ja
   2 = nein, zu wenig   ☐   ☐   ☐
   3 = nein, zu viel

3. Schätzen Sie Ihre Beiratstätigkeit insgesamt als wirksam ein?

   1 = ja
   2 = weiß nicht genau   ☐   ☐   ☐
   3 = nein

4. Erfahren Sie Anerkennung für die Ausübung des Ehrenamtes eines Anstaltsbeirats?

   1 = ja
   2 = nein   ☐   ☐

5. **Wenn Sie Frage 4 mit Ja beantwortet haben:** Durch wen erfolgt diese Anerkennung? Es können mehrere Alternativen angekreuzt werden!

   1 = Anstaltsleitung
   2 = Justizministerium
   3 = Gefangene   ☐   ☐   ☐   ☐   ☐
   4 = Gemeinde/Kommune
   5 = Familie/Freunde

6. Bekommen Sie Unterstützung bei Ihrer Aufgabenbewältigung als Anstaltsbeirat z.B. durch Vorträge, Informationsveranstaltungen oder Gesprächsangebote?

   1 = ja
   2 = nein   ☐   ☐

Bitte beantworten Sie folgende Fragen: 1   2   3   4   6

7. Wenn Sie Frage 6 mit Ja beantwortet haben:
   Durch wen erfolgt diese Unterstützung?
   Es können mehrere Alternativen angekreuzt
   werden!

   1 = Anstaltsleitung
   2 = Justizministerium   ☐   ☐   ☐
   3 = Dritte und zwar:_____

8. Welche konkreten Angebote werden Ihnen im Rahmen dieser Unterstützung gemacht?

   Empfinden Sie diese Angebote als ausreichend bzw. nützlich?

9. Üben Sie noch andere ehrenamtliche Tätigkeiten
   innerhalb der Anstalt aus?

   1 = ja
   2 = nein   ☐   ☐

10. **Wenn Sie Frage 9 mit Ja beantwortet haben:**
    Welche anderen ehrenamtlichen Tätigkeiten sind dies?

    Wie wirkt sich die Ausübung dieser ehrenamtlichen Tätigkeiten auf Ihre Arbeit im Anstalts-
    beirat aus?

Bemerkungen:

LXVI

N. Angaben zur eigenen Person

1. Alter   unter 30 Jahre   ☐
                         30–40 Jahre   ☐
                         41–50 Jahre   ☐
                         51–60 Jahre   ☐
                         61–70 Jahre   ☐
                         über 70 Jahre   ☐

2. Geschlecht   männlich   ☐
                         weiblich   ☐

3. Welchen höchsten allgemein bildenden Schulabschluss haben Sie?   ☐
   A. Von der Schule abgegangen ohne Hauptschulabschluss   ☐
       (Volksschulabschluss)
   B. Hauptschulabschluss (Volksschulabschluss)   ☐
   C. Realschulabschluss (Mittlere Reife)   ☐
   D. Abschluss der Polytechnischen Oberschule   ☐
       10. Klasse (vor 1965: 8. Klasse)
   E. Fachhochschulreife, Abschluss Fachoberschule   ☐
   F. Allgemeine oder fachgebundene Hochschulreife/Abitur   ☐
       (Gymnasium bzw. EOS, auch EOS mit Lehre)

   G. Einen anderen Schulabschluss und zwar: ☐
   _____

4. Welchen beruflichen Ausbildungsabschluss haben Sie?
   Welche Angaben auf dieser Liste treffen auf Sie zu?

   A. Noch in beruflicher Ausbildung (Auszubildende/r, Student/in)   ☐
   B. Keinen beruflichen Abschluss und   ☐
       bin nicht in beruflicher Ausbildung
   C. Beruflich-betriebliche Ausbildung (Lehre) abgeschlossen   ☐
   D. Beruflich-schulische Ausbildung   ☐
       (Berufsfachschule, Handelsschule) abgeschlossen
   E. Ausbildung an einer Fachschule, Meister-, Technikerschule,   ☐
       Berufs- oder Fachakademie abgeschlossen
   F. Fachhochschulabschluss   ☐
   G. Hochschulabschluss   ☐

   H. Einen anderen beruflichen Abschluss und zwar: ☐
   _____

5. Sind Sie zurzeit erwerbstätig? Unter Erwerbstätigkeit wird jede bezahlte bzw. mit einem Einkommen verbundene Tätigkeit verstanden, egal welchen zeitlichen Umfang sie hat. ☐

    A. Voll erwerbstätig ☐
    B. Teilzeitbeschäftigt ☐
    C. Altersteilzeit (unabhängig davon in welcher Phase befindlich) ☐
    D. Geringfügig erwerbstätig, Mini Job ☐
    E. „Ein-Euro-Job" (bei Bezug von Arbeitslosengeld 2) ☐
    F. Gelegentlich oder unregelmäßig beschäftigt ☐
    G. Berufliche Ausbildung/Lehre ☐
    H. Umschulung ☐
    I. Wehrdienst/Zivildienst ☐
    J. Mutterschafts-, Erziehungsurlaub, Elternzeit, sonstige Beurlaubung ☐
    K. Nicht erwerbstätig (z.b. Studenten, die nicht gegen Geld arbeiten, Arbeitslose, Vorruheständler, Rentner ohne Nebenverdienst) ☐

6. Wenn Sie nicht voll erwerbstätig sind: Zu welcher Gruppe auf der Liste gehören Sie?

    A. Schüler/in an einer allgemeinbildenden Schule ☐
    B. Student/in ☐
    C. Rentner/in, Pensionär/in, im Vorruhestand ☐
    D. Arbeitslos ☐
    E. Hausfrau/Hausmann ☐
    F. Sonstiges und zwar: _____ ☐

7. Welche berufliche Tätigkeit üben Sie derzeit hauptsächlich aus?
Nennen Sie bitte Ihre genaue Berufsbezeichnung

_____

Wenn Sie nicht mehr berufstätig sind, welche Tätigkeit haben Sie bei Ihrer früheren hauptsächlichen Erwerbstätigkeit zuletzt ausgeübt?

_____

8. Kreuzen Sie bitte nach der folgenden Liste an, zu welcher Gruppe dieser Beruf gehört.

    A. Selbstständige/r Landwirt/in bzw. Genossenschaftsbauer/ -bäuerin ☐
    B. Akademiker/in freiem Beruf (Arzt/Ärztin, Steuerberater/in u.ä.) ☐
    C. Selbstständig im Handel, Gewerbe, Handwerk, Industrie, Dienstleistung, auch Ich-AG oder PGH-Mitglied ☐
    D. Beamter/Beamtin, Richter/in, Berufssoldat/in ☐
    E. Angestellte/r ☐
    F. Arbeiter/in ☐
    G. Ausbildung ☐
    H. Mithelfende/r Familienangehörige/r ☐

Vielen Dank für Ihre Unterstützung!

Anhang 2: Fragebogen Sachsen

A. Die Justizvollzugsanstalt

Sie üben derzeit Ihr Ehrenamt als Mitglied eines Anstaltsbeirats an einer sächsischen Justizvollzugsanstalt aus.

Bitte beantworten Sie folgende Fragen:	1	2	3	4	5
1. Wie hoch ist die Durchschnittsbelegung Ihrer Anstalt? Bitte kreuzen Sie nur eine Alternative an! 1 = < 100 Gefangene 2 = 100–300 Gefangene 3 = > 300–500 Gefangene 4 = > 500–700 Gefangene 5 = > 700 Gefangene	☐	☐	☐	☐	☐
2. Wie hoch ist die Einwohnerzahl des Ortes, in dem Ihre Anstalt liegt? Bitte kreuzen Sie nur eine Alternative an! 1 = < 10.000 2 = 10.000–50.000 3 = > 50.000–100.000 4 = > 100.000–500.000 5 = > 500.000	☐	☐	☐	☐	☐
3. Wie weit entfernt wohnen Sie von Ihrer Anstalt? Bitte kreuzen Sie nur eine Alternative an! 1 = < 1 km 2 = 1–5 km 3 = > 5–25 km 4 = > 25–50 km 5 = > 50 km	☐	☐	☐	☐	☐
4. Welche Vollzugsarten gibt es an Ihrer Anstalt? Es können mehrere Alternativen angekreuzt werden! 1 = Strafhaft 2 = Untersuchungshaft 3 = Jugendstrafe	☐	☐	☐	☐	☐
5. Welche Vollzugsformen gibt es an Ihrer Anstalt? Bitte kreuzen Sie nur eine Alternative an! 1 = nur geschlossener Vollzug 2 = geschlossener und offener Vollzug 3 = nur offener Vollzug	☐	☐	☐	☐	☐

B. Die Mitgliedschaft im Anstaltsbeirat

Im Folgenden finden Sie Aussagen bezüglich Ihrer erstmaligen Bestellung zum Mitglied im Anstaltsbeirat sowie zu Ihren möglichen sonstigen Tätigkeiten.

Treffen folgende Aussagen bzgl. der Bestellung zum Beiratsmitglied auf Sie zu?	Ja	Nein
1. Ich wurde von einer gemeinnützigen Organisation angesprochen, z.B. Arbeiterwohlfahrt, Caritas, Diakonisches Werk der evangelischen Kirche.	☐	☐
2. Ich wurde von einer Partei angesprochen.	☐	☐
3. Ich wurde von meinem Arbeitgeber angesprochen.	☐	☐
4. Mich haben die Anstaltsleitung bzw. andere Vollzugsmitarbeiter auf die Tätigkeit im Beirat aufmerksam gemacht.	☐	☐

Treffen folgende Aussagen bzgl. sonstiger Tätigkeiten auf Sie zu?	Ja	Nein
1. Ich habe/hatte beruflich mit Strafvollzug zu tun.	☐	☐
2. Ich bin/war in der Sozialarbeit tätig (außerhalb der Straffälligenhilfe).	☐	☐
3. Ich bin/war in der Straffälligenhilfe tätig.	☐	☐
4. Ich bin/war Mitglied eines Arbeitgeberverbandes, z.B. Gesamtmetall, Bundesarbeitgeberverband Chemie.	☐	☐
5. Ich bin/war Mitglied einer Gewerkschaft, z.B. IG Metall, Verdi.	☐	☐
6. Ich bin/war bereits ehrenamtlich im kirchlichen/seelsorgerischen Bereich tätig.	☐	☐
7. Ich bin/war Abgeordnete/r des Landtags.	☐	☐

8. Was waren Ihre Beweggründe und Motive, das Ehrenamt eines Anstaltsbeirats zu übernehmen?

C. Der Anstaltsbeirat

Die folgenden Fragen beziehen sich auf Ihren Anstaltsbeirat sowie auf Ihre Funktion innerhalb des Beirates.

1. Wie viele Mitglieder hat Ihr Anstaltsbeirat?

2. Wie lange sind Sie schon Beiratsmitglied?
   (Angabe in Monaten)

3. In welcher Amtsperiode befinden Sie sich?

Bitte kreuzen Sie die auf Sie zutreffende Alternative an: 1   2   3

4. Welche Funktion nehmen Sie in dieser Amtsperiode im Beirat ein?

   1 = Vorsitzende/r
   2 = stellvertretende/r Vorsitzende/r   □   □   □
   3 = sonstiges Mitglied

5. Streben Sie eine weitere Amtsperiode im Beirat an?

   1 = ja
   2 = nein   □   □

6. Wurden Sie vor Ihrem Amtsantritt über die Tätigkeit im Anstaltsbeirat informiert?

   1 = ja, ausführlich
   2 = ja, teilweise   □   □   □
   3 = nein

7. Haben Sie sich vor Ihrem Amtsantritt selbst Informationen über die Tätigkeit im Anstaltsbeirat beschafft?

   1 = ja
   2 = nein   □   □

8. Kennen Sie die Aufgaben eines Anstaltsbeirats?

   1 = ja
   2 = weiß nicht genau   □   □   □
   3 = nein

9. Kennen Sie die Rechte eines Anstaltsbeirats?

   1 = ja
   2 = weiß nicht genau   □   □   □
   3 = nein

Bitte kreuzen Sie die auf Sie zutreffende Alternative an: 1   2   3

10. Kennen Sie die Pflichten eines Anstaltsbeirats?

   1 = ja
   2 = weiß nicht genau   □   □   □
   3 = nein

11. Was halten Sie persönlich für die wichtigsten Aufgaben eines Anstaltsbeirats?

12. Was sollten Ihrer Meinung nach die Ziele der Tätigkeit eines Anstaltsbeirats sein?

Bemerkungen:

D. Die Aufgaben der Anstaltsbeiräte

Im Folgenden finden Sie Fragen zu den Aufgaben der Anstaltsbeiräte.

In welchem Maße erfüllen Sie bzw. Ihr Beirat diese Aufgaben?

Überhaupt nicht bedeutet, dass eine Aufgabe nie erfüllt werden kann.

In sehr hohem Maße bedeutet, dass eine Aufgabe immer und in vollem Umfang erfüllt werden kann.

	überhaupt nicht						in sehr hohem Maße
	1	2	3	4	5	6	7
1. Mitwirkung bei der Gestaltung des Vollzuges, indem z.B. Probleme innerhalb der Anstalt erkannt sowie benannt werden und/oder konkrete Lösungsvorschläge gemacht werden							
1. Sie	☐	☐	☐	☐	☐	☐	☐
2. Ihr Beirat	☐	☐	☐	☐	☐	☐	☐
2. Mitwirkung bei der Betreuung der einzelnen Gefangenen, z.B. durch Gespräche oder eine gemeinsame Problembewältigung							
1. Sie	☐	☐	☐	☐	☐	☐	☐
2. Ihr Beirat	☐	☐	☐	☐	☐	☐	☐
3. Unterstützung des Anstaltsleiters durch Anregungen und Verbesserungsvorschläge							
1. Sie	☐	☐	☐	☐	☐	☐	☐
2. Ihr Beirat	☐	☐	☐	☐	☐	☐	☐
4. Hilfe bei der Eingliederung der Gefangenen nach der Entlassung, z.B. bei der Vermittlung von Arbeitsstellen oder Wohnraum							
1. Sie	☐	☐	☐	☐	☐	☐	☐
2. Ihr Beirat	☐	☐	☐	☐	☐	☐	☐

In welchem Maße erfüllen Sie bzw. Ihr Beirat diese Aufgaben?	überhaupt nicht						in sehr hohem Maße
	1	2	3	4	5	6	7
5. Vermittlung eines der Realität entsprechenden Bildes des Strafvollzuges und seiner Probleme in der Öffentlichkeit							
1. Sie	☐	☐	☐	☐	☐	☐	☐
2. Ihr Beirat	☐	☐	☐	☐	☐	☐	☐
6. Werbung in der Öffentlichkeit um Verständnis für die Belange eines auf Resozialisierung ausgerichteten Strafvollzuges							
1. Sie	☐	☐	☐	☐	☐	☐	☐
2. Ihr Beirat	☐	☐	☐	☐	☐	☐	☐

7. Was tun Sie konkret im Bereich der Öffentlichkeitsarbeit?

Bemerkungen:

Die Tätigkeitsschwerpunkte: E = Häufigkeit; F = Zeitanteil

Nachfolgend sind Themen aufgeführt, mit denen sich möglicherweise Sie und/oder Ihr Anstaltsbeirat während Ihrer jetzigen Amtszeit beschäftigt haben.
Geben Sie bitte an, wie **häufig** Sie bzw. Ihr Beirat sich mit den aufgeführten Themen in Ihrer **jetzigen** Amtsperiode beschäftigt haben:

1 = nie
2 = 1–2 Mal
3 = 2–3 Mal
4 = 3–4 Mal
5 = >4 Mal

Bewerten Sie bitte, ob Ihnen der hierfür aufgewendete **Zeitanteil** angemessen erscheint.

Inwieweit haben Sie sich bzw. hat sich Ihr Beirat mit folgenden Themen befasst?	Häufigkeit					Zeitanteil		
	1	2	3	4	5	zu wenig	ange-messen	zu viel
1. Ärztliche Versorgung der Gefangenen								
1. Sie	☐	☐	☐	☐	☐	☐	☐	☐
2. Ihr Beirat	☐	☐	☐	☐	☐	☐	☐	☐
2. Arbeit (berufliche Beschäftigung) der Gefangenen								
1. Sie	☐	☐	☐	☐	☐	☐	☐	☐
2. Ihr Beirat	☐	☐	☐	☐	☐	☐	☐	☐
3. Schulische Ausbildung der Gefangenen								
1. Sie	☐	☐	☐	☐	☐	☐	☐	☐
2. Ihr Beirat	☐	☐	☐	☐	☐	☐	☐	☐
4. Berufliche Ausbildung der Gefangenen (z.B. Lehrgänge, Fernunterricht)								
1. Sie	☐	☐	☐	☐	☐	☐	☐	☐
2. Ihr Beirat	☐	☐	☐	☐	☐	☐	☐	☐
5. Unterbringung der Gefangenen								
1. Sie	☐	☐	☐	☐	☐	☐	☐	☐
2. Ihr Beirat	☐	☐	☐	☐	☐	☐	☐	☐

Inwieweit haben Sie sich bzw. hat sich Ihr Beirat mit folgenden Themen befasst?	Häufigkeit					Zeitanteil		
	1	2	3	4	5	zu wenig	ange- messen	zu viel
6. Besondere Behandlungsmaß- nahmen für Gefangene (z.B. individuelle Therapien für Suchtkranke, Arbeitstherapie)								
1. Sie	☐	☐	☐	☐	☐	☐	☐	☐
2. Ihr Beirat	☐	☐	☐	☐	☐	☐	☐	☐
7. Persönliche Probleme einzelner Gefangener								
1. Sie	☐	☐	☐	☐	☐	☐	☐	☐
2. Ihr Beirat	☐	☐	☐	☐	☐	☐	☐	☐
8. Belegungssituation in der Anstalt (z.B. Überbelegung)								
1. Sie	☐	☐	☐	☐	☐	☐	☐	☐
2. Ihr Beirat	☐	☐	☐	☐	☐	☐	☐	☐
9. Vermittlung bei Problemen zwischen Gefangenen und Anstaltspersonal								
1. Sie	☐	☐	☐	☐	☐	☐	☐	☐
2. Ihr Beirat	☐	☐	☐	☐	☐	☐	☐	☐
10. Besondere Vorfälle (z.B. Entweichungen)								
1. Sie	☐	☐	☐	☐	☐	☐	☐	☐
2. Ihr Beirat	☐	☐	☐	☐	☐	☐	☐	☐

11. Mit welchen sonstigen Themen haben Sie sich bzw. hat sich Ihr Beirat schwerpunktmäßig befasst?

12. Welche konkreten Folgen hatten Ihre bzw. die Bemühungen Ihres Beirats bei den einzelnen Themen?

G. Die Befugnisse der Anstaltsbeiräte

Im Folgenden finden Sie Fragen zu den Befugnissen der Anstaltsbeiräte.

In welchem Maße nehmen Sie bzw. Ihr Beirat diese Befugnisse wahr?

Überhaupt nicht bedeutet, dass ein Recht nie in Anspruch genommen wird.

In sehr hohem Maße bedeutet, dass ein Recht sehr häufig und in vollem Umfang in Anspruch genommen wird.

	überhaupt nicht						in sehr hohem Maße
	1	2	3	4	5	6	7
1. Gespräche mit einzelnen Gefangenen zur Entgegennahme von Wünschen, Anregungen und Beanstandungen							
1. Sie	☐	☐	☐	☐	☐	☐	☐
2. Ihr Beirat	☐	☐	☐	☐	☐	☐	☐
2. Gespräche mit der Interessenvertretung der Gefangenen zur Entgegennahme von Wünschen, Anregungen und Beanstandungen							
1. Sie	☐	☐	☐	☐	☐	☐	☐
2. Ihr Beirat	☐	☐	☐	☐	☐	☐	☐
3. Schriftwechsel mit einzelnen Gefangenen zur Entgegennahme von Wünschen, Anregungen und Beanstandungen							
1. Sie	☐	☐	☐	☐	☐	☐	☐
2. Ihr Beirat	☐	☐	☐	☐	☐	☐	☐
4. Schriftwechsel mit der Interessenvertretung der Gefangenen zur Entgegennahme von Wünschen, Anregungen und Beanstandungen							
1. Sie	☐	☐	☐	☐	☐	☐	☐
2. Ihr Beirat	☐	☐	☐	☐	☐	☐	☐

In welchem Maße nehmen Sie bzw. Ihr Beirat diese Befugnisse wahr?	überhaupt nicht					in sehr hohem Maße	
	1	2	3	4	5	6	7

5. Aufsuchen von Gefangenen in ihren Hafträumen

1. Sie	☐	☐	☐	☐	☐	☐	☐
2. Ihr Beirat	☐	☐	☐	☐	☐	☐	☐

6. Besichtigung der gesamten Anstalt oder einzelner Bereiche

1. Sie	☐	☐	☐	☐	☐	☐	☐
2. Ihr Beirat	☐	☐	☐	☐	☐	☐	☐

7. Entgegennahme von Mitteilungen aus Gefangenenpersonalakten mit Zustimmung der Gefangenen

1. Sie	☐	☐	☐	☐	☐	☐	☐
2. Ihr Beirat	☐	☐	☐	☐	☐	☐	☐

8. Einholung von Auskünften bei der Anstaltsleitung mündlich, fernmündlich oder schriftlich

1. Sie	☐	☐	☐	☐	☐	☐	☐
2. Ihr Beirat	☐	☐	☐	☐	☐	☐	☐

9. Unterrichtung durch den Anstaltsleiter über außerordentliche Vorkommnisse in der Anstalt

1. Sie	☐	☐	☐	☐	☐	☐	☐
2. Ihr Beirat	☐	☐	☐	☐	☐	☐	☐

10. Unterrichtung durch den Anstaltsleiter über Planungen, Entwicklungen und Ereignisse, die besonderes Aufsehen in der Öffentlichkeit erregt haben oder erregen können oder die sonst von besonderem Interesse für den Beirat sind

1. Sie	☐	☐	☐	☐	☐	☐	☐
2. Ihr Beirat	☐	☐	☐	☐	☐	☐	☐

H.1 Die Kontakte zu den Partnern innerhalb der Justizvollzugsanstalt

Im Rahmen Ihrer Tätigkeit als Anstaltsbeirat haben Sie vor allem Kontakt zu den Partnern innerhalb der Justizvollzugsanstalt.

Kontakt bedeutet jede Form der Kommunikation schriftlicher, mündlicher oder fernmündlicher Art.

Bewerten Sie bitte diese Kontakte nach ihrer *Bedeutung für Ihre Arbeit*.

1 = sehr wichtig
2 = wichtig
3 = weiß nicht
4 = eher weniger wichtig
5 = überhaupt nicht wichtig

Bewerten Sie bitte folgende Kontakte:	sehr wichtig			überhaupt nicht wichtig	
	1	2	3	4	5
1. Bedeutung des Kontaktes zu der Anstaltsleitung	☐	☐	☐	☐	☐
2. Bedeutung des Kontaktes zu den Beamten des allgemeinen Vollzugsdienstes	☐	☐	☐	☐	☐
3. Bedeutung des Kontaktes zu den Gefangenen	☐	☐	☐	☐	☐
4. Bedeutung des Kontaktes zum Staatsministerium der Justiz	☐	☐	☐	☐	☐
5. Bedeutung des Kontaktes zu den Sozialarbeitern der Anstalt	☐	☐	☐	☐	☐
6. Bedeutung des Kontaktes zu den Psychologen der Anstalt	☐	☐	☐	☐	☐
7. Bedeutung des Kontaktes zu den Ärzten der Anstalt	☐	☐	☐	☐	☐
8. Bedeutung des Kontaktes zum Werkdienst und zu den Ausbildern der Anstalt	☐	☐	☐	☐	☐
9. Bedeutung des Kontaktes zu den sonstigen ehrenamtlichen Mitarbeitern der Anstalt (abgesehen von Mitgliedern des Anstaltsbeirats)	☐	☐	☐	☐	☐

I.1. Geben Sie bitte außerdem an, inwieweit Sie die *Kooperation* mit diesen Personen positiv oder negativ bewerten

1 = sehr positiv
2 = positiv
3 = weder positiv noch negativ
4 = eher negativ
5 = sehr negativ

Bewerten Sie bitte die Kooperation:	sehr positiv				sehr negativ
	1	2	3	4	5
1. Kooperation mit der Anstaltsleitung	☐	☐	☐	☐	☐
2. Kooperation mit den Beamten des allgemeinen Vollzugsdienstes	☐	☐	☐	☐	☐
3. Kooperation mit den Gefangenen	☐	☐	☐	☐	☐
4. Kooperation mit dem Staatsministerium der Justiz	☐	☐	☐	☐	☐
5. Kooperation mit den Sozialarbeitern der Anstalt	☐	☐	☐	☐	☐
6. Kooperation mit den Psychologen der Anstalt	☐	☐	☐	☐	☐
7. Kooperation mit den Ärzten der Anstalt	☐	☐	☐	☐	☐
8. Kooperation mit dem Werkdienst und den Ausbildern der Anstalt	☐	☐	☐	☐	☐
9. Kooperation mit den sonstigen ehrenamtlichen Mitarbeitern der Anstalt (abgesehen von Mitgliedern des Anstaltsbeirats)	☐	☐	☐	☐	☐

Bemerkungen:

_____

_____

_____

_____

_____

_____

_____

H.2 Die Kontakte zu außenstehenden Personen und Institutionen

Darüber hinaus stehen Sie auch in Kontakt zu Personen und Institutionen, die nicht Teil der Justizvollzugsanstalt sind.

Kontakt bedeutet jede Form der Kommunikation schriftlicher, mündlicher oder fernmündlicher Art.

Bewerten Sie bitte diese Kontakte nach ihrer *Bedeutung für Ihre Arbeit.*

1 = **sehr wichtig**
2 = **wichtig**
3 = **weiß nicht**
4 = **eher weniger wichtig**
5 = **überhaupt nicht wichtig**

Bewerten Sie bitte folgende Kontakte:	sehr wichtig			überhaupt nicht wichtig	
	1	2	3	4	5
1. Bedeutung des Kontaktes zum Arbeitsamt	☐	☐	☐	☐	☐
2. Bedeutung des Kontaktes zu den sonstigen Sozialbehörden	☐	☐	☐	☐	☐
3. Bedeutung des Kontaktes zu der Bewährungshilfe	☐	☐	☐	☐	☐
4. Bedeutung des Kontaktes zu den Kirchen und sonstigen kirchlichen Einrichtungen	☐	☐	☐	☐	☐
5. Bedeutung des Kontaktes zu Journalisten aus Rundfunk, Presse oder Fernsehen	☐	☐	☐	☐	☐
6. Bedeutung des Kontaktes zu Abgeordneten des Landtags	☐	☐	☐	☐	☐
7. Bedeutung des Kontaktes zu politischen Parteien	☐	☐	☐	☐	☐

I.2 Geben Sie bitte außerdem an, inwieweit Sie die *Kooperation* mit diesen Personen und Institutionen positiv oder negativ bewerten

1 = sehr positiv
2 = positiv
3 = weder positiv noch negativ
4 = eher negativ
5 = sehr negativ

Bewerten Sie bitte die Kooperation:	sehr positiv 1	2	3	4	sehr negativ 5
1. Kooperation mit dem Arbeitsamt	☐	☐	☐	☐	☐
2. Kooperation mit den sonstigen Sozialbehörden	☐	☐	☐	☐	☐
3. Kooperation mit der Bewährungshilfe	☐	☐	☐	☐	☐
4. Kooperation mit den Kirchen und sonstigen kirchlichen Einrichtungen	☐	☐	☐	☐	☐
5. Kooperation mit den Journalisten aus Rundfunk, Presse oder Fernsehen	☐	☐	☐	☐	☐
6. Kooperation mit den Abgeordneten des Landtags	☐	☐	☐	☐	☐
7. Kooperation mit politischen Parteien	☐	☐	☐	☐	☐

Bemerkungen:

_____

_____

_____

_____

_____

_____

_____

_____

_____

_____

_____

J. Die Pflichten der Anstaltsbeiräte

Im Folgenden finden Sie Aussagen zu den Pflichten der Anstaltsbeiräte.

Inwieweit stimmen Sie den folgenden Aussagen zu?	Stimme gar nicht zu					Stimme voll zu	
	1	2	3	4	5	6	7
1. Bei der Bestellung zum Beiratsmitglied wurde ich ausreichend über meine Verschwiegenheitspflicht aufgeklärt.	☐	☐	☐	☐	☐	☐	☐
2. Die Verschwiegenheitspflicht steht im Widerspruch zu der geforderten Öffentlichkeitsarbeit der Beiräte, denn es ist nicht möglich, einerseits das Recht der Gefangenen auf Persönlichkeitsschutz zu beachten und andererseits die Öffentlichkeit umfassend aufzuklären.	☐	☐	☐	☐	☐	☐	☐
3. Die Beiräte sollten auf Wunsch der Insassen auch gegenüber dem Anstaltspersonal verschwiegen sein, soweit diesem bestimmte Informationen über die Gefangenen nicht ohnehin zugänglich sind.	☐	☐	☐	☐	☐	☐	☐
4. Die Beiräte sollten nicht nur verpflichtet sein, über vertrauliche Angelegenheiten der Gefangenen Verschwiegenheit zu bewahren, sondern auch über vertrauliche Angelegenheiten der Anstaltsbediensteten, sofern ihnen solche bekannt werden.	☐	☐	☐	☐	☐	☐	☐

Bemerkungen:

_____
_____
_____
_____
_____
_____
_____

_____

K. Die Berichterstattung durch die Anstaltsbeiräte

Die sächsische Verwaltungsvorschrift enthält keine Bestimmungen hinsichtlich möglicher Formen der Berichterstattung durch die Anstaltsbeiräte an das Staatsministerium der Justiz.

Bitte beantworten Sie folgende Fragen: **1   2   3   4   5**

1. Erfolgt eine Berichterstattung an das Staatsministerium der Justiz über die Tätigkeit der Anstaltsbeiräte?

   1 = ja
   2 = nein   ☐   ☐

2. **Wenn Sie Frage 1 mit Ja beantwortet haben:**
   Wie häufig erfolgt diese Berichterstattung?

   1 = einmal im Jahr
   2 = öfter
   3 = seltener   ☐   ☐   ☐

3. **Wenn Sie Frage 1 mit Ja beantwortet haben:**
   Auf welche Weise erfolgt die Berichterstattung?

   1 = durch schriftliche Berichte
   2 = mündlich im Rahmen gemeinsamer
       Arbeitsbesprechungen mit dem Ministerium
   3 = beides   ☐   ☐   ☐

4. **Wenn Sie Frage 1 mit Ja beantwortet haben:**
   Was ist Inhalt dieser Berichterstattung?

5. **Wenn Sie Frage 1 mit Ja beantwortet haben:**
   Hat die Berichterstattung konkrete Folgen für die Gestaltung des Vollzuges?

   1 = ja
   2 = nein
   3 = teilweise
   4 = weiß nicht   ☐   ☐   ☐   ☐

Bitte beantworten Sie folgende Fragen: 1   2   3   4   5

6. Sind Sie der Meinung, dass durch eine
   Berichterstattung an das Staatsministerium der Justiz
   die Möglichkeit besteht, Anregungen/Empfehlungen
   für eine Verbesserung des Vollzuges zu geben?

   1 = ja
   2 = nein
   3 = teilweise   □   □   □   □
   4 = weiß nicht

7. Sind Sie der Meinung, dass eine Berichterstattung
   notwendig ist, um das Staatsministerium der Justiz
   über die Tätigkeit des Beirats informieren zu
   können?

   1 = ja
   2 = nein
   3 = teilweise   □   □   □   □
   4 = weiß nicht

8. Finden in Sachsen regelmäßige Zusammenkünfte
   aller Beiräte des Landes statt?

   1 = ja
   2 = nein   □   □

9. **Wenn Sie Frage 8 mit Ja beantwortet haben:**
   Wie häufig finden diese Zusammenkünfte statt?

   Was sind die Ziele dieser Zusammenkünfte?

10. **Wenn Sie Frage 8 mit Ja beantwortet haben:**
    Werden die Ziele dieser Zusammenkünfte erreicht?

    1 = ja
    2 = nein
    3 = teilweise   □   □   □   □
    4 = weiß nicht

L. Die Sitzungen des Anstaltsbeirats

Der Anstaltsbeirat tritt regelmäßig zu Sitzungen und Besichtigungen zusammen.

Bitte beantworten Sie folgende Fragen:

	1	2	3	4	5

1. Wie häufig hielt Ihr Beirat im letzten Jahr Sitzungen ab?

   1 = viermal
   2 = öfter   □   □   □
   3 = seltener

2. Nehmen Sie an den Beiratssitzungen teil?

   1 = ja immer
   2 = meistens
   3 = teilweise   □   □   □   □   □
   4 = eher selten
   5 = nie

3. Ist der Beirat bei seinen Sitzungen beschlussfähig?

   1 = ja immer
   2 = meistens
   3 = teilweise   □   □   □   □   □
   4 = eher selten
   5 = nie

4. Wie lange dauern die Sitzungen des Beirats durchschnittlich?

   1 = weniger als 1 Stunde
   2 = ca. 1 Stunde
   3 = ca. 1 bis 2 Stunden   □   □   □   □
   4 = mehr als 2 Stunden

5. Haben der Anstaltsleiter oder Anstaltsbedienstete an den Sitzungen teilgenommen?

   1 = ja immer
   2 = meistens
   3 = teilweise   □   □   □   □   □
   4 = eher selten
   5 = nie

6. Wie häufig besichtigt Ihr Beirat die Anstalt oder einzelne Bereiche?

   1 = einmal im Halbjahr
   2 = öfter   □   □   □
   3 = seltener

Bitte beantworten Sie folgende Fragen:　　　1　　2　　3　　4　　5

7. Nehmen Sie an den Besichtigungen teil?

   1 = ja immer
   2 = meistens
   3 = teilweise　　　　　　　　　　□　　□　　□　　□　　□
   4 = eher selten
   5 = nie

Bemerkungen:

_____

_____

_____

_____

_____

_____

_____

_____

_____

_____

_____

_____

_____

_____

_____

M. Das Ehrenamt

Im Folgenden werden Fragen zu Ihrer persönlichen Einschätzung Ihres Ehrenamtes formuliert.

Bitte beantworten Sie folgende Fragen:	1	2	3	4	5
1. Wieviel Zeit wenden Sie durchschnittlich im Monat für Ihr Ehrenamt als Anstaltsbeirat auf?					Std./Monat
2. Sind Sie der Meinung, dass diese aufgewendete Zeit angemessen ist? 1 = ja 2 = nein, zu wenig 3 = nein, zu viel	☐	☐	☐		
3. Schätzen Sie Ihre Beiratstätigkeit insgesamt als wirksam ein? 1 = ja 2 = weiß nicht genau 3 = nein	☐	☐	☐		
4. Erfahren Sie Anerkennung für die Ausübung des Ehrenamtes eines Anstaltsbeirats? 1 = ja 2 = nein	☐	☐			
5. **Wenn Sie Frage 4 mit Ja beantwortet haben:** Durch wen erfolgt diese Anerkennung? Es können mehrere Alternativen angekreuzt werden! 1 = Anstaltsleitung 2 = Staatsministerium der Justiz 3 = Gefangene 4 = Gemeinde/Kommune 5 = Familie/Freunde	☐	☐	☐	☐	☐
6. Bekommen Sie Unterstützung bei Ihrer Aufgabenbewältigung als Anstaltsbeirat z. B. durch Vorträge, Informationsveranstaltungen oder Gesprächsangebote? 1 = ja 2 = nein	☐	☐			

Bitte beantworten Sie folgende Fragen: 1   2   3   4   6

7. **Wenn Sie Frage 6 mit Ja beantwortet haben:**
    Durch wen erfolgt diese Unterstützung?
    Es können mehrere Alternativen
    angekreuzt werden!

    1 = Anstaltsleitung
    2 = Staatsministerium der Justiz   ☐   ☐   ☐
    3 = Dritte und zwar: _____

8. Welche konkreten Angebote werden Ihnen im Rahmen dieser Unterstützung gemacht?

    Empfinden Sie diese Angebote als ausreichend bzw. nützlich?

9. Üben Sie noch andere ehrenamtliche
    Tätigkeiten innerhalb der Anstalt aus?

    1 = ja   ☐   ☐
    2 = nein

10. **Wenn Sie Frage 9 mit Ja beantwortet haben:**
    Welche anderen ehrenamtlichen Tätigkeiten sind dies?

    Wie wirkt sich die Ausübung dieser ehrenamtlichen Tätigkeiten auf Ihre Arbeit im
    Anstaltsbeirat aus?

Bemerkungen:

LXXXIX

N. Angaben zur eigenen Person

1. Alter   unter 3o Jahre   ☐

                         30–40 Jahre   ☐

                         41–50 Jahre   ☐

                         51–60 Jahre   ☐

                         61–70 Jahre   ☐

                         über 70 Jahre   ☐

2. Geschlecht   männlich   ☐

                         weiblich   ☐

3. Welchen höchsten allgemein bildenden Schulabschluss haben Sie?

H. Von der Schule abgegangen ohne Hauptschulabschluss   ☐
(Volksschulabschluss)

I. Hauptschulabschluss (Volksschulabschluss)   ☐

J. Realschulabschluss (Mittlere Reife)   ☐

K. Abschluss der Polytechnischen Oberschule   ☐
10. Klasse (vor 1965: 8. Klasse)

L. Fachhochschulreife, Abschluss Fachoberschule   ☐

M. Allgemeine oder fachgebundene Hochschulreife/Abitur (Gymnasium bzw.   ☐
EOS, auch EOS mit Lehre)

N. Einen anderen Schulabschluss und zwar: ☐

_____

4. Welchen beruflichen Ausbildungsabschluss haben Sie?
Welche Angaben auf dieser Liste treffen auf Sie zu?

I. Noch in beruflicher Ausbildung (Auszubildende/r, Student/in)   ☐

J. Keinen beruflichen Abschluss und   ☐
bin nicht in beruflicher Ausbildung

K. Beruflich-betriebliche Ausbildung (Lehre) abgeschlossen   ☐

L. Beruflich-schulische Ausbildung (Berufsfachschule, Handelsschule)   ☐
abgeschlossen

M. Ausbildung an einer Fachschule, Meister-, Technikerschule,   ☐
Berufs- oder Fachakademie abgeschlossen

N. Fachhochschulabschluss   ☐

O. Hochschulabschluss   ☐

P. Einen anderen beruflichen Abschluss und zwar: ☐

_____

5. Sind Sie zurzeit erwerbstätig? Unter Erwerbstätigkeit wird jede bezahlte
   bzw. mit einem Einkommen verbundene Tätigkeit verstanden, egal welchen
   zeitlichen Umfang sie hat.

   L. Voll erwerbstätig □
   M. Teilzeitbeschäftigt □
   N. Altersteilzeit (unabhängig davon in welcher Phase befindlich) □
   O. Geringfügig erwerbstätig, Mini Job □
   P. „Ein-Euro-Job" (bei Bezug von Arbeitslosengeld 2) □
   Q. Gelegentlich oder unregelmäßig beschäftigt □
   R. Berufliche Ausbildung/Lehre □
   S. Umschulung □
   T. Wehrdienst/Zivildienst □
   U. Mutterschafts-, Erziehungsurlaub, Elternzeit, sonstige Beurlaubung □
   V. Nicht erwerbstätig (z.B. Studenten, die nicht gegen Geld arbeiten,
      Arbeitslose, Vorruheständler, Rentner ohne Nebenverdienst) □

6. Wenn Sie nicht voll erwerbstätig sind: Zu welcher Gruppe auf der Liste
   gehören Sie?

   G. Schüler/in an einer allgemeinbildenden Schule □
   H. Student/in □
   I. Rentner/in, Pensionär/in, im Vorruhestand □
   J. Arbeitslos □
   K. Hausfrau/Hausmann □
   L. Sonstiges und zwar: _____ □

7. Welche berufliche Tätigkeit üben Sie derzeit hauptsächlich aus?
   Nennen Sie bitte Ihre genaue Berufsbezeichnung

   _____

   Wenn Sie nicht mehr berufstätig sind, welche Tätigkeit haben Sie bei Ihrer
   früheren hauptsächlichen Erwerbstätigkeit zuletzt ausgeübt?

   _____

8. Kreuzen Sie bitte nach der folgenden Liste an, zu welcher Gruppe dieser Beruf
   gehört.

   I. Selbstständige/r Landwirt/in bzw. Genossenschaftsbauer/ -bäuerin □
   J. Akademiker/in freiem Beruf (Arzt/Ärztin, Steuerberater/in u.ä.) □
   K. Selbstständig im Handel, Gewerbe, Handwerk, Industrie, Dienstleistung,
      auch Ich-AG oder PGH-Mitglied □
   L. Beamter/Beamtin, Richter/in, Berufssoldat/in □
   M. Angestellte/r □
   N. Arbeiter/in □
   O. Ausbildung □
   P. Mithelfende/r Familienangehörige/r □

Vielen Dank für Ihre Unterstützung!

Anhang 3: Codeplan

Fragebogennummer	Variablenname	Messniveau	Codierung
A.1	Durchschnittsbelegung Anstalt	Ratioskala	1 = < 100 Gefangene 2 = 100-300 Gefangene 3 = >300-500 Gefangene 4 = >500-700 Gefangene 5 = >700 Gefangene
B.2.1	Berufliche Verbindung zum Strafvollzug	Nominalskala	1= ja 2 = nein
B.2.2	Tätigkeit in der Straffälligenhilfe	Nominalskala	1= ja 2 = nein
B.2.4	Mitglied Arbeitgeberverband	Nominalskala	1 = ja 2 = nein
B.2.5	Mitglied Gewerkschaft	Nominalskala	1 = ja 2 = nein
B.2.6	Ehrenamtliche Tätigkeit im kirchl./seelsorg.bereich	Nominalskala	1 = ja 2 = nein
B.2.7 (Sachsen)	Abgeordnete/r des LT (Sachsen)	Nominalskala	1 = ja 2 = nein
C.1	Mitgliederanzahl im Beirat	Ratioskala	Anzahl
C.2	Dauer der Beiratsmitgliedschaft	Ratioskala	Angabe in Monaten
C.4.1	Vorsitzende/r	Nominalskala	1= ja 2 = nein
C.4.2	stellvertrende/r Vorsitzende/r	Nominalskala	1= ja 2 = nein
C.4.3	sonstiges Mitglied	Nominalskala	1 = ja 2 = nein
C.6	Informationserhalt vor Amtsantritt	Ordinalskala	1 = ja, ausführlich 2 = ja, teilweise 3 = nein
C.7	Selbstständige Informationsbeschaffung vor Amtsantritt	Nominalskala	1 = ja 2 = nein
C.8	Kenntnis der Aufgaben	Ordinalskala	1 = ja 2 = weiß nicht genau 3 = nein
C.9	Kenntnis der Rechte	Ordinalskala	1 = ja 2 = weiß nicht genau 3 = nein
C.10	Kenntnis der Pflichten	Ordinalskala	1 = ja 2 = weiß nicht genau 3 = nein
D.1.1	Wahrnehmung Aufgabe Mitwirkung bei der Vollzugsgestaltung Beiratsmitglied	Ordinalskala	1 überhaupt nicht 2 3 4 5 6 7 in sehr hohem Maße

Codeplan

Fragebogennummer	Variablenname	Messniveau	Codierung
D.1.2	Wahrnehmung Aufgabe Mitwirkung bei der Vollzugsgestaltung Beirat gesamt	Ordinalskala	1 überhaupt nicht 2 3 4 5 6 7 in sehr hohem Maße
D.2.1	Wahrnehmung Aufgabe Mitwirkung bei der Gefangenenbetreuung Beiratsmitglied	Ordinalskala	1 überhaupt nicht 2 3 4 5 6 7 in sehr hohem Maße
D.2.2	Wahrnehmung Aufgabe Mitwirkung bei der Gefangenenbetreuung Beirat gesamt	Ordinalskala	1 überhaupt nicht 2 3 4 5 6 7 in sehr hohem Maße
D.3.1	Wahrnehmung Aufgabe Unterstützung der AL durch Anregungen/Verbesserungs- vorschläge Beiratsmitglied	Ordinalskala	1 überhaupt nicht 2 3 4 5 6 7 in sehr hohem Maße
D.3.2	Wahrnehmung Aufgabe Unterstützung der AL durch Anregungen/Verbesserungs- vorschläge Beirat gesamt	Ordinalskala	1 überhaupt nicht 2 3 4 5 6 7 in sehr hohem Maße
D.4.1	Wahrnehmung Wiedereingliederungsaufgabe Beiratsmitglied	Ordinalskala	1 überhaupt nicht 2 3 4 5 6 7 in sehr hohem Maße
D.4.2	Wahrnehmung Wiedereingliederungsaufgabe Beiratsmitglied	Ordinalskala	1 überhaupt nicht 2 3 4 5 6 7 in sehr hohem Maße

Codeplan

Fragebogennummer	Variablenname	Messniveau	Codierung
D.5.1	Wahrnehmung Aufgabe Vermittlung eines realitätsnahen Bildes des Strafvollzugs in der Öffentlichkeit Beiratsmitglied	Ordinalskala	1 überhaupt nicht 2 3 4 5 6 7 in sehr hohem Maße
D.5.2	Wahrnehmung Aufgabe Vermittlung eines realitätsnahen Bildes des Strafvollzugs in der Öffentlichkeit Beirat gesamt	Ordinalskala	1 überhaupt nicht 2 3 4 5 6 7 in sehr hohem Maße
D.6.1	Wahrnehmung Aufgabe Werbung in der Öffentlichkeit für Belange des Strafvollzugs Beiratsmitglied	Ordinalskala	1 überhaupt nicht 2 3 4 5 6 7 in sehr hohem Maße
D.6.2	Wahrnehmung Aufgabe Werbung in der Öffentlichkeit für Belange des Strafvollzugs Beiratsmitglied	Ordinalskala	1 überhaupt nicht 2 3 4 5 6 7 in sehr hohem Maße
G.1.1	Gespräche mit einzelnen Gefangenen Beiratsmitglied	Ordinalskala	1 überhaupt nicht 2 3 4 5 6 7 in sehr hohem Maße
G.1.2	Gespräche mit einzelnen Gefangenen Beirat	Ordinalskala	1 überhaupt nicht 2 3 4 5 6 7 in sehr hohem Maße
G.2.1	Gespräche mit der Interessenvertretung der Gefangenen Beiratsmitglied	Ordinalskala	1 überhaupt nicht 2 3 4 5 6 7 in sehr hohem Maße

Codeplan

Fragebogennummer	Variablenname	Messniveau	Codierung
G.2.2	Gespräche mit der Interessenvertretung der Gefangenen Beirat	Ordinalskala	1 überhaupt nicht 2 3 4 5 6 7 in sehr hohem Maße
G.3.1	Schriftwechsel mit einzelnen Gefangenen Beiratsmitglied	Ordinalskala	1 überhaupt nicht 2 3 4 5 6 7 in sehr hohem Maße
G.3.2	Schriftwechsel mit einzelnen Gefangenen Beirat	Ordinalskala	1 überhaupt nicht 2 3 4 5 6 7 in sehr hohem Maße
G.4.1	Schriftwechsel mit der Interessenvertretung der Gefangenen Beiratsmitglied	Ordinalskala	1 überhaupt nicht 2 3 4 5 6 7 in sehr hohem Maße
G.4.2	Schriftwechsel mit der Interessenvertretung der Gefangenen Beirat	Ordinalskala	1 überhaupt nicht 2 3 4 5 6 7 in sehr hohem Maße
G.5.1	Aufsuchen Gefangene in Hafträumen Beiratsmitglied	Ordinalskala	1 überhaupt nicht 2 3 4 5 6 7 in sehr hohem Maße
G.5.2	Aufsuchen Gefangene in Hafträumen Beirat	Ordinalskala	1 überhaupt nicht 2 3 4 5 6 7 in sehr hohem Maße

Codeplan

Fragebogennummer	Variablenname	Messniveau	Codierung
G.6.1	Besichtigung der Anstalt Beiratsmitglied	Ordinalskala	1 überhaupt nicht 2 3 4 5 6 7 in sehr hohem Maße
G.6.2	Besichtigung der Anstalt Beirat	Ordinalskala	1 überhaupt nicht 2 3 4 5 6 7 in sehr hohem Maße
G.7.1	Entgegennahme von Mitteilungen aus Gefangenenpersonalakten Beiratsmitglied	Ordinalskala	1 überhaupt nicht 2 3 4 5 6 7 in sehr hohem Maße
G.7.2	Entgegennahme von Mitteilungen aus Gefangenenpersonalakten Beirat	Ordinalskala	1 überhaupt nicht 2 3 4 5 6 7 in sehr hohem Maße
G.8.1	Einholen Auskünfte bei AL durch Beiratsmitglied	Ordinalskala	1 überhaupt nicht 2 3 4 5 6 7 in sehr hohem Maße
G.8.2	Einholen Auskünfte bei AL durch Beirat	Ordinalskala	1 überhaupt nicht 2 3 4 5 6 7 in sehr hohem Maße
G.9.1	Unterrichtung Beiratsmitglied durch AL über öffentlichkeitsbedeutsame Ereignisse	Ordinalskala	1 überhaupt nicht 2 3 4 5 6 7 in sehr hohem Maße

Codeplan

Fragebogennummer	Variablenname	Messniveau	Codierung
G.9.2	Unterrichtung Beirat durch AL über öffentlichkeits- bedeutsame Ereignisse	Ordinalskala	1 überhaupt nicht 2 3 4 5 6 7 in sehr hohem Maße
I.1.1	Kooperation mit AL	Ordinalskala	1 = sehr positiv 2 = positiv 3 = weder positiv noch negativ 4 = negativ 5 = sehr negativ
I.1.2	Kooperation mit VollzB	Ordinalskala	1 = sehr positiv 2 = positiv 3 = weder positiv noch negativ 4 = negativ 5 = sehr negativ
I.1.3	Kooperation mit Gefangenen	Ordinalskala	1 = sehr positiv 2 = positiv 3 = weder positiv noch negativ 4 = negativ 5 = sehr negativ
I.1.4	Kooperation mit JuM	Ordinalskala	1 = sehr positiv 2 = positiv 3 = weder positiv noch negativ 4 = negativ 5 = sehr negativ
I.2.1	Kooperation mit Agentur für Arbeit	Ordinalskala	1 = sehr positiv 2 = positiv 3 = weder positiv noch negativ 4 = negativ 5 = sehr negativ
I.2.2	Kooperation mit Sozialbehörden	Ordinalskala	1 = sehr positiv 2 = positiv 3 = weder positiv noch negativ 4 = negativ 5 = sehr negativ
I.2.3	Kooperation mit Bewährungshilfe	Ordinalskala	1 = sehr positiv 2 = positiv 3 = weder positiv noch negativ 4 = negativ 5 = sehr negativ

Codeplan

Fragebogennummer	Variablenname	Messniveau	Codierung
I.2.4	Kooperation mit Kirchen/kirchlichen Einrichtungen	Ordinalskala	1 = sehr positiv 2 = positiv 3 = weder positiv noch negativ 4 = negativ 5 = sehr negativ
I.2.5	Kooperation mit Journalisten	Ordinalskala	1 = sehr positiv 2 = positiv 3 = weder positiv noch negativ 4 = negativ 5 = sehr negativ
I.2.6	Kooperation mit Abgeordneten des Landtags	Ordinalskala	1 = sehr positiv 2 = positiv 3 = weder positiv noch negativ 4 = negativ 5 = sehr negativ
I.2.7	Kooperation mit politischen Parteien	Ordinalskala	1 = sehr positiv 2 = positiv 3 = weder positiv noch negativ 4 = negativ 5 = sehr negativ
J.1	Aufklärung über Verschwiegenheitspflicht	Ordinalskala	1 stimme gar nicht zu 2 3 4 5 6 7 stimme voll zu
K.3	Konsequenzen der Berichte für den Vollzug	Ordinalskala	1 stimme gar nicht zu 2 3 4 5 6 7 stimme voll zu
K.8	Austausch auf den Tagungen	Ordinalskala	1 stimme gar nicht zu 2 3 4 5 6 7 stimme voll zu
L.1	Regelmäßige Beiratssitzungen	Ordinalskala	1 = keinmal 2 = einmal 3 = zweimal und mehr

Codeplan

Fragebogennummer	Variablenname	Messniveau	Codierung
L.5	Sitzungen mit AL und Abed	Ordinalskala	1 = ja immer 2 = meistens 3 = teilweise 4 = eher selten 5 = nie
L.6	Sitzungen mit AKonf	Ordinalskala	1 = halbjährig 2 = öfter 3 = seltener 4 = nie
M1	Monatlicher Zeitaufwand für das Ehrenamt	Ratioskala	Std./Monat
M.3	Wirksamkeit der Beiratstätigkeit	Ordinalskala	1 = ja 2 = weiß nicht genau 3 = nein
M6	Unterstützung bei der Ausübung des Ehrenamtes	Nominalskala	1 = ja 2 = nein
SUM C8_C9_C10	Kenntnis der eigenen Rechtsstellung	Ordinalskala	1 = ja 2 = weiß nicht genau 3 = nein
SUM C6_C7_C8_C9_C10	Rechtssicherheit	Ordinalskala	1 = ja 2 = weiß nicht genau 3 = nein
SUM C.4.1_C.4.2	Führungsrolle	Nominalskala	1 = ja 2 = nein
SUM I.1.1_I.1.2_I.1.3_I.1.4	Kooperation mit AL_VollzB_Gef_JuM	Ordinalskala	1 = sehr positiv 2 = positiv 3 = weder positiv noch negativ 4 = negativ 5 = sehr negativ
SUM I.1.1_I.1.2	Kooperation mit AL und VollzB	Ordinalskala	1 = sehr positiv 2 = positiv 3 = weder positiv noch negativ 4 = negativ 5 = sehr negativ
SUM I.2.1_I.2.2_I.2.3_I.2.4_I.2.5_I.2.6_I.2.7	Kooperation mit Partnern außerhalb der JVA	Ordinalskala	1 = sehr positiv 2 = positiv 3 = weder positiv noch negativ 4 = negativ 5 = sehr negativ
SUM I.2.5_I.2.6_I.2.7 (Sachsen)	Kooperation mit Journalisten_AbgLT_polit. Parteien	Ordinalskala	1 = sehr positiv 2 = positiv 3 = weder positiv noch negativ 4 = negativ 5 = sehr negativ

C

Codeplan

Fragebogennummer	Variablenname	Messniveau	Codierung
SUM D.1.1_D.2.1_D.3.1_D.4.1_D.5.1_D.6.1	Aufgabenwahrnehmung Beiratsmitglied	Ordinalskala	1 überhaupt nicht 2 3 4 5 6 7 in sehr hohem Maße
SUM D.1.1_D.2.1_D.3.1_D.4.1	Wahrnehmung anstaltsbezogene Aufgaben Beiratsmitglied	Ordinalskala	1 überhaupt nicht 2 3 4 5 6 7 in sehr hohem Maße
SUM D.5.1_D.6.1	Wahrnehmung Öffentlichkeitsaufgaben Beiratsmitglied	Ordinalskala	1 überhaupt nicht 2 3 4 5 6 7 in sehr hohem Maße
SUM D.1.1_D.3.1	Wahrnehmung Aufgabe Mitwirkung bei der Vollzugsgestaltung und Unterstützung der AL durch Anregungen/Verbesserungsvorschläge Beiratsmitglied	Ordinalskala	1 überhaupt nicht 2 3 4 5 6 7 in sehr hohem Maße
SUM D.2.1_D.4.1	Wahrnehmung Betreuungs- und Wiedereingliederungsaufgabe Beiratsmitglied	Ordinalskala	1 überhaupt nicht 2 3 4 5 6 7 in sehr hohem Maße
SUM G.1.1_G.2.1_G.3.1_G.4.1_G.5.1	Kontaktaufnahme zu den Gefangenen	Ordinalskala	1 überhaupt nicht 2 3 4 5 6 7 in sehr hohem Maße

CI

Codeplan

Fragebogennummer	Variablenname	Messniveau	Codierung
SUM D.2.1_D.2.2_D.4.1_D.4.2	Wahrnehmung Betreuungs- und Wiedereingliederungs- aufgabe Beiratsmitglied und Beirat gesamt	Ordinalskala	1 überhaupt nicht 2 3 4 5 6 7 in sehr hohem Maße
SUM G.1.1_G.2.1_G.3.1_G.4.1_G.5.1_G.6.1_ G.7.1_G.8.1_G.9.1	Befugniswahrnehmung Beiratsmitglied	Ordinalskala	1 überhaupt nicht 2 3 4 5 6 7 in sehr hohem Maße

Anhang 4: Verwaltungsvorschrift Baden-Württemberg; Stand 01.04.2010

Anstaltsbeiräte

VwV d. JM zum Justizvollzugsgesetzbuch vom 08. März 2010 gültig ab 01. April 2010
– Die Justiz S. 109 –

Zu § 18 JVollzGB I BW:

1.
Bildung, Aufgabe und Tätigkeit der Anstaltsbeiräte

1.1
Bildung von Anstaltsbeiräten

1.1.1
Bei den selbstständigen Justizvollzugsanstalten werden Beiräte gebildet. Die Aufgabe des Beirats erstreckt sich auch auf die jeweiligen Außenstellen der Justizvollzugsanstalten.

1.1.2
Bei der Justizvollzugsanstalt Heimsheim Außenstelle Jugendstrafanstalt Pforzheim wird ein Beirat mit drei Mitgliedern gebildet.

1.1.3
Der Beirat besteht in der Regel aus drei Mitgliedern. In Justizvollzugsanstalten mit einer Belegungsfähigkeit von mehr als 500 Haftplätzen besteht der Beirat aus fünf Mitgliedern.

1.1.4
Die Mitglieder des Beirats werden für die Dauer von fünf Jahren vom Justizministerium bestellt. Die Bestellung erfolgt aus einer Vorschlagsliste, um deren Aufstellung die Anstaltsleiterin oder der Anstaltsleiter, wenn die Justizvollzugsanstalt (maßgebend ist der Sitz der Hauptanstalt), in einem Stadtkreis liegt, den Gemeinderat, im Übrigen den Kreistag bittet. In der Vorschlagsliste sollen Ersatzmitglieder benannt werden.

1.1.5
Es ist anzustreben, dass dem Beirat je ein Vertreter einer Arbeitnehmer- und Arbeitgeberorganisation sowie eine in der Sozialarbeit, insbesondere in der Straffälligenhilfe, tätige Persönlichkeit angehören. Dem Beirat sollen Frauen und Männer angehören. Die Mitglieder der Beiräte bei Jugendstrafanstalten sollen in der Erziehung junger Menschen erfahren oder dazu befähigt sein.

1.1.6
Außer dem in § 18 Abs. 5 JVollzGB I genannten Personenkreis sind als Mitglieder des Beirats auch Personen ausgeschlossen, die zu der Justizvollzugsanstalt geschäftliche Beziehungen unterhalten.

1.2
Vorsitz und Beschlussfähigkeit

1.2.1
Die Mitglieder des Beirats wählen aus ihrer Mitte eine Vorsitzende oder einen Vorsitzenden sowie eine Stellvertreterin oder einen Stellvertreter.

1.2.2
Der Beirat fasst seine Beschlüsse mit Stimmenmehrheit. Er ist beschlussfähig, wenn mindestens die Hälfte der Mitglieder anwesend ist.

1.3
Auskunft und Unterrichtung

1.3.1
Die Anstaltsleiterin oder der Anstaltsleiter gibt den Mitgliedern des Beirats die erforderlichen Auskünfte. Sie oder er darf ihnen Einsicht in die Gefangenenpersonalakten gewähren und Mitteilungen aus Gefangenenpersonalakten machen, soweit dies zur Erfüllung der Aufgabe der Mitglieder des Beirats erforderlich ist und sie nicht Einzelheiten eines noch anhängigen Ermittlungs- oder Gerichtsverfahrens betreffen.

1.3.2
Die Anstaltsleiterin oder der Anstaltsleiter unterrichtet die Beiratsvorsitzende oder den Beiratsvorsitzenden baldmöglichst über Anstaltsereignisse, die für die Öffentlichkeit von besonderem Interesse sind. Die Vorsitzende oder der Vorsitzende werden über den rechtskräftigen Abschluss von Strafverfahren, die aus Anlass solcher Ereignisse eingeleitet worden sind, in Kenntnis gesetzt.

1.4
Beiratssitzungen

1.4.1
Der Beirat wird von seiner Vorsitzenden oder seinem Vorsitzenden in jedem Jahr mindestens dreimal zu Sitzungen in der Justizvollzugsanstalt und mindestens einmal zu einer Besichtigung des gesamten Anstaltsbereichs (einschließlich der Außenstelle) einberufen.

1.4.2
Die Anstaltsleiterin oder der Anstaltsleiter regt bei der Vorsitzenden oder bei dem Vorsitzenden die Einberufung einer Sitzung des Beirats an, wenn dies aus gegebenem Anlass erforderlich erscheint.

1.4.3

An den Beiratssitzungen nehmen auf Wunsch des Beirats die Anstaltsleiterin oder der Anstaltsleiter sowie andere Anstaltsbedienstete teil. Die Anstaltsleiterin oder der Anstaltsleiter gibt dabei, sofern der Beirat dies wünscht, einen mündlichen Bericht über die Situation in der Justizvollzugsanstalt.

1.4.4

Mindestens einmal im Jahr soll eine gemeinsame Sitzung von Beirat und Anstaltskonferenz zum Zwecke des Gedankenaustausches und der gegenseitigen Unterrichtung abgehalten werden. Die Sitzung wird von der Anstaltsleiterin oder dem Anstaltsleiter im Benehmen mit der oder dem Vorsitzenden des Beirats einberufen. Sie kann mit einer Sitzung nach 1.4.1 verbunden werden.

1.5

Jahresbericht

Der Beirat soll dem Justizministerium einen Jahresbericht vorlegen und dabei Anregungen und Empfehlungen aussprechen.

1.6

Widerruf der Bestellung und Nachbesetzung

1.6.1

Bei Verletzung der ihm obliegenden Pflichten oder aus anderem wichtigen Grund kann die Bestellung als Mitglied des Beirats widerrufen werden.

1.6.2

Scheidet ein Mitglied des Beirats aus, bestellt das Justizministerium aus der Vorschlagsliste ein neues Mitglied.

2.

Abfindung der Beiratsmitglieder

2.1

Sitzungsgeld und Entschädigung für Verdienstausfall

2.1.1

Die Beiratsmitglieder erhalten für ihre Leistungen ein Sitzungsgeld. Mit dem Sitzungsgeld ist auch eine Zeitversäumnis entschädigt. Daneben kann eine Entschädigung für Verdienstausfall nach Maßgabe von Nummer 2.1.5 gewährt werden. Ein weiterer Auslagenersatz findet nicht statt.

2.1.2

Das Sitzungsgeld wird für die Teilnahme an einer Sitzung des Anstaltsbeirates gewährt. Die Besichtigung der Justizvollzugsanstalt durch den Beirat ist wie die Teilnahme an einer Sitzung zu vergüten.

2.1.3

Das Sitzungsgeld beträgt je Sitzungstag

2.1.3.1

bei einer Sitzungsdauer bis zu 2 Stunden 10,00 EUR

2.1.3.2

bei einer längeren Dauer der Sitzung 20,00 EUR.

2.1.4

Sitzungen und Besichtigungen (auch in verschiedenen Teilen einer Justizvollzugsanstalt) gelten für die Berechnung des Sitzungsgeldes als eine Tätigkeit, wenn sie am selben Tage stattfinden.

2.1.5

Weist ein Beiratsmitglied Verdienstausfall oder notwendige Stellvertretungskosten nach, so kann, soweit eine Entschädigung nicht von anderer Seite gewährt wird, eine Entschädigung gezahlt werden. Die Entschädigung richtet sich bei unselbstständiger Tätigkeit nach dem regelmäßigen Bruttoverdienst des Beiratsmitgliedes einschließlich der vom Arbeitgeber zu tragenden Sozialversicherungsbeiträge. Es kann jedoch für jede angefangene Stunde der versäumten Arbeitszeit höchstens eine Entschädigung für Verdienstausfall in sinngemäßer Anwendung des § 2 Abs. 2 des Gesetzes über die Entschädigung der ehrenamtlichen Richter in der jeweils geltenden Fassung gewährt werden. Als versäumt gilt die Zeit, während der das Beiratsmitglied seiner gewöhnlichen Beschäftigung infolge seiner Teilnahme an der Sitzung nicht nachgehen konnte. Die Entschädigung wird für höchstens 10 Stunden je Sitzungstag gewährt. Die letzte angefangene Stunde wird voll gerechnet. Die Entschädigung für Verdienstausfall oder notwendige Stellvertretungskosten wird nur dann gewährt, wenn die Voraussetzungen für die Gewährung des Sitzungsgeldes vorliegen.

2.1.6

Das Sitzungsgeld unterliegt nicht dem Steuerabzug vom Arbeitslohn; es wird bei Vorliegen der Voraussetzungen des § 46 EStG durch Veranlagung zur Einkommensteuer erfasst. Jedem Beiratsmitglied ist daher zum Jahresbeginn von Amts wegen eine Bescheinigung über das im vergangenen Jahr gezahlte Sitzungsgeld (einschließlich der Entschädigungen für Verdienstausfall oder notwendige Stellvertretungskosten) für Einkommensteuerzwecke auszustellen.

2.2

Reisekostenvergütung

2.2.1

Beiratsmitglieder, die Landesbedienstete sind, erhalten Reisekostenvergütung nach Maßgabe des Landesreisekostengesetzes.

2.2.2

Auf Beiratsmitglieder, die nicht Landesbedienstete sind, findet das Landesreisekostengesetz entsprechende Anwendung.

2.3
Tagungen des Justizministeriums

2.3.1
Für die Teilnahme an Tagungen, zu denen das Justizministerium eingeladen hat, erhalten die Beiratsmitglieder Sitzungsgeld nach Nummer 2.1 und Reisekostenvergütung nach Nummer 2.2 wie für die Teilnahme an einer Sitzung des Anstaltsbeirates. Das Justizministerium kann die Sitzungsgelder in solchen Fällen auf Höchstbeträge begrenzen. Eine Entschädigung für Verdienstausfall oder notwendige Stellvertretungskosten nach Nummer 2.1.5 wird nicht gewährt.

2.3.2
Die Abfindungen der Beiratsmitglieder werden auf Antrag von der Justizvollzugsanstalt ausgezahlt. In den Fällen der Nummer 2.3.1 ist Grundlage für die Zahlung eine Bescheinigung des Tagungsleiters über Beginn und Ende der Teilnahme des Beiratsmitglieds an der Tagung.

2.4
Übergangsbestimmung
Bis zur nächsten regelmäßigen Neubestellung bleibt die Zahl der Beiratsmitglieder in den einzelnen Beiräten unverändert.

Anhang 5: Verwaltungsvorschrift Baden-Württemberg; Stand 23.09.2004

Anstaltsbeiräte

VwV d. JM vom 23. September 2004 (4439/0086)
– Die Justiz S. 456 –
Bezug: AV d. JM vom 15. Oktober 1997 (4439-IV/9)
– Die Justiz S. 476 –
zuletzt geändert durch VwV vom 24.07.2006 (Die Justiz 2006, S. 319)

I.

Das Strafvollzugsgesetz (StVollzG) enthält hierzu folgende Vorschriften:

§162
Bildung der Beiräte
(1) Bei den Justizvollzugsanstalten sind Beiräte zu bilden.
(2) Vollzugsbedienstete dürfen nicht Mitglieder der Beiräte sein.
(3) Das Nähere regeln die Länder.

§163
Aufgabe der Beiräte
Die Mitglieder des Beirats wirken bei der Gestaltung des Vollzugs und bei der Betreuung der Gefangenen mit. Sie unterstützen den Anstaltsleiter durch Anregungen und Verbesserungsvorschläge und helfen bei der Eingliederung des Gefangenen nach der Entlassung.

§164
(1) Die Mitglieder des Beirats können namentlich Wünsche, Anregungen und Beanstandungen entgegennehmen. Sie können sich über die Unterbringung, Beschäftigung, berufliche Bildung, Verpflegung, ärztliche Versorgung und Behandlung unterrichten sowie die Anstalt und ihre Einrichtungen besichtigen.
(2) Die Mitglieder des Beirats können die Gefangenen und Untergebrachten in ihren Räumen aufsuchen. Aussprache und Schriftwechsel werden nicht überwacht.

§165
Pflicht zur Verschwiegenheit
Die Mitglieder des Beirats sind verpflichtet, außerhalb ihres Amtes über alle Angelegenheiten, die ihrer Natur nach vertraulich sind, besonders über Namen und Persönlichkeit der Gefangenen und Untergebrachten, Verschwiegenheit zu bewahren. Dies gilt auch nach Beendigung ihres Amtes.

II.

Der Anwendungsbereich des StVollzG beschränkt sich auf den Vollzug der Freiheitsstrafe in Justizvollzugsanstalten und der freiheitsentziehenden Maßregeln der
Besserung und Sicherung (§ 1 StVollzG). Im Jugendstrafvollzug und im Verhältnis
zu Untersuchungsgefangenen und einstweilig Untergebrachten wird entsprechend
den Vorschriften der §§ 162 bis 165 und den unter Abschnitt III folgenden ergän-
zenden Bestimmungen verfahren. Unüberwachte Aussprachen und unüberwachter
Schriftwechsel mit Untersuchungsgefangenen und einstweilig Untergebrachten
setzen jedoch die Zustimmung des zuständigen Richters voraus (§§ 119, 126a Strafprozessordnung).

III.

Zu §§ 162 bis 165 wird ergänzend bestimmt:

1.

(1) Bei den selbständigen Vollzugsanstalten werden Beiräte gebildet.

(2) Die Aufgabe des Beirats erstreckt sich auch auf die Außenstellen der Justizvollzugsanstalten.

(3) Bei der Justizvollzugsanstalt Heimsheim Außenstelle Jugendstrafanstalt Pforzheim wird ein Beirat mit drei Mitgliedern gebildet.

2.

Der Beirat besteht bei Vollzugsanstalten mit einer Belegungsfähigkeit bis zu 200
Gefangenen aus drei Mitgliedern, bis zu 700 Gefangenen aus fünf Mitgliedern und
bei höherer Belegungsfähigkeit aus sieben Mitgliedern.

3.

(1) Die Mitglieder des Beirats werden für die Dauer von drei Jahren vom Justizministerium bestellt. Die Bestellung erfolgt aus einer Vorschlagliste, um deren
Aufstellung der Anstaltsleiter, wenn die Justizvollzugsanstalt (maßgebend ist
der Sitz der Hauptanstalt) in einem Stadtkreis liegt, den Gemeinderat, im Übrigen den Kreistag bittet.

(2) Es ist anzustreben, dass dem Beirat je ein Vertreter einer Arbeitnehmer- und
einer Arbeitgeberorganisation sowie eine in der Sozialarbeit, insbesondere der
Straffälligenhilfe, tätige Persönlichkeit angehören. Mindestens ein Mitglied des
Beirats soll eine Frau sein.

(3) Außer dem in § 162 Abs. 2 genannten Personenkreis sind als Mitglieder des
Beirats auch Personen ausgeschlossen, die zu der Vollzugsanstalt geschäftliche
Beziehungen unterhalten.

4.

(1) Die Mitglieder des Beirats wählen aus ihrer Mitte einen Vorsitzenden sowie
einen Stellvertreter.

(2) Der Beirat fasst seine Beschlüsse mit Stimmenmehrheit. Er ist beschlussfähig,
wenn mindestens die Hälfte der Mitglieder anwesend ist.

5.

(1) Der Anstaltsleiter gibt den Mitgliedern des Beirats die erforderlichen Auskünfte. Er darf ihnen Einsicht in die Gefangenenpersonalakten gewähren und Mitteilungen aus Gefangenenpersonalakten machen, soweit dies zur Erfüllung der Aufgabe der Mitglieder des Beirats erforderlich ist und sie nicht Einzelheiten eines noch anhängigen Ermittlungs- oder Gerichtsverfahrens betreffen.

(2) Der Anstaltsleiter unterrichtet den Beiratsvorsitzenden baldmöglichst über Anstaltsereignisse, die für die Öffentlichkeit von besonderem Interesse sind. Er setzt ihn über den rechtskräftigen Abschluss von Strafverfahren, die aus Anlass solcher Ereignisse eingeleitet worden sind, in Kenntnis.

6.

(1) Der Beirat wird von seinem Vorsitzenden in jedem Halbjahr mindestens zweimal zu Sitzungen in der Vollzugsanstalt und mindestens einmal zu einer Besichtigung des gesamten Anstaltsbereichs (einschließlich der Außenstellen) einberufen.

(2) Der Anstaltsleiter regt beim Vorsitzenden die Einberufung einer Sitzung des Beirats an, wenn er dies aus gegebenem Anlass für erforderlich erachtet.

(3) An den Beiratssitzungen nehmen auf Wunsch des Beirats der Anstaltsleiter und andere Anstaltsbedienstete teil. Der Anstaltsleiter gibt dabei, sofern der Beirat dies wünscht, einen mündlichen Bericht über die Situation in der Anstalt.

7.

Mindestens einmal im Halbjahr soll eine gemeinsame Sitzung von Beirat und Anstaltskonferenz zum Zwecke des Gedankenaustausches und der gegenseitigen Unterrichtung abgehalten werden. Die Sitzung wird vom Anstaltsleiter im Benehmen mit dem Vorsitzenden des Beirats einberufen.

8.

Der Beirat legt dem Justizministerium jährlich einen schriftlichen Tätigkeits- und Erfahrungsbericht vor. Er kann dabei Anregungen und Empfehlungen geben.

9.

Bei Verletzung der ihm obliegenden Pflichten oder aus anderem wichtigen Grund kann die Bestellung als Mitglied des Beirats widerrufen werden.

10.

Die Mitglieder des Beirats erhalten eine Abfindung nach Maßgabe besonderer Bestimmungen.

Anhang 6: Verwaltungsvorschrift Sachsen; Stand 27.11.2008

Anstaltsbeiräte

VwV des Sächsischen Staatsministeriums der Justiz vom 11. Dezember 2001 als geltend bekannt gemacht durch VwV vom 6. Dezember 2005 (SächsABl. SDr. S. S 780) und durch VwV vom 10. Dezember 2007(SächsABl. SDr. S. S 516)

VwV als geltend bekannt gemacht durch VwV vom 11. Dezember 2009 (SächsABl. SDr. S. S 2431)

[Geändert durch VwV vom 10. November 2008 (SächsJMBl. S. 413) mit Wirkung vom 27. November 2008]

Ergänzend zu den bundeseinheitlichen Verwaltungsvorschriften zu § 163 StVollzG wird Folgendes bestimmt:

SVV zu § 162

1

(1) Der Beirat besteht aus dem Vorsitzenden, seinem Vertreter und bis zu fünf weiteren Mitgliedern.

(2) Die Mitglieder des Beirates wählen aus ihrer Mitte den Vorsitzenden und dessen Stellvertreter.

2

Die Mitglieder werden vom Anstaltsleiter nach Anhörung der regionalen kirchlichen Einrichtungen und der Verbände der freien Wohlfahrtspflege im Benehmen mit dem zuständigen Landrat oder Oberbürgermeister vorgeschlagen und vom Staatsministerium der Justiz ernannt. Dies gilt nicht für Mitglieder des Landtages, die von diesem benannt werden.

3

(1) Die Amtsdauer der Mitglieder des Beirates endet mit Ende der laufenden Legislaturperiode des Landtages.

(2) Eine wiederholte Bestellung ist zulässig.

(3) Ein Mitglied des Beirates, das seine Pflichten erheblich verletzt, kann seines Amtes enthoben werden. Vor der Entscheidung sind der Betroffene und der Vorsitzende des Beirates zu hören. Bis zur Entscheidung über die Amtsenthebung kann das Ruhen der Befugnisse (§ 164 StVollzG) angeordnet werden. Die Entscheidung trifft bei Abgeordneten der Landtag, bei den sonstigen Mitgliedern das Staatsministerium der Justiz.

4

(1) Der Beirat wird vom Vorsitzenden mindestens viermal im Jahr einberufen. Der Vorsitzende kann sich dabei der Unterstützung durch die Anstalt bedienen.

(2) An den Beiratssitzungen nehmen auf Wunsch des Beirates der Anstaltsleiter und andere Anstaltsbedienstete teil. Der Anstaltsleiter gibt dabei, sofern der Beirat dies wünscht, einen Bericht über die Situation in der Anstalt.

5

Die Namen der Mitglieder sind den Gefangenen durch Aushang mit dem Hinweis bekannt zu geben, dass sie sich mit Wünschen, Anregungen und Beanstandungen an diese wenden können.

6

Die Mitglieder des Beirates sind ehrenamtlich tätig. Sie erhalten, soweit sie nicht Mitglieder des Landtages sind, eine Aufwandsentschädigung nach Maßgabe einer gesonderten Regelung.

SVV zu § 163

1

(1) Die Mitglieder des Beirates teilen besondere Wahrnehmungen, Anregungen, Verbesserungsvorschläge und Beanstandungen dem Anstaltsleiter mit.

(2) Der Beirat hat nicht die Aufgabe einer Beschwerdeinstanz im Sinne des § 108 StVollzG. Er unterliegt nicht der Weisung der Vollzugsbehörden.

SVV zu § 164

1

(1) Der Anstaltsleiter unterstützt die Mitglieder des Beirates bei der Ausübung ihrer Befugnisse und erteilt ihnen die erforderlichen Auskünfte.

(2) Mit Zustimmung des Gefangenen können dem Beirat oder einzelnen Mitgliedern aus den Gefangenenpersonalakten Mitteilungen gemacht werden, soweit diese zur Erfüllung der Aufgaben des Beirates erforderlich sind.

(3) Der Anstaltsleiter unterrichtet den Vorsitzenden des Beirates oder, im Falle der Unerreichbarkeit, ein weiteres Mitglied des Beirates alsbald über außerordentliche Vorkommnisse in der Anstalt und alle Planungen, Entwicklungen und Ereignisse, die besonderes Aufsehen in der Öffentlichkeit erregt haben oder erregen können oder die sonst für den Beirat von besonderem Interesse sind.